Mechanical Technology Of
Manufacturing Processes And Materials

기계공작법

저자 김순경, 정시영

大 英 社

머리말

기계공작법(機械工作法: mechanical technology)은 기계공학에서 가장 기본적인 학문이라 할 수 있다. 그러나 그 범위가 너무 넓고 다양해 이론적으로 깊게 다루기가 어려워 실무적인 내용을 중심으로 구성했으며, 이 교재는 기계공작에 관한 기초교육에 적합하도록 이론과 원리를 설명하면서 그림과 도표를 많이 사용했다. 특히 복잡한 수식이나 표를 가급적이면 줄이고 그림과 사진을 많이 활용하여 기초가 없어도 기계제작과정을 쉽게 이해 할 수 있도록 했다.

기계공학을 공부하는 학생은 물론 기계를 제작하거나 기계가공을 하는 생산현장에서도 활용이 가능하도록 각 장의 제조기술에 대하여 원리와 개념을 정리하였고, 실제 사용하고 있는 기계장치와 작업 내용, 그리고 작업결과를 다음과 같이 정리하였다.

주조에서는 실제 생산현장에서 사용하고 있는 모형과 주조방법 등을 조사하여 기술했고, 소성가공에서는 소재의 특성은 물론 다양한 가공방법에 대한 가공장치와 생산제품 등을 소개했다. 그리고 용접분야에서는 산업현장에서 사용하는 용접방법을 중심으로 기술하고 문제가 되고 있는 결함에 관해서도 설명했다. 일반적으로 재료분야에서 많이 취급하고 있는 열처리분야는 기본적인 강의 열처리와 표면 경화법에 대해서만 설명하였으며, 수기가공에서는 가장 중요한 길이의 측정에 대하여 서술했다. 그리고 절삭가공에서도 절삭이론보다는 각종 가공장치의 이해와 현장 적용사례를 중심으로 조었고, 최근 정밀가공에서 중요시되고 있는 연삭가공은 별도로 분리했다. 기계장치의 발달과 더불어 새롭게 부각되고 있는 정밀입자 가공과 특수 가공은 원리와 적용 사례를 중점적으로 조사하여 열거 하였으며, NC가공에서는 기본적인 장치의 소개와 가공방법 등을 수치제어가공과 연계하였다.

상기 내용을 통하여 새로운 기술의 창출과 생산성 향상은 물론 품질의 신뢰와 원가절감을 이루어 대외 경쟁력을 강화할 수 있도록 했다.

이 책의 기술에서 오류가 있으면 독자재현의 아낌없는 질책과 지도편달을 부탁드리며, 끝으로 이 책의 저술에 있어 인용된 문헌이나 참고자료의 저자들에게 심심한 사의를 표하는 바이고, 출판에 협조해 주신 대영사 사장님을 비롯하여 편집인 여러분에게도 감사를 드립니다.

2015. 2.
저자 씀

차 례

1장 주조 / 15

3장 용접 / 215

4장 열처리 / 309

5장 측정 / 325

6장 절삭가공 / 347

7장 연삭가공 / 453

8장 정밀입자가공 / 475

10장 NC가공 / 511

Chapter 01 주 조

제1절 주조 개요

1.1.1 주물

주조(casting)는 B.C 4000년경부터 여러 가지 장식품과 화살 촉 등을 제작하는데 사용된 가장 오래된 금속 성형 기술이며 고대 문명의 유적에서도 동 합금이나 동 주조 제품 등이 많이 발견되고 있다. 우리나라에서도 고조선시대에는 청동 검이나 구리거울 등을 제작하였으나 삼국시대에 와서는 불교가 전래 되면서 범종과 불상, 그리고 향로 등과 같은 우수한 주조제품을 만들었다. 지금은 자동차 엔진, 공작 기계, 철도차량 등의 몸체 및 부품제조에 다양한 주조방법이 사용되고 있으며, 그 용도 또한 매우 광범위하다.

[그림 1.1] 주조 제품

주조는 제작하고자하는 모양의 빈 공간인 주형에 쇳물을 붓고 냉각시켜 제품을 만드는 방법이며, 이 제품을 주물 또는 주조제품이라 한다. 이와 같은 주조의 장단점은 다음과 같다.

주조의 장 · 단점

- **장점**
  ① 복잡한 형상의 제품을 쉽게 제작할 수 있다.
  ② 모형을 사용하므로 형상과 치수가 동일한 제품을 대량생산할 수 있다.
  ③ 제품의 크기 및 무게의 제한을 받지 않고 제작이 가능하다.
  ④ 소성가공과 기계가공, 그리고 용접이 어려운 재료도 주조가 용이하다.
  ⑤ 대량 생산을 할 경우 원가절감이 가능하다.

- **단점**
  ① 고온의 쇳물로 제작하므로 결정조직이 거칠고 기계적 성질이 떨어진다.
  ② 주조결함이 많이 발생되므로 균일한 제품을 얻기가 어렵다.
  ③ 제품의 표면이 거칠고, 수축 때문에 정밀제품의 제작이 어렵다.
  ④ 수량이 적을 때는 단가가 높아진다.

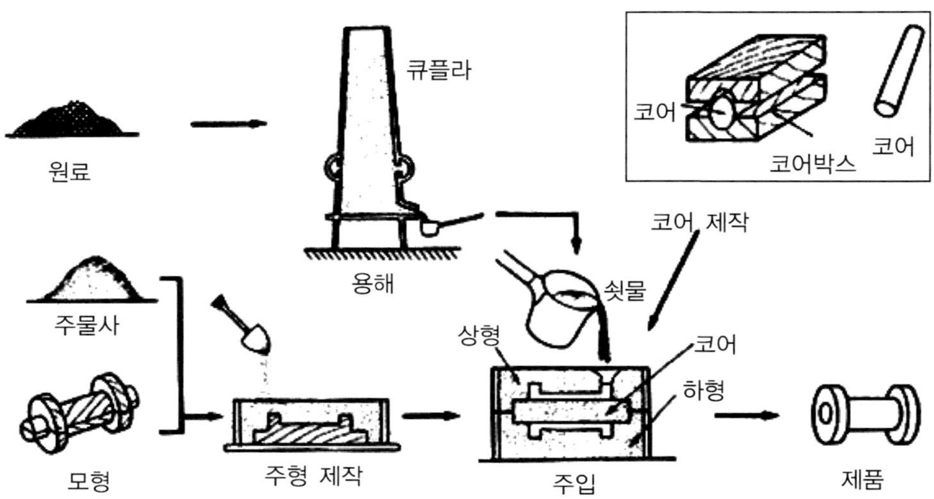

[그림 1.2] 주물 제조공정

1.1.2 주조 공정

주물 제작은 다른 제품과 마찬가지로 설계 제작도면에 의해 주조계획을 수립하고 가공이 쉬운 재료를 사용하여 제품 형상과 같은 모형을 만든다. 모형주위를 모래로 다진 후 모형을 제거하면 모형과 같은 공간을 얻을 수 있는데 이를 주형이라 한다. 이 주형에 용융 금속을 붓고 응고시킨 다음 모래를 털어내고 나면 남는 금속제품이 주물이다. 주요 주조 공정을 정리하면 다음과 같이 구분 할 수 있으며 [그림 1.2]는 주물제품을 제조하는 공정을 나타낸 것이다.

■ 주요 주조 공정

① 주조 계획 수립
제작도면에 따라 주물의 용도, 형상, 재질, 수량 등을 고려하여 모형 및 주형의 형태, 주입방법, 응고된 주물의 처리와 가공방법 등을 결정한다.

② 모형 제작
목재 또는 금속 등으로 주형 제작에 필요한 모형을 만든다.

③ 주형 제작
모형과 주물사를 사용하여 쇳물이 들어 갈 공간을 만든다.

④ 금속 용해
주물재료를 용해로에서 용해시켜 유동성이 있는 쇳물로 만든다.

⑤ 쇳물 주입
다양한 용해로에서 용해시킨 쇳물을 주형에 부어 공간을 채운다.

⑥ 주형 해체 및 후처리
쇳물 주입 후 일정한 시간이 지나고 제품이 냉각되면 모래를 먼저 털고 탕구계와 같은 불필요한 부분을 제거하며, 제품에 따라 기계가공과 열처리를 한다.

⑦ 검사
주물제작이 완료되고 나면 필요한 검사를 통하여 결함을 확인한다.

1.1.3 주물의 분류

1. 주물의 크기에 따른 분류

주물의 분류는 크기나 무게, 그리고 두께 등에 따라 정확하게 구분되는 것은 아니지만

1개의 무게가 1 톤 이상인 것을 대형 주물이라 하고, 10 kg이하인 것을 소형 주물이라고 한다. 그리고 [그림 1.3]과 같이 중간정도 크기의 주물을 중형 주물이라 한다.

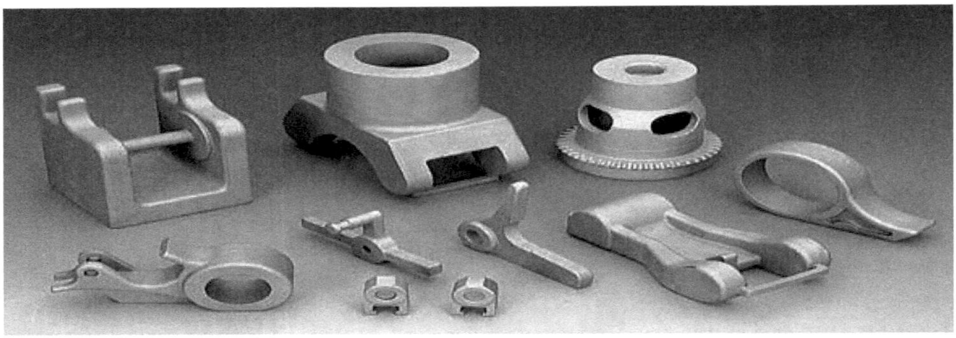

a) 소형 주물

b) 중형 주물

c) 대형주물

[그림 1.3] 주물크기에 따른 분류

[그림 1.4] 알루미늄 주물

[그림 1.5] 주강 주물

2. 재료에 따른 분류

주물에 사용되는 재료는 [그림 1.4]와 [그림 1.5]에서 보는바와 같이 다양한 금속재료가 사용되고 있는데 실제로 많이 사용되고 있는 것은 주철, 주강, 구리합금, 경합금 등이며 주물을 재질에 따라 분류하면 〈표 1.1〉과 같다.

〈표 1.1〉 재료에 따른 주물의 분류

- 주 물
  - 철 주 물
    - 강 주 물
      - 탄소강 주물(보통 주강)
      - 합금강 주물(특수 주강)
    - 주 철 주 물
      - 보통주철 주물(회주철 주물)
      - 고급주철 주물
      - 가단주철 주물
      - 구상흑연주철 주물(강인주철주물)
      - 합금주철 주물
  - 비 철 주 물
    - 구리합금 주물
      - 황동 주물 · 청동 주물
    - 경합금 주물
      - 알루미늄합금 주물
      - 마그네슘합금 주물
    - 기타 주물
      - 납, 아연 주석, 카드뮴합금 등의 주물

〈표 1.2〉 주조법에 따른 분류

- 주조법
  - 사형 주조
    - 생형 주조
    - 건조형 주조
    - 특수 사형 주조
      - CO_2주조
      - N프로세스법
      - 시멘트형
  - 금형 주조
    - 다이캐스팅
    - 냉간주조
  - 정밀 주조
    - 셀 몰드 주조
    - 로스트 왁스 주조
    - 쇼 프로세스 주조
  - 특수 주조
    - 원심주조
    - 가압주조
    - 진공주조
    - 연속주조

3. 주조법에 따른 분류

주형제작에는 모래와 금속이 주로 사용되고 있으며 제작이 쉽고 저가 제품일 경우는 주로 모래로 된 사형이 사용되고 대량 생산에는 금형을 주로 사용한다. [그림 1.6]은 모래 주형의 예를 나타낸 것으로 (a)의 상부에는 탕구와 공기빼기 구멍이 보인다. 탕구주입은 중력을 이용하여 주입하는 방법이 주로 사용되고 있으나, 특수한 경우에는 가압주조, 다이캐스팅, 원심주조 등의 여러 방법이 사용되고 있다. 이러한 각 주조법은 생산수량, 제품의 크기, 기본설비의 유무, 경제성, 정밀도 등 여러 가지 조건에 따라 장단점이 있다.

(a) 사형 주형의 외부 모습

(b) 사형 주형의 내부 모습

[그림 1.6] 모래 주형의 예

제2절 모형

1.2.1 모형(pattern)의 종류

주물을 만들려면 먼저 모형을 만들어야 한다. 모형은 주형을 제작하기 위한 것으로 모형은 주물과 똑같은 것이 아니고 주물의 재료와 형상 등에 따라 여러 가지 모형이 사용된다.

모형의 재료는 목재, 금속, 플라스틱 등이 있으며 일반적으로 목재로 만들며 목형이라고 한다. 모형의 또 다른 명칭으로 원형이라고도 한다. 경우에 따라서는 주물 자체를 모형으로 사용하여 주형을 제작하는데 이것을 현물 모형이라 한다.

1. 재료에 따른 분류

1) 목형

[그림 1.7]은 나무를 재료로 만든 모형으로 가공이 용이하고 가벼우며, 팽창계수가 적고 제작비가 적게 드는 장점이 있으나 습기에 취약하여 변형이 쉬운 단점이 있다.

[그림 1.7] 목형의 예

2) 금형

금속으로 제작한 모형으로 내구성과 정밀도가 좋고 미세한 부분의 주조도 가능하며 대량 생산용으로 널리 사용된다. [그림 1.8]과 같이 금속으로 제작한 모형은 장점이 많지만 단점으로 제작비가 많이 든다.

[그림1.8] 금형의 예

3) 석고형

[그림 1.9]와 같이 석고형은 작업이 편리하고 모형 만들기가 간단하고 정밀한 치수를 얻을 수 있는 것이 특징이다. 또 모형뿐만 아니라 주형으로 사용하는 경우도 있다. 정밀 주조로 공예품과 미술품 제작에도 널리 사용되고 있다.

[그림1.9] 석고 모형의 예

4) 합성수지형

최근 모형재료로 많이 사용되는 합성수지는 [그림 1.10]과 같이 목재와 외형이 유사하지만, 나뭇결이나 옹이가 없어 가공이 쉽고 가벼우며 금속과 비슷한 내구력이 있어 장기간 보관이 가능한 장점이 있다.

[그림 1.10] 합성수지 모형

5) 기타

[그림 1.11]은 발포성 수지로 만들어진 모형으로 정밀도가 다소 떨어져도 문제가 되지 않거나 대형 제품을 제작하는 경우에 주로 사용된다. 이 밖에도 시멘트나 왁스, 그리고 발포성 수지 등도 모형재료로 많이 사용되고 있다.

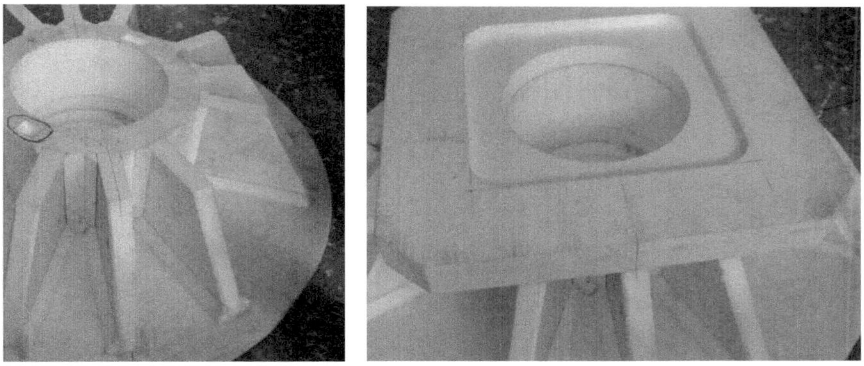

[그림 1.11] 발포성 수지 모형

2. 형태에 따른 분류

1) 현형

모형을 제작할 때는 수축여유와 가공여유, 코어 프린트 등을 고려하여 최종 제품과 동일한 형상으로 모형을 만들고, 그 모형을 모래 속에 넣고 다져서 주형을 제작한다. 아래 그림에서 보는바와 같이 현형에는 분할면의 수에 따라 단체형과 분할형, 그리고 조립형이 있다.

(1) **단체형** : [그림 1.12]와 같이 하나의 몸체로 된 모형으로 형상이 작고 간단한 주물제작에 적용된다.

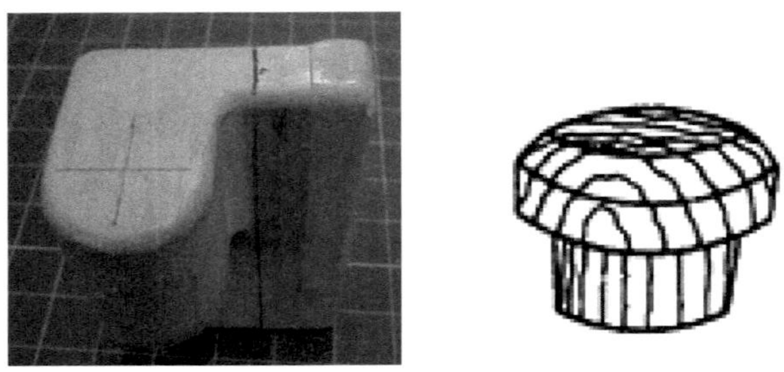

[그림 1.12] 단체형

(2) **분할형** : [그림 1.13]과 같이 단체모형보다는 복잡한 모형으로 중심부분에서 분할하고 돌기(다월 핀)와 돌기 구멍을 이용하여 조합 할 수 있으며 일반적으로 가장 많이 사용되는 모형이다.

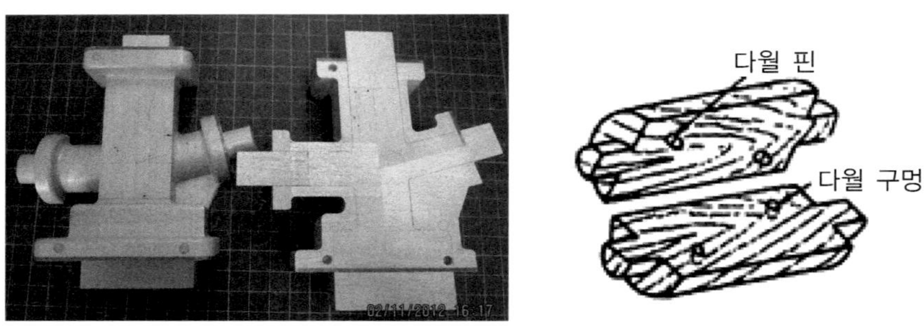

[그림 1.13] 분할형

(3) 조립형 : 제품의 형태가 복잡하여 분할모형으로 주형 제작이 곤란하거나 대형인 경우에 [그림 1.14]와 같이 모형을 여러 개로 제작하여 수직과 수평으로 조립하는 것이다. 대형 주물에 주로 사용하며 조립형 모형은 주형을 만든 다음 모형을 빼내는 순서도 매우 중요하다.

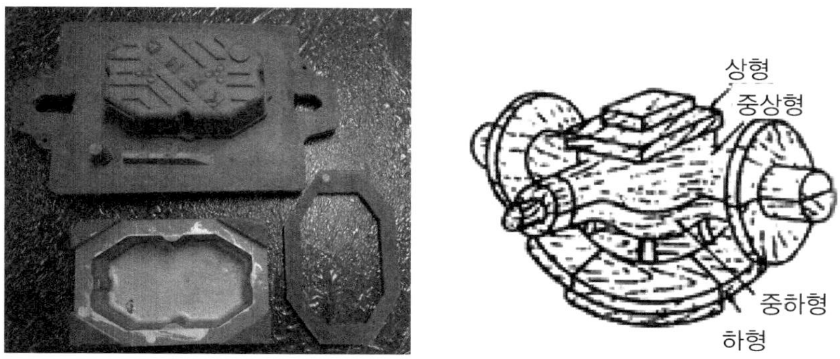

[그림 1.14] 조립형

2) 부분모형

주물이 크고 대칭이거나 동일한 모양으로 연속적으로 구성되어 있을 때 [그림 1.15]와 같이 동일한 모양의 일부분만 모형으로 만들어 순차적으로 주형을 만드는데 사용한다. 대형 치차나 벨트 풀리, 그리고 프로펠러 등의 제작에 많이 사용되고 있다.

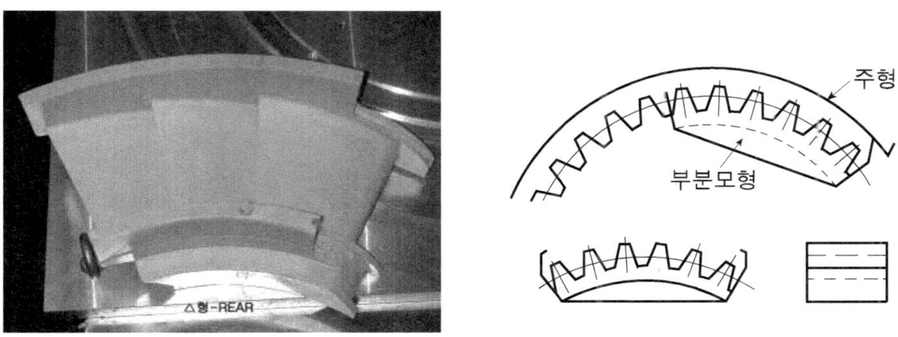

[그림 1.15] 부분 모형

3) 회전모형

예를 들면 종과 같이 주물의 형상이 중심축을 중심으로 회전체인 경우 [그림 1.16]과 같이 주물 단면의 한 쪽 윤곽을 판재로 만들어 중심축에 정치시킨 형태로 이 중심축을 중심으로 모형 또는 주형을 회전시켜 주형을 제작한다. 비교적 지름이 크고 제작 수량이 적은 기어와 벨트풀리 범종 등의 제작에 주로 적용되는 방법이다.

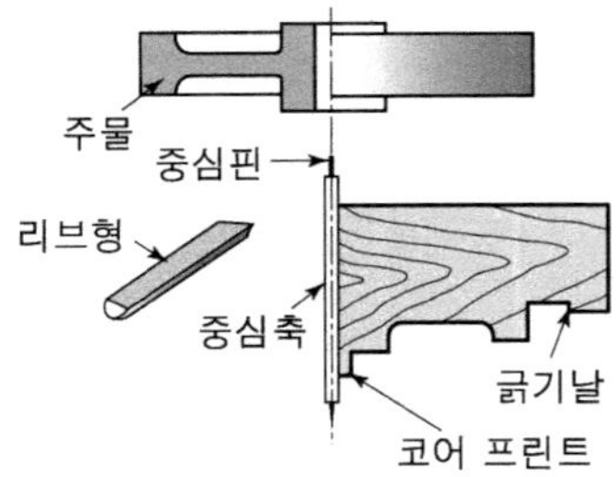

(a)

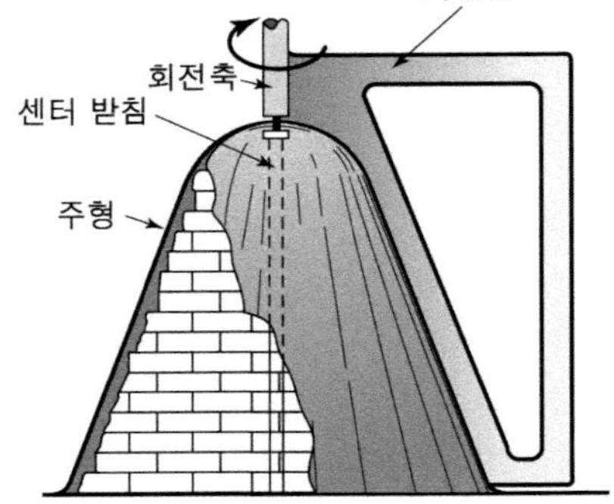

(b) 대형 회전 조형

[그림 1.16] 회전 모형

4) 긁기모형

[그림 1.17]과 같은 긁기모형은 파이프와 같이 가늘고 긴 모양의 단면을 가진 주물을 만드는데 주로 사용된다. 단면윤곽을 긁기 판으로 하고 주물의 종단면의 외부 윤곽을 안쪽에 형성한 안내판을 한 쌍으로 하여 주형을 제작하는 모형이다.

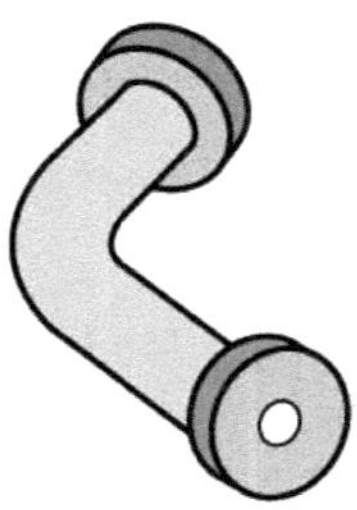

(a) 주물

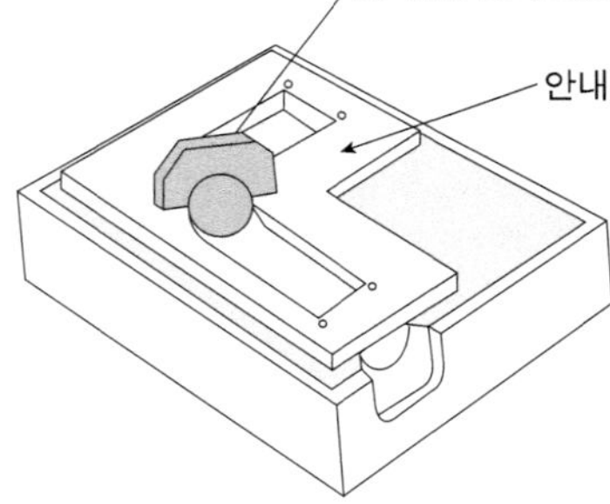

(b)주형제작

[그림 1.17] 긁기형 모형

5) 골격모형

주물이 크고 수량이 적을 때 제작비를 절약하기 위하여 현형과 같이 전부를 만들지 않고 [그림 1.18]과 같이 골격만을 만들고 그 사이에 점토를 채워 현형처럼 주형을 제작하며 이 골격모형을 골조모형이라고도 한다.

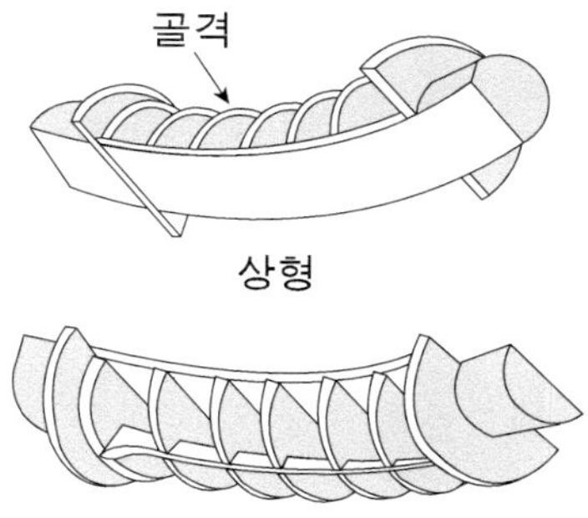

[그림 1.18] 골격 모형

6) 코어모형

[그림 1.18]과 같은 코어모형은 주물 제품에 구멍이나 홈이 있을 때 주로 사용하며 이 부분에 사용되는 주형의 일부분을 코어라 하고, 이 코어를 제조하기 위하여 사용하는 모형을 코어 모형이라 한다. 코어상자를 사용하는 경우가 대부분이지만 회전형이나 긁기형을 사용하기도 한다. [그림 1.20]은 중공주물에 사용되는 코어를 나타낸 것이다.

[그림 1.19] 코어 상자

[그림 1.20] 코어의 예

7) 잔형

주형을 제작 할 때 주형에서 뽑기 어려운 부분은 모형을 별도로 만들고 본 모형과 조합시킨다. 그리고 주형을 만들기 위한 모래다지기가 끝나면 모형의 주 부분을 먼저 뽑고 [그림 1.21]에서 보는바와 같이 마지막으로 뽑아내는 모형부위를 잔형이라고 한다.

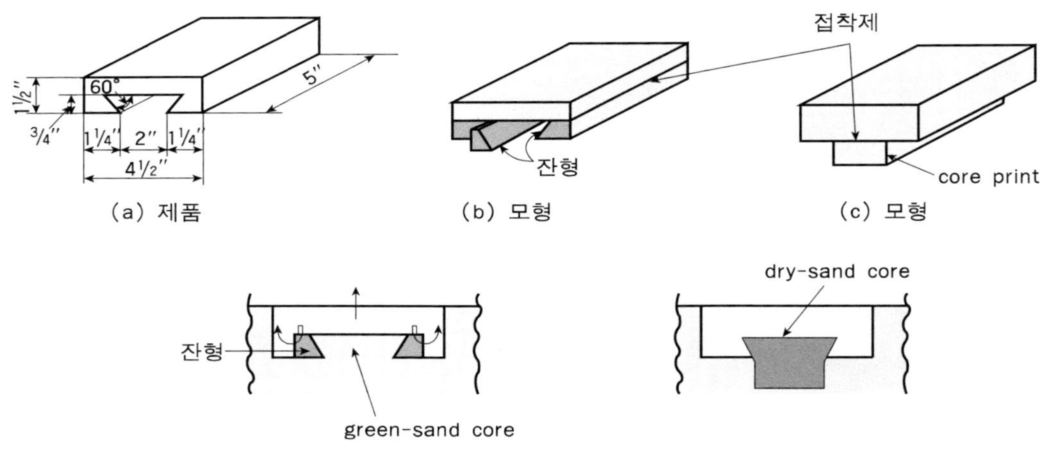

[그림 1.21] 잔형

8) 매치 플레이트

주물 형상이 단순하고 소형인 주물을 대량 생산 할 때 흔히 사용하는 모형으로 [그림 1.21]에서 보는바와 같이 한 개의 판에 분할모형의 상하 모형을 위아래에 여러 개 부착하여 하나의 모형으로 만들어 주형을 제작한다. 이 매치 플레이트 형판에는 [그림 1.22]와 같이 쇳물이 들어가는 게이트와 러너가 부착되어 있는 것이 일반적이다. 판의 이면에만 모형을 부착시킨 것은 패턴 플레이트라 한다.

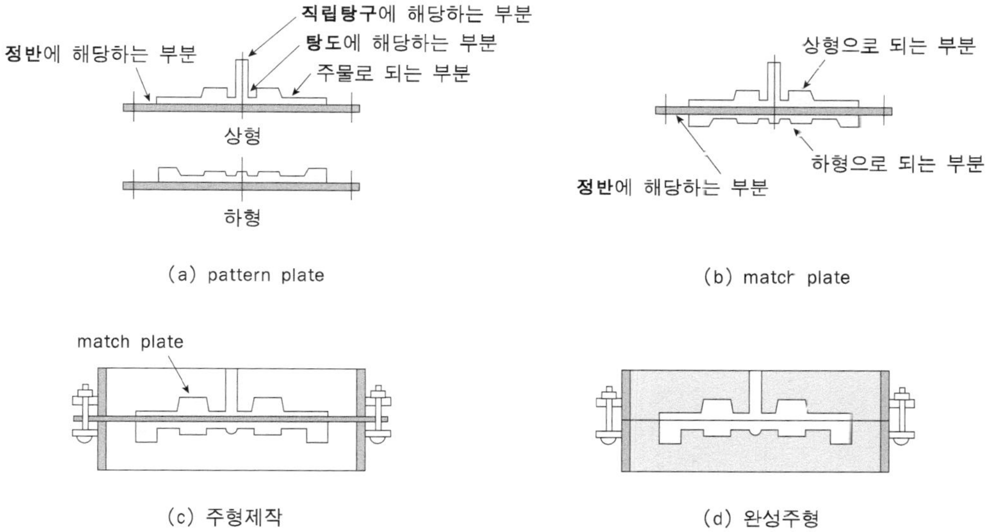

[그림 1.22] 매치 플레이트

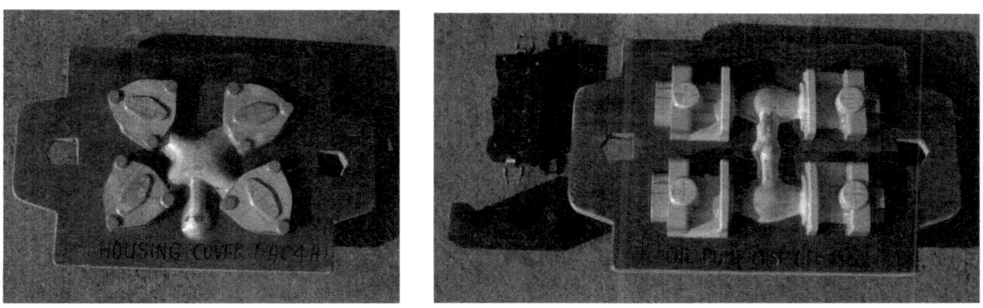

[그림 1.23] 매치 플레이트 모형

1.2.2 모형 재료

모형 재료의 기본적인 요구 조건은 치수 변화가 적고 가공이 쉬우며 가격이 저렴해야 한다. 모형 재료는 제작 수량 및 가공 정밀도 등을 고려하여 적합한 재질을 선택하여 사용하며 현재 목재가 가장 많이 사용되고 있다. 그 밖에 금속이나 합성수지, 석고, 시멘트 등도 사용된다. 또 특수 주조에서는 밀랍이나 발포성 수지로 모형을 만들어 주형을 만들기도 한다.

1. 목재의 조직과 성질

모형 제작용 목재의 이상적인 구비조건으로는 잘 건조되어 수분과 수지가 적고, 재질이 균일 하여 수축 및 변형이 없고, 가공이 용이하며, 적당한 강도와 경도가 있어 사용 중 파손이나 마모가 되지 않아야 하고 가격이 저렴하여야 한다.

[그림 1.24]는 목재의 조직으로 같은 종류의 목재라도 수령, 성장 속도, 부위와 방향에 따라 강도, 수축률 등 재질이 다르다. 목재를 지름방향으로 제재한 판재를 정목(곧은결)이라 하고, 지름에 직각 방향으로 제재한 판재를 판목 (무늿결)이라 하는데 정목이 판목보다 변형이 적다.

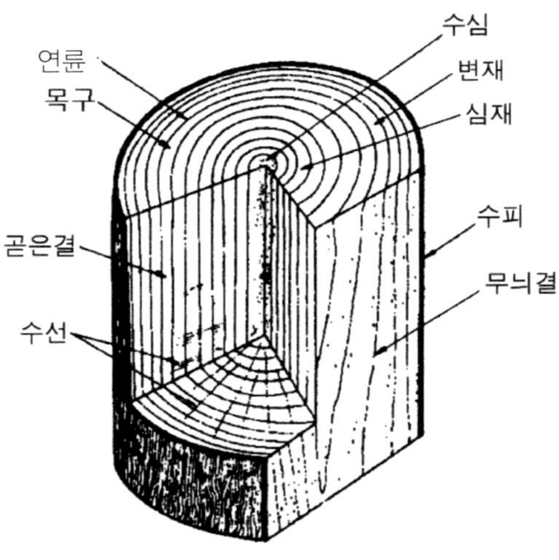

[그림 1.24] 목재의 조직

2. 목재의 수축

[그림 1.25]에서 보는바와 같이 목재는 방향에 따라 수축률이 크게 다르다. 〈표 1.3〉은 방향에 따른 수축률이고, [그림 1.25]는 제재 후 건조과정에서 발생되는 변형을 나타낸 것으로 중심부의 변형이 적다는 것을 볼 수 있다.

■ 모형의 변형을 감소시킬 수 있는 조건

① 좋은 목재를 선택해야 한다.
② 장년기의 나무를 동절기에 벌채하는 것이 좋다.
③ 건조가 잘 된 목재를 선택해야 한다.
④ 여러 개의 나무 조각을 조합하여 만드는 것이 좋다.
⑤ 표면에는 적당한 도장을 하는 것이 좋다.

〈표 1.3〉 목재의 수축률

길이(섬유, 수간)방향	0.1~0.4%
수선(연수)방향	2.5~5%
년륜(나이테)방향	5~15%

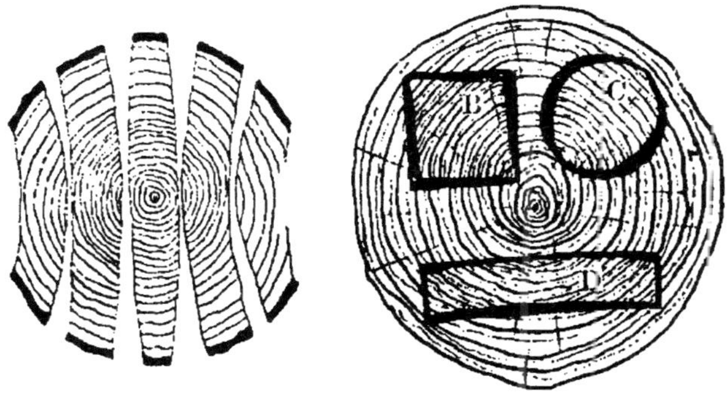

[그림 1.25] 목재의 수축

3. 목재의 건조법

건조되지 않은 목재는 변형 및 균열이 생길 뿐만 아니라, 부패하기 쉽고 강도가 떨어진다. 목재는 제재한 후 충분히 건조시켜 생길 수 있는 변형이 끝난 상태에서 사용해야한다.

• 목형제작용 목재의 건조방법을 대별하면 〈표 1.4〉와 같이 인공 건조법과 자연 건조법이 있다.

〈표 1.4〉 목재의 건조법

- 목재 건조법
  - 자연 건조법
    - 야적법
    - 가옥적법
  - 인공 건조법
    - 열기 건조법
    - 침재법
    - 자재법
    - 증재법
    - 진공 건조법
    - 훈재법
    - 전기 건조법
    - 약재 건조법

1.2.3 목형 제작용 공구와 기계

가구류나 건축물에 쓰이는 목재 제품은 대량 생산 방식으로 제작되어 기계화되고 있어 목공구를 사용하는 일이 적으나 목형 제작에는 수공으로 제작하는 부분 및 양산하기 어려운 것이 많아 목형 제작을 위해 구비해야 할 공구들이 많다.

1. 목공구

① 톱 : 세로 톱, 가로 톱, 양용 톱, 실톱, 세공용 톱 등이 있으며 규격은 톱날부의 길이로 표시한다.

② 끌 : 마치 끌, 밀 끌, 특수 끌 등이 있으며 규격은 날 부분의 폭으로 표시한다.

③ 대패 : 가공정도에 따라 황삭 대패, 중간 다듬질 대패, 다듬질 대패 등이 있고, 가공부위에 따라 보통 대패, 특수 대패 등이 있고 규격은 대팻날의 폭으로 표시한다.

④ 기타 : 송곳, 핸드 드릴, 먹줄, 각종 자, 분도기, 컴퍼스, 장도리, 목공 바이스, 숫돌, 사포 등이 사용된다.

2. 목공기계

- 목공에 사용되는 목공 기계 중에서 많이 사용되는 것에는 다음 같은 것이 있다.
  ① 목공 선반(wood turning lathe)
  ② 목공 드릴 머신(wood drilling machine)
  ③ 실톱 기계(fret sawing machine)
  ④ 원형톱 기계(circular sawing machine)
  ⑤ 띠톱 기계(band sawing machine)
  ⑥ 기계 대패(wood planer)
  ⑦ 샌더(sander)

1.2.4 모형 제작시 고려 사항

기계가공에서는 설계에서 작성한 제작도면에 있는 치수와 형상대로 가공하여 최종 제품을 만들어 내고 있으나, 주물 제작에 필요한 모형을 제작도면과 똑 같이 만들면 제작도면과 같은 치수와 형상을 얻을 수가 없다. 모형제작은 현도를 작성하여 제작한다.

현도란 주물자를 사용하여 주조방안에 따라 가공여유, 라운딩, 기울기, 분할면, 덧붙임 등의 치수를 부가하여 1:1로 나타낸 도면을 말한다.

간단한 모형은 현도 없이 제작하나 복잡한 모형은 설계(제작)도면→현도작성→모형재료준비→모형제작의 과정으로 제작된다. 현도 작성 즉 모형을 제작 할 때는 다음 사항들을 고려하여 해야 한다.

1. 수축 여유

쇳물이 식어서 응고될 때 발생되는 수축 때문에 주물과 같은 치수로 모형을 만들면 필요한 치수보다 작은 주물이 된다. 그러므로 모형은 수축을 고려하여 크게 만든다. 이것을 수축 여유라고 한다. 수축여유는 금속에 따라 다르나 대략 〈표 1.5〉와 같다. 또 수축여유는 재질뿐만 아니라 주물의 모양, 살 두께, 주입 온도, 주형 온도 등에 따라 달라진다. 실제 수축량을 결정 할 때는 많은 경험과 실험값에 따르는 것이 좋다.

〈표 1.5〉 수축 여유

주물재료	수축여유(mm) (길이 1m에 대하여)
주철	8～10
가단주철	12～15
주강	15～20
경합금	15～20
동합금	12～15

주물재료의 수축률을 고려하여 여유를 주어야 하는데 일일이 계산하는 것이 번잡하므로 수축여유를 고려하여 눈금을 새겨 놓은 자를 사용한다. 이것을 주물자 또는 연척이라 한다. 그러므로 주물자는 주물재료에 따라 눈금의 크기가 다르다. 주철용 주물자는 제품이 1m이면 처음부터 1008mm로 만들어져 있다.

2. 가공 여유

보통 주물제품은 표면이 거칠고 치수 정밀도가 나쁘므로 정밀도가 요구되는 부분은 기계가공을 해야 한다. 이때 기계 가공되는 만큼 모형을 크게 만들어야 하는데 이를 가공여유라 한다. 가공여유는 주물 재료, 주물크기 및 가공 정도에 따라 다르며 가공정도가 높을수록, 주물이 클수록 가공여유를 많이 준다. 다듬질 정도에 따른 가공여유는 일정한 기준으로 정하고 있으며 〈표 1.6〉은 주물의 재질 및 크기에 따른 가공 여유를 나타낸 것이다.

〈표 1.6〉 가공 여유

	소형 주물	중형 주물	대형 주물	변형 우려 있는 주물
주철	1～1.5	2～3	3～6	6～9
황동	1～2		2～3	

3. 뽑기 구배

목형 구배, 인발 구배, 기울기, 테이퍼라고도 하는데 모래 주형에서 모형을 빼낼 때 주형의 손상 없이 잘 빠질 수 있도록 모형의 수직면에 경사를 준 것을 말하며, 그 크기는 모형의 형상과 크기, 주형의 제작방식에 따라 다르나 일반적으로 1/4～1°정도의 기울기를 준다. 〈표 1.7〉은 뽑기 구배의 적용 예를 나타낸 것이다.

〈표 1.7〉 뽑기 구배

수작업 조형	기계조형	작은 돌출부
4/100～7/100	1/100～2/100	30°

4. 코어 프린트

[그림 1.26]과 같이 코어를 주형 내에 설치 할 때 코어가 놓일 자리를 만들어 주기 위하여 모형에 덧붙인 돌기부분을 코어 프린트라 한다. 이와 같은 코어 프린트는 모형을 제작할 때 미리 만들어 두어야 한다.

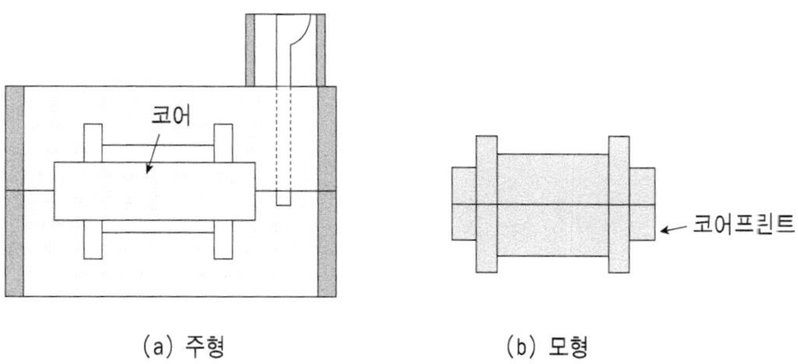

[그림 1.26] 코어 프린트

5. 라운딩

쇳물이 주형 내에서 응고 할 때 [그림 1.27] (a)와 같이 모서리가 각이 있으면 쇳물이 응고 되면서 [그림 1.27(c)]와 같이 주물의 직각부분에는 수상정의 결정이 생성되어 대각선 방향으로 명확한 결정립의 경계가 생기며 이 부분에 불순물이 모이고 응력이 집중되어 약하게 된다.

이것을 방지하기 위하여 각이 진 모서리를 둥글게 하는 것을 라운딩 이라고 한다. 모형의 외부는 라운딩을 만들기 쉬우나 내부는 어렵기 때문에 목편을 만들어 붙인다. 근래에는 왁스로 모서리를 메우는 방법이 많이 사용되고 있다.

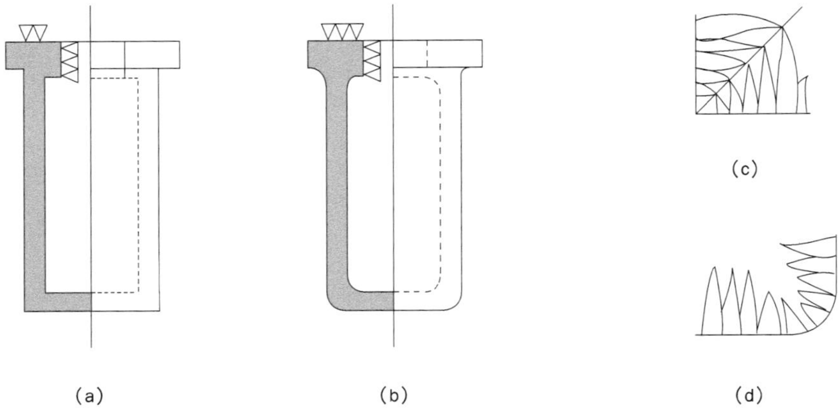

[그림 1.27] 라운딩과 금속 응고

6. 덧붙임

두께가 균일하지 않거나 형상이 복잡한 주물은 쇳물의 응고 및 냉각속도 차이에 의한 응력 때문에 주물에 변형 또는 균열이 생기는 경우가 많다. 이를 방지하기 위하여 [그림 1.28]과 같이 모형에 덧붙임을 두어 주형을 제작하고 주조 후에는 이를 잘라내고 사용한다.

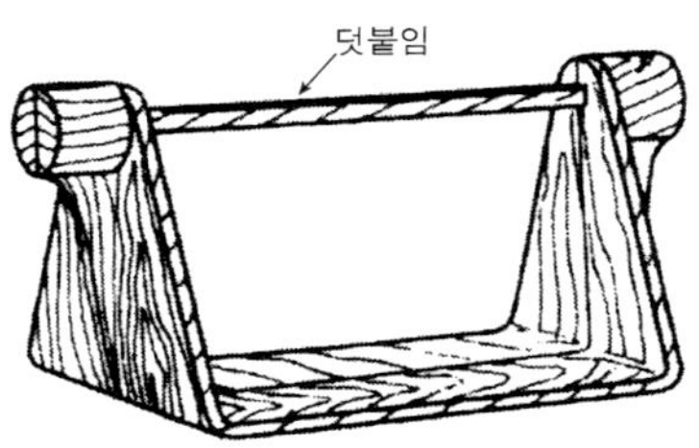

[그림 1.28] 덧붙임

제3절 주조

1.3.1 주형 재료

1. 주물사

주물사란 모래 주형을 만드는데 사용되는 재료로 모래 입자를 주성분으로 하되 성형성과 강도를 부여하기 위하여 점결제가 첨가된다.

1) 주물사의 구비 조건

주물사는 주물의 품질을 좌우하는 중요한 요소이므로 주물사를 선택 할 때에는 반드시 주형사로서의 필요조건을 고려하여 선정해야 한다.

- 일반적인 주물사의 구비 조건은 다음과 같다.

① 성형성이 좋을 것 : 주형을 쉽게 만들 수 있어야 한다.

② 내화도가 높을 것 : 고온의 쇳물에 용해되거나 소결되지 않고 화학적인 반응이 없어야 한다.

③ 통기성이 좋을 것 : 쇳물을 부었을 때 주형 내에서 생긴 가스나 공기가 밖으로 잘 배출되어야 한다.

④ 적당한 강도를 가질 것 : 쇳물을 주입 할 때 압력이나 충격에 견딜 수 있는 강도를 가져야 한다.

⑤ 보온성이 있을 것 : 열전도가 낮아 쇳물의 응고 속도를 늦추어 유동성을 향상시킨다.

⑥ 수축성이 있을 것 : 주물의 팽창과 수축에 잘 적응하여 주물에 과다한 응력이 생기지 않아야 한다.

⑦ 재생성과 경제성이 좋을 것 : 반복 사용하여도 노화되지 않아야 하며 가격이 저렴하고 구입이 용이하여야 한다.

2) 주물사의 종류

(1) 원료용 모래

(가) 천연사

천연사는 사립과 점토로 구성되어 있으며 산지에 따라 하천사, 해빈사, 산사 등이 있으며, 점토의 함유량에 따라 2%이하의 규사, 5∼10% 의 저 점토사, 10∼20%의 중 점토사, 20∼30%의 고 점토사로 구분한다.

(나) 규사

규사(SiO_2)는 2%이하의 점토분을 함유한 규석질의 모래입자를 말하며 천연으로 산출되는 천연 규사와 인공 규사가 있다.

인공 규사는 고규석질의 암석, 또는 천연 규사를 정제 및 분쇄하여 인공 가공한 것이다.

(다) 특수사

① 지르콘사 : 규산 지르코늄($Zr\text{-}SiO_4$)이 90%이상 함유된 것으로 강 주물이나, 주철의 두꺼운 부분에 효과적으로 사용하고 있다.

② 오리빈사 : 열팽창이 균일하고 입도가 작아 주물 표면사로 많이 사용하고 있다.

③ 샤못트사 : 열팽창과 수축이 비교적 적기 때문에 변형이 적고 반복 사용이 가능하므로 단순형상의 소형 주물에 사용한다.

④ 카본사 : 열팽창률이 규사의 1/8로 적으며, 열전도성이 좋다. 규사와 혼합 또는 단독으로 점결제를 배합하여 주형제작에 사용되고 있다.

(2) 점결제

주형제작에 필요한 성형성과 강도를 확보하기 위하여 규사에 점결제를 배합하여 사용한다. 점결제는 무기질 점결제와 유기질 점결제가 있다.

(가) 무기질 점결제

무기질 점결제는 점토로서 석영, 장석 등의 암석이 풍화하여 지름 0.01mm 이하로 된 미세한 입자로서 Si, Al, O, Fe, Mg과 그밖에 알칼리 금속, 알칼리토금속 등의 화학적 성분과 수분의 혼합물로 되어있다. 점결제로 사용되는 점토로 내화점토, 벤토나이트, 백점토, 일라이트 등이 있다.

(나) 유기질 점결제

유기질 점결제는 열분해 온도가 무기질 점결제인 점토에 비해 낮으며 유류, 곡분류, 당류, 수지류 등이 있다.

(3) 첨가제

주형은 모래와 점결제만으로 형성 할 수 있지만 경우에 따라 강도 보강, 붕괴성 향상, 고온에서 성질 개선, 주물 표면의 미려화 등 특수한 성질을 부여 할 필요가 있을 때에는 이를 위해 주물사에 첨가제를 배합하여 주형을 제작한다.

(4) 도형제

주물사로 제작한 주형은 입자 사이에 틈이 있으며, 점결제나 첨가제만으로 충분한 내화도나 표면 정도를 얻을 수 없는 경우가 많다. 따라서 주입시에 도래의 소착을 방지하고, 쇳물의 물리적 침투나 화학 반응이 일어나는 것을 막아주며 주형의 표면을 곱게 하기 위하여 주형 표면에 칠하는 재료를 도형제라 하고 흑연 , 숯, 운모, 활석 가루 등이 사용된다.

(5) 이형제

분리사 이외에 분리용 분말, 니스, 래커, 실리콘 유 등은 상형과 하형, 모형과 주형의 분리를 용이하게 하기 위하여 사용된다. 분리용 분말은 탄산 칼슘분말에 파라핀 또는 스테아린을 혼합한 것으로서 분리사 대용으로 널리 사용되고 있다.

3) 용도별 주물사의 종류

주물사는 배합재료의 성질과 첨가제 등에 따라 통기도와 성형성, 그리고 강도 등 주물사의 성질이 달라진다.

① 표면사 : 주물 표면과 접촉되는 부분에 사용하는 주물사로서 표면을 매끈하게 할 수 있는 입자가 작고 내화성이 있는 모래를 미세한 체를 사용하여 뿌린다.

② 분리사 : 상형과 하형의 주물상자가 서로 접착되는 것을 방지하기 위하여 경계면에 뿌리는 모래로 점토가 없는 하천 모래를 주로 사용한다.

③ 생형사 : 고사에 신사, 점토, 석탄 분말, 수분 등을 첨가하여 혼합한 것으로 주형을 만든 후 건조시키지 않고 그대로 쇳물을 주입한다. 주형 제작은 간단하나 가스의 발생이 많다.

④ 건조형사 : 건조형 주형제작에 사용하는 주물사로 볏짚, 톱밥, 코크스 분말, 흑연 분말 등을 적당히 혼합하여 가스가 잘 빠지도록 한다. 생형에 비하여 주형이 튼튼하고 가스의 발생과 균열 등이 적으므로 주강 주조 및 대형이나 복잡한 형태의 주철 주조에 사용한다.

⑤ 코어용사 : 코어제작에 사용하는 모래로 통기성과 내화성이 좋고, 또한 쇳물의 압력에 견딜 수 있는 강도를 가져야하고 주조 후 쉽게 붕괴시킬 수 있어야한다.

⑥ 롬사 : 회전 모형으로 주형을 제작 할 때 사용하는 주물사로 통기성을 좋게 하기 위하여 톱밥, 볏짚, 코크스 등을 섞는다.

2. 주물사 시험 항목

주물사의 시험항목은 강도와 경도, 수분함량, 점토 함유량, 입도, 통기도, 내화도, 성형성 등이 있다.

3. 주물사 처리용 기계

주물사 처리는 주물사의 사용 목적에 적합하게 사립, 점결제, 첨가제 및 수분 등을 적절히 배합하여 고르게 하는 각 종 처리를 말하며 이에 사용하는 기계를 주물사 처리기계라 한다. 주물사의 처리공정은 [그림 1.30]과 같이 고사와 신사를 적절하게 혼합하는 과정이다.

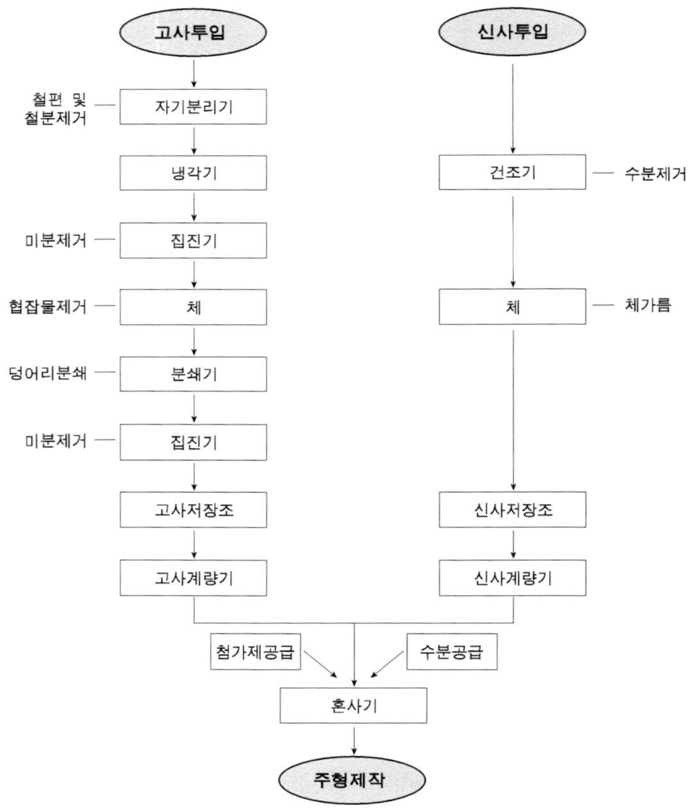

[그림 1.29] 주물사 처리 공정도

1) 건조기

모래에 함유되어 있는 수분을 제거하는 장치이다. 주물사가 가열된 로를 통과하면서 수분이 제거된다. 주물사를 배합 할 때 원료사는 건조과정을 거치지 않고도 사용할 수 있으나 필요에 따라 건조하여 사용한다.

특히 셀 주형이나 탄산가스 주형과 같이 점결제에 수분이 필요 없거나, 일반 주물사라도 균일한 수분을 위하여 1차 건조한 후 혼합 할 때는 적당량의 수분을 배합하는 것이 좋다.

2) 기계 체

기계체는 모래의 입도를 선별하고 불순물을 제거하는데 사용하는 체로 진동식([그림 1.30] (a))과 회전식([그림 1.30] (b))이 있다.

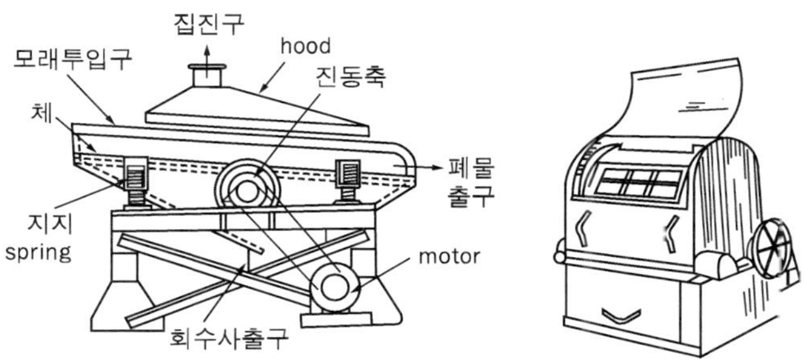

(a) 진동식 (b) 회전식

[그림 1.30] 기계 체

3) 자기 분리기

자기 분리기는 [그림 1.31]과 같이 모래에 함유되어 있는 철분이나 쇳조각을 제거하는 기계로 회전하는 원통형 자석에 모래를 낙하시켜 철분을 부착시켜 제거한다.

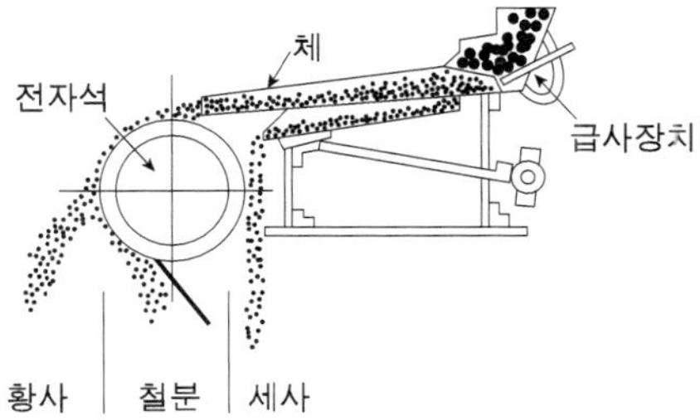

[그림 1.31] 자기 분리기

4) 분쇄기

분쇄기는 단단하게 뭉쳐진 모래 덩어리를 부수고 입자를 파쇄시켜 균일한 모래로 만드는 기계로 에지 밀과 볼 밀 등이 있다.

5) 혼합기

혼합기는 가장 널리 사용되는 주물사 처리기로 분쇄와 혼사의 목적으로 사용한다. 즉 모래 덩어리와 입자를 부수고 원료사에 점결제와 첨가제 및 물을 혼합시키는 장치이다.

6) 혼사기

혼사기는 사용한 주물사와 새 모래를 혼합 할 때 사용한다. [그림 1.32]는 원판식 혼사기이고, [그림 1.33]은 프로펠러식 혼사기이다.

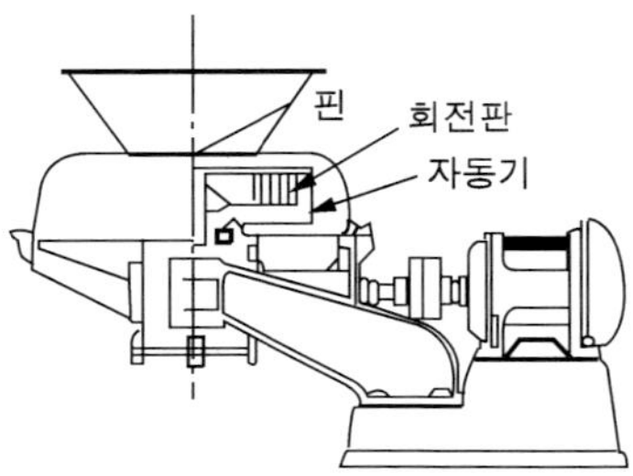

[그림 1.32] 원판식 혼사기

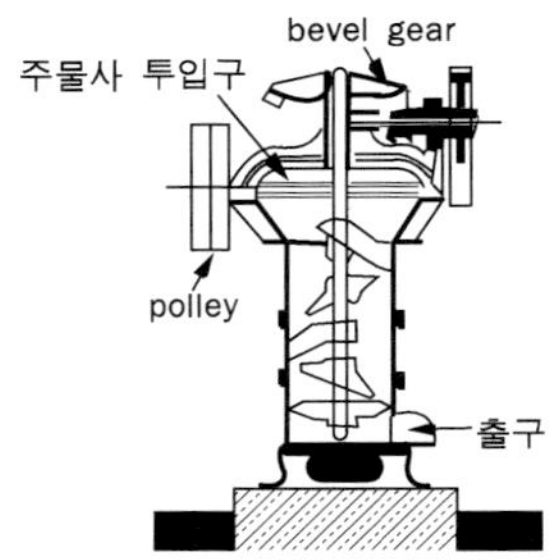

[그림 1.33] 프로펠러식 혼사기

7) 샌드 블랜더

[그림 1.34]와 같이 머리빗과 같은 철편 핀이 심어진 회전 벨트에 모래를 공급하여 모래를 공중에 날려 모래의 질을 고르게 하고 덩어리 등 단단한 이물질을 제거한다. 이 작업에서는 주물사의 수분 감소와 수분 및 점결제의 배합을 고르게 하며 통기성을 좋게 한다.

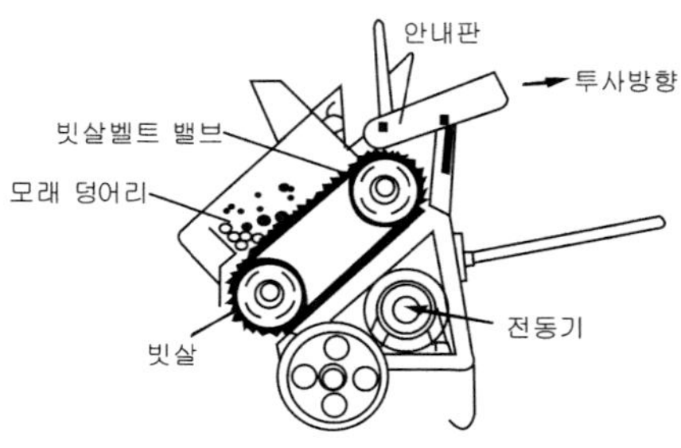

[그림 1.34] 샌드 블랜더

1.3.2 주형의 종류

주형은 주형을 만드는 재료에 따라 [그림 1.35]와 같은 모래주형(사형)과 금형이 있으나 대부분 모래로 주형을 만들어 주조하고 있으며 일반적으로 모래주형은 다음과 같이 분류한다.

1. 주형 건조 여부에 따라

1) 생 형

조형 후 건조시키지 않고 쇳물을 주입하여 주조하는 주형으로 작업 공정이 간편하여 생산성을 높이고 경제적인 주물을 제작 할 수 있으나 쇳물 주입시 수분이 기화하여 다량의 수증기가 발생하므로 가스에 의한 결함이 발생 할 우려가 있으며 강도가 약하여 대형에는 적합지 않다. 주로 중소형의 주철 및 비철 금속 주조에 사용한다.

2) 건조형

[그림 1.35]와 같은 건조형 주형은 일정 온도에서 건조시켜 수분을 제거한 것으로 통기도가 향상되고, 강도가 커지며 가스에 의한 결함을 감소시킨다. 주물제작이 까다로운 주강 주물이나 대형 주철주물, 코어 등에 사용된다.

(a) 조립 사진

(b) 분해 사진

[그림 1.35] 건조형 주형

3) 표면 건조형

생형의 표면만을 버너나 적외선 램프 등을 사용하여 건조하고 쇳물을 주입하는 형태로 바닥주형과 대형 주형 등과 같이 건조할 수 없는 주형에 적합하다.

2. 주형 상자의 사용법에 따라

1) 바닥 주형

주형 상자를 사용하지 않고 주물공장 바닥에 모형을 묻고 수평으로 한 후 주물사를 다져서 윗부분이 [그림 1.36]과 같이 개방된 상태로 주조하는 주형으로 주입한 쇳물의 표면이 공기와 접촉하므로 거칠고 정밀하지 않아 간단한 주물이나 거친 주물 제작에 사용한다.

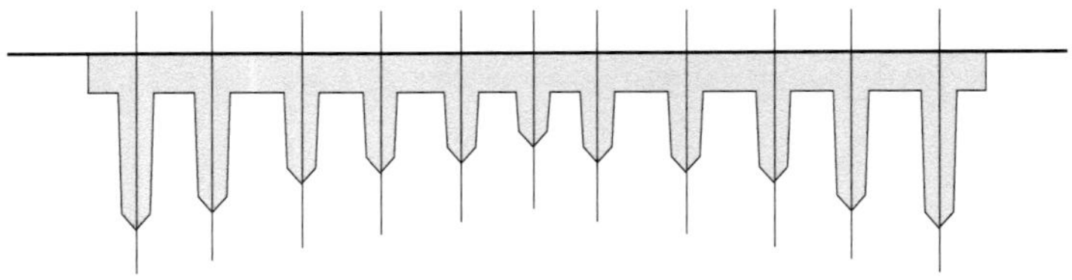

[그림 1.36] 바닥 주형

2) 조립 주형

[그림 1.37]과 같이 2개 이상의 주형 상자를 겹쳐서 완성된 주형을 만드는 주형으로 가장 많이 사용되는 주형 제작방법이다. 주물의 형상이 복잡할 경우는 2개 이상의 상자를 사용하여 주형을 제작 하는 경우도 있다. 이 방법은 초대형주물이나 초소형주물 제작에는 잘 사용되지 않는 방법이지만 모래 주형의 대표적인 방법이다.

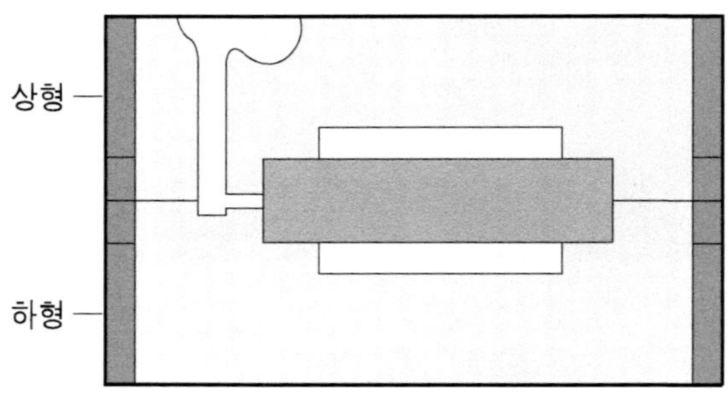

[그림 1.37] 조립주형

이와 같이 조립주형은 나무상자나 금속 상자를 사용하는 경우가 많다. 금속상자의 경우 무게를 가볍게 하기 위하여 알루미늄 상자를 사용하는 경우가 대부분이다.

[그림 1.38] 실제 제작된 주형

소형 주물을 대량으로 생산할 때는 [그림 1.38]에서 보는바와 같이 주형이 완성되면 주형 상자를 제거하고 모래주형만 여러 개 만들어 놓고 용융된 쇳물을 주입하여 생산성을 좋게 한다.

3) 혼성 주형

대형 주물을 제작 할 때는 전체를 주물 상자를 사용하여 주형을 만들기가 어렵다. 이때는 [그림 1.39]와 같이 주형의 상당부분을 주물공장 바닥을 파서 만들고 상부의 일부를 주형 상자 하나를 사용하여 주형을 완성하는 방법을 사용하며 이를 혼성주형이라고 한다. 대형 주물에서는 가스가 많이 발생하므로 바닥하부로부터 가스 방출이 용이하도록 바닥에는 자갈이나 코크스를 깔아준다.

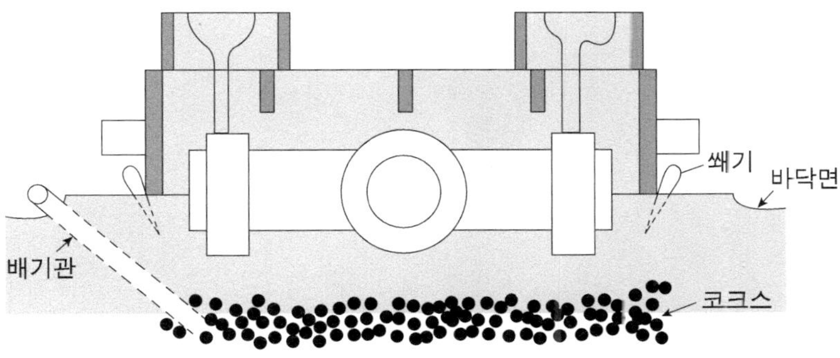

[그림 1.39] 혼성 주형

1.3.3 주형 제작 용구

1. 주형 상자

주형 상자는 주형 제작에 사용하는 틀로 거푸집이라고도 하며 주형 상자 안에 모형과 주물사를 넣고 다져서 주형제작 작업을 한다. 이 주형 상자는 목재나 금속으로 만들고 고정식과 개폐식이 있으며 개폐식은 1조의 상자로 여러 개의 주형을 제작 할 수 있다. 고정식은 [그림 1.40] (a)와 같이 하나의 상자를 사용하여 한 개의 주물을 제작하지만, [그림 1.40] (b)와 같은 개폐식 주형 상자는 하나의 모래주형이 완성되면 주형과 상자를 분리하여 또 다른 주형을 만들 수가 있으므로 많은 주형을 만들 수 있는 장점이 있다.

(a) 고정식

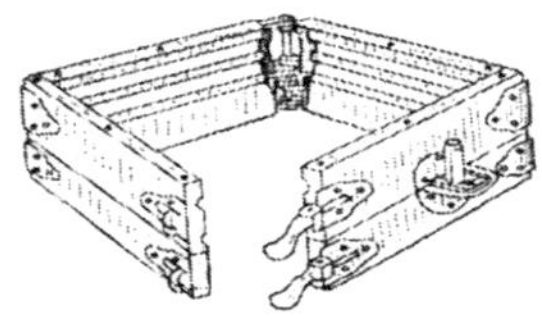

(b) 개폐식

[그림 1.40] 주물 상자(알루미늄)

2. 주형 정반

주형용 도마, 또는 조형대라고도 하는 주형 제작용 정반은 [그림 1.41]과 같이 주형제작할 때 모형과 주물 상자를 놓는 평판으로 주물상자보다 넓은 나무판이 많이 사용되고 있다.

3. 목마

[그림 1.42]는 회전형 모형으로 주형을 제작 할 때 모형의 회전 중심을 고정 하기 위하여 사용하는 회전목마를 나타낸 것이다. 이것은 회전형 모형을 사용할 때 사용되며 주로 나무로 만들어져 사용된다.

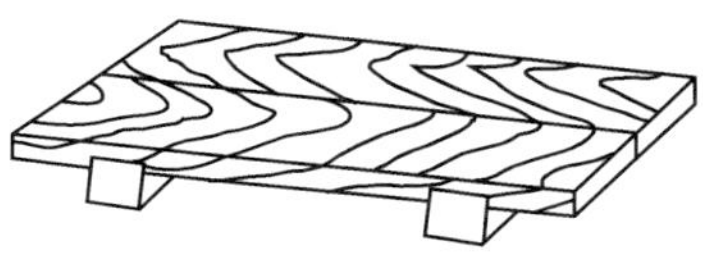

[그림 1.41] 주형 도마

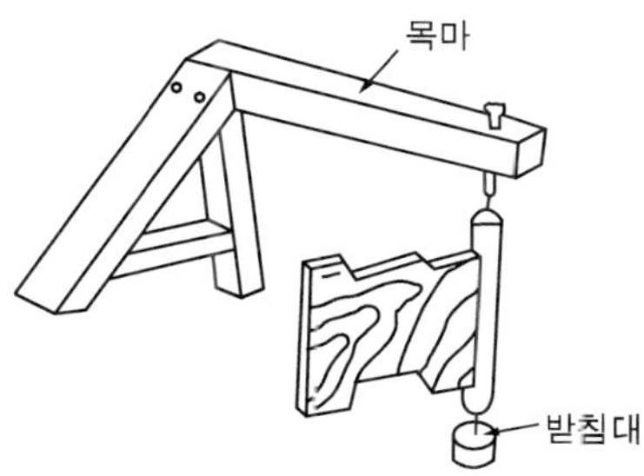

[그림 1.42] 목다

4. 주형제작용 수공구

주형제작에 주로 사용하는 수공구는 [그림 1.43]에서 보는바와 같이 그 종류가 다양하고 쓰임새가 정해져 있다.

① 삽 : 일반적으로 주형 상자에 다량의 주물사를 넣거나 퍼낼 때 사용한다. 주물정반위에 주형 상자를 놓고 그 안에 모형을 넣은 상태에서 모래를 채울 때 주로 사용되며 쇳물이 응고되고 난 후 모래를 퍼 낼 때도 사용된다.

② 다짐봉 : 삽으로 주형 상자에 퍼 넣은 주물사를 다지는 데 사용하며 대형 주물에서는 에어 스탬프를 사용한다.

③ 뜨게, 주형 숟가락 : 1차적으로 다짐봉으로 모래를 다진 후 모형주변이나 모형을 빼낸 다음 주형의 형상 및 표면을 다듬는데 주로 사용한다.

④ 목형 뽑개, 공기구멍 송곳 : 모래에 묻혀 있는 목형을 뽑아 낼 때나 주형 내부에서 발생되는 가스 배출을 위해 주형에 구멍을 뚫는데 사용한다.

⑤ 긁기 봉 : 주물사를 주물 상자에 채우고 다진 다음 윗면을 평평하게 긁어내는데 사용한다.

⑥ 체 : 주물사의 덩어리진 부분과 불순물을 제거하고, 표면사 또는 분리사를 뿌리는 데 사용한다.

⑦ 흙손 : 아래 그림에서 보는바와 같이 주형의 넓은 표면을 고르거나 주물사를 제거하는 데 사용한다.

⑧ 탕구봉 : 주형에 쇳물을 주입하기 위한 탕구를 만들기 위해 사용하는 원형봉으로 나무나 금속으로 되어있다.

⑨ 풀무 : 주형 안에 떨어져 있는 모래 등 가벼운 불순물들을 바람을 일으켜 제거하는 기구이다.

⑩ 기타 : 그 밖에도 수준기, 확대경, 흑연 주머니, 물통, 컴퍼스, 자 등 여러 가지의 수공구가 사용된다.

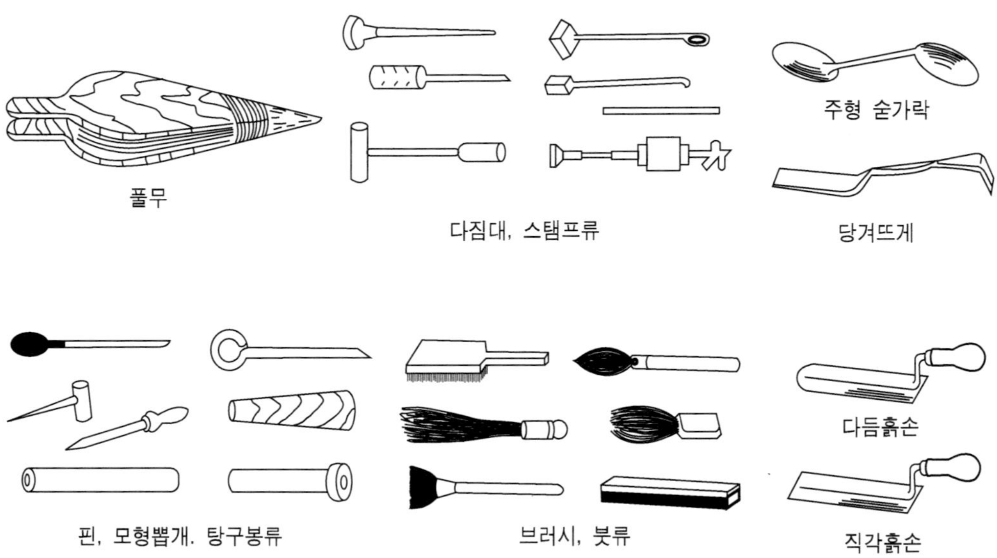

[그림 1.43] 주형 제작용 수공구

5. 코어 받침대

코어 받침대는 코어가 자중이나 부력 등으로 인하여 변형되거나 파손되는 것을 방지하기 위하여 주형 내에서 [그림 1.43]에서 보는바와 같이 코어를 지지하는데 사용한다. 코어받침대는 쇳물 속에 들어가면 녹아 용착이 될 수 있는 주물 재질과 동일계의 얇은 판재로 만들고 표면에 녹이 슬거나 불순물이 없도록 깨끗한 상태로 사용한다.

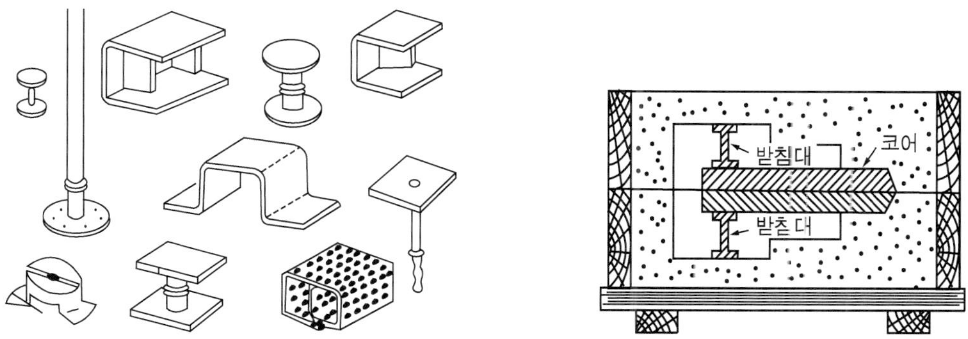

(a) (b)

[그림 1.44] 코어 받침대

1.3.4 주형제작 기계

주형제작 기계는 주물사를 다지는 조형과 모형을 뽑아내는 작업을 기계를 이용하여 자동으로 하는 것으로 주로 소형 또는 중형 주물의 대량 생산에 이용한다. 주형제작에 사용하는 기계를 조형기계라 한다.

1. 조형기의 형식

1) 진동법

진동법은 [그림 1.45]에서 보는바와 같이 진동 테이블에 놓여 있는 주형 상자에 모래를 넣고 상하로 요동시켜 주물사를 다지는 방법이다. 졸트 실린더 하부에 압축 공기구멍과 배기구멍이 있어 압축공기로 테이블을 상승시켜 배기구멍 위치에 오면 압축 공기는 배출되고 테이블의 자중에 의한 낙하운동에 의해 진동이 생성되는 과정을 반복하며 주물사를 다진다.

이 방법으로 모래를 다지게 되면 모형 주위는 단단하게 다져지지만 위쪽으로 갈수록 약하게 다져진다.

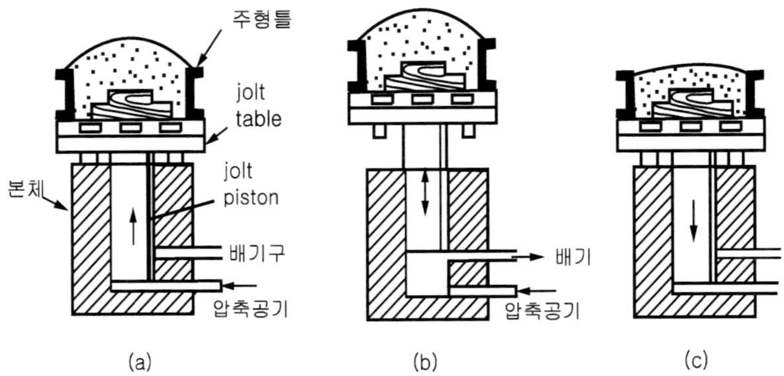

[그림 1.45] 진동법

2) 압축법

[그림 1.46]에서 보는바와 같이 주형 상자 속의 모래에 압축판을 이용하여 위에서 압력을 가하여 조형을 한다.

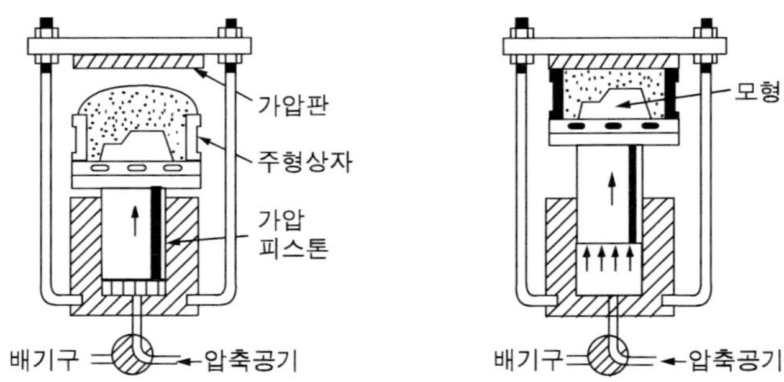

[그림 1.46] 압축법

압축 피스톤의 하부에서 압축공기로 피스톤을 밀어 올려 기계의 상부에 있는 압축판에 주형 상자안의 주물사를 압착시켜 조형한다. 이 방법으로 작업을 하면 주형의 모래 다짐정도가 진동법과는 반대로 압축판이 닫는 위쪽이 단단하고 모형이 있는 아래 부분은 약하게 다져진다.

3) 투사법

투사법은 주물사를 원심력을 이용하여 주형 상자에 투사하여 조형하는 방법으로 작업 범위가 넓고 다짐 정도가 고르고 소음과 진동이 적으나 시설비가 많이 든다. 이 장치를 사용하여 만들어진 조형기는 [그림 1.47]과 같은 샌드 슬링거가 있다.

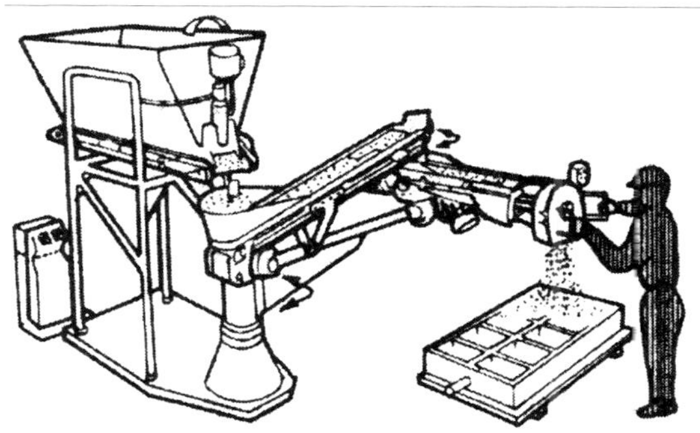

[그림 1.47] 샌드 슬링거

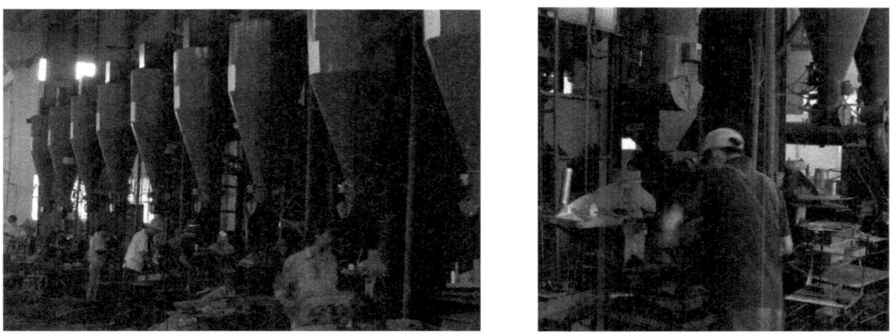

[그림 1.48] 샌드 슬링거의 작업

주형을 대량으로 제작하거나 대형주물을 생산하기위한 주형을 제작하는 경우에 [그림 1.48]과 같이 샌드 슬링거를 사용하면 효과적이다.

4) 블로우법

블로우법은 [그림 1.49]와 같이 주물사를 압축 공기와 함께 코어제작용 주형 안에 불어넣고 공기만 구멍을 통하여 배출시켜 주물사를 다지는 방법이다. 이 방법은 주로 코어를 제작 할 때 많이 사용되고 있다.

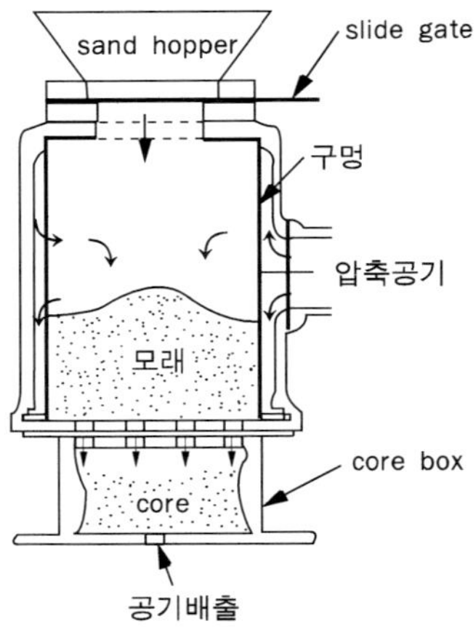

[그림 1.49] 블로우법

5) 스트립법

조형한 주형으로부터 모형을 뽑아 낼 때 [그림 1.50]과 같이 모형이 아래에 있는 테이블에 고정된 상태에서 주형 상자를 밀어 올려 모형을 뽑아내는 방법이다. 모형을 모래로부터 분리 할 때 5,000~30,000회/min의 미세 진동을 주어 모래가 잘 떨어지게 한다.

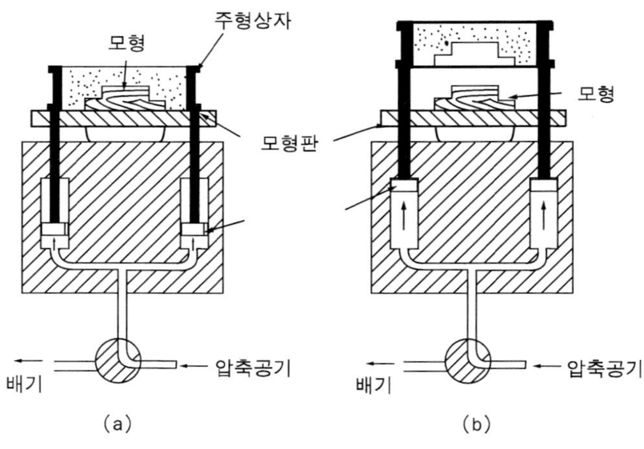

[그림 1.50] 스트립법

6) 드로우 백 방법

모형을 뽑을 때 스트립법과 반대로 주형을 고정하고 모형을 위로 뽑아내는 방법이다. 주형을 다진 후 주형전체를 180°반전시킨 후 모형만 위로 뽑아낸다.

1.3.5 주형제작

1. 주형제작 순서

- 분할모형을 사용하여 원통형 주물을 제작하기위한 주형 제작 순서는 다음과 같은 공정을 거쳐서 이루어지며, [그림 1.51]에는 제작공정을 그림으로 나타내었다.

1) 정반위에 하형 주형 상자를 놓고 주형 상자 안에 분할모형 중 조합용 구멍이 있는 면이 정반 쪽으로 향하게 놓는다.

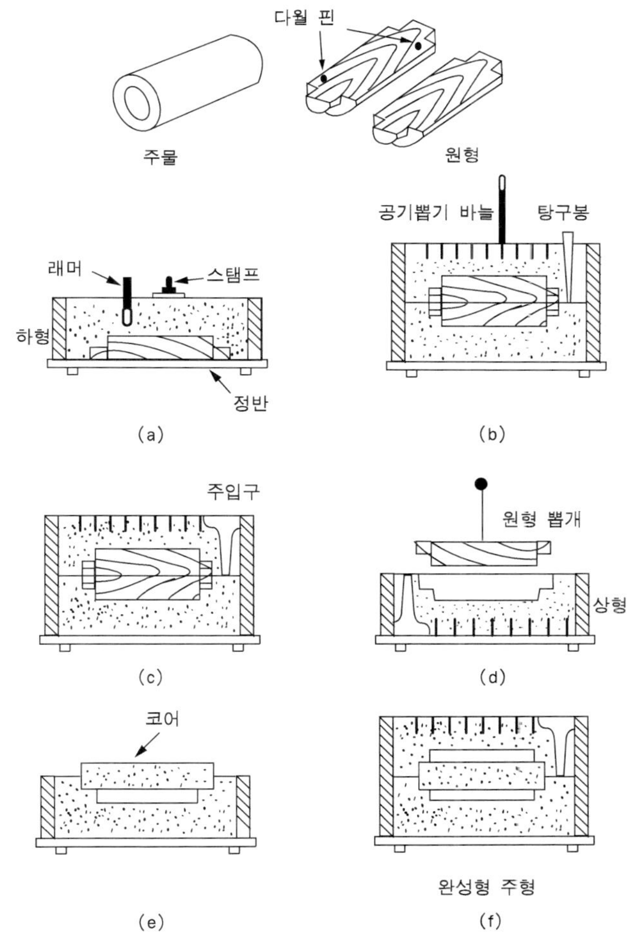

[그림 1.51] 주형 제작 순서

2) 모형의 주위에 표면사를 5~6mm 두께로 뿌리고 그 위에 일반 주물사(형사)로 채우면서 스탬프로 다진다. 필요한 만큼 다진 후 주형 상자 위에 있는 모래를 긁기 봉으로 제거하고 평면이 되도록 한다.

3) 주형 상자를 완전하게 뒤집어 정반위에 놓고 나머지 분할된 모형의 반쪽을 이미 주물사에 묻혀있는 부분과 일치하게 돌기 핀을 이용하여 조립시킨다.

4) 위 상자를 아래 상자 위에 올려놓고 아래 주형 상자 표면 모래부위에 분리사를 얇게 뿌리고 탕구봉을 세운다.

5) 위 상자도 2)항의 아래 상자와 같은 방법으로 조형을 한 다음 상면을 편평하게 긁어내고 공기구멍 송곳으로 가스 뽑기 구멍을 뚫고 나면 탕구봉을 조심스럽게 뽑아낸다.

6) 먼저 다음 조립을 위하여 주형 상자 바깥쪽에 상하면 경계부위를 점토 등을 이용하여 표시를 한다. 그리고 상형을 분리하여 뒤집어 놓고 상하 주형 상자의 모형 주위를 물 묻은 주물 붓으로 쓸어내고 뽑기를 이용하여 모형을 뽑아낸다.

7) 위 상자의 탕구를 기점으로 아래 주형에 탕도를 만들고 도형제를 바르고 코어를 코어 프린트 부분에 설치한다.

8) 모형을 뽑아내고 아래 위 상자에 거푸집이 완성되면 6)항에서 주형 상자 바깥 부분에 표시한 합인에 맞추어 주형 상자를 조립하면 주형 제작이 끝나게 된다.

2. 주조방안

1) 주형의 구성 요소

주형에 쇳물을 주입하여 응고시킨 후 주물사를 털어 내면 [그림 1.50]과 같이 실제 주물 형태와는 판이하게 다른 형상이 남게 된다. 이것은 주형 내부로 쇳물이 들어가는 통로와 응고와 관련하여 필요한 부위 때문이며 이들이 어떻게 만들어졌는가에 따라 주물 품질이 크게 영향을 받는다.

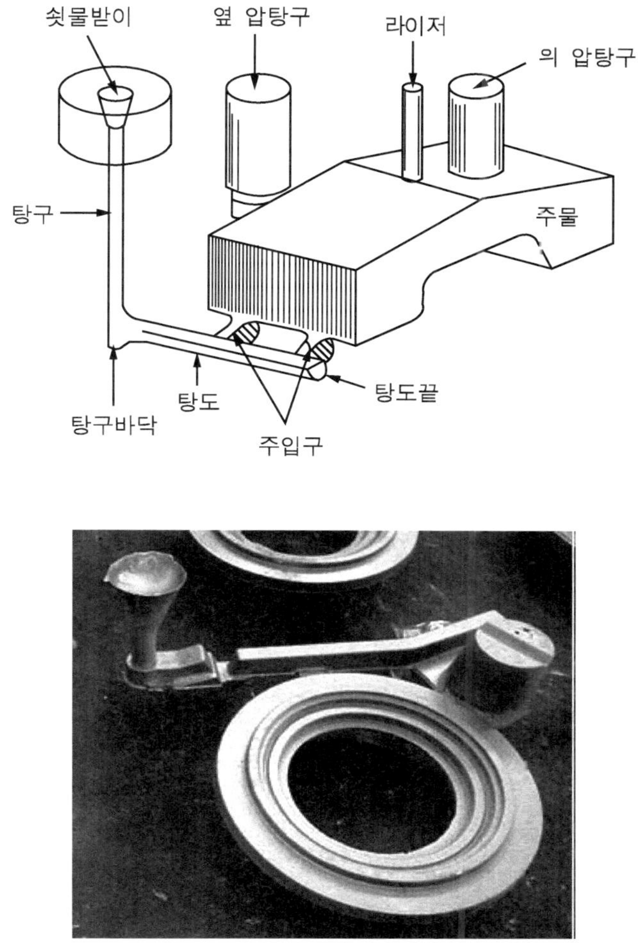

[그림 1.50] 주형의 구성

주물 통로를 탕구계라 하고 탕구계는 쇳물받이, 탕구, 탕도, 게이트 등으로 구성되어 있다. 응고과정에서 발생되는 수축에 의한 부족 쇳물을 공급하는 압탕과 가스 방출구멍 등이 주형에서 공간이므로 이곳에 쇳물이 차 응고되면 실제 주물과 다른 형태가 된다.

2) 탕구계

탕구계는 쇳물을 주형에 흘러들어 가게 하는 통로로 쇳물받이, 탕구, 탕그바닥, 탕도, 탕도 끝, 주입구 등으로 구성되어 있으며 주형내부에 쇳물을 주입시키는 것 외에 슬래그와 먼지 등을 분리하여 주형내의 유입을 막고 가스의 방출을 촉진시킨다.

(1) 탕구계의 각부 명칭

(가) 쇳물받이

외부로부터 쇳물을 주형내부로 주입하는 곳으로 주탕 컵, 또는 탕류라고도 한다. 쇳물을 일단 고이게 하여 난류나 와류가 일어나지 않도록 하고 슬래그와 불순물이 탕구내로 유입되지 않는 구조로 만들어져야한다. [그림 1.51]은 주탕 컵의 형식으로 [그림 1.51] (a)에서는 주입 컵에 쇳물을 부으면 가벼운 슬래그와 불순물은 화살표처럼 위쪽으로 떠오르고 아래부분으로는 맑은 쇳물이 들어가게 한 것이고, [그림 1.51] (b), (c), (d)는 댐을 설치하여 불순물이 걸리도록 한 것이다. [그림 1.51] (e)는 스토퍼(stoper)를 설치하여 쇳물을 안정시킨 후 스토퍼를 올려 양질의 쇳물이 조용히 유입토록 한다.

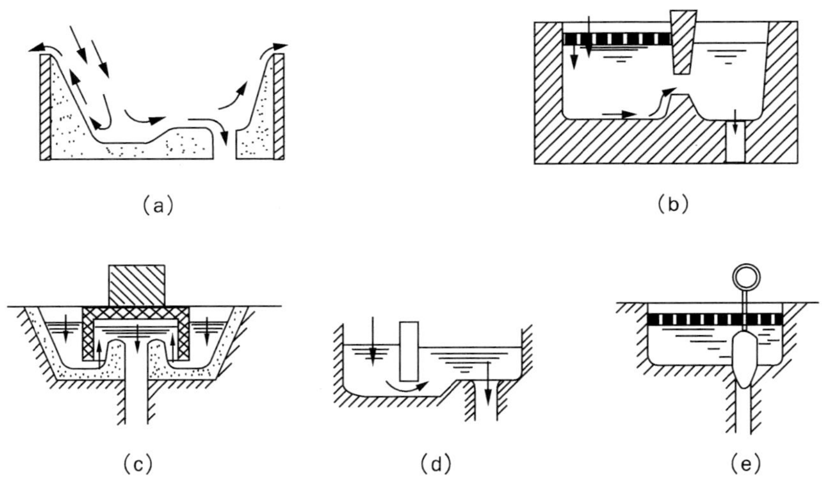

[그림 1.51] 각종 쇳물받이 형상

(나) 탕구와 탕구바닥

쇳물받이에서 수직으로 연결된 쇳물의 유입 통로이며 일반적으로 아래쪽 지름이 작아지는 테이퍼형의 원주단면을 갖는 구멍으로 되어 있다. 탕구 끝 부분은 반원형으로 하여 쇳물의 흐름을 완만하게 하고 있는데 이 부분을 탕구바닥이라 한다.

(다) 탕도와 탕도 끝

탕구 끝에서 수평으로 난 쇳물의 유입 통로를 탕도라 하고 탕도를 따라 들어오는 첫 쇳물은 모래의 미분 등 불순물을 함유 할 수 있기 때문에 이를 잡아두기 위하여 탕도의 끝부분을 연장시켜 놓은 부분을 탕도 끝이라한다. 탕도는 쇳물이 조용히 흐르면서도 신속하게 주형내에 차고, 도중에 슬래그 등 불순물을 제거 할 수 있는 형상이 좋다. [그림 1.52]는 각종 형상의 탕도를 나타낸 것이다.

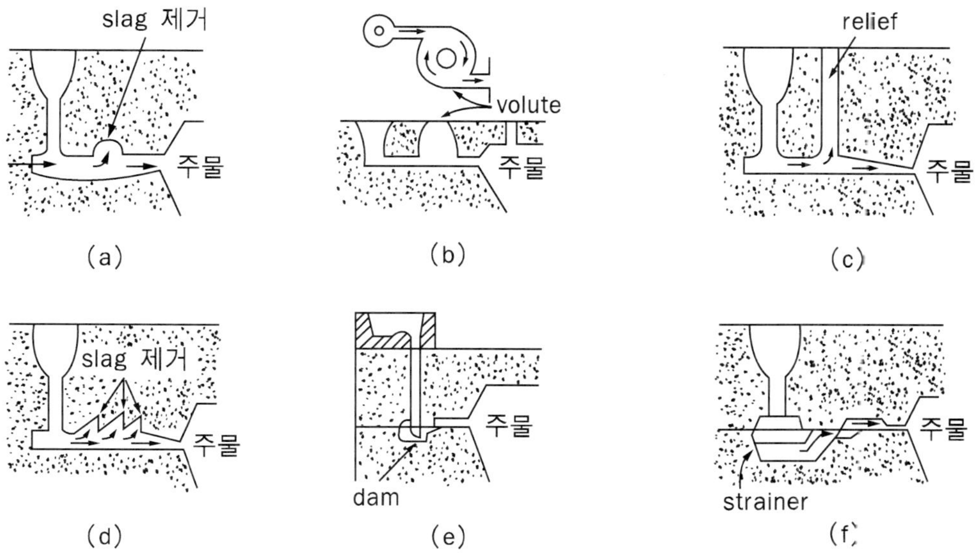

[그림 1.52] 각종 탕도 형상

(라) 주입구

탕도와 주형을 연결하는 통로를 주입구라 한다. 주입구는 탕도에서 들어오는 쇳물이 속히 고르게 주형에 채워지고 주물의 각 부분이 고르게 냉각 되도록 하며, 주형내의 공기와 가스 배출이 잘되도록 하여야한다.

[그림 1.53]은 주입구의 여러 형태이다.

(2) 탕구비

탕구와 탕도, 그리고 주입구의 단면적 비를 탕구비라 한다. 탕구비는 탕구계 설계에 중요한 기초사항이 된다.

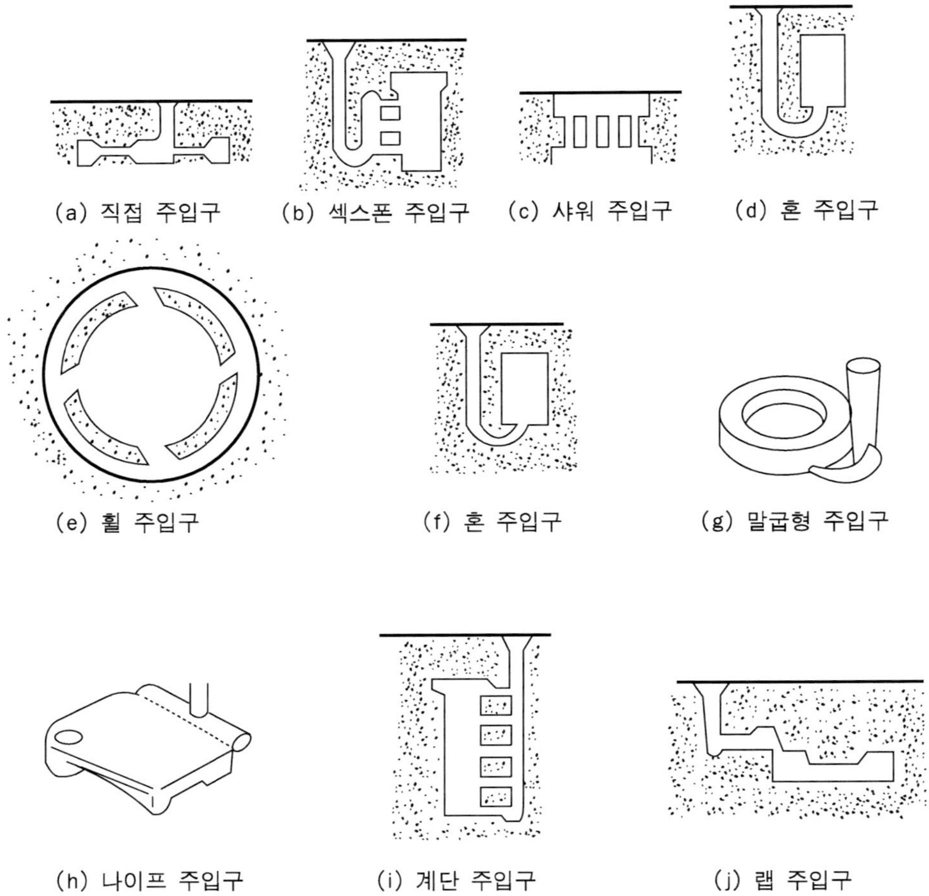

[그림 1.53] 주입구의 여러 형태

(3) 탕구 종류

(가) 낙하식 탕구

탕구를 주형 위쪽에 두어 쇳물이 주형 바닥으로 직접 떨어지게 된 형식으로 쇳물의 온도 강하가 적고 밑에서 위로 향하여 응고가 이루어져 치밀한 주물을 얻을 수 있다. 그러나 주입시 공기의 유입이 쉬어 산화하는 경향이 있고, 난류가 형성되며 쇳물이 비산되고 주형의 일부를 침식하는 경향이 있다. 소형이나, 충격저항이 크고 치수가 큰 주형에 한정하고 있다. 특히 마그네슘이나 알루미늄과 같이 산화하기 쉬운 금속 주물에는 피하는 것이 좋다.

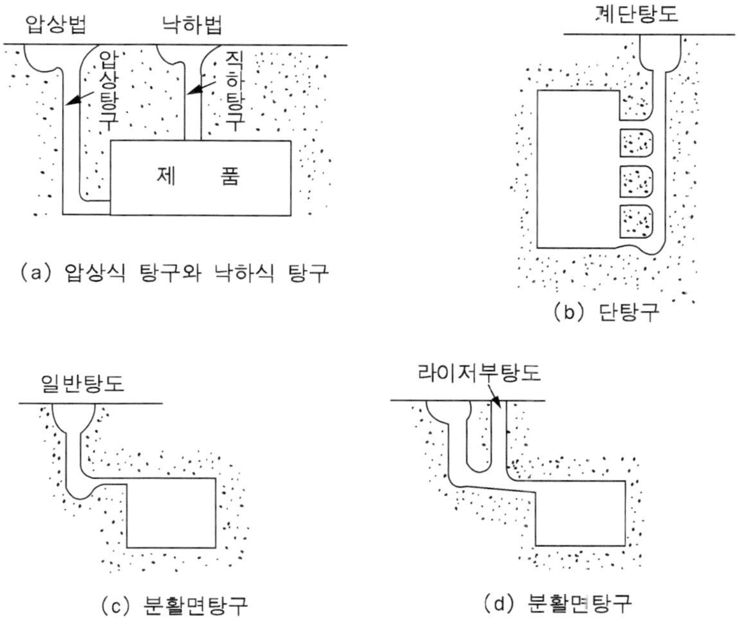

[그림 1.54] 탕구의 종류

(나) 압상식 탕구

주입구를 주형의 맨 밑 부분에 위치하여 주형을 침식하는 일 없이 쇳물이 즈용히 유입하여 용제나 불순물이 잘 떠오른다. 그러나 응고가 위에서 아래로 진행되므로 쇳물 유입이 방해되고 수축공이 생기기 쉬운 결점이 있다. 따라서 벽 두께가 얇고 깊은 주물에는 적합하지 않다.

(다) 단 탕구

[그림 1.54] (b)와 같이 주입구의 위치가 압상식과 낙하식을 조합한 것으로 쇳물은 먼저 낮은 주입구로 부터 유입하고 쇳물이 어느 높이까지 도달했을 때 그 위 주입구로부터 유입하기 때문에 윗부분의 쇳물 온도는 크게 떨어지지 않는다. 조용히 유입 할 스 있도록 탕도를 경사지게 한다.

(라) 분할면 탕구

[그림 1.54] (c), (d)와 같이 주형의 상형과 하형의 분리면에 탕구를 설치한 것이며 압상식

과 낙하식의 중간 형태로 이들 두 형식의 장단점을 절충한 것이다. 분할면 탕구는 압탕에 직접 탕구를 설치하기 쉬우며 지향성 응고를 촉진시킬 수 있는 장점이 있다.

4) 냉각 쇠

압탕의 유효거리가 한정되어 있으므로 주물 모든 부위를 통하여 지향성 응고가 이루어지지 않으므로 필요에 따라 어떤 부위의 주위가 동일한 시간대에 응고가 형성되어 누진성 응고가 되도록 주형의 일부분에 열 흡수성이 좋은 금속을 배치하여 두꺼운 부분 또는 고온부의 응고 속도를 조절하여 얇은 부분 또는 저온부와 동일한 시간대에 응고가 이루어지도록 하는데 이때 사용하는 금속을 냉각 쇠라 한다.

5) 플로 오프

주형에 쇳물이 차는 것을 확인하기 위한 구멍으로 주형의 높은 곳에 설치하여 쇳물이 넘쳐흐르면 충분히 채워진 것을 알 수 있으며, 가스의 방출구 역할도 한다.

6) 주입 온도 및 주입 시간

(1) 주입온도

주조에서 주입온도는 매우 중요하다. 화학성분이 같은 쇳물이라도 주입온도가 쇳물의 유동성에 미치는 영향은 크며 주물의 모양과 두께에 따라 주입온도를 조절하여야 한다. 주입온도가 높으면 쇳물의 가스 흡수가 높아 기공의 원인이 되며 수축이 심하여 균열을 일으키기 쉽다. 주입온도가 낮으면 유동성 및 쇳물 흐름의 불량으로 주물결함의 원인이 된다.

주입온도는 쇳물의 조성, 냉각 속도, 주입 속도 등에 따라 결정해야 되며 높은 온도 일수록 수축량이 크므로 유동성을 고려한 가장 낮은 온도를 택하는 것이 바람직하다. 표 1.8은 각종 주물의 적정 주입온도를 나타낸 것이다.

〈표 1.8〉 각종 주물의 주입 온도

주물재료	주입온도(℃)
황동	1050 ~ 1150
청동	1150 ~ 1200
알루미늄합금	670 ~ 760
주철(대형주물)	1350 ~ 1360
주철(소형주물)	1350 ~ 1390
주강(대형주물)	1550 ~ 1540
주강(소형주물)	1540 ~ 1560

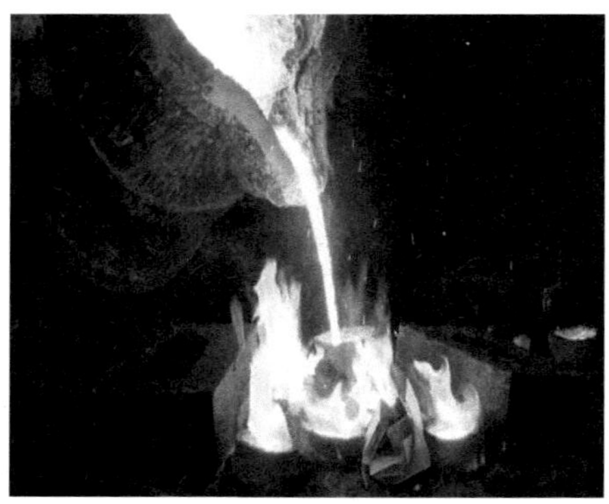

(2) 주입시간

주형에 쇳물을 주입할 때 주형 내에 쇳물을 채우는 시간을 말하며 쇳물은 주형에 완전히 찰 때까지 응고하지 않고 액상선 이상의 상태로 남아 있는 시간이내에 주입이 완료되어야 한다. 주입시간은 주물의 두께, 형상, 중량, 성분 등에 따라서 달라진다.

표 1.9는 주물의 중량에 따른 주입시간을 경험 값으로 나타낸 것이다.

〈표 1.9〉 주철 및 주강의 주입 시간

주철		주강	
중량(Kg)	주입시간(sec)	중량(Kg)	주입시간(sec)
100이내	4~8	100~250	4~6
500이내	6~10	250~500	6~12
1000이내	10~20	500~1000	12~20
4000이내	25~35	1000~3000	20~50
4000이상	35~60	3000~5000	50~80

7) 압상력과 중추무게

주형에 쇳물을 채우면 주형의 접촉면에 직각방향으로 표면에서부터 깊이에 비례하여 압력이 작용한다. 이중 위 상자를 위로 밀어 올리는 힘을 압상력이라 하고 압상력이 위 주물 상자의 중량보다 크면 상형이 들려 하형과의 경계면으로 쇳물이 흘러나오게 되고 불량 주물이 된다. 이를 방지하기 위하여 상형과 하형을 클램프로 고정하거나, [그림 1.55]와 같은 무거운 쇳덩어리(중추)를 상형위에 올려놓아 쇳물이 새거나 파괴되는 것을 방지한다.

[그림 1.55] 주조용 중추

[그림 1.56]에서 주물 위쪽의 투영면을 A, 유효높이를 H, 주물재료의 비중량을 γ라 하면 압상력 F는

$$F = A \cdot H \cdot \gamma$$

위의 값은 정압일 때 압상력이고 실제로는 동압이 작용한다. 동압은 정압의 1.5~2배로 하고 중추의 무게를 W, 상형의 무게를 G라고 하면

$$W = (1.5 \sim 2)F - G$$

가 된다.

[그림 1.57]과 같이 주형내에 코어가 있을 때에는 코어의 부력을 가산하여 정압인 경우 압상력은 다음과 같다.

$$F = A \cdot H \cdot \gamma + \frac{3}{4} V \cdot \gamma$$

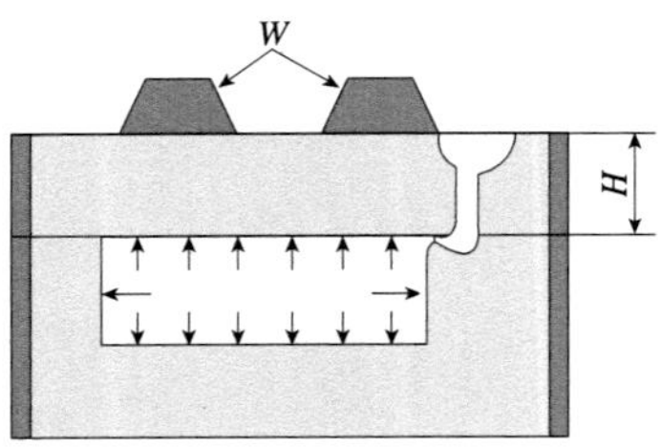

[그림 1.56] 압상력

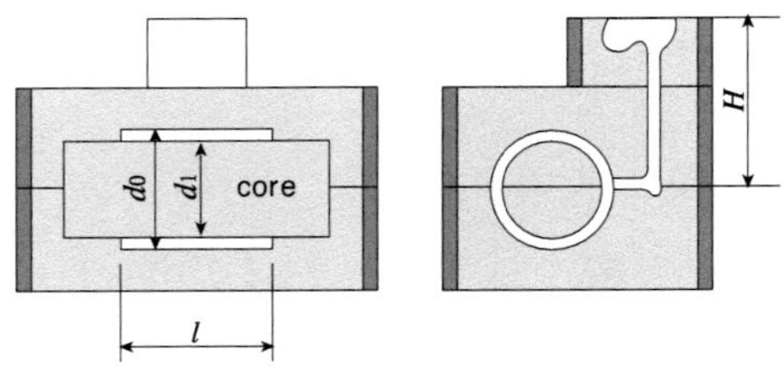

[그림 1.57] 압상력

예제 1

[그림 1.55]에서 주물 윗면이 가로 500mm, 세로 200mm이고, 주입컵에서 윗면까지의 유효 높이가 150mm이다. 비중량이 7.5g/cm^{3}인 주철 주물제작에 필요한 중추의 무게를 계산하라.

단, 상형의 무게는 200Kg이다.

풀이 $F = A \times H \times \gamma = (50 \times 20) \times 15 \times 7.5 = 112500g = 112.5Kg$

동압= 2×정압으로 보면

$W = 225 - 200 = 25Kg$

예제 2

[그림 1.56]과 같은 원통형 주물제작시 필요한 중추 무게를 구하라.
그림에서 d_0=1000mm, d_1=400mm, H=2000mm, l=1200mm이며 쇳물의 비중은 7.5g/cm³ 이고, 상형의 무게는 5ton이라면 중추의 무게는?

풀이

$$F = A \cdot H \cdot \gamma + \frac{3}{4} V \cdot \gamma$$

$$= (100 \times 120) \times 200 \times 0.0075 + \frac{3}{4}(\frac{\pi}{4} \times 40^2 \times 120) \times 0.0075$$

$$= 18848(\text{Kg}) \fallingdotseq 18.85(\text{ton})$$

동압 $= 2 \times$ 정압 $= 2 \times 18.85 = 37.7(\text{ton})$

$\therefore$ 중추무게 W = 압상력 − 위 상자 무게 $= 37.7 - 5 = 32.7(\text{ton})$

제4절 용해로

1.4.1 용선로

용선로(cupola)는 직립 원통형 로이며 외부는 철판이고 내부는 내화 벽돌을 쌓고 내화점토를 바른다. [그림 1.58]은 용선로의 구조로 중요부위는 위쪽에 지금과 연료를 투입하는 장입구가 있고, 아래쪽에는 쇳물을 빼내는 출탕구와 슬래그를 제거하는 슬래그 출구가 있다. 로 내부의 코크스를 연소시키는데 필요한 공기를 불어넣는 공기구멍과 그 주위에 있는 공기통로인 풍동 등으로 구성되어 있다. [그림 1.59]와 같이 전로를 설치한 것도 있는데 이것은 대용량인 경우에 많이 사용된다.

용해는 장입구를 통하여 코크스와 석회석, 그리고 지금(地金) 등을 반복적으로 장입하고 송풍기에서 공급하는 공기는 공기구멍을 통하여 로 안으로 들어가 코크스를 연소시키고 이 열에 의하여 장입된 지금이 용해된다. 용해된 금속은 로 하부에 있는 출탕구에서 받아낸다.

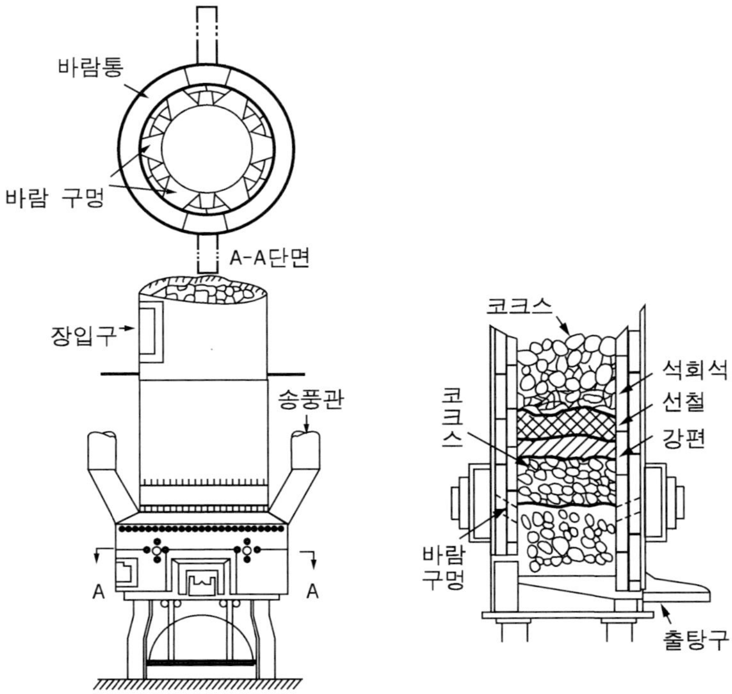

[그림 1.58] 용선로

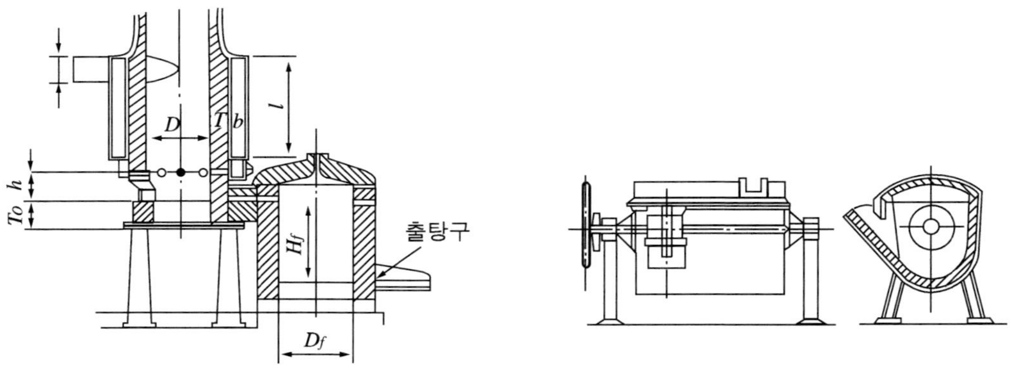

(a) 고정식

(b) 회전식

[그림 1.59] 전로

〈표 1.10〉 용선로의 용해능력과 규격

용량 (ton/hr)	바깥지름		안지름	라이닝두께		송풍관 지름	장입구(mm)	
	동체	풍동		장입구 하부	장입구 상부		수	치수
1/2～1	810	1170	585	115	65	130	1	380×410
1～2	910	1270	690	115	65	250	1	510×510
3～5	1040	1450	810	115	65	290	1	560×560
5～6	1300	1700	940	180	65	360	1	690×740
6～7	1420	1880	1140	180	115	360	1	690×760
9～10	1680	2140	1220	230	115	430	1	690×760

용선로의 용량은 시간당 용해할 수 있는 량을 톤, 즉 ton/hr로 표시한다. 일반적으로 사용되는 용선로의 용량은 3～10 ton/hr이다. 용선로의 규격은 용해층의 안지름과 공기구멍에서 장입구까지의 높이로 표시한다. 표 1.10는 용선로의 용량과 규격을 표시한다.

용선로는 용해실과 연소실이 같으므로 열효율은 좋으나 조업 중에 성분변화가 일어나기 쉽다. 그리고 불순물의 혼입이 용이하고 장시간 조업을 연속적으로 할 수 있어 대량생산에 알맞으며 구조가 간단하여 설비비가 저렴하다.

1.4.2 도가니 로

도가니를 사용하여 금속을 용해하는 로를 도가니로(crucible furnace)라 한다.

[그림 1.60]은 각종 도가니 로이다. 도가니로는 연소실과 용해실이 분리되어있어 연소의 영향을 받지 않아 쇳물의 성분 변화가 없는 것이 큰 장점이다. 또한 설비비가 적게 드나 열효율이 낮다. 도가니로는 용해온도가 낮은 비철 금속 용해에 사용되고 있으며 용량은 1회에 용해 할 수 있는 구리의 중량을 kg으로 하여 번호로 표시하고 있다. 즉 #10 도가니라면 1회에 구리 10kg을 용해할 수 있는 도가니를 의미한다.

도가니로의 종류에는 구조에 따라 정치식과 가경식이 있고, 사용연료에 다라 코크스로, 중유로, 가스로, 전기로 등이 있고, 노의 재질에 따라 흑연과 내화점토르 만든 흑연 도가니와 주철 또는 강으로 만든 철제 도가니가 있다.

흑연 도가니는 구리합금 과 같이 비교적 용해온도가 높은 비철금속 용해에 사용하고 철제 도가니는 알루미늄 합금과 마그네슘 합금처럼 용해온도가 낮은 금속 용해에 주로 사용한다.

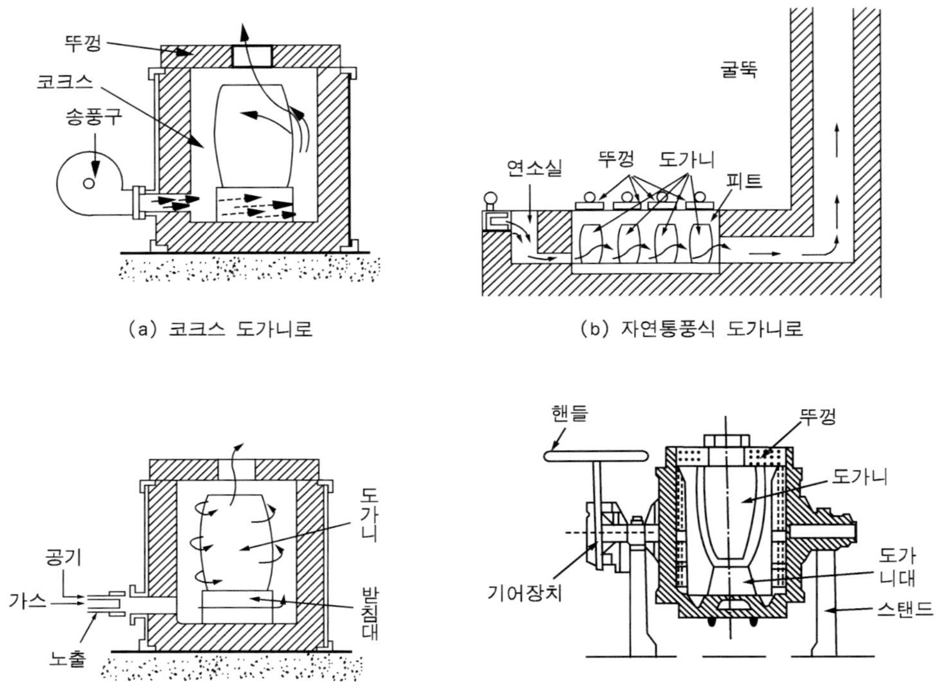

(a) 코크스 도가니로 (b) 자연통풍식 도가니로

(c) 가스 도가니로 (a) 가경식 도가니로

[그림 1.60] 각종 도가니로

1.4.3 전기로

전기로(electric furnace)는 전열을 에너지로 사용하여 용해하는 용해로의 총칭으로 열원 발생방식에 따라 아크로, 유도로, 저항로로 대별 된다. 〈표 1.11〉은 전기로의 분류를 나타낸다.

〈표 1.11〉 전기로 분류

전기로	아크로	직접 아크로	Heroult식(고급주철, 가단주철, 주강 용해)
		간접 아크로	Detroid식(동합금, 경합금, 비철금속)
	유도전기로	고주파 아크로	강, 특수강합금, 주철
		저주파 아크로	동합금, 알루미늄합금, 다이캐스팅용합금
	전기 저항로	도가니형로	경합금
		전기 저항로	강, 주철

전기로는 재질의 성분조절이 쉽고 용해손실이 적으며 로의 온도조절이 용이하고 가스 발생이 적다. 또 고온을 쉽게 얻을 수 있어 각종 금속용해에 이용되며 특히 제강과 특수 주철 용해에 많이 사용되고 있다. 전력비가 고가이며, 전극봉에서 불순물의 개입이 있을 수 있으므로 전극봉의 선택에 유의해야한다. 전기로의 용량은 1회에 용해할 수 있는 용해량을 톤으로 표시한다.

1. 아크로

두 전극 사이에서 형성되는 아크(arc)열로 금속을 용해하는 로로 직접 아크로와 간접 아크로가 있다.

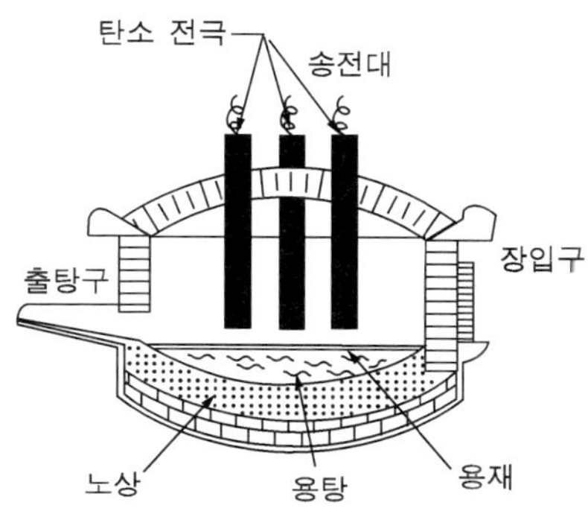

[그림 1.61] 직접 아크로(Heroult식)

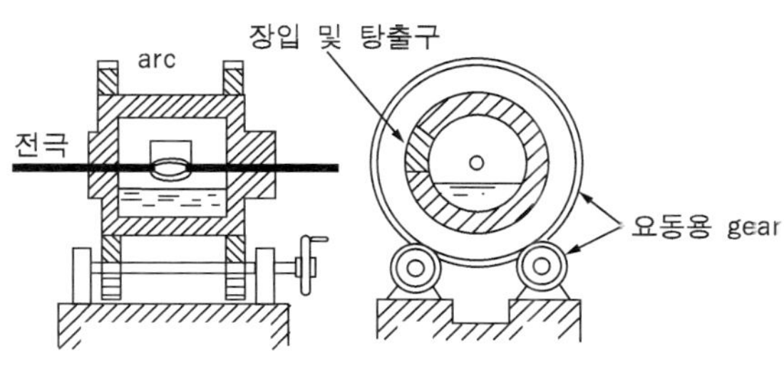

[그림 1.62] 간접 아크로(Detroid식)

1) 직접 아크로

[그림 1.61]과 같이 탄소봉과 지금(地金)이 각각 전극으로서 작용 이들 사이에 형성하는 아크열과 전류가 지금을 통과 할 때 발생하는 저항열로 지금을 용해시키는 로이며 에루우

식의 형식은 직접 아크로이며 대표적인 전기로로 가장 널리 사용되고 있다.

2) 간접 아크로

[그림 1.62]와 같이 두 탄소봉 전극 사이에서 발생하는 아크의 복사열과 로의 천정과 벽에서 발생되는 반사열로 지금을 용해한다. 이 형식에서는 쇳물의 표면과 아래 부분의 온도차가 생기고 또 쇳물의 움직임도 없어서 합금성분의 혼합도 곤란해지므로 이들을 방지하기 위하여 로를 요동시키며 용해한다. 그러므로 요동로라고도 한다. 대표적인 간접 아크로는 디트로이드 로이다. 이 로는 1톤 이하의 것이 많고 동합금과 경합금 등 비철 금속용해에 사용한다.

2. 유도 전기로

1차 코일에 전류가 흐를 때 발생하는 2차 전류 즉 유도전류를 이용하여 용해한다. [그림 1.63]은 그 원리를 나타낸 것으로 1차 코일에 전류를 흘리고 2차 코일의 위치에 금속을 놓으면 지금(地金)에 2차 전류가 형성되어 이 전류의 저항열로 지금을 용해한다. 1차 코일에 흘러 보내는 주파수에 따라서 고주파로와 저주파로가 있다.

1) 고주파로(high frequency induction furnace)

도가니 모양의 로 둘레에 1차 코일을 감고 로 내부, 즉 지금을 2차로하여 1차 코일에 고주파 전류를 흐르게 하면 지금에 유도되는 2차 전류가 형성하는 열로써 용해한다. 1차 코일에는 400~100,000Hz가 사용되는데 주파수가 높을수록 열효율이 좋다. [그림 1.64]와 같은 고주파로는 용해시간이 짧고 고온용해가 되며 또한 내부에서 자동으로 유동되어 양질의 재질을 얻을 수 있다. 그러나 용융금속의 표면이 공기와 접하여 산화물이 석출되고 시설유지비가 많이 든다. 특수강 용해에 널리 사용한다.

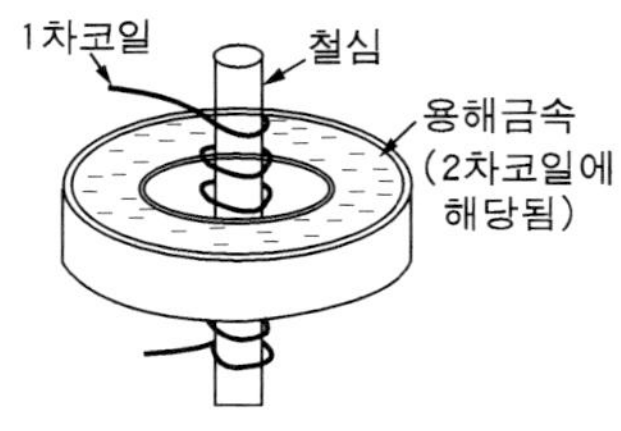

[그림 1.63] 유도전기로의 원리

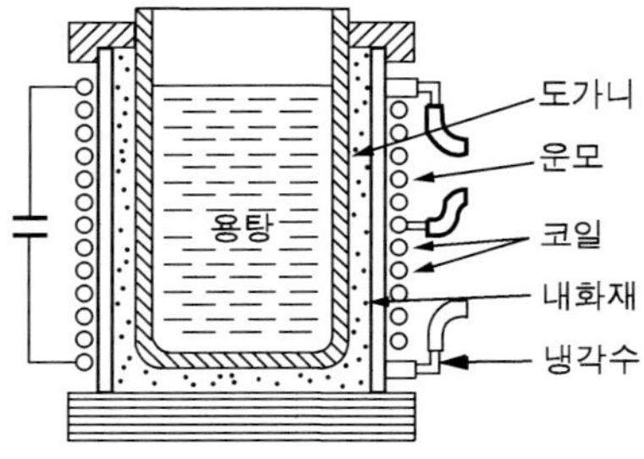

[그림 1.64] 고주파로

2) 저주파로(low frequency induction furnace)

50～60Hz의 저주파를 통하는 전류로 인하여 2차 측에 있는 용융금속에 I^2R의 유도열이 발생되어 금속을 용해하는 것이다. 2차 측의 열이 약하므로 [그림 1.65]와 같이 로에 설치되어 있는 1차 코일 주위에서 형성되는 유도전류의 저항열로 가열 용해하므로 동일한 합금을 연속적으로 용해 할 때 경제적이다.

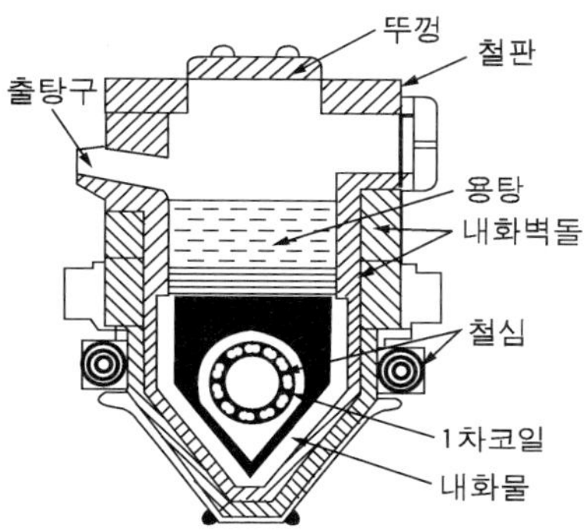

[그림 1.65] 저주파로

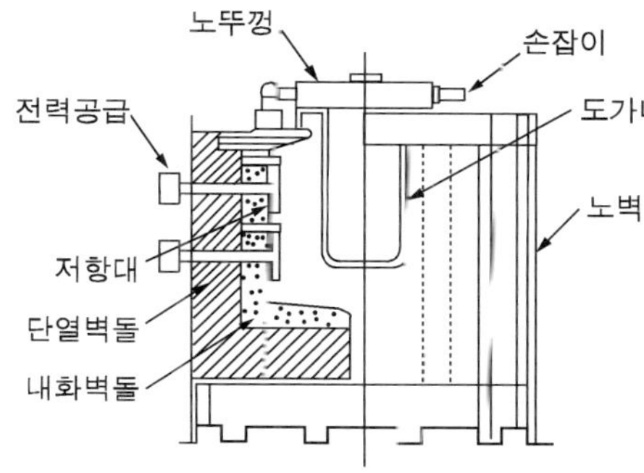

[그림 1.66] 도가니형 저항로

3. 저항로(resistance furnace)

저항체에서 발생하는 저항열을 이용한 전기로이며 Ni-Cr저항체의 저항열로 가열하는 도가니형 저항로는 2개의 탄소 전극사이에 크립틀(탄소입자)을 쌓고 전류를 통하여 크립틀의 전기 저항열로 가열하는 크립틀 로와 수평축 중심에 있는 흑연봉의 저항열로 가열하는 요동식 전기 저항로가 있다.

[그림 1.66]과 같은 도가니형 저항로는 활자합금과 베어링합금 같은 저용점 합금에 사용하고 크립틀 로는 주철 실험용으로 사용되며 요동식 저항로는 특수주철과 스테인리스강 등의 용해에 사용한다.

1.4.4 전로

전로(轉爐 :converter)제강로의 일종으로 고체인 지금을 용하하는 것이 아니라 용선로에서 용해한 쇳물을 넣고 압축 공기를 불어 넣어 산화작용에 의하여 철 속에 있는 C, Si, Mn, P, S 등을 감소시켜 강으로 만든다. 제강시간이 15～20분으로 짧은 시간에 제강이 완료된다.

산성로인 베세머로와 염기성로인 토마스로가 있다. [그림 1.67]과 같은 전로의 용량은 1회 용해량을 톤으로 표시한다.

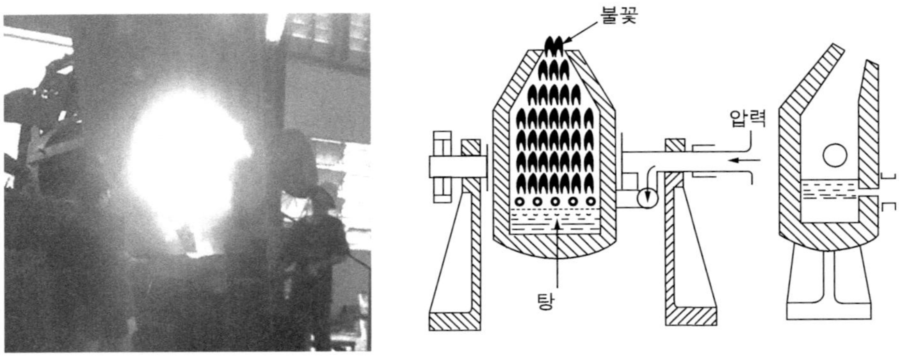

[그림 1.67] 전로

1.4.5 반사로

반사로(reverberatory furnace)는 [그림 1.68]과 같이 연소실과 용해실이 구분 되어 있으며 로의 내부 벽천정은 타원형으로 되어 있어 고열의 연소가스 열과 달구어진 로벽의 반사열로 지금을 용해한다. 대량의 금속을 저렴하게 용해할 수 있으며 대형 주물, 고급 주물, 비철 금속을 용해한다.

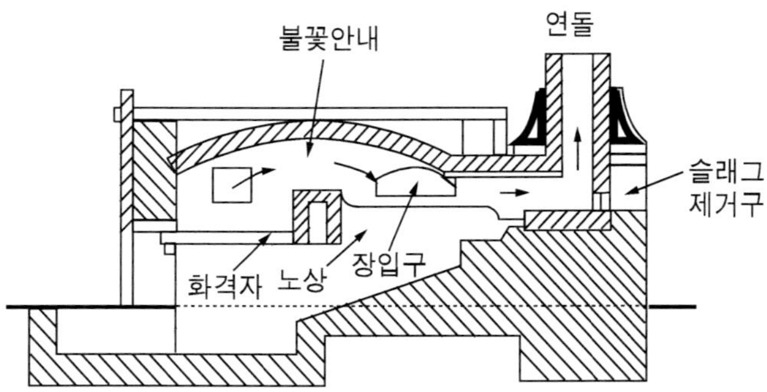

[그림 1.68] 반사로

[그림 1.69] 알루미늄 반사로와 출탕작업

용량은 1회 용해할 수 있는 량을 톤으로 표시하고 연료는 석탄이 주로 사용되었으나 근래에는 중유 가스 등으로 대체되고 있다. [그림 1.69]는 알루미늄 반사로와 출탕작업을 나타냈다.

1.4.6 평로

평로(open hearth furnace)는 [그림 1.70]과 같이 공급되는 공기와 가스를 예열하는 축열실과 용해실로 구성되어있다. 1회에 대량의 용강을 얻을 수 있다. 축열실은 내화벽돌이 쌓여 있고 배기가스에 의해 가열되고 연소가스의 배출과 공기의 흡입을 20분씩 교대로 통기를 바꾸어 축열실을 항상 고온으로 유지할 수 있도록 한다.

로의 연소는 항시 예열된 공기와 가스가 한꺼번에 연소되기 때문에 완전 연소되므로 1,700~2,000℃까지 상승한다. 규격은 1회 용해량을 톤으로 나타내며 소형은 3~5ton, 중형은 10~25ton, 대형은 50~500ton정도를 용해한다.

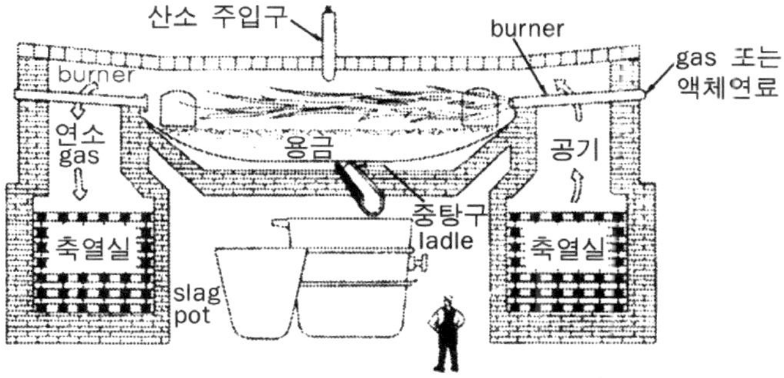

[그림 1.70] 평로

제5절 특수 주조

일반적으로 사용하는 모래주형을 이용한 주조와 달리 주형이나 주조방법을 개선하여 주조과정을 간편하게 하고, 높은 정밀도를 가진 주물을 주조하며 대량 생산이 목적인 각종 주조법들을 특수 주조라 한다.

특수 주조법으로는 원심 주조, 다이캐스팅, 셀 주조, 정밀주조, 진공주조, 이산화탄소 주조, 냉강주조 등이 있다.

1.5.1 원심 주조

원통형의 주형내에 쇳물을 넣고 고속으로 회전시켜 원심력에 의하여 형 내면에 압착 응고하도록 하여 중공의 원통형 주물을 얻는 주조법을 원심 주조(centrifugal casting)라 한다. 원심 주조는 주철관, 실린더, 슬리브, 피스톤링 등의 제작에 적합하다.

원심 주조의 장점으로는 중공 주물을 코어 없이 주조하고, 재질이 치밀하고 강도가 크며, 기포 용재에 의한 결함이 적으며 탕구계가 필요 없어 재료를 절약 할 수 있다.

원심 주조는 회전축의 방향에 따라 수평식 원심 주조([그림 1.71])와 수직식 원심 주조([그림 1.72])가 있고 주형은 모래형과 금형이 있다. 형의 온도가 낮을 때에는 주물의 외측이 백선화되는 경향이 있으므로 200∼300℃로 예열하여 주조한다.

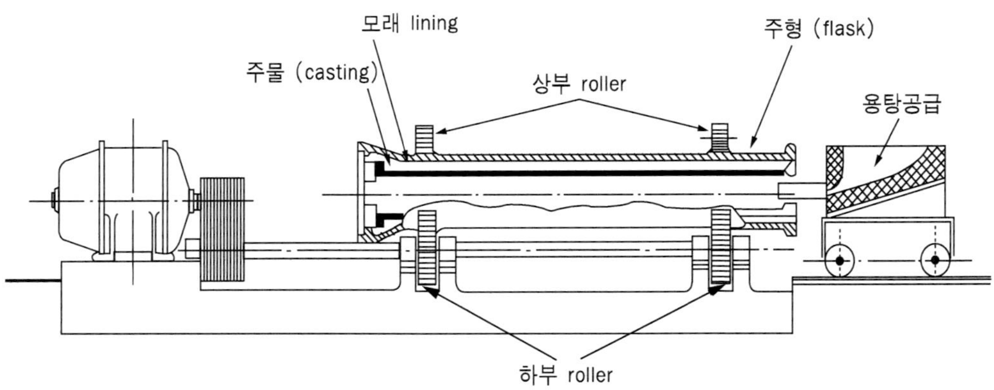

[그림 1.71] 수평식 원심 주조

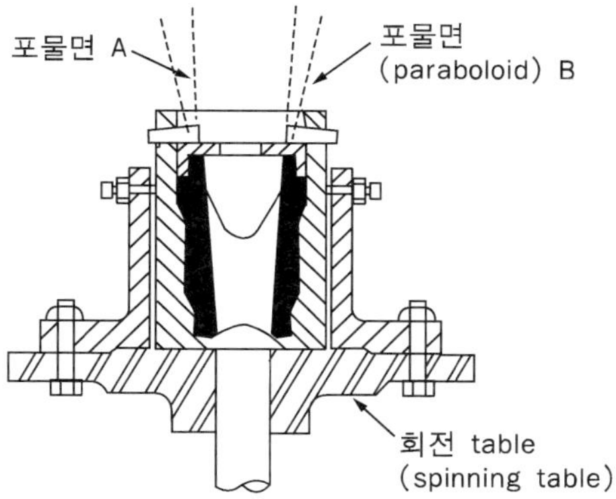

[그림 1.72] 수직식 원심주조

[그림 1.73] 원심주조 강관

대형 주물에서는 과열될 염려가 있으므로 석면 등을 혼합하여 주형을 제작하고 철판 내면에 요철을 만들어 주물사의 부착을 견고하게 한다. 수평식 원심 주조에서 회전수는 재질, 주물 두께, 쇳물과 주형의 마찰, 쇳물 점성 등에 따라 다르나 보통 중력의 40~130배의 원심력을 낼 수 있는 회전수가 필요하다. [그림 1.73]은 원심주조법으로 만든 강관이다.

1.5.2 다이캐스팅

금속주형 즉 금형에 쇳물을 주입하고 가압된 상태에서 응고시키는 주조법을 다이캐스팅(die casting)이라 한다. 다이캐스팅은 표면이 매끈하고 치수 정밀도가 높으며 주물 두께를 얇게 할 수 있어 주물의 경량화가 가능하고 절삭 가공을 줄일 수 있으며 대량 생산에 적합하다. 반면 금형이 고가이고 주물 재료와 크기에 제한이 있다.

주형으로 사용되는 금형(die)은 고온의 쇳물과 접하고 반복적으로 사용하여 표면에 균열이나 침식이 생기기 쉬우므로 이를 피할 수 있는 특수강으로 내열강(Cr-Mo-V강)이 많이

[그림 1.74] 가공 전, 후의 다이캐스팅 제품

사용된다. 다이는 고정부와 가동부로 나누어져 있고 복잡한 것은 여러 부분으로 나누어져 서로 다른 방향으로 움직이는 것도 있고 필요에 따라 냉각수 통로를 만든다.

[그림 1.74]는 다이캐스팅 제품이며, 자동차 부품, 통신기기, 일용품, 농기구 등 다양한 기계의 부품제작에 이용되고 있다.

1. 고온 가압실식

다이캐스팅 장치에 용해로가 있고 그 용해로 내에 가압실이 있어 통로를 통하여 쇳물을 직접 금형에 주입할 수 있는 구조로 되어 있다. [그림 1.75]와 같이 가압실에는 항상 쇳물 속에 있으므로 가압실의 구조상 큰 압력을 가할 수 없으며, 그 재질의 성분이 불순물로 쇳물 속에 녹아 들어갈 위험성이 있다. 주조 횟수를 크게 할 수 있어 대량생산에 적합하나 주물 재료는 용융온도가 낮은 주석합금과 아연합금에 사용한다.

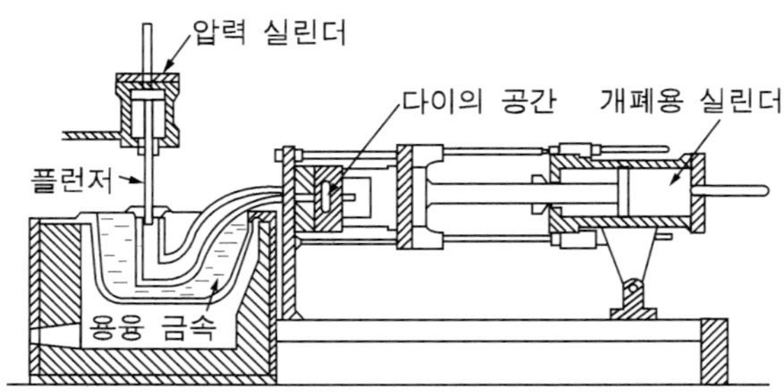

[그림 1.75] 고온 가압실식 다이캐스팅머신

2. 상온 가압실식

상온 가압실식은 [그림 1.76]과 같이 용해로가 기계본체와 분리되어 있으며, [그림 1.77]과 같이 매회 작업마다 쇳물을 가압실에 부어서 플런저로 금형에 가압 주입하는 방식이다.

주물재료는 고압주입(200～2300Kg/cm^2)이 가능하므로 강도와 기밀성이 필요한 알루미늄 합금과 용융 온도가 비교적 높은 동합금이 사용된다. 주조횟수는 느려 고온 가압실식의 주조횟수는 750회/h정도인데 비하여 상온 가압실식은 150회/h 정도이다.

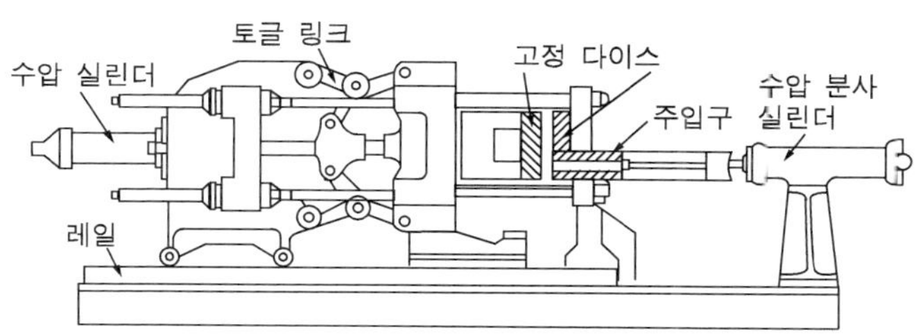

[그림 1.76] 상온 가압실식 다이캐스팅머신

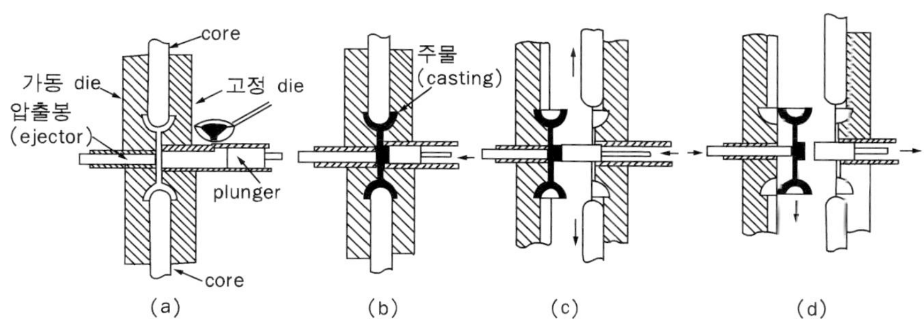

[그림 1.77] 상온 가압실식 다이캐스팅 작업

1.5.3 셀 몰딩법

모형을 금형으로 만들고 가열된 금형에 고운 규사에 페놀수지 5%를 혼합하여 만든 주물사인 수지 모래를 쌓아놓으면 두께 5～6mm정도의 조개껍질과 같은 얇은 경화층을 얻을 수 있다. [그림 1.78]에서 보는바와 같이 이 층을 굳혀 셀과 같은 주형을 만들어 이 형에 쇳물을 주입 주물을 만드는 주조법을 셀 몰딩(shell molding)이라 한다.

독일인 J. Croning이 발명하여 Croning법 또는 C-Process라고도 한다.

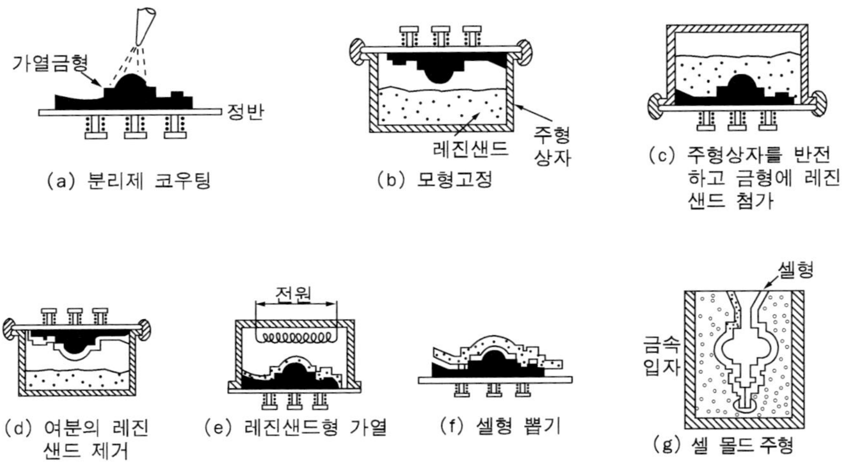

[그림 1.78] 셀 몰딩 공정

셀 몰드법은 미숙련공이 정밀도 높은 주물을 짧은 시간에 제작할 수 있고 핀 홀 등 결합이 없으며 자동화된 기계를 사용하므로 대량 생산이 가능하다. 그러나 금형이 필요하고 수지가 비교적 고가이므로 소량 생산에는 적합하지 않다.

셀 몰딩 공정은 다음과 같다.

① 모형인 금형을 금속 정반에 설치한다.
② 금형을 200~300℃가열하고 이형제(silicon oil)를 살포한다.
③ 주물사인 수지 모래를 금형위에 쌓아 두께 5~6mm 정도의 경화층을 형성한다. 이 작업을 세팅이라고도 한다.
④ 미경화 수지 모래를 제거하고 경화층을 300~350℃로 재가열하여 완전 경화시킨다. 이 작업을 큐링이라고도 한다.
⑤ 경화된 셀을 금형에서 분리하여 상 하형을 합쳐서 주형을 만든다.
⑥ 주형에 쇳물을 부어 응고시켜 주물을 얻는다.

1.5.4 인베스트먼트 주조법

모형을 용해온도가 낮은 왁스나 파라핀 등으로 만들어 주형재료에 모형을 매몰하여 굳힌 후 가열하여 모형을 녹여 유출시켜 주형을 만들고 여기에 쇳물을 주입하여 주조하는 주조법이다. 정밀주조법, 또는 로스트 왁스(lost wax)법이라고도 하며 치수정밀도가 높고 표면이

고운 주물을 얻을 수 있고 복잡한 형상의 주형을 용이하게 만들 수 있어 [그림 1.79]에서 보는바와 같이 기계가공이 용이하지 않은 재료로 높은 정밀도의 소형주물을 양산하는데 이용되고 있다. 터빈 블레이드, 항공기 부품, 계기부품 등의 제작에 이용되고 있다.

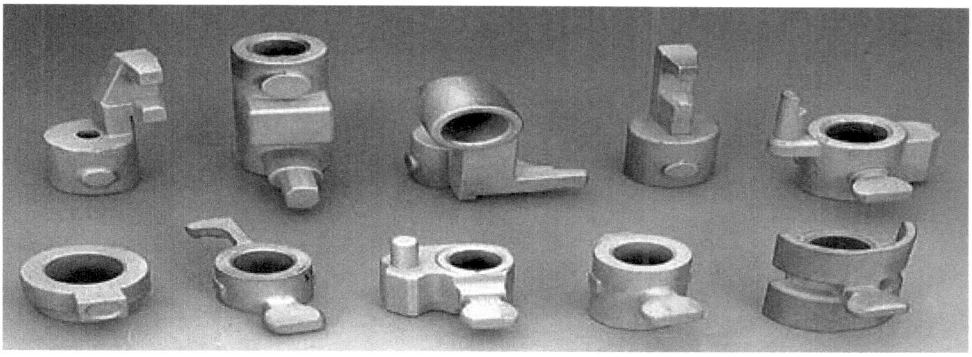

[그림 1.79] 정밀주조 제품

주형 재료로 사용하는 인베스트먼트 주조(investment casting) 재료는 고온용과 저온용이 있는데 고온용은 규사, 알루미나, 마그네시아 등에 규산 에스텔과 규산 나트륨과 같은 점결제를 첨가한 것이고, 저온용은 규사와 아스베스트파이버 등에 소석고와 물을 배합한 것이다.

다음은 인베스트먼트 주조법의 공정순서로서 [그림 1.80]에서 보는 바와 같다.

① 왁스모형을 제작한다.
② 왁스로 만든 탕구계에 왁스모형을 붙여 트리 즉 탕구계를 포함한 하나의 모형을 제작한다.
③ 여기에 내화성 슬러리에 담갔다 꺼낸 후 내화성 모래를 뿌려 피복층을 형성한다.
④ ③항의 작업을 반복하여 피복층을 두껍게 하여 주형을 만들거나 주형 상자 안에 피복된 왁스형을 넣고 인베스트먼트재를 채워 넣고 경화 시켜 주형을 형성한다.
⑤ 위의 주형을 거꾸로 매달아 놓고 가열하여 왁스 모형을 녹여내어 쇳물을 부을 수 있는 주형을 얻어 주조한다.
⑥ 왁스를 제거한 주형은 700∼1000℃의 노에서 30분∼1시간 가열하여 완전히 소결시킨 후 주형으로 사용하여 주조한다.

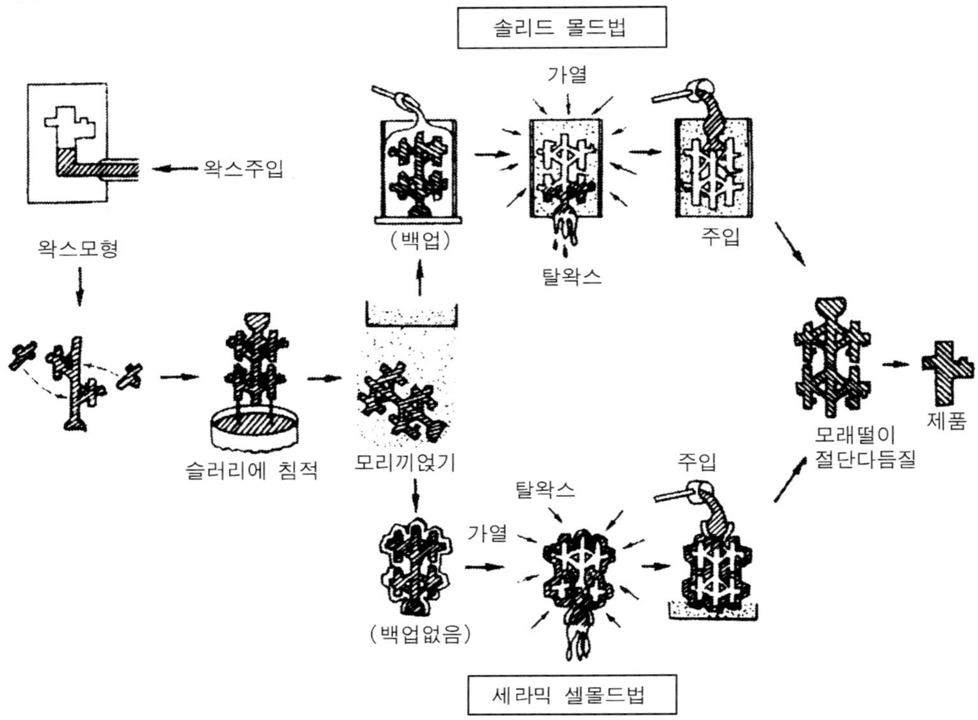

[그림 1.80] 정밀주조 공정

1.5.5 쇼 프로세스

영국의 쇼 형제가 1958년에 개발한 주조법으로 내화재(Al_2O_3, ZrO_2, SiO_2계의 분말)와 가수분해된 에틸 실리케이트와 젤리제의 유동성 혼합물을 모형에 부어 피복시킨다. 일정 시간이 지난 후 경질 고무상태로 굳어졌을 때 모형에서 벗겨 내고 주형에 점화하여 휘발성 성분을 제거하고 로에서 1000℃ 정도로 구워내면 강도 및 통기성이 좋은 주형을 얻을 수 있으며 이것을 주형으로 주조하는 [그림 1.81]과 같은 주조법을 쇼 프로세스(show process)라 한다. 이렇게 만들어진 주물은 치수 정밀도가 높고 표면이 양호하므로 기계가공이 어렵거나 형상이 복잡한 것과 정밀 부품과 미술 공예품 제작에 사용되고 있다.

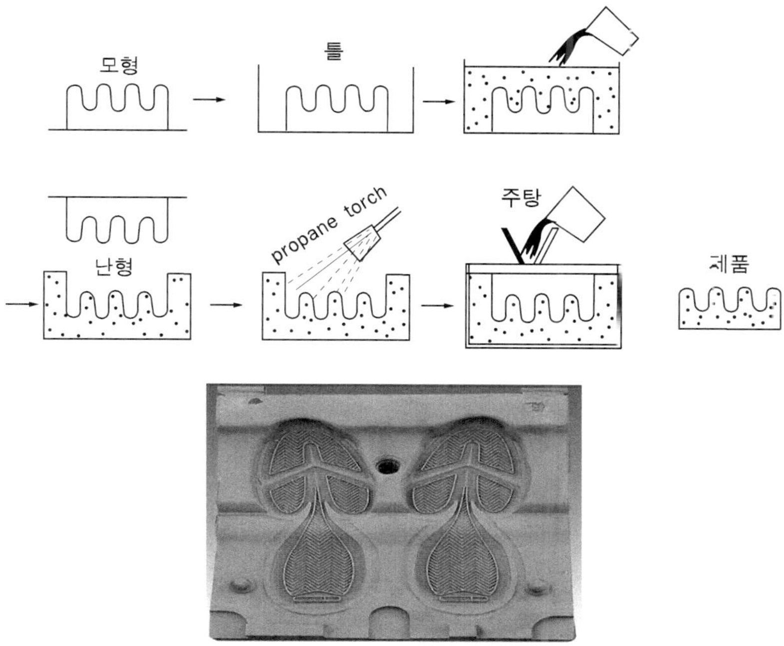

[그림 1.81] 쇼 프로세스 방법과 제품

1.5.6 풀 몰드법

풀 몰드법(full molding)은 모형을 폴리스티렌로 만들어 모형 주위에 사형주조와 같이 모래를 다져서 주형을 형성 한 후 모형을 빼내지 않고 쇳물을 즈입하면 폴리스티렌 모형이 순간적으로 기화되어 제거되고 대신 쇳물이 유입되어 주물이 된다. 모형을 분할하거나 빼낼 필요가 없어 간편하지만 모형재료의 강도가 약하므로 조형시 변형과 파손우려가 있으며 가스 배출에 대한 고려가 필요하다.

복잡한 형상과 대형주물의 소량생산에 사용되고 있다.

1.5.7 탄산가스 주조법

탄산가스 주조법(CO_2 casting)은 주물사에 점결제로 물유티(특수 규산소오다)를 5~6% 첨가 주형을 만들고 여기에 탄산가스를 불어넣어 주형을 경화시키는 방법으로 주물사에 물유리를 첨가하는 것과 주형을 다진 후 탄산가스를 통과시키는 것 외에는 보통 모래주형법과 같다. 탄산가스 주조법은 건조로를 사용하지 않고 주형을 경화시켜 운반 등에 의한 주형의 손상 염려가 없으며 치수정밀도가 일반 사형보다 높다. 그러나 흡습성이 커 주형제작 후 오랫동안 보관이 어렵고 붕괴성이 나빠 모래 털기가 힘들고 주물사의 복용성이 없다. [그림 1.81]는 이산화탄소 주조공정이다.

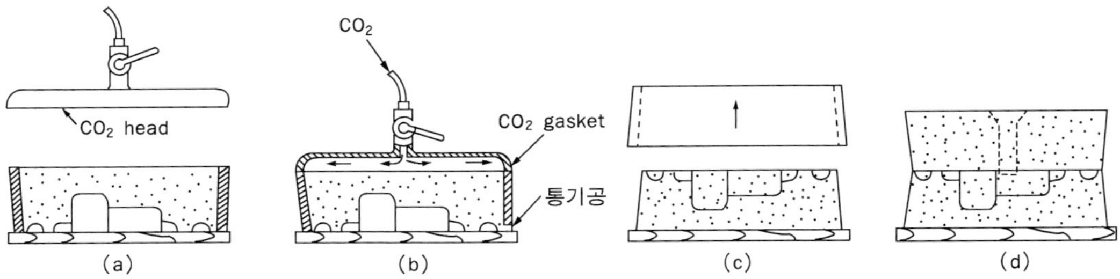

[그림 1.82] 이산화탄소 주조공정

1.5.8 저압 주조법

다이캐스팅과 같이 금형 주형을 사용하고 용해실에 있는 쇳물을 1기압 이하의 불활성 가스압력으로 주형에 밀어 올려 주조한다. 때로는 금형 안의 공기를 빨아내는 진공 펌프가 사용되기도 한다. 금형 안에 쇳물이 응고 될 때까지 가압하고 응고가 완료되면 가압을 중지하여 급탕관에 있는 쇳물이 용해실로 흘러내리게 한다. 저압 주조(low pressure casting)품은 불순물이 적고 치수정밀도가 높으며 강도 높은 주물을 얻을 수 있다. [그림 1.83]은 저압주조법을 나타낸다.

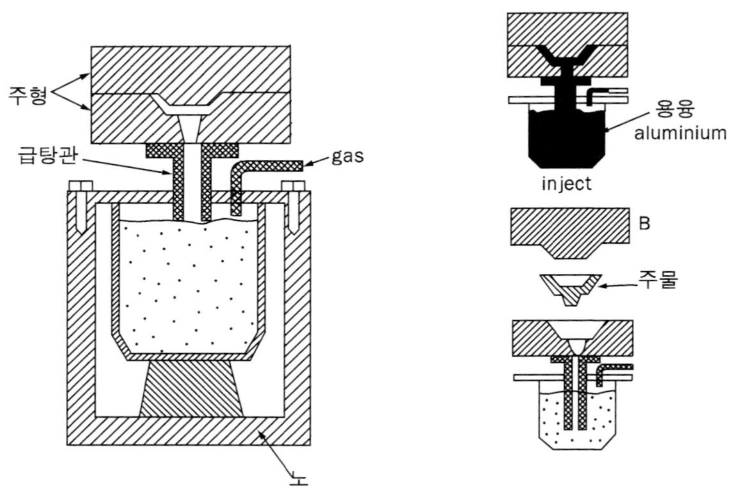

[그림 1.83] 저압 주조방법

1.5.9 고압 주조법

고압주조(high pressure casting)는 금형 주형인 다이 안에 쇳물을 넣고 프레스토 펀치에 기계적인 높은 힘을 가해 고압 하에서 응고시키는 주조법으로서 용융 상태에서 가압하는 경우와 반응고 상태에서 가압하는 경우가 있다. 고압 주조품은 표면이 곱고 기공이 없으며 조직이 치밀한 주물을 얻을 수 있다. [그림 1.84]는 고압 주조법을 나타낸 것이다.

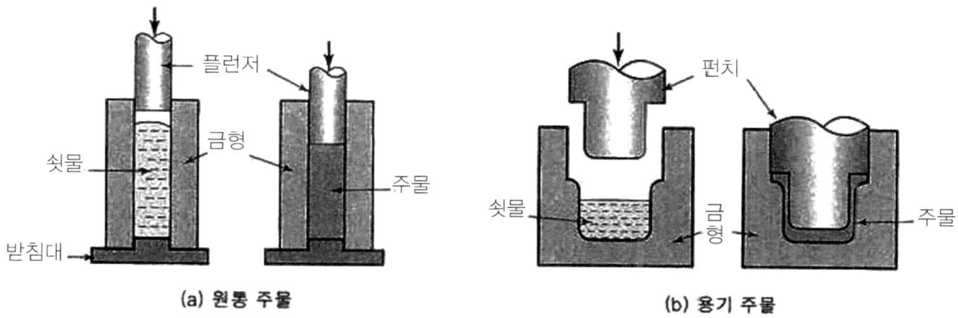

[그림 1.84] 고압 주조법

1.5.10 진공 주조법

진공주조법(vacuum casting)은 공기 중에서 용해하면 쇳물 속에 산소, 수소, 질소 등의 가스가 흡수되어 주조할 때 쇳물이 냉각되어 응고가 진행됨에 따라 가스의 용해도가 감소되고 쇳물 속에 있던 것이 주물에 잔류하게 되어 기공이 생기든가 비금속 물질의 게재와 백점, 그리고 헤어 크랙과 같은 주물결함이 생겨 주물의 기계적 성질이 불량하게 된다. 이들을 방지하기 위해서 진공 속에서 용해 또는 주입하여 주조하는 방법을 진공주조라 한다. 현재 실용적으로 사용되고 있는 진공 주조의 진공도는 5~10mmHg 정도이고 진공 주조에는 다음과 같은 방식이 있다. [그림 1.85]는 주입시 진공상태를 나타내고, [그림 1.86]은 탈 가스 장치를 나타낸 것이다.

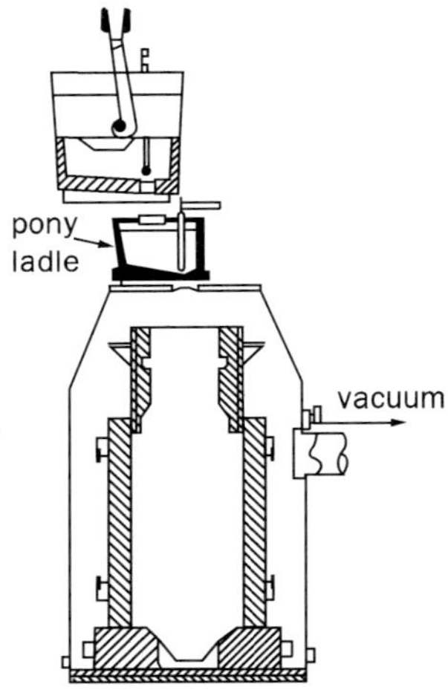

[그림 1.85] 주입시 진공상태

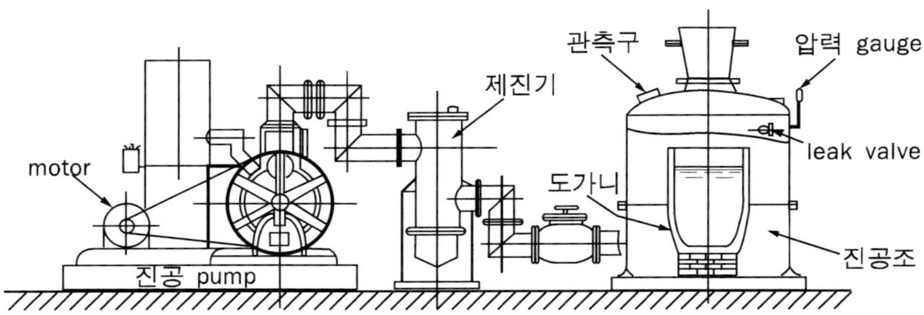

[그림 1.86] 탈 가스장치

1) 탈 가스 후에 주입하는 법

[그림 1.84]와 같이 쇳물 용기를 진공실 안에 넣고 가스를 제거하고 대기 중 또는 진공 속에서 주형에 쇳물을 주입 주조하는 방법이다.

2) 주입시 진공법

[그림 1.83]과 같이 주형을 진공실에 넣고 쇳물용기를 진공실과 연결한 상태에서 쇳물 마개를 뽑아 쇳물을 진공속에 낙하시켜 주조하는 방식이다.

3) 진공 용해 주조법

진공 속에 고주파용해, 주형을 넣고 용해와 주입작업을 일괄적으로 하여 주조하는 방식이다. 가스를 완전히 제거하고 속히 작업을 할 수 있으며 불순물을 감소시킬 수 있다. 이 작업에 사용하는 재료는 외부에서 균일한 재질로 만들어 용해해야한다. 특수 합금 주조에 널리 사용한다.

1.5.11 칠드 주조법

칠드 주조법(chilled casting)는 모래주형의 일부를 금형으로 하여 주조하는 방식으로 금형과 접하는 쇳물은 급랭되어 흑연의 석출이 저지되고 주물 표면 5~10mm가 백선화하여 경도와 내마멸성을 갖게 되고 내부는 서서히 냉각하여 회주철의 연질 조직으로 인성을 가지게 된다.

이 주조법은 압연 롤이나 차륜과 같이 부분적으로 내마멸성이 크면서도 전체적으로는 인성이 있고 충격에 강한 것이 요구되는 주물제작에 사용한다. [그림 1.87]은 냉각주조를 나타낸다.

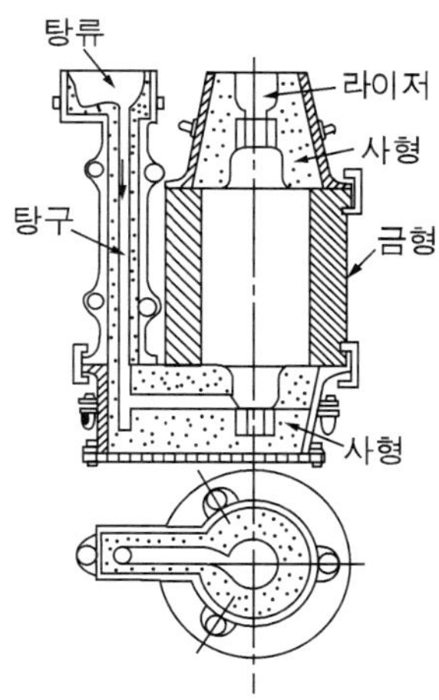

[그림 1.87] 칠드 주조

1.5.12 연속 주조법

일반 주조는 쇳물을 잉곳(ingot) 케이스에 부어서 응고시켜 만드는데 케이스의 수명이 짧아 자주 교환해야 하고 잉곳의 질도 균일하지 않으며 또한 생산성이 떨어지므로 이러한 결점을 보완하기 위한 방법이 연속 주조법(continuous casting)이다. 전기 가열식 용해로에서 유출되는 쇳물이 냉각수가 순환되는 금형을 통과하면서 응고되어 연속적으로 단면이 일정한 주물이 된다. 연속 주조법을 이용하면 편석이 적고 냉각조건의 변경으로 조직을 변경할 수 있고 수축공이 없으며 표면이 미려한 주물을 얻을 수 있다. 또한 재료 손실이 적다. 그러나 실제 250~300mm두께로 제한되고 생산량이 적은 경우에는 적합하지 않다. 주로 현대화된 제철공장에서 이용되고 있다. [그림 1.88]은 연속주조를 나타낸 것이다.

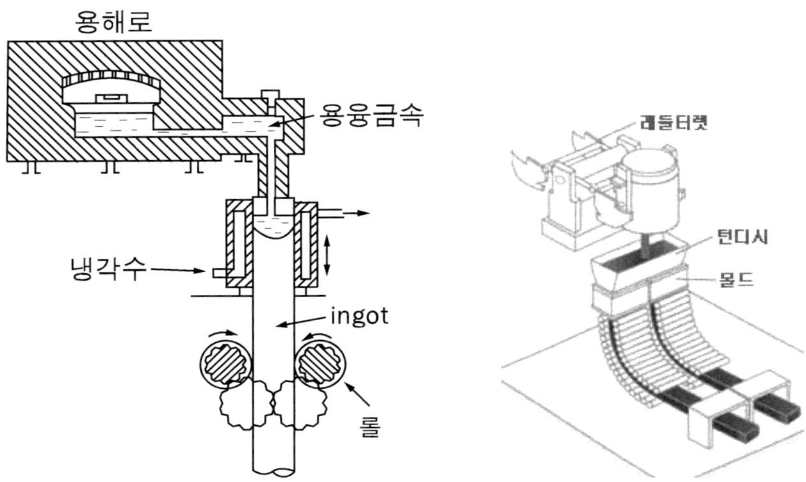

[그림 1.88] 연속 주조 방법

제6절 주물의 결함과 검사

1.6.1 주물 결함

주물은 주물설계와 주형제작, 그리고 용해와 주입과정에서 결함이 많이 발생된다.

1. 기포 결함

주형에 있는 가스가 외부로 배출되지 못하고 주물내부에 남아 있는 것으로 그 크기와 위치 등에 따라 기공, 가스 홀, 핀 홀, 포로시티 등으로 구분된다.

주형내부의 가스는 쇳물에 흡수된 가스의 방출과 주형에서 발생하는 수증기, 그리고 쇳물을 주입 할 때 흡입되는 공기 등에서 발생된다.

1) 가스 홀(gas hole)

주물표면 아래에 있는 비교적 큰 기포로 쇳물에 지나치게 많이 용해된 가스나 주형에서 발생한 가스가 주물내부에 갇혀서 생긴 것이다. [그림 1.89]는 가스 홀과 기공을 나타낸 것이다.

[그림 1.89] 가스 홀과 기공

2) 기공(blow hole)

주물 상단 위 상자와 접한 표면외부에 발생한 비교적 크고 둥근 기포결함으로 주형 표면이 쇳물과 접촉하여 수증기와 일산화탄소가 과도하게 발생할 때, 주물사에 점토분이 과다하거나 주형의 주물 접촉부위가 과도하게 다져져 가스 방출이 잘 되지 않아 나타난다.

3) 핀 홀(pin hole)

가스 홀과 같이 주물 표층 밑에 형성되는 것으로 크기가 작고 다수의 기공이 비교적 고르게 분포된다. 주강에서는 탈산이 불충분한 강의 경우 많이 발생되고, 알루미늄은 탈산제를 사용하여 방지한다. [그림 1.90]은 핀 홀과 프로시티를 나타낸 것이다.

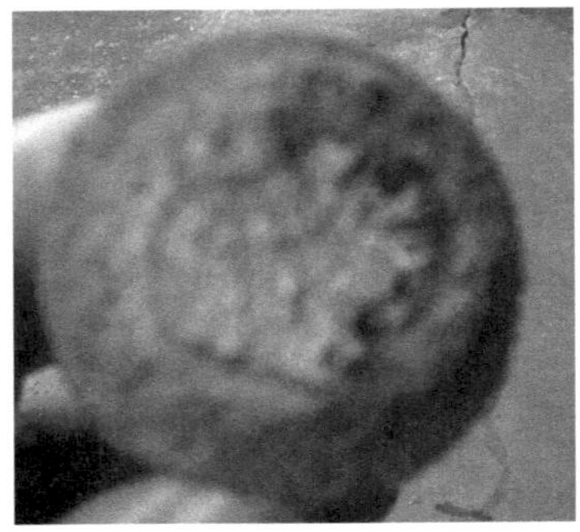

[그림 1.90] 핀 홀과 프로시티

4) 포로시티(porosity)

극히 미세한 기포가 주물전체에 걸쳐 고르게 분포된 것으로 주로 주조조직의 수지상정 사이에 존재한다.

2. 수축공동(shrinkage)

쇳물이 주형내부에서 응고나 수축할 때 발생하는 것으로 가장 늦게 응고되는 부분은 쇳물 부족으로 인하여 중공부분이 생기게 되는데 이것을 수축공이라 한다. 수축공은 제품 두께의 차이가 심하거나 압탕부족과 위치선정의 오류, 그리고 탕구 불량 등에 의해 발생된다. 수축공 방지를 위해 냉각쇠를 사용하기도 한다. [그림 1.91]은 수축 공동을 나타내고 있다.

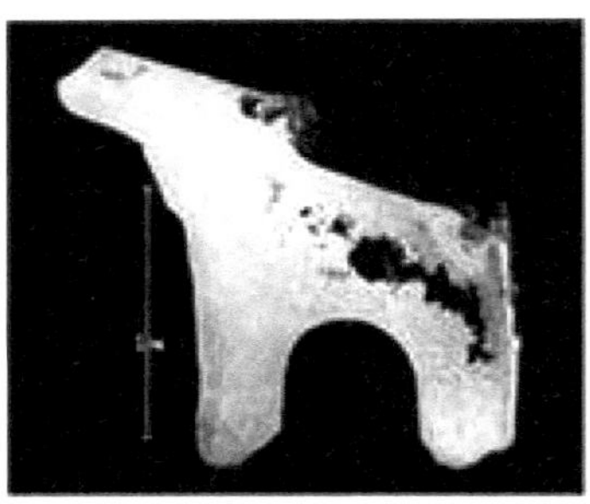

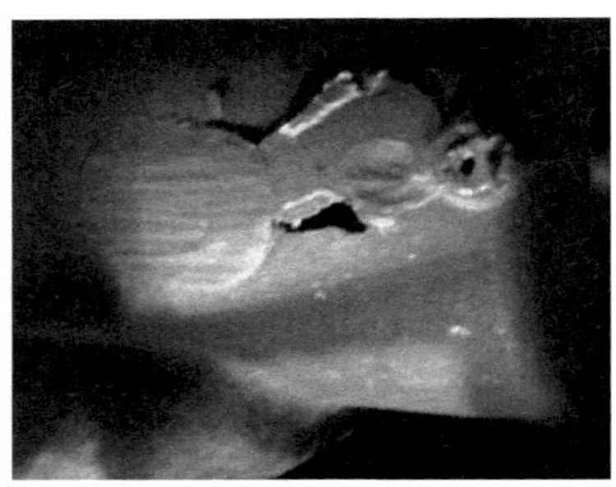

[그림 1.91] 수축공동

3. 편석

쇳물이 주형내부에서 응고할 때 주물의 부분적 위치에 따라 성분이 다르거나 결정사이에 경계가 생기거나 불순물이 모이는 현상을 편석이라 한다.

4. 변형과 균열

용융금속이 응고할 때 수축이 일어나는 데 이때 각 부분의 수축이 균일하지 않으면 내부 응력이 생겨 주물이 휘어지거나 뒤틀리게 된다. 이 같은 내부응력이 증가하면 [그림 1.92]과 같이 주물이 견디지 못하고 크랙(crack)이 발생한다. 주물의 두께차가 크고 모서리가 예리하거나 급랭하거나 재질이 불량하면 이러한 현상이 나타나기 쉽다.

덧붙임이나 리브 등을 설치하여 구조적인 문제를 해결하고, 유황 등의 함유량이 적은 재질을 사용하면 변형과 균열을 감소시킬 수 있다.

[그림 1.92] 변형과 균열

5. 치수불량

쇳물이 응고할 때 발생되는 수축 때문에 발생하는 결함중의 하나이다. 금속의 수축은 방향에 따라 다를 수도 있으므로 장소에 따라 주물자를 바꾸어야 할 때도 있다.

목형은 보관 중 변형이 생기기 쉬우므로 사용할 때 다시 치수를 확인하여 조정한다. 용탕을 주입 할 때 위 상자에는 충분한 무게의 중추를 올려 상형과 하형의 분리면에 쇳물이 흐르지 않게 해야 한다. [그림 1.93]은 치수불량과 표면불량을 나타냈다.

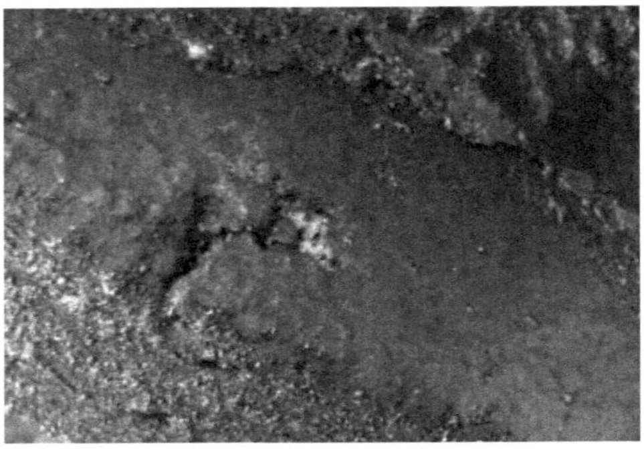

[그림 1.93] 치수불량과 표면불량

6. 주물 표면 불량

표면의 상태는 제품의 품질을 좌우하므로 주물 표면의 거칠기 및 표면결함이 없어야 한다. 주물의 표면 거칠기는 모형 표면의 다듬질 상태, 모래 입자의 굵기, 도형제, 쇳물의 표면장력, 주형면에 작용하는 쇳물의 압력 등에 영향을 받는다.

7. 유동 불량

주물의 얇은 부위에서 쇳물의 냉각이 빠르게 진행되어 유동성 불량으로 생기는 결함이다. 주물 설계에서 너무 얇은 두께는 피하고, 보통 주철은 3mm, 주강은 4mm를 최소 두께로 하고 있다. [그림 1.94]는 주물의 유동불량을 나타냈다.

[그림 1.94] 주물의 유동불량

1.6.2 주물 검사

주물검사를 통하여 필요 없는 가공에 대한 손실을 방지하고 사고의 원인을 사전에 제거한다. 주물 검사는 간단하며 빠르고 확실한 결과가 도출될 수 있는 가장 알맞은 방법을 선정하여야 한다. 주조품은 먼저 외관 검사를 행하고 내부 검사를 한다.

검사법으로는 비파괴 검사와 파괴 검사로 구분된다.

- 보통 주물에서 실시하고 있는 검사 및 시험방법

1. 육안 검사 : ① 외관 검사 ② 파단면 검사 ③ 형광 검사
2. 물리적 검사 : ① 타진 음향검사 ② 압력 시험 ③ 현미경 검사
   ④ 자기 탐상 검사 ⑤ 방사선 검사 ⑥ 초음파 검사
3. 화학적 검사 : ① 화학 분석 시험 ② 설퍼 프린트 시험 ③ 부식시험
4. 기계적 시험 : ① 인장시험 ② 압축시험 ③ 경도시험 ④ 마모시험
   ⑤ 충격시험 ⑥ 피로시험

제7절 주물재료

1.7.1 주철

주철은 탄소 함유량이 많아 강 보다 강도가 낮고 취성이 크며 소성 변형이 되지 않는 등 단점이 있으나, 주조성이 좋고 값이 저렴하며, 내마멸성과 진동 흡수 능력이 크고, 기계가공성이 좋아 널리 사용되는 주물재료이다.

실용 주철의 성분은 2.5~4.5%C, 0.5~3.0%Si, 0.5~1.5%Mn, 0.05~1%P, 0.05~0.15%S의 범위이다.

주철은 흑연이 석출되어 있어 파단면이 회색인 회주철과 흑연이 적어 파단면이 백색인 백주철(white cast iron), 이들 중간인 반주철이 있다. 각종 처리 및 조작을 통하여 성질을 개선한 가단주철과 구상흑연주철, 합금주철, 고급주철, 칠드주철 등이 있다.

1. 함유원소가 주철에 미치는 영향

1) 탄소(C)

주철 중에 흑연탄소 및 화합탄소 형태로 존재한다. 흑연탄소가 증가하면 연성이 증가함과 동시에 조직을 조대화시키며 절삭성과 유동성이 좋아진다. 화합탄소가 증가하면 경도가 높아져 조직이 미세하게 되며 유동성이 나빠진다. 또한 취성이 있어 부서지기 쉬운 경향이 있다.

2) 규소(Si)

규소는 철 중의 탄소를 흑연으로 만드는 작용이 크고, 그 함유량이 적당한 경우에는 주물을 유연하게 하며 쇳물의 유동성을 좋게 함과 동시에 응고수축을 적게 한다.

3) 망간(Mn)

망간은 탄소의 흑연화를 방해하고, 조직을 치밀하게 하며 강도와 경도, 그리고 내열성을 증대시키며 유황의 해를 방지하는 역할을 한다.

4) 인(P)

인은 쇳물의 유동성을 좋게 하지만, 응고수축과 내열성을 감소시키고 편석을 만들어 품질을 나쁘게 한다. 유동성이 좋고 주물 표면을 아름답게 하므로 얇은 주물이나 미술주물에는 1.0%정도 첨가한다.

5) 유황(S)

유황은 재질을 단단하게 하고 취약하게 하며 쇳물의 유동성을 나쁘게 하고 응고수축을 크게 하여 기포와 같은 주물결함의 원인이 되므로 최소로 제한한다.

2. 주철

1) 회주철

회주철은 인장강도가 낮은 선철 및 파쇠를 용해한 것이며 인장강도를 높이기 위하여 강의 파쇠를 첨가하여 용해한다. 회주철은 주조성과 절삭성이 양호하고 값이 저렴하여 각종 기구나 공작기계 베드 등 기계부품에 널리 사용된다.

2) 구상흑연주철

구상흑연 주철은 강도가 50~70 kg/mm^{2}이므로 회주철보다 2~3배 크며 내마모성과 내식성, 그리고 내열성이 양호하고 용접도 가능하다. 자동차 부품과 기계 부품, 주철관 등에 사용된다. 결점으로 용해온도가 높고 수축률이 크며 가스발생이 많아 주물제작이 어렵다.

3) 가단주철

가단주철을 850~900℃의 온도로 가열 탈탄시켜 주철에 부족한 인성을 증가시키고 취성을 감소시킨 것으로 인장강도와 연신율이 연강과 비슷하다. [그림 1.95]는 가단주철제품이다.

[그림 1.95] 가단주철 주물

(1) 백심가단주철

내부와 외부의 조직이 균일하지 않고 두꺼운 주물에는 강도나 전연성에 신뢰성이 적어 얇은 주물에 적용된다.

(2) 흑심가단주철

내외부의 재질이 균일하게 되어 두꺼운 주물에도 적용할 수 있다.

4) 고급주철

강인주철 또는 강력주철이라고도 하며 인장강도가 30~40Kg/mm^{2}로 보통주철의 10~20Kg/mm^{2}보다 높다. 제조법은 기지의 조직을 개선하는 란츠법, 흑연 상태를 개선하는 에멜법, 피보와르스키법, 디쉐네법, 미하나이트법이 있다

5) 합금주철

보통주철에 특수원소를 한 가지 또는 여러 가지를 첨가하여 강도와 내열성, 내마모성, 내부식성 등을 개선한 주철을 합금주철이다.

3. 주강

탄소함량이 1.7%이하인 철로 탄소함량에 따라 저탄소강(0.2%C이하), 중탄소강(0.2~0.5%C), 고탄소강(0.5%C이상)이 있으며 인성과 강도를 요하는 부품에 사용한다. 주강은 주철에 비하여 융점이 높으며 주입온도가 높아 유동성이 떨어지며 수축율도 2.1~2.4%로 크다. [그림 1.96]은 주강 주물이다.

[그림 1.96] 주강 주물

4. 비철 합금

1) 구리합금

(1) **황동** : Cu와 Zn의 합금으로 주조성, 가공성, 기계적 성질 및 내식성이 양호하여 널리 사용된다.

(2) **청동** : Cu와 Sn의 합금으로 Sn은 강도, 경도, 내식성을 증대시키는 영향이 Zn보다 크다. 각종 기계부품, 밸브, 선박용 프로펠러, 동상 등에 사용한다.

2) 알루미늄 합금

알루미늄은 비중이 2.7로 전기 전도성이 양호하고 가단성이 있어 Cu, Mn, Si, Zn, Mg, Ni, Fe, Cr 등을 첨가하여 인장강도, 경도 등을 향상시켜 자동차, 항공기, 가정용품 등에 널리 사용되고 있다.

3) 마그네슘 합금

마그네슘은 비중이 1.74로 가벼워서 항공기 자동차 이화학기계의 부품에 널리 사용된다. Mg-Al-Zn계 합금을 일렉트론이라 하며 내열성이 커 내연기관 피스톤 재료로 사용되고, Mg-Al계 합금으로 미국의 Dow metal Co에서 개발한 Dow metal이 있다.

4) 베어링용 합금

축에도 사용되며 점성과 인성 그리고 열전도율이 크고, 주조성이 좋고 마찰계수가 적으며 내마모성이 좋아 윤활유에 부식 및 침식되지 않아야 된다.

- 베어링 재질로 사용되는 금속은 다음과 같다.

(1) 동합금 : 건 메탈, 켈멧, P-청동, A-청동.

(2) 주석합금 : 배빗메탈

(3) 납합금

(4) 아연합금

제8절 분말 야금

금속이나 비금속의 분말을 성형하여 압력을 가하여 유용한 형태의 제품을 생산하는 것을 분말야금이라 한다. 성형 후 융점 이하의 열을 가하는 경우와 가하지 않는 경우가 있다. 성형 후 열을 가하는 것을 소결(sintering)이라하며 강도 등의 성질을 향상시킨다.

분말 야금은 현재 소결 경질합금으로 경도가 매우 커 경도가 요구되는 각종 공구재료 및 다이 제조에 이용되고 있다. 이외에도 치과재료, 전기접점재료(W-Cu), 자석, 다공성 베어링 등에 이용되고 있다.

1.8.1 분말야금의 제조과정

분말 야금 제품은 [그림 1.97]과 같이 분말제조→입도선별→혼합조정→성형→소결→완성성형→검사의 공정으로 제조한다.

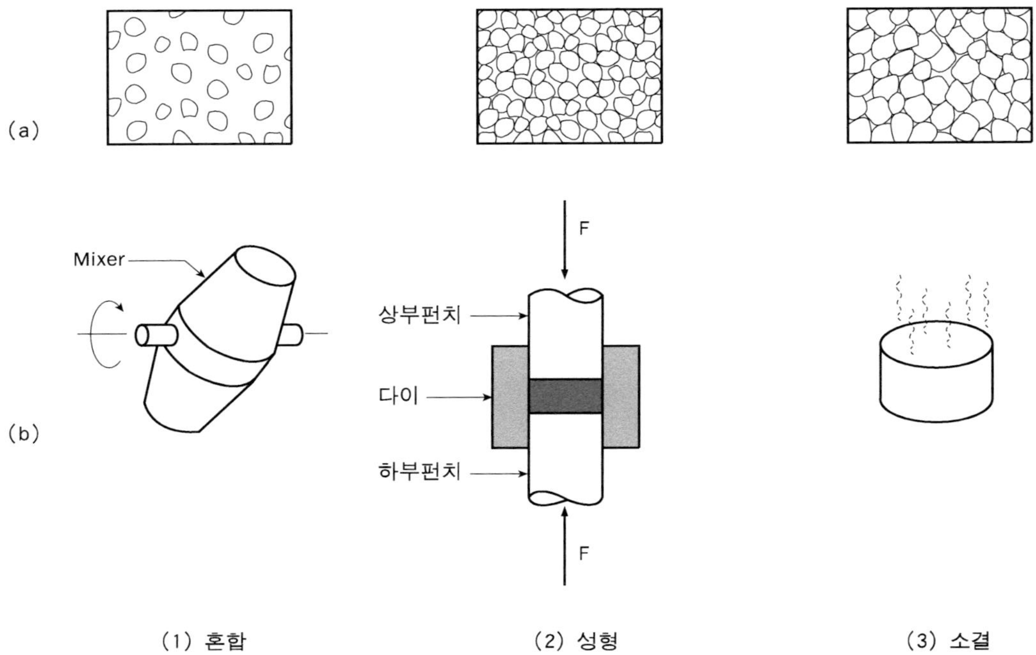

[그림 1.97] 분발야금 제조 과정

1. 분말제조

분말야금은 사용되는 입자의 크기, 입도 분포, 모양, 순도 등에 따라 제품의 품질이 영향을 받는다.

[그림 1.98]은 분말 제조하는 데 널리 사용되고 있는 용탕 분말화법의 여러 형태이다.

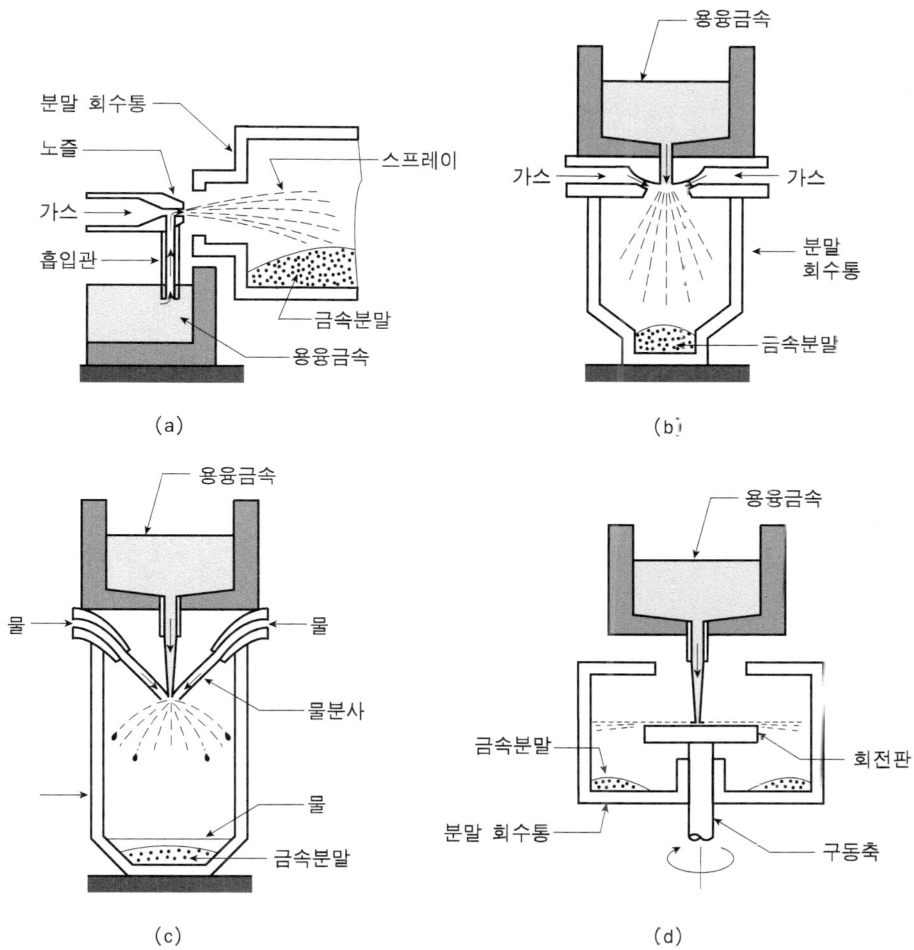

[그림 1.98] 용탕의 분말화법

2. 입도 선별 및 혼합

분말야금에 사용되는 입도는 0.1~0.05mm이며, 0.05mm이하의 미분말을 적당히 첨가하여 사용한다. 분말의 압축효과를 좋게 하고 분말과 금형과의 마찰을 감소시키기 위하여 흑연, 비누, 합성수지 등을 0.2~1%첨가한다. 합금배합의 경우에는 기지 금속분말에 다른 합금분말을 배합한다. [그림 1.99]는 분말 혼합에 사용되는 원통형 회전 혼합기의 구조도이다.

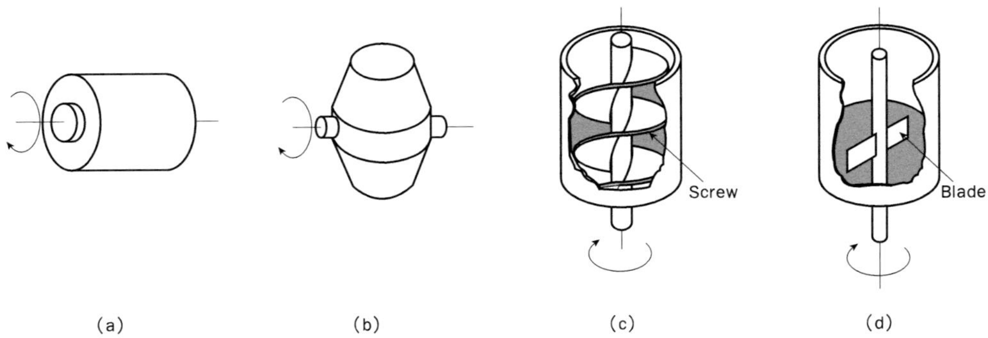

[그림 1.99] 분말혼합기 형식

3. 성형(forming)

성형가공은 미세분말을 혼합하여 적당한 형상과 강도를 갖게 하는 작업으로 소결작업 전에 이루어진다. 성형가공법으로는 비압축 성형, 압축성형, 압연성형, 압출성형 등이 있다.

1) 비압축성형

소요 형속에 혼합 분말을 넣고 진동을 주거나 물 또는 알코올, 고무, 풀, 왁스 등을 섞어 모형에 부어 성형하는 것으로 낮은 온도에서 휘발시키거나 제거시키는 것이다.

2) 압축성형

① 냉간 압축성형

혼합한 분말을 금형에 넣고 상온에서 가압 성형한다.

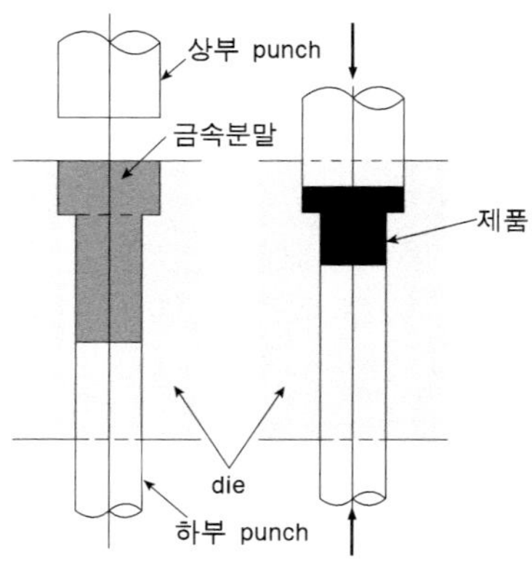

[그림 1.100] 압축성형

압축기로는 기계프레스, 액압프레스 등이 사용되며 20～30ton용량의 기계가 쓰이고 있다. [그림 1.100]은 압축 성형방식으로 내부의 밀도를 균일하게 하기위하여 상하에서 동시에 가압하는 방식이다.

② 열간 압축성형

분말에 열과 압력을 동시에 가하여 성형하는 것으로 고온에서 가압하면 분말 혼합물의 소성이 커지고 확산속도가 증가하여 비교적 작은 압력으로 짧은 시간에 성형할 수 있다. 가열방식에는 직접가열과 간접가열 방식이 있다. 간접방식은 금형주위를 전기로 가열하고 직접방식은 플런저를 통하여 분말에 강한 전류를 통하여 전기 저항열을 이용한다.

고온 압축법은 주로 고온금속이나 세라믹 등은 취성이 있어서 냉간압축으로 충분한 결합도를 얻을 수 없으므로 분말 또는 기공이 적은 것을 제조할 때 사용한다.

③ 압연 성형

[그림 1.101]과 같이 압연 롤 사이에 분말을 통과 시켜 성형하는 방식이다.

④ 압출 성형

[그림 1.102]와 같이 분말을 가압하여 성형하는 방식으로 막대 형상으로 성형할 때 사용된다. 상온 또는 고온에서 성형하고 W-Cu, W-Ag 등의 전기 접점 재료, 또는 Cu Ag 등의 성형에 널리 사용된다.

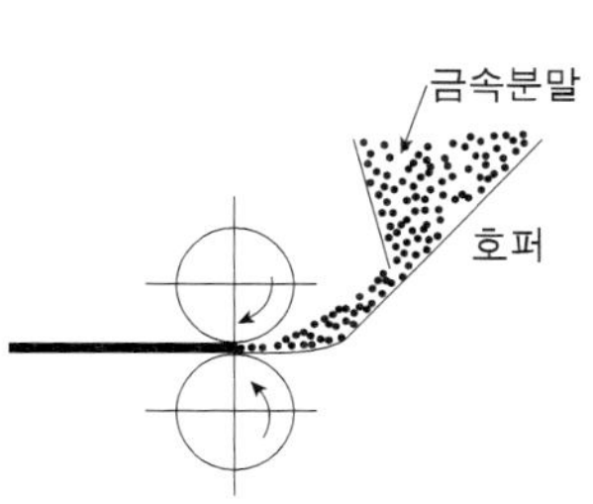

[그림 1.101] 압연성형

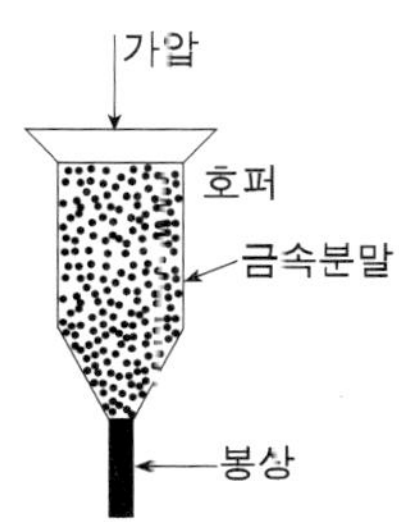

[그림 1.102] 압출성형

4. 소결(sintering)

소결은 성형 후에 가열하여 입자를 결합시키고, 치밀하고 강도를 크게 하는 작업이다. 소결 할 때 소결온도 시간 및 분위기가 제품의 품질에 많은 영향을 미친다. 일반적으로 소결온도는 주된 분말체의 융점이하로 가열하여 입자사이의 화학적인 결합 또는 다른 혼합물의 낮은 융점으로 인하여 주분말체를 융접시켜 균일하게 응집하는 것이고 30분~3시간 정도가 소요된다. 그리고 분위기 가스는 산화를 방지하기 위하여 비산화성 분위기에서 작업한다.

5. 완성가공

분말야금은 가장 적은 가공으로 제품을 만드는 것이 특징이므로 소결 상태로 제품을 사용하는 일이 많다. 그러나 정밀도를 요하는 부품에서는 2차로 완성 가공을 한다. 경우에 따라서는 내마모성과 내식성을 좋게 하기 위하여 표면처리를 한다.

일반적으로 소결작업은 높은 온도에서 하므로 열팽창 수축 또는 스트레인에 따른 변형 등이 생겨 치수 정밀도의 부족이 생길 때에는 절삭가공이나 연삭가공이 이용된다.

1.8.2 분말야금 재료의 종류와 용도

1. 기계부품

분말야금에 의한 기계부품은 제조기술의 발달에 의하여 기계적 성질이 개선되어 정도가 높고 인장강도나 경도가 향상되어 각종 기계부품 제작에 널리 사용되고 있다.

기계부품에 사용하는 소결합금의 원료로는 철(Fe)이 주성분이고 구리(Cu), 주석(Sn), 납(Pb), 청동, 황동, 흑연 등이 사용된다.

2. 오일리스 베어링

오일리스 베어링은 Cu 10%, Sn에 흑연, Zn, Pb 등이 첨가된 Cu계와 Fe에 Cu 3~25%에 흑연, Pb 등이 첨가된 Fe계가 있다. Fe계는 강도나 경도가 커서 접촉이 나쁘고 내식성도 떨어지나 고하중에 적당하다. 오일리스 베어링은 다공성으로 되어 있어 기름에 침지시켰다가 무급유 상태에서 사용된다.

3. 마찰부품

토목 및 건설 기계, 자동차, 항공기 등 각종 기계의 마찰클러치 및 브레이크용에 사용되는 것으로 연청동 베어링 합금의 성분에 흑연 또는 SiO2를 첨가하여 소결한 것이 사용된다.

4. 다공질 부품

다공질 물질을 필터로 이용하는 것으로 청동, 18-8스테인리스강 및 Ni이 널리 이용된다.

5. 초경공구 재료

초경공구는 W, C분말에 TiC, TaC, 등을 첨가하여 Fe, Ni, Co 등을 결합제로 성형하여 소결한 복합합금이다. 초경합금에는 여러 가지가 있으나 기계적 성질이 우수한 것으로 WC-Co계, WC-TiC-Co계, WC-TiC-TaC-Co계, WC-TaC-Co 등이 있다.

6. 전기재료

전기재료로 이용되고 있는 것 중 중요한 것은 W, Mo을 이용한 전구, 진공관 재료, 각종 소결전기 접점, 브러시 등이 있다.

7. 내열재료

내열재료는 고온 강도가 크고 열충격과 저항이 크며, 고온 내식성 및 고온 내화성도 우수하고 인성과 기계적 충격에 강하며 비중이 낮은 것이 좋다.

분말야금에 의해 만들어지는 내열재료는 금속에 산화물, 탄화물, 붕화물 등의 비금속재료를 혼합하여 소결시킨 것이다. 현재 내화물 재료로서 아주 우수한 서멧은 내화물과 금속의 혼합물로 현재 TiC계가 가장 우수하다. 서멧의 용도는 제트기 드는 로켓엔진 노즐, 스피닝 공구, 고온 압축 공구, 고온 고압 용기, 원자로용 재료로 사용되고 있다.

Chapter 02 소성가공

제1절 개요

2.1.1 소성가공

재료에 외력을 가하면 재료 내부에는 응력이 발생하고 변형이 일어난다. 외력이 작으면 작용한 외력을 제거하면 재료는 완전히 원래의 형상으로 복귀하나 외력이 어느 정도 이상 크게 되면 작용한 외력을 제거해도 원상태로 완전히 복귀하지 않고 변형이 남게 된다. 이와 같이 변형이 남는 변형을 소성변형이라 하고 이러한 소성 변형을 일으키는 재료의 성질을 소성 또는 가소성이라 한다.

[그림 2.1] 소성가공 제품

이와 달리 외력을 제거하면 변형이 완전히 원래의 형태로 복귀되는 성질을 탄성이라 하고 이때의 변형을 탄성 변형이라 한다. 많은 재료들은 소성변형을 하는 성질을 가지고 있다. 상온에서 소성변형을 잘 일으키지 않는 재료라도 온도나 습도를 상승시키면 소성변형이 용이하게 되는 경향이 있다. 이러한 재료의 가소성을 이용하여 재료를 필요한 형상으로 가공하는 것을 소성가공이라 한다.

소성 가공은 [그림 2.1]에서 보는바와 같이 복잡하고 다양한 형태의 부품을 제조하는데 효율적이다. 기계 가공과 비교해 보면 기계적 성질과 생산속도, 그리고 생산 제조비 등 유리한 점이 많이 있으나 제품의 정밀도와 표면상태는 떨어진다.

2.1.2 재료의 변형 및 가공경화

1. 재료의 변형

고체에 어떤 정도 이상의 힘을 가해 변형된 경우 [그림 2.2] (a)와 같이 단면적 A_0(mm), 길이 l_0(mm)의 재료를 P의 하중으로 당길 때 [그림 2.2] (b)와 같이 길이가 l(mm), 단면적이 A(mm^2)와 같이되고, $l - l_0 = dl$라면 응력과 변위는 다음과 같다.

공칭응력 $\sigma_0 = P/A_0$

공칭변형 $\epsilon_0 = (l - l_0)/l_0 = dl/l_0$

(a) (b)

[그림 2.2] 재료의 변형

재료역학에서는 이것을 응력과 변형으로 설명하고 있는데 재료역학은 탄성의 범위내에서 다루는 탄성역학이므로 소성과 같이 큰 변형은 취급하지 않는다. 소성변형에서는 응력은 진응력, 변형은 대수변형을 사용한다.

진응력 $\sigma = P/A$

대수변형 $\epsilon = I_n(l/l_0)$

체적은 변하지 않으므로

$$A_0 l_0 = Al$$
$$A = A_0(l_0/l) = A_0[l_0/(l_0 + dl)] = A_0[1/(1+\epsilon_0)]$$
$$\sigma = P/A = \sigma_0(1+\epsilon_0)$$

또 진응력과 대수변형은 다음과 같이 된다.

$$\epsilon = I_n(l/l_0) = I_n[(l_0 + dl)/l_0] = I_n(1+\epsilon_0)$$
$$\sigma = \sigma_0(1+\epsilon_0)$$
$$\epsilon = I_n(1+\epsilon_0)$$

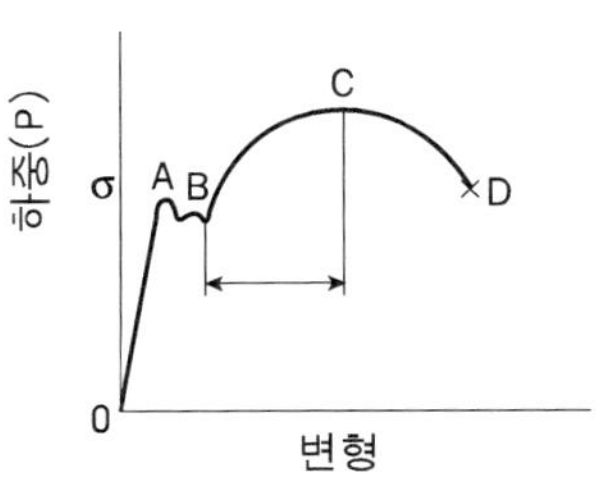

(a) 하중-변형 선도

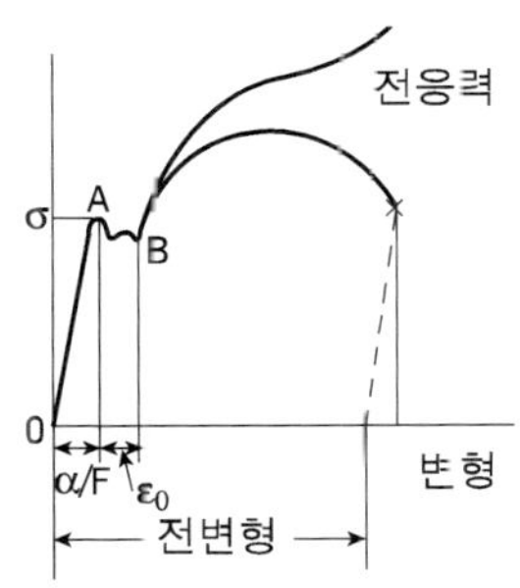

(ɔ) 응력-변형 선도

[그림 2.3] 하중-연신, 응력-변형선도

[그림 2.3](a)는 일반 연강의 하중에 따른 연신을 나타낸 것이고, [그림 2.3](b)는 응력의 변화에 대한 변형을 나타낸 것이다.

2.1.3 냉간 가공과 열간 가공

소성 가공은 재료가 가지고 있는 가단성, 연성, 전성, 가소성 등을 이용하여 가공한다. 일반적으로 재료는 열을 가하면 위의 성질들이 증대되어 가공이 쉬워진다.

① 가단성

단조(forging)에 의하여 변형되는 성질이며, 망치로 타격하여 단련 할 때 가단성이 좋은 순서는 Au, Ag, Al, Cu, Sn, Pt, Pb, Zn, Fe, Ni이고 압연 할 때 순서는 Pb, Sn, Au, Ag, Al, Cu, Pt, Fe의 순서로 된다.

② 연성

선(wire)을 뽑을 때 길이 방향으로 늘어나는 성질을 연성이라 한다. 연성이 큰 것부터 나열하면 다음과 같다. Au, Pt, Ag, Fe, Cu, Al, Ni, Zn, Sn, Pb

③ 가소성

물체에 압력을 가할 때 고체상태에서 영구 변형 즉 유동되는 성질로서 탄성이 없는 성질이다. 가단성과 연성을 통합한 의미를 갖는다.

1. 가열에 따른 금속재료의 변화

[그림 2.4]는 냉간 가공을 받은 금속재료의 기계적 성질의 변화를 나타낸 것이다. 가공도가 적은 범위에서는 성질의 변화가 많고 가공도가 50%이상에서는 성질의 변화에 대한 영향이 완만하게 진행되고 있다. 그러므로 변형이 커지고 경화가 진행됨에 따라 그 재료의 변형능력이 감소되며 나중에는 파괴된다. 따라서 파괴전에 풀림처리를 하여 변형 능력이 회복된 후에 가공을 시키는 것이 필요하다. 일반적으로 금속의 종류에 적합한 일정한 온도로 가열하면 가공경화 현상이 제거되고 연화되어 그 재료 본래의 연성을 회복하게 된다. 이 변화의 원인은 가공 경화된 재료가 가열되었을 때의 가열온도, 가열속도, 가열시간, 가공도 등에 따라 다르나 가열온도에 따라 다음의 3단계에 따라 성질의 변화가 발생한다. 즉 내부응력의 이완과 재결정, 그리고 결정입자의 성장단계를 거치면서 변화된다.

1) 내부 응력의 이완

금속재료가 소성변형을 받으면 그를 구성하고 있는 결정 입자가 상당히 변형되면서 내부 응력이 존재하게 되지만 다시 가열하면 원자운동이 활발해져 정상의 상태로 돌아간다. 이때 어떤 온도이하에서는 재료의 결정립의 형상은 그대로 남아 있으면서 내부응력만 제거된다. 이 과정이 제 1 단계로 발생되며 이것을 회복이라고 한다. 이러한 저온 가열은 금속의 응고나 급랭된 주물, 또는 용접부위의 내부 응력도 제거된다.

2) 재결정(recrystallization)

가열온도를 점점 높여 어느 온도에 이르면 제 2 단계로 변형된 기존결정에서 내부 응력이 없는 다수의 새로운 결정이 생겨 점차 성장함과 동시에 구결정이 소실되고 새로운 결정으로 대치되는데 이 현상을 재결정이라고 한다.

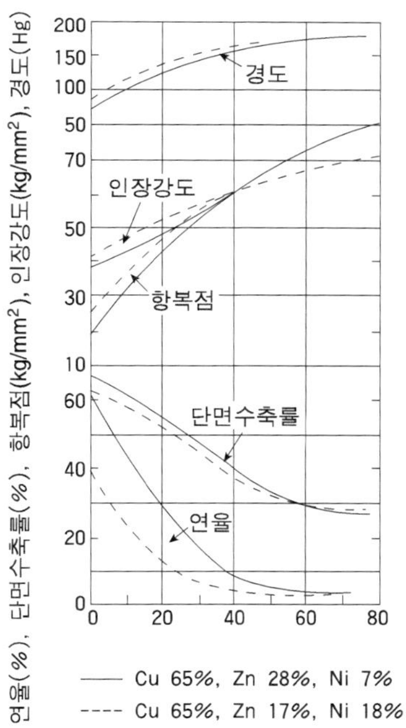

[그림 2.4] 냉간압연에 의한 기계적 성질변화

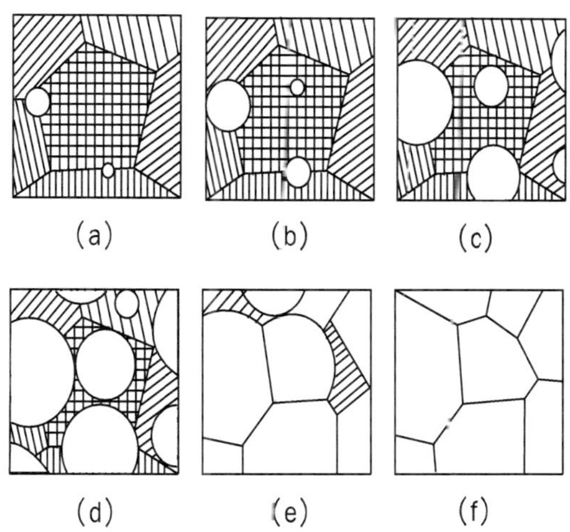

[그림 2.5] 재결정 과정

[그림 2.5]는 이와 같은 재결정 과정을 알기 쉽게 설명한 것으로 재결정핵이 처음 발생하는 장소는 결정경계나 쌍정(twin)의 경계 또는 슬립(slip)면을 따라서 생긴다. 이와 같이 재결정이 생기면 재료가 급격히 연화되고 다른 기계적 성질도 많이 변하게 된다.

〈표 2.1〉 각종 금속의 재결정 온도

재 료	재결정 온도(℃)	재료	재결정 온도(℃)
Cu (99.999%)	120	모넬메탈(Ni+30%Cu)	600
Cu – 5%Zn	320	Fe(전해)	400
Cu – 5%Al	290	저탄소강	540
Cu – 2%Be	370	Mg(99.99%)	70
Al (99.999%)	80	Mg합금	230
Al (99.0%)	290	Zn	10
Al 합금	320	Sn	−4
Ni (99.99%)	370	Pb	−4
Ni (99.4%)	600		

재결정이 생기는 온도를 재결정 온도라고 하며 재결정 온도는 재료에 특성에 따라 다르다. 〈표 2.1〉은 각종 금속의 재결정 온도를 나타낸 것이다.

3) 결정립의 성장

제 3 단계 변화는 재결정 온도 보다 높은 온도로 가열되면 재결정 입자들은 서로 인접된 결정 입자들을 병합하여 결정 성장을 일으켜 결정입자가 크게 변하는데 이를 조대화된다고 한다. 그리고 뜨임 또는 풀림처리를 할 경우에는 온도가 높을수록 또한 시간이 길수록 결정 입자의 성장이 증가하게 된다.

[그림 2.6]은 냉간 가공을 한 금속재료를 가열시켰을 때 나타나는 기계적 성질과 금속 조직의 변화를 나타낸 것이다. 초기에 일정 온도까지는 조직의 변화가 없다가 회복이 거의 끝나가는 재결정 단계에 이르면 새로운 결정입자가 나타나기 시작하여 점차 성장하는 것을 볼 수가 있다. 새로운 결정이 나타나면서 경도와 인장강도는 급격하게 떨어지고 연신율이 증가하게 되므로 재결정과정이 완전히 끝나면 소성가공을 쉽게 할 수가 있다. 결정 입자의 성장 시간을 길게 하면 할수록 결정입자는 크게 되어 가공성이 좋아지지만 경도와 강도는 떨어지게 된다. 따라서 이와 같은 열처리 사이클인 온도와 시간을 소재의 용도에 맞게 적절하게 설정하는 것이 매우 중요하다.

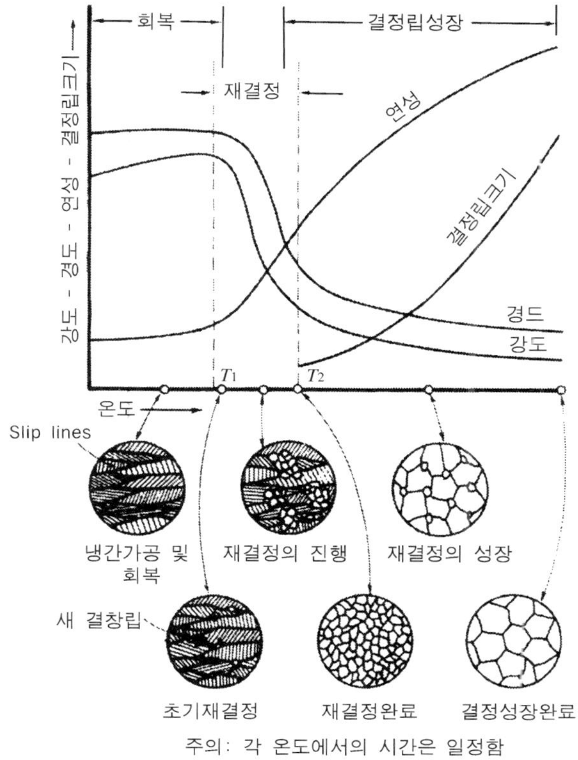

[그림 2.6] 냉간가공 재료의 가열에 따른 성질 및 조직의 변화

2. 열간 가공(hot working)

열간 가공은 금속의 재결정온도 이상에서 하는 가공을 말하며 고온 가공이라고도 한다. 재결정 온도 이상에서는 변형과 재결정이 동시에 생기며 가공이 진행되어도 가공성이 상실되지 않는다. 재결정에 의한 연화 속도는 가공경화 속도보다 크므로 재료의 가소성이 떨어지지 않아 열간 가공은 냉간 가공과는 달리 짧은 시간에 강력한 가공을 할 수 있다. 따라서 동력 손실도 적게 된다.

열간 가공을 할 때에는 재료를 균일하게 가열하고 또한 소성변형은 가공이 용이하고 안전한 온도 범위에서 진행되어야 한다. 열간가공 제품은 냉간가공 제품에 비해 조직 및 각종 성질의 균일성이 적다. 한편 열간 가공된 제품은 표면이 산화되어 변질되기 쉽고 또한 온도 분포가 불균일하게 되어 냉각할 때 치수 변화가 많아진다. 따라서 치수, 형상, 조직, 기계적 성질 등을 좋게 하려면 열간 가공 후에 충분히 냉간 가공을 하거나 풀림을 하여야한다.

3. 냉간 가공(cold working)

냉간 가공은 금속의 재결정온도 이하에서 소성가공을 하는 것으로 상온가공이라고도 한다. 그러나 철이나 구리, 그리고 구리의 합금인 황동 등을 상온에서 냉간가공을 하면 소성변형이 생기면서 가공경화가 발생된다. 이 같은 현상은 일반적으로 상온은 대부분 금속의 재결정온도 이하가 되므로 냉간 가공이 이루어지기 때문에 발생되며 이와 같은 가공경화는 가공정도에 따라 차이가 난다. 냉간 가공으로 인하여 금속의 기계적 성질은 변하게 되는데, 인장강도, 경도, 항복점 및 탄성한도는 점차 증가하고, 반대로 연신율과 단면 수축률은 감소한다. [그림 2.7]은 무게를 줄이고 강성을 부여하기 위하여 냉간 프레스가공을 한 자동차 브레이크 페달이다.

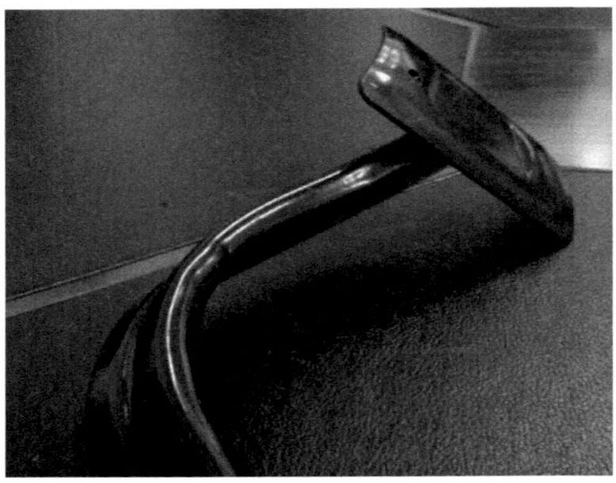

[그림 2.7] 브레이크 페달

- 냉간가공의 특징을 열거하면 다음과 같다.

① 표면이 매끈하고 정밀도가 높은 가공을 할 수 있다.
② 인장강도나 경도 등과 같은 기계적 성질이 개선된다.
③ 가공 경화현상 때문에 연신율이 저하된다.
④ 소재 가열이 필요 없으므로 경비가 절약된다.
⑤ 큰 가공 에너지가 필요하므로 강력한 힘의 가공장치가 필요하다.
⑥ 유해한 금속 조직의 방향성이 생긴다.

제2절 단조

2.2.1 개요

단조(forging) 작업은 가장 오래된 금속 가공법의 하나로 금속 재료를 소성 유동하기 쉬운 상태에서 해머나 프레스 등으로 충격력이나 압축력을 가하여 원하는 형상으로 가공하는 것을 단조라고 한다. 대부분 금속은 고온에서 소성이 크고 가공이 용이하므로 단조재를 가열하여 가공하는 것이 일반적이다.

[그림 2.8] 단조 제품의 예

[그림 2.8]과 같이 단조 작업에 의해 제조된 부품은 결정입자가 미세화되고 균일화되어 강도와 인성 등 기계적인 성질이 개선된다. 일반적으로 단조에 사용되는 소재는 주괴 또는 주조에서 나온 1차적인 가공품으로 표면이 거칠고 미세 균열이 존재하며 내부에 기공, 수축공 등 결함이 있으며 입자가 조대한 경우가 많다. 단조가공을 하면 단조의 힘에 의해 금속 조직이 압착되어 결함이 소멸되고, 열간 작업에서는 결정입자의 재결정이 이루어져 균일하고 미세화된 조직으로 개선된다. 단조제품은 기계적 성질에서 신뢰성이 요구되는 기계의 중요 부품에 많이 사용되고 있다. 그러나 단조는 재료가 제한되고 복잡한 형상을 가공하기가 힘들므로 가격이 비싸다. 대표적인 단조 제품으로는 크랭크 샤프트, 커넥팅 로드, 공구류, 롤러 등이 있다.

2.2.2 단조의 분류

단조작업은 단조형의 사용 유무에 따라 자유단조와 형단조, 단조 작업 온도에 따라 열간 단조와 냉간 단조, 단조물의 크기에 따라 소물 단조와 대물 단조, 단조장치에 따라 해머 단조와 프레스 단조 등으로 나눈다.

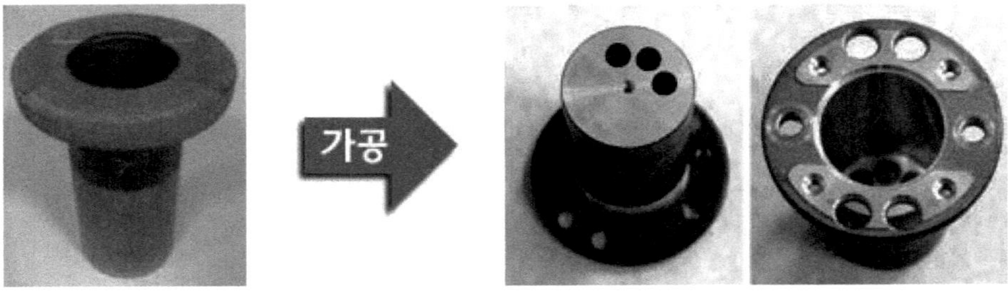

[그림 2.9] 단조제품과 기계가공

[그림 2.9]는 1차적으로 단조 가공된 제품을 2차적으로 정밀도를 높이기 위해 기계가공을 한 것이다. 대부분 단조 제품은 접합하는 부분이 있거나 끼워 맞춤을 하는 경우에는 반드시 기계가공을 하거나 정밀가공을 하는 경우가 많다. 〈표 2.2〉는 단조작업을 다양하게 구분한 단조작업의 분류이다.

〈표 2.2〉 단조작업의 분류

- 단조
  - 열간단조
    - 해머단조
      - 자유단조
      - 형단조
    - 프레스단조
      - 자유단조
      - 형단조
    - 업셋단조
    - 압연단조
  - 냉간단조
    - 콜드헤딩
    - 스웨징
    - 코이닝
  - 특수단조
    - 고속단조
    - 용탕단조
    - 분말단조
    - 온간단조

2.2.3 단조 온도

단조작업에 필요한 온도는 재질, 단조물의 크기, 단조기계의 용량 등에 따라 다르나 일반적으로 순금속이거나 고온일수록 소성 유동이 용이하여 단조가 쉽다. 따라서 대부분의 단조작업은 재료를 고온으로 가열하여 단조작업을 한다. 단조재료를 가열할 때는 다음과 같은 점을 유의하여야 한다.

① 너무 급격하게 고온으로 가열하지 말 것 ; 산화 및 버닝으로 인한 재질의 변화를 방지하고 불균일한 가열을 방지한다.
② 균일하게 가열 할 것 ; 변형 및 균열 방지한다.
③ 필요이상의 고온으로 장시간 가열하지 말 것 ; 산화 및 탈탄을 방지한다.

[그림 2.10]과 같이 재결정 온도 이상에서 행해지는 열간 단조를 하면 소성 유동이 쉽게 발생되어 단조가 쉽지만, 그렇다고 무조건 높은 것이 좋은 것은 아니다. 단조작업에서 2가지의 중요한 온도가 있다. 하나는 최고 단조온도이고 또 다른 하나는 단조 완료온도이다.

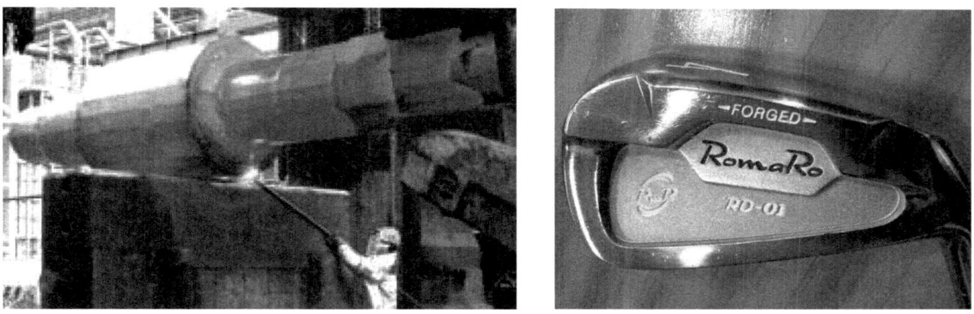

[그림 2.10] 열간 단조작업과 완성제품

단조작업에서 재료의 가열온도는 매우 중요하다. 재료의 가열온도가 너무 높으면 재료중의 성분 일부(탄소강에서 탄소)가 소실되어 재질의 성질이 변한다. 반대로 가열온도가 낮은 상태에서 단조하면 재료에 균열이 생기거나 제품에 잔류응력이나 내부응력이 남아 사용 중에 파괴되는 수가 있다. 최고 단조온도는 단조작업 시작 직전의 가열온도 즉 단조 개시온도를 말한다. 단조완료 온도를 고려하지 않은 단조 최고온도는 재료에 심한 산화나 소손이 일어나지 않을 정도의 높은 온도로 용융온도보다 100℃정도 낮은 온도범위가 적당하다. 단조완료 온도를 고려한 적절한 단조 최고온도는 단조를 완료했을 때 재결정 온도보다 약간 높은 온도를 유지할 수 있는 온도가 적정한 최고 단조온도가 된다. 단조량이 적은데 최고 단조온도가 너무 높으면 단조완료 온도도 자연 높아져서 가공이 끝나도 재결정 온도 이상이 되어 결정입자가 조대하게 되어 재질의 강도가 저하된다. 따라서 단조완료 온도는 재결정 온도보다 약간 높은 온도가 적정온도가 된다.

〈표 2.3〉 각종 금속재료의 단조온도

재료	최고단조 온도(℃)	단조완료 온도(℃)	재료	최고단조 온도(℃)	단조완료 온도(℃)
탄소강(0.1C)	1352	750	크롬강(13Cr)	1280	850
〃 (0.3C)	1290	790	스테인리스강(18-8)	1300	850
〃 (0.5C)	1250	820	고속도강	1200	1000
〃 (0.7C)	1170	850	스프링강	1200	900
〃 (0.9C)	1120	900	전기동	870	760
니켈강	1250	850	6-4황동	790	620
니켈. 크롬강	1250	800	인청동	800	650
크롬, 바나듐강	1250	850	단조용알니늄합금	450	360

한편 단조완료 온도가 너무 낮으면 단조품에 많은 내부응력이 발생하여 균열이 생기거나 파괴되는 수가 있다. 따라서 강의 경우를 보면 단조 온도가 800℃이하가 되면 다시 가열하여 단조를 계속한다. 또 강재는 300℃부근에서 청열취성이 발생하므로 이 온도에서는 상온 때 보다 가소성이 저하되므로 단조작업을 피해야한다. 각종 재료의 최고 단조온도와 단조완료온도는 〈표 2.3〉과 같다.

2.2.4 단조용 가열로

단조작업시 소재 가열에 사용하는 가열로는 여러 가지가 있는데 먼저 직접식 가열로와 간접식 가열로의 2가지 형태로 구분된다.

직접식 가열로는 가열 소재와 연료가 직접 접촉하는 가열로로 고정식 벽돌화덕, 이동식로 등이 있고 간접식 가열로는 고온의 공기, 연소가스, 전기 저항 및 유도열을 이용 소재를 가열하는 것으로 반사로, 중유로, 가스로, 전기로 등이 있다. 〈표 2.4〉는 각종 가열로의 특징 및 용도이다.

〈표 2.4〉 가열로의 종류, 특징 및 용도

가열로 명칭	연료	특징	용도
화덕	코크스 목탄, 석탄	구조가 간단하고 사용하기 편리함 온도조절이 곤란하고 균일 가열리 어렵다.	소형가열에 많이 사용
반사로	무연탄 중유, 가스	대형 재료의 가열에 사용	대형재 가열용
가스로	가스	조작이 간편하고 온도조절 용이	소형재가열, 열처리용
중유로	중유	조작이 간편하고 온도조절용이	주,소형재 가열
전기로	전기 저항열	온도조절이 쉽고, 조작이 용이 재질변화가 적다.	소형재 가열 열처리용
고주파로	전기 유도열	신속가열로 시간단축 재질변화가 적다	소형재 가열 열처리용
염조로	각종	일정한 온도로 균일가열	열처리용

2.2.5 단조용 공구와 기계

1. 단조용 공구

1) **앤빌(anvil)** : [그림 2.11]과 같이 단조 작업에 사용하는 작업대로 한 쪽만 뾰쪽한 영국식과, 양쪽이 뾰쪽한 프랑스식이 있다. 앤빌의 크기는 앤빌의 중량으로 130~150 kg 정도가 사용되고 있으며 모루라고도 한다.

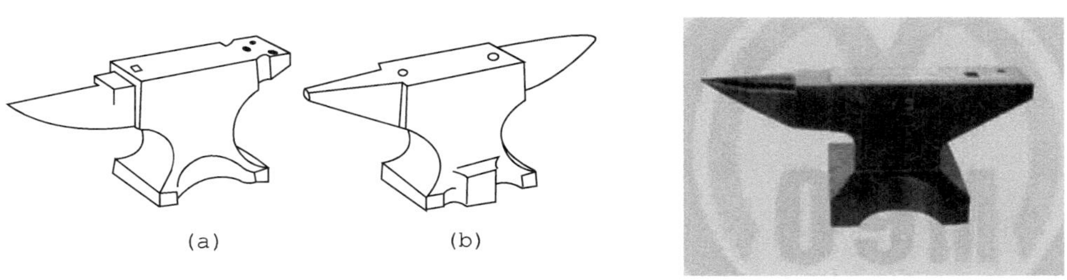

[그림 2.11] 앤빌

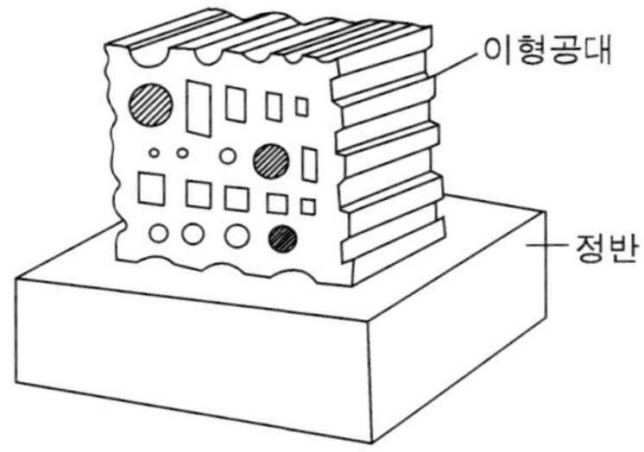

[그림 2.12] 이형공대와 정반

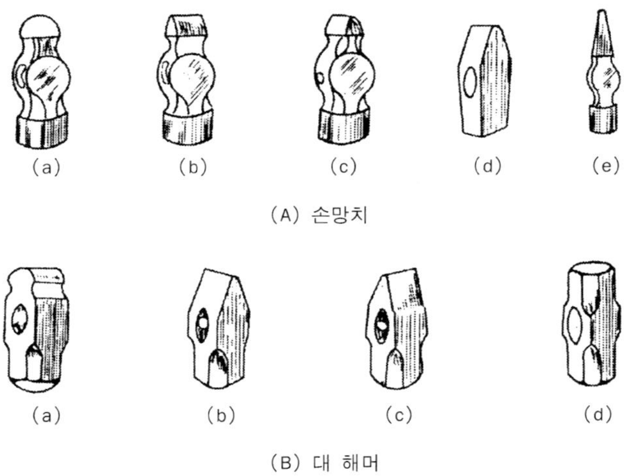

[그림 2.13] 해머

2) **이형공대** : [그림 2.12]와 같이 육면체의 블록에 크고 작은 각종 형상의 구멍이 있는 형태로 조형용이나 앤빌의 대용으로 사용하며 스웨이지 블록이라고도 한다.

3) **정반** : 금긋기 및 측정의 기준대로 사용한다.

4) **해머** : 쇠망치로 1/4~1kg 정도의 손 망치와 3~10kg 정도의 큰 메로 구분한다. [그림 2.13]은 각종 형상의 해머이다.

5) **집게** : 단조 작업시 가공물을 잡는 공구로 [그림 2.14]와 같이 여러 가지 형상이 있으며 사용 목적에 맞게 선택 사용한다.

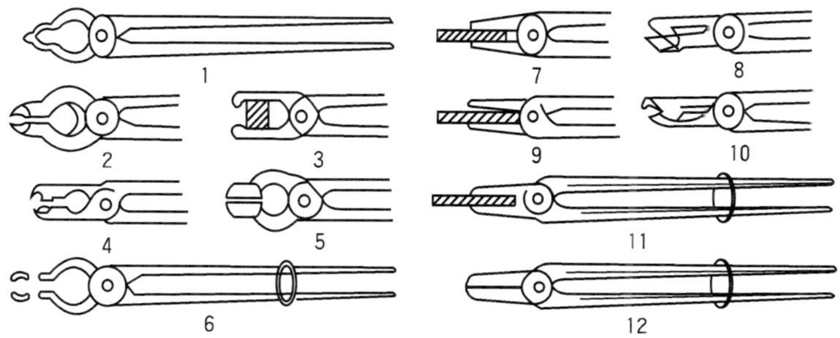

[그림 2.14] 단조용 집게

6) **다듬개** : 단조물의 표면에 대고 위에서 때려 가공물을 다듬어 형상을 만드는데 사용하는 공구([그림 2.10])

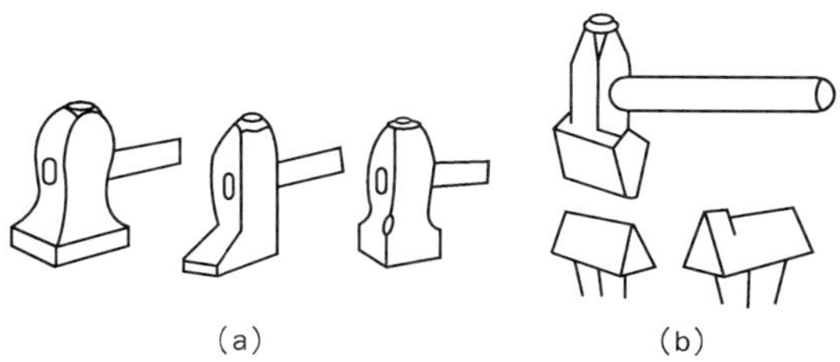

[그림 2.15] 다듬개

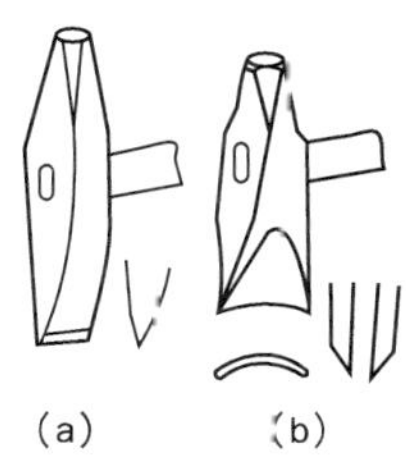

[그림 2.16] 정

7) **정** : 재료절단에 사용하는 공구로 [그림 2.16] (a)는 평정으로 직선 절단에, [그림 2.16] (b)는 원형 정으로 곡선 절단용으로 사용한다. 날의 각도는 30°정도이고 상온 작업용은 60°로서 담금질한 것이 사용된다.

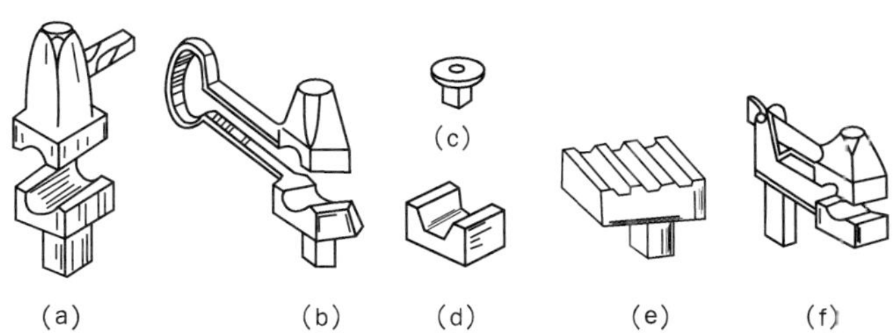

[그림 2.17] 탭의 종류

8) **탭** : 스웨이지(swage)라고도 하며 [그림 2.17]과 같이 환봉, 4각, 6각, 8각 등의 형상을 가공할 수 있는 형틀 모양으로 되어 있어 각종 단순 형상으로 단조할 때 사용한다.

2. 단조 기계

단조 작업에 사용하는 단조기계는 해머와 프레스의 두 가지로 대별 된다. 해머류는 충격적인 순간의 타격력에 의하여 변형이루어지고 프레스는 정적인 압력으로 변형이 이루어진다.

1) 해머(hammer)

해머는 해머 머리가 낙하 할 때 발생하는 운동에너지를 피가공물에 충격적으로 작용시켜 자유단조 또는 형단조를 한다. 해머는 대별하여 자유 단조용 해머와 형 단조용 드롭해머로 나누어진다.

(가) 단조용 해머

① 공기 해머(air hammer)

② 증기 해머(steam hammer)

③ 기력 해머(power hammer)

i) 스프링 해머(spring hammer)

ii) 크랭크 해머(crank hammer)

iii) 벨트 해머(belt hammer)

(나) 드롭 해머

① 판 드롭 해머(board drop hammer)

② 바 드롭 해머(bar drop hammer)

③ 로프 드롭 해머(rope drop hammer)

④ 크랭크 드롭 해머(crank drop hammer)

⑤ 증기 드롭 해머(steam drop hammer)

(1) 공기해머

압축 공기로 피스톤을 작동시켜 낙하추의 힘으로 단조 한다. 피스톤의 상하에 교대로 압축공기를 공급하여 피스톤에 상하운동을 준다.

공기 해머는 강약 조정이 쉽고 간편하므로 널리 사용되고 있다. 램의 상승 높이 350~820mm, 타격 속도 100~200회/mm, 용량 1/6~5ton 정도이다.

(2) 증기해머

증기압으로 피스톤을 작동시켜 단조 한다. 공기 해머보다 큰 힘을 얻을 수 있어 큰 재료에 강력한 타격을 줄 수 있다. 증기해머에는 단동식과 복동식이 있고 단동식은 해머가 상승할 때만 증기가 작용하며, 복동식은 상승, 낙하 모두 증기가 작용하게 되어 있어 낙하시 보다 더 큰 타격력을 낼 수 있다.

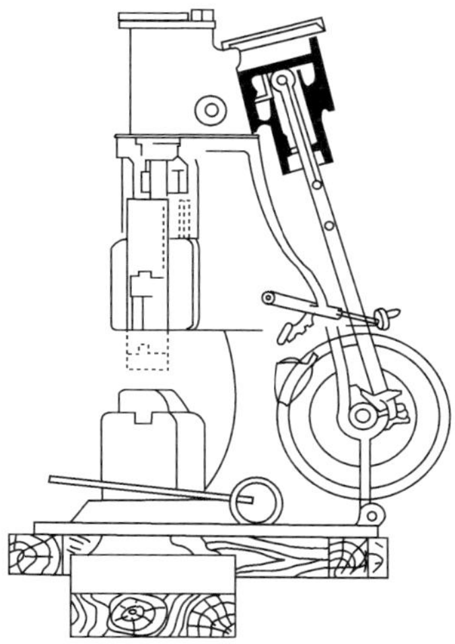

[그림 2.18] 공기 해머

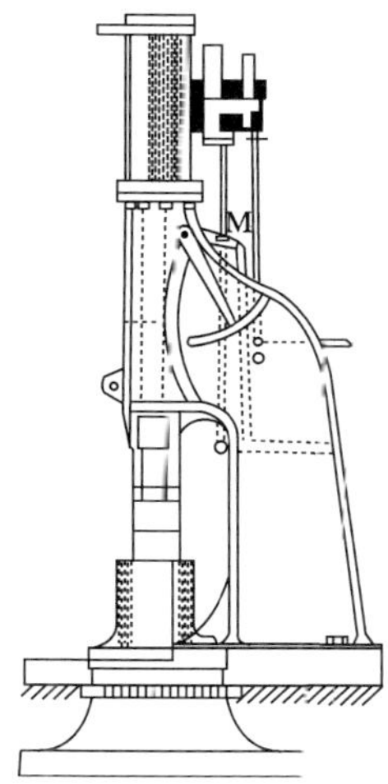

[그림 2.19] 증기 해머

증기해머는 조정이 쉬워 미세 조절할 수 있고, 연속 타격이 가능하다. 이 장치의 용량은 1/4～20ton이 사용되고 있다.

(3) 스프링 해머

[그림 2.20]과 같이 커넥팅 로드와 램 사이에 겹판 스프링이 있어 강력한 타격력을 스프링에 의하여 증가시키고 있다.

스프링은 과잉 운동 거리를 흡수하고, 운동에너지의 일부를 스트레인 에너지로 일시 흡수하였다가 타격시에 방출하여 해머를 가속시켜 타격력을 증대시킨다.

(4) 드롭해머

벨트, 로프, 목판 등을 이용하여 해머를 일정한 높이에서 낙하시켜 강력한 타격으로 형단조하는 데 사용한다. [그림 2.21]과 같이 보통 램의 낙하거리는 2～4m정도이고 타격수는 15～60회/min정도이다. 드롭해머는 경량의 램으로 큰 타격 에너지를 얻을 수 있다.

(5) 레버 해머

[그림 2.22]와 같이 레버의 각 운동에 의해 타격하는 구조로 해머의 중량이 100kg정도이고, 타격회수가 450회/min정도로 타격이 빠르다. 간단한 구조로 소형의 단조에 사용한다.

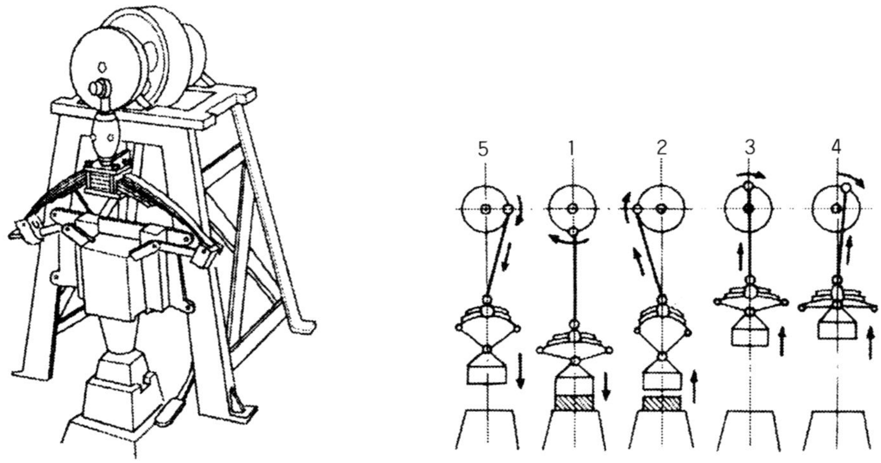

[그림 2.20] 스프링해머와 작동

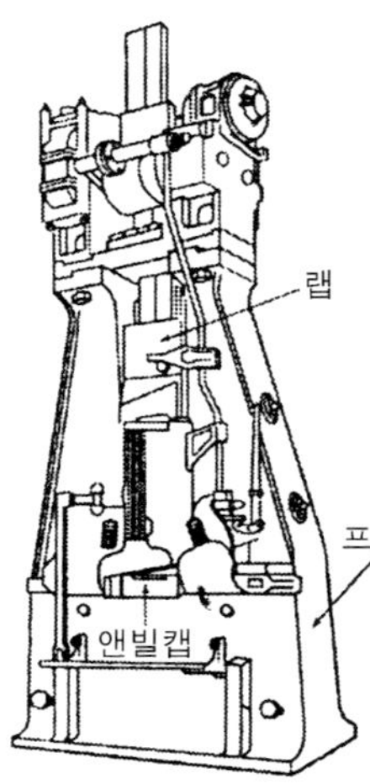

[그림 2.21] 드롭해머

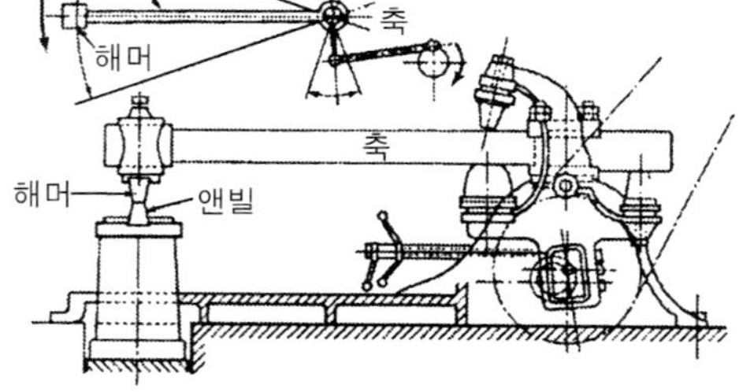

[그림 2.22] 레버해머

2) 프레스(press)

프레스는 해머와 같이 고속 타격을 가하지 않고 저속 운동으로 가압력을 주는 기계로 해머에 비하여 작용압력이 내부까지 잘 전달되고 에너지 손실이 적으며 진동과 소음이 적다. 단조품이 큰 것은 해머보다 프레스가 많이 사용된다. 프레스의 용량은 램(ram)에 작용하는 최대 압력으로 표시한다.

2.2.6 단조작업

단조작업을 대별하면 자유단조, 형단조, 특수단조로 구별된다.

1. 자유단조

앤빌 위에 소재를 올려놓고 해머로 타격하여 원하는 형상으로 만드는 작업으로 소재에 가하는 압력의 작용선 방향과 직각 방향으로 유동하는 재료에 구속을 주지 않는 상태에서 형이 형성된다.

- 자유단조의 기본 작업

1) 늘리기 : 재료에 타격을 가하여 단면적을 감소시키고 길이를 늘이는 작업이다.([그림 2.23])

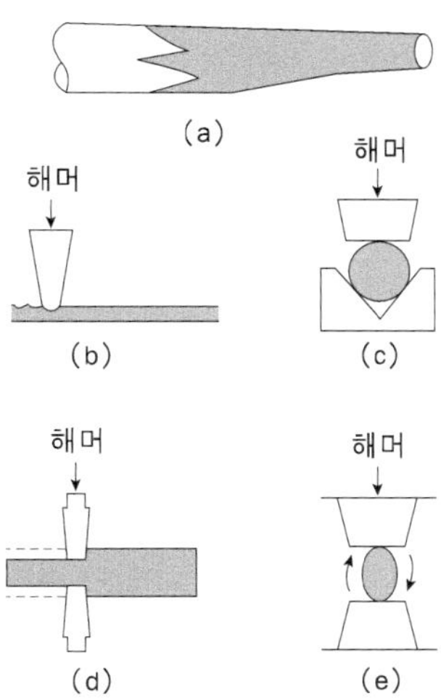

[그림 2.23] 늘리기

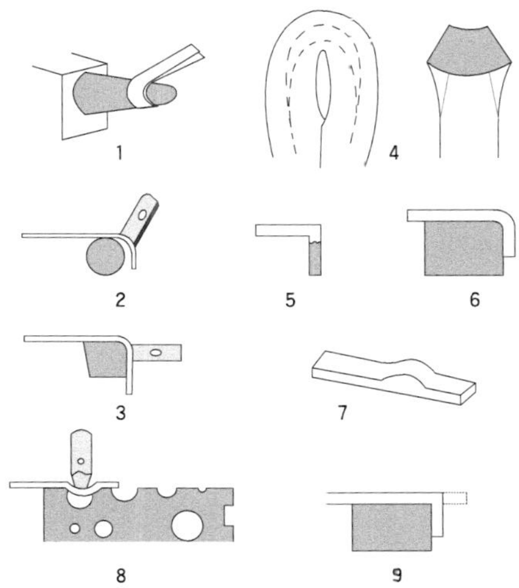

[그림 2.24] 굽히기

2) **굽히기** : 굽힘 작업을 행하면 굽힘 내측면은 압축 응력으로 주름이 생기기 쉽고 외측면은 인장응력을 받아 끊어지거나 균열이 일어날 염려가 있으므로 주의를 해야 하고 또한 굽힘부위는 단면적이 작아지므로 균일한 두께가 될 수 있도록 굽힘부 외측에 덧살을 붙여 놓고 굽힌다.([그림 2.24])

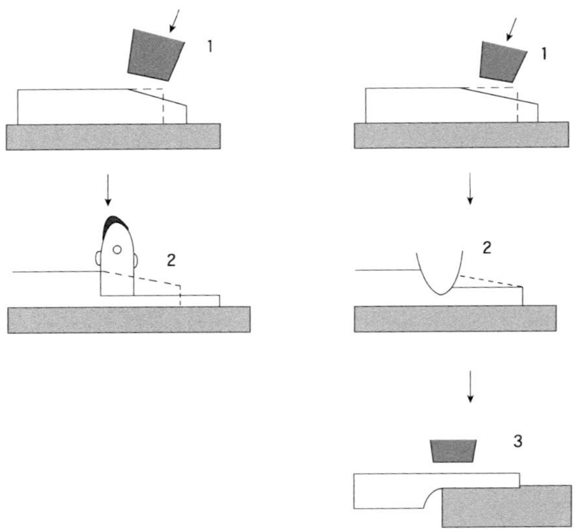

[그림 2.25] 단짓기

3) **단짓기** : [그림 2.25]와 같이 재료에 단을 만드는 작업이다. 소재의 어느 단면을 경계로 하며 한 쪽은 그대로 두고 다른 쪽을 압축하여 단을 만든다.

4) **업 세팅** : [그림 2.26]과 같이 긴 재료를 축 방향으로 압축하여 길이의 일부를 짧게 하고 단면을 크게 하는 가공이다. 길이 방향의 압축 길이가 일정 범위를 넘으면 좌굴 현상이 발생하므로 압축길이의 제한이 있다. 그러므로 후술하는 업 세팅의 3원칙을 지켜 가공을 한다면 가공상의 결함을 최소화시킬 것이다.

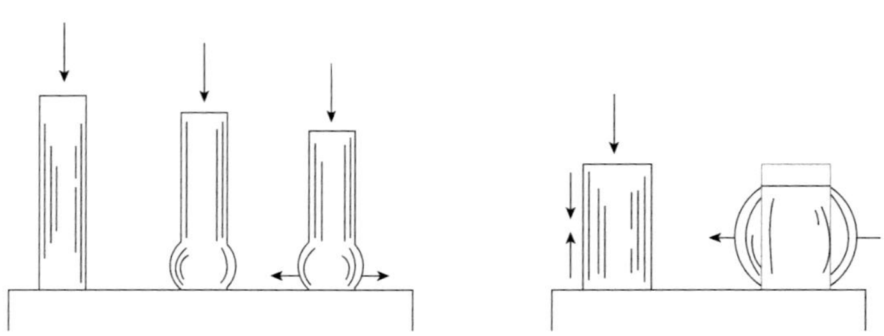

[그림 2.26] 업 세팅

5) 구멍 뚫기 : 펀치를 사용하여 소재에 구멍을 뚫는 작업으로 [그림 2.27]은 구멍 뚫기 작업의 예를 보여주고 있다.

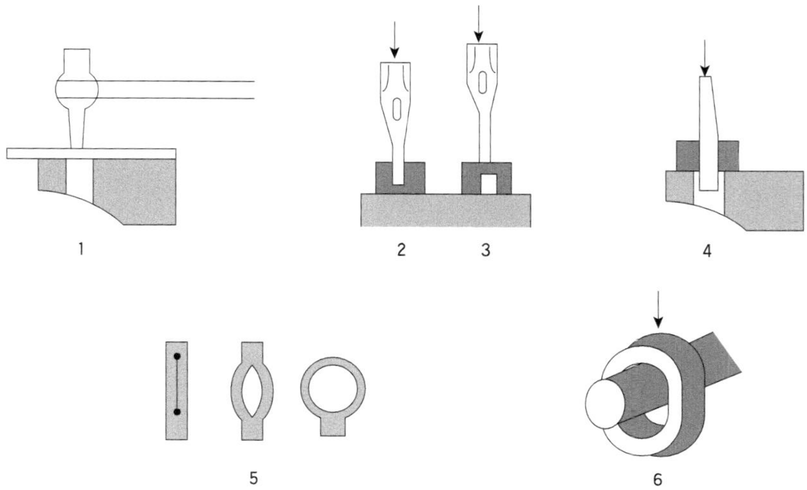

[그림 2.27] 구멍 뚫기

6) 자르기 : 소재를 절단할 때는 [그림 2.28] (a)와 같이 소재를 회전하면서 주위를 절단용 정으로 때려 점차로 홈을 크게 하여 절단한다. 가는 소재를 절단하는 정은 냉간 절단용과 열간 절단용이 있다.

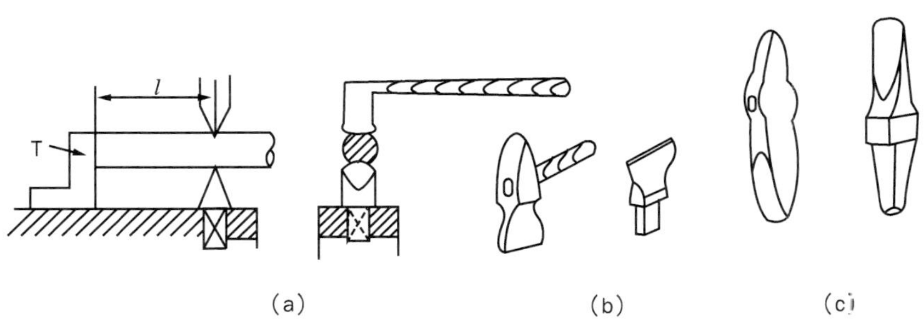

[그림 2.28] 자르기

7) 비틀기 : 단조재의 가운데 부위를 비틀어 양단의 위치를 어긋나게 한다.

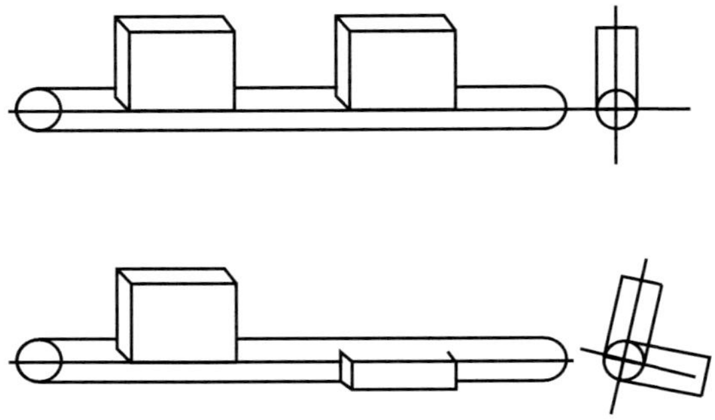

[그림 2.29] 비틀기

2. 형단조

제품의 형상을 조각한 다이 속에 소재를 넣고 압축 또는 타격력을 가해 성형하는 가공법이다. 소재는 가압력에 의해 눌리면서 다이의 내부를 채우고 구속된 상태에서 압력을 받으므로 표면 정도가 양호하고 기계적 강도가 큰 제품을 얻을 수 있다. 또한 재료비가 적게 들어 가공비를 낮출 수 있다. 금형 제작비가 많이 들고, 대형 제품(300kg이상)에는 적합지 못한 단점도 있으나 정도 높은 동일제품의 생산율이 높아 대량 생산에 적합하며, 많은 수량을 제작 할 때에는 단가를 낮출 수가 있다.

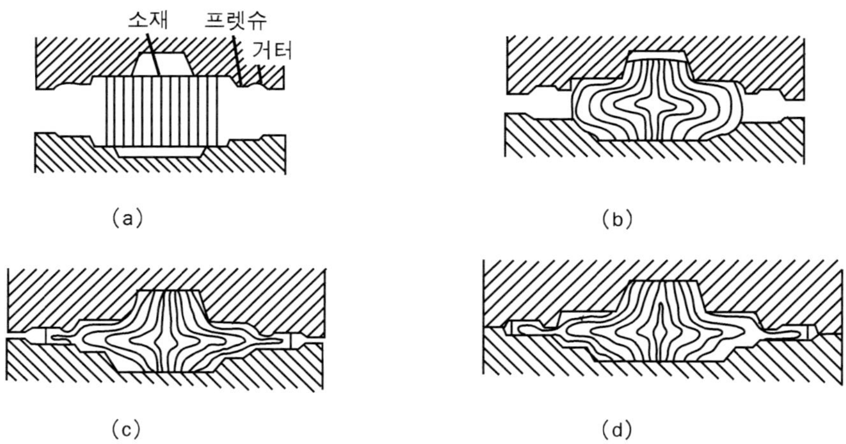

[그림 2.30] 형단조에서 재료의 변형

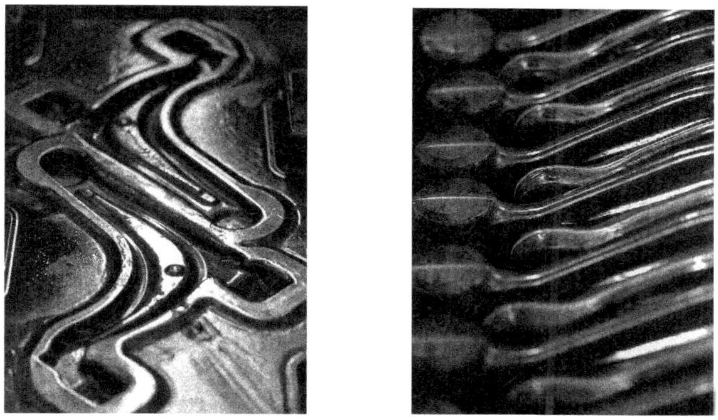

[그림 2.31] 형단조에서 금형과 단조제품

[그림 2.30]은 형단조에서 소재의 변형 상태를 나타내는 것으로 [그림 2.30] (a)는 단조형 내에 소재가 놓여 있는 상태이고 [그림 2.30] (b)는 타격으로 압축되어 형 내부에 채워지고 [그림 2.30] (c)는 단조가 진행됨에 따라 상하 형의 간격은 좁아지고 여분의 재료는 플래쉬부로 밀려나는데 이 부위는 몸체부에 비하여 월등히 얇으므로 빨리 냉각되어 변형 저항이 증대되므로 내부의 재료를 봉쇄하는 역할을 하여 재료가 금형 내부의 구석까지 차도록 하고, 나머지 재료는 [그림 2.30] (d)와 같이 거터부로 밀려나면서 가공이 완성된다. [그림 2.31]은 자동차 부품을 생산하는 사용되는 금형과 단조 제품을 나타낸 것이며 [그림 2.32]는 형단조된 1차제품을 나타낸 것이다.

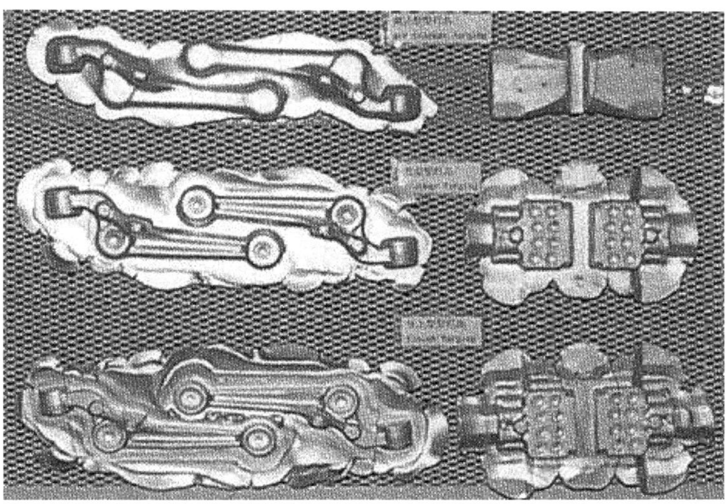

[그림 2.32] 형단조 1차 제품

1) 단조형의 종류

단조용 형에는 개방형, 밀폐형, 원 히트형 등의 형식이 있다. 개방형은 재료가 옆으로 유동하는 것을 자유롭게 할 수 있는 형태로 자유 단조와 밀폐형 단조 중간에 속하는 형식이고, 밀폐형은 [그림 2.30]과 같이 제품의 주위를 분할된 단조형이 완전히 둘러쌓는 형태이며, 원 히트형은 [그림 2.33]과 같이 하나의 형에 가공 순서에 따라 변형이 용이하도록 준비형, 황타형, 완성형 및 절단형 등 여러 가지 형을 조합하여 만든 형식이다. 소재를 한번 가열하여 완성가공이 가능하며, 단일형과 같이 여러번 반복하여 가열할 필요가 없어 편리하다.

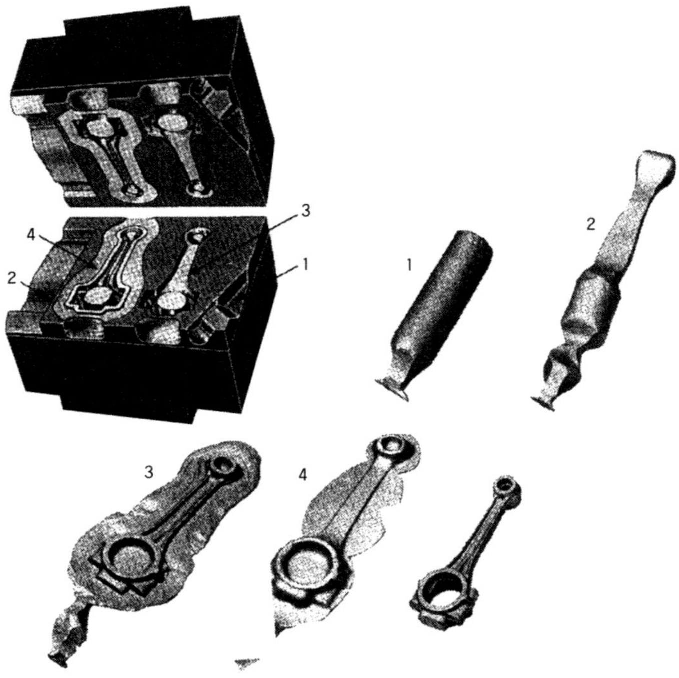

[그림 2.33] 원 히트형 단조형과 단계적인 가공물(커넥팅 로드의 형단조)

준비형은 예비성형 작업으로 제품의 모양에 따라 재료의 흐름을 용이하게 성형하는 작업으로 플러링(flooring)과 에징(edging)이 있다. [그림 2.34]와 같이 플러링은 재료를 특정 부분으로 분산시키는 것이고, 에징은 특정 부분으로 재료를 모으는 작업이다.

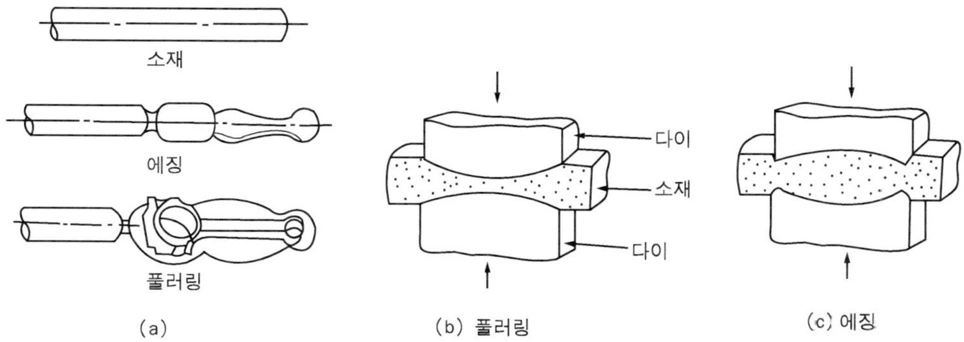

[그림 2.34] 플러링과 에징

2) 단조형 구조와 재료

단조형으로 일반적인 밀폐형의 구조는 [그림 2.35]와 같이 상하형이 겹치는 분할면에는 제품 둘레에 플래시라고 하는 좁은 홈과 거터라고 하는 비교적 넓은 공간이 제품의 형상과는 상관없는 공동부가 있다.

플래시는 소재의 유출 저항을 증대시켜 금형 내의 소재가 밖으로 밀려나는 것을 막아 소재가 형 구석까지 충만하도록 하는 역할을 하고 거터는 소재가 단조금형 내에 충만 되었는데도 계속 막고 있으면 단조금형에 무리가 가게 된다. 플래시 외측에 넓은 공간을 두어 여분의 재료가 밀려 날 공간을 둠으로서 단조금형 내 하중의 급상승을 완화시켜 단조금형에 과대한 응력이 발생하는 것을 방지한다.

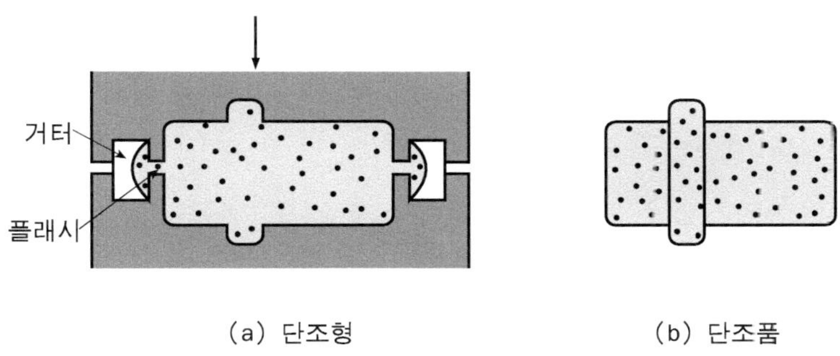

[그림 2.35] 단조 금형(단조형)

단조형의 수직면은 제품이 잘 빠질 수 있도록 인발구배를 두는데 그 값은 〈표 2.5〉와 같이한다.

단조형은 부분적으로 500~600℃의 정도에서 큰 타격력을 받는다. 따라서 단조형 재료는 고온에 견디는 강도와 경도가 요구되고 마멸과 충격에 견딜 수 있는 인성이 있으며 균열이 발생하지 않아야 한다.

〈표 2.5〉 단조형의 인발 구배

구분	외측	내측
해머 단조	얕을 때 : 1~3°, 보통 : 5~7°, 깊을 때 : 7~10°	10~15°
프레스 단조	1~3°	

3) 단조형용 윤활제

형의 수명을 길게 하고 양호한 제품을 얻으려면 윤활제의 선택이 매우 중요하다. 고 니켈 합금강이나, 경합금 등은 형에 부착하기 쉬우므로 특히 윤활이 필요하다. 윤활제는 각종 유류에 흑연 분말을 20%정도 부유시켜 사용하고 있다.

3. 업 세팅의 3원칙

단조작업에서 길이를 감소시키고 지름을 확대시키는 작업을 업 세팅이라 하고 이 작업을 전문으로 하는 기계를 오프셋이라 한다.

업 세팅 작업을 할 때 1회의 오프셋 량이 일정 한계를 넘으면 소재에 좌굴이 발생하여 정상적인 업 셋 작업이 불가능하다. 좌굴 없이 정상적인 업 세팅을 위하여서는 다음 3가지 법칙을 적용하여야 한다.

1) **제1법칙** : [그림 2.36] (a)와 같이 변형 주위에 구속이 없는 자유 단조에서 1회의 타격으로 완료하려면 오프셋 할 길이(l)는 소재의 지름(d_0)의 3배 이내가 되어야 한다.

$$l \leq 3d_0$$

2) **제2법칙** : [그림 2.36] (b)와 같이 형단조에서 다이의 지름이 소재지름의 1.5배 이하 일 때 오프셋 길이(l)를 (3~6)배 이내가 되어야 한다.

$$l \leq (3 \sim 6)d_0$$

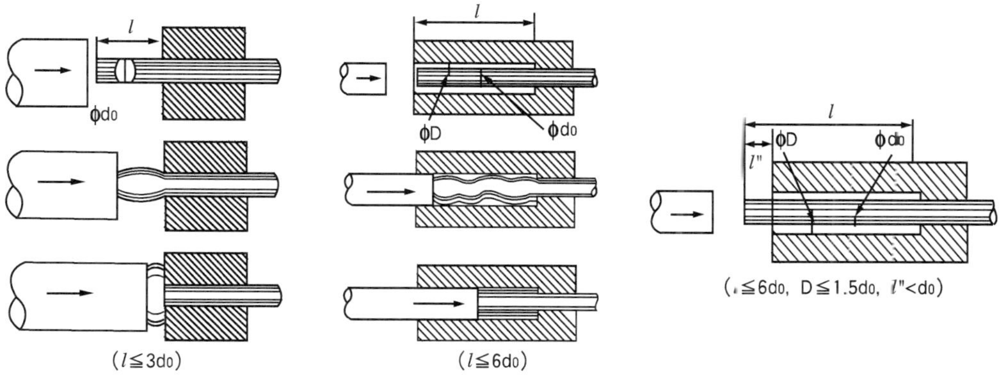

(a) 제1법칙　　(b) 제2법칙　　(c) 제3법칙

[그림 2.36] 오프셋의 3원칙

3) **제3법칙** : [그림 2.36] (c)와 같이 다이 지름이 소재 지름의 1.5배 이하이고 소재 길이가 지름(d_0)의 6배 이하일 때 다이 밖으로 돌출 되는 소재의 길이(l'')는 소재지름 보다 작아야한다.

$$l'' \leq d_0$$

4. 단조비

단조비는 단조 작업에서 단련의 정도를 나타내는 하나의 표시방법으로 단련 전후의 단면적의 비 또는 길이 비로 나타낸다. 지름 D_o, 길이 L_0인 소재를 축선에 직각인 방향으로 단조하여 단면적 A_0를 A로 감소시키고 길이를 L로 증가시켜 지름이 D로 되었을 때 단조비는 다음과 같이 구한다.

$$\text{단조비} = \frac{A_0}{A} = \frac{L}{L_0} = (\frac{D_0}{D})^2$$

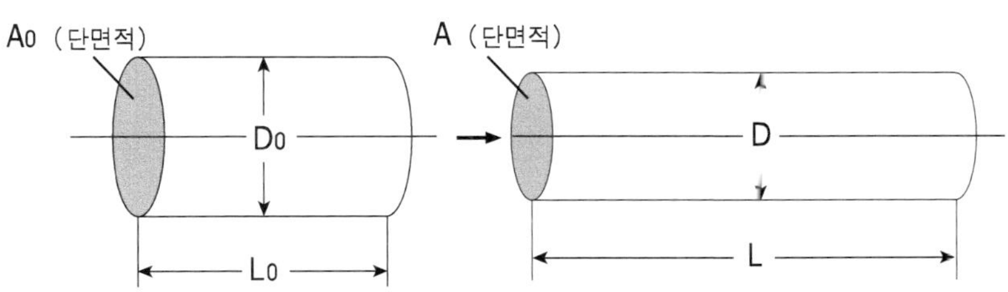

[그림 2.37] 단조 전후의 소재 치수 변화

[그림 2.37]은 단조 전과 후의 소재 치수의 변화를 나타낸 것으로 충분한 단련 효과를 얻으려면 단조비가 3~4이상이 되어야 한다.

5. 단조 소재 견적에 고려할 사항

단조작업에 사용할 소재의 체적은 제품의 체적보다 크게 잘라 사용한다. 이론적으로는 제품과 소재 체적이 동일하여야 하지만 단조과정 중 여러 가지 이유로 재료의 손실이 있어 이를 예견하여 소재를 제품보다 크게 절단하여야 한다.

- 단조 작업에서 재료의 손실 및 가공하면서 반드시 고려하여야 할 것으로 다음과 같은 것들이 있다.

1) 스케일 손실

가열 중 또는 노 밖에서 산화에 의한 손실로 일반적으로 4.5kg이하 단조품은 7.6%, 4~11kg의 단조품은 6%, 그 이상은 5%로 한다.

2) 플래시 중량

이것은 단조품의 중량과 형상에 따라 차이가 있으며 심한 경우에는 플래시에 의한 재료 손실이 50%정도가 되는 경우도 있다. 그러나 이 플래시부분은 단조 완료 후 트리밍으로 잘라낸다.

3) 작업여유

자유단조에서는 가열재료를 집게로 잡고 작업한다. 이에 필요한 길이는 소재의 크기와 중량에 따라 다르나 적어도 13mm정도는 필요하다. 또 이때 제품과 잡는 부분과의 사이에는 스프루라고 하는 가느다란 부분이 있으며 단조품을 형에서 빼낼 때 파손되지 않을 만큼의 강도가 필요하다. 일반적으로 제품 중량의 7.5%정도로 한다.

4) 절단 손실

재료로부터 단조용 소재를 절단 할 때의 손실로 재료의 지름에 따라 다르나 50mm이하는 3%, 50~75mm는 4%, 75~100mm에서 5%, 100mm이상은 6%정도로 한다.

6. 단조품의 결함

단조품의 결함은 재료 자체의 결함, 가열시 발생하는 것, 단조 가공중에 생기는 것, 또는 가공 후 생기는 결함들이 있다.

재료자체의 결함은 주조 상태의 결함이 단조 후에도 그대로 남는 것으로 균열, 편석, 기공, 용재 등을 들 수 있다. 가열중에 생기는 결함으로는 산화, 탈탄, 소손, 균열 등을 들 수 있고, 가공 중에는 변형 불량으로 생기는 겹침, 균열, 플래시 균열, 조직의 조대화, 치수 불량 등이 있다.

2.2.7 특수 단조

1. 압연 단조

[그림 2.38]과 같이 상하에 배치된 2개의 특수 단면을 가진 롤러를 이용하여 둥글거나 평편한 소재의 두께를 줄이거나 길이를 늘려 소정의 단면 형상을 갖는 단조제품을 얻는 단조 방법이 있고, [그림 2.39]와 같이 차륜을 압연 단조 할 경우는 다양한 형태의 여러 개의 롤러를 사용하는 경우도 있다. 압연 단조에 의해서 제조되는 제품으로는 테이퍼 축과 판스프링, 차축, 차륜 등이 있다.

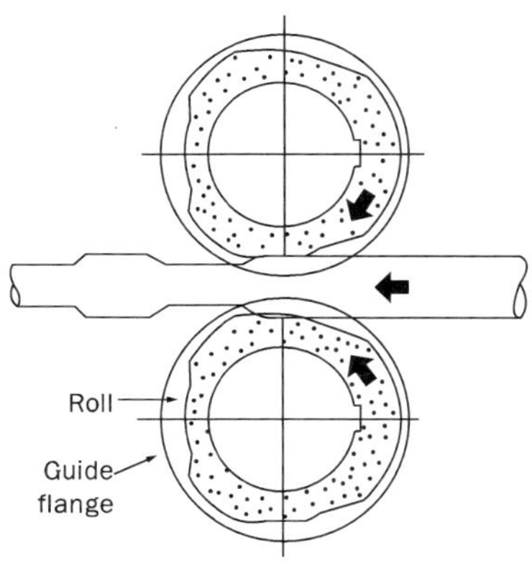

[그림 2.38] 압연 단조 작업

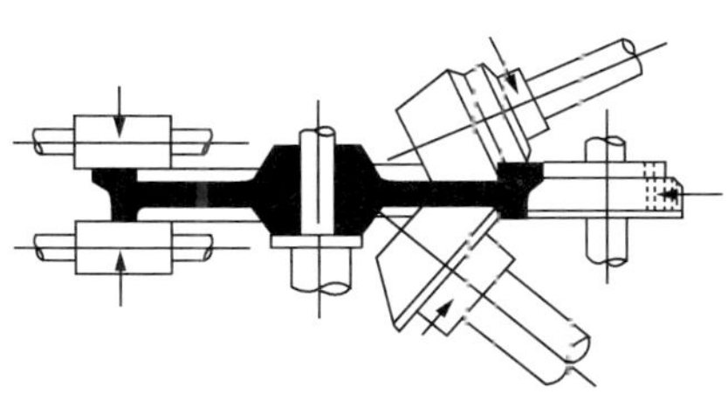

[그림 2.39] 차륜의 압연단조

2. 로타리 스웨이징

막대형 재료나 관의 일부에 타격을 가해 지름을 감소시키는 것이 스웨이징이다. [그림 2.40]과 같이 다이를 회전시키면서 중심부에 있는 소재에 타격을 가해 단조하는 것을 로타리 스웨이징 가공이라 한다.

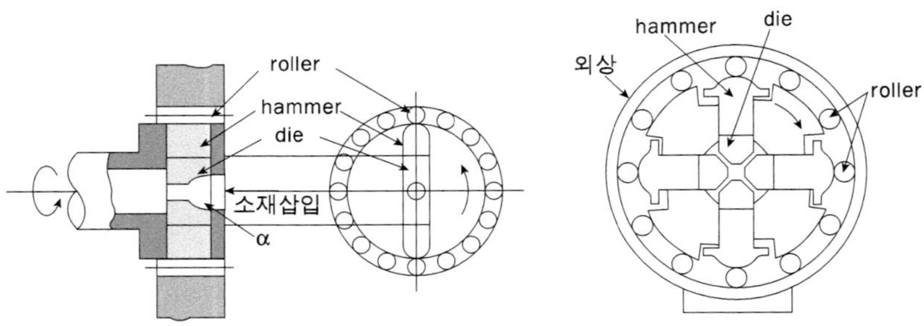

(a) die가 2개 (b) die가 4개

[그림 2.40] 로타리 스웨이징

회전하는 해머 다이를 대향시켜 놓은 상태에서 회전하여 해머가 외측둘레에 있는 롤러에 접하였을 때 소재를 타격하고 해머가 롤러와 롤러 사이를 운동 할 때에는 원심력에 의해 벌어지고 이때 소재를 공급 할 수 있다. 타격하는 곳이 중복되므로 제품 표면이 매끄럽다. 봉, 선, 관의 직경 감소 및 각종 성형에 이용된다.

3. 고속 단조

단조 작업에서 타격에너지는 $E = m\frac{v^2}{2g}$ 으로 해머의 속도를 크게 하면 작은 해머로 큰 에너지를 얻을 수 있어 큰 가공을 할 수 있다.

고압의 질소가스를 이용하여 해머의 속도를 매우 크게 한 고속 단조기로 다이나팩(Dynapak)이 있다. 〈표 2.6〉은 각종 단조기계의 램 속도를 비교한 것이다. 따라서 동일한 타격 에너지를 내는 드롭해머의 해머 중량에 비하여 고속 단조기의 램의 중량은 약 1/10이하로 할 수 있다.

〈표 2.6〉 단조 기계의 램 속도

단조 기계	램 속도(m/sec)
기계 프레스	0.02~1.5
드롭 해머	4~5
증기 해머	5~9
고속 단조기	15~39

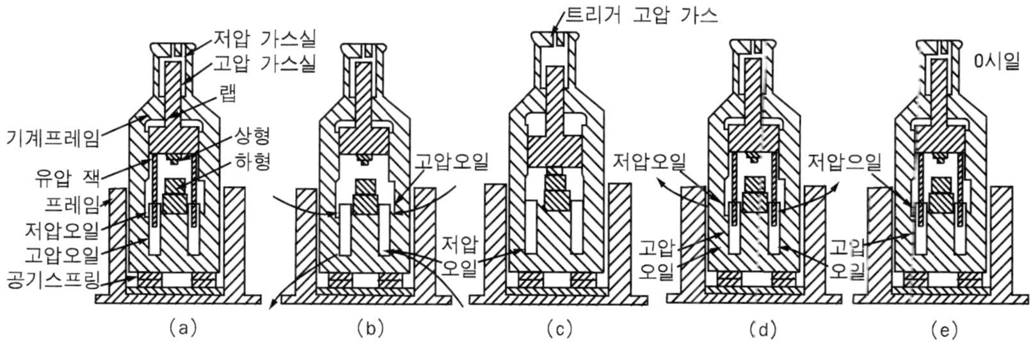

[그림 2.41] 다이나 팩의 원리

타격 에너지가 크므로 1, 2회 타격으로 단조를 완료할 수 있어 열손실이 적어 유동성이 양호한 상태에서 단조를 완료 할 수 있으므로 보통 단조로 불가능한 복잡한 형상도 고정도로 가공할 수 있다. 특히 얇은 핀이나 미세한 부분이 잘 성형된다. [그림 2.41]는 다이나 팩의 작동원리를 도시한 것이다.

4. RR단조

[그림 2.42]는 대형 크랭크축을 환봉 소재로부터 직접 단조작업을 하는 그림으로 [그림 2.42] (a)와 같이 크랭크축의 핀 및 저널부분을 고정하고 [그림 2.42] (b)와 같이 좌우 다이를 밀어서 예비성형을 한다. 다음에 좌우 다이를 계속 좁히면서 중앙 다이를 강하시켜 [그림 2.42] (c)와 같이 성형 완료한다. 이와 같은 형식의 단조를 RR단조라 한다.

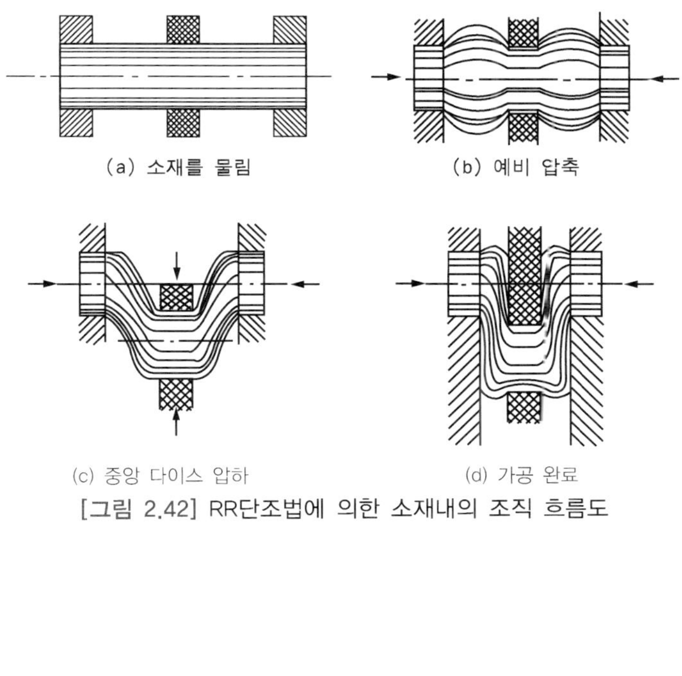

[그림 2.42] RR단조법에 의한 소재내의 조직 흐름도

제3절 압연

2.3.1 압연 개요

압연(rolling) 가공은 회전하는 롤러 사이에 비교적 소성 변형이 잘되는 금속을 통과시켜서 각종판재나 봉재, 단면재 등을 성형하는 작업이다.

압연작업은 단조작업을 연속적으로 행하는 것이라 할 수 있다. 그러므로 단조에서와 같이 재료의 주조 조직을 파괴하고 재료 내부의 기공을 압착하여 재질을 균일하게 한다. 압연가공은 주조나 단조와는 달리 변형이 연속적으로 이루어지므로 작업속도가 빠르고 생산비가 저렴한 장점이 있다. [그림 2.43]은 열간압연 강판을 여러 냉간 압연공정 공정을 거쳐 제조된 냉연강판으로 자동차나 건축용, 전자제품 등에 많이 사용된다.

[그림 2.43] 냉간압연 강판

[그림 2.44]는 압연작업에서 생기는 금속의 조직 변화를 나타낸 것이다. 압연 하기전의 결정입자는 압연과정을 거치면서 압착 신연되어 조직이 치밀하게 되며 일정한 방향성을 가지는 새로운 형상의 결정조직이 된다.

압연은 작업온도에 따라 열간 압연과 냉간 압연으로 나누어지는데 열간 압연은 압연소재의 재결정 온도 이상에서 행하는 압연이고 냉간 압연은 재결정온도 이하에서 행하는 압연이다. 열간 압연에서는 재료의 가소성이 크므로 압연가공에 필요한 소비동력이 적고 많은 양의 가공을 쉽게 할 수 있으며 단조품과 같은 좋은 성질을 가진 재질을 얻을 수 있다. 그러므로 정밀한 고급 제품이 필요한 경우는 냉간 압연가공을 해야 한다. 이 냉간 압연에서는 필요에 따라 풀림처리를 하여 연성을 회복시키는 작업을 한다. 열간 압연 제품은 재질의 방향성이 생기지 않으나 냉간 압연 강판은 금속조직의 방향성을 갖게 된다.

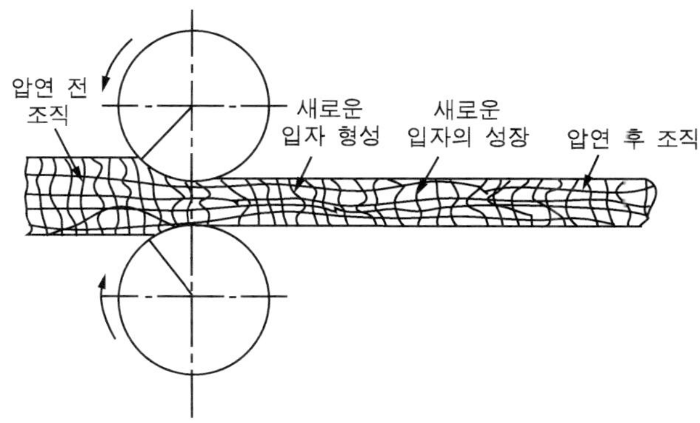

[그림 2.44] 압연 전후의 압연조직의 변화

2.3.2 압연 작업

1. 분괴압연

압연의 최초 재료는 주강 공장에서 주조된 강괴(잉곳)를 사용한다. 이 잉곳을 형강제품 제작에 편리하게 이용할 수 있도록 각종 형상과 치수로 압연기에서 변형 시켜 반제품을 제작하는 것을 분괴압연(blooming)이라 한다. 강괴를 균열로에서 장시간 가열하여 그 내 외부의 온도를 1,150℃~1300℃로 균일하게 가열하여 분괴 압연기로 강편을 만든다. 강편(반제품)의 형태는 최종제품을 만드는데 편리하도록 하기위한 중간 공정이라고 보면 된다.

[그림 2.45]는 앞에서 설명한 바와 같이 잉곳을 1차적으로 분괴압연으로 가늘고 긴 형태의 블룸을 만든 다음 다시 필요한 형태의 중간 제품인 빌릿으로 제조하게 된다. 그리고 이것을 수요자가 요구하는 형태와 크기로 열간 압연하여 각종 형강을 제조하는 형강의 제조공정을 3단계로 구분하였다. 이와 같이 제조된 형강은 주로 건축용이나 구조용으로 사용되는 경우가 많다.

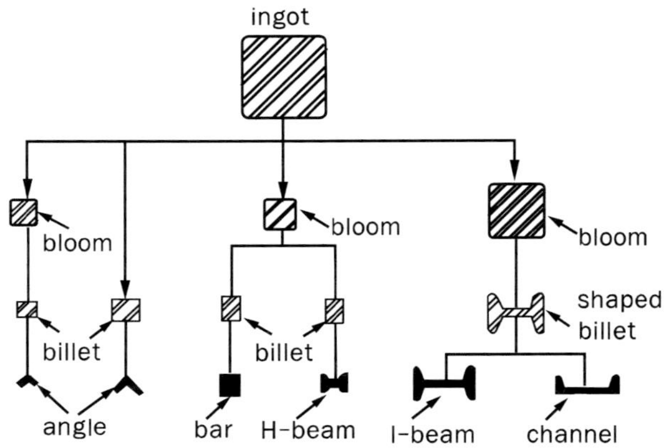

[그림 2.45] 형강의 압연 제조과정

영국에서는 각종 압연제품을 아래와 같이 구분하고 있으며 세계적으로 이와 같은 용어로 통용되고 있다.

① 블룸 : 정 4각형에 가까운 단면으로 크기가 250×250mm에서 450×450mm정도의 강편으로 대강이라고도 한다. 빌릿, 슬래브, 대형 단면재 등의 소재로 사용된다.

② 빌릿 : 40×50mm에서 120×120mm의 4각형 단면인 봉재로 소강편이라고도 한다. 바, 로드, 단면재(소형) 등의 소재로 사용한다.

③ 슬래브 : 직 4각형의 단면으로 두께 50~150mm, 폭 600~1,500mm 정도의 치수로 매우 두꺼운 판이다. 판재의 소재로 사용한다.

④ 시이트 바 : 슬래브 보다 폭이 좁고(200~400mm정도) 길이 1mm에 대하여 10~80kg의 판재이다.

⑤ 시이트 : 폭은 450mm이상이고, 두께는 0.75~5mm 정도의 판재를 나타낸다.

⑥ 넓은 스트립 : 폭이 450mm이상이고, 두께는 0.75~5mm 정도의 코일 상태의 긴 판재를 말한다.

⑦ 좁은 스트립 : 폭은 450mm이하이고, 두께는 0.75~5mm 정도인 코일상태의 긴 판재를 나타낸다.

⑧ 플레이트 : 두께가 3~75mm정도인 긴 평판을 말한다.

⑨ 플랫 : 폭은 20~450mm정도이고 두께는 6~18mm정도인 판재를 나타낸다.

⑩ 라운드 : 지름이 200mm이상인 환봉을 나타낸다.

⑪ 로드 : 지름 12mm이하의 환봉으로 긴 직선상태 또는 코일상태로 되어있다.
⑫ 바 : 지름 12∼100mm 정도의 봉재 또는 단면이 100×100mm 정도인 각재로서 긴 소재를 말한다.
⑬ 단면재 : 각종 단면형상을 가진 단면재료를 말한다.

2. 형재 및 선재 압연

앞에서 언급한 분괴 압연에서 제작된 빌릿을 2단 또는 3단 롤에서 수회 또는 수십번 통과시켜서 최종 수요자가 사용 할 수 있는 형재 또는 선재로 가공하는 것이다.

3. 판재 압연

열간 압연제품 고로에서 만들어진 선철을 슬래브로 만들고 다시 가열로에서 적정온도로 가열한 후 스케일을 제거한 다음 조압연과 사상압연을 통해 형상을 제어하고 감아서 강대로 출고되거나 강판으로 절단하여 출고하였다. 판재의 압연은 잉곳을 슬래브나 시이트 바로 압연하고 두께를 줄여 판재로 제조한다. 이렇게 만들어진 판재에는 열간 압연강판과 냉간 압연강판이 있다.

1) 판재의 열간 압연

일반적으로 후판(두께 6mm이상)을 생산할 때는 분괴압연을 특별히 행하지 않고 잉곳을 계속 압연하여 판재가 될 때 까지 압연하는 경우도 있으나 대부분의 경우에는 분괴 압연으로 얻어진 슬래브를 높은 온도로 재가열하여 소정의 치수로 재결정 온도 이상에서 행해지는 열간 압연을 한다. 이와 같이 강판을 열간 압연하기 위하여 사용하는 압연기를 열간 압연기라고 한다.

그러나 최근에 주로 사용하는 제조공정은 [그림 2.46]에서 보는바와 같이 슬러브를 만들고 재가열하는 과정이 없는 연속주조법으로 열간압연 판재를 바로 생산하는 공정으로 대체되고 있다. 이와 같은 공정으로 제조하는 경우 제조경비가 절감될 뿐만 아니라 공정 단축으로 인한 생산시간도 줄일 수가 있으므로 최근에는 대부분 이 공법으로 제조하는 일관제철소가 늘어나고 있다.

[그림 2.47]은 재결정 온도 이상에서 강판을 가공하는 열간 압연기와 여기에서 코일 형태로 생산된 열간압연 강판을 나타낸 것이다. 열연 강판은 판재로 사용되거나 냉연 강판의 소재로 사용되는 경우가 많다.

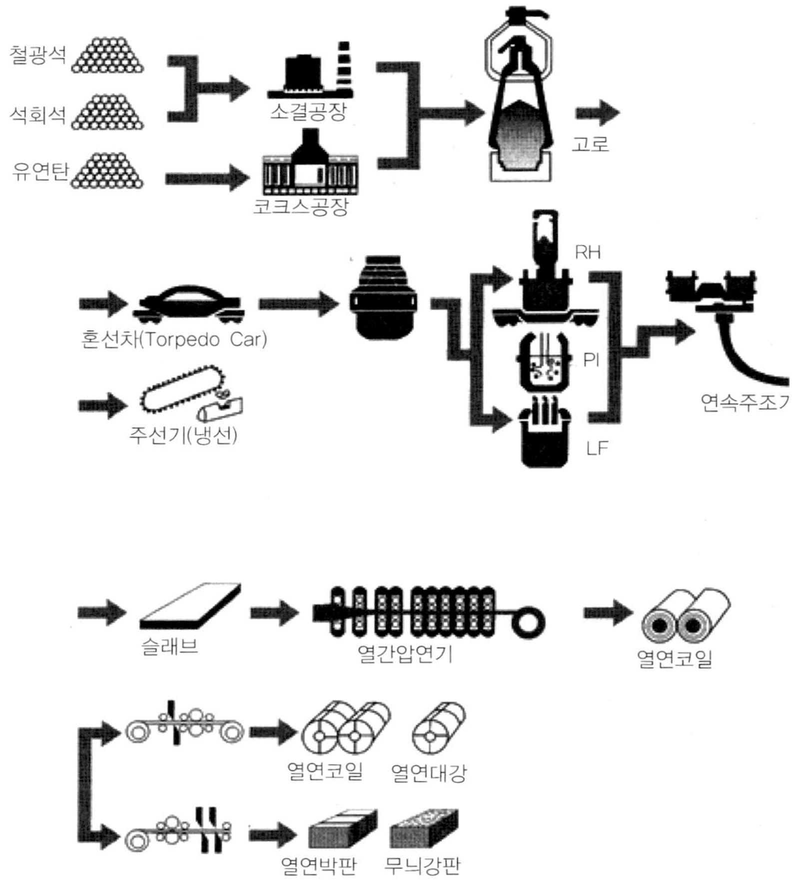

[그림 2.46] 열간 압연 강판 제조과정

[그림 2.47] 열간 압연기와 열간압연 강판

2) 판재의 냉간 압연

열간 압연을 한 강판을 2차 가공으로 용도에 적합한 성질을 주거나 표면을 아름답게 하고, 판 두께와 폭 등의 치수정밀도를 높이기 위하여 냉간 압연을 한다.

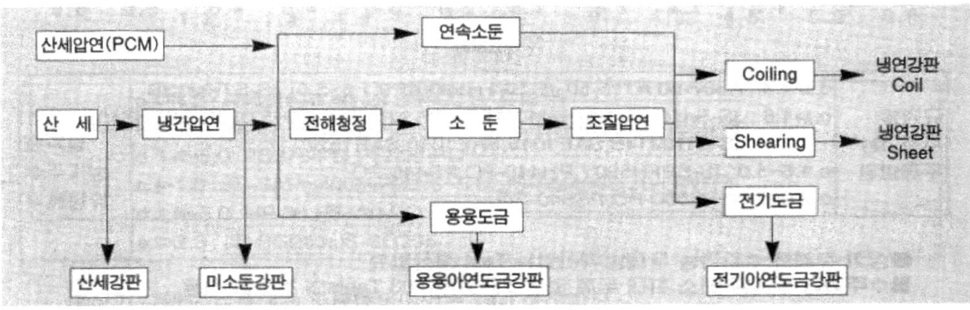

[그림 2.48] 냉간 압연 강판 제조과정

냉간 압연가공을 하기위한 제조 공정은 [그림 2.48]과 같이 열연강판의 표면에 생성된 산화철을 제거하고 냉간 압연을 한 강판은 풀림처리인 소둔공정에서 가공성을 회복시키게 된다. 이렇게 생산된 강판은 2차 가공소재로 대부분 사용된다.

[그림 2.49] 냉간 압연 강판과 자동차 바디

[그림 2.49]와 같이 판재나 코일형태로 생산된 냉연강판은 그대로 사용되는 경우는 많지 않고, Zn이나 Sn 등을 도금한 함석판(아연 도금판)이나 양철판(주석 도금판)의 원판으로 사용되거나 칼라강판의 소재로 사용되며 파이프 소재로 사용되기도 한다. 냉연강판은 열연

강판과는 다르게 두께가 얇고 정밀도가 높아 자동차나 전자제품 또는 건축용과 같은 고급 제품에 주로 사용되는 경우가 많다.

냉간 압연공정은 여러 단계가 있으나 두께를 정하는 압연가공과 가공경화된 조직을 변화 시켜 가공성을 개선 시켜주는 소둔공정이 가장 중요하다. 압연기는 하나의 압연장치로 되어 있는 일반 압연기가 있고 이것이 여러 개 연결되어 있는 탠덤형도 있다. 마찬가지로 소둔로도 연속적으로 풀림처리를 하며 대량생산에 적합한 연속로와 코일로 만들어 별도로 처리하는 2가지 형태가 있다.

(a) 4단 냉간 압연기

(b) 풀림처리(소둔) 로

[그림 2.50] 냉간 압연기와 소둔로

[그림 2.50]은 상온에서 냉간 압연가공을 하는 4단 냉간 압연기로서 작업롤(work roll)과 보강롤(back up roll)이 있고, 풀림작업을 하는 소둔로는 일정 높이로 쌓는 적립식인 Batch 소둔로 이다.

3) 판재의 조질 압연

냉간 압연 후 풀림처리 한 코일에 압하량을 미세하게 하여 다시 냉간 압연하는 것을 말하며, 스킨 패스 압연이라고도 한다. 조질 압연을 하면 강판의 표면이 평탄하게 되고 두께의 정밀도를 높일 수가 있다. 그리고 풀림처리에 의해 변해버린 연질재료를 약간의 경질재료로 만드는 역할도 한다. 뿐만 아니라 강판을 풀림처리 한 그대로 가공할 때 발생되는 항복점

연신에 의해 생기는 줄무늬 모양의 변형인 스트레처 스트레인도 방지한다.

2.3.3 압연작용

1. 압하량과 압하율 및 폭 증가량

[그림 2.51]은 가장 기본적인 압연 상태의 설명도로 직4각형 단면의 소재를 동일 지름의 한 쌍의 원통형 롤러로 압연하여 두께를 감소하는 압연 공정이다. [그림 2.51]과 같이 압연 전후의 재료의 두께를 각각 H_0, H_1이라고 하면 압연전후 두께의 감소량인 압하량은 $H_0 - H_1$이 되고 가공도를 나타내는 압하율은 다음과 같다.

$$\text{압하율} = \frac{H_0 - H_1}{H_0} \times 100\%$$

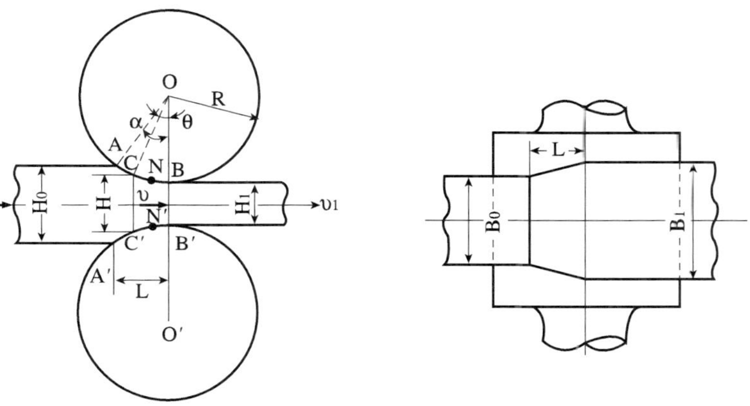

[그림 2.51] 압연에 의한 판의 변화

압하율을 크게 하려면 지름이 큰 작업롤을 사용하고 이 롤의 회전 속도를 높이며 소재의 온도를 높인다. 또한 압연전의 재료 폭을 B_0, 압연후의 폭을 B_1라면 폭 증가는 다음과 같다.

$$\text{폭의 증가} = B_1 - B_0 = \frac{C(H_0 - H_1)}{H_0}\sqrt{R(H_0 - H_1)}$$

여기서 C는 상수로 연강 압연에서 0.31~0.35이고, R은 롤의 반지름이다

폭의 증가량은 압연 롤의 지름, 압하량, 압연 속도, 재료의 단면 형상 및 치수의 대소, 압연 온도, 롤러 표면 상태 등에 따라 다르다.

2.3.4 압연기 구조와 종류

1. 압연기 구조

일반 압연기의 구조는 [그림 2.52]와 같이 베어링을 넣어 롤러를 지지하고 있는 스탠드, 롤러와 롤러의 간격을 조절하는 압하량 조절 장치. 롤러에 동력을 전달하는 축 조인트, 스핀들, 피니언 및 전동기 등으로 구성되어 있다.

롤러 스탠드는 하우징이라고도 하며 큰 압하력을 지지하여야 하므로 강성의 구조이며, 일반적으로 주강으로 되어 있다. 또한 압하량 조절 장치는 유압기구 또는 전동기와 웜과 웜기어를 이용한 전동기구가 사용되고 있다.

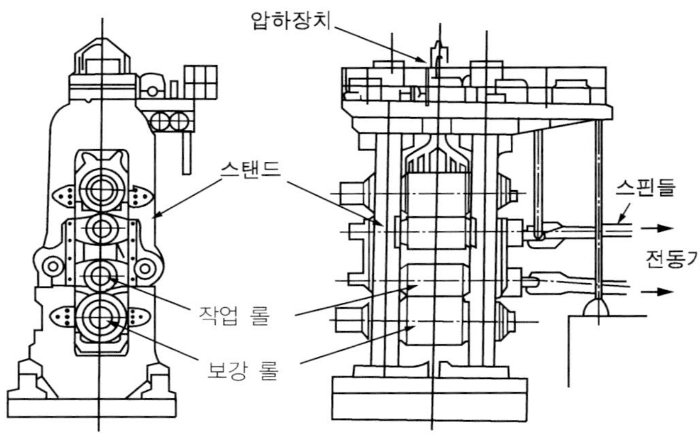

[그림 2.52] 4단 압연기의 구조

2. 압연 롤

압연 롤은 압연 제품의 품질에 직접적인 영향을 미치는 것으로 설계와 조정이 매우 중요하다. 롤의 각부 명칭은 [그림 2.53]과 같이 가장 끝단인 웨블러(webbler)와 베어링이 직접 닿는 부분인 네크(neck)부분이 있으며, 강판의 두께를 조절하기 위하여 직접 강판과 닿는 부분인 몸체(body)로 나눌 수가 있다.

웨불러는 구동계와 연결되어 동력을 전달 받아 롤을 회전시키는 부분으로 3~4개의 스플라인 홈이 있다. 목 부분은 몸체를 지지하는 부분으로 베어링과 접촉하며 강도설계의 기준이 되는 곳이다. 몸체는 직접 압연 제품과 접촉하는 부분으로 그 형상에 따라 제품의 형상

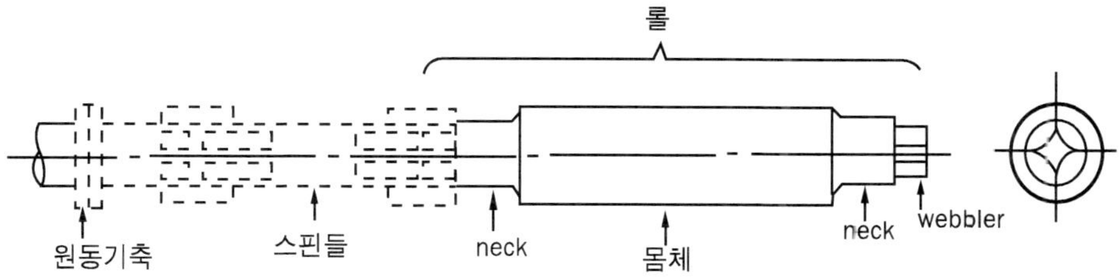

[그림 2.53] 롤의 각부 명칭

이 만들어진다. 롤은 소재와 직접 접촉하여 마찰이 일어나므로 내마모성이 있는 재질을 사용해야한다. 롤은 냉강 주철이나 표면 경화 처리를 한 탄소강 등이 많이 사용된다. 〈표 2.7〉은 롤의 재질과 용도를 나타낸 것이다.

〈표 2.7〉 각종 롤의 재질 및 용도

명칭	표면경도 (H_s)	용도
냉강 롤	50~65	후, 중판의 다듬질 압연, 박판의 거친 압연 및 다듬질 압연
	75~95	양철 판, 규소강판, 연강 판의 냉간 압연 및 열간 압연
주강 롤	30~35	분괴, 강편, 대형 강재 압연
	32~45	분괴, 강편, 대형 강재, 지지 롤
단강 롤	35~40	분괴, 비철압연, 만네스만 압연
단강 담금질 롤	90이상	냉간 작업 롤
조립 롤	60정도(내부) 40정도	대형 냉간 압연, 연강의 작업 롤 (내부는 특수 주강, 외부는 Ni-Cr-Mo강)

하중	압연하중과소(열팽창)	압연하중 적당	압연하중과대
롤의 변형	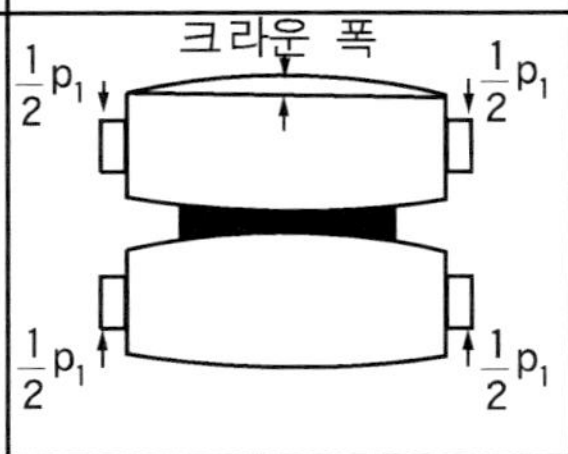	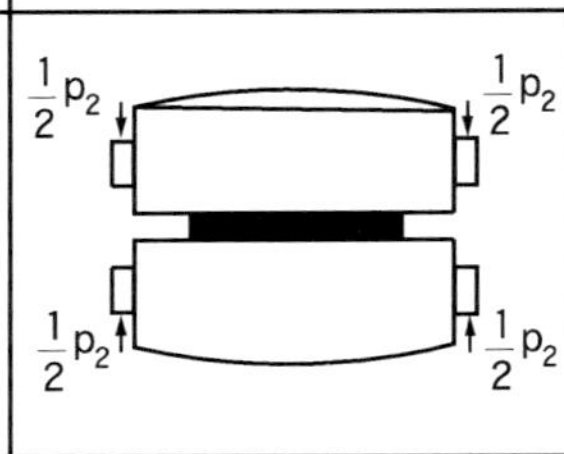	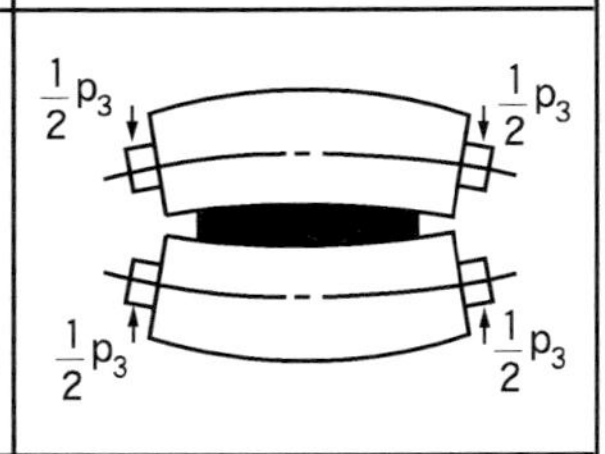
압연판의 단면형상			
판재와의 결함	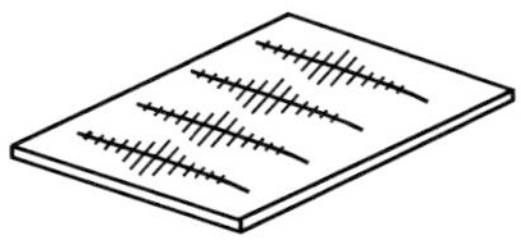	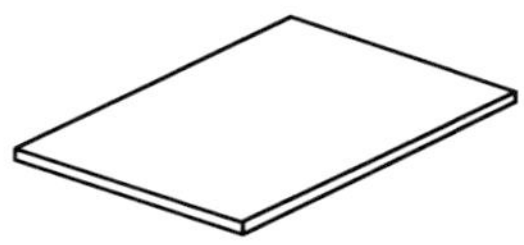	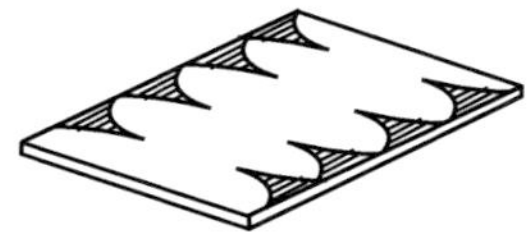

[그림 2.54] 롤의 변형과 제품형상

압연 가공 중에 롤은 열팽창 및 압연 하중으로 인하여 변형이 생기는데 [그림 2.54]와 같이 열간압연에서는 롤의 중앙 부분의 지름이 커져 판 두께는 가운데가 얇고 양 끝단으로 갈수록 두꺼워지지만, 냉간 압연에서 강판의 두께는 가운데가 두껍고 양 끝단으로 갈수록 얇아진다.

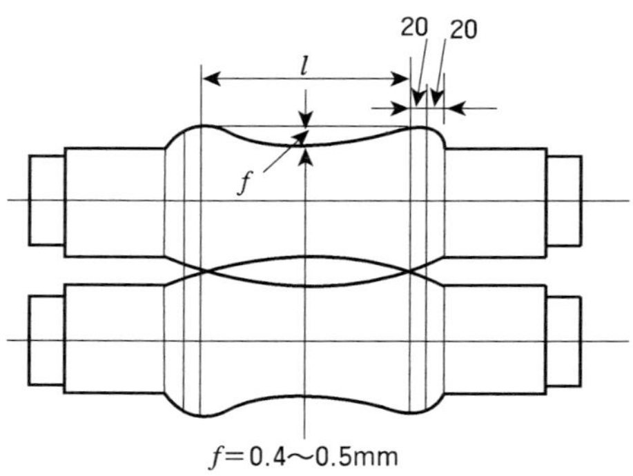

[그림 2.55] 열간압연 롤의 캠버 형상

그러므로 폭 방향으로 균일한 두께를 얻기 위하여 변형과 반대되는 형상으로 롤의 형상을 수정하여 사용한다. 일반적으로 열간압연에서는 [그림 2.55]와 같이 롤 중앙부를 오목하게 하는 롤 캠버(roll camber)를 주고, 냉간 압연에서는 롤러의 중앙부를 볼록하게 하는 크라운(crown)을 붙인다.

3. 압연기의 종류

- 압연기의 종류는 다음과 같이 여러 가지 조건에 따라 분류할 수 있다.

1) 작업 온도에 의한 분류

① 열간 압연기
② 냉간 압연기

2) 압연 제품에 따른 분류

① 분괴 압연기(blooming mill)
② 빌릿 압연기(billet mill)
③ 섹션 압연기(section mill)
④ 슬래브 압연기 (slab mill)
⑤ 로드 압연기(rod mill)
⑥ 바 압연기(bar mill)
⑦ 시이트 압연기(sheet mill)

3) 롤 수와 회전방향에 따른 분류

① 2단 압연기(two-high mill)
② 2단 가역식 압연기(two-high reversing mill)
③ 3단 압연기(three-high mill)
④ 4단 압연기(four-high mill)
⑤ 특수 압연기

압연기의 분류는 일반적으로 롤의 수와 회전방향에 따라 구분하는 경우가 가장 많다. 압연가공에서 작업 롤(work roll)의 지름이 작아지면 압연하중에 의해 롤이 휘어지는 변형이 생긴다. 이를 보완하기 위하여 [그림 2.56]과 같이 작업 롤 뒤에 보강 롤(back-up roll)을 설치하여 4단, 6단, 12단, 20단 압연기 등으로 만든다. 그리고 또 다양한 종류가 있지만 현장에서 가장 많이 사용되는 강판용 냉간 압연기는 4단, 6단 이며, 구동방법은 보통 작업 롤을 구동시켜 작업을 한다.

(1) 2단 압연기

두 개의 롤을 사용하여 압연하는 2단 압연기는 구조가 가장 간단한 형식이며 오래된 압연기이다. [그림 2.56]에서와 같이 한 방향으로 만 압연되는 비가역식 압연기와 롤을 역전 시킬 수 있어 양 방향 모두 압연이 가능한 가역식 압연기가 있다. 비가역식은 주로 소형재의 압연에 이용되고 가역식은 분괴압연이나 두꺼운 판재압연 등에 사용되고 있다.

형식	롤 배열	용도	형식	롤 배열	용도
2단식	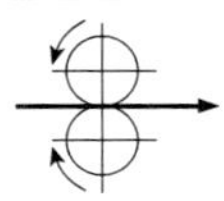	대형재 박 판	4단 연속식	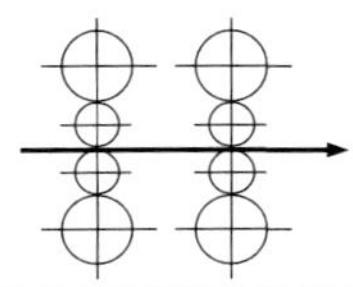	띠판냉압 띠판열압
가역 2단식	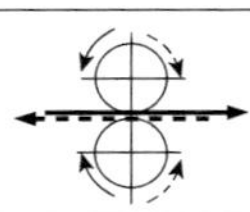	대형재 분 괴 후 판	6단식	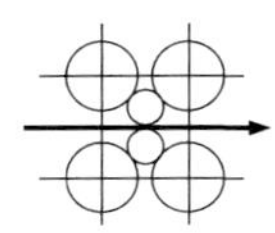	띠판냉압
복(複) 2단식	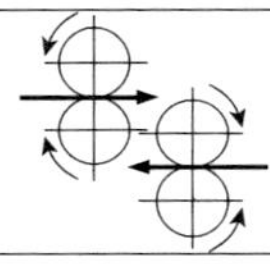	소형재	젠지 미어식	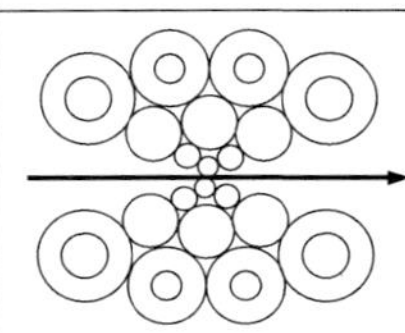	경질띠판 냉압 포일냉압
2단 연속식	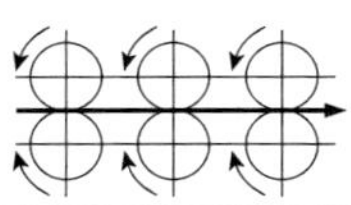	시이트바 선 재	가역 4단식	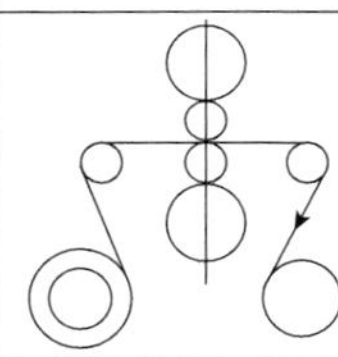	띠판냉압
3단식	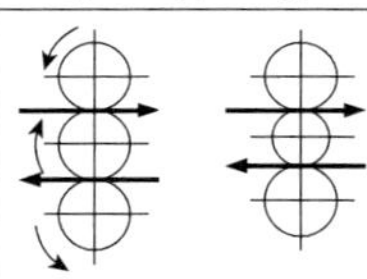	대형재 분 괴 중 판	유니버 어설식	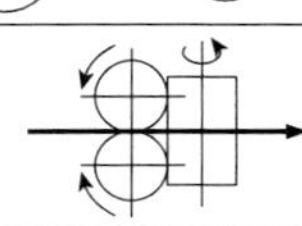	형 재 관 재 선 재
4단식	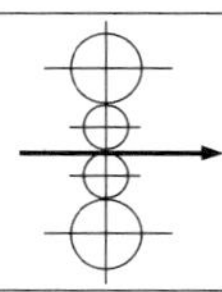	띠판냉압 박판냉압	플라네 타리식	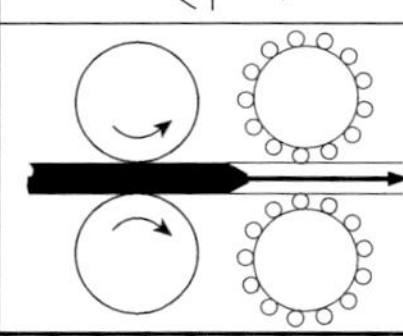	띠판냉압
Y형식	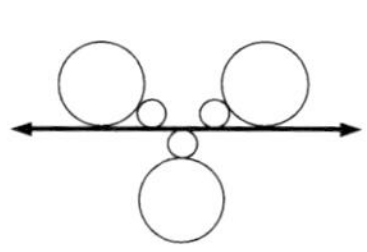	띠판냉압			

[그림 2.56] 압연기의 종류

(2) 3단 압연기

[그림 2.56]과 같이 3개의 롤로 구성된 압연기로 이웃하는 각 롤이 서로 반대 방향으로 회전하고 있어 롤을 역전시키지 않고도 왕복 압연 할 수 있어 분괴 압연에서 소형재료의 경량 제품 압연에 사용되고 있다.

(3) 4단 압연기

[그림 2.57]과 같이 지름이 작은 한 쌍의 작업 롤과 이를 지지해주는 지름이 큰 보강 롤로 구성되어 있는 가역식 압연기가 가장 보편적으로 많이 사용되고 있다. 이 보강 롤은 작업 롤의 변형을 억제하는 역할을 하며 열간 압연기도 마찬가지이나 박판을 주로 생산하는 냉간 압연기에 많이 적용되고 있다.

작업 롤을 직류 전동기로 구동하여 롤의 역전을 가능하게 한 형식으로 압연기 스탠드 전후에 텐션 릴(tension reel)과 페이 오프 릴(pay off reel)이 있어 롤의 전후 양 방향에서 장력을 줄 수 있도록 되어 있다. 이 압연기는 작업 롤에 직접 동력이 전달되므로 그 지름이 비교적 크므로 경질 재료를 제외하고는 모든 재료의 냉간 압연에 사용이 가능하다. 그리고 강판 두께의 품질을 결정하는 자동 두께 제어장치(AGC)를 위하여 입 출측 X-ray와 롤 간극을 결정하는 유압 실린더를 설치하였고 냉간 압연가공에서 강판의 형상을 좋게 하기 위하여 자동 형상 제어장치(ASC)도 추가로 설치하고 있다.

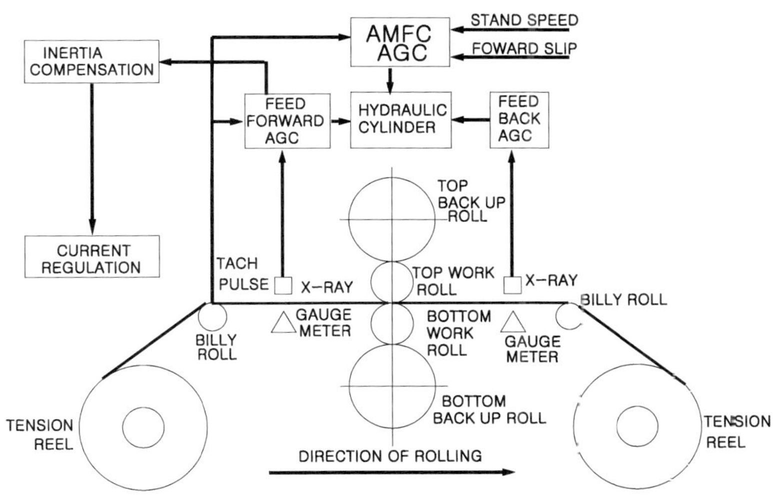

[그림 2.57] 4단 가역 압연기

(4) 6단 압연기

6단 냉간 압연기는 [그림 2.58]에서 보는바와 같이 실제 최근에 가장 많이 사용되는 냉간 압연기로서 작업 롤과 중간 롤, 그리고 보강 롤이 각각 두개인 6단이며 왕복으로 압연 가공이 가능한 가역 압연기이다. 여기서 중간 롤이 없으면 4단 압연기가 된다. 이 압연기의 중간 롤은 강판의 형상을 개선하고 강판의 단면형상 개선에 매우 효과적이며 탠덤 압연기와는 다르게 한 개의 스탠드로 구성되어 있다. 일본 히타치사에서 개발한 이 압연기는 기본적으로 냉연강판 가공에서 두께의 품질을 결정하는 가장 중요한 자동 두께 제어장치(AGC)는 입 출측 X-ray 두께 측정 장치와 롤 간극을 결정하는 유압 실린더가 있고 두께가 일정하게 유지되도록 연산하고 지령하는 기능을 가지고 있는 컴퓨터로 구성되어 있다. 그리고 냉간 압연가공에서 강판의 형상을 좋게 만들기 위하여 자동 형상 제어장치(ASC)도 사용하고 있다.

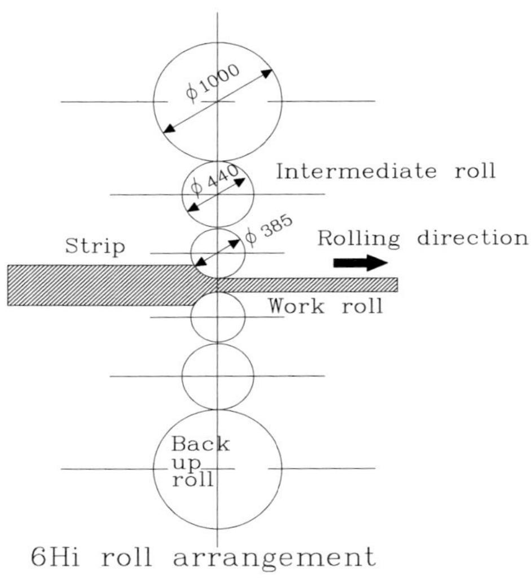

[그림 2.58] 6단 가역 압연기

(5) 젠지미어 압연기

[그림 2.59]와 같이 상하에 10개 씩 20개의 롤로 구성된 압연기로 작업 롤의 지름을 매우 작게 하여 작업 롤의 간극을 극히 정밀하게 조절할 수 있도록 되어 있어 강력한 압연을 할 수 있으며 균일한 압연 제품을 얻을 수 있다.

이 압연기는 규소강판이나 고탄소 강판과 같은 경질재의 고급 대강의 냉간 압연에 사용한다. 특히 스테인리스 같은 변형 저항이 큰 재료를 0.05mm정도로 얇게 압연 할 수 있다.

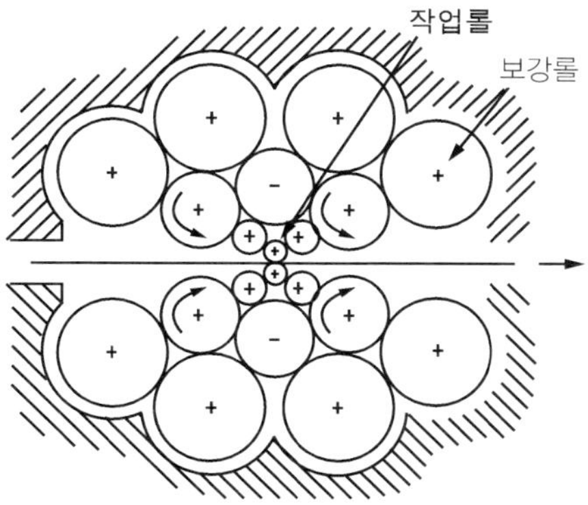

[그림 2.59] 젠지미어 압연기

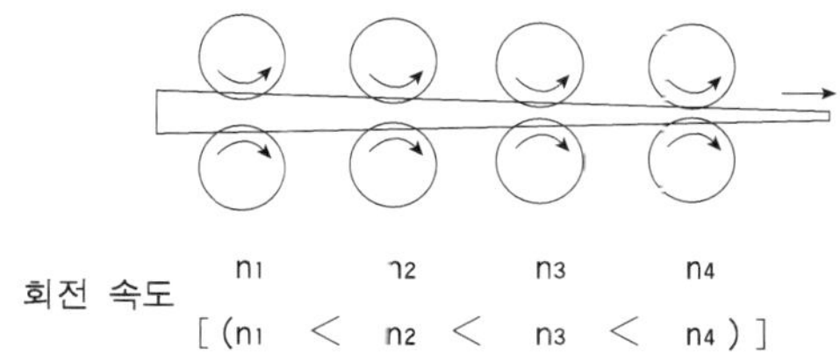

[그림 2.60] 연속 압연원리

(6) 연속(탠덤) 압연기

[그림 2.60]과 같이 여러 쌍의 압연기를 직렬로 배열하여 한번 통과로 최종제품을 완성할 수 있는 압연기이므로 최근 일관 제철소에서 대부분 사용하고 있는 방법이다. 2단 연속 압연기와 4단 연속 압연기가 있으나 작업 능률이 좋고 효율적인 후자를 대부분 선택하고 있다. 실제로 [그림 2.61]과 같이 배열되어 있는 압연기에서 소재가 각 롤을 지날 때마다 두께가 얇아지면서 속도가 빨라지므로 롤의 속도도 이에 맞게 점점 빠르게 되어있다. 롤 바이트를 통과한 소재가 순조롭게 거침없이 전진 할 수 있도록 각 롤 간의 압하율과 회전 속도비가 일정한 관계를 유지할 수 있도록 해야 한다.

[그림 2.61] 연속 압연기

(7) 만능 압연기

유니버설 압연기라고도 하며 [그림 2.62]와 같이 수평 롤과 수직 롤로 구성된 압연기로 압연할 때 폭(측면)증가를 방지하도록 한 것이다. 수직 롤은 한 쪽 또는 양 쪽에 설치되어 있으며 임의로 이동 할 수 있는 것도 있다. 이 압연기는 판재뿐만 아니라 단면재 압연에도 사용된다.

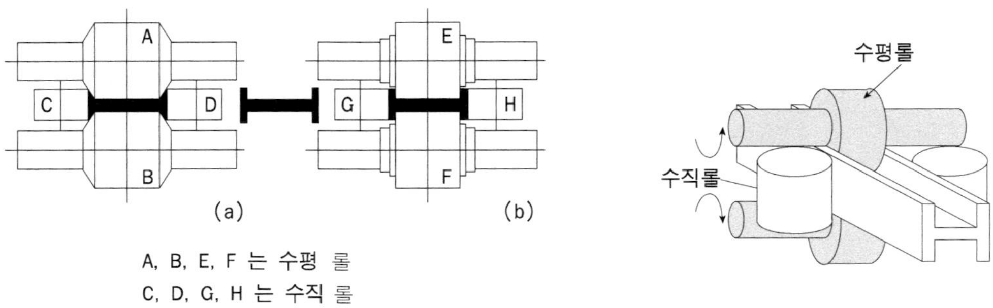

[그림 2.62] 만능 압연기

(8) 유성 압연기

플래니터리 압연기라고도 하며 [그림 2.63]과 같이 지름이 작은 작업 롤이 지름이 큰 보강 롤(back up roll) 주위에 롤러 베어링과 같이 배치되어 있다. 그러므로 보강 롤을 구동시키면 작업 롤이 자전과 공전을 하면서 압연이 이루어진다. 주로 판재의 열간 압연에 사용하며 특징은 한번 통과 할 때 마다 90% 이상의 압하가 가능하므로 잉곳이나 슬래브를 한번 통과시켜 판재로 바로 압연 가공하는 것이 가능하다.

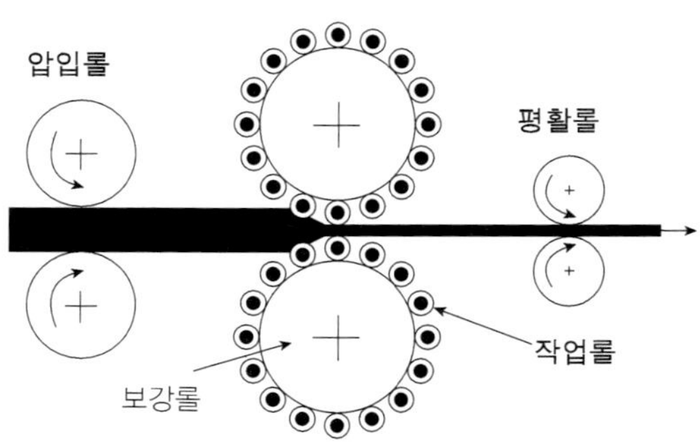

[그림 2.63] 유성 압연기

제4절 인발 가공

인발(drawing)가공은 [그림 2.64]와 같이 제품 단면 형상과 같은 구멍에 소재를 넣고 구멍을 통과 시켜 단면적을 감소시켜 구멍의 최소 단면적 치수로 가공하는 제조법이다. 인발 가공에는 잉곳을 그대로 사용하지 않고 압출이나 압연에서 가공된 소재를 이용한다. 압출이나 압연에서 제작하기 어려운 지름이 작은 봉이나 관 등의 제작에 널리 이용되고 있다.

인발가공은 제품 형상에 따라 봉재 인발, 관재 인발, 선재 인발 등으로 구분한다. 원형 단면이 봉인 인발을 봉재 인발이라 하고, 원형봉의 지름이 6mm이하의 인발을 선재 인발이라 하며 파이프의 외경 및 두께를 감소시키면서 속이 비게 만드는 것을 관재 인발이라 한다.

인발 가공은 열간 인발과 냉간 인발이 있으며 경도가 큰 재료나 상온에서 취성을 갖는 재료는 열간 인발을 하지만 보통은 소재 크기가 작아 큰 힘이 필요하지 않고, 제품의 강도를 크게 하기 위해 냉간 인발을 하는 경우가 많다.

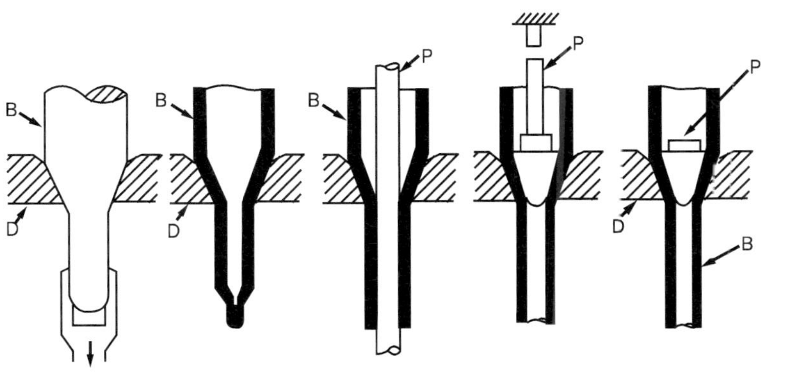

[그림 2.64] 봉 및 관의 인발 형태

2.4.1 인발 조건

1. 단면 감소율

인발 작업에서 단면 감소율은 인발작업의 가공정도를 나타내는 지표로 인발하기 전 소재의 단면적을 A_0, 인발한 후의 단면적을 A_1이라 하면 단면 감소율 R은 다음과 같다.

$$R = \frac{A_0 - A_1}{A_0} \times 100\%$$

다이 각이 일정할 경우 인발응력은 단면 감소율의 증가에 따라 증가한다. [그림 2.65]는 황동을 인발할 때 나타나는 현상이다. 단면 감소율은 강 봉재에서는 10~20%, 비철 금속 봉재에서는 15~30%, 강관에서는 15~20%정도로 하는 것이 적절하다.

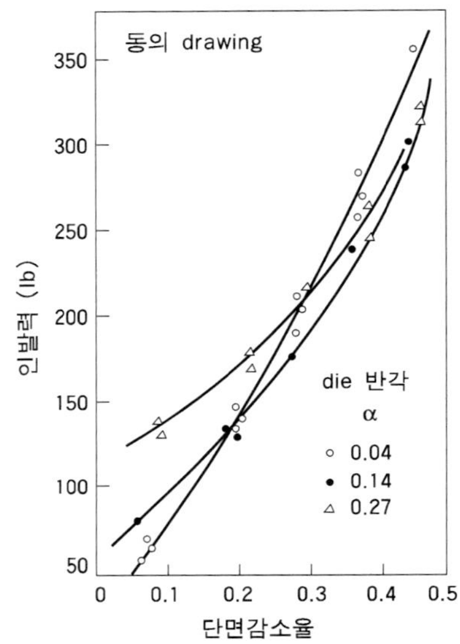

[그림 2.65] 단면 감소율과 인발력

2. 인발 속도

저속에서는 인발 속도가 증가하면 인발력이 급증하나 속도가 어느 이상이 되면 인발력에 대한 속도의 영향은 미미하다. 그러나 속도가 빠르게 되면 단위 시간당 다이 내에서의 가공량이 증가하여 재료의 변형 및 마찰이 많아 윤활이 곤란하기 때문에 인발력이 증가하는 결과를 초래한다. 따라서 경질의 재료나 직경이 큰 선의 인발에는 인발 속도를 느리게 하는 것이 좋다. 특히 가공경화를 이용하여 강도를 높일 목적으로 하는 선의 인발에서는 온도 상승에 의한 선의 연화가 일어나지 않도록 주의할 필요가 있다.

2.4.2 다이와 윤활

1. 다이(die)

[그림 2.66]은 가장 흔히 인발에 사용되는 원추형 다이 구멍의 형태이며 각부의 명칭을 나타낸 것이다.

인발에서 가장 중요한 요소는 인발 다이이며, 도입부(bell)는 윤활유를 받아들이는 역할을 하는 곳으로 일반적인 도입각(2β)은 60°이다. 그 다음 안내부(approach)에서는 단면의 감소가 이루어지고 정형부에서는 극히 근소한 테이퍼를 두는데 이 부분의 길이는 제품 지름의 1/4~3/4으로 하지만 인발재료나 다듬질 정도에 따라 다르게 한다. 소성변형이 잘되는 연질재의 경우는 길이를 짧게 하고 경질재의 경우는 길게 한다. 그러나 길이가 길수록 인발력이 증가하며 다이 마모가 심해지는 것을 염두에 두어야 한다. 여유부(relief)는 다이 및 제품의 손상을 방지하는 역할을 한다. 다이의 형상이 정형부로 끝나고 곧바로 소재가 외부로 방출되면 재료의 탄성효과로 인하여 지름이 확장된다. 이러한 급작스런 팽창은 정형부의 끝단을 손상시키거나 제품에 절단이 생길 수 있다. 이러한 것을 방지할 수 있도록 서서히 팽창하도록 여유각을 두며 여유각(2γ)은 재료에 따라 30~90°로 한다.

인발 다이의 재질은 충분한 강도와 내마모성이 큰 것이 필요하며 평활한 표면 다듬질이 중요한 요소가 된다. 보통 경면 다듬질을 하며 강 다이에서는 표면에 크롬 도금을 할 때도 있다. 대체로 칠드 다이, 강 다이, 초경합금 다이, 다이아몬드 다이가 이용되고 있다. 0.5mm 이하의 작은 제품에는 다이아몬드 다이가 사용되고 그 밖에는 거의 초경합금 다이가 사용되고 있다.

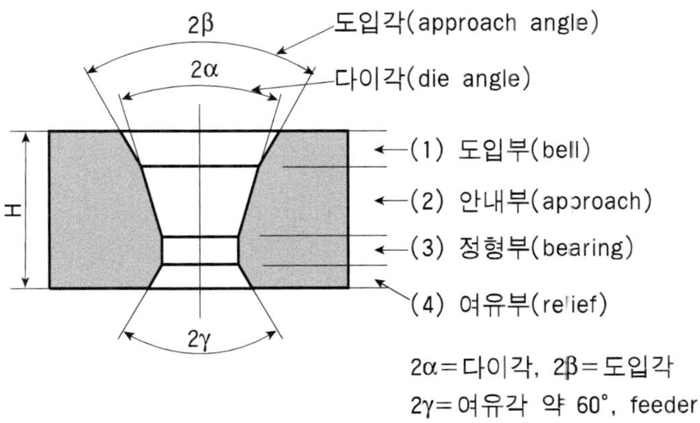

[그림 2.66] 인발 다이의 형상 및 각부명칭

2. 다이 각

인발다이에서 실질적인 가공 즉 소재의 단면을 축소시키는 부위는 [그림 2.67] (a)에서와 같이 안내부(approach)이다. 이 안내부가 형성하는 원추 각 2α를 다이 각(2α)이라 한다.

안내부는 직선으로 되어 있는 것과 곡면으로 즉 원호로 되어있는 것이 있는데 전자를 직선 다이, 후자를 곡면 다이라 부르고, 각 각의 형상을 원추각 2α (다이 각) 및 곡률반경 R로 표시한다. 일반적으로 경질재료에는 다이 각이 작은 것 혹은 곡율 반경 R이 큰 것을 사용하고 연질재료에서는 반대로 다이 각은 크게 또는 곡율 반경을 줄여서 사용한다. 초경합금 다이에서는 다이 반각 α 값은 강철이 6~11°, 황동 및 청동은 9~121°, 동은 12~16°, 알루미늄은 16~18°정도가 사용된다.

[그림 2.67] (b)는 인발력과 다이각의 관계이며, 그림에서 보는 봐와 같이 인발력은 단면적을 작게 하기 위한 순 변형에 필요한 힘, 다이 내면과 소재 표면과의 마찰력, 섬유조직의 흐름을 반경 방향으로 바꾸는데 필요한 전단력 등 이상 3가지 저항의 합성으로 이루어진다. 여기서 단면 감소율이 일정 할 때 인발 응력을 최소로 하는 다이 각이 존재한다.

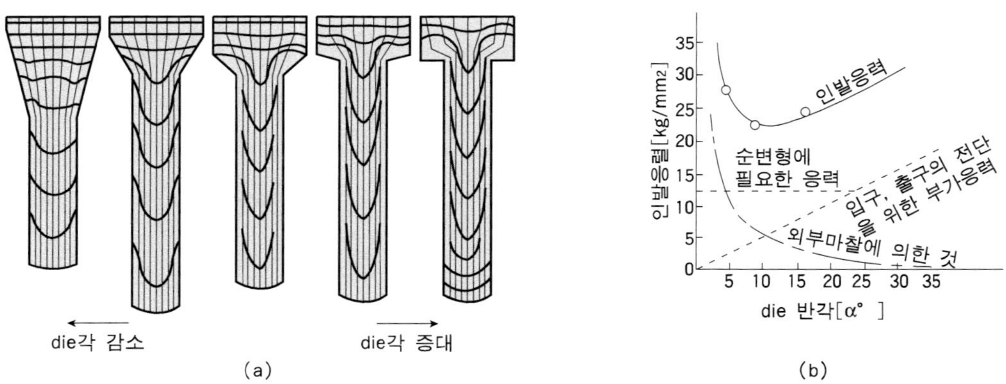

[그림 2.67] 다이 각의 변화와 인발력

3. 윤 활

인발작업에서 윤활제의 선택은 중요하다. 인발시의 다이에 작용하는 압력은 매우 높기 때문에 경계윤활이 되지만 이러한 조건 하에서 마찰력을 줄여 다이의 마멸을 적게 하는 동시에 제품의 표면을 매끄럽게 하려면 윤활 문제가 중요하게 된다. 윤활 방법으로는 건식과 습식이 있다. 어느 것이나 사용 후에는 쉽게 제거되어야 한다.

건식은 인발 속도가 100m/min이하의 저속 인발에서 주로 마찰저항을 줄이기 위한 목적으로 사용되며 석회, 그리스, 비누, 또는 흑연이나 인산 피복 같은 고형의 윤활제를 사용하고, 습식은 인발 속도가 100m/min이상의 고속 인발에서 냉각을 위주로 사용되는데 주로 수용성계의 에멀젼이 사용된다. 또한 경질 금속의 인발에는 납이나 아연 등을 도금하여 사용하고 강철용 감마제로서 물에 석회를 풀어 담근 뒤 건조시켜 고형 비누가루를 묻혀서 인발하는 건식법이 일반적으로 사용되고 있다.

2.4.3 인발기계

봉재나 관재의 인발은 인발기에서 인발하고 단면이 작은 선재는 코일형태로 감을 수 있는 신선기를 사용한다.

1. 인발기

[그림 2.68]은 인발기로 다이스 지지부와 체인으로 구동되는 인발차가 있으며 견고한 강제 프레임상의 궤도를 인발차가 이동한다. 다이에서 나온 인발제품을 척에 물려 체인이나 수압장치에 의하여 일반적으로 10～20mm/min정도의 속도로 인발한다.

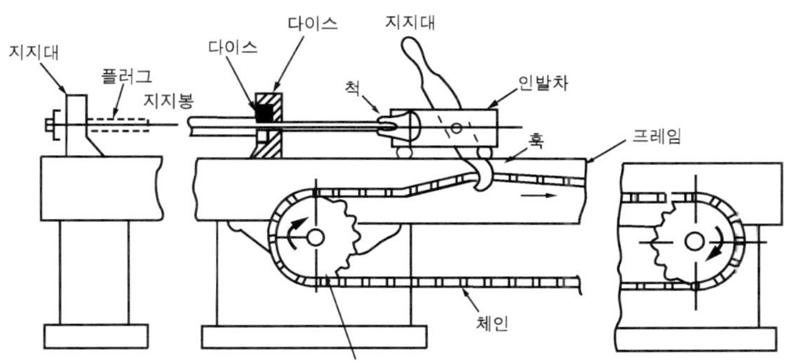

[그림 2.68] 인발기

2. 신선기

신선기는 드럼과 인발 다이를 지지하는 부분의 두 중요 부로 구성되어 있으며 단식 신선기와 연속식 신선기로 대별된다. [그림 2.69]에 신선기를 나타낸 것이다.

1) 단식 신선기

하나의 다이를 통하여 인발한 선을 그대로 드럼에 감는 형식으로 2~15mm의 비교적 굵은 선의 인발에 사용한다.

2) 연속식 신선기

여러 개의 다이를 통하여 연속적으로 다음 다이를 통과하면서 선의 지름을 감소시키는 형식으로 소재 릴과 여러 개의 다이 받침이 있으며, 중간에서 감았다가 풀어주는 캡스턴(capstan)이라는 중간 권동이 있고, 최초로 소재를 풀어주는 권동인 릴로 구성되어 있다. 연속식 신선기는 제조되는 선이 캡스턴 상에서 미끄러지는 슬립식과 미끄러지지 않는 비 슬립식이 있다.

슬립식은 설비비가 비교적 염가이고 조작이 간단하여 동선이나 연강선의 신선에 널리 사용되고 있고, 비 슬립식은 선의 표면 다듬질이 좋으며 선의 인성과 피로강도가 요구되는 피아노선이나 경강선의 제조에 주로 사용되고 있다.

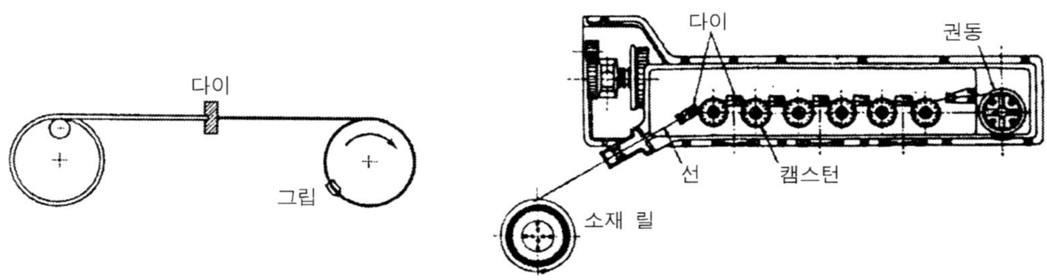

(a) 단식 신선기　　(b) 연속식 신선기

[그림 2.69] 신선기

제5절 압출 가공

비철금속인 알루미늄이나 아연 마그네슘 같은 연질재료를 컨테이너에 넣고 큰 힘으로 밀어내 다이 구멍 단면과 같은 형상의 길이가 긴 제품을 가공하는 것을 압출(extrusion) 가공이라 한다. [그림 2.70]은 각 종의 압출 제품의 단면을 나타낸 것이다. 압출 가공은 대량생산에 적합하고, 제품 재질이 치밀하여 기계적 성질이 향상되는 장점이 있으나 설비비가 많이 드는 단점이 있다.

압출기는 [그림 2.71]과 같이 컨테이너와 램, 그리고 다이의 3개 주요 구성 요소로 구성된다. 압출재료는 위에 열거한 연질재료가 주로 사용되나 최근에는 특수강도 압출하고 있다.

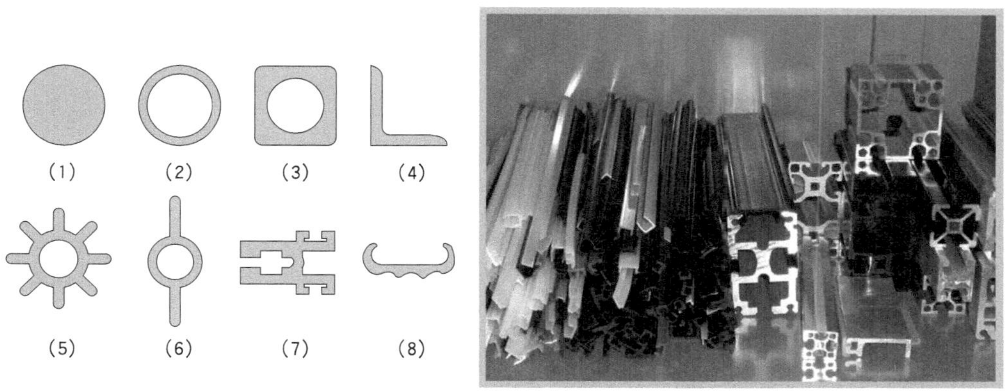

[그림 2.70] 압출제품의 각종 단면

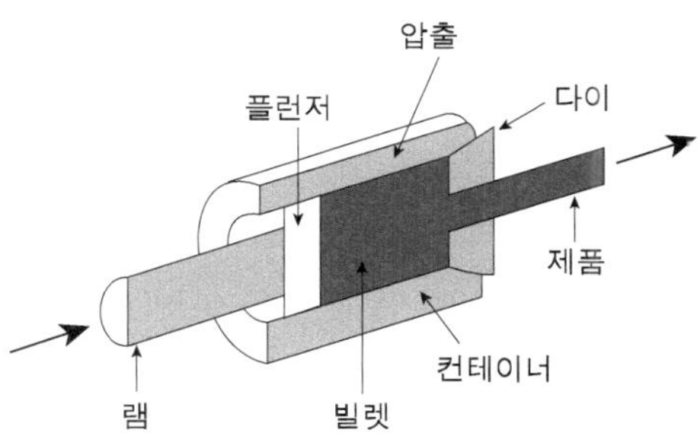

[그림 2.71] 압출기 구조

〈표 2.8〉과 〈표 2.9〉는 재료별로 열간 압출제품과 냉간 압출 제품에 사용되는 용도를 나타낸 것이다.

〈표 2.8〉 열간 압출 제품용도

재 료 명	제품 및 용도
납 및 그 합금	가스관, 수도관, 케이블선 피복, 땜납선, 또는 봉
동 및 그 합금	전선, 콘덴서 및 열 교환기용 파이프, 관이음
알류미늄 및 그 합금	건축재료, 차량, 선박 구조 장식용, 가정용 기구
아연 및 그 합금	도수관, 전기접점, 메탈 스프레이 와이어
강 및 특수 강	기계 차량 부품, 토목, 건축 재료, 보일러 파이프 열 교환기
니켈 및 그 합금	가스터빈, 브레이드, 각종 내열 부재

〈표 2.9〉 냉간 압출제품 용도

재 료 명	제품 및 용도
납, 주석 및 그 합금	각종 파이프, 케이스, 용기
동 및 그 합금	각종 전기용 기구와 부품, 기계용 부품, 탄피
알류미늄 및 그 합금	각종 케이스, 각종 파이프, 전기 기구, 식용품 케이스
아연 및 그 합금	건전지 케이스

2.5.1 압출 변형

압출과정에서 컨테이너 내의 압출 소재의 이동상황을 살펴보면 [그림 2.72] (a)와 같이 윤활이 없는 때에는 마찰이 커서 소재 표면이 컨테이너 내부에 부착되며 데드 메탈(dead metal)이 많이 남는다. 그러나 [그림 2.72] (b)와 같이 윤활이 되는 경우에는 모서리부에 데드메탈이 조금만 남는다. 그러나 [그림 2.72] (c)와 같이 원추형 다이를 사용하면 데드메탈이 생기지 않고 소재의 표피가 제품의 표피와 같게 된다.

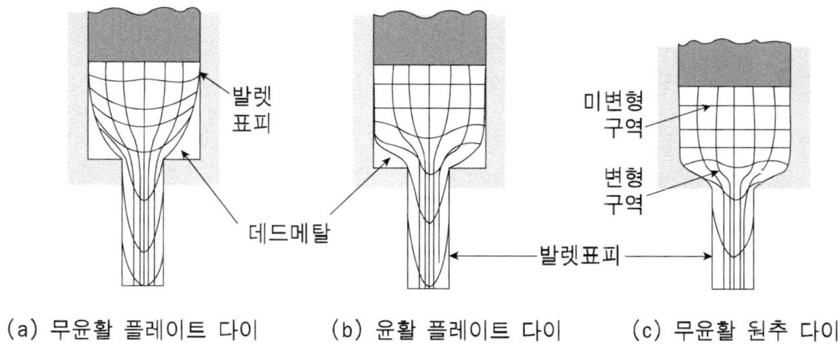

[그림 2.72] 압출 마찰과 소재의 흐름 상태

2.5.2 압출 방식

1. 직접 압출

전방 압출이라고도 하며 [그림 2.73] (a)와 같이 램의 진행 방향으로 제품이 나오는 형식으로 소재 외주 전체가 컨테이너의 내면과 마찰을 일으켜 와 압출 압력이 많이 소요되며 압출이 끝난 후 컨테이너에 남는 잔류 소재량이 20~30%로 간접 압출보다 많이 존재한다.

2. 간접 압출

후방 압출이라고도 하며 [그림 2.73] (b)에서는 다이가 램 역할을 하여 램의 진행방향과 제품의 진행방향이 반대로 된다. 직접 압출에 비해 재료 손실이 적고(잔루 소재량 약 10%) 소요 동력이 적게 드는 이점이 있으나 조작이 불편하고 스케일이 끼는 등 표면상태가 좋지 않다. 보통 열간 압출에서는 전방 압출이 더 많이 사용되고 후방 압출은 납 파이프 제조에 많이 사용된다.

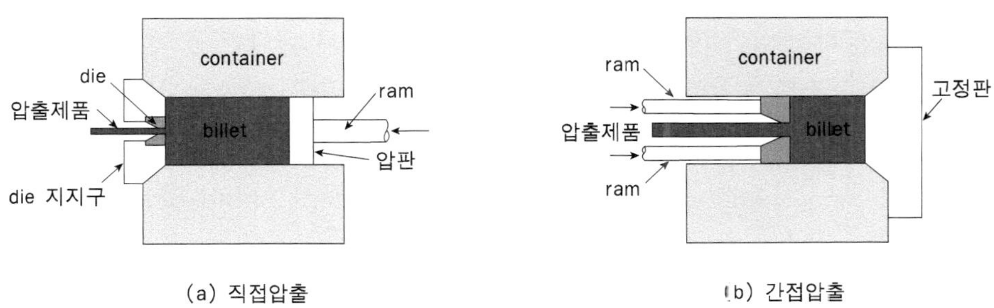

[그림 2.73] 압출 방식

3. 충격 압출

[그림 2.74]와 같이 펀치와 다이를 이용하여 단시간 (수초이내)에 충격력을 가해 압출 완료하는 것으로 보통 크랭크 프레스가 사용되며 상온 가공으로 작업한다. 충격 압출에 사용되는 재료로는 Zn, Pb, Sn, Al 등의 순 금속 및 일부 합금이 사용된다. 치약, 화장품, 약품 등의 튜브와 건전지 케이스 등이 충격 압출 제품이다.

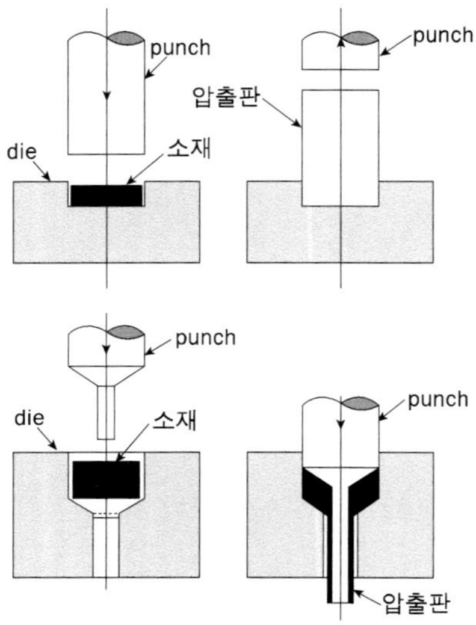

[그림 2.74] 충격 압출

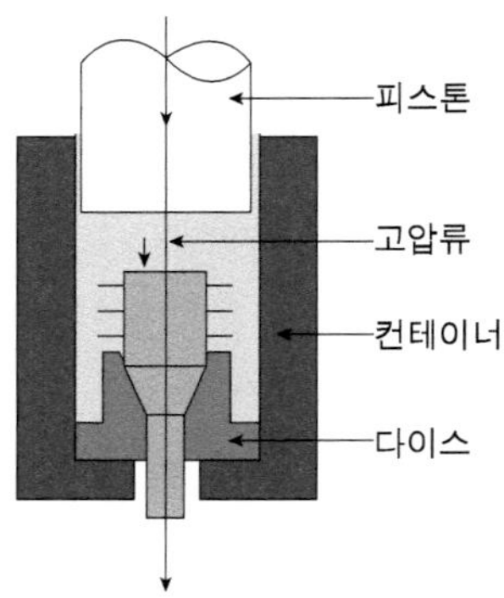

[그림 2.75] 정수압 압출

4. 정수압 압출

[그림 2.75]와 같이 컨테이너와 빌릿의 공간 사이에 유체를 채우고 가압하여 압출하는 방식을 정수압 압출이라 한다. 일반적으로 비철 금속이나 경질 재료를 소재로 하여 압출할 때는 다이에 발생하는 심한 마찰력으로 표면이 거칠어지거나 심하면 균열이 생기는 경우가 있는데 이는 램과 소재가 고체접촉을 함으로서 가압하는 힘이 소재 전체에 균일하게 전달되지 못하여 조직의 흐름이 엉키게 되기 때문이다. 이런 경우 정수압 압출법을 이용하면 액체는 소재의 모든 지점에 균일한 압력을 전달하여 줌으로서 이러한 문제점을 해소할 수 있다.

5. 분말 압출

분말 압출 제품은 일반 제품보다 기계적 성질이 우수하고, 높은 강도가 얻어지는 장점이 있다. 분말을 열간 압출하면 산화피막의 파괴로 고온에서 빌릿 압출 제품보다 우수한 기계적 성질을 가진다.

6. 냉간 압출

열간 압출에서는 큰 소재에 단면감소를 크게 할 수 있으나 냉간 압출에서는 치수와 표면이 양호하고, 기계적 강도가 높은 제품을 생산할 수 있는 특징이 있다. 주로 소형 압출에 사용한다. 철강제품 뿐만 아니라 일반 비철금속의 압출이 행하여지고 있다. 냉간 압출에서는 다이의 윤활과 마모에 유의해야 하므로 주로 다이스강이나 고속도강, 그리고 초경합금 등이 사용된다.

2.5.3 압출력

압출력은 압출 방법(직접 압출 또는 간접 압출), 마찰, 압출비, 가공 온도, 변형 속도, 다이의 형상 등의 영향을 받아 다르게 나타난다.

직접 압출과 간접압출에서 행정거리에 압출력의 변화를 살펴보면 마찰과 압출비, 그리고 압출 속도가 증가함에 따라 압출력도 증가한다. 압출 온도가 높으면 압출력은 감소하나 일반적으로 압출 속도가 빠르고, 빌릿의 온도가 높으면 균열이 발생한다. Al 합금의 적당한 압출 속도는 2~3mm/min정도이다. 압출에 요하는 힘은 가공도 즉 압출비가 클수록 증가한다. 〈표 2.10〉에서는 각종 재료의 압출 온도와 속도 및 압출력을 나타낸 것으로 강이나 특수강을 압출 할 때 가장 큰 힘이 소요되는 것을 알 수 있다.

〈표 2.10〉 각종 재료의 압출 온도, 속도 및 압출력

재료	압출 온도(℃)	압출 속도(m/min)	평균 압출 압력 (Kg/mm^2)
강 및 특수강	1,000~1,200	360	40~120
동 및 그 합금	625~900	6~150(관에서300까지)	20~85
Al 및 Al합금	375~500	1.5~90	32~105
Mg 및 Al합금	325~425	0.6~4	28~42
Zn 및 Zn합금	250~350	2~25	70~85
Sn 및 Sn합금	36065	3~9	23~70
Pb 및 Pb합금	175~225	6~60	23~63

2.5.4 압출 윤활

Al, Zn, Pb, Cu 등은 열간 압출에서 윤활제를 사용하지 않고 압출할 수 있으나 마그네슘의 열간 압출에서는 코로이드상 흑연을 파라핀에 희석한 것, 또는 등유나 실린더유에 흑연을 희석한 것이 사용된다. 강의 압출은 다이의 마멸이 심하여 과거에는 압출이 곤란하였으나 유리 분말을 윤활제로 사용함으로서 압출이 가능해졌다. 이와 같이 유리 분말을 사용한 압출을 발명자의 이름 따 유진-세쥬르네법이라 한다. 빌릿에 유리 분말을 도포하고 컨테이너에 장입하여 압출을 하면 마찰열로 유리가 용해되어 윤활작용을 한다.

2.5.5 압출 결함

1. 표면 균열

알루미늄, 마그네슘, 아연 합금 등의 압출에서 흔히 볼 수 있는 결함으로 압출온도, 마찰, 압출속도 등이 너무 높으면 표면 온도가 급격하게 증가하여 표면에 균열이나 터짐이 생긴다. 균열은 보통 적열 취성에 기인하는 것으로 결정입자간의 결정입계를 따라서 일어난다.

소재의 표면에 [그림 2.76] (a)와 같이 요철이 나타나는 것은 낮은 온도로 압출할 때 소재 표면이 다이 랜드부에 주기적으로 부착되어 형성된다.

2. 파이프 결함

[그림 2.76] (b)와 같이 중앙부분에 금속 유동이 빨라지고, 깔대기 모양이 형성되어 여기에 산화물이나 불순물이 끌려들어가 생기는 결함을 파이프 결함이라 한다.

파이프 현상은 유동 형태를 균일하게 함으로서 줄일 수 있는데 이는 마찰의 조절, 온도구배를 줄임으로 가능하다. 산화 피막 및 불순물의 혼입 방지를 위하여 압출 전 소재 표면을 기계 가공하여 스케일 등 불순물을 미리 제거하여 압출 한다.

3. 내부 균열

압출제품의 중심부에 [그림 2.76] (c)와 같이 균열이 생기는 결함으로 중심부 균열, 중심부 터짐, 화살모양 균열, 세브론 균열 등으로 다양하게 불린다.

이러한 결함은 검사를 통하여 찾아내지 못하면 사용 중 제품이 파단 될 수 있다. 이 균열은 그림과 같이 두 변형 영역이 떨어져 있을 때 다이 내의 변형 영역 내에서 중심선을 따라서 정수압으로 인한 인장 응력 상대 때문에 생기는 것으로 알려져 있으며 이는 인장 시험편에서 생기는 네킹(necking)영역과 유사하다. 중심부 균열은 다이 각도와 불순물의 양이 증가할수록 증가하고, 압출비와 마찰이 증가할수록 감소한다.

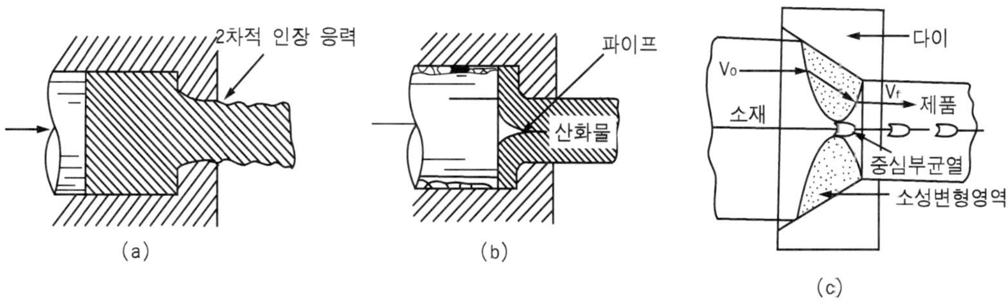

[그림 2.76] 압출 결함

제6절 제관 가공

제관(piping)은 파이프를 제작하는 작업을 말한다. 이와 같은 관은 종류가 많고 제작 방법도 여러 가지가 있다. 관은 용도에 따라 표준관, 전선관(도관), 배관, 냉동관, 대경관, 압력관, 구조용관, 수도관 등으로 구분하지만, 관의 제조법에 따라 크게 나누면 인발이나 특수한 장치를 사용하여 제조하는 이음매 없는 관과 전기용접과 가스용접이나 단접 등에 의해서 만들어지는 이음매 있는 관으로 구분된다.

(a) 소구경 파이프

(b) 대구경 파이프

[그림 2.77] 용접 강관

[그림 2.77](a)는 일명 농원용 파이프라고도 하며 비닐하우스에 주로 많이 사용되는 소구경 파이프이며 [그림 2.77](b)는 물이나 기름 등과 같이 유체를 이동시키는데 주로 사용되는 대구경 관이다.

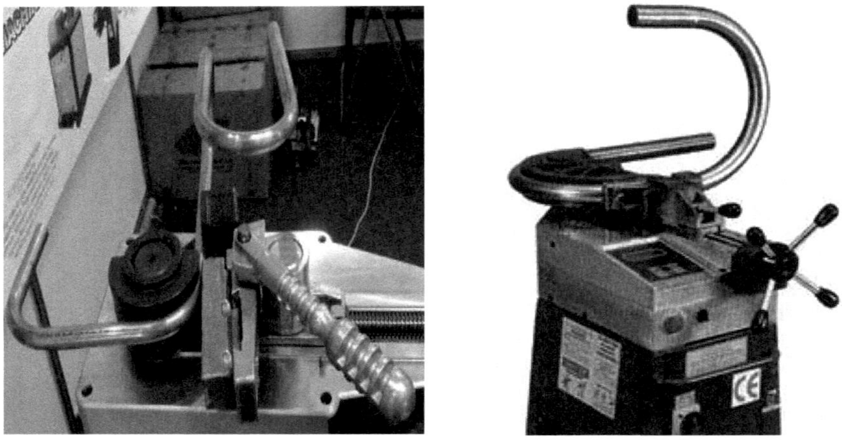

[그림 2.78] 소구경 관의 굽힘작업

[그림 2.78]은 벤딩머신에서 동 파이프와 강관을 필요에 따라 굽힘 가공을 하는 과정을 나타낸 것이다. 대구경 관을 제외한 대부분의 관은 압연이나 인발가공을 통하여 단면을 감소시켜 최종제품에 적당한 규정치수로 만들어 다양하게 사용한다.

〈표 2.11〉은 관의 제조방법에 따라 분류한 것으로 이음매가 있는 관과 없는 것으로 분류한 것이다.

〈표 2.11〉 제조방법에 의한 관의 분류

- 파이프 제조법
  - 이음매 없는 관
    - 천공법
      - 만네스만 천공법
      - 압출법
      - 에르하르트법
    - 커핑법
  - 이음매 있는 관
    - 단접관
    - 용접관

2.6.1 이음매 없는 관의 제조법

이음매가 없는 관을 시임리스(seamless) 관이라고도 하며 시임리스 파이프의 제조방법으로 가장 널리 사용되는 빌릿의 천공법에는 만네스만 천공법이 있다. 천공 후에는 제품의 크기에 따라 제조 공정을 약간 다르게 하고 있는데 그 예를 나타내면 다음과 같다.

1) 파이프의 지름이 ø40～110mm 정도의 것 ; 천공 압연기→플러그 압연기→마관기→재가열로→정경압연기

2) 파이프의 지름이 ø90～400mm 정도의 것 ; 제1천공기→제2천공기→재가열로→플러그 압연기→마관기→정경압연기

3) 파이프의 지름이 ø350～600mm 정도의 것 ; 제1천공기→제2천공기→재가열로→플러그 압연기→재가열로→로터리 압연기→마관기→재가열로→정경압연기

1. 만네스만 천공기

이 방법은 독일의 만네스만 형제가 1885년 특허를 얻은 것으로 원리는 회전 압축력을 주면 재료의 중앙부에 공극이 생기기 쉬운 상태가 되는 원리를 이용한 것이다. [그림 2.79]는 만네스만 천공기의 작업 공정을 나타낸 것이다.

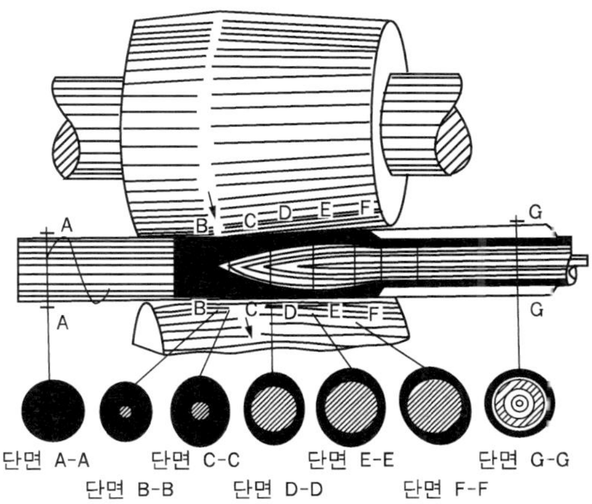

[그림 2.79] 만네스만 천공기

만네스만 천공기는 [그림 2.79]와 같이 중간 부분이 높은 2중 원추형 강제 롤이 수평면에 대해 각각 반대방향으로 9～12° 경사지게 한 다음 교차 하도록 되어 있다. 롤의 길이는 50

0～750mm이고 지름은 ø800～1200이다.

2. 스티펠 천공기

만네스만 천공기와 유사한 천공방법으로 파이프의 지름을 확대하는 데 주로 이용되고 있다. 스티펠 천공기는 [그림 2.80]과 같이 디스크 형과 원추형 롤이 있다. 디스크 형은 [그림 2.80] (a)와 같이 롤이 원판형이고 두 주축은 평행상태이며, 원추형은 [그림 2.80] (b)와 같이 롤의 축이 60°로 배치되고 롤의 경사면은 입구 쪽이 7.5°, 출구 쪽이 10°정도이다. 이 2가지 형식은 만네스만 압연기 보다 늦게 스티펠에 의하여 발명되었고 만네스만 방식 보다 더욱 얇은 두께의 관을 만들 수 있다.

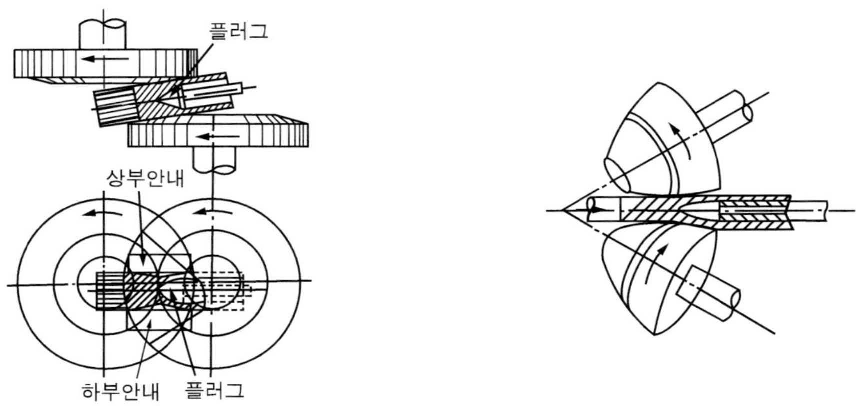

(a) 디스크형 (b) 원추형

[그림 2.80] 스티펠 천공기

3. 플러그 압연기

플러그 압연기는 [그림 2.81]과 같이 반원형의 홈을 가진 2개의 롤을 조합하여 완전한 원형을 이루고 그 사이에 플러그를 배치하였으며, 외경을 축소하고 내경을 넓혀 관의 두께를 얇게 하는데 주로 사용된다. 압연 중에는 주 롤의 전방에 있는 반송 롤을 벌려놓고 압연 후 재료를 반송시킬 때에는 주 롤을 벌리고 반송 롤을 좁힌다. 압연 후 플러그를 뽑고 상단 롤의 위치를 다시 조정하고 압연을 반복한다. 한 번만 압연하면 방향성이 있어 파이프의 두께가 불균일하게 되므로 90°를 돌려 같은 구멍을 두 번 통과 시키고 난 후 다음 공정을 행하게 된다. 이 작업을 반복하여 소정의 두께와 지름이 되도록 가공하는 방법이다.

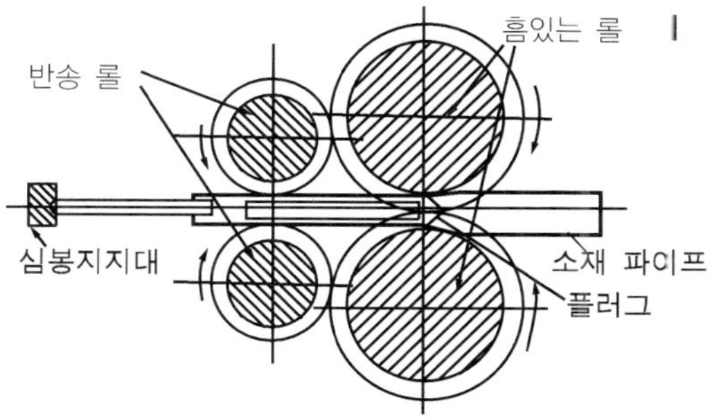

[그림 2.81] 플러그 압연기

4. 필거 압연기

[그림 2.82]와 같이 특수한 공형으로 된 롤을 쌍으로 설치하는 압연기로 롤과 플러그 사이에서 압연이 된다. 2개의 롤러로 결정되는 공형의 크기는 롤러의 회전에 따라 1/2회전(180° 회전)마다 교대로 넓어 졌다, 좁아졌다한다. 간격이 넓을 때 소재를 삽입하고 간격이 좁은 곳에서 소재의 삽입 방향과 반대 방향으로 압연되면서 파이프의 두께를 감소시킨다. 롤러가 계속 회전하여 구멍이 넓어지면 소재를 90°회전시켜 늘어난 만큼 전진 시킨다. [그림 2.83]은 필거 압연기에 의한 파이프 압연작업을 나타낸 것으로 이와 같은 조작을 반복하여 파이프 전체 길이를 압연한다.

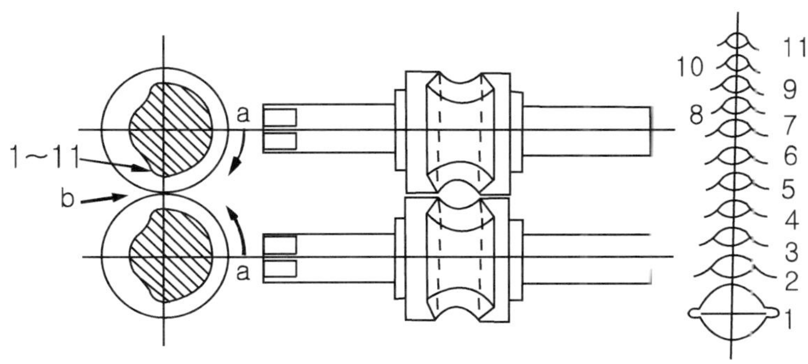

[그림 2.82] 필거 압연기

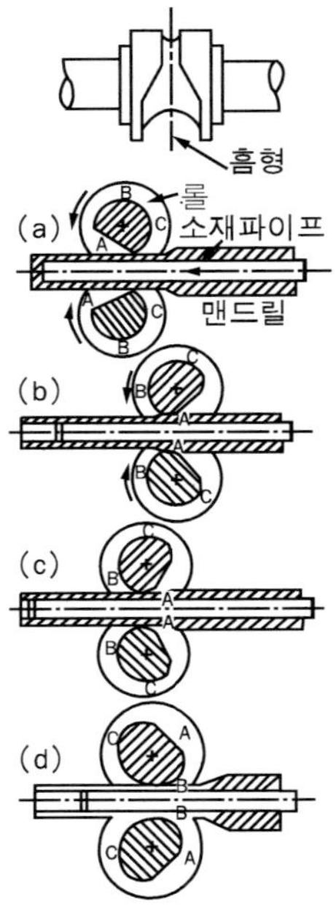

[그림 2.83] 필거 압연기에 의한 파이프 압연

5. 마관기

플러그 압연기 및 필거 압연기에서 압연된 파이프는 그 두께가 균일하지 않고 압연할 때 발생된 작은 흠집들이 남아 있게 되는데 이러한 것들을 조정하기 위하여 마관기를 사용한다. 마관기로 가공을 하면 파이프의 지름은 약 4% 증가하고 두께는 다소 감소되지만, 앞 공정에서 생긴 표면 결함이 없어지고 광택이 나며 관을 완전한 원형으로 만드는 역할도 한다.

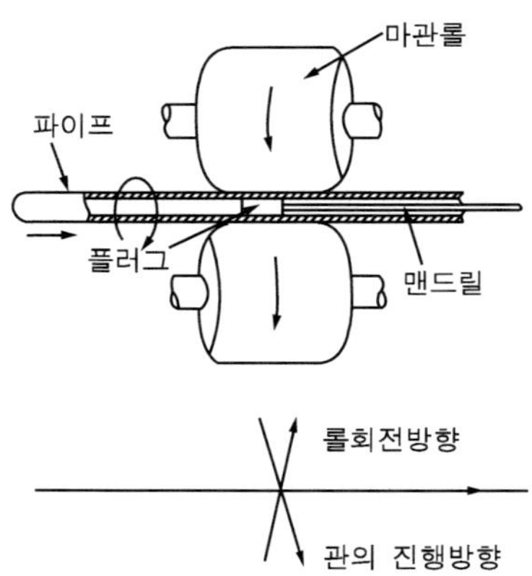

[그림 2.84] 마관기

마관기의 구조와 작용은 만네스만 천공기와 유사하나 롤의 형상이 [그림 2.84]에서 보는 바와 같이 표면이 평평한 원통형으로 되어 있다. 지름은 약 850mm이고 길이는 750mm정도이며 롤의 원주 속도는 300m/min 정도이다.

6. 정경 압연기

마관기를 거친 파이프들은 아직 원하는 치수가 아니므로 [그림 2.85]에서 보는바와 같이 정경 압연기에서 규정 치수로 조정한다. 따라서 정경 압연기는 외경과 진원도를 확보할 수 있는 외경 축소용 압연기라고 볼 수 있다.

정경 압연기는 반지름의 홈이 파져 있는 여러 쌍의 롤을 90°씩 회전된 위치에 설치하고 있다. 롤은 보통 5~7조가 조합되어 있고 앞쪽에 있는 것은 다소 타원형 홈을 가지고 있으나 점차 진원에 가깝게 변하면서 마지막에는 정확한 진원으로 되어있다.

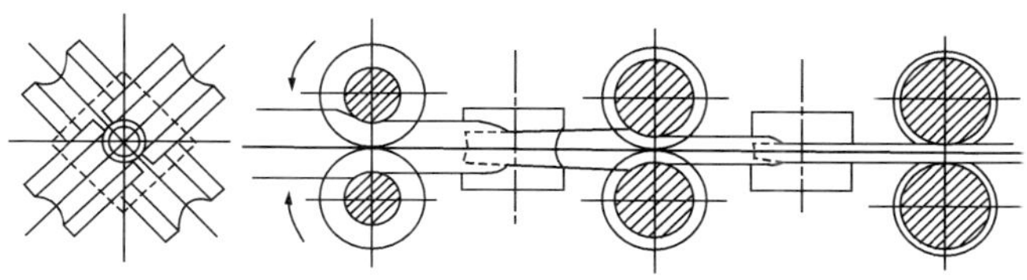

[그림 2.85] 정경 압연기

2.6.2 단접 및 용접관의 제조법

1. 가열 단접법

대강을 적당 길이로 절단하여 가열로에서 1300℃로 가열하여 [그림 2.35]와 같은 다이를 통과 시켜 끝단을 압착시켜 강관을 제작한다.

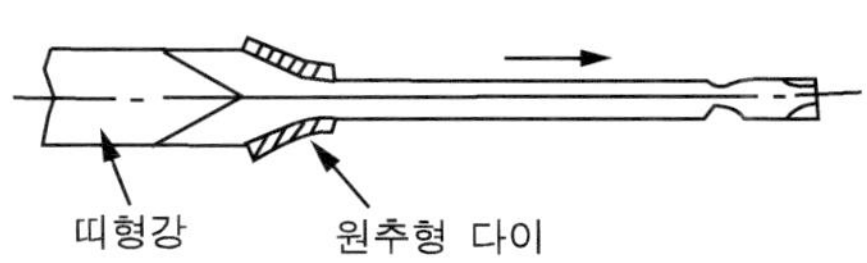

[그림 2.85] 단접에 의한 제관작업

연속적인 작업이 가능하도록 터널식 가열로에서 2m/sec의 속도로 통과시켜 1200~1300℃로 가열된 것을 성형 압연기를 통과한 후 단접 롤에서 단접하여 파이프를 제작하는 방법이다. 가열로에서 가열할 때 발생된 스케일을 제거하기 위하여 스케일 제거 롤을 거쳐 단접기에 들어가도록 되어 있다.

2. 가스 용접법

강 대(strip)를 성형 롤에서 원형으로 성형하고 양 끝단 접촉부위를 가스용접으로 접합하는 방법이다. 최근에는 자동으로 연속작업을 할 수 있는 장치가 사용되고 있으며 자동 가스관 용접기는 지름 50mm이하의 강관 제조에 주로 사용되고 있다.

3. 전기 용접법

둥글게 성형하여 끝단을 전기 용접하는 방식으로 전기저항 용접이나 고주파 용접이 주로 사용된다. 다음은 용접에 의해 만들어지는 이음매 있는 관의 제조 공정을 나타낸 것이다.

슬리팅(slitting) → 성형(forming) → 용접(welding) → 정경(sizing) → 절단(cutting) → 완성가공(finishing)

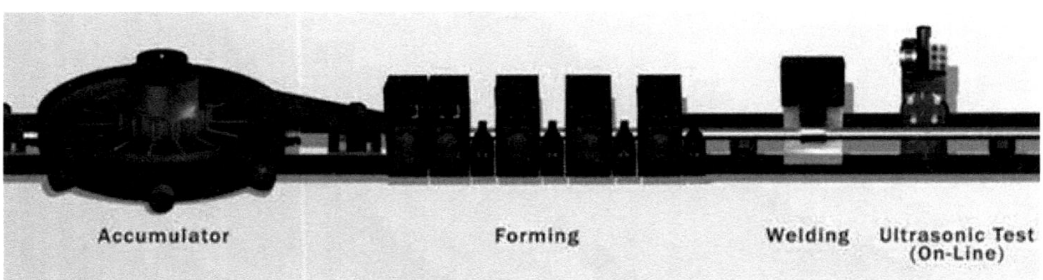

[그림 2.86] 전기용접에 의한 제관작업

앞에서 언급한 바와 같이 강판을 적당한 폭으로 슬리팅한 다음 [그림 2.86]에서 보는바와 같이 성형과 용접을 하고 결함 검사까지 실시한 다음 소정의 길이로 절단을 하게 된다.

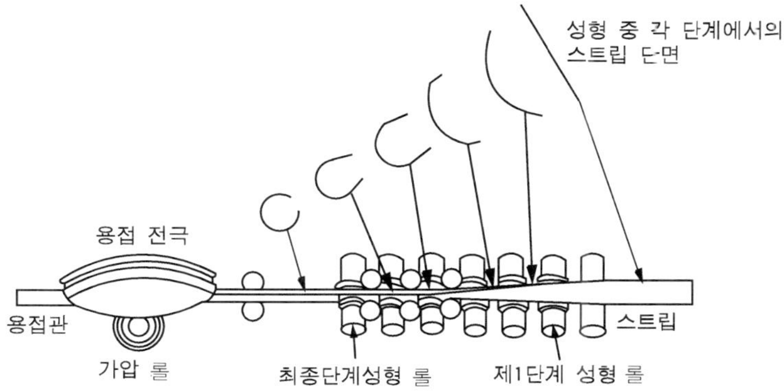

[그림 2.87] 전기 용접에 의한 제관 공정

[그림 2.87]은 성형에서 용접까지의 시임관의 공정 그림이다. 규정치수로 슬리팅된 소재는 양쪽 단면을 깨끗하게 다듬질하고, 6~7쌍의 수평 성형 롤과 3~4개의 수직 성형 롤을 통과시켜 원형으로 성형한다. 성형 롤을 나온 원형 파이프 소재의 접촉부는 전기저항 또는 고주파를 사용하여 맞대기나 시임용접을 하고 한 쌍의 롤이 가압을 하게 된다. 저항용접의 전극은 주로 동으로 된 2개의 회전 전극이 사용되며, 용접 후 용접부위의 돌출부를 제거하고 정경 압연기에서 치수조정을 하고 절단하여 출하한다.

[그림 2.88]은 일반적으로 소구경 파이프를 제작할 때 많이 사용되고 있는 고주파 저항 용접기와 그 원리를 간단하게 나타낸 것이다.

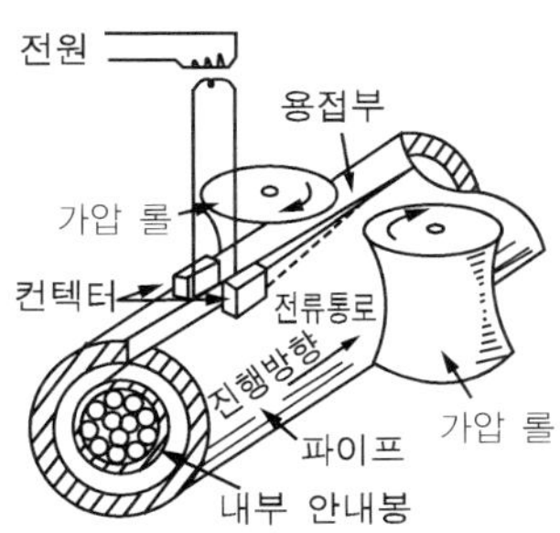

[그림 2.88] 고주파 저항 용접

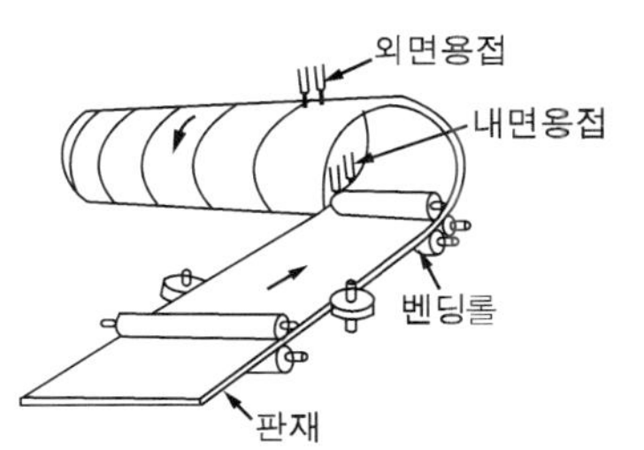

[그림 2.89] 스파이럴 관과 제조방법

4. 대경 용접관

성형 롤로 성형할 수 없는 지름이 큰 파이프는 [그림 2.89]와 같이 스파이럴 성형장치로 성형하고 전기용접으로 파이프를 제작하고 있다.

일반적으로 3개가 한조로 되어 있는 성형 롤에 대강으로 된 판재를 경사되게 이송시켜 스파이럴 이음으로 된 원통형으로 성형하고 그 접촉 부위를 특수 용접인 서브머지드 아크 용접을 하여 관을 제작한다. 대강의 안내 각도를 변경시켜 파이프의 지름을 조정하며 원하는 크기의 파이프를 자유롭게 제작 할 수 있다.

5. 관의 인발

관의 인발은 이음매 없는 관이나 이음매 있는 관을 소정의 치수로 가공하는 방법으로 냉간가공으로 행하고 있다.

관의 인발 방법으로는 [그림 2.90]과 같이 축소 인발, 플러그 인발, 맨드릴 인발, 부유 플러그 인발이 있다. 일반적으로 인발작업을 통하여 외경 및 내경을 다듬질 하고 두께를 얇게 한다. 이와 같은 인발작업을 통하여 가공경화에 의한 강성과 경도를 높이는 효과도 얻을 수 있다. 대표적으로 양산이나 우산대와 같이 강성이 필요한 경우에 이와 같은 방법이 사용되고 있다.

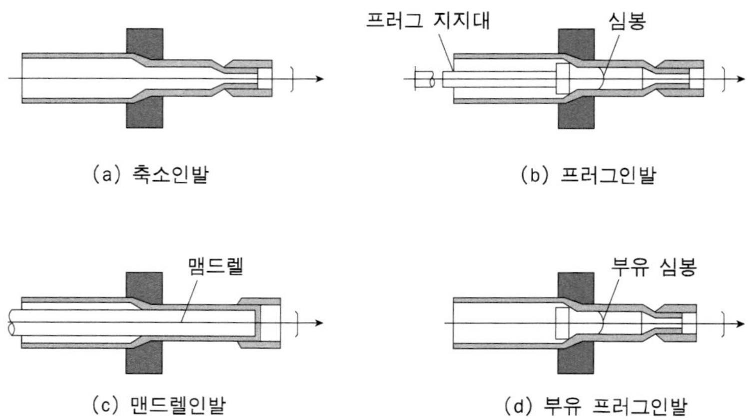

[그림 2.90] 관의 인발

6. 구리관과 황동관

구리와 구리합금관은 원통형으로 된 주물 소재를 적당한 방법으로 천공한 것이나 관으로 되어 있는 소재를 냉간 인발하여 파이프로 제작한다. 냉간 인발의 요령은 강관을 인발 할 때와 같다. 비교적 짧고 두께가 두꺼운 관은 판재를 둥글게 말아 이음부를 납땜하여 냉간 인발을 여러번 되풀이하면서 완성한다. 냉간 인발을 한 황동관은 가공경화에 의하여 터지기 쉬우므로 250～400℃에서 뜨임하여 내부응력을 제거하는 것이 좋다.

제7절 전조 가공

2.7.1 개요

전조(form rolling)는 다이나 롤 등의 성형공구를 직선 또는 회전 운동시키며 소재를 강하게 누르고 회전 또는 전동시켜 성형하는 가공법으로 단조가공이라 할 수 있다.

전조가공은 나사, 기어, 구, 핀, 관 등과 같이 길이 방향으로 단면 형태가 변화하는 봉재 등의 생산에 사용되지만, 그 중에서도 가장 많이 이용되고 있는 것은 나사 가공이며 이것을 나사전조라고 하고 상온에서 행한다. 치차의 전조는 냉간 또는 열간가공을 한다. 전조가공은 절삭가공과 다르게 가공에 의한 칩이 없으며 가압 성형하기 때문에 그 제품의 나사 골과 이뿌리 등과 같이 높은 응력을 받는 부분이 가공경화 되어 높은 강도를 유지할 수 있다. 또한 [그림 2.91]에 나타나 있듯이 소재의 섬유조직은 절단되지 않는다. 따라서 전조가공은 절삭가공과 비교하여 재료가 절약되고 정적강도나 충격강도, 그리고 피로강도가 높은 제품을 얻을 수 있다는 장점을 가지고 있다. 이와 같이 전조가공은 기계적 성질이 뛰어나고 정도가 좋은 균일한 소형제품의 대량생산에 적합하다.

(a) 전조나사 (b) 절삭나사

[그림 2.91] 가공에 따른 조직의 흐름

2.7.2 나사 전조

1. 나사의 전조방식

나사의 전조는 가공할 나사와 피치 및 산형이 동일하고, 나사의 산과 골을 반대인 전조 다이스를 소재의 표면에 압착시키면서 소재를 회전시켜 나사의 골을 움푹 들어가게 하고 산을 돌출시켜 나사산을 형성하는 방법이다. [그림 2.92]와 같은 소형 나사나 볼트 등의 범용 나사는 대부분 냉간가공으로 이루어지며 거의 이 방법에 의해 만들어지고 있다.

[그림 2.92] 가공에 따른 조직의 흐름

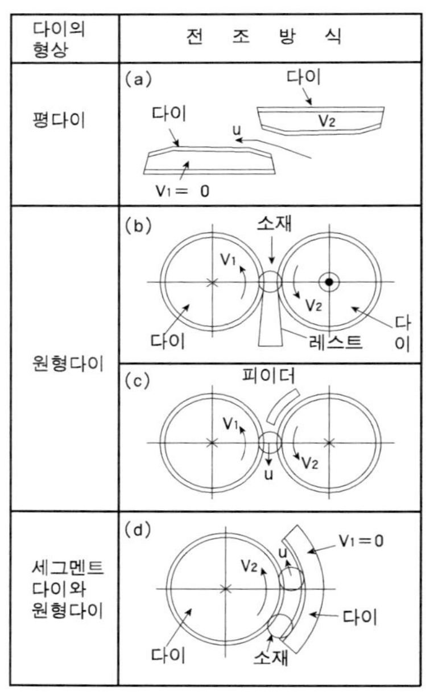

[그림 2.93] 나사의 전조 방식

나사의 전조방법은 다이스의 형태나 다이스의 수 등에 의해 분류된다. 두 개의 다이스를 사용하는 나사 전조법은 [그림 2.93]과 같이 하나의 평형 다이스를 사용하는 평형 다이스식 전조법과 한 대의 원통형 다이스를 사용하는 원통형 다이스식 전조법이 있고 원통형다이스와 세그먼트다이스를 사용하는 유성식 전조법도 있다.

1) 평형 다이식 전조기

이것은 두 개의 평형 다이를 갖춘 평형 다이식 나사전조기를 사용하여, [그림 2.93] (a)에서와 같이 한방향의 평형다이를 고정하여 (V_1=0), 다른 방향의 속도 V_2에서 긴 쪽 방향으로 이동시켜 1회의 왕복으로 그 사이에 삽입한 소재를 성형하는 방법으로, 이동 다이의 한 방향에서 진입하여, $v = V_2/2$의 속도로 이동하지만, 처음의 1회전에서 대부분이 성형되고, 계속 수 회전 성형시켜서 정확한 치수로 하여 배출시킨다. 이 방법은 소재의 공급과 배출을 용이하게 할 수 있어 대량생산에 적합하다.

2) 원통형 다이식 전조기

이것은 축이 평형에서 가공나사 피치의 1/2만 위상을 다르게 한 두 개의 원통형 다이를 같은 방향으로 회전시키고, 그 사이에서 소재를 반대방향으로 회전시켜 나사를 성형하는 방법으로 다이 압축식과 차속식으로 나누어진다.

다이 압축식에서는, [그림 2.93] (b)에서와 같이 같은 속도 ($V_1 = V_2$)로 동기적으로 회전하는 두 개 다이의 한쪽 축의 위치를 고정시켜, 다른 쪽의 다이를 유압이나 캠 또는 주축과의 편심에 따라 접근시키거나, 받침대 위에 놓여진 소재에 압력을 가해 나사를 성형한다.

원통형 다이 방식에서는 제품의 정도는 양호하여 JIS 1급 나사의 전조가 가능하고, 최대 나사 지름은 100mm의 것까지 가공할 수 있다. 원통형 다이식 나사전조기로서는, 다이 압축식에서는 유압식 나사 전조기, 캠식 나사 전조기 및 공구 편심식 나사전조기가 있으며, 차속식에서는 차속식 나사 전조기가 사용되고 있다.

3) 플래니터리식 전조기

평형 다이식 전조법에서 이동다이의 왕복운동을 회전 운동으로 하여 복귀행정을 생략한 방법이다. 세그먼트 다이와 원통형 다이가 있는 플래니터리식 나사전조기가 사용된다. [그림 2.93] (d)와 같이 고정된 세그먼트 다이(V_1=0)와 주속 V_2로 회전하는 원통형 다이 사이에서 소재를 이동 시켜($v = V_2/2$) 성형하는 방식이다.

2. 나사전조에 따른 변형

전조나사 소재는 연강 반경강, 니켈 크롬 강, 크롬 몰리브덴 강 등의 나사용 강 외에 황동, 알루미늄 등의 연성재료가 사용된다. 나사전조에 적합한 재료의 성질을 전조성이라 한다. 전조성은 재료의 변형저항 나사 성형성, 나사면의 평활도와 경도 등으로 평가된다. 연성재료를 절삭가공으로 나사가공을 하면 매끈한 나사면을 얻기가 힘들지만 나사전조에서는 변형 중에 공구면에 버니싱 현상이 생겨 매끄러운 나사면이 얻어진다.

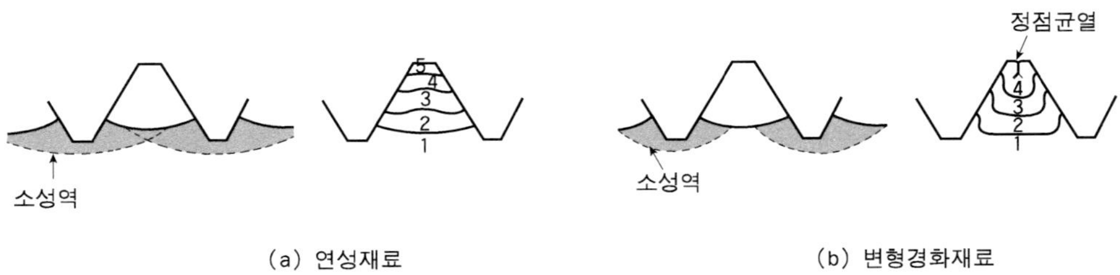

[그림 2.94] 전조에 의한 나사산의 형성

전조에 의한 나사산의 생성과정은 소재가 회전하여 다이에 접촉할 때 조금씩 골밑이 압축되고 동시에 산이 조금씩 올라와 만들어진다. 이러한 과정을 반복하여 최종적으로 완전한 나사가 완성된다. 이때 재료의 흐름은 나사축을 지나는 평면상에서만 형성되고 원주방향에는 생기지 않는다.

나사산의 형성방식은 [그림 2.94 (a)의 풀림처리한 재료와 같이 나사산의 내부로부터 돌출되어 형성되는 것이 좋고, [그림 2.94] (b)와 같은 변형경화재료와 같이 나사산을 따라 정점에 균열이 생겨 불량품이 된다. 이러한 돌출 생성, 절입의 발생은 재질이나 전조조건에 따라 영향을 받는다. 평형 다이식 전조기와 같이 다이가 소재에 파고 들어가는 속도가 큰 경우에는 절삭 원통형 다이식 전조기와 같이 파고드는 속도가 적은 경우에는 절삭 절입이 일어나기 어렵고 전조다이가 충분한 정도로 만들어져 전조조건이 적절하면 전조나사의 정도는 주로 소재 지름의 정도에 따라 결정된다. 소재 지름은 이론적으로는 다이가 소재로 압착되어 가는 량과 재료가 올라와 형성된 량이 같다.

2.7.3 기어의 전조

기어 전조법은 전조공구와 소재와의 접촉 상태에 따라 창성전조법과 성형 전조법으로 대별된다. 창성 전조법은 그림 2.95(a) 및 (b)와 같이 2개의 기어가 맞물려 돌아가는 것을 이용하여 전조 공구와 소재사이에 창성운동이 이루어지기 때문에 전조공구는 래크형 공구와 피니언형 공구가 사용된다. 이공구를 소재에 눌러 미는 방법으로는 유압식과 캠식이 있다. 그림 2.95(a)와 같은 래크형 공구에 기어이의 성형에 의한 창성 전조법은 평다이식 나사전조법과 유사한 형태로 서로 반대 방향으로 운동하는 한 조의 래크형 공구 사이에서 소재를 전동시켜 래크형 공구와 맞물려 도는 피니언을 성형한다. 이 방법은 스프라인(spline) 축, 세레이션 등의 전조에 적합하다. [그림 2.95] (b)와 같은 피니언형 공구에 의한 창성 전조법은 원통형 다이 나사전조법과 유사한 형태로 이 방법은 회전하는 1개 또는 한 쌍의 피니언형 공구를 소재의 한 쪽 또는 양쪽에서 눌러 붙혀 피니언과 기어가 서로 맞물려 돌아가는 형태로 치형을 창성한다. 이 방법은 기어전조에 많이 사용되는 것으로 지름이 큰 기어, 웜, 지름이 큰 스프라인 축 및 세레이션 등의 전조에 적합하다.

성형 전조법은 [그림 2.95] (c)와 같이 기어의 단면형상으로 된 2개의 성형 롤러를 소재에 압착시켜 축방향으로 이송을 주면서 치형을 성형하는 방법이다.

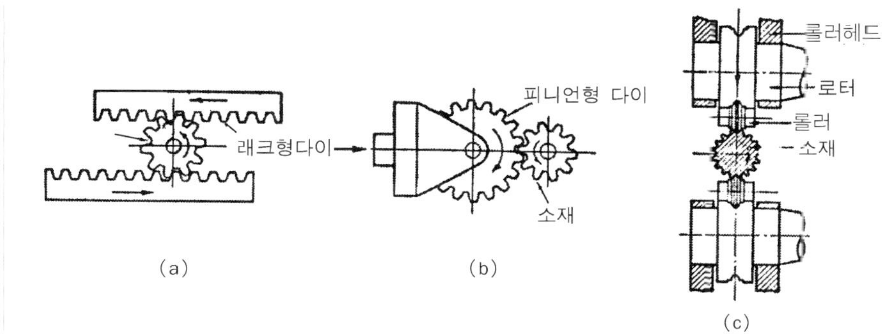

[그림 2.95] 기어의 전조 방식

[그림 2.96] 일반적으로 사용되는 기어

전조 공구는 1개의 절삭날을 갖는 호브로 평 기어를 절삭하는 형태에서 호브의 치형을 전조공구로 바꾸어 놓은 것과 같다. 이 방법은 비교적 가공이 어려운 평 기어나 잇 수가 적고 축 방향으로 긴 스프라인 축의 전조에 적합하다.

[그림 2.96]은 일반적으로 사용되는 기어를 나타낸 것이며 나사전조는 반 밀폐 상태로 변형이 되는데 반해 기어의 전조는 압입하는 과정이 추가 된다. [그림 2.97]과 같이 치형은 좌우 대칭으로 성형되지 않고 회전 방향으로 재료가 밀려지는 형상으로 성형이 된다. 그러나 1회전당 압입량을 크게 하면 비교적 빨리 압입 과정이 종료되고 한 쪽으로 밀려나는 량을 줄일 수 있다.

기어의 전조에서 모듈 3이하의 소형 기어는 냉간 전조를 하고 모듈3이상의 기어나 경질 재료의 기어는 고주파 가열로 소재 외측만 가열하여 열간 전조를 한다.

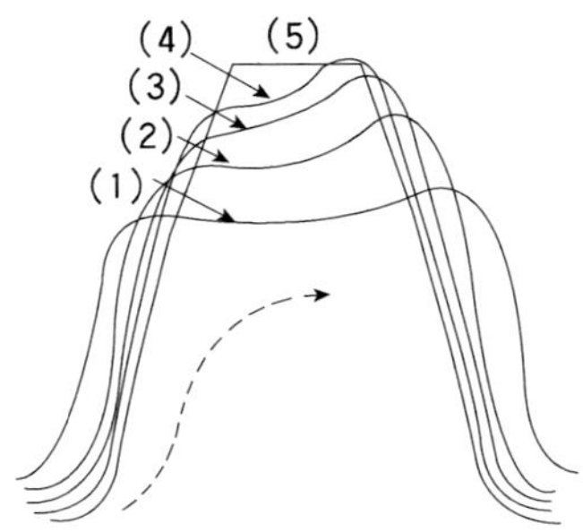

[그림 2.97] 기어의 전조 방식

2.7.4 기타 전조가공

1. 구의 전조

구름베어링에 사용하는 강구의 제조는 본래 형단조로 만들었으나 최근에는 전조가공으로 봉재로부터 연속적으로 만들어진다, 강구의 전조는 열간가공으로 한다. 전조기는 [그림 2.98]과 같이 나사 상 홈이 있는 롤을 만네스만 압연기와 같이 서로 교차되게 배치하고 같은 방향으로 회전하는 롤 사이에 소재를 통과 시켜 점진적으로 원형으로 성형한다.

2. 단이진 축 전조

전동기 축이나 자동차의 치차 축 등과 같이 단이진 축은 종래에는 단조한 축을 선반으로 다듬질 가공하였으나 근래는 전조 가공만으로 이루어진다.

단이진 축을 열간가공으로 전조하는 것을 헤리컬 전조(helical rolling)라 한다. 이 방법은 [그림 2.99]와 같이 120°간격으로 배치된 3개의 회전하고 있는 원추형 롤 사이에 소재를 통과시키면서 전방에서 잡아 당겨 축의 지름을 감소시킨다.

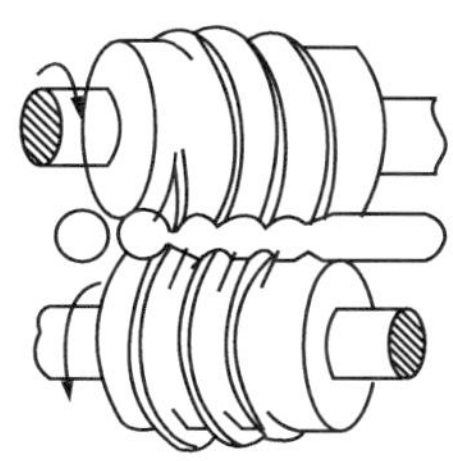

[그림 2.98] 구의 전조

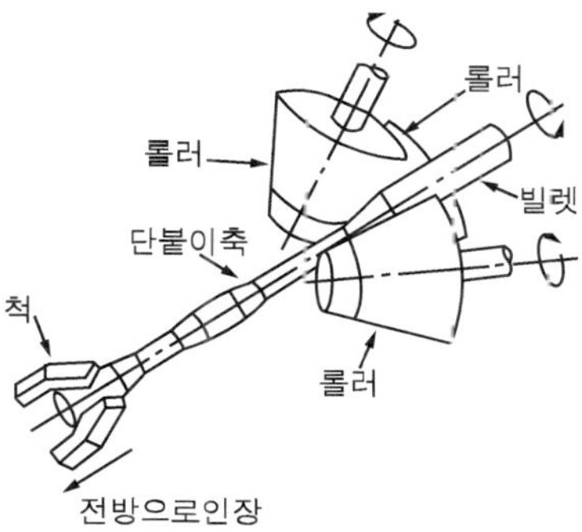

[그림 2.99] 다이진 축의 전조

제8절 프레스 가공

강판 재료를 자르거나 굽히고, 오므리는 등 여러 가지 방법을 통하여 필요로 하는 형상으로 가공하는 방법으로 프레스나 펀치 그리고 다이 등과 같은 공구를 사용하여 가공하는 것을 프레스(press) 가공이라 한다.

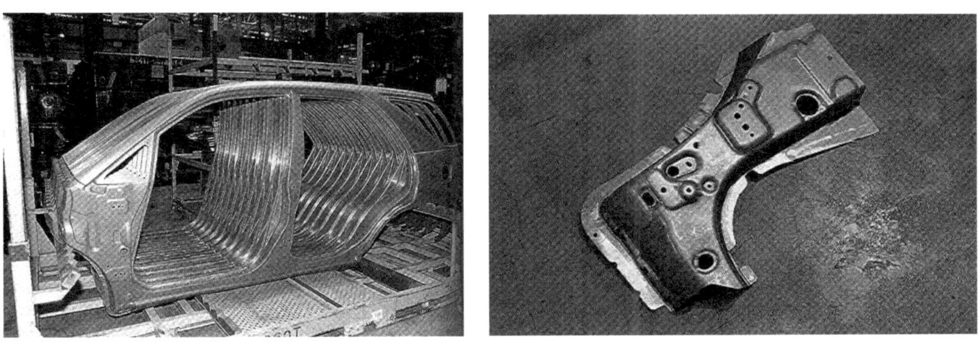

[그림 2.100] 프레스 가공된 자동차 부품

[그림 2.100]은 프레스 가공된 자동차 부품을 나타낸 것이며 프레스 가공은 고속 대량 생산에 적합하고, 가공비가 저렴하며, 미숙련자가 정밀하고 호환성이 있는 제품으로 가공 할 수 있다. 프레스 가공제품은 각종 용기, 장식품, 자동차, 항공기, 정밀 기계 등 각종 기계의 부품제작에 널리 사용되고 있다.

2.8.1 프레스 가공의 분류

프레스 가공은 전단가공, 성형가공, 압축가공으로 구분하여 다음과 같이 분류된다.

1. 전단 가공

- 판재를 소요의 형상으로 전단하는 가공으로 다음과 같은 가공법이 있다.

① 블랭킹(blanking)
② 펀칭(punching)
③ 전단(shearing)
④ 노칭(notching)
⑤ 랜싱(lancing)
⑥ 분단(parting)
⑦ 트리밍(trimming)
⑧ 세이빙(shaving)
⑨ 슬리팅(slitting)

2. 성형 가공

- 판재의 두께를 변화시키지 않고 모양만 변형시키는 목적으로 하는 가공으로 다음과 같은 가공법이 있다.

① 굽힘(bending)
② 드로잉(drawing)
③ 스피닝(spinning)
④ 벌징(bulging)
⑤ 플랜징(flanging)
⑥ 컬링(curling)
⑦ 비딩(beading)
⑧ 시밍(seaming)
⑨ 네킹(necking)
⑩ 비틀기(twisting)
⑪ 교정(flattening)

3. 압축 가공

- 압축력을 가하여 판의 두께를 변형시켜 성형하는 가공으로 다음과 같은 가공법이 있다.

① 압인(coining)
② 엠보싱(embossing)
③ 스웨이징(swaging)

2.8.2 프레스 기계

프레스는 램이 직선 운동을 하며 재료를 가압하여 가공하는 기계로 작동방식, 구조 및 사용방법에 따라 여러 가지로 분류한다.

1. 프레스의 분류

1) 동력원에 따른 분류

〈표 2.13〉 동력원에 따른 프레스의 분류

- 프레스
  - 인력 프레스
    - 수동 프레스
      - 핸드 프레스
      - 나사 프레스
      - 랙, 피니언 프레스
    - 족답 프레스
  - 동력 프레스
    - 기력 프레스
      - 편심 프레스
      - 토글 프레스
      - 마찰 프레스
      - 프레스 프레스
    - 액압 프레스
      - 유압 프레스
      - 수압 프레스

2) 프레임의 형상에 따른 분류

(1) C형 프레스　　(2) 직주형 프레스

(3) 4주형 프레스　　(4) 아치형 프레스

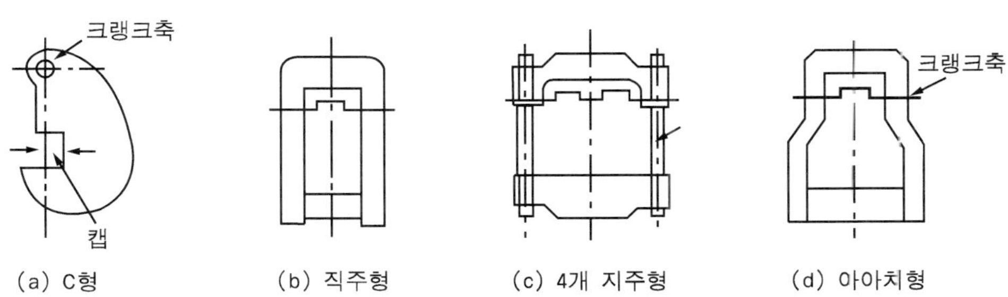

[그림 2.101] 프레스 프레임의 형식

3) 구조 형식에 따른 분류

(1) 경사식 프레스(inclined press)
(2) 가경식 프레스(inclinable press)
(3) 수평식 프레스(horizontal press)
(4) 수직식 프레스(vertical press)

2. 프레스의 용량

프레스의 능력은 가압력과 회전력 그리고 가공 능력으로 표시되며, 일반적으로 가압력으로 표시하는 경우가 많다.

가압력은 프레스의 프레임이나 구동 부분이 최고 몇 톤까지의 압력에 안전하게 견디는가를 표시하는 것으로서 이 압력을 프레스의 호칭 압력 또는 공칭 압력이라 부른다.

파워 프레스, 편심 프레스, 너클 프레스 등의 가압능력은 행정하단에서의 최대 압력을 기준으로 한다.

3. 인력 프레스

얇은 판의 펀칭과 스탬핑 등에 사용하며, 편심축의 회전으로 램을 왕복 운동하는 편심 프레스, 나사기구로 작동하는 나사 프레스, 발로 가압하여 레버기구를 작동시키는 족답 프레스 등이 있다. [그림 2.102]는 인력 프레스인 수동 프레스를 나타낸다.

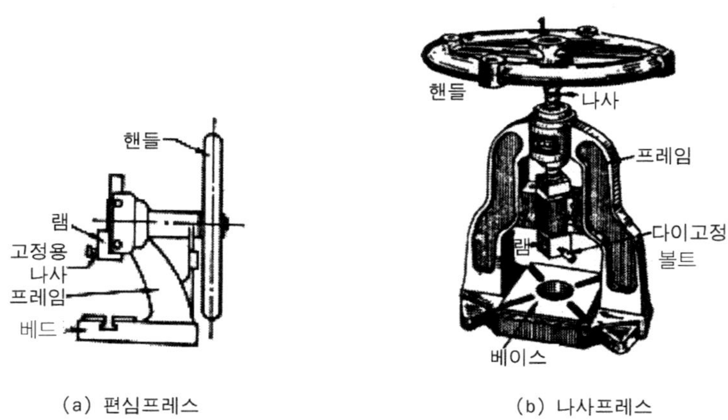

[그림 2.102] 수동 프레스

4. 동력 프레스

(1) 크랭크 프레스

크랭크 축과 연결봉의 조합으로 축의 회전 운동을 직선운동으로 전환시켜 램을 운동시키는 것으로 크랭크의 수에 따라 단식 크랭크 프레스와 복식 크랭크 프레스가 있다.

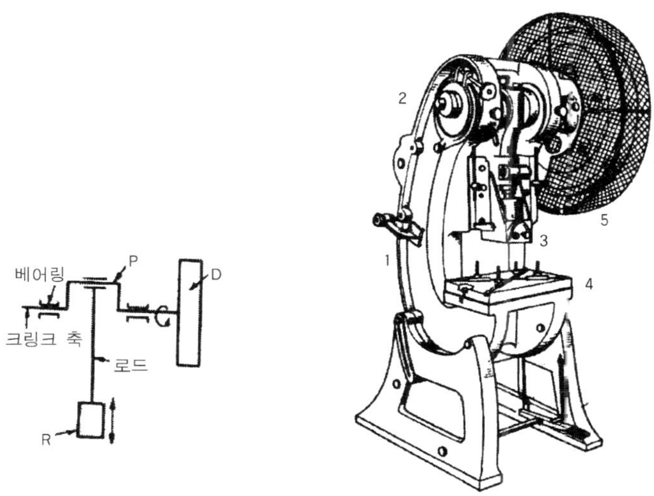

(a) 크랭크기구 (b) 크랭크프레스

[그림 2.103] 크랭크 프레스

[그림 2.103]은 단식 크랭크 프레스와 그 기구이고, [그림 2.104]은 복식 크랭크 프레스와 그 기구이다.

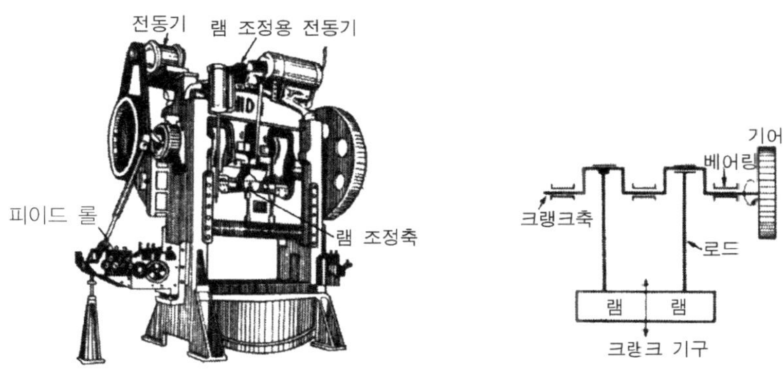

(a) 복식 크랭크 프레스 (b) 복식 크랭크 프레스 기구

[그림 2.104] 복식 크랭크 프레스

(2) 편심 프레스

[그림 2.105]는 편심 프레스를 나타낸 것으로 편심축의 회전이 이와 연결된 커넥팅 로드에 의해 램을 직선운동으로 동작시키는 구조로 주로 블랭킹과 펀칭 작업에 주로 사용된다.

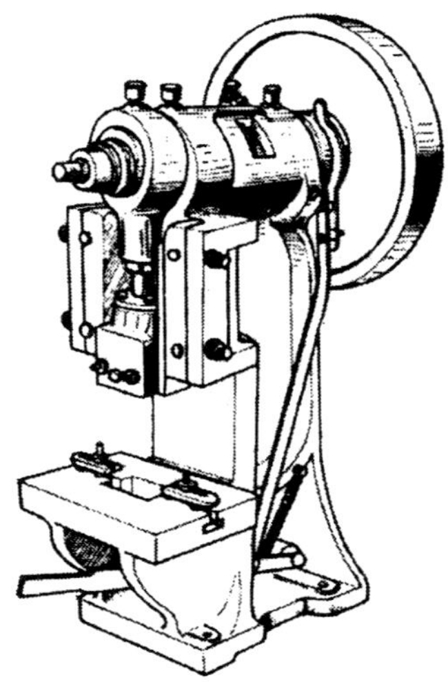

[그림 2.105] 편심 프레스

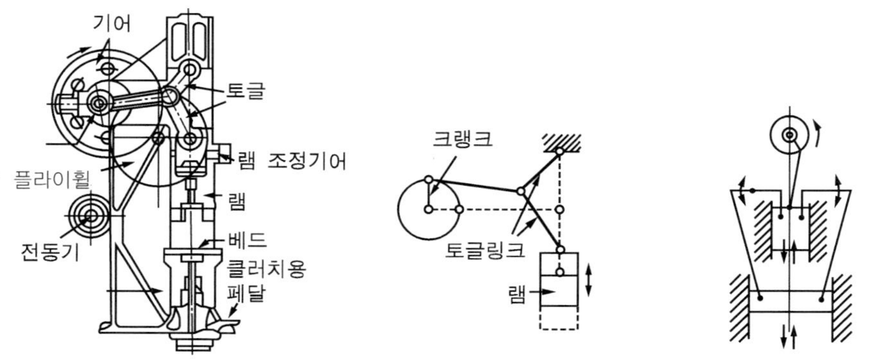

(a) 너클프레스 (b) 너클기구 (c) 토글기구

[그림 2.106] 너클 프레스

(3) 너클 및 토글 프레스

크랭크축의 회전 운동을 왕복운동으로 변환 시키고 이것을 다시 너클(knuckle) 및 토글기구로써 램을 작동시키는 프레스다.

[그림 2.106]은 너클 프레스의 기구 및 구조이다. 프레임은 직주형으로 되어 있고, 프레임의 후부에 있는 모터에서 프라이휘일 겸 푸리로 되어 있는 동력전달 부분을 거쳐 크랭크장치를 가진 기어에 운동이 전달된다. 크랭크의 회전운동이 커넥팅 로드에 의해 직선운동으로 변화고 이와 연결된 토글 링크를 통해서 램을 상하운동 시키는 구조로 되어 있다.

이들 프레스는 속도가 느려 가공물에 순간적인 충격을 주지 않으며 하사점에서 큰 힘을 발생한다. 블랭킹과 코이닝이나 압출에 사용한다.

(4) 마찰 프레스

램의 상하 운동을 마찰 전동장치와 나사기구를 사용한 프레스이며, 가격이 저렴하나 행정하사점이 정확하게 결정되지 않고 가공성도 좋지 않아 최근 거의 사용되지 않고 있다. [그림 2.107]은 마찰 프레스를 나타낸다.

(5) 복동 프레스

딥 드로잉 작업에서 소재를 가압하는 가압행정과 드로잉을 행하는 가공행정의 두 행정을 일정한 관계를 갖고 이루어지도록 구조가 되어 있는 프레스가 복동레스다. 복동 프레스에는 캠식, 토글식, 이동 베드식 등이 있다.

[그림 2.108]은 캠식 복동 프레스이고, [그림 2.109]는 이동 베드식 복동 프레스의 구조이다.

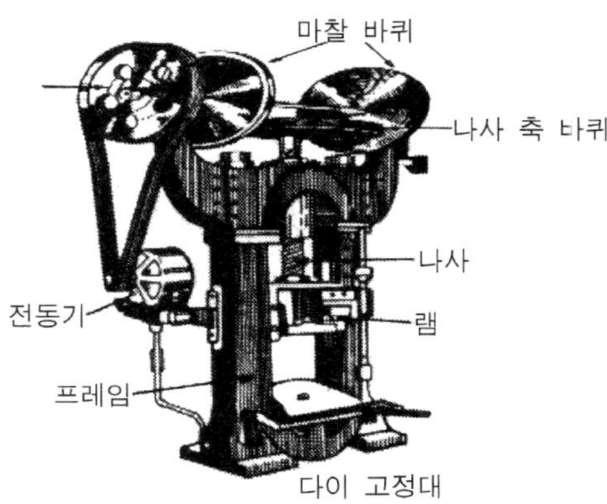

[그림 2.107] 마찰 프레스

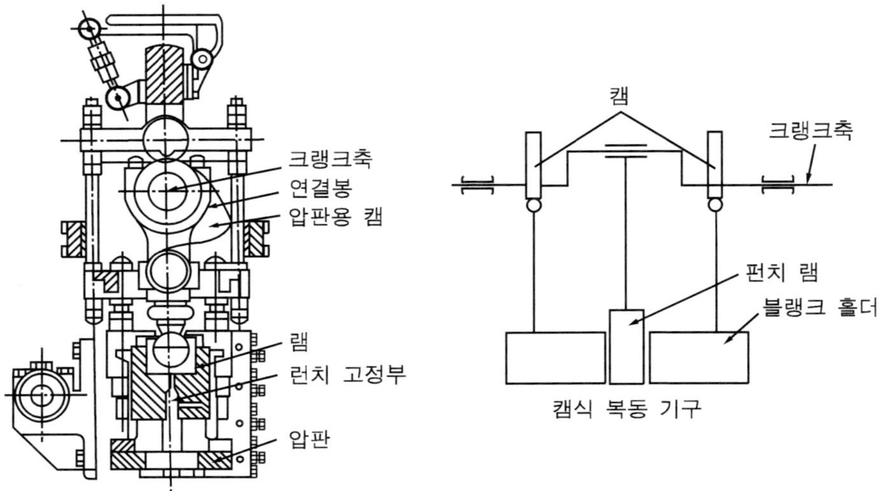

[그림 2.108] 캠식 복동 프레스

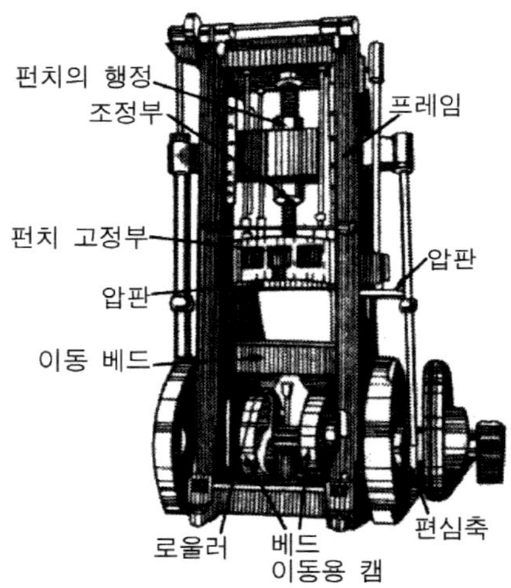

[그림 2.109] 이동 베드식 복동 프레스

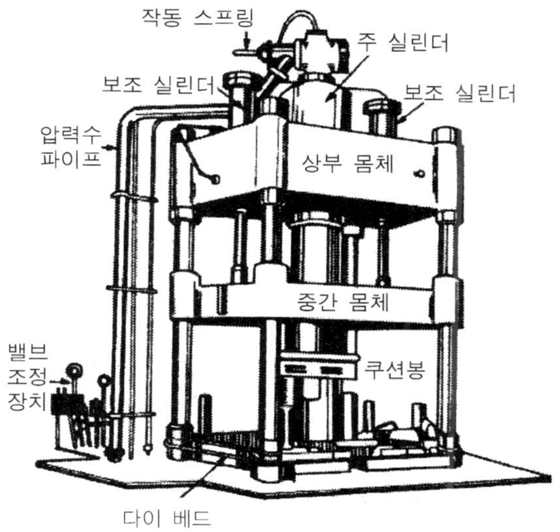

[그림 2.110] 수압식 복동 프레스

(6) 액압 프레스

액압으로 램을 작동시키는 프레스로 유압식과 수압식이 있다. 액압 프레스는 기력 프레스에 비하여 행정을 크게 할 수 있고 행정의 어느 위치에서도 일정한 압력을 유지할 수 있고 가압력의 조절과 그 유지가 용이하다. 그러나 가공속도가 느리고, 보수 유지비가 많이 든다. 액압프레스는 가압력이 큰 작업이나, 일정한 속도로 가압이 필요한 작업에 주로 사용한다. [그림 2.110]은 수압 복동식 프레스의 구조이다.

2.8.3 프레스 금형

프레스 가공에서는 제품의 형상에 따라 공구를 제작하여 사용하는데 이를 프레스 금형이라 한다.

1. 프레스 금형의 주요 구성요소

1) **다이** - 가공물 형상을 형성하는데 필요한 형태의 구멍이나 홈이 파여 있는 암형의 형틀

2) **펀치** - 가공물 형상을 형성하는데 필요한 형태의 막대상의 형틀. 다이와 펀치의 상호 작용에 의하여 가공물의 형상이 형성된다.

3) **안내판** - 소재가 적정한 위치로 공급되도록 안내하는 판 부분.

4) **스톱 핀** - 재료의 진행 방향에 대하여 가공위치를 정해 주는 부품

5) **스트리퍼** - 판재를 펀칭할 때 펀치에 끼어있는 판재를 펀치가 상승 할 때 끼어 올라가지 못하게 펀치로부터 분리되게 하는 부품.

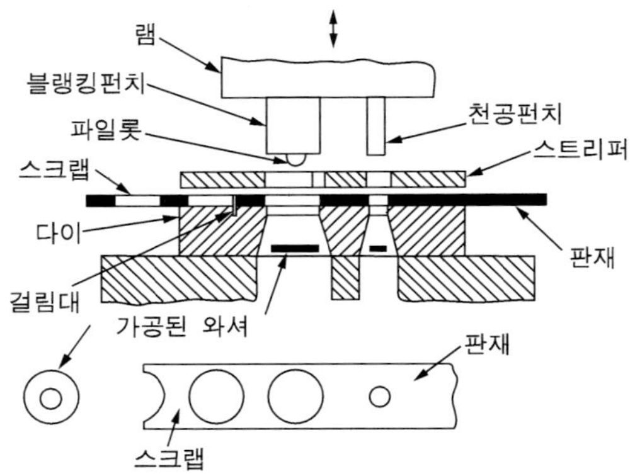

[그림 2.111] 전단 다이의 구성

2. 다이 세트

프레스 안내면의 운동 정확도는 높지 않으므로 이를 보정하고 펀치와 다이의 상대 운동의 정밀도를 높이며 일정하게 유지하기 위하여 [그림 2.112]와 같은 다이 세트가 사용되고 있다. 다이 세트는 펀치를 고정하는 펀치홀더, 다이를 고정하는 다이 홀더, 펀치 홀더와 다이 홀더가 일정한 위치관계를 유지하며 운동할 수 있도록 하는 가이드 포스트와 부싱으로 구성되어 있다.

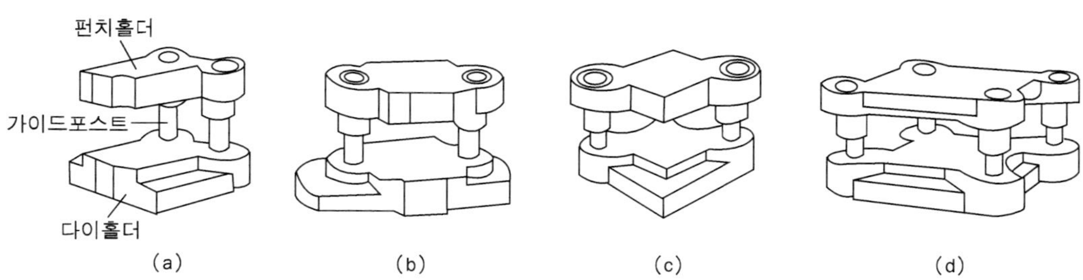

[그림 2.112] 다이 세트의 종류

3. 프레스 금형의 종류

1) 가공 종류에 따라

① 펀칭다이(punching die)

② 블랭킹 다이(blanking die)

③ 굽힘 다이(bending die)

④ 드로잉 다이(drawing die)

⑤ 성형 다이(forming die)

⑥ 스탬핑 다이(stamping die)

2) 가공 방식에 따라

① 다열 다이 : 하나의 형틀에 동일 형상의 다이구멍과 펀치를 설치하여 한번 작동으로 여러 개의 동일제품을 얻을 수 있는 금형

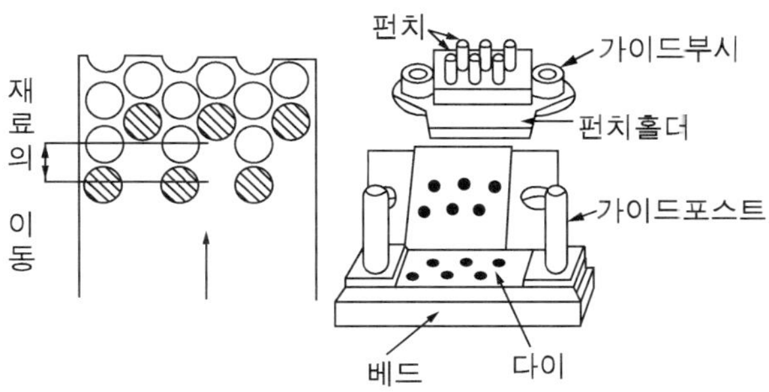

[그림 2.113] 다열 다이

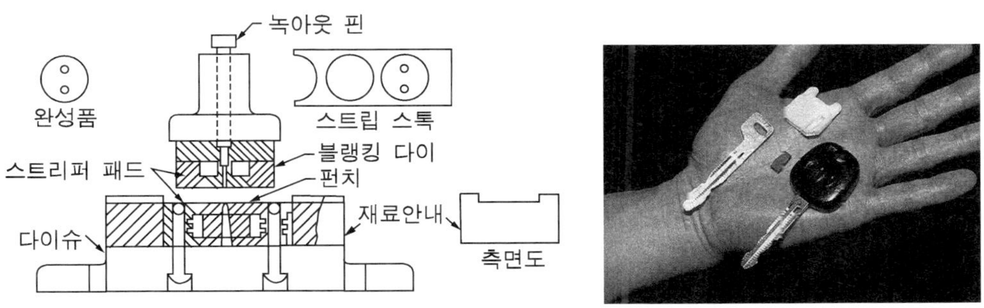

[그림 2.114] 복동 다이

② 순차이송 다이 : 여러 공정으로 된 제품이 재료의 흐름에 따라 순차적으로 여러 단계로 나누어 가공하여 완성된 제품이 되도록 만든 다이

③ 복동 다이 : 동일 위치에서 펀칭과 블랭킹을 동시에 할 수 있는 다이

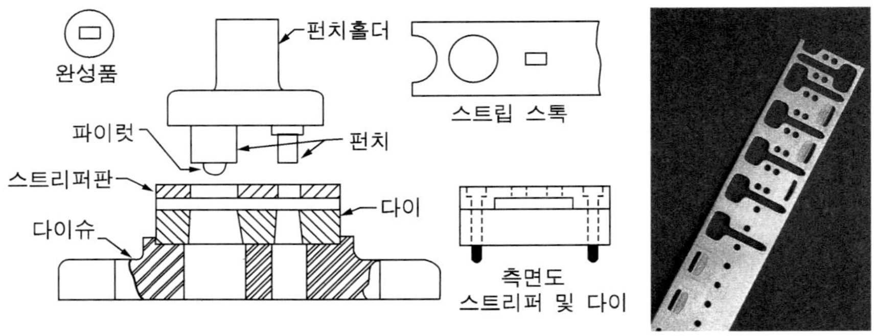

[그림 2.115] 순차이송 다이

2.8.4 전단가공

1. 전단가공 방식

- 전단 가공은 다이와 펀치를 이용하여 소재에 전단응력이 발생하게 힘을 가하여 재료의 불필요한 부분을 잘라내어 제품으로 가공하는 것으로 다음과 같은 가공법이 있다. [그림 2.116]은 다양한 전단가공을 나타낸 것이다.

1) 블랭킹

[그림 2.116]의 (a)와 같이 소재에서 필요한 제품의 외형을 따내어 제품으로 뽑아내는 가공이며 일명 타발이라고도 한다.

2) 펀칭

[그림 2.116]의 (b)와 같이 소재에 구멍을 뚫어 제품으로 사용하는 가공으로 피어싱(piercing)이라고도 한다. 블랭킹과 펀칭은 같은 작업으로 이루어지지만, 블랭킹은 다이 밑으로 떨어진 부위가 제품이 되고, 펀칭은 반대로 다이위에 남아 있는 부분이 제품이 되며 일명 타공이라고도 한다.

3) 전단

[그림 2.116]의 (c)와 같이 두 개의 날(edge)을 이용하여 소재의 일단으로부터 가로질러서 직선 또는 곡선으로 잘라내는 작업이다.

4) 분단

[그림 2.116]의 (d)와 같이 동일한 형태의 부품을 2개로 분리하는 작업을 말한다.

5) 노칭

[그림 2.116]의 (e)와 같이 소재의 가장자리를 다양한 모양으로 따내고 나머지를 제품으로 가공하는 작업이다.

6) 랜싱

[그림 2.116]의 (f)와 같이 판재의 일부분을 절단한 후에 잘라진 부위만 누르거나 당겨서 경사지게 굽히는 작업이다.

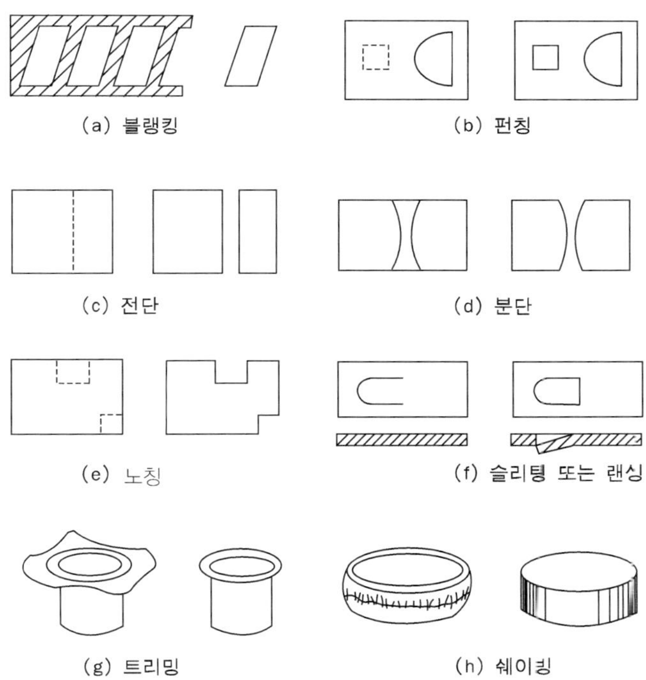

[그림 2.116] 각종 전단가공

7) 트리밍

[그림 2.116]의 (g)와 같이 드로잉 제품의 플랜지 부위에 발생되는 불규칙한 부위나 형단조품의 지느러미 등을 절단하는 작업으로 블랭킹 작업과 유사하다.

8) 세이빙

[그림 2.116]의 (h)와 같이 펀칭이나 블랭킹한 제품의 절단면은 보통 평활하지 않rh 거칠게 되는데 이 부분을 틈새가 거의 없는 공구를 사용하여 절단면을 두께에 방향에 대하여 수직이 되면서 매끈한 면으로 다듬는 작업이다.

2. 전단에 필요한 힘 및 동력

두께가 t(mm)인 소재를, 전단윤곽의 길이 l(mm)를 가공하는데 필요한 힘 P(Kg)는

$$P = t \cdot l \cdot \sigma \ \text{(Kg)}$$

여기서 σ는 소재의 전단 강도(Kg/mm^2)이다

지름이 d인 원형의 경우 $l = \pi d$이므로 윗 식은

$$P = \pi \cdot d \cdot t \cdot \sigma \ \text{(Kg)}$$

전단가공에 필요한 동력 H(PS)는 다음과 같다.

$$H = \frac{PV}{75 \times 60 \times \eta}$$

여기서 V는 평균 전단속도(m/min)이고, η는 기계효율로 0.5~0.7이다.

3. 전단과정 및 전단면의 형상

[그림 2.117] (a)는 전단 가공이 진행되는 최초 단계로 펀치가 약간 재료에 파고 들어간 상태로 소성변형이 이루어져 펀치의 날 끝 테두리 부위의 재료표면은 늘어져서 표면적이 커진다. 즉 펀치 날 끝 부근의 재료 표면에 인장 응력과 압축응력이 생기게 된다. 이러한 현상은 재료의 반대편에 있는 다이 날 끝 부위에서도 마찬가지이다.

[그림 2.117] (b)는 펀치가 더 내려오게 되면 재료 표면에 작용하는 인장응력이 파괴 강도 이상으로 되어 재료 표면의 섬유가 절단된다. 펀치가 하강함에 따라 [그림 2.117] (c)에서 보는 봐와 같은 압축응력이 펀치 밑면과 측면에 작용하고 이들이 쐐기 작용을 일으켜 [그림 2.117] (d)와 같이 균열이 발생하고 진전되어 전단이 완료된다.

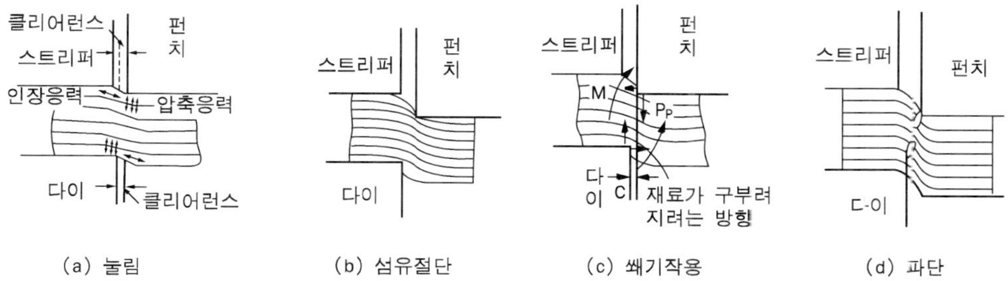

[그림 2.117] 전단원리 및 과정

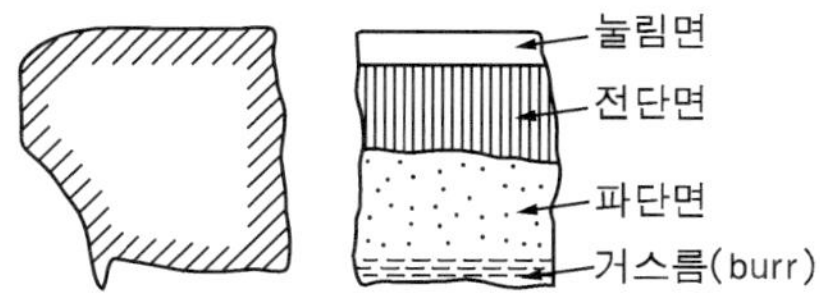

[그림 2.118] 전단면의 구분

블랭킹과 펀칭 등 전단 제품의 전단면은 [그림 2.118]과 같이 눌림면과 전단면, 그리고 파단면과 거스름부분으로 나누어진다.

4. 펀치와 다이의 틈새

전단가공에서는 펀치가 다이 구멍에 들어가면서 작업이 이루어진다. 그러므로 [그림 2.119]와 같이 펀치와 다이 사이에는 틈새가 있게 되는데 펀치가 다이 중심에 위치할 때 한편에 형성되는 틈새를 클리어런스라 한다. 다이의 지름 D_d, 펀치의 지름 D_p일 때 틈새 C는 다음과 같다.

$$C = \frac{D_d - D_p}{2}$$

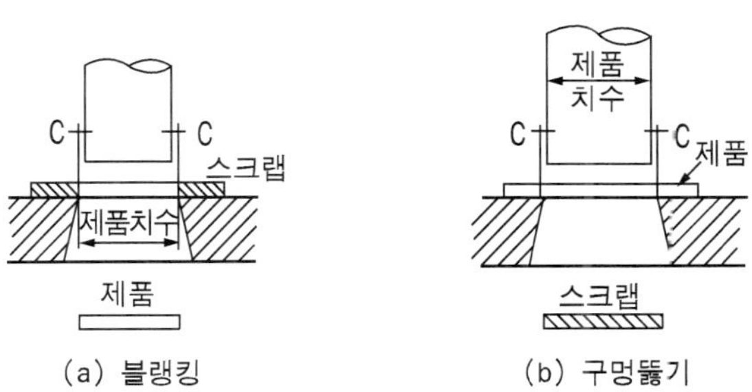

[그림 2.119] 펀치와 다이의 틈새

블랭킹 금형에서는 제품치수보다 펀치치수를 적게 하여 클리어런스를 형성하고, 펀칭 금형에서는 반대로 제품치수보다 다이 구멍치수를 크게 하여 클리어런스를 형성한다.

〈표 2.13〉 일반적인 틈새 기준량

재 료	연강	경강	스테인리스강	황동	알루미늄
틈 새	8%t	10%t	9%t	6%t	5%t

예제 1

두께 2mm, 지름 30mm인 제품을 블랭킹 가공을 위한 펀치와 다이의 지름을 구하라. 단, 클리어런스는 판 두께의 8%이다.

풀이 클리어런스 량 $= 2 \times 0.08 = 0.16\,(\mathrm{mm})$

펀치지름 = 제품지름 − 2클리어런스 $= 30 - 2 \times 0.16 = 29.68\,(\mathrm{mm})$

다이지름 구멍지름은 제품치수와 같은 30(mm)로 한다.

클리어런스의 크기는 제품의 전단면 형태가 달라지는데 [그림 2.120] (a)와 같이 크면 파단면이 많이 나타나고, 적으면 전단면이 많아진다. 아주 적어지면 [그림 2.120] (d)와 같이 2중 전단이 이루어진다.

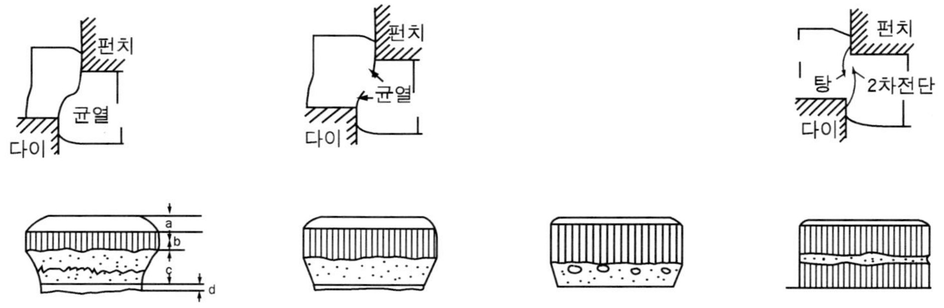

(a) 클리어런스 대　(b) 클리어런스 중　(c) 클리어런스 소　(d) 클리어런스 극소

[그림 2.120] 틈새에 따른 전단면 형상

2.8.5 굽힙 가공

가공재료에 소성변형 할 수 있는 힘을 가하여 굽힘을 목적으로 하는 가공 작업을 굽힘 가공이라 한다. 굽힘 변형은 평편한 판이나 반듯한 봉이나 관 등을 입체적인 형으로 만들 때 반드시 생기는 것으로 모든 성형 가공은 일종의 굽힘 가공이라 할 수 있다. 그러나 일반적으로는 [그림 2.121]과 같이 굽힘 가공의 방법 직선부분을 선을 따라 휘게 하는 작업을 말한다.

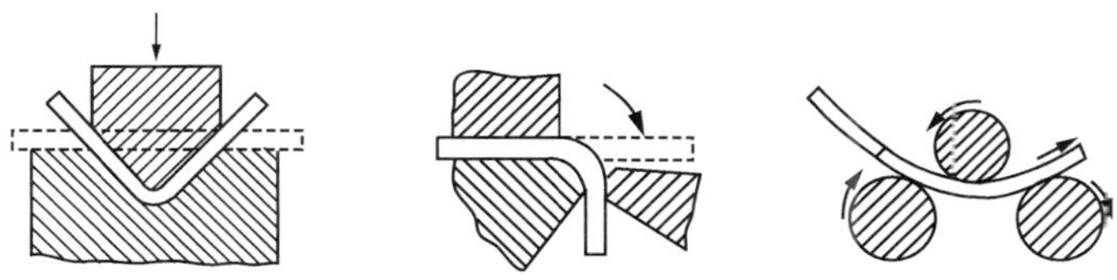

(a) 형 굽힘 (b) 절곡 (c) 롤 굽힘

[그림 2.121] 굽힘 가공의 방법

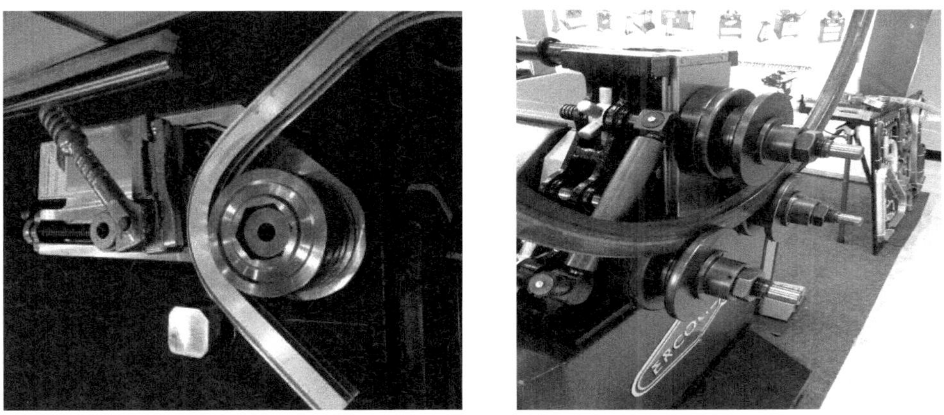

[그림 2.122] 벤딩머신에 의한 굽힘 가공

상기 [그림 2.122]는 벤딩머신을 사용하여 알루미늄 압출 소재를 굽힘 가공하는 것으로 판재도 다이를 사용하거나 롤을 사용하여 가공하기도 한다.

1. 굽힘 방식

판재의 가공법은 여러 가지 가공 형식이 있으며, 사용기계와 가공공구에 따라 대별하면

[그림 2.121] (a)와 같이 프레스에 펀치와 다이에 의한 형 굽힘과 [그림 2.121] (b)와 같이 판재의 한쪽 끝을 고정하고 다른 변을 따라 감아 올리도록 굽히는 절곡(folding)이 있고, [그림 2.121] (c)와 같이 롤 사이로 재료를 통과시켜 굽히는 롤 굽힘(이송 굽힘)으로 구분한다.

2. 굽힘 변형

1) 굽힘 작용

판을 굽히면 [그림 2.123]과 같이 외측은 인장응력이 발생하여 늘어나고, 내측은 압축응력이 발생하여 수축되며 굽힘이 일어난다. 이들 값은 외측이 가장 크고 안 쪽으로 갈수록 차차 감소한다. 그러므로 안쪽의 어느 부위에서는 인장과 수축이 생기지 않는 즉 응력이 생기지 않는 면이 있는데 이면을 중립면이라 한다. 중립면은 굽힘 내측으로 치우쳐 나타난다.

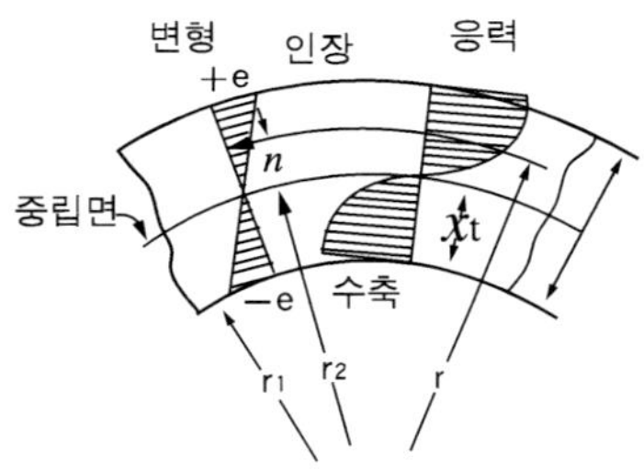

[그림 2.123] 굽힘부위의 변형 및 응력 분포

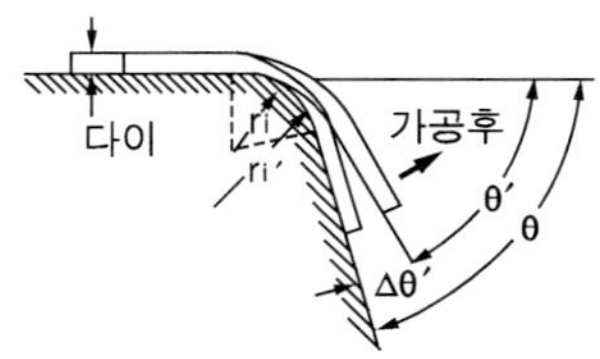

[그림 2.124] 스프링 백

2) 스프링 백(spring back)

굽힘 가공에서 [그림 2.124]와 같이 굽힘이 일어났다가 하중을 제거하면 원래 굽힘 각보다 커지는 것이 일반적인데 이와 같이 굽힘 각이 원래 굽힘 각보다 커지는 현상을 스프링 백이라 한다. 스프링 백의 량이 클수록 제품의 정밀도가 떨어지므로 스프링 백은 적을수록 좋다.

- 스프링 백에 영향을 미치는 요소는 다음과 같다.

① 경도가 높을수록 커진다.
② 동일재로 굽힘 반경이 같을 때에는 두께가 얇을수록 커진다.
③ 동일재로 두께가 같을 때에는 굽힘 반경이 클수록 커진다.
④ 동일재로 두께가 같을 때에는 굽힘 각도가 클수록 커진다.

스프링 백을 감소시키는 데는 [그림 2.125]와 같이 굽힘부분의 변형을 다소 과도하게 하는 방법을 많이 사용한다.

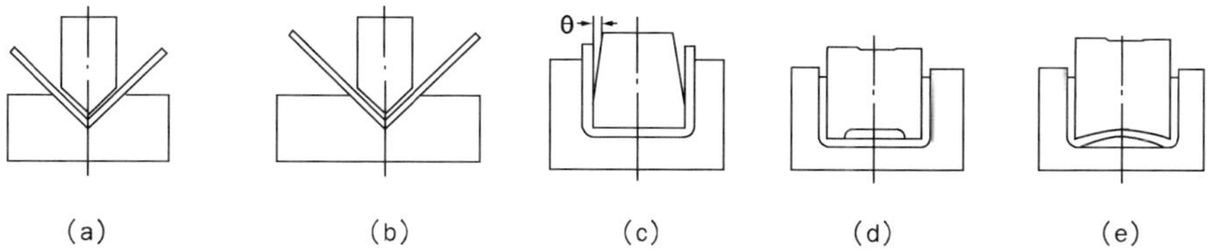

[그림 2.125] 스프링 백 방지 방식

3. 굽힘에 필요한 힘

굽힘에 필요한 힘은 소재의 재질 제품의 모양 및 재질에 따라 다르며 행정의 하한점에서 압착이 일어나 펀치의 하중은 최대가 된다.

[그림 2.126]과 같이 V형 굽힘 할 때 압착이 일어나지 않는 조건에서 굽힘에 필요한 힘(P_v)은 다음과 같다.

$$P_v = k_v \frac{\sigma b t^2}{L}$$

여기서 k_v : 보정계수(1~2) σ : 소재의 인장강도(Kg/mm^2)

b : 소재 폭(mm) t : 소재 두께(mm)

L : 다이V홈 폭(mm)

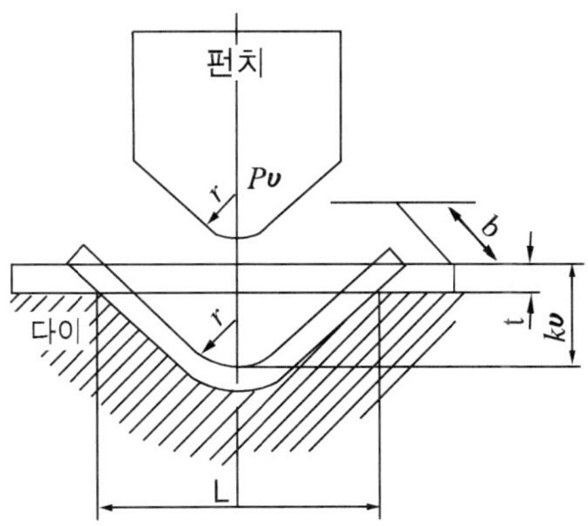

[그림 2.126] 굽힘력

4. 프레스 브레이크에 의한 굽힘

프레스 브레이크는 [그림 2.127]과 같이 굽힘을 전용으로 하는 기계로 비교적 긴 부분을 굽히는 데 사용하며 [그림 2.128]에서 보는바와 같이 프레스 브레이크에 사용되는 굽힘형각종 세트가 구비되어 있어 다양한 굽힘을 용이하게 할 수 있다.

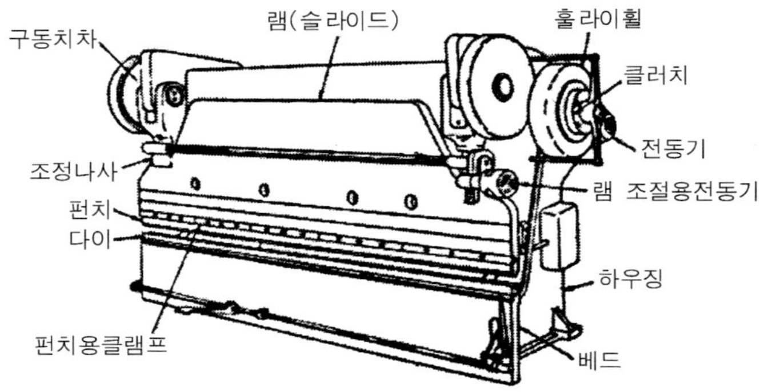

[그림 2.127] 프레스 브레이크 기계

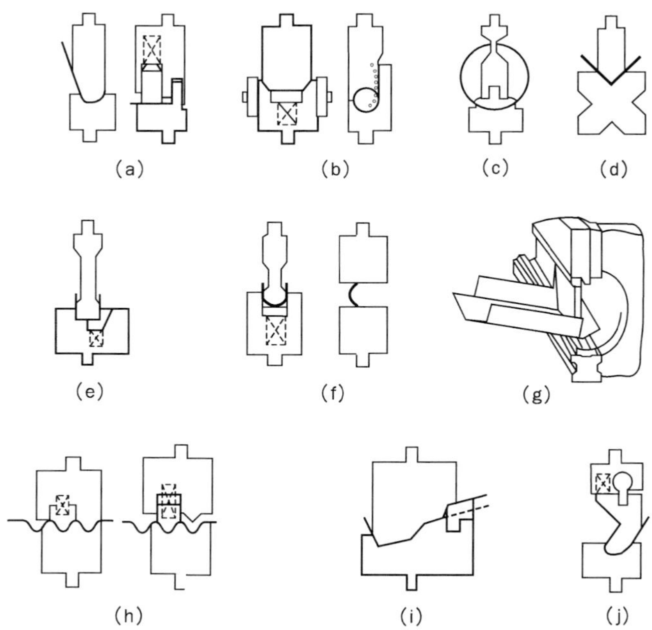

[그림 2.128] 프레스 브레이크에 사용되는 굽힘형

5. 굽힘에 필요한 소재의 길이

굽힘부분의 안 쪽은 수축으로 굽히기 전보다 짧아지고 바깥쪽은 인장이 되어 소재보다 길어진다. 그러나 중립면은 변화가 없으므로 중립면의 길이는 소저의 길이와 같다. 중립면의 위치는 판 두께(t_0)에 대하여 굽힘 반지름(R)이 클 때에는 판 두께의 중앙에 있으나 R/t_0 값이 작아짐에 따라서 굽힘 안쪽으로 옮겨지고 판 두께가 얇아지며 중립면이 증앙에 있다고 계산한 경우보다 판 길이는 작아도 된다.

실제 굽힘부는 [그림 2.129] (a)와 같이 되지만 [그림 2.129] (b)와 같이 생각하여 소재의 길이를 계산한다.

[그림 2.129] (b)와 같은 경우 소재의 길이(블랭크의 길이) L은

$$L = L_1 + L_2 + (R + d)\frac{\pi\alpha}{180}$$

여기서 굽힘부 내측 반지름을, R 굽힘 내측에서 중립면까지 거리를 d, 굽힘 각을 α이라고 한다면, 굽힘 내측에서 중립면 까지 거리는 $d = kt_0$로 구한다. k를 R/t_0 중립축의 위치계수라하고 R/t_0값에 따라 변한다. k값은 1/3~1/2의 사이에서 변화하는데 이 6이상에서는 0.5, 5이하에서는 0.4로 계산한다.

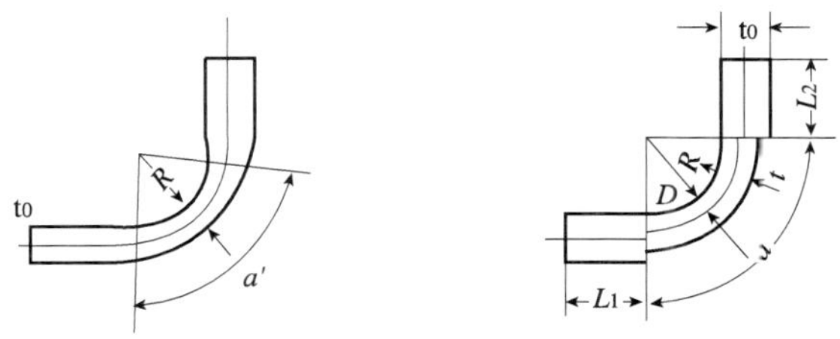

(a) (b)

[그림 2.129] 중립면의 위치

6. 파이프의 굽힘

파이프 굽힘에서는 [그림 2.130]과 같은 결함이 발생하기 쉽다. 이것을 방지하기 위하여 굽힘형에 홈을 파서 관과의 접촉을 크게 하여 외측을 구속하든가. 또는 내측에 모래, 송진, 납, 코일 스프링, 볼 체인 등의 충진물을 넣어 찌그러지지 않도록 하고 굽힌다. [그림 2.131]은 각종 관의 굽힘 형태를 나타낸 것이고 [그림 2.132]는 동 파이프의 벤딩머신에 회전식 굽힘방식이다.

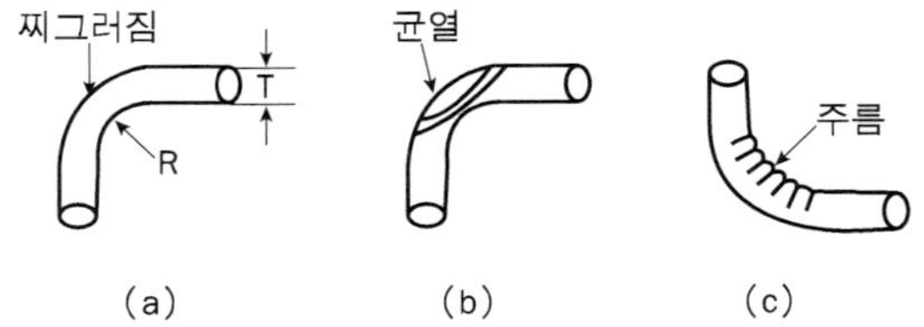

[그림 2.130] 파이프 굽힘 결함

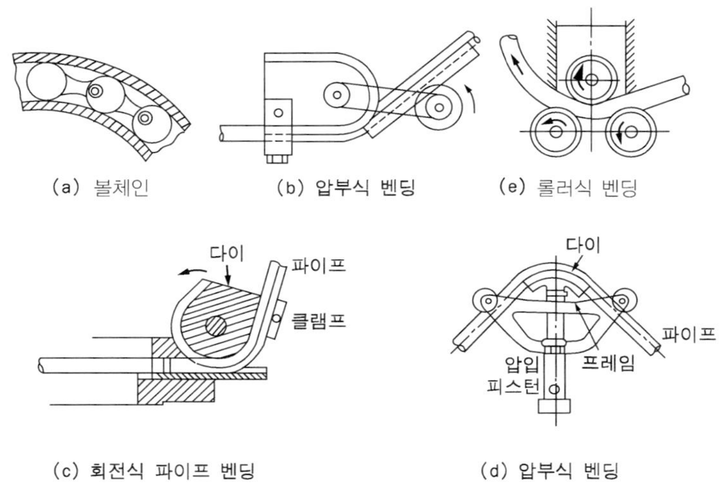

[그림 2.131] 파이프의 굽힘작업

[그림 2.132] 파이프의 회전식 굽힘작업

7. 기타 각종 굽힘작업

1) 비이딩(beading) 가공

[그림 2.133]과 같이 요철이 있는 한 쌍의 다이(die) 또는 롤을 사용하여 판이나 판재로 된 용기에 홈을 만드는 작업으로 보강이나 장식을 목적으로 가공한다.

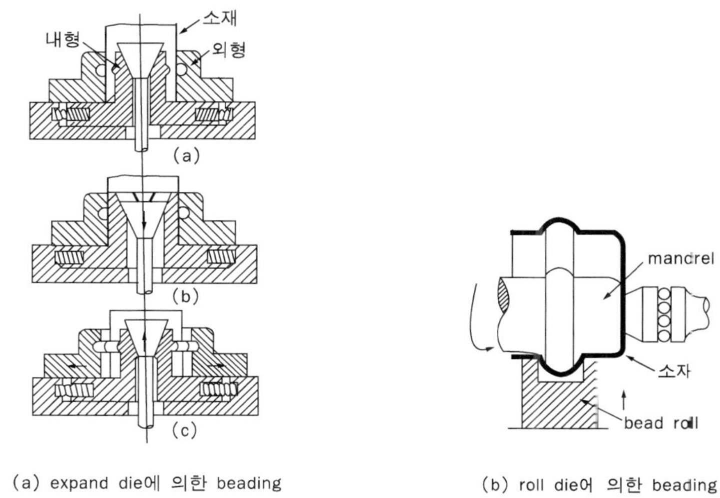

[그림 2.133] 비이딩

2) 컬링(curling) 가공

[그림 2.134]와 같이 판재 또는 용기의 가장 자리를 둥글게 하는 작업으로 강도를 크게 하고, 외관을 미려하게 하고 접촉감을 부드럽게 한다.

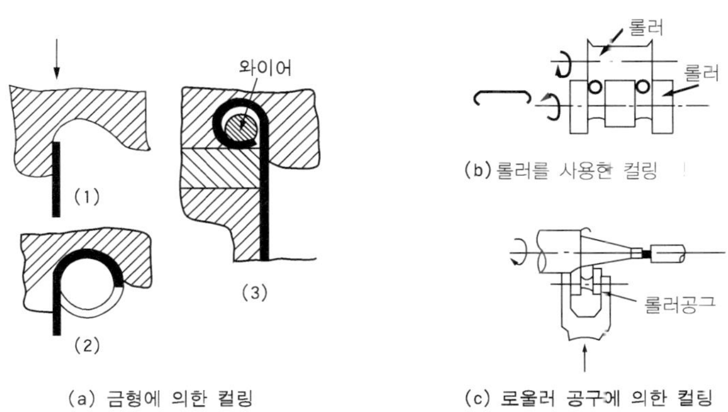

[그림 2.134] 컬링 작업

[그림 2.135] 드럼의 컬링 가공

이 가공 방법은 함석제품의 끝단을 처리할 때 많이 사용되고 있으며 통조림이나 [그림 2.135]와 같이 드럼의 끝부분을 처리 할 때도 사용되는 가공방법이다.

3) 플랜징(flanging) 가공

판의 가장 자리를 굽혀서 플랜지(flange)를 형성하는 작업을 플랜징이라 한다. 플랜지 형태는 [그림 2.136]과 같이 직선형 , 수축형, 인장형 플랜지가 있으며, 수축형 플랜지는 원주 방향으로 압축응력이 작용하며 이 힘이 과도하면 플랜지부에 주름이 잡히고, 인장형 플랜지는 과도한 인장응력이 작용하면 플랜지부가 파손된다.

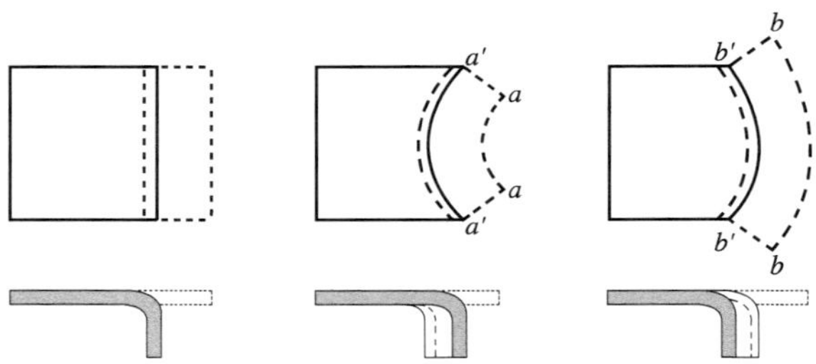

(a) 직선형 (b) 인장형 (c) 수축형

[그림 2.136] 플랜지 가공 종류

[그림 2.137]은 원통형 용기에 플랜지를 내는 가공이고, [그림 2.138]은 판재에 구멍을 뚫고 구멍 주위에 플랜지를 내는 가공으로 이 작업을 딤플링(dimpling)이라 한다. 그리고 [그림 2.139]는 플랜징 가공을 한 파이프와 이를 접합하는 방법을 나타낸 것이다.

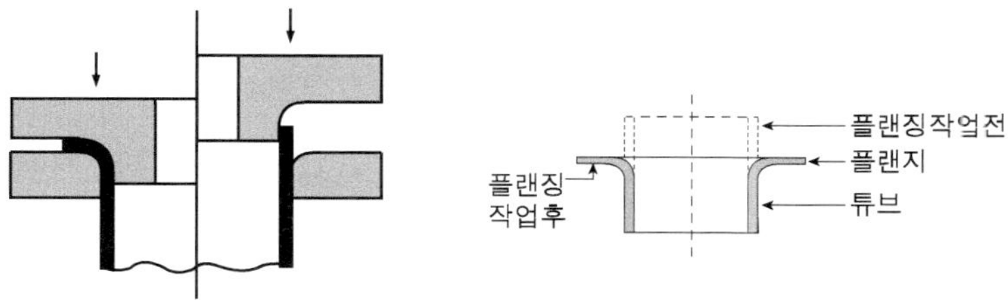

[그림 2.137] 플랜지 가공

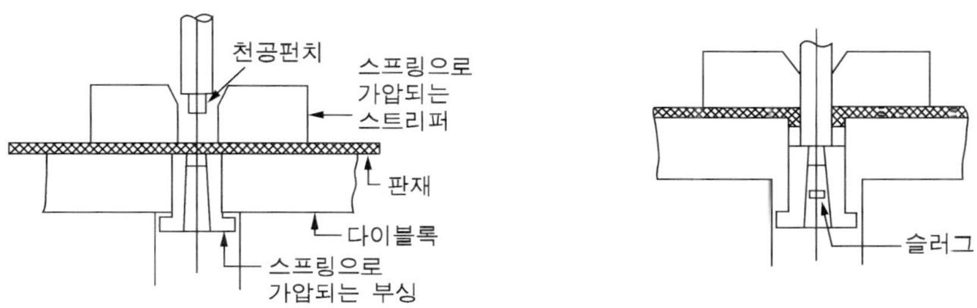

[그림 2.138] 딤플링작업

[그림 2.139] 플랜징과 접합방법

4) 시이밍(seaming) 가공

두 끝단을 겹치게 접어서 결합시키는 작업으로 곡률반경을 적게 접을 수 있는 판이어야 작업이 가능하다. [그림 2.140]은 시이밍 작업 공정을 나타내고, [그림 2.141]은 시이밍의 여러 형태를 나타낸 것이다.

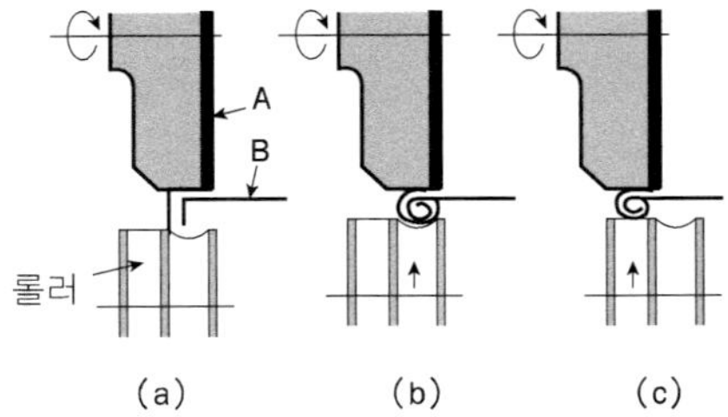

[그림 2.140] 원형의 시이밍

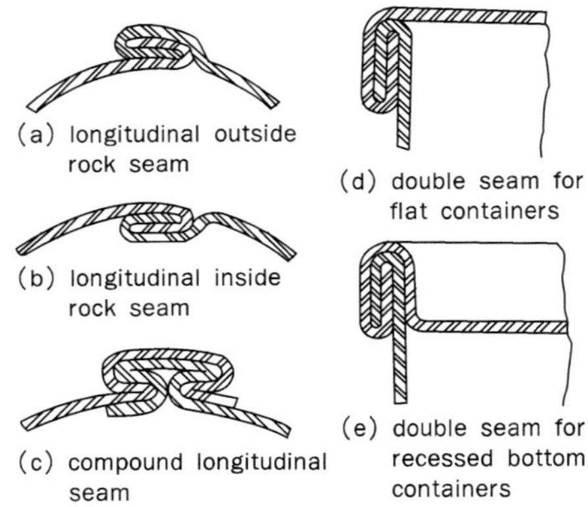

[그림 2.141] 시이밍의 종류

2.8.6 드로잉(drawing) 가공

판재를 프레스에서 펀치와 다이를 사용하여 판재를 펀치로 다이 구멍으로 밀어 넣어 바닥이 있는 원통형, 각형의 용기를 가공하는 작업을 드로잉이라 한다.

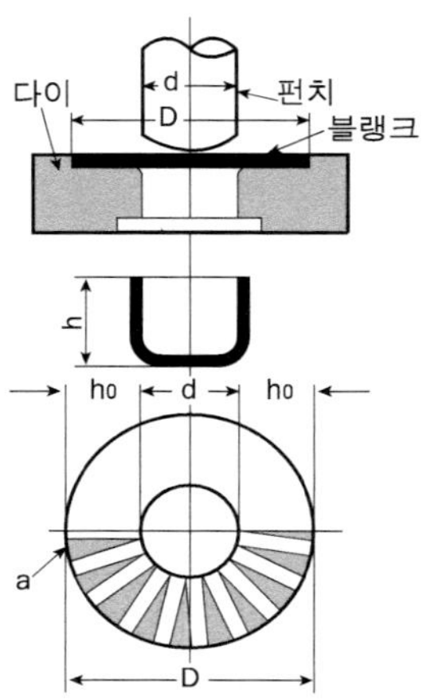

[그림 2.142] 드로잉

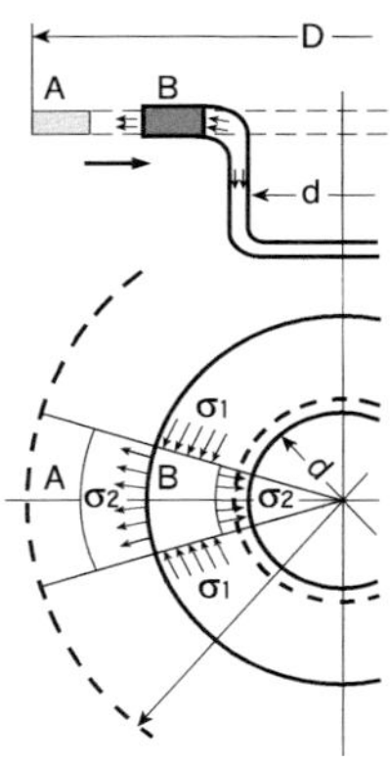

[그림 2.143] 드로잉 변형

[그림 2.142]는 지름이 D인 판재로부터 높이 h, 지름 d인 원통형 용기로 드로잉 한 것으로 소재의 D-d로 된 환상부 재료가 제품의 높이 h로 변화됨을 알 수 있다. 이들 변위부는 h〉h_0로 소재 평면도의 해칭한 a부분이 벽의 일부를 구성하는 만큼 드로잉 후 높이(h)가 소재 변

형부 길이(h_0)보다 길어진다고 볼 수 있다. 즉 원판은 내측으로 오므러듬과 동시에 반경 방향으로 늘어나서 변형하여 다이 모서리 부분에서 굽힘을 받고 방향을 바꾼뒤 펀치에 의한 인장력만을 받는다. 따라서 반경 방향으로는 인장, 원주방향으로는 압축을 받는다.

[그림 2.143]과 같이 변형부의 두께는 상단의 가장자리가 가장 두껍고 차츰 얇아져 펀치의 모서리 부근에서 가장 얇아진다. 이 중간에 소재의 두께와 제품의 두께가 같게 되는 부분이 존재한다. 동일 두께의 제품을 만들기 위해 제품 두께보다 다소 두꺼운 소재를 사용하여 이곳에서 아이어닝(ironing)작용이 이루어지도록 하여 소정의 두께가 얻어지도록 한다.

드로잉 소재인 판재는 압연제품으로 방향성이 있어 드로잉 제품의 가장자리는 [그림 2.144] (b)과 같이 파형의 원주가 된다. 이 현상을 귀 발생이라 하며 이방성이 적은 블랭크를 사용하면 귀의 크기를 줄일 수 있다.

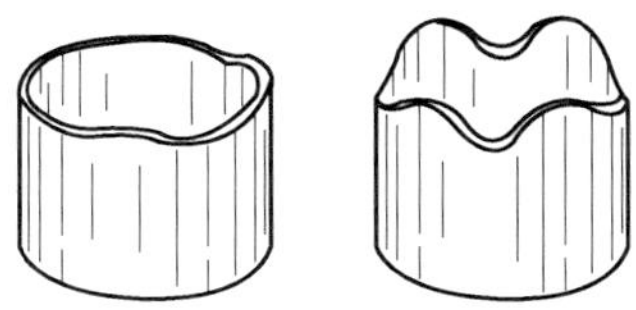

[그림 2.144] 이방성에 따른 귀 발생

1. 펀치 및 다이의 모서리 반경

드로잉 가공은 전단가공 상태에서 펀치와 다이의 모서리에 반경을 주어 둥글게 하고, 틈새를 조금 크게 하여 작업을 하는 가공이다. 즉 드로잉 펀치와 다이 모서리에는 [그림 2.145]와 같이 둥글기 반경 r_p, r_d가 존재하고 이들 값이 커지면 소재의 굽힘 저항이 감소되어 드로잉이 용이하나, 너무 커지면 소재가 빨리 끌려들어가 용기에 주름이 생기며, 너무 작으면 인장 변형이 커져서 모서리가 얇아지고 과도하면 찢어진다.

두께 t_0인 소재를 드로잉 할 때 r_p, r_d는 다음과 같은 범위에서 사용한다.

$$(4\sim6)t_0 \le r_p \le (10\sim20)\ t_0$$

$$(4\sim6)t_0 \le r_d \le (10\sim15)\ t_0$$

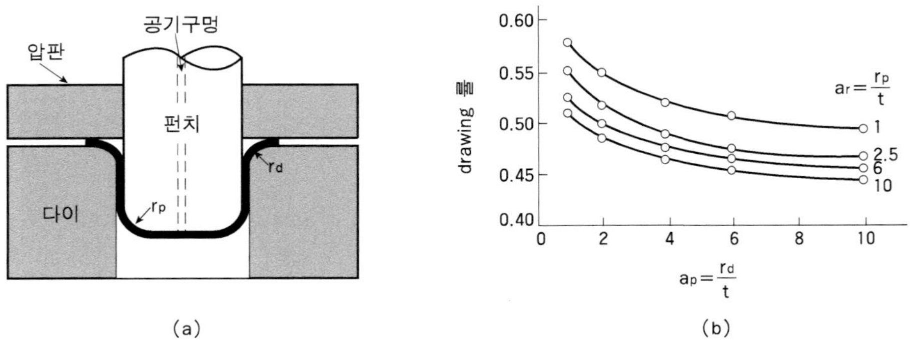

[그림 2.145] 드로잉 다이의 모서리 반경

2. 펀치 및 다이의 틈새

펀치와 다이 사이의 틈새인 클리어런스는 소재의 강도 및 가공정도에 따라 다르다. 틈새가 너무 작으면 전단 가공이 될 수 있고, 틈새가 너무 크면 림 근처의 벽 두께가 두꺼워지는 등 벽이 불균일하게 된다. 틈새는 보통 다음과 같은 범위로 한다.

$$C = (1.05 \sim 1.30)t_0$$

제품의 정밀도를 정확히 요하지 않을 때

$$C = (1.4 \sim 2.0)t_0$$

3. 드로잉에 필요한 펀치의 작용력 및 압판(blank holder)의 지지력

드로잉에 필요한 힘을 구하는 식은 여러 가지 식이 사용되고 있으나, 다음 식은 실험식으로 이들 중 하나이다.

$$P = 3(\sigma_b + \sigma_s)(d_0 - d_d - r_d)t_0$$

여기서 σ_b : 소재의 인장응력, σ_s : 소재의 항복 응력, d_0 : 소재의 지름,
d_d : 다이의 지름, r_d : 다이모서리 반지름, t_0 : 소재두께

드로잉 작업에서 제품의 주름 발생을 방지하기 위하여 블랭크 홀더로 소재를 누르고 드로잉을 한다. 블랭크 홀더의 누르는 힘이 너무 크면 펀치력이 증대하고 블랭크가 파열될 수도 있다. 그러므로 블랭크 홀더의 압력은 제품에 주름이 생기지 않을 정도로 작게 하는 것이 좋으며, 블랭크 홀더의 가압력 H는 보통 다음 식에 의한다.

$$\frac{H=\pi(d_0^2-d_d^2)^2}{4}h_s$$

여기서 d_0 : 블랭크의 지름, d_d : 다이의 지름, h_s : 재료에 따른 정수로
연강 20~35Kg/cm^2, 알루미늄 5~10Kg/cm^2, 황동 15~20Kg/cm^{2}이다.

4. 드로잉 방식

드로잉 제품에서 깊이가 얕은 것은 1회 드로잉으로 완성되나 깊이가 깊은 것은 여러 번 드로잉 작업을 통하여 지름을 줄이고 깊이를 깊게 하여 제품이 완성된다. 첫 번째 드로잉 작업을 커핑이라 하고, 2회 이상 드로잉 할 때 딥 드로잉이라 한다.

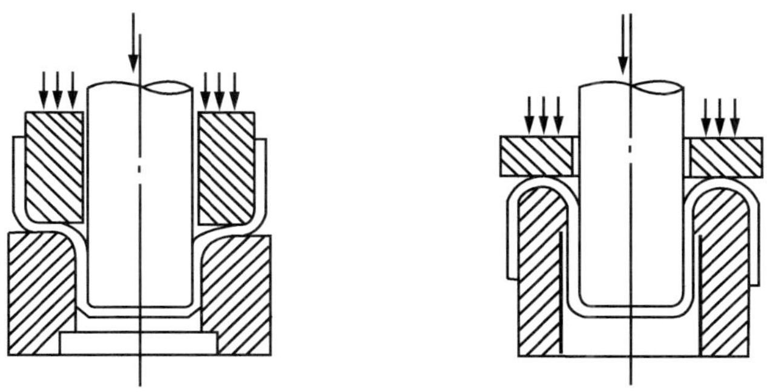

(a) 직접 재드로우잉 (b) 역식 재드로우잉

[그림 2.146] 직접 드로잉과 역식 드로잉

두 번째 드로잉부터는 재 드로잉이라 하는데 이때 [그림 2.146] (a)와 같이 전 공정과 같은 방향으로 성형하는 것을 직접 드로잉, [그림 2.146] (b)와 같이 전 공정과 반대로 성형하는 것을 역식 드로잉이라 한다. 역식 성형은 큰 단면 감소율을 얻을 수 있고 복잡한 형상도 유동이 잘되나 정확한 조정이 필요하고 두꺼운 판에서는 가공이 곤란하다.

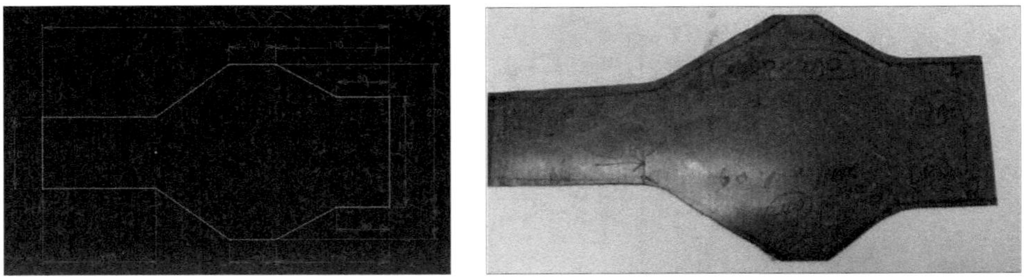

(a) 블랭킹 작업

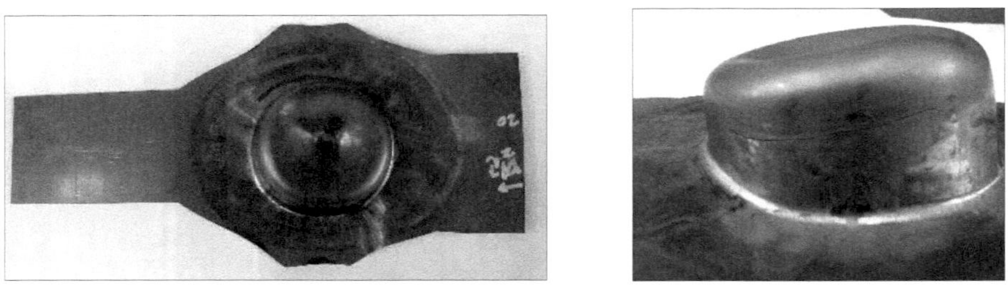

(b) 드로잉 가공

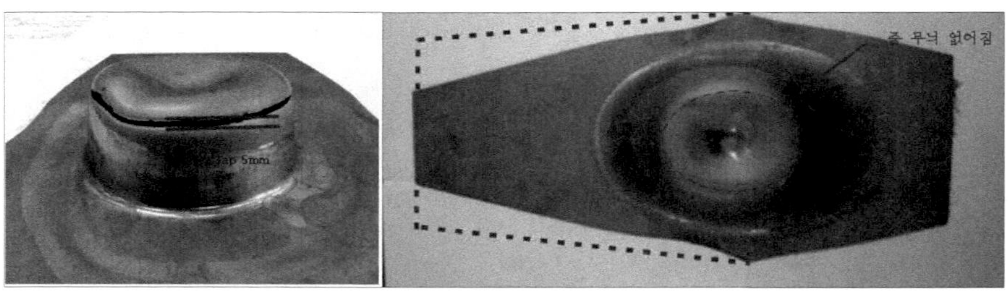

(c) 터짐발생과 정상제품

[그림 2.147] 드로잉 가공과 불량발생

[그림 2.147]은 실제 자동차 리어 암을 제조하는 드로잉 가공공정을 나타낸 것으로 정확한 금형설계와 성형작업이 이루어지지 않아 터짐(크랙)이 발생된 것과 정상적으로 성형이 된 것을 나타낸 것이다.

2.8.7 압축 가공

1. 코이닝(coining) 가공

코이닝 가공은 [그림 2.147]과 같이 조각된 하형과 상형 사이에 소재를 놓고 압축하여 형에 새겨진 요철의 형상을 찍어내는 것으로 압인가공 이라고도 하며, 동전과 메달과 같은 각종 장식품 등을 가공하고 비교적 큰 힘이 필요하다.

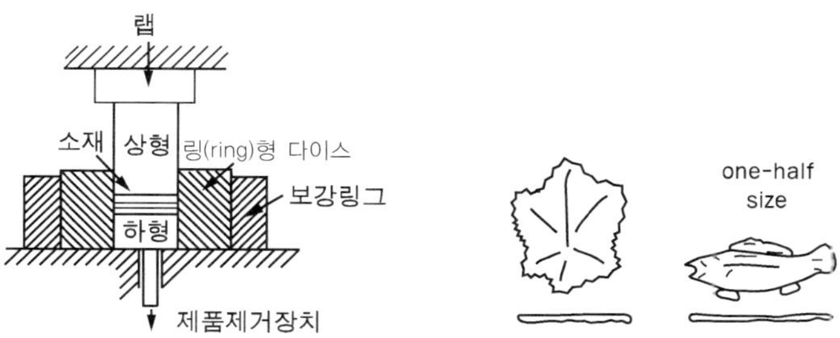

[그림 2.148] 압인가공과 제품

2. 엠보싱(embossing) 가공

윤곽의 요철이 서로 대응하여 반대로 되어 있는 한 쌍의 형 사이에 얇은 판재를 놓고 압축력을 가하여 제품으로 성형하는 가공방식을 엠보싱이라 한다. [그림 2.149]와 같이 엠보싱 가공법에는 코이닝과 엠보싱 가공법이 있으며 모두 압축력을 가해 요철이 있는 제품으로 가공하는 것은 같다. 제품 단면의 두께가 코이닝은 불규칙적이나 엠보싱은 두께 변화 없이 일정하다. 엠보싱을 부조가공 이라고도 하며 장식용 제품에 많이 사용된다.

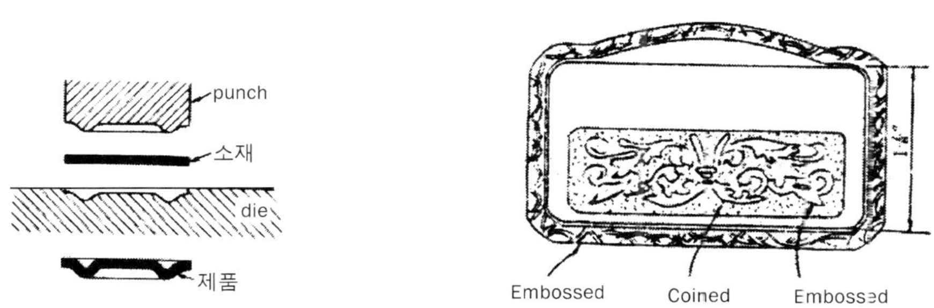

(a) (b)

[그림 2.149] 엠보싱 가공법

2.8.8 특수 성형 가공

1. 스피닝(spinning) 가공

[그림 2. 150]과 같이 판재를 형과 함께 회전시키면서 스틱이나 롤을 사용하여 판재를 형에 밀어서 형과 같은 형상의 제품으로 가공하는 방식이다. 소재 두께는 0.25~6mm가 주로 사용되고, 스피닝 작업은 보통 상온에서 작업하나 가공이 어려운 재료는 가스 화염으로 가열하여 작업한다.

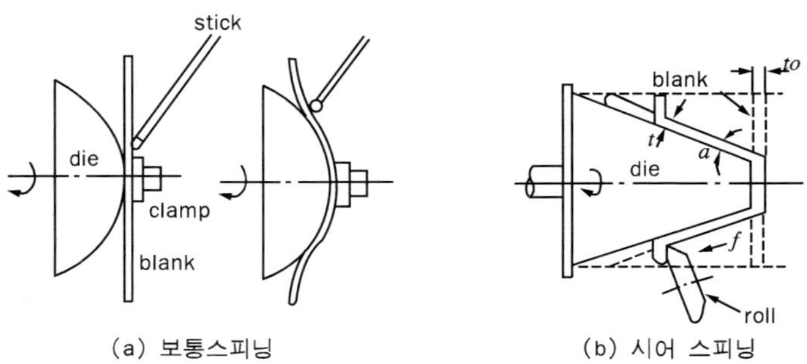

[그림 2.150] 스피닝 가공 원리

일반 스피닝은 [그림 2.151] (a)와 같이 블랭크를 형에 눌러대고 블랭크의 지름을 감소시켜 성형하나 [그림 2.151] (b)와 같이 블랭크의 지름을 일정하게 유지하면서 벽의 두께를 얇게 하여 성형하는 스피닝을 전단 스피닝이라 한다. 미사일의 앞부분은 보통 전단 스피닝으로 제작한다.

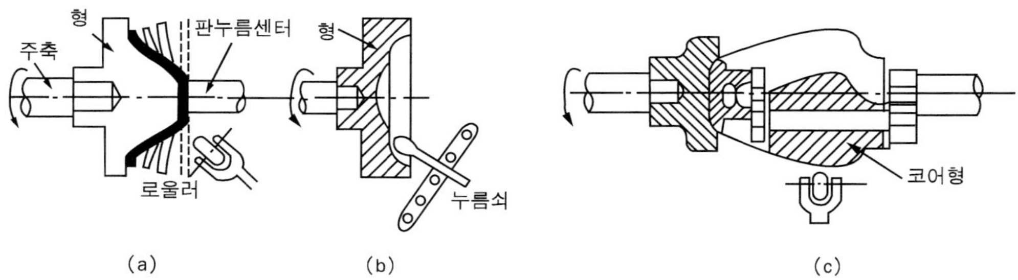

[그림 2.151] 스피닝 가공의 여러 형태

2. 고무압 또는 액압을 이용한 성형

강성이 큰 금속 대신 어떠한 형상으로도 변형이 가능한 고무, 또는 액체 압력을 펀치 또는 다이로 사용하여 소정의 형상으로 가공하는 것으로 고무 및 액체에 접하는 성형제품에 스크래치(scratch) 와 같은 손상이 없으며 복잡한 형상의 성형이 가능하여 융통성이 크므로 사용범위가 크다.

1) 게이린법 (Guerin process)

[그림 2.152]와 같이 어떠한 형상으로든지 변화할 수 있는 고무를 펀치 또는 다이로 사용하여 굽힘, 절단, 성형 등의 작업을 할 수 있으며, 다이나 펀치 중 아래쪽 금형의 가공비를 줄일 수 있다.

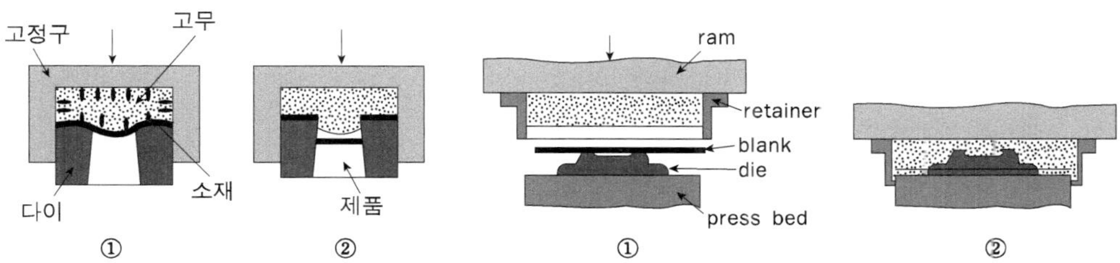

(a) 전단가공 (b) 성형가공

[그림 2.152] 게이린법 성형

2) 마폼법(marform process)

[그림 2.153]과 같이 게이린법과 장치에 소재를 누르는 가압판 있어 보다 강력한 변형이 가능하여 깊은 오므리기 가공이나 복잡한 형상의 성형에 이용한다.

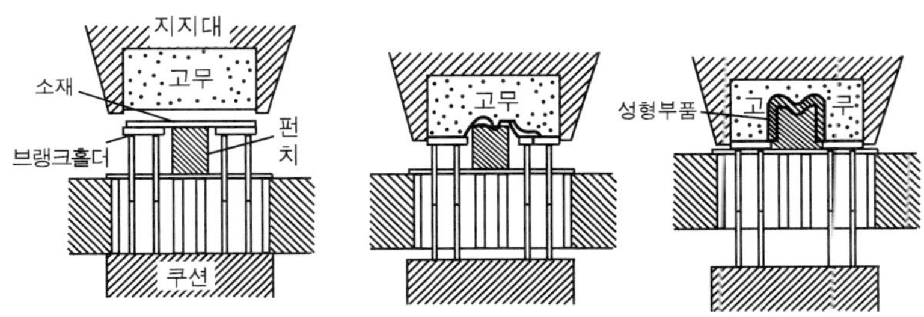

(a) (b) (c)

[그림 2.153] 마폼 성형

3) 액압 벌징 성형법(hydrostatic bulge forming)

마폼의 고무 대신 [그림 2.154]과 같이 유체의 압력을 이용하여 성형하는 것으로 소재 전체에 일정한 정수압이 작용하여 균일한 변형에 의한 양호한 성형제품을 얻을 수 있다.

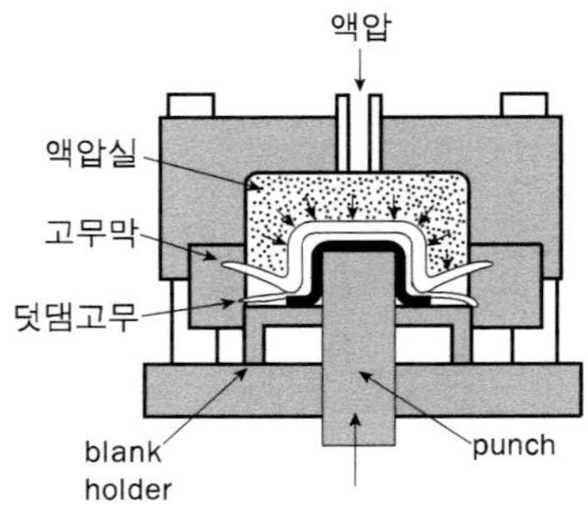

[그림 2.154] 액압 성형법

4) 벌징(bulging) 가공법

[그림 2.155]는 벌징 가공을 나타낸 것으로 원통형 용기나 판 등의 내부에 유동성이 있는 물질(기름, 물, 고무, 모래 등)을 넣고 압력을 가하여 내부의 단면적을 확장하여 다이와 같은 형으로 성형하는 가공법이다. 벌징 다이는 최대 지름부에서 분리할 수 있어야 제품을 빼낼 수 있다. 이 방법으로 나사 성형도 가능하다.

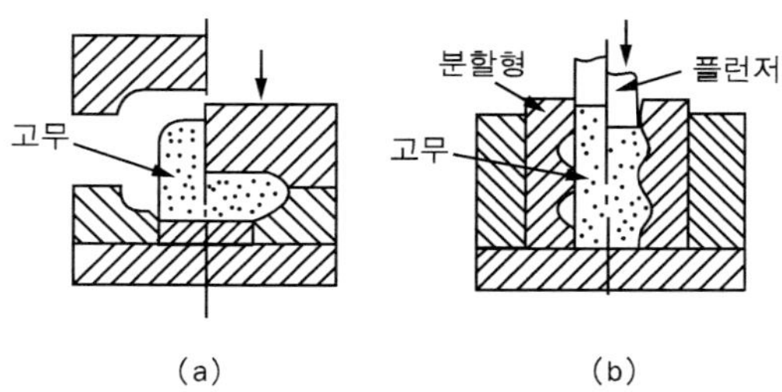

[그림 2.155] 벌징 가공

3. 인장 성형법(stretch forming)

판재의 가장자리를 클램프 등으로 고정하고 성형 블록을 이송시켜 판재에 항복 응력 이상으로 인장시켜 성형하는 가공법으로 재료의 인장력은 소재 전체가 약간 항복점을 넘을 정도가 적당하다. [그림 2.156]은 인장 성형가공을 나타낸 것이다.

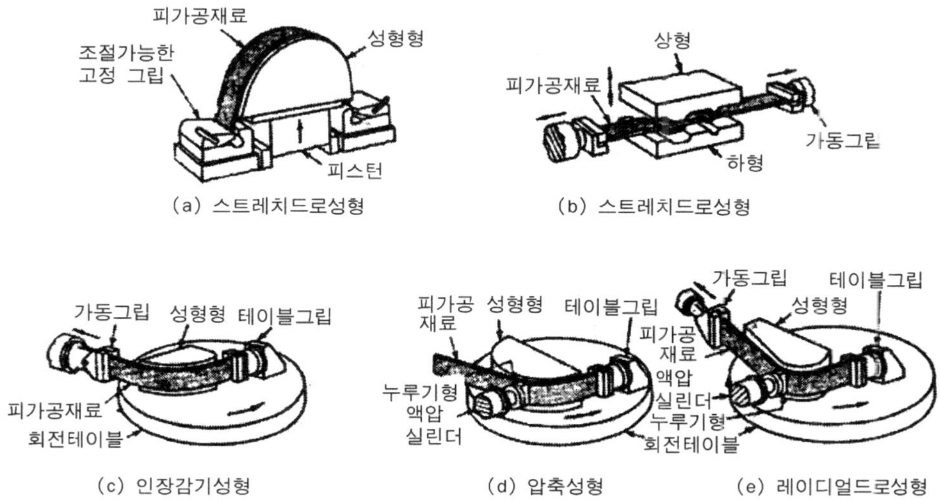

[그림 2.156] 인장성형 방식

4. 고에너지 고속가공

1) 폭발 성형법(explosive forming)

폭발 성형법은 화약의 폭발에너지를 액체를 통하여 소재에 압력을 가하여 성형하는 방법이다.

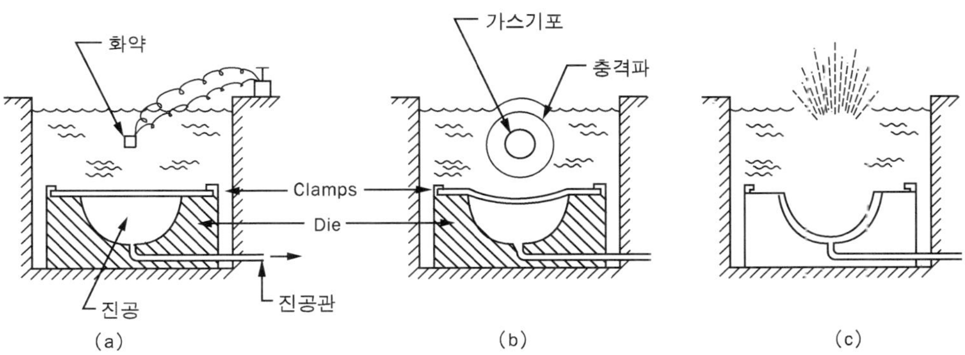

[그림 2.157] 폭발성형

[그림 2.157]과 같이 액체 속에 다이와 소재를 설치하고 일정 거리 떨어진 곳에서 폭약을 폭발시켜 그 때 발생하는 충격파와 가스의 팽창 및 물의 분류에 의하여 소재에 압력이 가해져 다이의 형상으로 성형된다.

이 가공법의 특징은 다이만 있으면 되므로 공구제작비가 저렴하고 순간적으로 성형되므로 스프링백이 거의 없으며, 보통 성형방법으로 성형이 어려운 재료나 복잡한 형상의 성형이 나, 대형 공작물의 성형이 용이하다. 그러나 대량생산에는 부적당하고 화약취급에 특별한 주의가 필요하다.

2) 액중 방전성형(electro discharge forming)

폭약 대신에 10～20KV의 고압으로 충전된 콘덴서의 대전류를 액중에 장치한 전극사이에서 방전시켜 이때 발생하는 높은 에너지로 액체를 급격히 가열하여 기화시킨다. [그림 2.158] 이때 물이 팽창하고 이 물의 충격파로 성형한다. 광범위의 치수범위에 사용할 수 있으며 항공기 제작에 많이 이용된다.

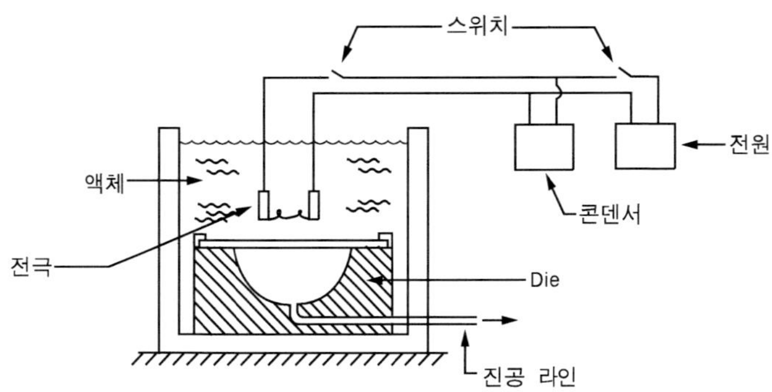

[그림 2.158] 액중 방전성형

3) 자력 성형법(magnetic forming)

자력성형은 [그림 2. 159]과 같이 저장된 전기를 자기코일로 순간적으로 방출하여 이때 형성되는 자력을 이용 하여 성형하는 방법이다.

전형적인 예로서, 링모양의 코일로 가공할 원통형의 소재를 감싸고, 코일에 의해 생성된 자기장이 금속판재를 통과하면서 소재위에 와전류를 발생시키고, 이와 전류로 자체의 자기장이 생기며, 이 두 자기장에 의해 발생하는 힘은 서로 반대방향이므로 코일과 소재사이에는 반발력이 생겨서 판재를 내부에 있는 금형에 밀착시키게 된다.

소재의 전기전도도가 높을수록 자기력이 크며, 자기성형으로 얇은 판재를 봉, 케이블, 플러그위에 눌러 붙이거나, 벌징 등 다양한 작업을 할 수 있다. 금속 평판에 엠보싱이나, 얕은 드로잉을 할 때에는 편평한 코일을 사용한다.

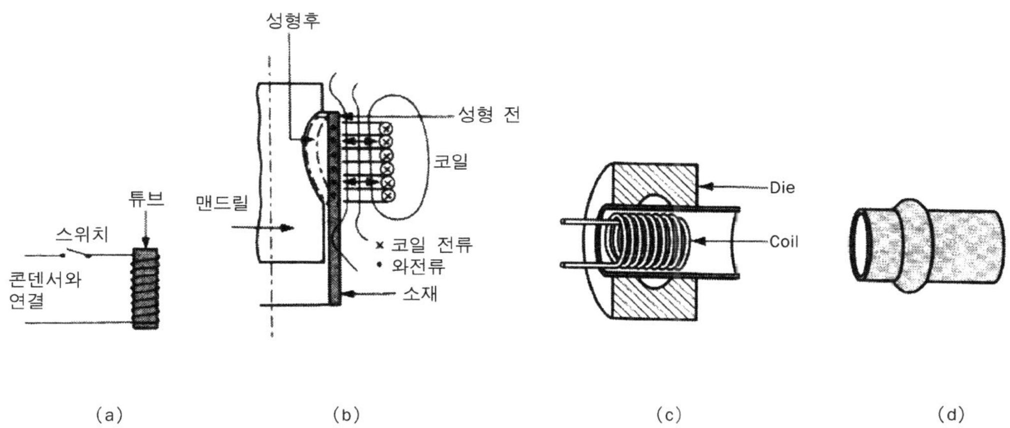

[그림 2.159] 자력 성형법

4) 가스 성형법(gas forming)

내연기관의 원리를 이용한 것으로 [그림 2. 160]과 같이 고에너지 연료 가스에 점화하여 이때 발생하는 폭발압력을 이용 성형한다. 사용되는 연료는 수소, 에탄, 메탄 등이 있다.

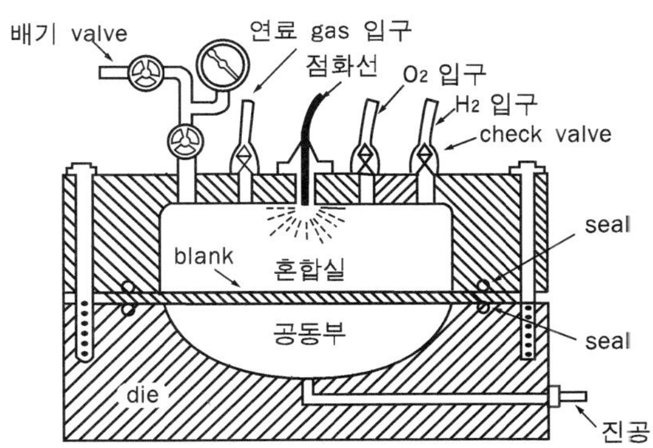

[그림 2.160] 가스 성형법

Chapter 03 용 접

제1절 개요

용접(welding)이란 금속을 야금학적으로 접합하는 것으로, 양 접합면을 가열이나 가압 등의 조작으로 원자 간의 거리를 1Å이내로 밀착시키면 결합력이 강한 결정격자 사이의 배열을 생성시켜 완전한 결합을 이루게 하는 것이다.

각종 기계부품의 기계적인 결합방법으로는 리벳이음, 나사이음, 핀, 끼워 맞춤 등이 있으며 이들과 비교한 용접의 장단점은 다음과 같다.

[그림 3.1] CO2 MAG 용접작업과 용접 비드

■ 장점

① 접합부의 형상을 자유롭게 할 수 있다.

② 접합 효율이 양호하다.

③ 중량을 가볍게 할 수 있다.
④ 수밀과 기밀을 유지할 수 있다.
⑤ 공정을 줄일 수 있다.
⑥ 재료가 절약되고 설비비가 저렴하여 경제적이다.

■ **단점**

① 열 영향에 의한 변형 및 잔류응력이 발생한다.
② 접합부의 재질이 변한다.
③ 균열과 기포 같은 용접 결함이 발생한다.

용접의 적용범위는 매우 넓으며, 자동차, 항공기, 선박, 공작 기계, 산업기계, 압력 용기, 교량, 건축물, 해양 구조물 등 전 분야의 산업에 사용될 뿐만 아니라, 각종 기계의 보수작업에도 널리 사용되고 있다. 또한 산업의 발달로 새로운 공업재료인 신소재의 접합에 적합한 새로운 용접기술인 전자빔 용접, 플라즈마 용접, 레이저 빔 용접 등이 개발되어 원자로, 우주 개발, 전자산업 등 첨단 산업에 널리 쓰이고 있다. 그리고 산업용 로봇의 등장으로 공장의 무인화에 필요한 자동용접 장치가 생산시설로 자리 잡고 있다.

• 용접법의 발달과정은 다음과 같이 3단계로 구분할 수 있다.

제1기(1885~1902년) : 탄소아크 용접, 전기저항 용접, 금속아크 용접, 테르밋 용접, 가스 용접
제2기(1926~1936년) : 원자 수소 용접, 불활성 가스 아크 용접, 서브머지드 아크 용접
제3기(1948~1958년) : 냉간 용접, 고주파 용접, 일렉트로 슬래그 용접, 탄산가스 용접, 마찰 용접, 초음파 용접, 전자빔 용접

3.1.1 용접의 분류

용접방법을 대별하면 융접과 압접, 그리고 납땜으로 구분할 수 있다. 융접은 접합재료 즉 모재를 높은 온도로 가열 용융시켜 접합하는 방법으로 가스용접, 아크용접, 특수 용접 등이 있고, 압접은 접합부를 접촉 상태에서 기계적인 압력을 가하여 접합하는 방법으로 저항 용접, 가스압접, 단접, 특수 압접 등이 있다. 납땜은 모재를 용해나 접합부를 가압하지 않고 모재보다 낮은 용융점을 가지는 금속 매개체를 용융시켜 접합하는 방법이다.

- 다음은 용접 분류의 한 예이다.

〈표 3.1〉 용접의 분류

- 용접(熔接; welding)
  - 융 접 (fusion welding)
    - 아아크용접 (arc welding)
      - 시일드 아아크 용접
        - 피복 금속아아크 용접
        - 서어브머어지드 아아크 용접
        - CO_2 가스 메탈 아아크 용접
        - 불활성가스 아아크 용접(MIG, TIG)
      - 비피복 아아크 용접
        - 금속아아크 용접
        - 불활성가스 아아크 용접
    - 특수용접
      - 원자수소 용접
      - 고주파 용접
      - 일렉트로 슬래그 용접
      - 전자비임 용접
      - 레이저 용접
      - 플라즈마 용접
    - 가스 용접(gas welding)
      - 산소아세틸렌 용접
      - 산소프로판 용접
      - 산소수소 용접
      - 공기아세틸렌 용접
    - 테르밋 주조용접(thermit cast welding)
  - 압 접 (pressure welding)
    - 전기저항 압접 (electric resistance welding)
      - 겹치기 저항 압접
        - 스폿 용접
        - 시임 용접
        - 프로젝션 용접
      - 맞대기 저항 압접
        - 업셋 용접
        - 맞대기 시임 용접
        - 충격 용접
    - 가스 압접(gas pressure welding)
    - 단 접(forge welding)
    - 냉간압접(cold pressure welding)
  - 납 접 (soldering)
    - 연 납땜(soft soldering)
    - 경 납땜(brazing)

3.1.2 용접 이음

1. 용접 이음의 종류

용접 구조물은 각종 부재를 조합하여서 용접을 하여 구축된다. 용접 이음의 형식은 구조물의 공작이나, 성능에 대단히 중요한 역할을 한다. 용접 형식과 용접 이음의 형식사이에는 밀접한 관계가 있고 용접형식에 따라 용접 이음 형식이 결정되는 경우도 있다.

용접 이음 형식은 모재의 조합 방법에 따라 [그림 3.2]에서 보는바와 같이 여러 가지 방법이 있다. (a)는 맞대기 용접, (b), (c), (d)는 겹치기 용접, (e), (f)는 T이음으로 필렛용접, (g)는 모서리 용접, (h)는 변두리 용접, (i)는 플러그 용접으로 겹쳐진 상태에서 겉쪽 모재에 뚫려 있는 구멍의 벽과 다른 모재의 표면을 용접하는 것 등이 있다. 또 용접된 부분이 (b) 및 (e)와 같이 비드 표면이 둥글게 올라오게 하는 용접을 볼록 필렛용접, (c) 및 (f)와 같이 비드 표면이 오목하게 들어간 것을 오목 필렛용접이라 한다.

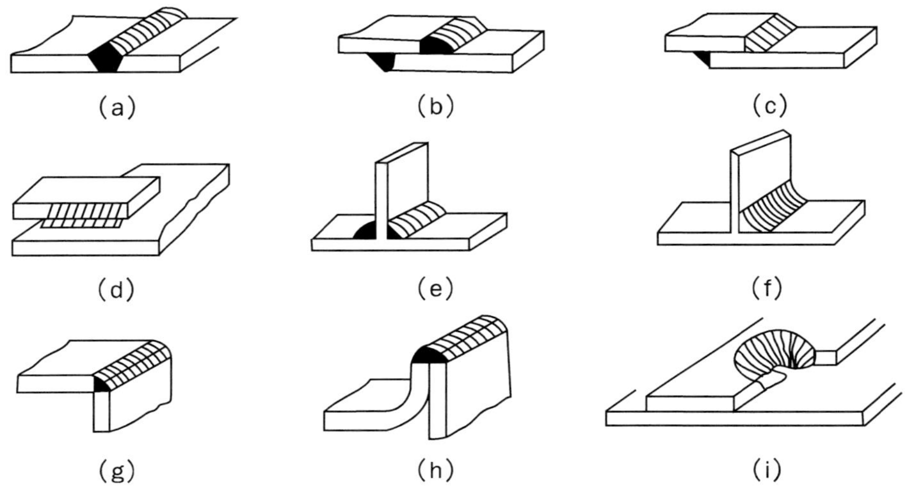

[그림 3.2] 용접이음의 종류

2. 용접 홈의 형태

맞대기 용접에서는 접합되는 두 모재 사이에 [그림 3.3]과 같이 여러 가지 모양의 홈을 만들어 용접의 효율을 높여준다. 신뢰도가 높은 용접을 위해서는 판 두께 및 용접방법에 따라 적당한 홈의 형태를 선정하여 용접을 해야 한다.

아래 그림에서 보는바와 같이 모재의 두께가 얇은 경우, 별도의 각을 만들지 않고 전단면을 그대로 사용하는 I형으로 용접을 하지만 두께가 두꺼워 질수록 V자에서 X자 형태의 홈으로 가공하여 용융금속 간에 접합이 원활하도록 하고 있다. 그 밖에도 K형, J형과 같은 특수한 형태의 홈을 사용하기도 한다.

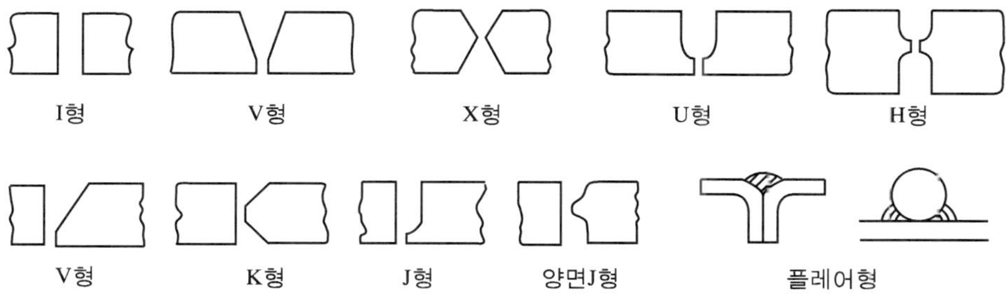

[그림 3.3] 맞대기 이음의 홈 모양

〈표 3.2〉는 맞대기 용접에 사용되는 모재의 두께에 따른 홈의 크기와 형태별 적용 예를 나타낸 것이다.

〈표 3.2〉 맞대기 이음의 홈의 종류와 크기

	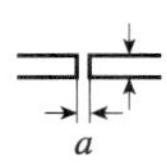	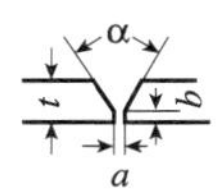			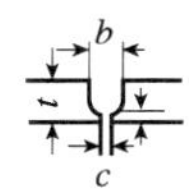		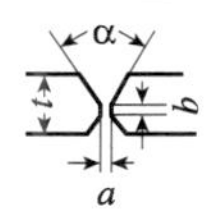			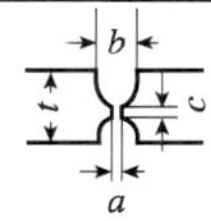		
판 두께 mm	I 형	V 형			U 형		X 형			H 형		
	a mm	d^0	*a* mm	*b* mm	*a* mm	*b* mm	d^0	*a* mm	*b* mm	*a* mm	*b* mm	*c* mm
1∼5	0∼3											
3∼12		90∼60	2∼4	1.5∼2.5								
16∼25					3∼5		75∼60	2.5∼4	2∼4			
28∼50					4∼5	18∼22				3∼4	15∼18	3∼5

3. 용접기호

용접 가공에 필요한 사항들을 각종 기호를 사용하여 도면에 나타내고 있다. 이들 기호는 〈표 3.3〉, 〈표 3.4〉와 같이 기본 기호와 보조 기호가 있고 이들 기호를 설경 선에 기입하여 용접가공에 필요한 사항을 제시하고 있다. 기본 기호는 용접 부의의 모양 및 용접 종류를 표시하고, 보조 기호는 비드의 표면 모양, 다듬질 방법, 현장 용접 및 검사에 관한 사항을 표기한다. 이들에 대한 규격은 KS B 0052에 규정되어 있다.

〈표 3.3〉 기본 기호

용접부의 모양	기본 기호	비 고
양쪽 플랜지형		
한쪽 플랜지형		
I 형		업셋 용접, 플랜지 용접, 마찰 용접 등을 포함한다.
V형, X형 (양면 V 형)		V형은 설명선의 기선(이하 기선이라 한다)에 대칭으로 이 기호를 기재한다. 업셋 용접, 플랜지 용접, 마찰 용접 등을 포함한다.
V형, K형 (양면 V형)		K형은 기선에 대칭으로 이 기호를 기재한다. 기호의 새로선은 왼쪽에 그린다. 업셋 용접, 플랜지 용접, 마찰 용접 등을 포함한다.
J형, 양면 J형		양면 J형은 기선에 대칭으로 이 기호를 기재한다. 기호의 세로선은 왼쪽에 그린다.
U형, H형 (양면 U형)		H형은 기선에 대칭으로 이 기호를 기재한다.
플레어 V형 플레어 X형		플레어 X형은 기선에 대칭으로 이 기호를 기재한다.
플레어 V형 플레어 K형		플레어 K형은 기선에 대칭으로 이 기호를 기재한다. 기호의 세로선은 왼쪽에 그린다.
필 릿		기호의 세로선은 왼쪽에 그린다. 병렬 접속 필릿 용접일 경우는 기선에 대칭을 이 기호를 기재한다. 다만, 지그재그 계속 필릿 용접일 경우는  를 사용할 수 있다.
플러그, 슬롯		
비드 살돋음		살돋음 용접일 경우는 이 기호 2개를 나열하여 기재한다.
점, 프로젝션, 심		겹치기 이음의 저항용접, 아크 용접, 전자 빔 용접 등에 의한 용접부를 나타낸다. 다만, 필릿 용접은 제외한다. 심 용접일 경우는 이 기호를 2개 나열하여 기재한다.

〈표 3.4〉 보조기호

구분			기본 기호	비고
용접부의 표면모양	평 탄		—	
	볼 록		⌒	기선의 밖으로 향하여 볼록하게 한다.
	오 목		◡	기선의 밖으로 향하여 오목하게 한다.
용접부의 다름질 방법	치 핑		C	
	연 삭		G	그라인더 다듬질인 경우
	절 삭		M	기계 다듬질일 경우
	지정없음		F	다듬질 방법을 지정하지 않을 경으
현장 용접			⚑	전체 둘레 용접이 분명할 때는 생략하여도 좋다.
전체 둘레 용접			○	
전체 둘레 현장 용접			⚑○	
비파괴 시험방법	초음파 투과시험	일 반	RT	일반적으로는 용접부에 방사선 투과시험 등 각 시험방법을 표시할 뿐 내용을 표시하지 않을 경우
		2중벽촬영	RT-W	
	초음파 탐상시험	일 반	UT	각 기회 이외의 시험에 대하여는 필요에 따라 적당한 표시를 할 수 있다.
		수직탐상	UT-N	
		경사각탐상	UT-A	[보기]
	자기분말 탐상시험	일 반	MT	· 누설 시험 LT
		형광탐상	MT-F	· 변형 측정시험 ST
	자기분말 탐상시험	일 반	MT	· 육안 시험 VT · 어코스틱 에미션 시험 AET
		형광탐상	MT-F	· 와류 탐상시험 ET
	침투 탐상시험	일 반	PT	
		수직탐상	PT-F	
		비형광탐상	PT-D	
	전체선 시험		○	각 시험의 기호 뒤에 붙인다.
	부분 시험(샘플링 시험)		△	

[그림 3.4]는 여러 가지 용접기호를 기입하는 예를 나타낸 것으로 실제 도면에서 사용하는 기호 들이다. 필렛용접을 하는 부위와 방향 등을 나타내고 있다.

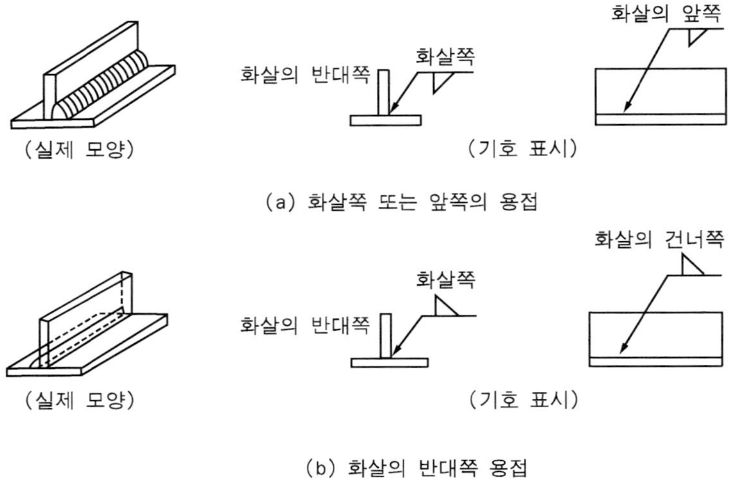

[그림 3.4] 용접기호 기입 예

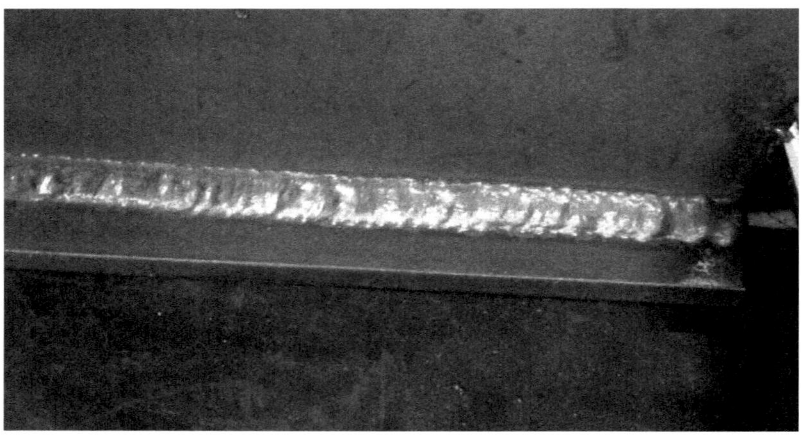

[그림 3.5] 필렛 용접

[그림 3.5]는 강재인 모재를 사용하여 필렛용접을 한 것으로 비드가 균일하고 아래쪽으로 처짐이 없으며 언드 컷이나 오버랩과 같은 불량부위가 없는 아주 양호한 용접 상태를 보여 주고 있다.

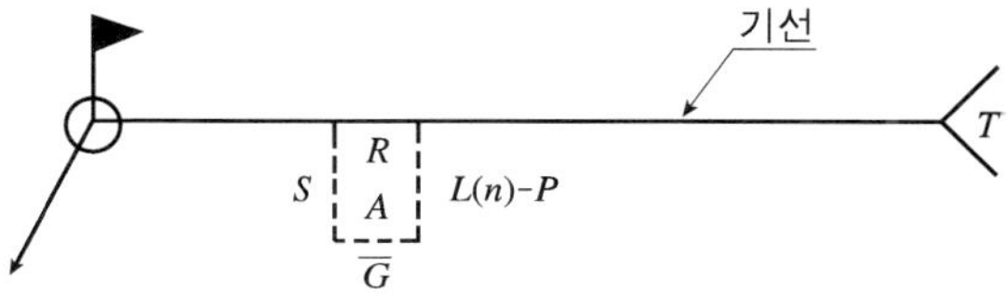

(a) 용접할 쪽이 화살쪽 또는 앞쪽일 때

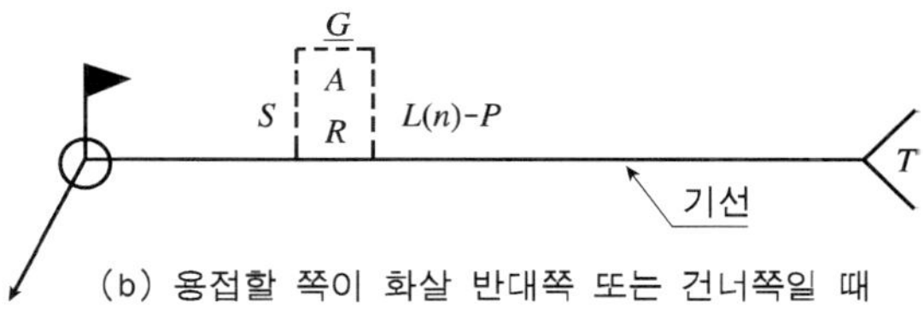

(b) 용접할 쪽이 화살 반대쪽 또는 건너쪽일 때

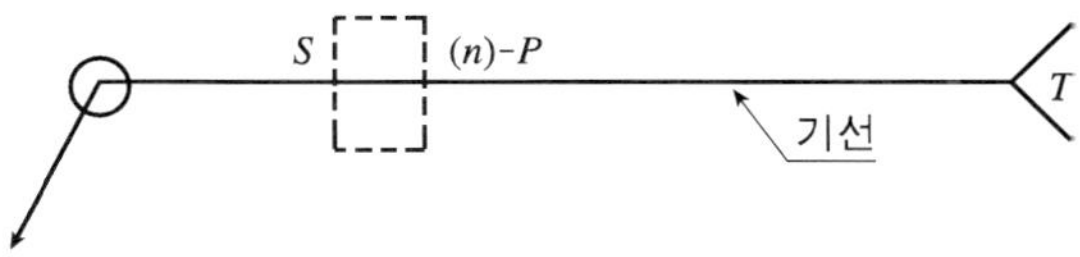

(c) 겹치기 이음부의 저항 용접(스폿 용접 등)일 때

 : 기본기호

S : 용접부의 단면 치수 또는 강도(홈 깊이, 피릿의 다리 길이, 프러그 구멍의 지름, 스롯 홈의 나비, 스폿 용접의 너깃 지름 또는 단접의 강도 등)
R : 루트 간격
A : 홈의 각도
L : 단속 필릿 용접의 용접 길이, 스롯 용접의 홈 닐이 또는 필요할 경우에는 용접 길이
n : 단속 필릿 용접, 프러그 용접, 스롯 용접, 스폿 용접 등의 수
P : 단속 필릿 용접, 프러그 용접, 스롯 용접, 스폿 용접 등의 피치
T : 특별 지시사항(J형, U형 등의 루트 반지름, 용접 방법, 기타.)
- : 표면 모양의 보조기호
G : 다듬질 방법의 보조 기호

 : 현장 용접  : 전 둘레 용접

[그림 3.6] 용접 기호 표기

[그림 3.6]은 실제 도면에 사용되는 기호로서 용접작업 내용을 표기하는 방법이다. 따라서 설계자와 작업자는 용접 기호를 완전하게 이해하고 있어야 하며 무엇보다도 설계자의 의도가 용접 작업자에게 정확하게 전달될 수 있도록 해야 한다.

제2절 아크 용접

전극과 전극 사이에 일정한 간격을 두고 적당한 전압을 주면 두 전극 사이에 아크가 발생하고 이때 3000～4000℃의 높은 열이 발생한다. 이 열로 용접봉과 모재를 녹여 용융 접합을 시킨다.

[그림 3.7] 아크 용접기의 각부 명칭

[그림 3.7]은 일반적으로 가장 많이 사용되고 있는 아크 용접기의 각부 명칭을 나타낸 것이다. 이동이 간편한 소형 아크 용접기로서 모재에 연결시키는 접지선과 용접봉에 연결되는 전선으로 구성되어 있다.

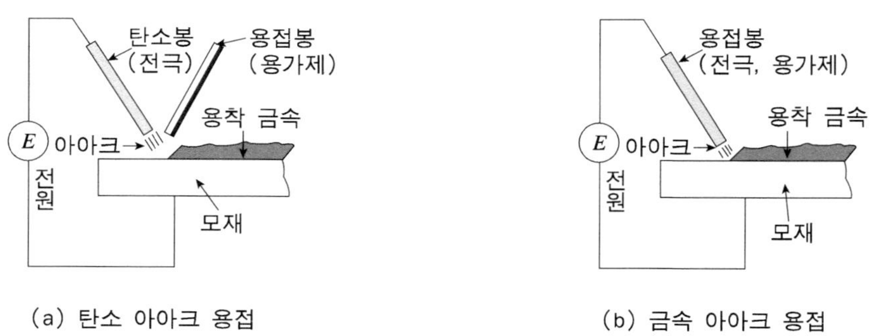

[그림 3.8] 아크 용접

초기의 아크 용접에서는 [그림 3.8] (a)와 같이 전극을 탄소봉으로 사용하고 용가제로 모재와 같은 재질로 된 용접봉을 사용하는 탄소 아크용접을 하였으나, 지금은 [그림 3.8] (b)와 같이 금속 용접봉을 하나의 전극으로 사용하여 전극이 용가제를 겸하는 금속 아크 용접이 일반적으로 사용되고 있다.

금속 전극에는 심선 그대로 사용하는 피복이 없는 용접봉과 대기 중에서 용착 금속의 산화 및 질화를 방지하고, 아크를 안정시키기 위하여 용제를 심선에 입힌 피복용접봉이 있다. 피복이 없는 용접봉은 그 자체를 단독으로 사용하는 경우가 적고 피복 용접봉과 같은 효과를 얻기 위하여 불활성 가스를 사용하거나 서브머지드 용접과 같이 별도의 분말 용제를 사용한다. 일반적으로 사용되고 있는 아크 용접봉은 피복 용접봉이 대부분이다.

또, 아크용접은 사용하는 전원에 따라 직류 용접과 교류 용접이 있다. 아크용접방법이 개발된 초기에는 아크의 안정이 좋은 직류 용접이 많이 이용되었으나 용접기가 발전하고 용접봉의 피복제가 점차 개량되면서 아크의 안정화가 이루어져 값이 싸고 전원이 풍부한 교류 용접이 많이 사용되고 있다.

3.2.1 아크 특성 및 용접부의 각 부 명칭

아크 방전은 저전압 대전류일 때 일어나는 방전으로 이때 얻어지는 큰 에너지를 용접에 이용하는 것이다. 아크가 발생할 때 양극간의 전위차를 아크 전압, 아크를 통하여 흐르는 전류를 아크 전류 또는 용접 전류라고 한다.

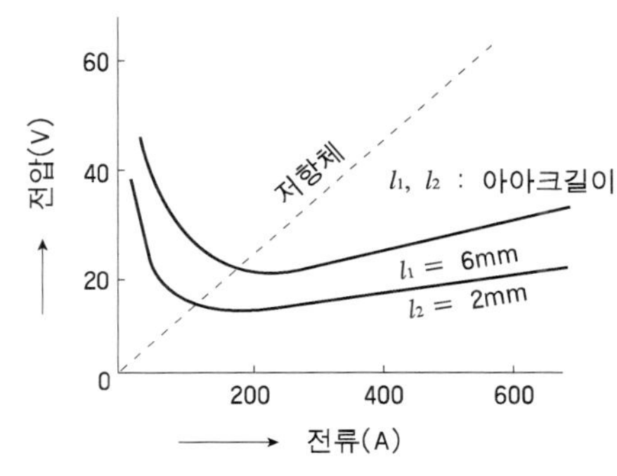

[그림 3.9] 아크 전류-전압 특성

[그림 3.9]는 일정한 아크길이에 대한 아크 전류와 아크전압과의 특성을 나타내는 특성 곡선으로 일반 전기 회로의 통상적인 옴의 법칙과는 다르다. 일반적인 전기회로에서 동일 저

항에 흐르는 전류는 전압에 비례하여 증가한다. 그러나 아크에서는 반대로 소전류에서 전류가 증가하면 저항이 낮아지고 전압도 낮아진다. 이러한 특성은 소전류 일 때뿐이고 보통 용접 전류 범위에서는 전류가 증가해도 아크 전압은 거의 일정한 값을 유지한다. 그러나 대전류가 흐르면 전압은 상승하는 것으로 되어 있다.

이와 같은 아크는 3부분으로 구분된다. 아크 중심부의 백색 부분이 아크 심이고, 아크 심의 주위 푸른색을 띤 부분이 아크 흐름이며 아크흐름의 외주부에 불꽃모양으로 둘려 쌓여 있는 것이 아크 염 또는 아크 플레임이라고 한다. 아크 생성과 함께 발생하는 열은 (+)쪽에 60~75%가 집중되므로 직류용접에서는 (+)극이 더 많이 녹는 것을 볼 수 있다.

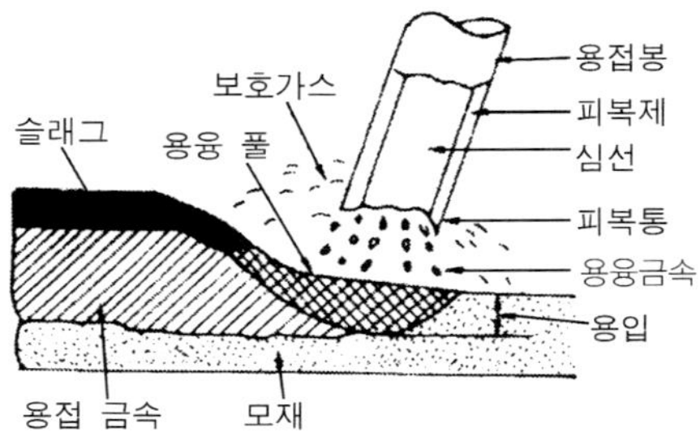

[그림 3.10] 용접부의 각부 명칭

[그림 3.10]은 아크 용접시 형성되는 용접부의 각부명칭을 나타낸 것이다. 피복이 타면서 발생되는 보호 가스는 대기의 산소가 용융 풀에 침투하는 것을 막아주는 역할을 하고 슬래그는 용융금속의 상부에 남아 급랭을 방지해주는 역할을 한다. 모재의 표면에서 모재가 녹아 들어간 깊이 즉 용융지 바닥까지를 용입 또는 용입 깊이라 한다. 용입은 용접물의 두께에 따라 다르나 보통 1.5mm이상의 깊이를 필요로 한다.

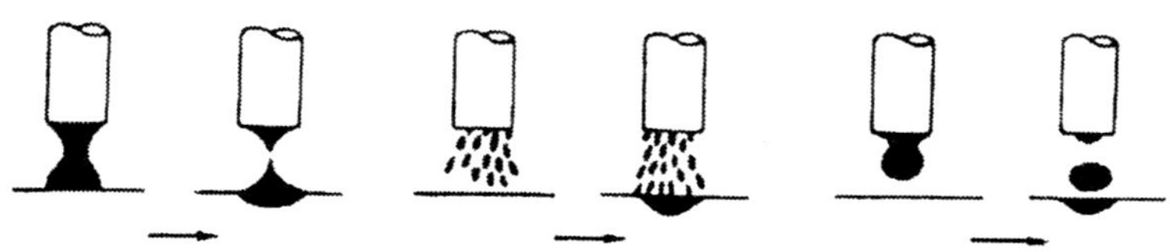

(a) 단락형　(b) 스프레이형　(c) 글로뷸러형

[그림 3.11] 용융금속의 이행 형식

용접봉이 아크열에 의해 녹아서 용접 모재부위로 옮겨가는 현상을 이행이라 하고, [그림 3.11]과 같이 3가지 형태로 이루어진다. 이것은 모재의 용융 부분과 용융 풀을 형성하고 용융 풀의 용융금속은 아크의 힘으로 용융 풀 가장자리로 밀려나면서 분화구처럼 가운데가 오목하게 패이게 되는데 이것을 크레이터라 한다.

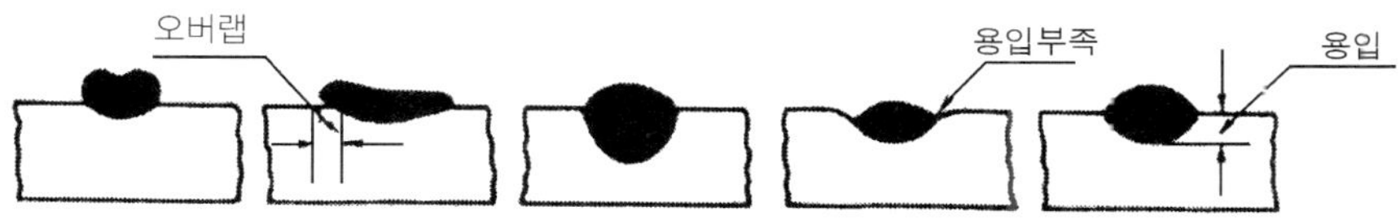

[그림 3.12] 각종 용착 상태

[그림 3.12]는 여러 가지 용입에 따른 용착 상태를 나타낸 것으로 (a)는 전류량 부족에 의한 용입 부족, (b)는 전극봉의 용융점이 모재의 용융점 보다 낮아 생긴 용입 부족, (c)는 전류과대로 인한 과잉 용입, (d)는 전류과대로 아크를 짧게 유지하기가 곤란한 경우에 생긴 언더컷, (e)는 적당한 용입을 나타낸 것이다.

일반적으로 용접할 모재의 재질과 형상, 그리고 치수 등에 따라 필요한 열량은 차이가 있고, 용입 정도는 결국 용접부에 가해진 열량과 밀접한 관계가 있다. 아크 용접의 경우 필요한 열량은 용접 전류와 용접 속도에 따라 결정된다.

용접부위에서 용해되었다 굳어져 모재와 한 살이 되는 것을 용착이라 하고 용착으로 이루어진 부위를 비드(bead) 또는 용착 금속이라 한다.

3.2.2 용접 극성

아크 용접에서 모재와 용접봉이 각각 하나의 전극 역할을 한다. [그림 3.13]에서 보는바와 같이 직류 용접에서 모재를 (+)극에 용접봉을 (−)극으로 연결하면 정극성이라 하고 반대로 모재에 (−)극을 연결하여 용접하면 역극성이라고 한다.

아크 열은 (+)극에 많은 열이 발생하므로 모재가 (+)극인 정극성으로 하면 용입이 깊고 비드 폭이 좁게 되어 두꺼운 용접에 유리하고, 모재가 (−)극인 역극성으로 하면 반대로 용입이 적고 비드 폭이 넓게 형성되므로 얇은 모재에 적용된다. 그러므로 역극성은 얇은 박판이나 비철금속 등 낮은 열이 필요한 용접에 주로 이용되고 있다.

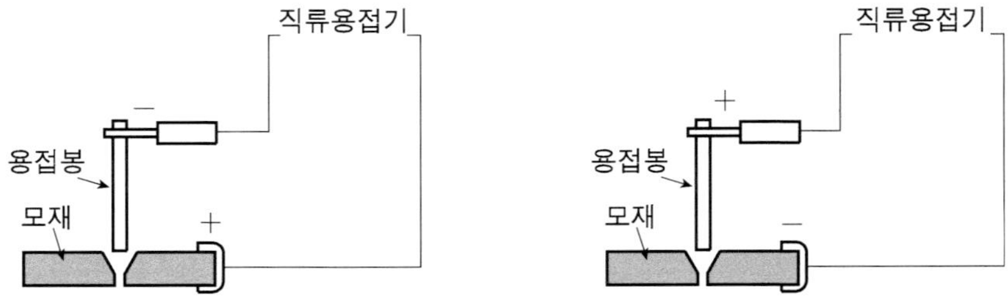

(a) 정극성 (b) 역극성

[그림 3.13] 직류용접의 극성

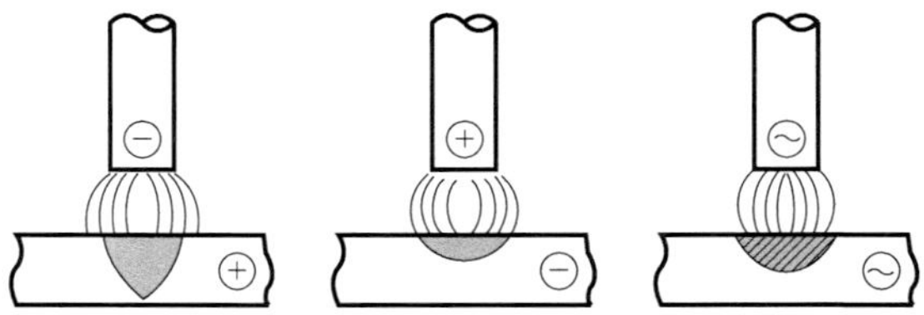

[그림 3.14] 극성과 용입

[그림 3.12]에 나타낸바와 같이 교류용접에서는 순간적으로 (+)와 (−)극이 1초에 60회 바뀌므로 직류와 같이 극성이 없고 용입량은 정극성과 역극성의 중간정도 된다.

3.2.3 아크 쏠림현상

용접 중에 아크가 한 쪽으로 쏠리는 현상이 있을 때가 있는데 이러한 현상을 아크 쏠림 또는 자기 쏠림이라 한다. 이는 용접봉, 아크, 모재에 흐르는 전류에 의해 발생하는 자력선의 작용으로 아크가 똑바로 향하지 못하고 한 쪽으로 치우치게 될 때 발생된다.

- 아크 쏠림현상은 다음 두 가지의 기본형식이 있다.

① 전류가 흐르는 경로에 방향 변환이 있을 때([그림 3.15] (a))
② 자성재료의 용접에서 용접봉(전극)의 위치가 모재에 대하여 치우쳐 있을 때 ([그림 3.16])

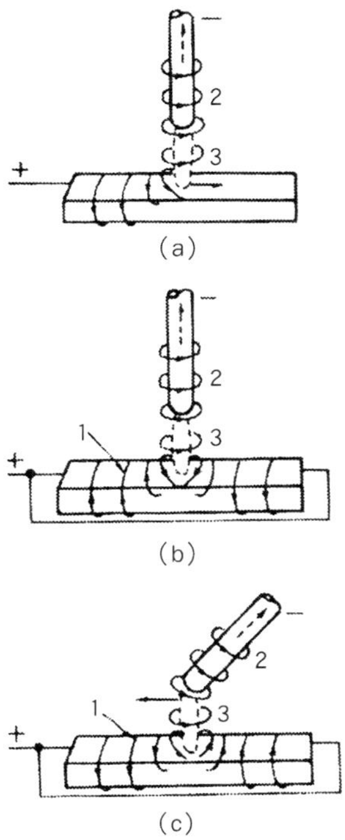

[그림 3.15] 아크 쏠림

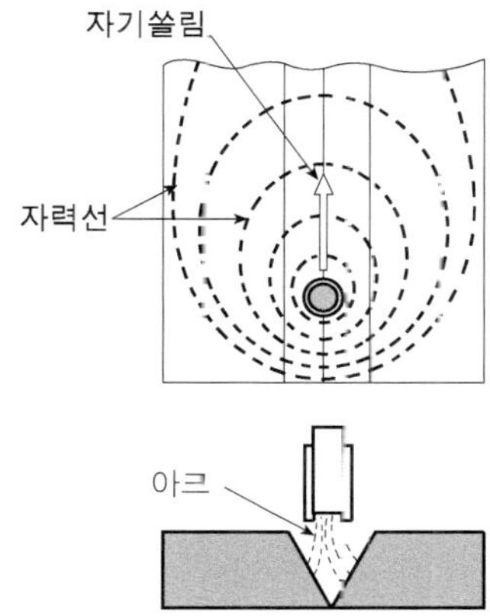

[그림 3.16] 전극 위치 편위에 의한 아크 쏠림

전자는 [그림 3.15] (a)와 같이 극을 한 쪽에 만 접속하였을 때 아크의 좌측은 우측보다 자력선 밀도가 커지므로 우측으로 아크가 쏠리게 된다. [그림 3.15] (b)와 같이 전원을 모재의 양측에 연결하면 좌우의 자력선이 같아져 아크 쏠림이 나타나지 않는다. 그러나 이경우도 [그림 3.15] (c)와 같이 용접봉을 경사지게하면 그 방향과 반대 방향으로 아크가 치우치게 된다. 후자는 [그림 3.16]과 같이 판의 끝에 가까운 곳에서는 비드에 따라 판의 중앙부로 아크가 밀리기 쉽다.

아크 쏠림은 극성 즉 전류 흐름의 방향과는 관계없이 일어난다. 즉 직류나 교류 모두 일어나는 현상이지만 교류에서는 와전류가 모재 내에 발생하므로 자기 쏠림은 완화되지만, 직류 용접에서 피복이 없는 용접봉을 사용하였을 때는 아크 쏠림현상이 잘 일어난다.

• 아크 쏠림현상을 방지하기 위한 대책으로는

① 직류 대신 교류 전류를 사용한다.

② 모재와 같은 재료를 용접선의 처음과 끝에 가용접을 한 후 용접한다.

③ 접지점을 용접부에서 멀리한다.

3.2.4 아크 용접봉

용접봉은 용접해야 하는 모재와 모재 사이의 틈을 채우기 위하여 필요한 것으로서 전극봉 또는 용가재라고도 한다.

[그림 3.17] 용접봉 종류

[그림 3.17]은 다양한 용접봉 종류를 나타낸 것으로 아크용접봉에는 비피복 용접봉과 피복 용접봉이 있는데 비피복 용접봉은 주로 자동용접이나 반자동 용접에 사용되고 일반 수동 용접에서는 피복 용접봉을 사용한다.

피복 용접봉은 [그림 3.17]에서 나타낸 강 봉 주위에 피복제를 입힌 막대모양으로 용접의 품질을 좌우하는 중요한 요소 중의 하나이며, 피복제가 입혀진 강봉을 심선이라 한다. 심선은 일반적으로 모재와 동일한 재질이 많이 사용되고 있으며 불순물이 적은 것이 좋다. 연강용 피복 아크 용접봉의 심선 재료는 저탄소 림드강을 사용하며 KS규격에서 성분이 KSD 3508로 규정되어 있는데 그 화학 성분은 〈표 3.5〉와 같다.

〈표 3.5〉 연강용 피복 아크 용접봉 심선의 화학 성분(%)((KSD 3508)

삼선종류		기호	C	Si	Mn	P	S	Cu
1종	A	SWRW 1A	≦ 0.09	≦ 0.03	0.35~0.65	≦ 0.020	≦ 0.023	≦ 0.20
	B	SWRW 1B	≦ 0.09	≦ 0.03	0.35~0.65	≦ 0.030	≦ 0.030	≦ 0.30
2종	A	SWRW 2A	0.10~0.15	≦ 0.03	0.35~0.65	≦ 0.020	≦ 0.023	≦ 0.20
	B	SWRW 2B	0.10~0.15	≦ 0.03	0.35~0.65	≦ 0.030	≦ 0.030	≦ 0.30
지름		1.0	1.4	2.6	3.2 4.0	허용 오차		
		4.5	5.0	5.5	6.0 6.4	± 0.05mm (지름 8mm 이하)		
		7.0	8.0	9.0	10.0	± 0.10mm (지름 8~9mm)		

일반적으로 사용되는 심선의 지름은 1.0, 1.4, 2.0, 2.6, 3.2, 4.0, 5.0, 6.0, 7.0 8.0 등 10종이 있으며, 이 가운데 3.2~6mm가 많이 사용되고 있다.

1. 피복제

아크부분의 온도는 아주 높기 때문에 공기 중의 산소와 질소를 이온화시켜 철과 화합하게 한다. 이것은 산화철 또는 질화철이 되어 용착 금속의 기계적 성질을 저하 시키므로 피복제를 사용하여 여러 가지 유해한 영향으로부터 용착 금속을 보호하고 있다.

• 피복제의 역할을 다음과 같다.

① 용착 금속 보호
② 아크의 안정
③ 용착 금속의 탈산 및 정련
④ 용착 금속에 필요원소 보충
⑤ 용착 금속의 유동성 증대
⑥ 산화물 및 불순물 제거
⑦ 용융금속의 응고 및 냉각 속도를 낮춘다.
⑧ 스패터링 억제와 절연 작용

2. 피복 아크 용접봉의 종류

가. 용착 금속의 보호 형식에 따라

① 가스 발생식

고온에서 용제가 연소하면서 발생하는 일산화탄소, 수소, 탄산가스 등의 환원 가스나 불활성 가스가 용접부의 변질을 방지한다. 피복제에는 유기물이 많아 유기믈식 용접봉이라고도 한다.

이 용접봉은 불활성 가스 속에서 용접이 이루어지므로 용접속도를 크게 할 수 있고 아크가 안정적이다. 전 자세 용접이 가능하며 슬래그는 다공성이고 잘 부서져 제거가 용이하다. 그러나 스패터가 많이 생기고 비드가 곱지 않다.

② 슬래그 생성식

이 용접봉은 고온에서 용제가 액체 또는 슬래그로 되어 용착 금속을 덮어 공기와의 접촉을 막고, 용착 금속을 정련하고, 용접부의 급랭을 방지한다. 그러나 슬래그가 용착금속 속에 혼입되기 쉬운 결점이 있다. 피복제의 주성분이 광물질로 되어 있어 무기물 용접봉이라고도 한다.

③ 반 가스 발생식

가스 발생식과 슬래그 생성식을 절충한 것으로 슬래그 생성식에 환원성 가스나 불활성 가스를 발생시키는 유기 물질을 첨가한 용접봉이다.

나. 피복제 계통에 따라

① 일루미나이트계(E4301)

무기물인 일루미나이트(FeO TiO_2)가 주성분으로 유동성이 좋아 용입이 깊고, 비드가 깨끗하며, 용접부의 기계적 성질이 양호하여 일반 용접에 가장 널리 사용되는 용접봉이다. 이외에도 조선, 건축, 교량, 압력용기 등의 용접에 사용한다. 슬래그 생성식이다.

② 라임 티탄계(E4303)

탄화티탄(TiO_2)이 30%이상이며 석회석을 주성분으로 하는 용접봉으로 유동성이 양호하며 슬래그 제거가 용이하고 용입이 적으며 비드가 고와 박판 용접에 적합하다. 슬래그 생성식이다.

③ 고셀루로이드계((E4311)

유기물인 셀루로이드를 약 30%정도 함유한 피복제이다. 용접시 환원성 가스인 Co와 H_2^+가 발생하며 이것이 용접부를 공기와 차단시켜 산화 및 질화를 막는다. 용입이 깊고, 슬래그가 적으나 비드가 거칠고 스패터가 많다. 보관 중 습기를 흡수하기 쉬워 건조시켜 사용하고 낮은 전류에 사용한다. 건축 구조물 파이프 용접에 적합하며 가스 발생식이다.

④ 고산화 티탄계(E4313)

산화티탄을 주성분으로 하는 피복제로 아크가 안정되고 스패터가 적으며 용입이 낮아 얇은 판의 용접에 적합하다. 그러나 고온에서 균열 발생율이 높아 주요 부분의 용접은 피하는 것이 좋다.

⑤ 저수소계(E4316)

탄산칼슘(CaCo3), 불화 칼슘(CaF)를 주성분으로 한 피복제로 피복 용접봉 중에서 수소 발생량이 가장 적다. 강력한 탈탄 작용으로 산소량도 적으며 용착 금속은 기계적 성질, 내균열성이 우수하여 두꺼운 구조물이나 고장력강 및 탄소나 유황의 함유량이 많은 강의 용접에 사용한다. 그러나 아크가 불안정하고 작업성이 좋지 않으며 비드도 거칠다. 그리고 습기의 영향이 크므로 사용직전 300～350℃로 1시간 정도 건조시켜 사용한다.

⑥ 철분 저수소계(E4326)

저수소계 피복제에 철분을 더 첨가한 것으로 용착 효율이 좋아 더욱 능률 적이며 그 외는 저수소계와 같다.

⑦ 철분 산화 티탄계(E4324)

고산화 티탄계에 철분을 더 보충한 것으로 더 능률적이며 아크는 조용하고 스패터도 적으나 용입이 적다. 그 외는 고산화 티탄계와 같다.

⑧ 철분 산화철계(E4327)

산화철을 주성분으로 하고 여기에 철분을 첨가한 피복제이다. 규산염이 많이 함유되어 슬래그를 많이 생성한다. 슬래그가 용착 금속을 덮어 산화와 질화를 방지한다. 슬래그의 제거가 쉽고 비드 표면이 깨끗하다. 아래보기 필렛 전용으로 조선 건축 등에 많이 쓰인다.

⑨ 특수계(E4340)

전술한 어느 피복제에도 속하지 않는 것으로 사용 목적에 따라 특수한 피복제로 제조된 용접봉이다.

〈표 3.6〉는 연강용 용접봉의 종류와 용착 금속의 기계적 성질이고, 〈표 3.7〉은 고장력강 용접봉의 종류와 용착 금속의 기계적 성질을 나타낸 것이다.

〈표 3.6〉 연강용 용접봉의 종류와 용착 금속의 기계적 성질

용접봉의 종류	피복제의 계통	용접 자세	사용전류의 종류	용착금속의 기계적 성질			
				인장강도 (kg/mm^2)	항복점 (kg/mm^2)	연신율 (%)	충격치 (0℃V 샤르피 (kg·m)
E 4301	일미나이트계	F, V, OH, H	AC 또는 DC(±)	43	35	22	4.8
E 4303	라임티탄계	F, V, OH, H	AC 또는 DC(±)	43	35	22	2.8
E 4311	고셀롤로오스계	F, V, OH, H	AC 또는 DC(±)	43	35	22	2.8
E 4313	고산화티탄계	F, V, OH, H	AC 또는 DC(-)	43	35	17	-
E 4316	저수소계	F, V, OH, H	AC 또는 DC(+)	43	35	25	4.8
E 4324	철분산화티탄계	F, H-Fil	AC 또는 DC(±)	43	35	17	-
E 4326	철분저수소계	F, H-Fi	AC 또는 DC(+)	43	35	25	4.8
E 4327	철분산화철계	F, H-Fi	F에서 AC 또는 DC H-Fil에서 AC 또는 DC(-)	43	35	25	2.8
E 4340	특수계	F, V, OH, H, H-Fil의 전부 또는 일부	AC 또는 DC(±)	43	35	22	2.8

〈표 3.7〉 고장력강 용접봉의 종류와 용착 금속의 기계적 성질

용접봉 종류	피복제의 계통	용접자세	사용전류	용착금속의 기계적 성질			
				인장강도 (kg/mm^2)	항복점 (kg/mm^2)	변형률 (%)	충격치 (kg-m/cm^2)
E 5001 E 5003	일루미나이트 라임티탄계	F, V, OH, H	AC 또는 DC(±) AC 또는 DC(±)	≥ 50	≥ 40	≥ 20	≥ 4.8
E 5016 E 5316 E 5816	저수소계	F, V, OH, H	AC 또는 DC(+)	≥ 50 ≥ 53 ≥ 58	≥ 40 ≥ 42 ≥ 50	≥ 23 ≥ 20 ≥ 18	≥ 4.8
E 5026 E 5326 E 5826	철분저수소계	F, H-Fil	AC 또는 DC(+)	≥ 50 ≥ 53 ≥ 58	≥ 40 ≥ 42 ≥ 50	≥ 23 ≥ 20 ≥ 18	≥ 4.8
E 5000 E 5300	특수계	F, V, OH, H, F 또는 그중 어느 자세	AC 또는 DC(±)	≥ 50 ≥ 53	≥ 40 ≥ 42	≥ 20 ≥ 18	≥ 4.8

3. 용접봉 표기

한국 산업 규격 KSD 7004에는 연강용 피복 아크 용접봉에 대한 표시 규정이 있는데 그 표기는 영문 알파벳 대문자와 4자리 아라비아 숫자로 구성되어 있으며 각 자리의 의미는 [그림 3.18]과 같다.

E 45 x y

E : 전극봉 (Electrode)

45 : 용착금속의 최저 인장 강도(kg/mm^2)

x : 용접 자세

(0,1 : 전 자세 용접, 2 : 수평 및 하향 필렛 용접, 3 : 하향 용접, 4 : 전 자세 또는 특정자세 용접)

y : 피복제 종류

[그림 3.18] 피복아크 용접봉의 표기

[그림 3.18]의 피복 아크 용접봉 표기에서 일본 JIS에서는 E 대신 D(Denki)를 사용하며, 미국 AWS(American Welding Society)에서는 인장 강도 단위를 lb/in^{2}를 사용하여 E6001, E6010 등으로 나타낸다.

〈표 3.8〉은 동일 용접봉에 대한 국가별 공업규격인 KS, JIS, AWS의 표기방법을 비교한 예를 나타낸 것이다.

〈표 3.8〉 용접봉 표기 예(KS, JIS, AWS)

피복제 계통	KS	JIS	AWS
일루미나이트계	E 4301	D 4301	E 6001
저수소계	E 4316	D 4316	E 6016

3.2.5 아크 용접기

1. 용접전원의 특성

아크 용접기는 [그림 3.19]와 같이 본체와 전선 그리고 홀더와 접지 등으로 구성되어 있다. 아크전압은 아크길이에 따라 전압이 변하므로 일반 동력 전원의 정 전압 전원을 아크 용접 전원으로 사용하면 아크가 불안정하여 용접에 적합한 아크를 얻기가 어렵다.

[그림 3.19] 일반적인 아크 용접기

• 아크 용접 회로의 전원은 다음과 같은 특성을 갖추어야 한다.

① 아크 전압 부근에서는 용접 전류가 정 전류 특성을 갖고 있으므로 용접 중 전류의 변화는 적은 것이 좋다.
② 아크가 단락 되었을 때 흐르는 전류가 지나치게 크지 않도록 적당히 제한해야 한다.

아크 용접에서는 이런 조건을 만족시키기 위해 수하 특성 및 정전압 특성을 이용하여 용접기를 제작한다.

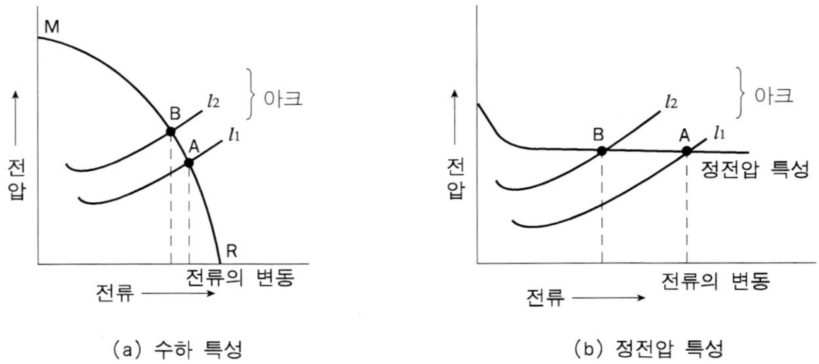

[그림 3.20] 용접전원의 특성

[그림 3.20] (a)는 수하특성을 (b)는 정전압 특성곡선을 나타낸 것이다. [그림 3.20] (a)에서와 같이 전원의 외부 특성 곡선이 부하 전류(아크전류)의 증가와 더불어 단자 전압은 감소되는 현상을 수하특성이라 한다. M점은 용접을 하지 않을 때 전압으로 개로 전압이라 한다. 교류 용접에서는 70～135V이상이고, 직류용접에서는70～80V이상이 되어야한다. R점은 단락전류를 표시한다. A점에서 아크가 정상적으로 발생하여 만족한 용접을 하고 있을 때의 아크길이를 l_1이라 하면 이때 어떤 원인으로 아크길이가 변동하여 l_1에서 l_2까지 길게 되었다면 아크 발생점은 B로 이동된다. 이때 A점과 B점에서의 전압, 전류의 변화를 보면 전압의 변화는 상당히 변화해도 전류의 변화는 미세하여 일정한 전류로 용접 할 수 있게 된다.

[그림 3.20] (b)의 정전압 특성에서는 아크길이의 변화에 용접 전류가 크게 변동하는 것을 보여주고 있다. 그러므로 아크길이의 조정이 어려운 수동 용접기는 수하특성을 이용하고, 아크길이 조정이 용이한 미그용접과 탄산가스 용접기에는 정전압 특성을 사용한다.

2. 직류 아크 용접기

저전압 대전류를 사용할 수 있게 설계된 아크 용접기는 직류 용접기와 교류 용접기가 있다. 직류 아크 용접기는 교류 아크 용접기 보다 구조가 복잡하고 값이 비싸다. 반면에 아크의 안정성이 좋기 때문에 얇은 판의 용접과 특수 용접 등에 사용되고 있다. 직접 직류를 생산하는 발전형과 교류를 정류하여 직류를 얻는 정류형이 있다. 배터리를 전원으로 하는 축전지식도 있다. 또한 발전기형에는 교류 모터로 직류 발전기를 구동하는 전동기 구동형과 내연 기관으로 직류 발전기를 구동하는 기관 구동형이 있다. 기관 구동형은 이동형으로 전원이 닿지 않는 곳에서 유용하게 사용할 수 있다.

3. 교류 아크 용접기

교류 아크 용접기는 [그림 3.21]과 같이 교류 전원을 용접에 적합한 저전압 대전류로 조절할 수 있는 일종의 변압기이다. 교류 용접기는 직류 용접기에 비해 아크가 불안정하나 피복 용접봉의 품질 개선에 의해 아크의 안정을 얻게 되었고, 구조가 간단하여 저렴하므로 일반 용접기의 대부분을 차지하고 있다. 교류 용접기는 용접 전류의 조정방법에 따라 탭 절환형, 가동 철심형, 가동 코일형, 과포화 리액터형으로 분류된다.

[그림 3.21] 교류 아크 용접기

1) 탭 절환형 아크 용접기

교류 아크 용접기 중에 가장 간단한 것으로 전류 조정이 탭의 수에 따라 단계적으로 변하기 때문에 미소 전류의 조정이 안 돼 별로 사용되지 않고 있다. [그림 5.22]는 탭 절환형용접기의 결선도로서 2차 측의 탭 T로 2차코일의 감김 수를 변화하여 용접전류를 조절한다. 1차, 2차 전압을 각각 E_1 E_2, 코일의 감긴 수를 각각 n_1, n_2라고 하면

$$\frac{E_1}{E_2} = \frac{n_1}{n_2}$$

이 성립되고 이 관계에 따라 2차 전압을 변화 시킬 수 있다.

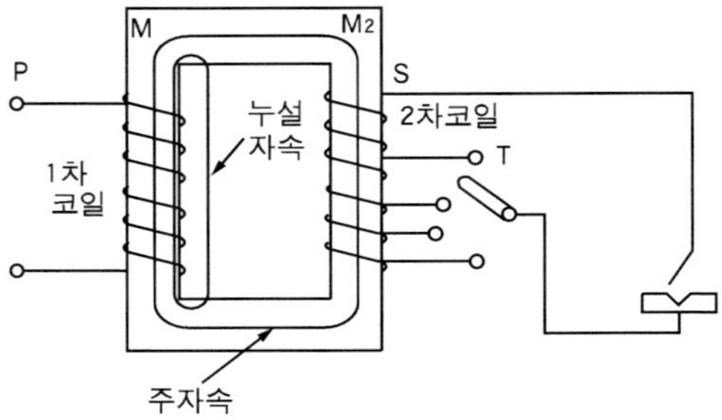

[그림 3.22] 탭 절환형 용접기

2) 가동 코일형 용접기

가동 코일형 용접기는 1차 코일과 2차 코일 중 어느 하나가 이동하여, 1차 코일과 2차코일과의 거리를 자유로이 조절함으로서 그 누설 자속의 변화에 따라 전류를 미세하게 연속적으로 조정 할 수 있는 용접기이다.

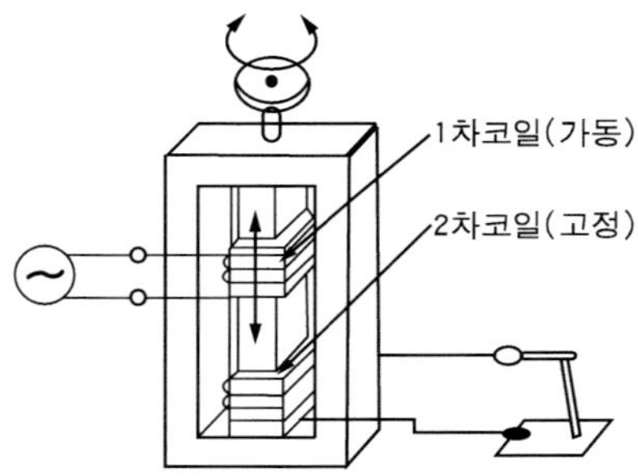

[그림 3.23] 가동 코일형 용접기

[그림 3.23]은 가동 코일형 용접기의 결선도를 나타낸 것이다. 이 용접기는 코일 이동용 핸들을 돌림으로서 간단하게 용접전류를 최대에서 최소까지 무단계로 미세하게 조정할 수 있는 장점이 있다.

3) 가동 철심형 용접기

교류 아크 용접기 중에서 가장 많이 사용되고 있는 것으로, [그림 3.24]는 가동 철심형 구조도를 나타낸 것으로 2차코일의 전환 탭에 따라 소정의 전류를 얻게 되며 또한 미세한 전류 조정은 용접 변압기의 누설 자속을 지나는 공간에 있는 제 3의 철심(M3)을 이동시킴으로서 누설 자속의 양을 가감하여 조정할 수 있게 되어 있다.

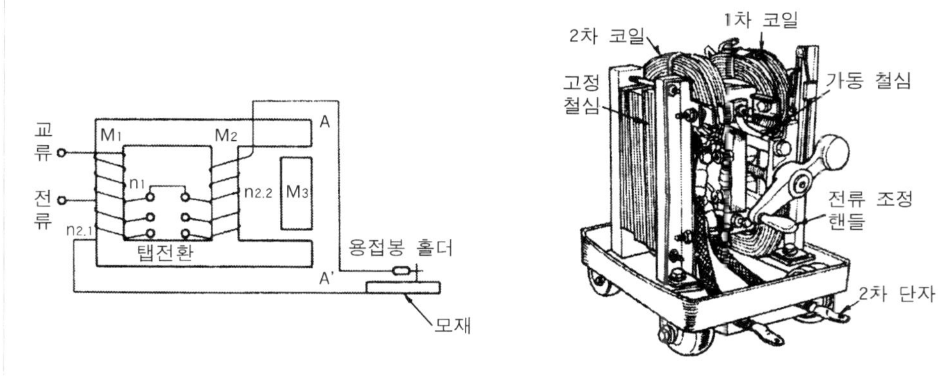

(a) 회로도 (b) 구조

[그림 3.24] 가동 철심형 용접기

4) 가포화 리액터형

용접기 내부에 변압기와 가포화 리액터가 장치가 되어 있으며, [그림 3.25]와 같이 직류여자 코일이 가포화 리액터 철심에 감겨져 있다. 직류여자의 전류가 적으면 리액터는 증가되고 용접전류는 적어진다. 반대로 직류여자 전류가 크면 리액터는 감소되고 용접전류는 증가한다.

가포화 리액터형은 전류 조절이 용이하고 전류 조절을 전기적으로 하기 때문에 용접전류의 원격 조정이 가능하다.

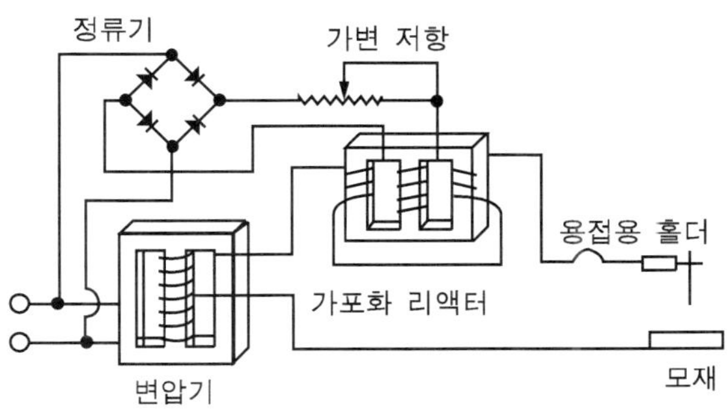

[그림 3.25] 가포화 리액터형 용접기

5) 고주파 용접기

고주파 아크 용접기는 [그림 3.26]과 같이 5~20만 사이클의 고주파 발생장치가 있는 것을 고주파 아크 용접기라 한다.

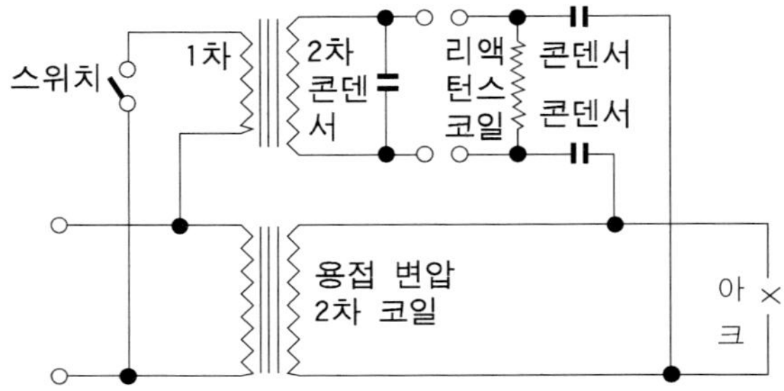

[그림 3.26] 고주파 용접기 회로도

이 고주파 회로는 용접전류의 안전성이 좋으며 10~50A의 작은 전류에서도 쉽게 작업을 할 수 있다. 보통 용접기에서 용접이 곤란한 비교적 얇은 판재의 용접도 가능하고 구리와 알루미늄과 같은 비철금속도 효과적으로 용접할 수 있는 장점이 있다.

〈표 3.9〉 직류와 교류용접기의 비교

비교 항목	직류	교류
① 아크의 안정	우수	약간불안(1초간 50~60회 극성교차)
② 극성이용	가능	불가능(1초간 50~60회 극성교차)
③ 비피복 용접봉 사용	가능	불가능(1초간 50~60회 극성교차)
④ 무부하(개로)전압	약간 낮음(60V가 상한 값)	높음(70~90V가 상한 값)
⑤ 전극의 위험	적다	많다(무부하 전압이 높기 때문)
⑥ 구조	복잡	간단
⑦ 유지	약간 어려움	쉽다
⑧ 고장	회전기에는 많음	적다
⑨ 역률	매우 양호	불량
⑩ 가격	비싸다(교류의 몇배)	싸다
⑪ 소음	회전기는 많고 정류기는 적다	적다(구동부가 없기 때문)
⑫ 자기 불림방지	불가능	가능(자기 불림이 거의 없다)

4. 아크 용접기의 규격

아크 용접기의 용량은 2차 단자에 흐르는 정격 2차 전류로 나타낸다. 규격이 AW400인 용접기는 정격 2차 전류가 400(A)인 용접기를 나타낸 것이다.

〈표 3.10〉 교류아크 용접기 규격(KSC 9602)

종류	정격2차 전류 (A)	정격 사용률 (%)	정격부하 전압			최고2차 무부하 전압 (V)	2차전류		사용할 용접봉의 지름 (mm)
			저항강하 (V)	리액턴스 50Hz	강하(V) 60Hz		최대값 (A)	최소값 (B)	
AW200	200	40	30	0		〈 85	200이상 200이하	〈 35	2~4
AW300	300		35				300이상 300이하	〈 60	2.6~5
AW400	400		40				400이상 440이하	〈 80	3~6
AW500	500	60	40	10	12	〈 95	500이상 550이하	〈 100 4~8	

실제 용접에서는 정격 전류의 20~110%의 범위에서 조정하면서 작업을 할 수가 있다. 즉 정격 전류가 400A인 용접기의 사용 전류는 최소 80A에서 최대 440A이다.

1) 사용률

아크 용접기는 높은 전류에서 무제한으로 계속 사용하면 온도가 상승하여 용접기가 손상을 입게 되는 경우가 있다. 이에 관련된 규격으로 사용률이 있는데 사용률은 용접기의 2차 측에서 아크를 발생하는 시간을 말하며 시간 단위는 10분으로 한다.

예를 들어 사용률이 40%인 용접기라면 정격 최대전류로 용접할 때 10분 사이에 40%인 4분간 용접하면 60%인 6분은 중지하여 용접기를 식힌 후 사용하라는 것을 의미한다.

사용률을 식으로 나타내면 다음과 같다.

$$\text{사용율}(\%) = \frac{\text{아크발생시간}}{\text{아크발생시간} + \text{아크중지시간}} \times 100$$

2) 허용 사용률

실제 용접 할 때 용접전류는 정격 2차 전류보다 낮은 전류로 용접하는 경우가 대부분이며 이러한 경우 정격 사용률 이상으로 용접기를 사용해도 용접기에 무리가 가지 않는다.

허용 사용률이란 실제 용접전류에서 용접기에 무리가 가지 않고 연속 사용할 수 있는 시간을 나타낸 것이다.

허용 사용률을 식으로 나타내면 다음과 같다.

$$\text{허용사용율}(\%) = \frac{(\text{정격2차전류})^2}{(\text{실제사용전류})^2} \times \text{사용율}(\%)$$

정격 2차 전류가 200A, 사용률이 40%인 AW200용접기로 실제 용접 전류를 100A로 계속 용접한다면 허용 사용률이 160%가된다. 허용 사용률이 100%가 넘으면 휴지시간 없이 계속 사용하여도 용접기에는 무리가 없다. 그런데 정격 2차 전류보다 높은 250A로 용접하면 허용 사용률은 25.6%로 10분 중 2.56분 용접하면 나머지 7.44분은 쉬어야 용접기가 안전을 유지할 수가 있다는 것이다.

예제 1

정격 2차 전류200A, 정격 사용률 50%의 아크 용접기로 250A의 용접 전류를 사용하여 용접 할 때 허용 사용률은 얼마인가? 또한 용접기의 안전을 유지할 수 있는 용접시간과 휴지시간은 각각 얼마인가?

풀이

1) $\text{허용사용율}(\%) = \frac{(200)^2}{(250)^2} \times 50(\%) = 32(\%)$

2) 용접시간 $10 \times 0.32 = 3.2(\text{분})$

3) 휴지시간 $10 - 3.2 = 6.8(\text{분})$

3) 역률과 효율

용접기로서 입력, 즉 전원 입력(2차 무부하 전압×아크전류)에 대하여 아크입력(아크전압×전류)과 용접기 내부손실의 비율을 역률이라하고, 또 아크입력과 내부손실과의 합에 대하여 아크 입력의 비율을 효율이라 한다.

이들은 식으로 나타내면 다음과 같다.

$$\text{효율} = \frac{\text{출력}(KW)}{\text{입력}(KW)} = \frac{\text{2차출력}(KW)}{\text{2차출력}(KW) + \text{내부손실}(KW)}$$

$$\text{역율} = \frac{\text{입력}(KW)}{\text{입력}(KVA)} = \frac{\text{2차출력입력}(KW) + \text{내부손실입력}(KW)}{\text{1차입력입력}(KVA)}$$

예제 2

무부하 전압 80V, 아크전압 30V, 아크전류 300A라 하면 효율과 역률은 각각 얼마인가? 단 내부손실은 4KW이다.

풀이 아크 입력 = 30V×300A=9.0KW

전원 입력 = 80V×300A=24.0KVA

$$\text{효율} = \frac{\text{2차출력}(KW)}{\text{2차출력}(KW) + \text{내부손실}(KW)} = \frac{9.0}{9.0+4.0} \times 100 = 69\%$$

$$\text{역율} = \frac{\text{2차출력입력}(KW) + \text{내부손실입력}(KW)}{\text{1차입력입력}(KVA)} = \frac{9.0+4.0}{24.0} \times 100 = 54\%$$

3.2.6 아크용접 작업

1. 아크용접 용구

아크 용접에는 다음과 같은 기본 용구 들이 있다. 용접봉 홀더, 접지 클램프, 용접 케이블, 헬멧 및 핸드실드, 차광유리 및 보안경, 각종 보호용구, 기타 용구 등이 용접 작업에 사용되고 있다.

1) 용접봉 홀더

용접봉을 잡아주는 집게로 [그림 3.27]과 같이 용접기 2차측 케이블 끝단에 연결하여 용접봉에 전류를 통하게 하여 용접이 이루어지게 한다. 외부는 완전 절연되어 용접하는 사람이 전기에 위험하지 않도록 되어있다.

2) 접지 클램프

접지 클램프는 [그림 3.28]과 같이 용접기의 2차 측 한 극을 모재에 연결 또는 분리하는 것으로 접점에 저항열이 발생치 않게 완전히 접합하도록 되어 있고 클램프의 재질은 황동 또는 구리합금으로 만든다.

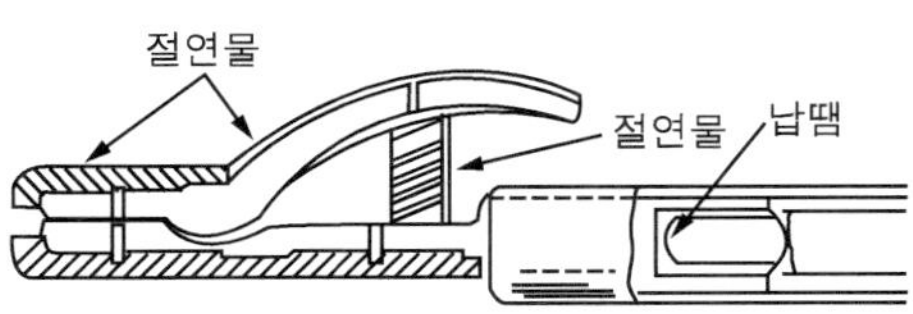

[그림 3.27] 용접봉 홀더

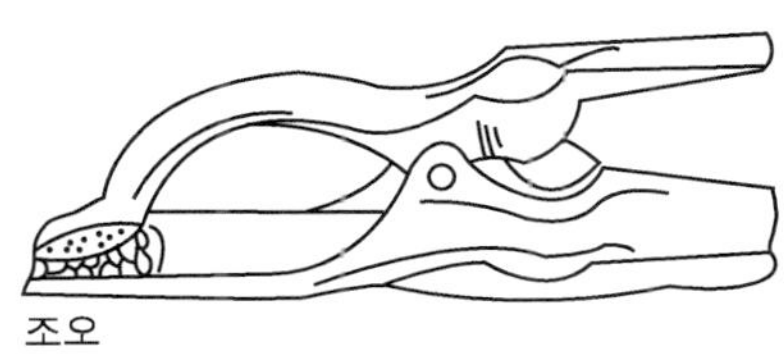

[그림 3.28] 접지 클램드

3) 용접 케이블

용접 케이블에는 전원에서 용접기까지 연결하는 1차측 케이블과 용접기에서 용접봉 홀더나 접지 클램프까지 연결하는 2차측 케이블이 있다. 1차 측은 낮은 전류로 굵기가 적으나 2차측은 높은 전류가 흐르므로 굵고 작업이 용이하도록 유연성이 있는 캡 타이어 전선이 사용된다. 〈표 3.11〉은 용접기의 용량에 따른 케이블의 굵기이다.

〈표 3.11〉 케이블의 적정크기

용접기 용량	200(A)	300(A)	400(A)
1차측 케이블(지름)	5.5(mm)	8(mm)	14(mm)
2차측 케이블(단면적)	50(㎟)	60(㎟)	80(㎟)

4) 차광 유리 및 보안경

아크 용접시 발생하는 유해한 광선인 적외선과 자외선을 차단하는 유리로 [그림 3.29]와 같이 핸드실드나 헬멧에 끼워서 사용하며, 차광능력에 따라 등급이 있어 차광도를 번호로 나타낸다. 보호안경 형태로 사용하기도 한다.

〈표 3.12〉 차광도와 번호

유리의 차광 번호	용접전류
NO 8, 9	30～100A
NO 10, 11, 12	100～300A
NO13, 14	300A이상

5) 핸드실드와 헬멧

[그림 3.29] 용접용 차광유리

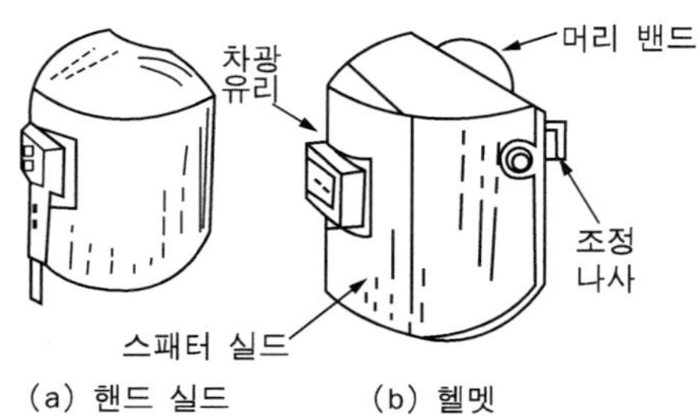

[그림 3.30] 핸드실드와 헬멧

[그림 3.30]과 같이 유해광선인 적외선과 자외선을 차단하고 열과 스패터로부터 안면을 보호하기 위하여 사용한다. 헬멧은 머리에 쓸 수 있는 형태이고 핸드실드는 손으로 잡아 얼굴을 가린다.

6) 기타 보호용구

[그림 3.30]은 얼굴 전체를 보호하기 위한 보호용구이며 이 밖에도 다음과 같은 보호 용구가 용접 할 때 사용된다. 앞치마, 장갑, 토시, 발 커버 등이 있으며 이들은 열에 강한 가죽이나 석면으로 되어있다.

[그림 3.31] 안면보호 장치

7) 기타 용접용구

다음과 같은 각종 공구와 측정기도 용접 작업에 사용되고 있다. 금긋기 바늘, 정, 치핑해머, 와이어 브러시, 줄, 플라이어, 집게, 앤빌 및 작업대등 각종공구와, 직선자, 직각자, 버니어캘리퍼스, 마이크로미터, 각도기, 컴비네이션 스퀘어 등과 같은 측정기도 사용된다.

2. 아크 발생방법

용접 아크는 모재와 용접봉 끝단이 일정한 간격을 유지할 때 아크가 형성되며 용접 할 때는 아크가 꺼지지 않도록 간격을 일정하게 유지시켜주어야 한다.

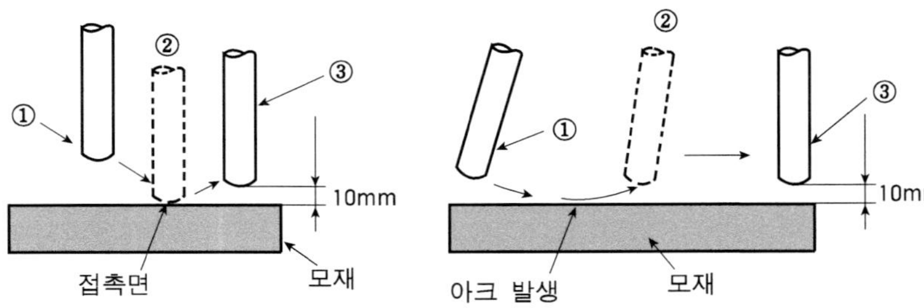

[그림 3.32] 아크 발생방법

최초 아크를 발생시킬 때는 [그림 3.32]와 같이 모재 표면을 순간적으로 두드리듯이 접촉시키는 탭핑법과 모재의 표면을 살짝 긁어주는 긁기법과 같은 두 가지 방법이 사용되고 있다.

3. 아크 길이와 아크 전류

1) 아크 길이

일반적으로 용접을 할 때 아크 길이는 아크 전압과 관계가 있으므로 전압을 크게 할수록 아크 길이는 길어진다. 그러나 아크용접에서는 아크 길이를 항상 일정한 길이로 유지해주는 것이 매우 중요하다. 아크 길이가 적당하지 않으면 용입을 불안전하게 할 뿐만 아니라 공기의 영향을 받아서 용착 금속의 여러 가지 성질을 나쁘게 한다.

• 아크의 길이에 따른 결함은 다음과 같다.

(가) 아크 길이가 너무 길 때

① 아크가 불안정하다.
② 용착이 얇고 표면이 지저분하다.
③ 용접부의 금속 조직이 취약하여 강도가 감소된다.
④ 아크열의 손실이 많다.
⑤ 용접봉의 소모가 많다.

(나) 아크 길이가 너무 짧을 때

① 아크를 지속하기가 어렵다.
② 용접을 연속적으로 하기가 어렵다.
③ 용융금속의 용착이 불량하게 된다.

금속 용접봉을 사용하여 용접을 할 때 좋은 용접 조건을 얻기 위해서는 아크 길이는 가급적 짧게 하는 것이 좋다. 아크 길이가 짧으면 모재에 열이 집중 될 수 있으나 아크가 길면 열이 방산되므로 용착이 불량하게 된다. 일반적으로 짧은 아크는 긴 것보다 안정성이 있고 작업이 용이하다. 적절한 아크의 길이는 〈표 3.13〉과 같이 용접봉 지름에 따라 증가 됨을 볼 수 있다.

〈표 3.13〉 용접봉 지름과 아크 길이 및 전류 범위

용접봉지름 (mm)	전류 (A)	아크길이 (mm)	아크횡단면의 전압(V)
1.5	20～50	1.5	14～17
2.0	40～80	2.0	15～18
2.6	60～100	2.6	16～20
3.2	70～130	3.2	17～22
4.0	100～170	4.0	18～22
5.0	150～220	5.0	18～26
6.0	200～300	5.0	20～30

(주) 피복 용접봉을 사용할 때는 비피복봉을 사용할 때보다 아크를 약간 더 길게 한다.

2) 아크 전류

용접에 적당한 아크 전류는 모재 및 용접봉의 종류나 크기와 형상 등에 따라 다르다. 대체로 용접봉의 단면적 1mm^2 당 10～12A정도가 표준이다. 〈표 3.13〉은 용접봉 지름에 따른 적정 용접 전류의 범위를 나타낸 것이다. 만약에 용접 전류의 선정이 잘못되면 아크가 불안정해지거나, 스패터가 증가되고 용입 부족이 발생되며 언더컷과 오버랩 등이 생기기 쉽다. 따라서 필요이상으로 전류가 부족하거나 많아지면 용접 품질에 중대한 영향을 미치므로 주의할 필요가 있다.

4. 용접자세와 운봉각도

용접자세는 모재와 작업자와의 관계에 따라 아래보기 용접, 수직 용접, 수평 용접, 위보기 용접이 있다. 아래보기 용접은 작업자가 모재를 아래로 내려다보며 용접하는 형태로 작업이 용이하고 양호한 용접 결과를 얻을 수 있다. 수직 용접은 직립면 또는 그와 45°이하의 경사를 이루는 면에 세로의 비드를 형성하는 경우이며, 밑에서 위로 향하여 용접하는 것이 보통이다. 수평 용접은 수평면에 대하여 45°이하의 경사면에 수평 비드를 만드는 것으로 일반적으로 좌로부터 우측으로 용접을 한다. 위보기 용접은 용접부가 천정에 있어 모재의 아래쪽

을 용접하는 자세로 용착 금속이 아래로 떨어지는 경우가 많아 용접이 매우 힘들다.

용접 할 때 용접봉이 기울어지는 각도도 용접에 영향을 미치므로 용접 자세에 알맞은 각도가 되도록 용접해야 한다. 용접봉의 경사각도는 진행각과 작업각이 있는데 진행각은 용접봉과 용접선이 이루는 각도이고 작업각은 용접선에 따라 세워진 수직면과 용접봉과 이루는 각도로 나타낸다.

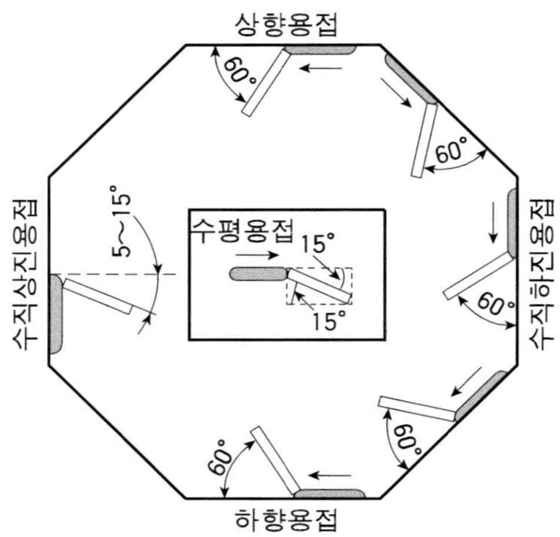

[그림 3.33] 용접 자세별 운봉 각도

[그림 3.33]은 용접 자세별 용접봉의 운봉 각도를 나타낸 것으로 수평용접과 수직 상진 용접을 제외하면 대부분이 60도를 유지하고 있음을 볼 수 있다. 그러나 이 같은 각도도 작업자와 작업 조건 등에 따라서 다소 차이가 있을 수 있다.

5. 용접봉의 운봉방법

용접봉의 운봉방법은 용접 작업에 있어서 중요한 요소이므로 항상 아크 길이를 일정하게 유지하고 모재에 대한 용입을 충분하게 하며, 슬래그가 용착 금속에 혼입되지 않도록 해야 한다.

운봉 방식에는 직선 비드 운봉법과 파형 비드 운봉법이 있고 후자는 〈표 3.14〉와 같이 원형, 타원형, 삼각형 파형(부채꼴모양) 등 여러 가지가 있다. 〈표 3.14〉는 용접 자세별 운봉법을 나타낸 것이지만, 실제 작업에서는 작업 조건에 따라 다소 차이가 발생 될 수도 있다.

〈표 3.14〉 용접자세와 운봉법

자세	운봉법	도 해	용접봉 각도
아래보기 V 형 용접	직 선		진행방향에 대하여 60~90°
	원 형		위와 같음
	부채꼴 모 양		위와 같음
아래보기 필릿 용접	직 선		위와 같고, 수직면에 45~60°
	다원형		위와 같음
	삼각형		위와 같음
수평 용접	직 선		
	타원형		
수직용접 하진법	직 선		진행방향에 대하여 70°
	부채꼴 모 양		위와 같음
수직용접 상진법	직 선		진행방향에 대하여 110°
	삼각형		
	백 스텝		
위보기 용접	직 선		진행방향에 대하여 60~80°
	부채꼴 모 양		
	백 스텝		

6. 용접변형의 방지법

모재의 변형은 용착 금속이 냉각하면서 발생되는 수축에 의해 발생하며 용접선의 길이와 용접 금속의 양이 증대할수록 커진다. 변형의 발생 상태는 복잡하나 흔히 발생하는 변형의 형태는 아래 그림과 같은 것들이 있다.

[그림 3.34]에서 (a), (b), (c)의 모재의 양단이 자유로울 때 발생되는 형태이며 고정된 경우의 (d), (e), (f)는 이것의 양단을 고정 시켰을 때 발생되는 변형을 나타낸 것이다.

- 용접에 의해 발생되는 변형의 방지법은 다음과 같다.

① 용접에 적합한 지그를 사용한다.
② 모재에 발생하는 열의 전파를 좁은 범위에서 멈추게 하고, 되도록 열을 신속하게 제거한다.
③ 용접 비드를 형성하는 방법을 개량한다.
④ 피닝(peening)으로 용착금속의 수축을 제거한다.

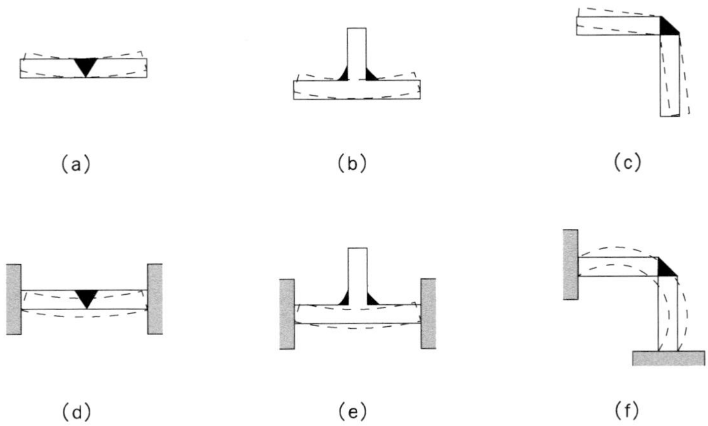

[그림 3.34] 용접작업에 따른 모재의 변형 형태

[그림 3.35]와 같이 용접 비드의 형성은 한 쪽에서 시작하여 끝까지 계속 용접하는 점진법과 비드 형성을 여러 부분으로 나누고 순서도 바꾸어 다양한 형태로 비드를 완성하는 방법이 있다. 이와 같이 부분적으로 용접을 하는 경우는 위의 ②항을 충족시켜 용접변형을 감소시키거나 방지하기 위한 것이다.

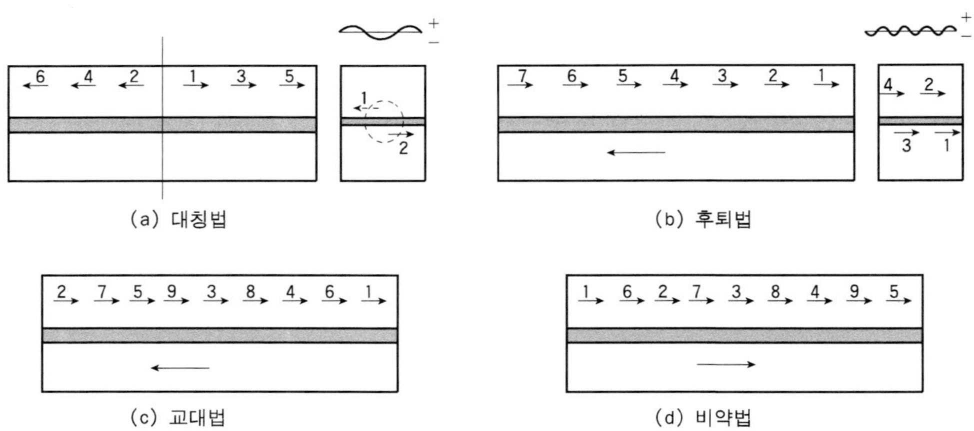

[그림 3.35] 용접변형 및 잔류응력 감소방법

7. 용착 금속과 용접부 조직

1) 용착 금속

아크용접은 모재와 용접봉을 동시에 용융시키고 응고시켜 접합하는 방법이다. 이때 용융된 금속을 용착 또는 용착금속이라고 한다. 용착은 용접부의 품질과 강도를 결정하는 중요한 인자가 되며 운봉방법과 용접 온도나 아크길이, 전류량, 용접 속도 등과도 밀접한 관계가 있다.

용착 금속이 응고할 때 용융금속의 접촉면에 직각 방향으로 결정이 성장하여 수지상(樹枝狀 : dendrite)을 이룬다.

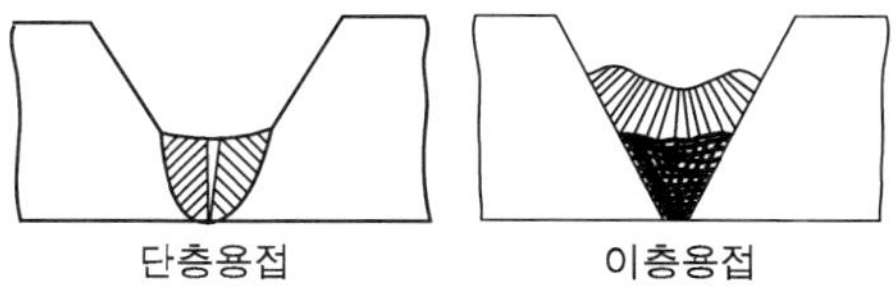

[그림 3.36] 응고 조직

[그림 3.36]과 같이 1층 용접 비드에 다시 2층 용접을 하면 1층의 비드 금속은 미세조직으로 변하게 된다.

2) 용접부의 조직

용접부의 경계는 뚜렷하게 보이지 않지만 편의상 [그림 3.37]과 같이 용착 금속부, 융합부, 변질부, 원질(모재)부로 나눈다.

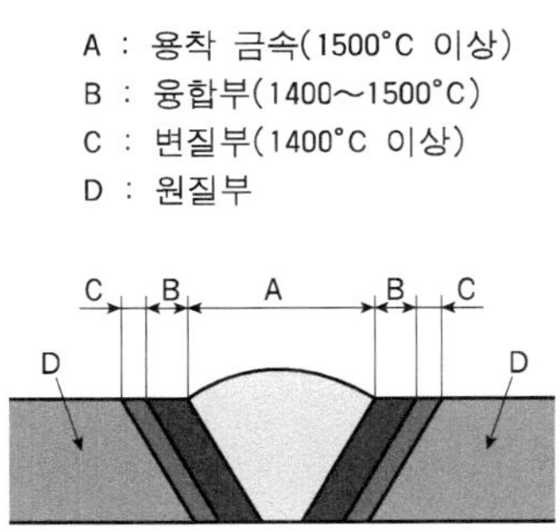

[그림 3.37] 용접부의 명칭

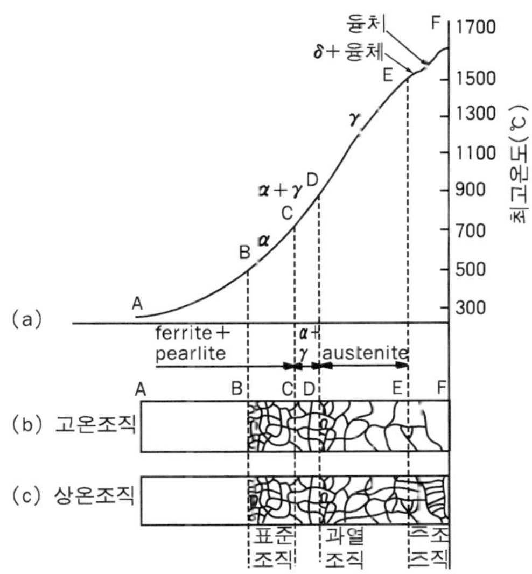

[그림 3.38] 용접부의 온도와 조직

① 원질부 : 용접부에서 멀리 떨어져 있어 용접의 영향을 받지 않아 모재의 조직이 그대로 남아 있다.

② 변질부 : 용접부에서 가까워 열영향을 받아 입상의 큰 조직으로 변질된다.

③ 융합부 : 모재와 용접봉이 융합된 부분으로 각 부분의 조직 및 결정의 변화가 생긴다.

④ 용착 금속부 : 용접봉이 용착된 부분이다.

일반적으로 탄소(C)는 저온에서 고온측으로 확산되는 성질이 있으므로 융합부는 탄소량이 많아지고 용접부에 인접한 모재부분은 탄소량이 적어진다. 융합부는 급랭에 의한 영향을 크게 받게 된다. 용착부는 [그림 3.38]의 F와 같이 용융 상태이지만 모재의 온도는 낮다. 상온에서는 [그림 3.38] (c)와 같다.

8. 재료의 용접성

1) 탄소강

강에 탄소함량이 적을수록 경화 현상이 낮아져 용접이 용이하다. 저탄소강(0.03~0.1C)과 중탄소강(0.15~0.55C)은 용접이 용이하나 고탄소강(0.45~0.2C)은 균열 및 기공이 많아져 용접이 곤란하다. 그러므로 고탄소강 용접시는 예열이나 후열처리를 하여 균열을 방지한다.

2) 주철

주철은 탄소함량이 많아 취성이 크고, 국부적 수축에 견디지 못하여 균열이 생기고, 고온에서 급랭하면 마르텐사이트가 생긴다.

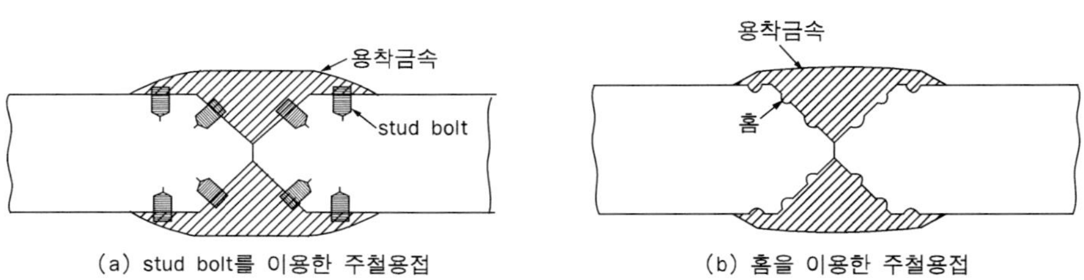

[그림 3.39] 보강을 통한 주철 용접

• 주철 용접시 접합성을 증대시킬 수 있는 방법은 다음과 같다.

① 540~560℃로 모재를 예열 후 용접한다.

② 스터드 볼트를 심거나 또는 홈을 파고 용접한다([그림 3.39])

③ 특수 용접봉을 사용한다.

④ 용접 후 열처리하여 연화한다.

3) 고장력강

인장강도 50kg/mm^{2}이상의 강을 고장력강이라 하며 연강보다 열 영향에 의한 경화가 심하므로 예열과 후열 처리를 하여 이를 완화시킨다. 냉간 균열을 방지할 목적으로 저수소계 용접봉을 사용한다.

4) 스테인리스강

스테인리스강은 Ni-Cr의 합금강으로 내산성과 내식성, 그리고 내열성이 우수하고 기계적 성질도 우수하다.

용접봉은 원칙적으로 모재와 동일한 것을 사용하고 전류는 연강보다 약간 낮은 전류를 사용한다. 균열방지를 위하여 200~400℃로 예열하거나, 용접 후 700~800℃로 가열하여 일정시간 유지한 후 공랭시킨다.

제3절 전기 저항 용접

전기저항 용접은 접합하고자 하는 부위에 대전류를 짧은 시간에 통과시키면서 발생되는 전기 저항열($Q = 0.24I^2Rt$)로서 접합 부위를 반 용융 상태로 한 후 외력을 가하여 접합하는 용접법이다. 용접부의 온도는 발생하는 열과 열 발산의 차이에 따라서 결정된다. 저항용접은 열전도율이 낮고 전기저항과 온도계수가 큰 금속에 적합하며 철강재는 저항 용접이 쉽지만 동은 어렵다.

저항용접의 결과에 영향을 끼치는 가장 중요한 요인으로는 용접전류와 통전시간, 그리고 가압력을 들 수가 있다. 이를 저항 용접의 3대요소라 한다. 또한 저항 용접이 잘되게 하기 위해 접합부에 녹이나 기름, 그리고 도료 등 불순물을 제거해야 한다. 그리고 도재와 모재사이의 접촉 저항은 크게 하고 냉각 순환이 잘 되도록 하며, 모재의 형상 및 두께에 알 맞는 전극을 선택하여야 한다.

[그림 3.40] 전기 저항 용접기(점 용접기)

저항용접은 용가제나 용제가 필요 없고 짧은 시간(1/2~1/20초)에 용접이 된다. 또 가열범위가 좁아 변질이 적고 잔류응력 및 변형도 적어 용접부의 안정성이 크다. 저항용접은 자동차 및 항공기 부품, 전기기기, 통신장치, 가정용품 등 응용범위가 넓다.

전기저항 용접기는 [그림 3.40]에서 보는바와 같이 용접에 필요한 저전압 대전류를 공급하도록 제작되어 있다. 특히 용접부를 가압하기 위한 가압 장치와 전류와 가압력을 조절하는 제어장치가 중요 구성요소로 되어있다.

• 전기저항 용접법의 종류는 다음과 같다.

① 점용접(spot welding)
② 프로젝션 용접(projection welding)
③ 시임 용접(seam welding)
④ 업 셋 용접(upset welding)
⑤ 플래시 버트 용접(flash butt welding)

3.3.1 점용접(spot welding)

저항 용접 중 가장 많이 사용되는 것으로 스폿용접 이라고도 한다. 주로 8mm이하의 판재용접에 사용한다.

[그림 3.41]에서 보는바와 같이 2개의 전극봉 사이에 2매 또는 그 이상의 금속판을 겹쳐놓

고 낮은 압력으로 가압 하면서 대전류를 통하여 접합 온도가 되었을 때 보다 큰 압력으로 가압하여 융합시키는 용접이다. 접합부는 바둑알 모양으로 융합이 이루어지는데 이 부분을 너깃이라 한다.

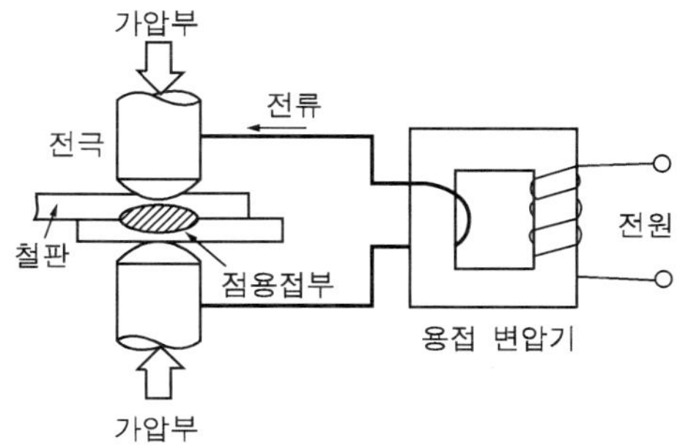

[그림 3.41] 점용접의 원리

1. 전극 및 점 용접기

전극 끝단의 모재와 접촉면적은 모재의 종류와 두께에 따라 알맞게 사용하여야한다. 〈표 3.15〉는 강의 점용접에서 모재의 두께와 전극 선단 지름과의 관계를 나타낸다.

〈표 3.15〉 모재의 두께와 전극 선단의 지름

모재 두께(mm)	0.4	0.8	1.2	1.6	2~3.5	4~5	6~8
전극 선단 지름(mm)	3		4	5	3.5	8	11

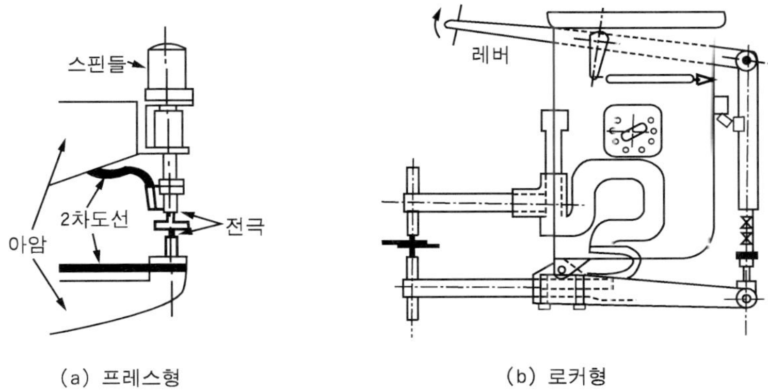

[그림 3.42] 점 용접기의 구조

점 용접기에는 고정식과 이동식이 있으며 고정식에는 [그림 3.42]와 같이 프레스형과 로커형이 있다. 프레스형은 가압 실린더가 위쪽에 있어 전극을 위에서 아래로 가압하는 형식으로 가장 널리 사용되며 공압식이 많다. 로커형은 상부 암의 레버 장치로써 가압작용을 하게 되어 있으며 가동부 중량이 비교적 가볍고 상부 전극이 쉽게 이동 할 수 있게 되어 있다.

전극의 형상은 [그림 3.43]과 같은 구면과 평면이 있는데 구면이 많이 쓰인다. 작은 용량의 용접기에서는 전극을 공랭으로 하고 큰 용량은 전극에 물 통로를 두어 물로 냉각시킨다.

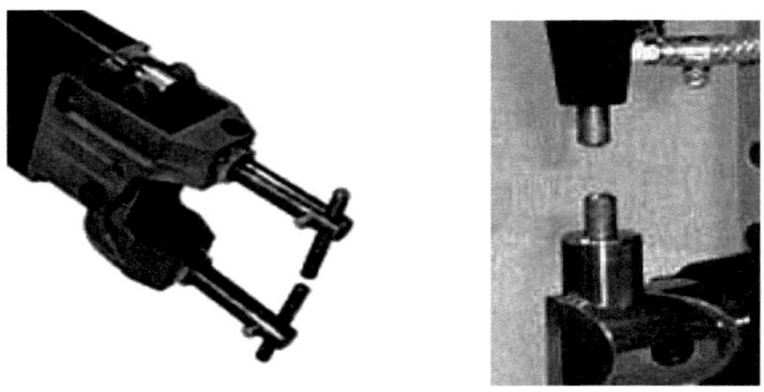

[그림 3.43] 점 용접기의 전극부분

2. 점용접 작업

[그림 3.43]과 같은 점 용접기에서 용접할 모재는 표면의 산화피막 및 이물질을 먼저 제거하고 강판은 묽은 황산으로 씻거나 샌드 블라스팅으로 흑피를 제거한다.

경합금은 산과 알칼리 등으로 화학적으로 깨끗이 하거나 기계적으로 산화막을 제거한 후 부착되어 있는 기름을 잘 제거하고 작업한다.

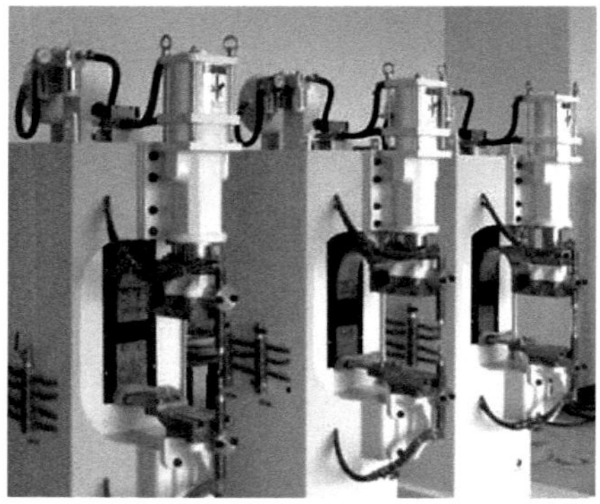

[그림 3.44] 최신 점 용접기의 외형

용접재료는 그 종류에 따라 용접성이 다르며 〈표 3.16〉은 각종 자료의 점용접의 적합여부를 나타낸 것이다. 연강과 경강은 점용접이 쉬우나 산화되기 쉬운 금속과 열전달이 서로 다른 금속 사이에는 점용접이 비교적 어렵다. 또한 판재의 두께 차가 많은 것은 특별한 주의가 필요하다. 강철에서는 두께차를 8배 이하로 하고 경합금에서는 5배 이하로 한다.

〈표 3.16〉 각종재료의 점 용접 적부

각종재료	마재연강	흑피연강	주석도금연강	아연도금연강	스테인리스강	알루미늄합금	마그네슘합금	동판	황동판	양은	인청동	니켈합금	몰리브덴	텅스텐
연강	A	C	B	B	A	E	X	D	C	B	C	E	B	B
흑피연강	C	D	D	D	D	X	X	E	D	D	E	D	X	X
주석도금연강	B	D	C	C	C	D	E	D	C	D	D	C	E	E
아연도금연강	B	D	C	C	C	D	E	E	D	D	D	B	E	E
스테인리스강	A	D	C	C	A	X	X	E	C	C	E	C	D	D
알루미늄합금	E	X	D	D	X	B	C	X	D	C	D	E	X	X
마그네슘합금	E	X	E	E	X	C	B	D	E	D	E	X	X	X
동판	D	E	D	E	E	X	D	C	C	C	C	C	X	X
황동판	C	D	C	D	C	D	E	C	E	C	C	B	X	X
양은	B	D	D	D	C	C	D	C	C	B	C	C	X	X
인청동	C	E	D	D	E	D	E	C	C	C	C	B	X	X
니켈합금	B	D	C	B	C	E	X	C	B	C	B	B	C	C
몰리브덴	B	X	E	E	D	X	X	X	X	X	X	C	D	D
텅스텐	B	X	E	E	D	X	X	X	X	X	X	C	D	D

A;용접양호, B;다소 양호, C;다소 용접 불량, D;용접 불량, E;용접 곤란, X;용접 불가

점용접의 피치는 판재의 두께에 맞게 결정해야하는데 연강은 두께1.0mm에는 최소 피치 18mm로 하고, 이것 보다 두꺼운 것은 피치를 크게 한다. 이보다 피치가 작으면 용접강도가 증가되지 않고 인접된 너깃에 전류가 흘러 전류가 불량하게 된다.

3.3.2 프로젝션 용접(projection welding)

프로젝션 용접은 점용접과 비슷한 용접방법으로서 [그림 3.45]와 같이 접합하고자 하는 금

속판의 한 쪽 또는 양쪽에 돌기부를 만들고 전극사이에서 가압하면서 전류를 통하여 용접 온도에 도달하면 압력을 증가시켜 돌기부가 있는 곳이 접합하게 되어 일시에 여러 점으로 용접이 된다. 이러한 용접을 프로젝션 용접이라한다.

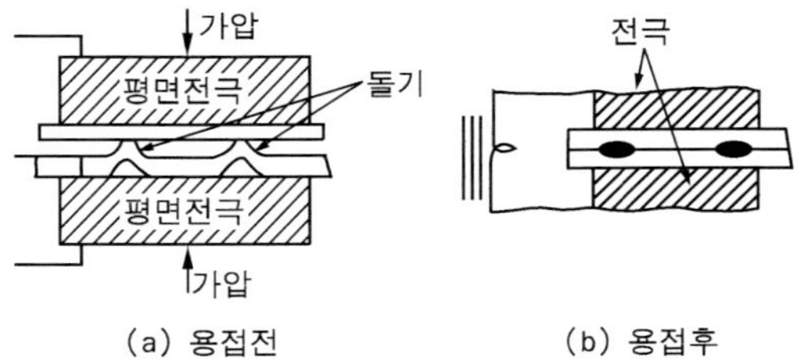

[그림 3.45] 프로젝션 용접 접합 상태

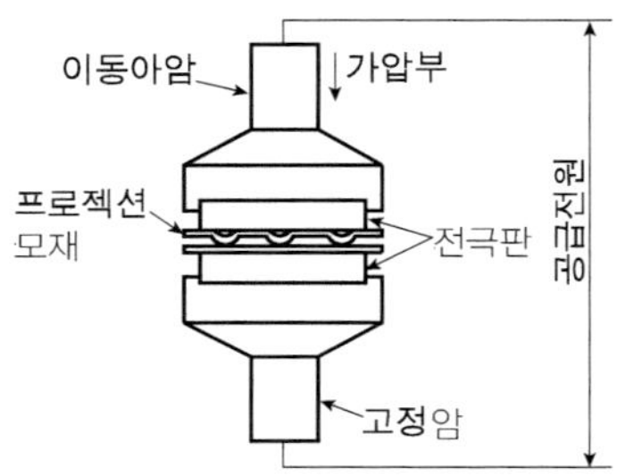

[그림 3.46] 프로젝션 용접의 원리

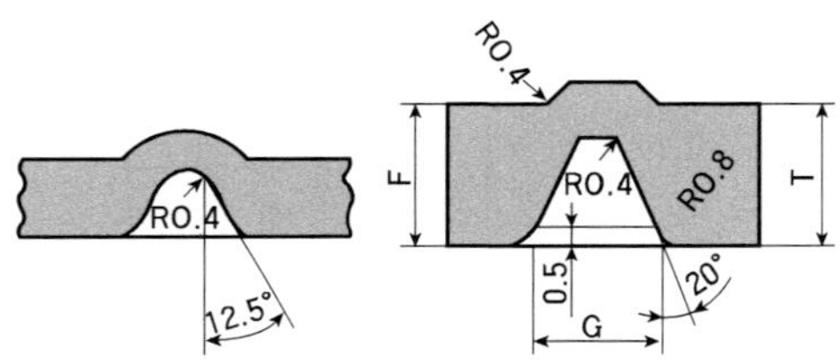

[그림 3.47] 돌기부의 형상

[그림 3.46]은 프로젝션 용접장치의 일반적인 용접부위를 나타낸 것이다. 이 때 돌기부와 돌출 높이는 대체로 판재의 약 $\frac{1}{3}$ 정도로 하는 경우가 많고 두꺼운 판과 얇은 판을 용접할 때에는 두꺼운 판에 돌기부를 만들어야 한다. [그림 3.47]은 돌기부의 형상과 치수를 나타낸 것이다.

용접전류는 연강두께가 1mm 일 때 8,000A 정도로 하고, 가압력은 250 kg, 용접시간은 $\frac{1}{3}$ 초 정도가 적합하다.

- 전기 저항용접인 프로젝션 용접의 특징은 다음과 같다.

① 판 두께가 서로 다른 판재의 접합이 가능하다
② 열전도율이 다른 금속의 용접이 가능하다

③ 피치가 작은 점용접이 가능하다.
④ 전극의 수명이 길고 작업능률이 좋다.
⑤ 전류와 압력이 각 점에서 균일하므로 용접의 신뢰도가 높다.

3.3.3 시임용접(seam welding)

시임용접은 [그림 3.48]과 같이 점용접의 전극봉 대신에 롤러 전극을 사용하는 용접형식으로 주로 기밀이나 수밀을 요하는 부분의 접합에 이용된다.

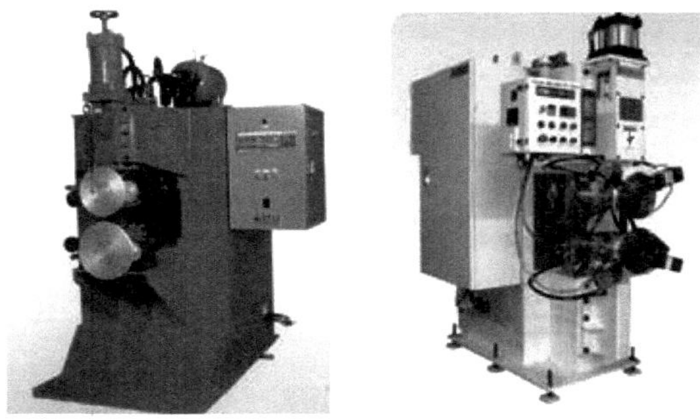

[그림 3.48] 심 용접기의 외형

시임용접 전류의 통전방법에는 단속 통전법과 연속 통전법, 그리고 맥동 통전법이 있는데 이 가운데 단속 통전법이 가장 널리 사용되고 있다. 용접 조건은 롤러전극의 접촉 면적이 넓어 점용접에 비해 용접전류는 1.5~2.0배 정도이며, 압력은 1.2~1.6배 정도로 한다.

전극재질은 구리이며 지름 250mm전후의 원판이 주로 사용된다. 전극부에 발열이 많아 물을 순환시키거나 외부에서 뿌려 냉각시킨다.

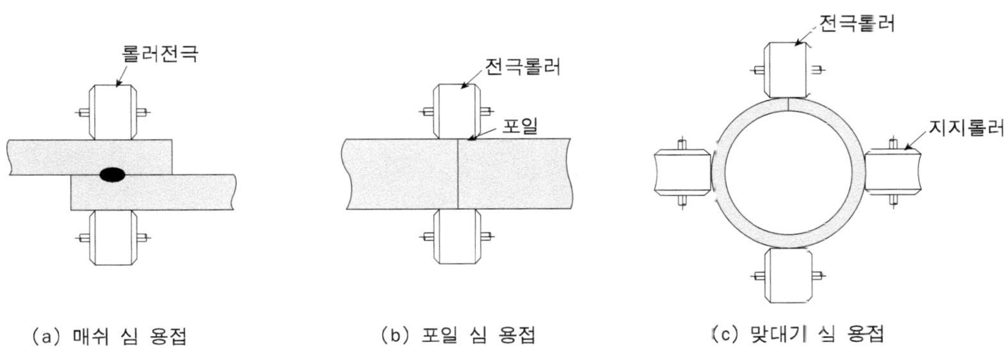

[그림 3.49] 시임 용접 종류

시임 용접은 [그림 3.49]와 같이 회전 롤 전극 사이에 접합하고자하는 모재를 놓고 전류를 공급하면서 전극을 회전시켜 다양한 형태로 모재를 연속적인 점용접을 하는 용접방법이다. [그림 3.50]

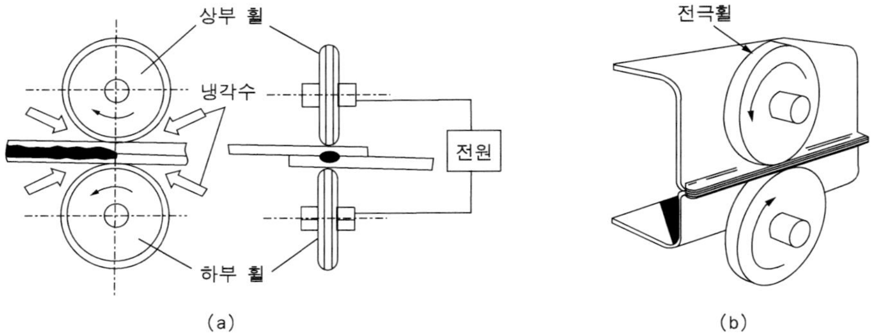

[그림 3.50] 시임 용접방법

- 전기저항 용접에서 시임용접의 종류는 다음과 같다.

① 매시 시임용접 : 판재를 겹쳐놓고 하는 시임 용접이다.
② 포일 시임용접 : 모재를 맞대놓고 이음부에 같은 종류의 얇은 판을 대고 하는 시임용접을 말한다.
③ 맞대기 시임용접 : 판 끝을 맞대어 가압하고 두 개의 롤로 맞대기 한 면에 통전하여 접합하는 방법으로 시임 파이프 제조용으로 쓰인다.

3.3.4 업 셋 용접(up set welding)

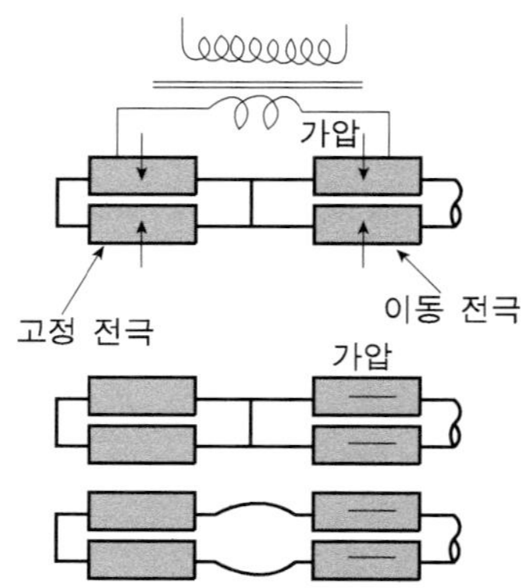

[그림 3.51] 맞대기 용접

[그림 3.51]과 같이 접합할 모재를 전극 클램프로 잡고 접합면을 맞대고 가압하면서 통전하여 저항열에 의해 가열되어 접합 온도에 도달했을 때 전류를 끊고 가압하여 접합하는 용접을 맞대기용접 또는 업 셋 용접이라고 한다. 업 셋 용접은 업 셋 부분이 깨끗하고 균일하며 용접기가 간단하다.

3.3.5 플래시 버트 용접(flash butt welding)

플래시 버트 용접은 업 셋 용접과 유사하나 다른 점은 [그림 3.52]와 같이 접합부가 적당한 거리로 떨어진 상태에서 전류를 통하고 서서히 접근시켜 스파크와 단락전류에 의한 저항열에 의해 가열시키고 용접가능 상태에서 가압 접합하는 용접법이다. [그림 3.53]은 소형 플래시 버트 용접기의 외형을 나타낸 것이다.

용접부의 접촉 면적이 크거나, 접촉점의 전류 밀도가 부족하여 스파크가 발생하지 않을 때에는 한 쪽을 붙였다 뗐다 반복하여 스파크를 발생시킨다. 플래시 버트용접은 산화현상이 미미하므로 용접하기 힘든 구리나 황동, 그리고 알루미늄 등의 용접을 용이하게 한다.

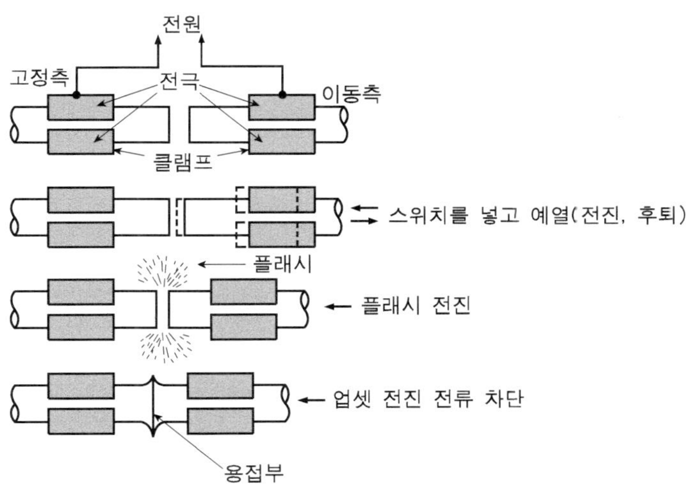

[그림 3.52] 플래시 버트 용접의 원리

• 플래시 버트 용접의 특징은 다음과 같다.

① 용접 강도가 크다.

② 가열범위가 좁아 열영향부가 적다.

③ 용접 속도가 빠르고 소비전력이 적다.

④ 접합면에 산화물이 잔류하지 않는다.

⑤ 이종금속의 접합이 가능하다.

⑥ 업 셋 량이 적다.

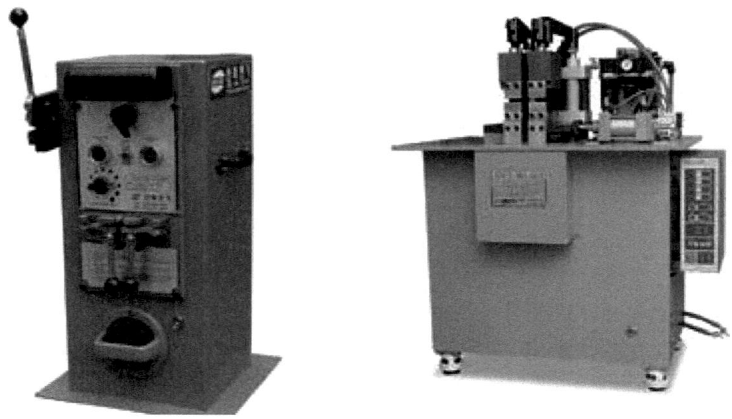

[그림 3.53] 플래시 버트 용접기의 외형

3.3.6 퍼커션 용접(percussion welding)

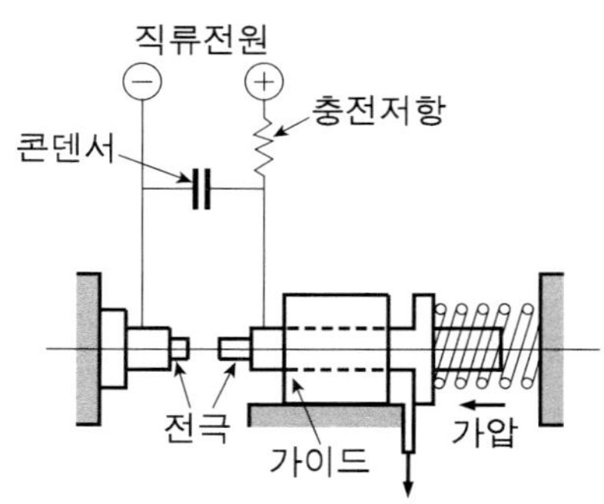

[그림 3.54] 퍼커션 용접원리

충격용접이라고도 하며 [그림 3.54]와 같이 직류(DC) 전원에서 콘덴서에 축전된 전기를 금속 접촉면을 통하여 급속히 방전시킬 때 발생하는 아크열로 접촉부를 가열하고 충격적 압력을 가하여 접합하는 용접법이다. 압력을 가하는 기구로는 낙하를 이용한 것이나 스프링의 압축을 이용한 것이 있다. 그리고 공기 피스톤에 의한 것도 있으며 방아쇠를 당기면 고속으로 용접재료가 상호 충돌하게 되어 있다. 접합시간은 아주 짧은 1/300초 정도이고 구리나 알루미늄, 은, 백금 등의 가는 철사용접에 사용하며 서로 다른 금속간의 용접도 가능하다.

제4절 특수 용접

3.4.1 불활성 가스 아크용접(inert gas arc welding)

[그림 3.55]와 같이 토치로부터 불활성 가스인 아르곤(Ar)이나 헬륨(He) 등을 분출시켜 이 가스 속에서 아크를 발생시켜 용접하는 용접법을 불활성 가스 아크용접이라 한다. 불활성 가스 아크 용접은 시그마용접이라고도 한다.

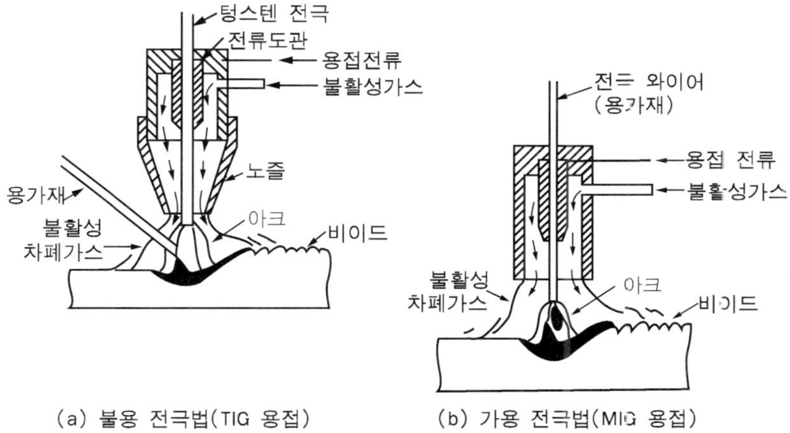

(a) 불용 전극법(TIG 용접) (b) 가용 전극법(MIG 용접)

[그림 3.55] 불활성 가스 아크용접 원리

불활성 가스 용접은 불활성 가스에 의해 용접부가 공기로부터 차단되어 공기 중의 산소 및 질소의 영향을 받지 않으므로 보다 강하고 전연성과 내식성이 풍부한 용접부위를 얻을 수 있다. 또한 용제를 사용하지 않으므로 용접 후에 청소도 필요 없어 경제적이며, 스패터나 유해가스의 발생이 거의 없다.

불활성 가스 아크 용접은 거의 모든 금속에 적용되며, 특히 스테인리스강, 알루미늄, 마그네슘, 니켈 및 이들의 합금과 특수강의 용접에 널리 이용되고 있다. 불활성 가스 아크 용접은 전극에 따라 TIG용접과 MIG용접으로 구분한다.

1. TIG 용접(tungsten inert gas arc welding)

TIG 용접은 [그림 3.56]과 같이 불활성 가스 아크용접에서 텅스텐 전극을 사용하는 용접을 말하며 용가재인 용접봉은 별도로 공급한다. 주로 0.6~3.0mm의 얇은 판재의 용접에 사용되고 있다.

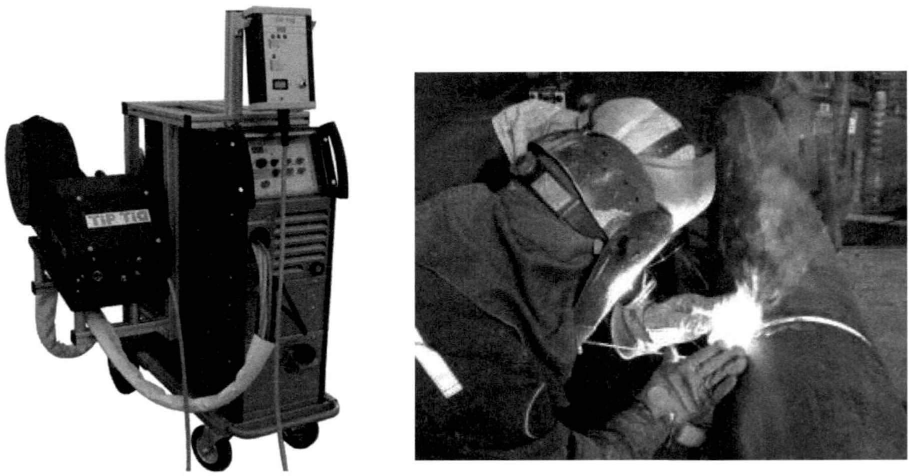

[그림 3.56] TIG용접기와 용접작업

TIG 용접에서는 용접 전류로서 직류와 교류가 이용되고 있으며 직류에서는 극성에 따라 [그림 3.57]과 같이 모재의 용입 모양이 달라지는데 정극성에서는 용입이 깊고, 역극성은 용입이 넓고 얇다. 교류에서는 용입이 중간 정도 된다.

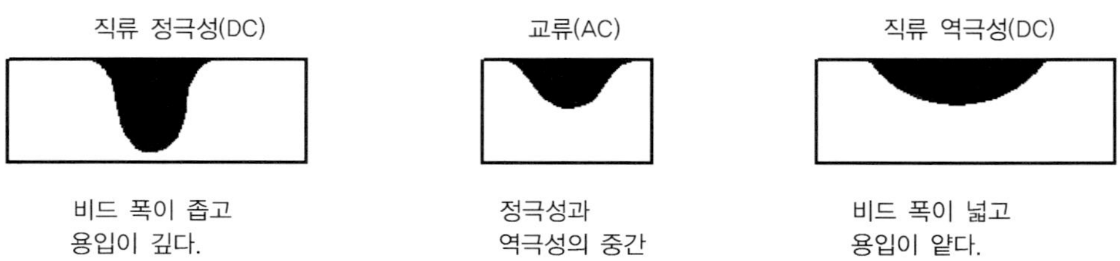

[그림 3.57] TIG용접의 용입 특성

2. MIG 용접(metal inert gas arc welding)

불활성 가스 아크용접에서 MIG용접은 금속 전극을 사용하는 용접을 말하며 [그림 3.58]과 같이 종류가 다양하다. 금속 전극 자체가 용접봉 역할을 하여 와이어 형태의 전극이 자동으로 공급되면서 소모되는 만큼 거의 자동으로 용접이 이루어진다. 모재는 주로 3mm이상의 두꺼운 판을 용접 할 때 많이 사용된다.

[그림 3.58] MIG용접기의 외형

3.4.2 탄산가스 아크용접(CO_2 gas arc welding))

[그림 3.59]와 같이 MIG용접에서는 불활성 가스 대신 값이 싼 CO_2가스를 아크주위에 분출하면서 용접하는 방법으로 주로 철강 용접에 많이 사용하고 있다. 이산화탄소 아크용접, 또는 CO_2용접이라고도 한다.

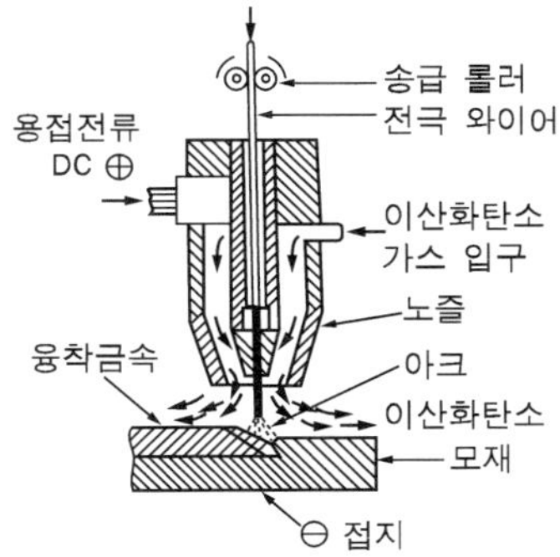

[그림 3.59] CO_2가스용접의 원리

탄산가스 용접에서 고온 상태의 아크 중에서는 용착 금속의 산화가 심하여 기공 및 그 밖의 결함이 생기기 쉬우며, 이를 방지하기 위하여 망간-규소계 탈산제를 공급하며 용접한다.

[그림 3.60]은 CO_2가스 아크용접기의 구성을 나타낸 그림이며 탄산가스 용접은 탈산제 공급방식에 따라 솔리드 와이어방식과 용제와이어방식, 그리고 분말 용제방식이 있다.

[그림 3.60] CO_2가스용접기의 구성

3.4.3 서브머지드 아크용접(submerged arc welding)

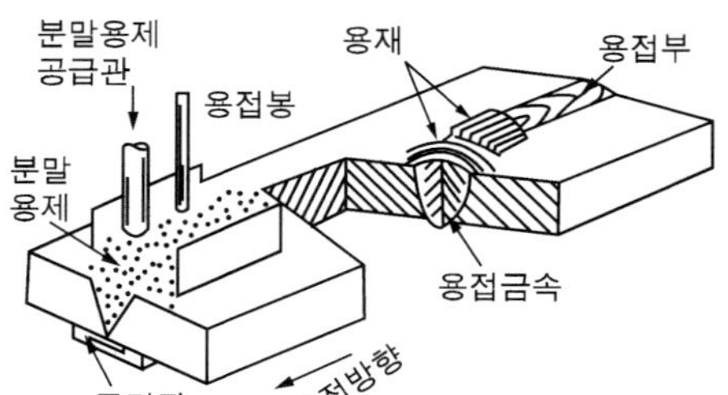

[그림 3.61] 서브머지드 아크용접의 원리와 작업

[그림 3.61]은 서브머지드 아크용접의 원리와 실제 작업 중인 부위를 나타낸 것으로 분말 용제로 용접부를 덮고 용제속에서 모재와 용접봉 사이에 아크를 발생시켜 그 아크열로서 용제와 용접봉 및 모재를 용해시켜 용접하는 방법으로 잠호용접이라고도 한다.

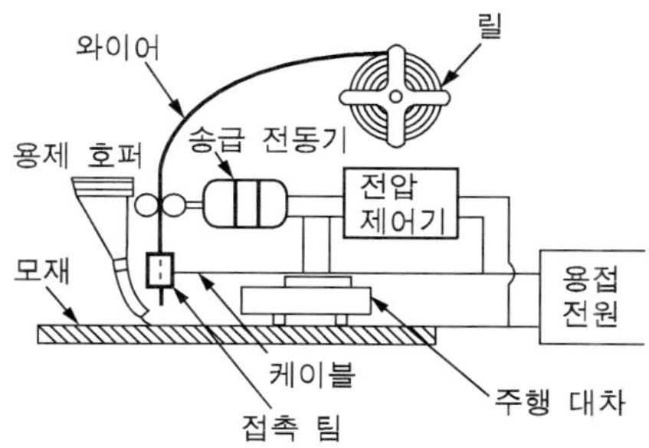

[그림 3.62] 서브머지드 아크 용접 장치

[그림 3.62]에서 보는바와 같이 서브머지드 아크용접기는 와이어 공급 장치와 아크 발생장치, 그리고 주행 장치 등으로 구분된다. 용접 중에는 용제가 아크 부위를 덮고 있어 대기로부터 용착 부위를 보호할 수 있으며, 전극 와이어에 흐르는 전류 밀도가 크기 때문에 두꺼운 판의 용접에 적당하다. 그리고 아크용접 속도가 빨라 일반 수동 용접에 비해 용접 두께 12mm에서는 2~3배, 25mm에서는 5~6배, 50mm에서는 8~12배정도의 능률적인 작업을 할 수 있다.

3.4.4 원자수소 용접(atom hydrogen welding)

2개의 텅스텐 전극사이에서 아크를 발생시키고 여기에 수소가스(H_2)를 분출하여 분자상태의 수소를 열해리를 시켜 원자상태(2H)의 수소로 되며, 용접 부위에서 냉각되어 원자상태의 수소가 다시 결합하여 분자 상태로 결합할 때 방출하는 결합열(3000~4000℃)을 이용하여 용접하는 방법이다.

원자수소 용접은 수소 가스로 대기를 차단한 상태에서 이루어지므로 용착쿠에 산화 및 질화작용이 없어 특수합금, 박판의 용접이 용이하고 또한 연성이 풍부하고, 조직이 양호한 접합을 얻을 수 있다. [그림 3.63]은 원자수소 용점을 [그림 3.64]는 원자수소 용접장치를 나타냈다.

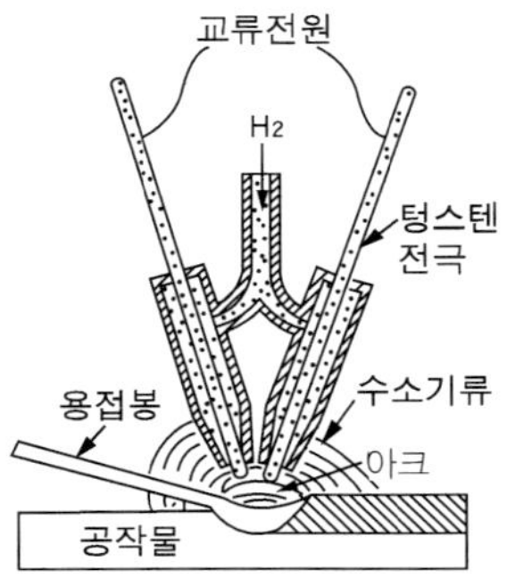

[그림 3.63] 원자수소 용접 원리

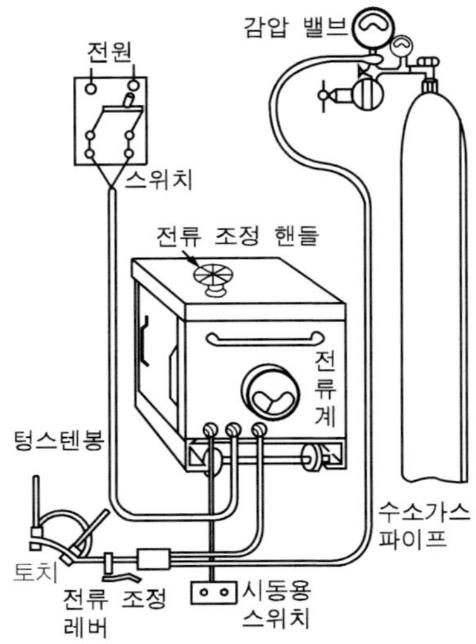

[그림 3.64] 원자수소 용접 장치

3.4.5 플라즈마 용접(plasma welding)

기체를 수천도의 높은 온도로 가열하면 이온화하여 전자와 양이온으로 전리되어 도전성을 띄게 되는데 이런 기체를 플라즈마라 한다. 이 플라스마는 매우 높은 열에너지 밀도를 가지고 있으므로 5,000~20,000℃의 고온을 얻을 수 있다. 이 플라즈마는 용접 및 절단에 사용한다. 사용되는 가스는 헬륨을 첨가한 아르곤이 사용된다.

플라즈마 용접은 [그림 3.65]에서 보는바와 같이 플라즈마의 발생 방법에 따라 플라즈마 제트와 플라스마 아크가 있다.

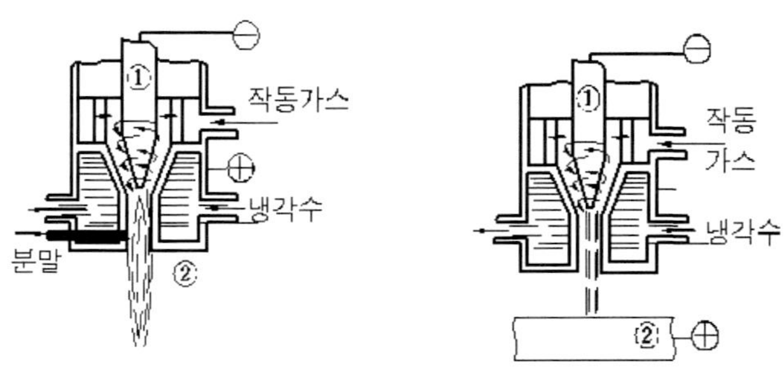

(a) 플라즈마 제트 (b) 플라즈마 아크

[그림 3.65] 플라즈마 용접의 원리

3.4.6 일렉트로 슬래그 용접(electro slag welding)

처음 용접이 시작될 때 용제 속에 묻혀 있는 전극과 모재 사이어 아크를 발생시켜 이 아크열로 용재를 녹여 용융 슬래그가 되면 아크는 꺼지고 용융 슬래그에 흐르는 전류의 저항열로 모재와 전극을 녹여 용접하는 방법이다.

[그림 3.66]에서 보는바와 같이 용접할 때에는 용융금속과 슬래그가 흘러나오지 않도록 수냉식 미끄럼판을 서서히 위쪽으로 올리면서 와이어를 연속적으로 공급하며 용접이 이루어지도록 한다. 그러므로 단층 상진 용접이라고도 한다. 이 용접은 두꺼운 판의 용접에 적합하고 경제적이다.

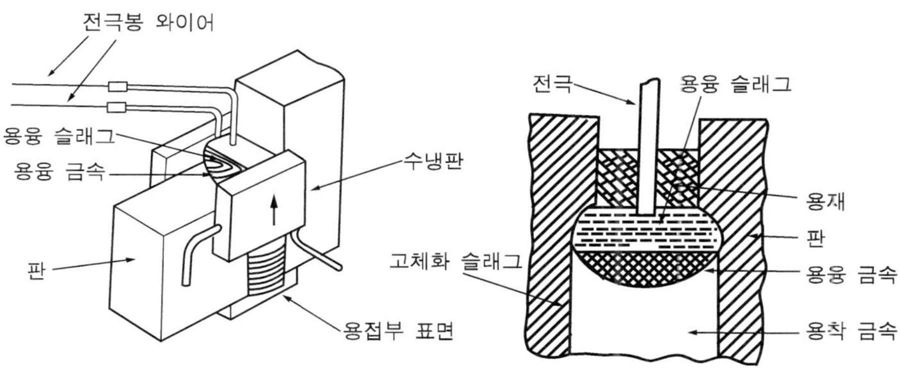

[그림 3.66] 일렉트로 슬래그 용접

3.4.7 전자빔 용접(electro beam welding)

고진공 속에서 발생하는 고속 전자빔을 접합부에 충돌시켜 충격발열을 이용하는 용접방법으로, [그림 3.67]에서 보는바와 같이 전자빔의 용접 장치는 전자빔을 발생하는 전자빔 건과 공작물을 올려놓는 가공대가 진공 속에 장착되어 있으며 조작은 밖에서 할 수 있도록 되어있다.

- 이 용접의 특징은 다음과 같다.

1) 대기에서 용접이 곤란한 Zr, Be, Mo 등의 활성금속의 용접에 적합하다.
2) 진공용접에서 증발하기 쉬운 아연, 카드뮴 등의 용접은 부적당하다.

3) 용융점이 높은 텅스텐, 몰리브덴 등의 용접이 가능하다.
4) 좁고 깊은 용입이 된다.
5) 열영향부가 적어 용접 변형이 적고 잔류응력이 적다..
6) 시설비가 고가이다.

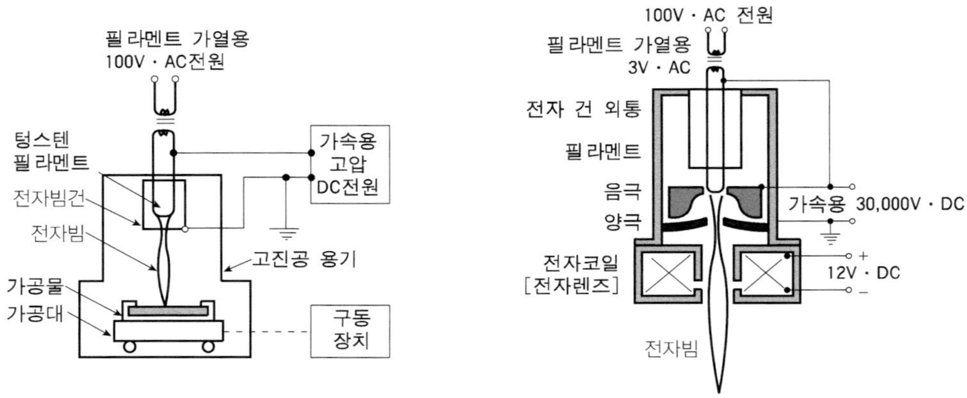

(a) 전자빔 용접 원리

(b) 전자빔건(gun)

[그림 3.67] 전자빔 용접의 원리

3.4.8 초음파 용접(ultrasonic welding)

초음파 용접은 [그림 3.68]에서 보는 바와 같이 2개의 접합면을 가압하면서 초음파 진동을 가하여 그 에너지를 용접부에 보내 접합하는 방법이다. 용접면 근방의 슬라이딩 작용과 내부 마찰에 의한 가열로 어느 정도 융합되어 합금화되고 또한 금속원자의 확산으로 2개의 면이 완전 접합된다.

초음파 용접은 신뢰성이 높고 다양하게 사용된다. 금속과 비금속 구분 없이 적용되며 또한 이종금속의 접합이 가능하다. [그림 3.69]에서와 같이 특히 얇은 재료에 적합하여 알루미늄 포일 용접이나 Al-Cu용접, 그리고 전자산업의 소형부품 용접 등 광범위하게 이용되고 있다.

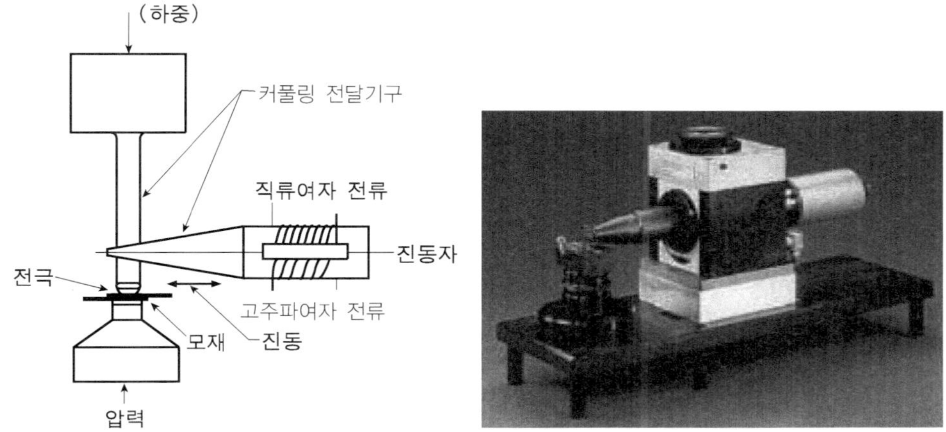

[그림 3.68] 초음파 용접의 원리와 장치

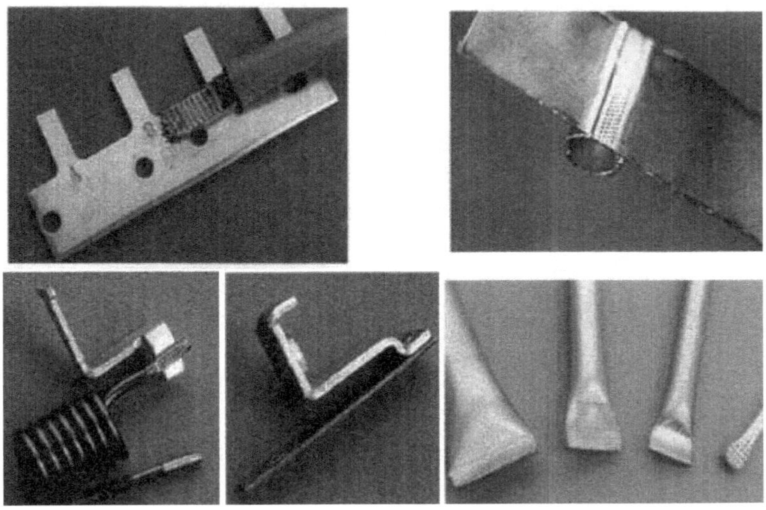

[그림 3.69] 초음파 용접 제품

제5절 가스 용접

3.5.1 개요

가스용접(gas welding)은 가연성가스와 산소의 혼합 가스를 연소시켜 이때 발생하는 연소 반응열을 이용하여 [그림 3.70]과 같이 용접하는 것을 가스 용접이라고 한다.

가연성 가스에는 아세칠렌 가스, 프로판 가스, 부탄 가스, 석탄 가스, 천연 가스, 수소 가스 등이 있으나 아세치렌 - 산소 혼합 가스의 화염 온도가 가장 높고 화염 조절이 용이하다. 그리고 모재에 끼치는 영향이 적기 때문에 가장 널리 사용되며 가스 용접이라고 하면 통상 산소-아세치렌 혼합 가스의 용접을 말한다.

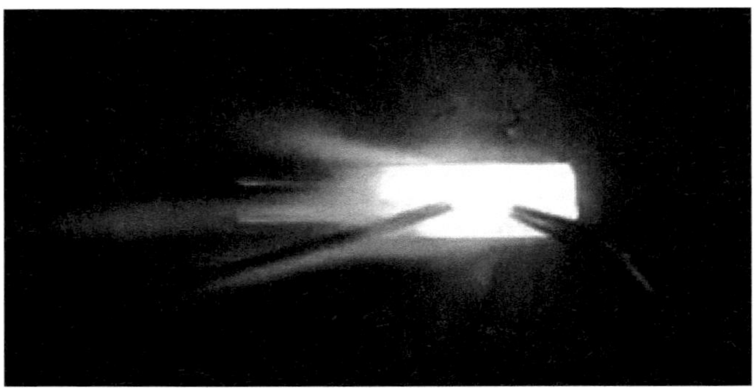

[그림 3.70] 가스 용접 작업

가스화염을 이용하면 강재의 절단이 용이하여 절단 작업과 수중 용접 등도 가능하다. 가스 용접은 전기가 필요 없으며 열량 조절이 비교적 수월하여 얇은 판 용접 및 열처리에 적합하다. 그러나 가열시간이 오래 걸리고 가열 범위가 넓어 용접 변형이 심하고 탄화 및 산화가 발생하기 쉬워 접합부의 기계적 강도가 떨어지고, 폭발과 화재의 위험성이 크다.

3.5.2 산소-아세틸렌 화염

- 아세틸렌 가스와 산소가 완전 연소될 때 화학적인 반응식은 다음과 같다.

$$2C_2H_2 + 5O_2 \rightarrow 4CO_2 + 2H_2O$$

가 된다. 그러나 실제로는 2단계를 통하여 연소하는데 제1단계는 토치 팁에서 분출되는 혼합 가스의 불완전 연소로 다음과 같다.

$$2C_2H_2 + 2O_2 \rightarrow 4CO + 2H_2$$

여기서 생긴 화염을 환원성화염이라 하며 백색 화염으로 불안전 연소 상태로 공기중의 산소와 반응하여 2단계 반응을 일으킨다.

$$4CO + 2H_2 + 3O_2 \rightarrow 4CO_2 + 2H_2O$$

이때 생기는 화염은 산화성화염이라 하며 푸른색이고 산화 작용이 심하다. 이 반응은 백색화염의 외부에서 일어나게 된다.

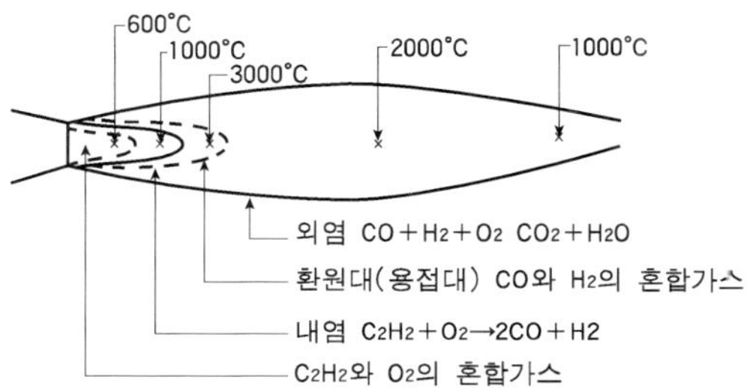

[그림 3.71] 산소-아세틸렌 화염

[그림 3.71]은 산소-아세틸렌 화염을 나타낸 것이며 [그림 3.72]에서 보는바와 같이 산소와 아세틸렌의 비율에 따라 불꽃의 상태가 다르게 된다.

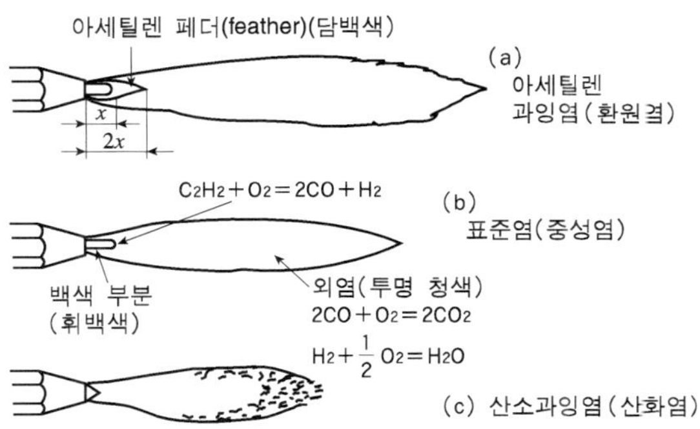

[그림 3.72] 산소-아세틸렌 화염 종류

[그림 3.72]의 (a)와 같이 아세틸렌을 산소보다 많이 혼합하면 탄소분이 많아져 탄화화염으로 되어 연소가 불충분하므로 온도가 상승하지 않는다. 일반적으로 산소-아세틸렌의 비율

이 적당하면 [그림 3.72]의 (b)와 같이 중성화염 또는 표준화염이 된다.

반대로 [그림 3.72]의 (c)와 같이 아세틸렌보다 산소가 많으면 청백색의 심연 주변이 푸른 화염을 형성하고 산화작용이 심하다. 이것을 산화성화염이라고 한다.

1. 표준염

중성염 이라고도 하며 토치에서 산소-아세틸렌 혼합비가 약 1:1로 얻어질 때 발생하는 화염으로 화염온도가 약 33,00℃정도이고 일반 용접에 주로 사용한다.

2. 환원염

탄화염, 또는 아세틸렌 과잉염이라고도 하며 아세틸렌이 산소보다 많이 혼합될 때 발생하는 화염으로 화염온도가 약 32,00℃정도이고 용착점에 침탄이 일어나 산화가 일어나지 않으므로 스테인리스강, 니켈강, 모넬메탈, 알루미늄 등의 용접에 사용한다.

3. 산화염

산소 과잉염 이라고도 하며 산소가 아세틸렌보다 많이 혼합될 때 발생하는 화염으로 화염온도가 약 35,00℃정도이고 철의 비등이나 불똥이 많이 생기고 용착철이 산화하기 쉽다. 주로 황동, 청동, 아연, 납땜 등에 비철금속의 접합에 사용한다.

3.5.3 가스용접 장치

산소-아세틸렌 용접은 산소 용기와 아세틸렌가스 용기로부터 고무호스를 통해 용접 토치에서 적당한 비율로 혼합시켜 토치의 화구에서 연소시켜 열원을 얻는다. 산소는 산소통에서 공급하고, 아세틸렌가스는 용해 아세칠렌 통이나 아세틸렌 발생기에서 공급되는 2가지 방식이 있으나 지금은 용해 아세틸렌이 거의 대부분이다.

용해 아세틸렌은 제조공장에서 생산한 가스를 바로 사용할 수 있으나 카바이트를 사용하는 아세틸렌 발생기에서 직접 공급 받을 때에는 아세틸렌 청정기와 안전기와 같은 부대 장치가 필요하다.

[그림 3.73]은 앞에서 말한 발생장치를 사용하여 아세틸렌가스를 생산하여 사용하는 종전의 방식이고 아래 그림은 현재 사용 중인 용해 아세틸렌을 구입해서 사용하는 방식으로 용접장치의 배치와 구성을 나타낸 것이다.

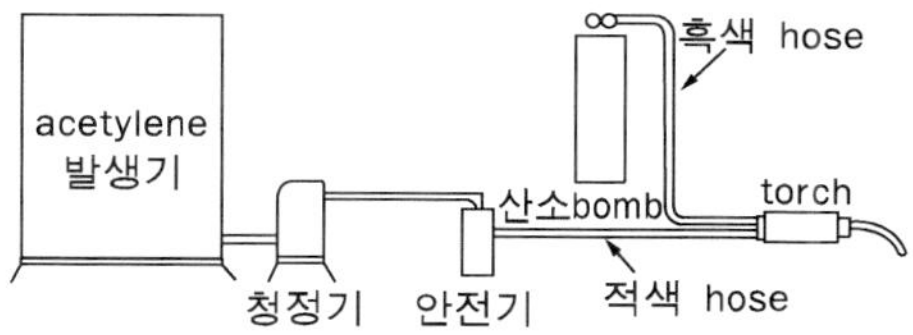

(a) 발생기 아세티렌 - 산소 용접

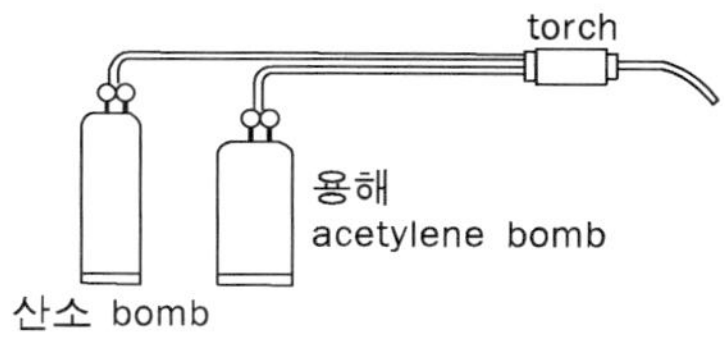

(b) 용해 아세티렌 - 산소 용접

[그림 3.73] 산소-아세틸렌 용접장치

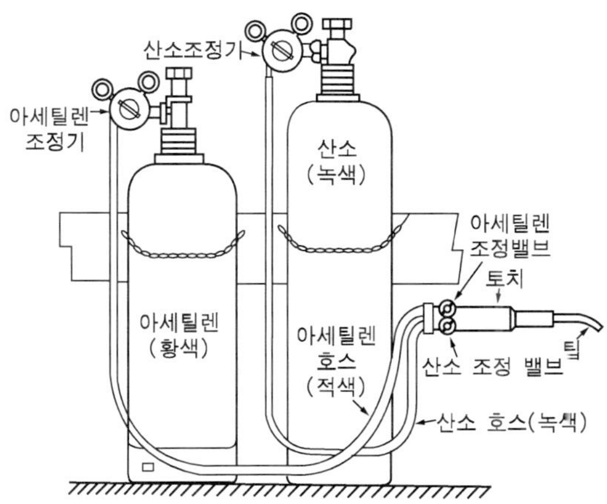

[그림 3.74] 산소-용해 아세틸렌 용접장치

[그림 3.74]은 황색 용해 아세틸렌과 산소를 사용하는 일반적인 가스용접장치를 나타낸 것이다.

1. 산소 통

[그림 3.75]와 같이 산소통은 키가 크고 녹색이며 재질은 강을 사용한다. 이음매 없이 만든 고압용기로 5000l, 6000l, 7000l의 3종류가 있다. 가스 용접에 사용되는 봄베(통)에 들어 있는 산소는 35℃에서 150기압으로 충전하여 사용한다.

(a) 산소 통

(b) 휴대용 가스 용접장치

[그림 3.75] 산소 통과 휴대용 가스 용접장치

2. 용해 아세틸렌 통

용해 아세틸렌은 산소와 같이 그 제조에 관한 내용이나 판매, 그리고 저장과 취급 등이 고압가스에 관한 법률로 엄격히 규정되어 있다. 아세틸렌 용기 속에는 목탄이나 규조토 석면 등과 같은 다공성 물질이 충전되어 있고 여기에 아세톤을 흡수시키고, 아세틸렌가스는 이 아세톤에 용해시켜서 사용한다. 일반적으로 용해 아세틸렌가스 통에 들어 있는 아세틸렌가스는 15℃에서 15기압으로 충전되어 사용된다.

[그림 3.76]에서 보는바와 같이 용해 아세틸렌 용기의 황색이며 크기는 15l, 30l, 50l의 3종류가 있고 30l통이 가장 많이 사용된다.

[그림 3.76] 아세틸렌 봄베(통)

아세틸렌가스 1kg은 대기에서 910l의 부피로 환산되므로 아세틸렌 통속에 들어 있는 아세틸렌가스의 양은 다음 식으로 계산한다.

$$(\text{용해아세틸렌통의총무게} - \text{빈통이무게}) \times 910$$

아세틸렌 통은 세워서 보관하고 화기나 온도 및 충격에 유의해야 한다. 유출 검사는 비눗물로 수시로 하며 밸브는 1/2~1/4회전 정도 조금만 열어 유출량이 1000l/h이너로 하고 사용압력도 1kg/cm^{2}이하로 사용한다. 안전밸브는 70℃가 넘으면 작동하므로 열에 닿지 않도록 하고 빈병은 약간의 압력을 남겨두어 이물질이 들어가지 않게 보관한다.

3. 압력 조정기

압력 조정기는 [그림 3.77]에서 보는바와 같이 실제 사용하는 압력보다 범위가 넓게 만들어져 있으며, 용기 내에 들어 있는 고압의 산소 및 아세틸렌을 용접에 적합한 사용압력으로 감압하고 일정한 압력을 유지할 수 있게 하는 장치이며, 일명 감압 밸브라고도 한다.

산소용이나 아세틸렌용 압력 조정기의 외형이나 구조는 유사하여 어느 것이나 병 안의 고압을 측정하는 고압게이지와 사용압력으로 조정하는 저압게이지가 있다. 사용압력은 산소일 경우 1~5kg/cm^{2}으로 감압시켜 사용하고 아세틸렌은 0.1~0.5kg/cm^{2}으로 조정하여 사용한다.

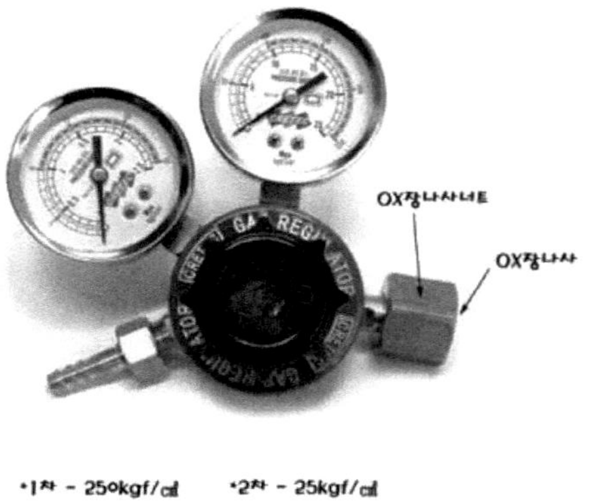

(a) 산소 압력 조정기

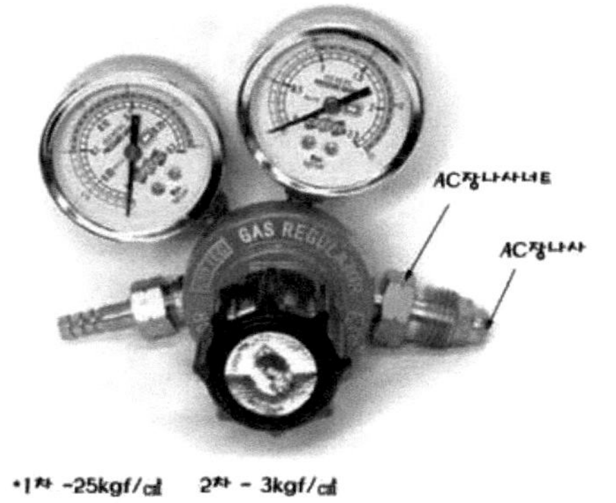

(b) 아세틸렌 압력 조정기

[그림 3.77] 압력 조정기

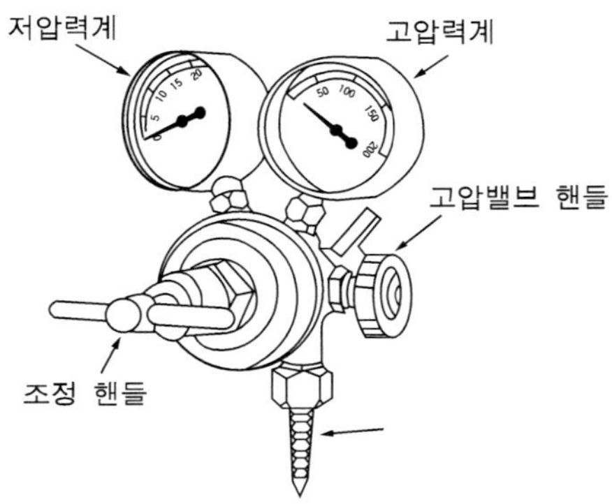

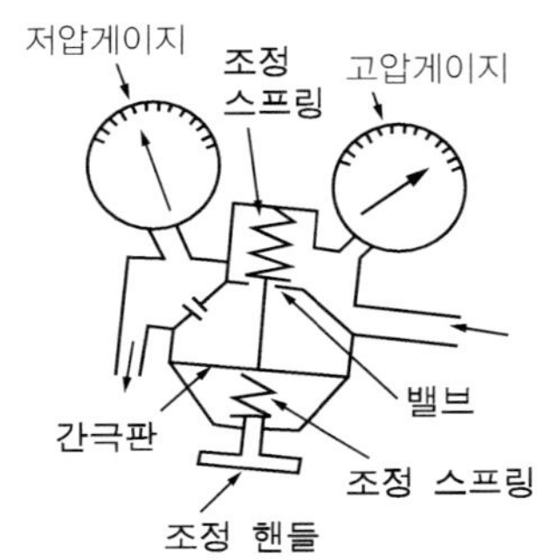

[그림 3.78] 압력 조정기 구조(프랑스식)

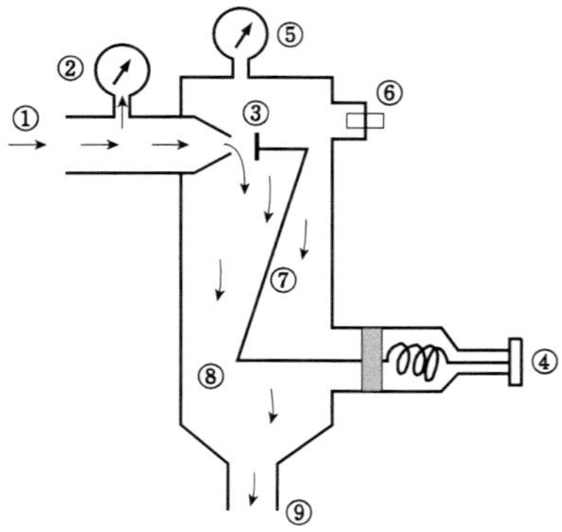

① 산소 및 아세틸렌 병에서
② 고압계(병의 압력표시)
③ 밸브(밸브 ④를 돌려 ③을 연다)
④ 밸브로 사용압력을 조정
⑤ 저압계(사용압력표시)
⑥ 안전밸브
⑦ 밸브지지대
⑧ 저압가스실
⑨ 출구(조정압력)

[그림 3.79] 압력 조정기 구조(독일식)

압력 조정기에는 [그림 3.78]과 같이 조정 핸들이 붙어 있는 스템형인 프랑스식과 [그림 3.79]와 같이 노즐형인 독일식이 있다.

4. 용접 토치

용접 토치는 [그림 3.80]과 같이 연소를 도와주는 가스인 산소와 가연성 가스인 아세틸렌 가스를 혼합하고 이 혼합가스를 분출시켜 화염을 형성하는 기구르서 손잡이 부분과 가스 혼합실, 그리고 가스가 흐르는 통로인 도관과 나가는 부분인 팁 등으로 구성되어 있다. 손잡이 부위에는 산소 및 아세틸렌가스용 고무호스를 연결하는 연결부분이 있다.

용접 토치는 가스의 사용 압력에 따라 저압식 토치, 중압식 토치, 고압식 토치가 있다.

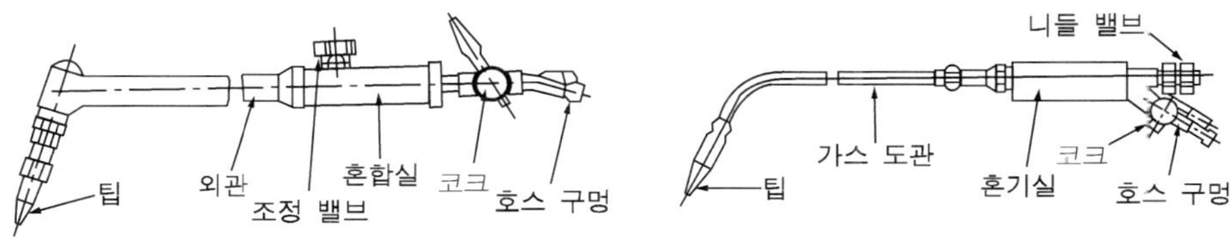

(a) A형 (독일식) 용접 토치 (b) B형 (프랑스식) 용접 토치

[그림 3.80] 용접토치의 구조

0.07kg/cm^2 이하로 사용되는 저압식 토치는 불변압식과 가변압식이 있고, 중압식 토치는 사용범위가 0.07~1.3kg/cm^{2}이고, 고압식 토치는 등압식 토치라고도 하며 1.3kg/cm^{2}이상이다. 토치는 용도에 따라 용접용, 절단용, 스카핑용이 있고 어느 것이나 안정된 불꽃이 발생되어야하며 역화 염려가 없고 표준염에서 산소-아세틸렌가스의 혼합비가 1: 1로 되어 안정성이 높아야한다.

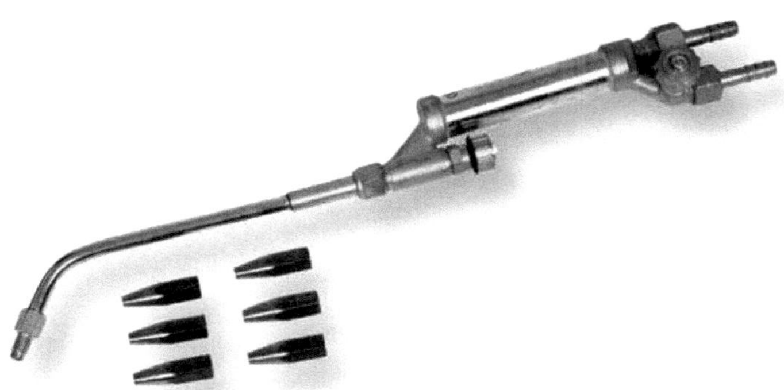

[그림 3.81] 실제 사용 중인 용접토치의 외형

[그림 3.81]은 현재 가장 많이 사용되고 있는 가스용접용 토치로서 프랑스식 용접 토치에 속한다고 볼 수 있다.

1) 가변압식 토치

프랑스식으로 B형이라고도 한다. 산소-아세틸렌가스의 혼합비 조절을 [그림 3.82]와 같이 산소 통로에 있는 니들밸브를 움직여 산소량을 조절하여 유량과 압력을 조정한다.

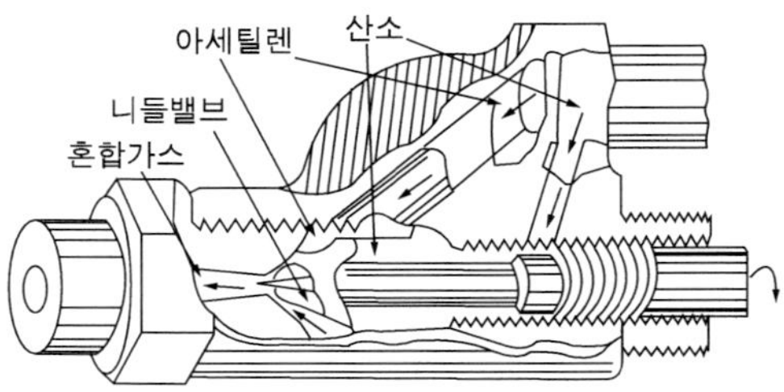

[그림 3.82] 가변압식 토치

2) 불변압식 토치

독일식으로 A형이라고도 한다. [그림 3.83]과 같이 인젝터에 니들밸브가 없고 분출량이 일정하며 산소와 아세틸렌가스의 압력 조정은 토치 입구에 있는 밸브로 조정한다.

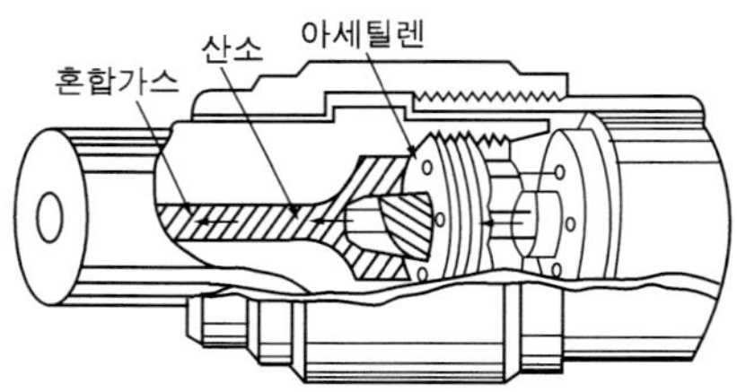

[그림 3.83] 불변압식 토치

3) 중압식 토치

아세틸렌가스 사용압력이 0.07～1.3Kg/cm^{2}의 범위에서 사용되며 [그림 3.84]에서 보는바와 같이 아세틸렌가스와 산소가 거의 같은 압력으로 혼합실에 공급된다. 필요이상으로 산소압을 높게 하면 아세틸렌 쪽으로 역류할 염려도 있으나 작업 능률면에서 저압식 보다 우수하다.

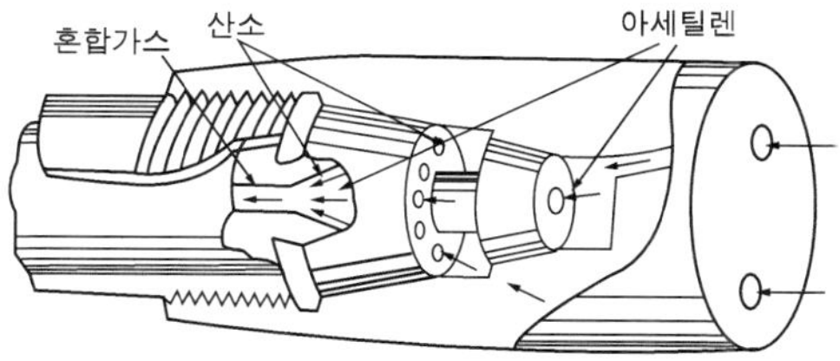

[그림 3.84] 중압식 토치

5. 가스 용접용 팁

[그림 3.85]와 같이 가스용접기 토치에 사용되는 팁의 재료는 청동으로 제작된다.

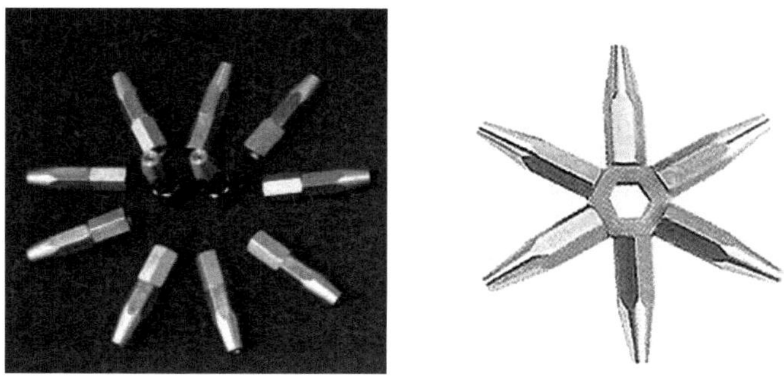

[그림 3.85] 가스 용접용 팁

〈표 3.17〉 독일식(A형)팁의 크기와 용접두께

형식	팁 번호	산소압력 (kg/cm²)	아세틸렌 압력 (kg/cm²)	용접두께 (mm)
A1호	1	1.0	0.1	1~1.5
	2	1.0	0.1	1.5~2
	3	1.0	0.1	2~4
	5	1.5	0.1	4~6
	7	1.5	0.15	6~8
A2호	10	2.0	0.15	8~12
	13	2.0	0.15	12~15
	16	2.5	0.2	15~18
	20	2.5	0.2	18~22
	25	2.5	0.2	22~25
A3호	30	3.0	0.2	25이상
	40	3.0	0.2	〃
	50	3.0	0.2	〃

〈표 3.18〉 프랑스식(B형)팁의 크기와 용접두께

형식	팁 번호	산소압력 (kg/cm^2)	아세틸렌 압력 (kg/cm^2)	판두께 (mm)
B0	50	1.0	0.1	0.5~1
	70	1.0	0.1	
	100	1.0	0.1	1~1.5
	140	1.0	0.1	
	200	1.0	0.1	1.5~2
B1	250	1.0	0.1	3~5
	315	1.5	0.1	
	400	1.5	0.1	5~7
	500	1.5	0.15	
	630	1.5	0.15	7~10
	800	2.0	0.15	
	1000	2.0	0.15	9~13
B2	1200	2.0	0.15	
	1500	2.5	0.15	12~20
	2000	2.5	0.2	
	2500	2.5	0.2	20~30
	3000	3.0	0.2	
	3500	3.0	0.2	30이상
	4000	3.0	0.2	

팁의 규격은 프랑스식(B형)은 팁 구멍에서 유출되는 가스의 유량(l/h)을 번호로 표시하고, 독일식(A형)은 용접가능한 모재의 두께를 번호로 표시한다. 프랑스식의 팁 규격에 따른 용접 두께는 팁 번호/100이 된다.

6. 아세틸렌가스 발생기

아세틸렌가스는 카바이트(CaC_2)에 물을 공급하면 화학적 반응에 의해 아세틸렌가스가 발생한다. 이때의 화학작용은 다음과 같다.

$$CaC_2 + 2H_2O \rightarrow C_2H_2 + Ca(OH)_2$$

가스 발생장치에는 용도에 따라 이동식과 고정식이 있으며, 이동식 발생장치는 카바이트 용량이 10kg이하의 적은 것에 사용되고 아세틸렌 발생량은 최대 6000l/h정도로서 저압식으로 사용된다. 고정식 발생기는 다량의 가스가 필요할 때 사용한다. 아세틸렌 발생기는 압력에 따라 저압식 발생기(0.07kg/cm^2이하, 수주 100~250mm), 중압식 발생기(0.07~

1.3kg/cm^2, 수주 300～2000mm), 고압식 발생기(1.3kg/cm^{2}이상, 수주 2000～1,5000mm)가 있다. 또 발생 방법에 따라 [그림 3.86]과 같이 투입식과 주수식, 그리고 침지식이 있다.

[그림 3.86] 아세틸렌 가스 발생기

1) 투입식 발생기

[그림 3.86] (a)와 같이 물속에 카바이트를 투입하는 방법으로 일시에 다량의 가스가 필요할 때 적합하며 고정식 발생기로 많이 쓰인다. 가스의 온도가 비교적 낮고 위험성이 적으며 가스 발생량의 조절이 용이하며 순도도 높다, 그러나 잔재를 제거하는 데 불편하다.

2) 주수식 발생기

투입식과 반대로 [그림 3.86] (b)와 같이 카바이트에 물을 주입하는 방식으로 온도 상승이 일어나기 쉽고 불순물도 많이 포함되어 있다. 또한 과열염려가 있으며 지연가스 발생도 많다. 그러나 급수의 자동조절이 용이하고 잔재의 제거도 간단하므로 많이 이용된다.

3) 침지식 발생기

[그림 3.86] (c)와 같이 카바이트가 물에 잠기는 정도에 따라 아세틸렌의 발생량을 조절하는 방식이다. 소형에 많이 쓰이며 과잉으로 발생시키는 결점이 있으나 구조가 간단하고 사용량에 따라 가스 발생을 자동적으로 조절할 수 있는 장점이 있다.

7. 청정기

아세틸렌 발생기에서 발생한 가스에는 인화수소, 황화수소, 암모니아, 일산화탄소 등 해로운 불순물이 포함되어 있다. 이러한 불순물을 제거하기 위하여 [그림 3.87]과 같은 청정기가 사용된다. 이와 같은 가스청정 방법에는 수세와 여과, 그리고 화학적 처리에 의한 청정법이 있으며 보통 화학적 청정법이 사용된다.

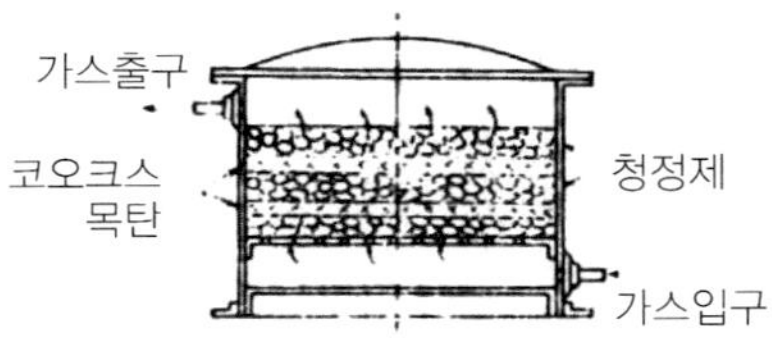

[그림 3.87] 아세틸렌 가스 청정기

8. 안전기

역화(back fire) 역류가 가스 발생장치에 도달하면 폭발 사고가 일어난다. 이를 방지하기 위하여 아세틸렌가스가 나가는 부분에 [그림 3.88]과 같은 안전기를 설치한다. 안전기에는 저압에 사용하는 수봉식 안전기와 중압이상에 사용하는 스프링식이 있다.

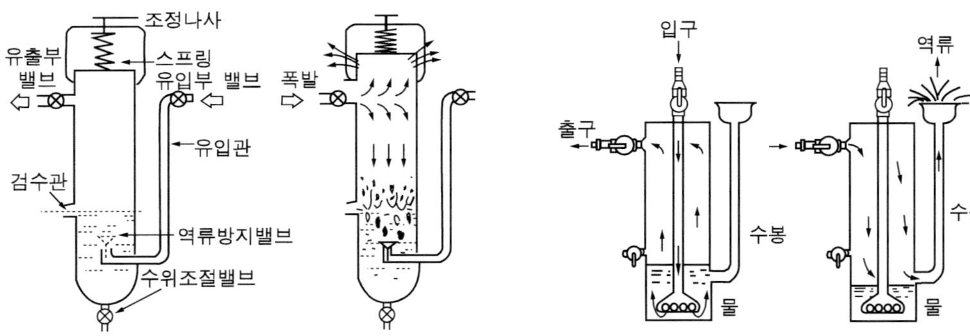

(a) 스프링식 안전기 (b) 수봉식 안전기

[그림 3.88] 안전기의 구조

9. 역류, 인화, 역화

1) 역류

토치내부의 청소 상태가 나쁘면 막힘 현상이 일어나 고압산소가 아세틸렌 호스 속으로 거꾸로 흐르는 현상을 역류라 한다. 산소가 아세틸렌 발생기에 들어가면 폭발 위험성이 있다.

2) 인화

불꽃이 가스 혼합실까지 들어가는 현상을 인화라 한다. 인화가 일어나면 먼저 산소 밸브를 닫고 아세틸렌 밸브를 닫아 혼합실내의 불을 끈다.

3) 역화

팁 끝이 모재에 닿아 순간적으로 막히거나, 팁의 고열, 조임 불량, 사용압력의 부적당 등의 원인으로 띱 끝에서 폭발음이 나면서 불길이 기어들어 갔다가 곧 정상이 되든 가, 또는 완전히 불길이 꺼지는 현상을 말한다.

3.5.4 가스 용접 작업

1. 용접봉

[그림 3.89]와 같은 가스 용접봉은 될 수 있는 대로 모재와 같은 성분으로 만들어 사용한다. 연강용 가스용접에 대한 KS규격은 KS D 7005에 규정되어 있으며 보통 비피복 용접봉이지만 아크 용접봉과 같이 피복된 용접봉도 있고, 때로는 용재를 관의 내부에 넣은 복합 심선을 사용할 때도 있다. 용접봉의 지름은 1.0, 1.6, 2.0, 2.6, 3.2, 4.0, 5 0, 6.0mm의 8종류가 있고 길이는 1m로 동일하다.

[그림 3.89] 가스 용접봉

일반적으로 가스용접에서 사용되는 용접봉 지름 D는 모재 두께를 t 라고 하면 다음 식에서 얻을 수가 있다.

$$D = \frac{t}{2} + 1$$

2. 용제

용제는 용접 중에 생기는 금속의 산화물 또는 비금속 게재물을 용해하거나 이것들을 결합시켜 용융온도가 낮은 슬래그로 만들어 용융금속 표면에 떠오르게 하고 용착금속의 성질을 좋게 한다. 용제는 분말, 페이스트(paste), 또는 미리 용접봉에 피복한 것도 있다. 보통 분말용제는 물 또는 알코올로 반죽을 만들어 용접부위에 브러시로 발라서 사용한다.

연강의 용접에는 산화철 자신이 어느 정도 용제 작용을 하기 때문에 보통 용제를 사용하지 않는다. 고탄소강과 주철에는 중탄산소다, 탄산소다, 붕사, 붕산 등이 사용되고 구리와 구리 합금에는 붕사, 붕산, 규산소다를 사용하고, 알루미늄에는 염화리튬(15%), 염화칼리(45%), 염화나트륨(30%), 불화칼리(10%)등의 혼합용제가 쓰인다.

3. 모재의 간극

모재의 재질과 판의 두께에 따라 적당한 토치와 용접봉 및 용제 등을 선정한다. 판재가 두꺼운 것은 용접 홈을 파고 적당한 루트(root)간격을 두고 [그림 3.90]과 같이 가접을 한 다음 용접을 한다. [그림 3.91]은 가스 용접에 적합한 판재의 두께와 각 형상에 따른 루트간격을 표시한다.

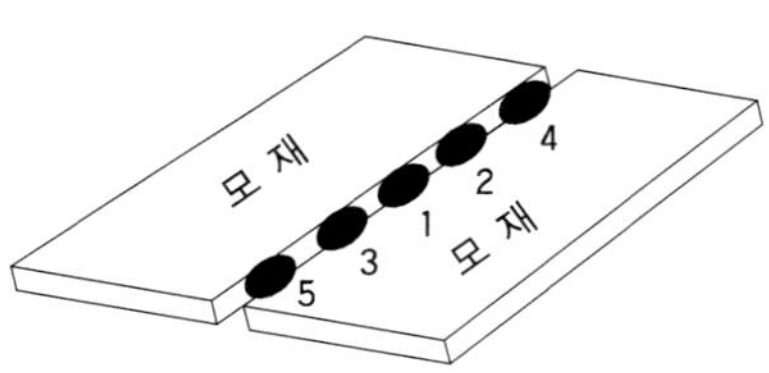

[그림 3.90] 가접 순서

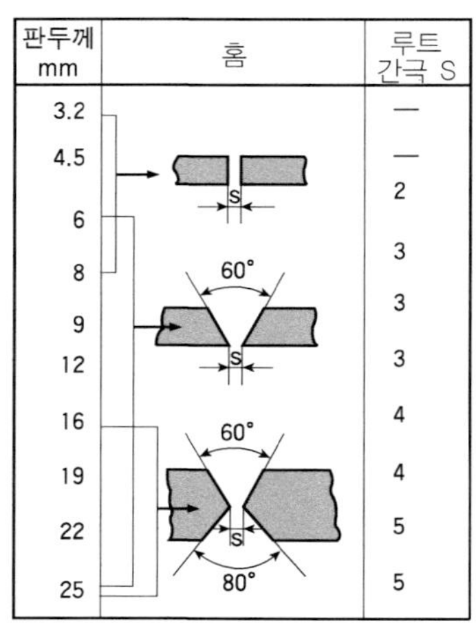

[그림 3.91] 판재의 두께와 루트간격

제6절 금속 절단

3.6.1 가스 절단 개요

강을 가스화염으로 백열 상태(약1000℃)까지 가열 후 고압의 산소를 분출하면 철은 산소에 의해 용융점이 낮은 산화철이 되어 용융 산화철이 고압의 산소에 의해 제거되면서 절단된다. 절단용 산소는 98%이상의 순도를 필요로 한다. 절단이 시작되면 강의 연소열로 인해 가열되며 연속적인 절단이 이루어진다.

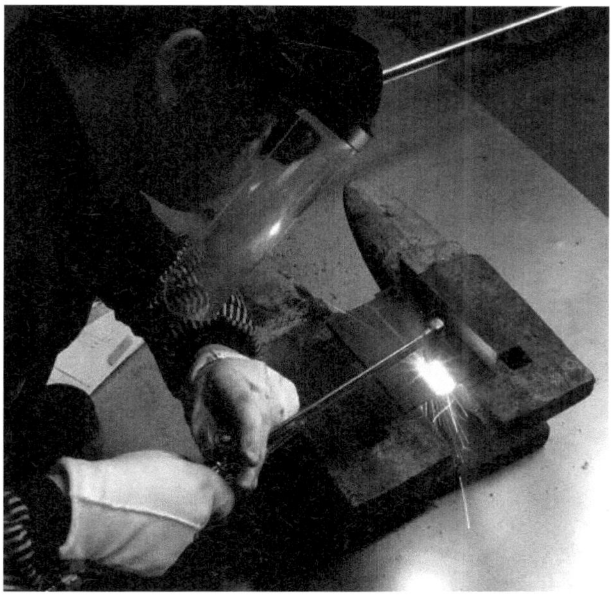

[그림 3.92] 가스 절단 작업

[그림 3.92]는 강을 절단하고 있는 작업자세이며 가스 절단할 때 발생되는 화학 반응은 다음과 같다.

$$3Fe + 2O_2 \rightarrow Fe_3O_4 + 266.9Kcal$$

•가스절단에 필요한 조건은 다음과 같다.

① 금속 산화물의 온도가 모재의 용융 온도보다 낮아야한다.

② 금속 산화물의 유동성이 좋아야한다.

③ 모재의 성분 중 연소를 방해하는 원소가 적어야한다.

따라서 연강이나 주강 등은 위의 조건을 충분히 만족시키므로 절단하기 용이하나, 주철, Al, Cu, 및 그 합금은 절단이 거의 불가능하다.

3.6.2 절단토치

가스 절단 토치는 [그림 3.93]과 같이 가스 용접 토치와 형태가 다르며, 혼합가스 분출구와 고압 산소 분출구가 구분되어 있다. 절단토치에는 저압식(0.07kg/cm^2 이하)과 중압식(0.07kg/cm^2 이상)이 있고 저압식에는 동심형과 이심형이 있다.

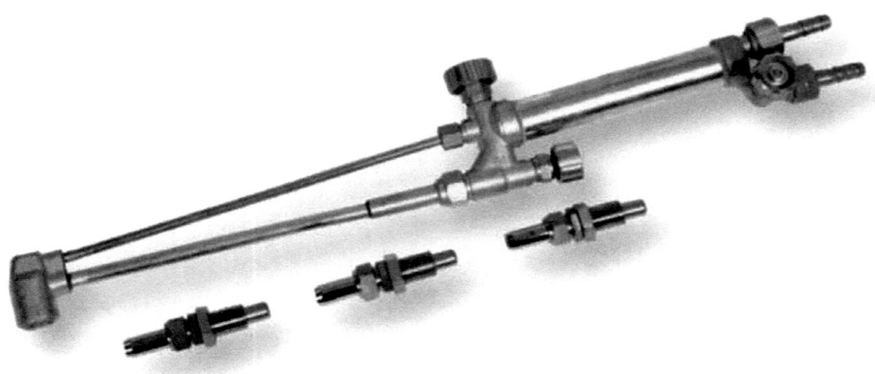

[그림 3.93] 가스 절단용 토치의 외형

1. 저압식 절단 토치

[그림 3.94]와 같이 산소와 아세틸렌가스를 혼합하여 예열용 혼합가스를 만드는 부분과 고압의 산소를 분출시키는 부분으로 나눈다. 또 토치 끝에 붙어 있는 팁은 [그림 3.95] (a)와 같이 혼합가스를 산소 분출구와 동심원의 구멍으로부터 분출하는 동심형(B형, 프랑스식)과 [그림 3.95] (b)와 같이 혼합가스와 고압 산소를 나란히 배열된 별개의 팁으로부터 분출하는 이심형(A형, 독일식)이 있다.

동심형은 직선과 곡선 모두를 자유롭게 절단할 수 있으나 이심형은 곡선 절단은 자유롭지 못하나 직선 절단에는 능률적이다.

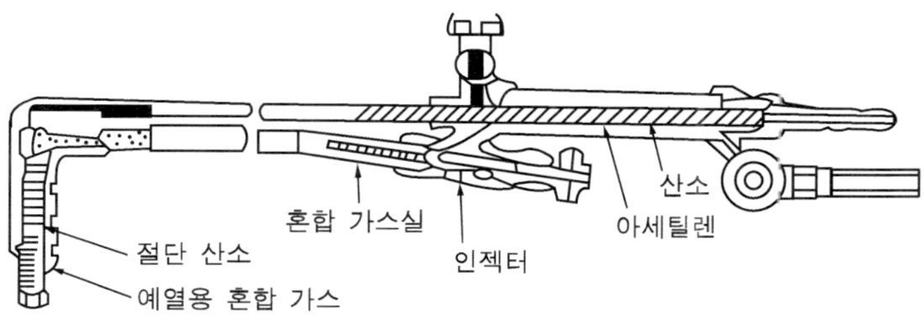

[그림 3.94] 저압식 토치

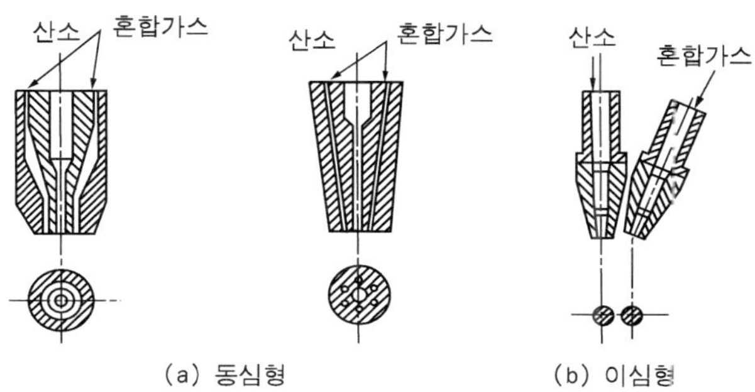

[그림 3.95] 절단 팁의 형태

2. 중압식 절단 토치

과거에는 저압식 토치를 많이 사용하였으나, 최근에는 중압식 토치를 많이 이용하고 있다. [그림 3.96]과 같이 예열 산소와 아세틸렌의 혼합이 팁에서 이루어지는 팁 혼합형과 용접 토치와 같이 예열 산소와 아세틸렌이 혼합실에서 혼합되는 토치 혼합형이 있다. 팁 혼합형은 팁에 절단용 산소, 예열용 산소, 아세틸렌이 통하는 세 개의 통로가 절단기 머리부분까지 이어져 있어 3단 토치라고도 한다. 이 토치는 역화가 일어나도 팁만 손상되고 혼합실 까지는 역화되지 않으므로 많이 사용된다.

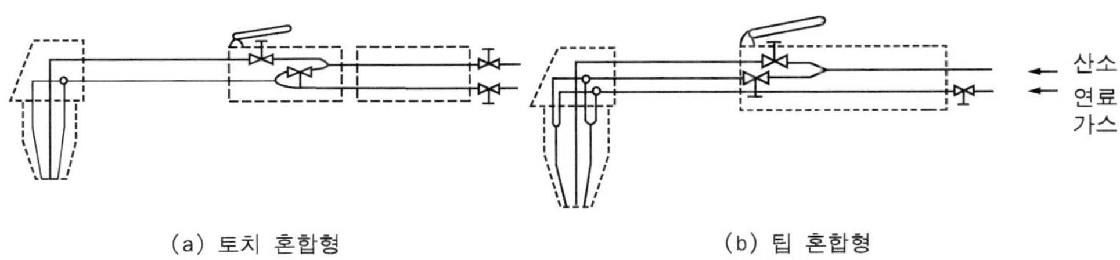

[그림 3.96] 중압식 토치

3.6.3 절단작업

가스 절단에서 팁과 모재와의 거리는 1.5～2.5mm 정도이며, 각도는 [그림 3.97]과 같이 수직절단에서는 모재와 수직으로 만들고, 경사 절단에서는 모재와 요구되는 각도만큼 경사되게 위치시킨다.

가스절단에서 절단 홈의 밑으로 갈수록 슬래그의 방해, 산화작용이 느려지고 불어내는 산소압력이 저하하기 때문에 [그림 3.98]과 같이 절단 거리에 차이가 생기며 이 거리를 드래그 또는 드래그 길이라 한다. 드래그는 절단을 판단하는 기준이 되며, 절단속도, 산소 소비량 등에 따라 변하고, 절단 속도가 아주 느리면 드래그는 0이 된다. 산소량과 산소압력을 증가 시키면 드래그는 짧아지나, 산소압력을 증가해도 더 이상 드래그가 짧아지지 않는 한계가 있다. 드래그를 길게 되는 조건에서 절단을 하면 절단 비용은 적어지나 절단 및 부분에서는 절단이 안 되는 경우도 있으므로 드래그는 절단 두께의 20%정도를 표준으로 한다. 〈표 3.19〉는 탄소강의 가스절단 조건을 예시한 것이다.

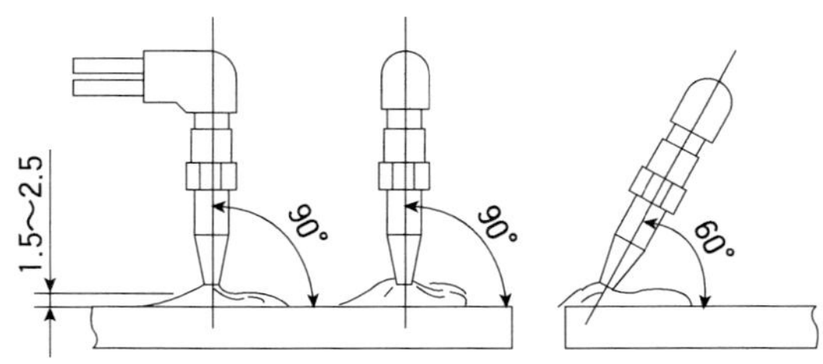

(a) 수직 절단 (b) 경사 절단

[그림 3.97] 가스절단 각도

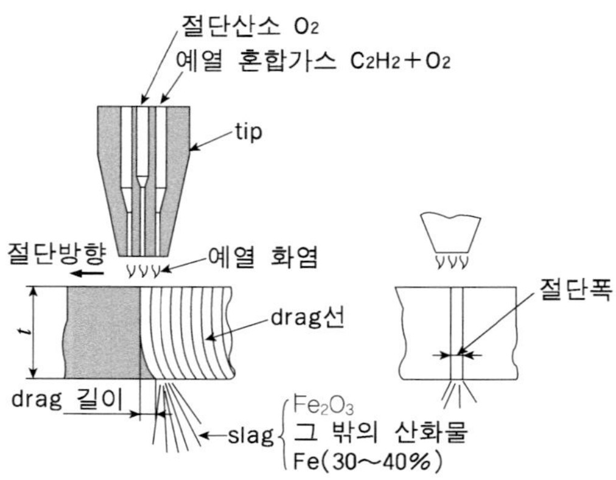

[그림 3.98] 드래그 발생 형태

〈표 3.19〉 수동가스 절단 조건

강판 두께 (mm)	tip 지름 (mm)	산소압력 (kg/cm^2)	절단속도 (mm/min)	gas 소비량 (m^3/hr)		drag(%)
				산소	acetylene	
3	0.5~1.0	1.0~2.1	510~760	0.5~1.6	0.17~0.26	–
6	0.8~1.5	1.1~1.4	410~660	1.0~2.6	0.19~0.31	–
9	0.8~1.5	1.2~2.1	380~610	1.3~3.3	0.19~0.34	–
12	1.0~1.5	1.4~2.2	305~560	1.9~3.6	0.28~0.37	15~20
19	1.2~1.5	1.7~2.5	305~510	3.3~4.1	0.34~0.43	15~20
25	1.2~1.5	2.0~2.8	230~460	3.7~4.5	0.37~0.45	12~16
50	1.7~2.0	1.6~3.5	150~330	5.2~6.5	0.45~0.57	10~15

3.6.4 가스 절단 종류

1. 보통 가스 절단

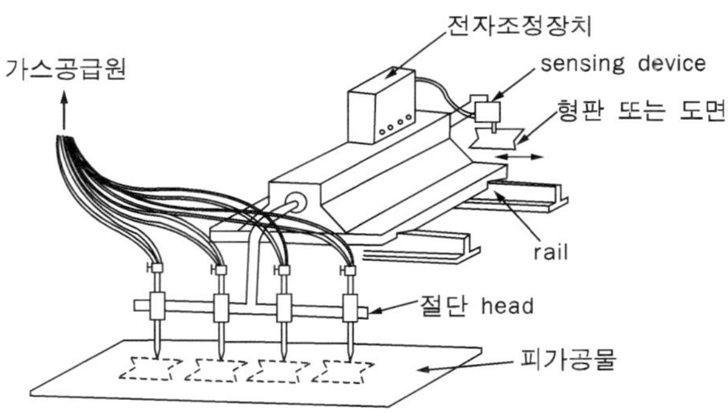

(a) 자동 절단기의 구조도

(b) 자동모형 절단기의 형태

[그림 3.99] 자동 가스 절단기

보통 가스절단에는 수동절단과 자동절단이 있는데, 수동절단에는 순수한 수동절단과 간단한 안내를 이용한 수동절단이 있으며, 자동절단에는 직선 절단, 원 절단, 모양 절단, 등을 할 수 있다. [그림 3.99]는 이동대에 토치를 고정하여 자동 이송을 주는 자동절단기로 형판에 센서를 대고 형판이나 도면 형태대로 확대하여 절단하는 구조로 되어 있다. 최근에는 프로그램에 의해 컴퓨터가 지시하는 대로 절단하는 컴퓨터 절단기도 있다.

2. 포갬 절단

비교적 얇은 판(12mm이하)을 포개어 놓고 한꺼번에 절단하는 방법으로 판과 판 사이에 오물이나 산화물을 제거하고 0.008mm 이상의 틈이 있으면 절단이 되지 않으므로 큰 압력으로 누른 후에 절단하여야 한다.

3. 분말 절단

[그림 3.100]과 같이 절단산소 기류 중에 철분이나 용제의 미세 분말을 압축공기를 사용 자동적으로 연속해서 팁을 통하여 분출하면서 절단하는 방법을 분말절단이라 한다.

이 방법은 일반 가스 절단이 곤란한 스테인리스강, 주철, 동, 알루미늄 등의 금속 절단에 사용된다.

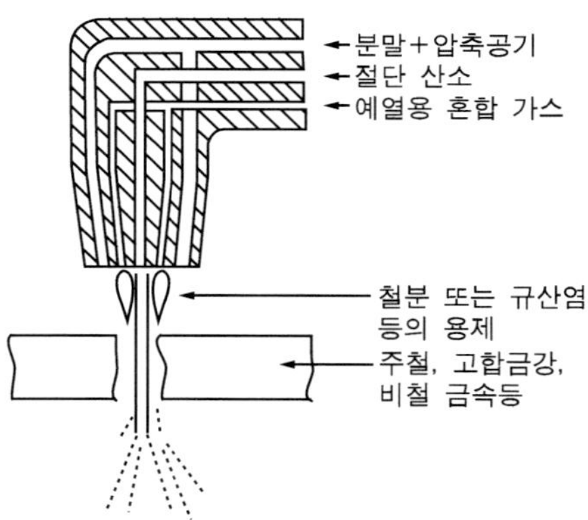

[그림 3.100] 분말절단 토치

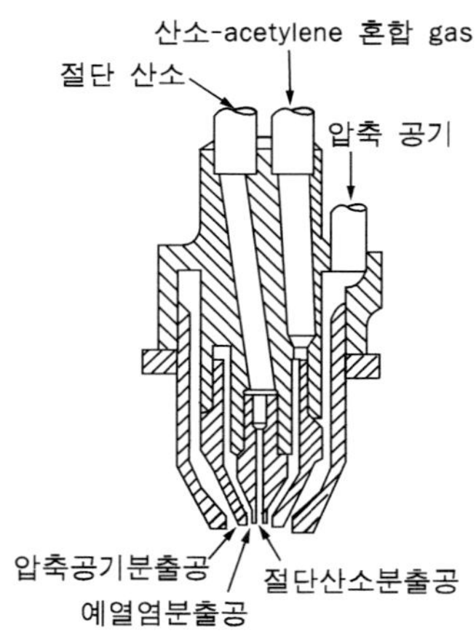

[그림 3.101] 수중절단 토치

4. 산소 창 절단

토치대신에 가늘고 긴 강관에 절단 산소를 공급하고 이 강관이 산화 연소 할 대의 반응열로 강관이 소모되면서 모재를 절단한다.

산소 창은 안지름3.2mm~6mm, 길이 1.5~3m의 강 파이프를 사용한다. 산소창이 예열불꽃을 가지지 못하므로 창의 선단을 가열하는 방법은 산소 아세틸렌 불꽃을 사용하는 방법과 모재와 창과의 사이에 아크를 발생시키는 방법이 있다.

5. 수중 절단

[그림 3.101]은 수중절단 토치로 일반 가스절단 토치와 비슷하나 팁의 바깥쪽에 커버가 있어 압축공기나 산소를 분출시켜 물을 밀어내고 이 공간에서 절단을 하게 된다. 수중절단에 사용하는 연료로는 수소, 아세틸렌, 프로판, 벤젠, LPG 등이 사용되나 수소가스가 가장 많이 사용된다. 수소는 고압에도 사용이 가능하고 수중절단 중에 기포의 발생이 적어 작업이 용이하다. 아세틸렌가스는 압력이 높으면 폭발할 위험이 있기 때문에 깊은 곳에서는 점화 할 수 없다. 프로판 가스도 압력을 가하면 액화하므로 깊은 곳에서는 사용할 수 없다. 수중에서 절단 작업 할 때 예열 가스의 양은 공기 중에서 할 때보다 4~8배로 많게 하고, 절단 산소의 분출구도 1~2배로 크게 한다. 주로 교량 개조나 침몰선 해체 등에 이용된다.

3.6.5 아크절단의 종류

1. 탄소아크 절단

탄소 또는 흑연 전극봉과 모재 사이에서 아크를 발생시켜 모재의 일부를 용융시키면서 제거하는 절단법이다. 모재가 용융되어 녹기 쉽게 하기 위하여 전극봉을 홈 속에 넣어 홈 밑에서 아크를 발생시키면서 위쪽으로 이동시킨다. 이것을 반복하면 절단이 된다.

절단은 용접과 달리 대전류를 사용하고 있으므로 산화 방지를 목적으르 전극봉의 표면에 구리 도금한 것도 있고 또 흑연 전극봉 보다 탄소 전극봉이 전기저항이 적기 때문에 많이 사용되며 전원으로는 주로 직류 정극성이 많이 사용되나 교류도 사용된다.

2. 금속아크 절단

탄소 전극봉 대신 특수 피복제를 씌운 금속 전극봉을 써서 절단하는 방법이다. 피복에서 다량의 가스를 방출시켜 절단을 촉진한다. 피복봉은 절단중에 3~5mm 보호층을 모재와 단락을 방지하고 동시에 아크를 집중 시킨다.

3. 산소아크 절단

전극의 중앙에 빈 전극봉과 모재 사이에서 아크를 발생시켜 모재를 가열하고 봉의 중앙에서 절단용 산소가 분출되어 절단하는 방법이다.

4. 티그(TIG) 절단

TIG 용접과 같이 텅스텐 전극과 모재 사이에 아크를 발생시켜 불활성가스와 수소를 혼합 공급하여 절단하는 방법으로 텅스텐 아크절단 법이라고도 한다. 주로 알루미늄, 마그네슘, 구리, 구리합금, 스테인리스강 등의 절단에 이용된다.

5. 미그(MIG)절단

MIG 용접원리와 같이 절단부를 불활성 가스로 포위하고 금속 전극에 대전류를 흐르게 하여 절단하는 방법으로 알루미늄과 같이 산화에 강한 금속 절단에 이용된다.

6. 플라스마 제트 절단

기체를 가열하여 온도가 상승하면 기체의 운동이 활발하게 되어 기체의 원자가 원자핵과 전자로 분리되어 이온화 되어 도전성을 띠는 것을 플라스마라 부른다.

텅스텐 전극과 노즐사이에 아크를 발생시키고 여기에 불활성 가스를 공급하면 가스가 가열되어 팽창하고 고온가스가 좁은 노즐구멍으로 빠른 속도로 분출되는 것을 플라스마 제트라하고 이 에너지를 이용하여 절단하는 것을 플라스마 제트 절단이라 한다.

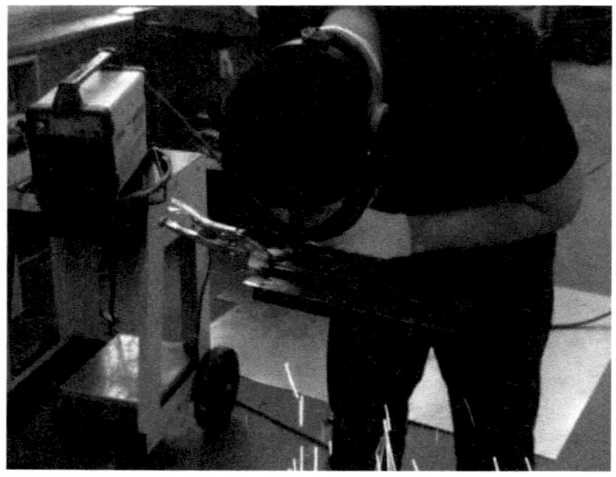

[그림 3.102] 플라즈마 절단작업

[그림 3.102]는 플라즈마 절단작업을 하고 있는 장면이며 사용되는 가스는 아르곤 가스와 수소가 혼합된 것이 사용되며 열원의 온도는 10,000~30,000℃까지 되므로 금속 이외의 내화물 절단에도 이용된다.

3.6.6 가스 가공

1. 가스 가우징(gas gauging)

일명 따내기 가공이라고도 하며 가스 절단 토치와 유사한 [그림 3.103]과 같은 토치를 이용하여 가공물의 일부를 용융시켜 불어냄으로써 홈을 형성하는 가스 가공이다. 용접결함과 가접 제거 및 강재표면의 결함제거에 주로 이용된다.

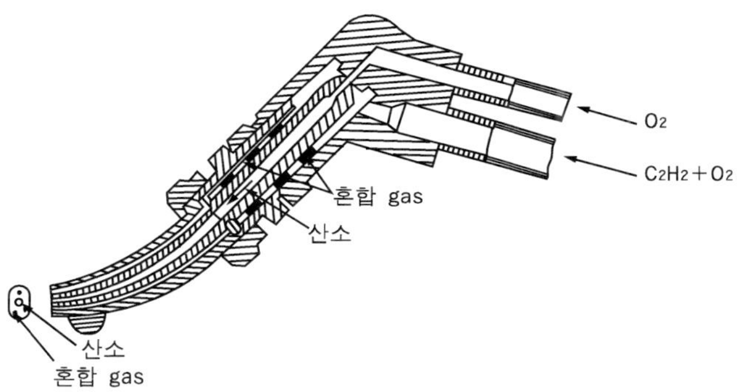

[그림 3.103] 가스 가우징 토치

2. 스카핑(scarfing)

공작물 표면과 75℃경사지게 토치를 대고 가공표면이 점화 온도에 도달하여 표면에 불순물(스케일 등)이 떨어져 깨끗한 표면이 나타날 때까지 가열하여 가공하는 방법이다. 주로 강괴나 강편 등의 슬래그와 표면 및 주조결함 등의 제거에 이용된다.

3. 아크 에어 가우징(arc air gauging)

탄소아크 절단에 압축공기나 산소를 사용하여 모재의 용융브에 홈을 파는 가공법이다. 용접부의 결함제거, 절단, 구멍 뚫기 등에 이용되며 모재에 가열부위가 적어 변형 및 균열이 생기지 않으므로 주강주물, 스테인리스강, 경합금, 황동 등의 주물에 사용된다.

제7절 용사(metallizing)

3.7.1 개요

금속 및 금속화합물의 분말을 가열하여 반 용융 상태에서 분출시켜 공작물 표면에 부착시키는 피복 작업을 용사라고 한다. 이 작업은 방식이나 내열성을 향상시키고 내마모성도 개선시키며 보수작업에서 살 돋음 등의 목적으로 사용하는 방법이다.

용사재료에는 용융식과 심선식 이외에도 분말을 사용하는 경우도 있다. 용사재의 가열방법에는 가스 용사방법과 아크용사방법, 그리고 플라스마 제트법이 있다. 용사재의 가열방법에는 종래의 가스 불꽃 혹은 아크 불꽃을 이용하는 방법과 오늘날에 발달한 플라스마를 이용하는 방법이 있다. 가스 불꽃을 사용하는 경우에서는 융점이 약 2,800℃이하의 금속 합금 혹은 금속산화물의 용사에 이용되며, 플라스마 용사는 초고온이 얻어지는 제트 플라스마로 높은 용접재료를 고속으로 분출시킬 수 있으므로, 높은 강도의 피막을 만들 수 있다. 그리고 플라스마 용사에는 동작 가스로 불활성 가스를 사용하므로 용사재의 산화가 거의 없다. 용사는 내식, 내열, 내마모 혹은 인성용 피복으로서 넓은 용도를 가지고 있으며 기계부품, 항공기 로켓트 등의 내열피복용으로 사용되고 있다.

3.7.2 용사법의 종류

앞에서 언급한 바와 같이 용사방법에는 용사 열원에 의하여 가스 불꽃을 사용하는 방법과 아크를 사용한 방법, 그리고 플라스마 제트를 사용하는 방법 등으로 구분된다.

1. 가스 불꽃 용사법

주로 가스 불꽃으로 용사재를 용융시켜 이것을 노즐부분에서 압축공기로 불어서 부착시키는 용사방법이다. 용사재의 형식에 의하여 용융식과 선식, 그리고 분말식으로 나누어진다. 용융식은 처음부터 용융된 금속을 압축공기로 분출시키는 방식이다. 주로 융점이 낮은 주석이나 납 등의 용사에 적합하다. 선식은 [그림 3.104]와 같이 가스 불꽃으로 철사모양의 용사재료를 용융시켜 압축공기로 분출시키는 방식으로, 주로 금속의 용사에 적합하며 비금속 재료의 용사에도 적용 가능하다.

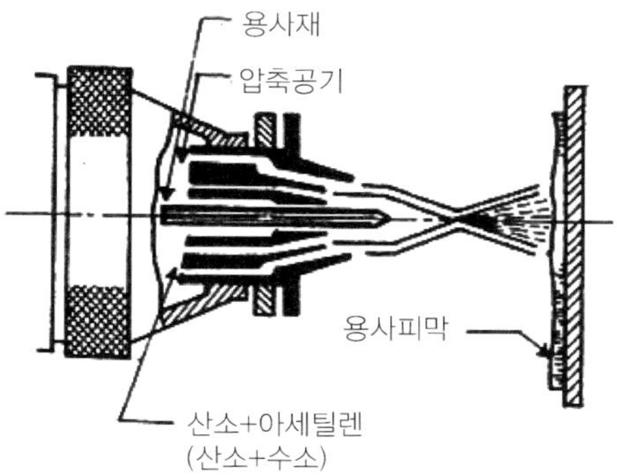

[그림 3.104] 가스 불꽃 용사장치

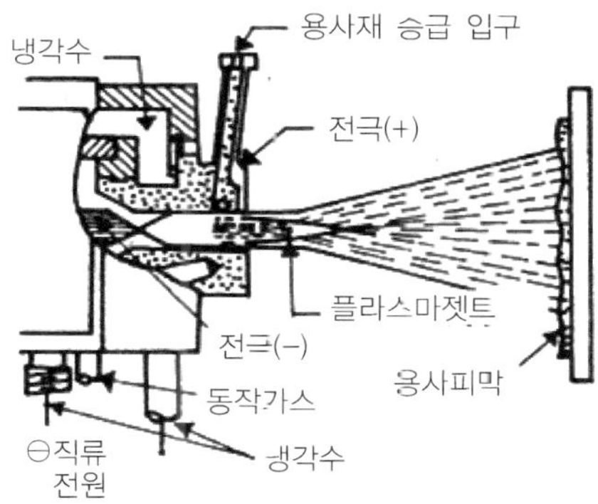

[그림 3.105] 플라스마 용사장치

가루상태의 용사재료를 사용하는 분말식은 용사재를 용융시켜 압축공기로 불어내는 방식이다. 이 방법은 선재의 인발제작이 곤란한 금속이나 비금속 용사에 적합하다.

2. 아크 용사법

전기 용선식이라고 불리는 방법으로 두 개의 철사모양으로 된 용사재료를 자동 공급하여 노즐의 선단에서 용사재료를 접촉시켜 아크용접과 같이 연속적으로 아크를 발생시키면서 용융된 금속을 스프레이 상태로 하여 불어서 부착시킨다.

3. 플라스마 용사법

플라스마 제트를 사용하는 이 방법에서는 [그림 3.105]와 같이 텅스텐 전극(-극)과 노즐을 겸한 전극(+극) 사이에서 발생한 플라스마 제트에 의해 용사재료를 용융시켜 용착시키는 방법이다. 이 방법은 용융점이 높은 금속이나 비금속 재료에 적합하며 불활성 가스를 사용하므로 산화물의 생성이 적은 장점이 있다.

3.7.3 용사 재료

용사 재료에는 일반적으로 금속, 탄화물, 규화물, 질화물, 불화물과 산화물 등이 있으며 그 외에 범랑과 유리 등이 있다. 이 같은 용사 재료의 선정에 있어서 가장 중요한 점은 용사 재료와 모재의 열팽창 계수와 용융점이 일치해야 한다는 것이다.

제8절 플라스틱 용접

3.8.1 플라스틱의 종류

일반적으로 플라스틱에서 용접용 플라스틱을 열가소성 플라스틱이라 하며 비용접용 플라스틱을 열경화성 플라스틱이라 한다. 열가소성 플라스틱은 열을 가하면 소성가공이 가능한 상태로 되어 유동성이 좋아지고 열을 제거하면 온도가 내려가 처음 상태의 고체로 변화는 성질을 가지고 있다. 반대로 열경화성 플라스틱은 열을 가해도 소성을 나타내지 않고 있다가 계속 가열하면 유동하지 않고 분해되며 열을 제거해도 처음상태의 고체로 복귀하지 않고 연소 되는 경우도 있다.

따라서 열가소성 플라스틱은 용접이 가능하므로 보통 용접용 플라스틱이라 한다. 열가소성 플라스틱은 일상생활에 사용되고 있는 폴리염화비닐, 폴리에틸렌, 폴리아미드, 폴리프로필렌, 메타크릴, 불소수지 등이 있으며, 비용접용 열경화성 플라스틱에는 페놀, 요소, 폴리에스테르, 규소수지 등이 있다.

3.8.2 열풍 용접

1. 개요

열가연성 플라스틱은 적당한 온도로 가열시키면 용융되고 냉각시키면 다시 고체가 되므로, 용융 상태에서 서로 접촉시켜 두면 냉각 후에 두 부분은 접합되어 용융용접과 같은 효과를 얻을 수 있다. 피용접 부재 사이에 홈을 만들고 충진제를 사용하여 홈 용접하는 것은 금속용접과 같다.

열가소성 플라스틱은 보통 전기 절연체이므로 아크 용접이나 전기저항 용접과 같은 직접 전기를 통하는 방법을 플라스틱 용접에서는 사용할 수 없다. 용접모재의 가열 방식으로 가장 간단한 것은 적당한 온도로 가열된 열풍을 이용하는 것이다.

2. 용접 방법

[그림 3.106]에서 보는바와 같이 가스가 용접토치 혹은 열풍 제트 건이라 불리는 가열기에서 플라스틱에 적당한 온도로 가열시킨 그 열풍을 사용하여 용접봉에 불면서 용접을 한다. 열풍제트 건의 가열방법에는 가스 가열방식과 전기 가열방식이 있다.

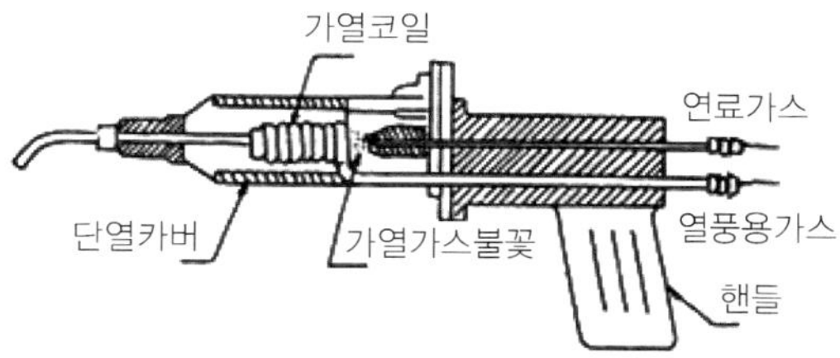

(a) 가스 가열식 호트 젯트건

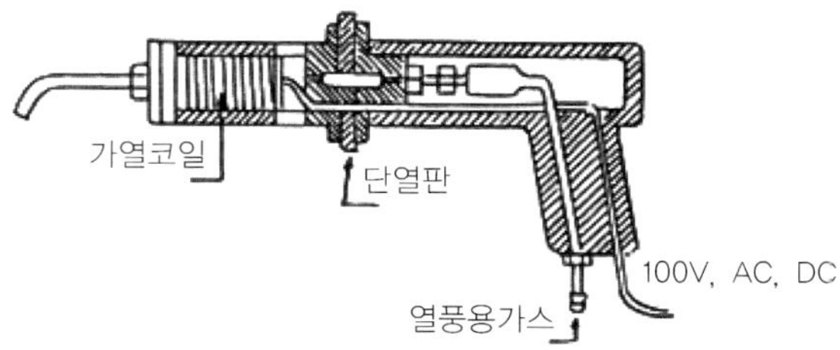

(b) 전기 가열시 호트 젯트건

[그림 3.106] 열풍 용접 건

열풍가스 온도는 〈표 3.20〉과 같이 각 플라스틱에 대하여 적당한 온도를 표시한다.

〈표 3.20〉 피용접 플라스틱 가열기구의 표면온도

피용접 플라스틱	표면온도 (℃)
경질 폴리염화비닐	210 ~ 250
연질 폴리염화비닐	180 ~ 220
저압법 폴리에틸렌	230 ~ 270
중압법 폴리에틸렌	220 ~ 260
고압법 폴리에틸렌	190 ~ 230

열풍 제트 건의 종류는 [그림 3.106]과 같고, 용접방법은 [그림 3.107]과 같다. 피용접 플라스틱의 판 두께에 따라서 용접 홈 부분을 만들고 적정 온도 범위 내에 열풍을 용접 홈 부분과 용접봉에 분출 용융시키며 결합시킨다. 현재 가장 많이 쓰이고 있는 폴리 염화비닐계 플라스틱의 표준 용접 조건을 〈표 3.21〉에 나타냈다.

[그림 3.107] 열풍 용접 방법

〈표 3.21〉 열풍 용접법의 용접 조건

재료의 두께 (㎜)	맞대기 용접의 간격 (㎜)	용접봉의 지름 (㎜)	호트 제트 건의 노즐 지름 (㎜)
2.4~3.1	0.8~1.6	3~4	3~4
3.2~4.1	0.8~1.6	4~5	4~5
6.4~9.5	0.8~1.6	5~6	5~6

3.8.3 열기구 용접

전기저항 가열기, 열판, 환상 가열기, 납땜인두 등의 고온 가열체를 플라스틱의 용접면에 접촉시켜 그 곳의 온도가 용융점에 도달하면 가열 기구를 떼고 양쪽 용접면을 서로 맞대어 적당한 압력을 주어 결합시킨다. 플라스틱은 가열 후 압력을 주는 시간이 가급적 빠를수록 좋으며 1~2sec 정도로 한다. 압력은 0.35~0.70kg/cm^{2}가 보통이고 가압시간은 용접이 완료할 때까지로 한다.

3.8.4 마찰 용접

두 용접재료를 마찰시키면 마찰열이 발생하여 플라스틱은 접촉면의 부분이 연화되어 용접되기 시작한다. 이때 압력을 주면 양쪽 플라스틱은 서로 밀림과 동시에 마찰 접촉시키는 동작을 끝내면 용접이 완료된다.

발열량은 접촉면의 표면속도, 접촉압력, 접촉시간의 영향을 받으므로 원통형 이음의 표면속도는 직경과 회전수로 결정한다. 회전 원통의 평평한 단면의 유효한 표면 속도는 외면 원주 속도의 2/3가 된다.

3.8.5 고주파 용접

이 용접은 고주파 전류에 의한 열과 압력을 동시에 사용하는 용접법으로, 2개의 평판전극 사이에 겹쳐 놓은 플라스틱 피막을 끼우고 전극 간에 고주파 전계를 가압하는 것으로, 유전체인 플라스틱 속으로 고주파 전계의 각 사이클을 따라서 유전 현상이 일어나 전자의 왕복운동이 반복된다. 전자의 왕복운동은 플라스틱의 문자저항에 의해 저해되어 발열이 일어난다. 이 열에 의해 플라스틱은 연화되어 용융되며, 이때 플라스틱의 접촉부에 압력을 가하면 피막의 용접이 이루어진다.

제9절 저온 용접

3.9.1 원리

저온 용접은 스위스의 와셔만(R. D. wasserman)에 의하여 개발되어 실용화된 것으로, 특수한 용접봉을 사용하여 일반 가스 용접 및 아크 용접보다 낮은 온도(가스용접 : 200~900℃, 아크용접 : 60~125A)에서 용접하는 용접법이다.

용접봉은 모재와 같은 계통의 공정합금을 사용하며, 이 공정 합금은 용융점이 모재보다 낮으므로 경납 땜의 일종에 가까운 용접법이라 하겠다.

3.9.2 용접법의 특징

ⓐ 용접봉은 모재와 같은 계통의 공정 합금을 사용한다.

ⓑ 이 공정 합금은 용융점이 모재보다 낮으므로 용접봉으로서 첨가제(filler metal)의 역할을 한다.

ⓒ 일반적으로 모재의 용융점보다 낮은 온도에서 용접하므로 모재의 변질과 변형이 적다.

ⓓ 용접시 모재를 예열(preheating)한 후 용접을 실시한다.

ⓔ 용접봉은 공정 합금을 사용하므로 유동성이 크고 결정이 치밀하여 강도가 큰 장점을 가진다.

제10절 용접의 결함과 대책

3.10.1 용접결함의 종류

일반적으로 용접결함은 크게 내부결함과 외부결함으로 구분된다. 내부결함에는 기공이나 융합불량, 균열(crack)과 슬래그 혼입 등이 있으며, 외부결함으로는 열 변형과 치수불량 등이 있다. 그리고 용접 모재의 구조상에 따른 접합 결함과 사용하면서 발생되는 성능상의 열화로 인한 결함으로 구분된다.

구조상의 결함에는 용접부의 균열이나 기공 등과 같은 여러 가지 불량이 있으며 열영향부의 결함에는 경화와 취성 등이 있다.

1. 기공(blow hole)

[그림 3.108]과 같이 용접작업 중에 발생한 각종 가스가 밖으로 빠져나가지 못 하고 내부에 존재하는 결함으로 발생 위치와 형태에 따라 구분된다. 가늘고 긴 것을 Worm hole(벌레구멍) 이라 하고 비드 표면에 나타난 것을 피트(Pit)라 하지만, 일반적으로 기공(Blow hole)이라 한다.

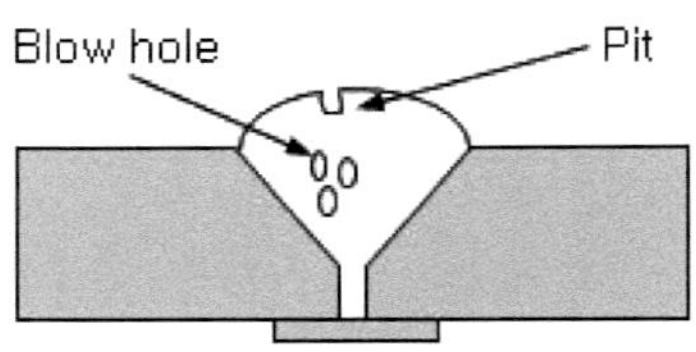

[그림 3.108] 기공과 피트

기공은 액상의 용착금속이 응고할 때 가스가 빠져나가지 못하고 용착금속 내에 남게 되는 것으로 항상 둥근 모양으로 나타난다.

이와 같은 가스가 발생되는 요인은 다음과 같다.

- 용융금속이 응고되면서 발생되는 가스
- 용접금속의 화학반응에 의한 가스의 발생
- 아크용접에서 사용된 분위기 가스의 침투

상기 내용과 같이 기공이 발생될 수 있는 요인으로는 용접모재의 표면에 많은 불순물과 용접에 직접 사용되고 있는 각종 가스를 들 수가 있다.

2. 용착불량(deposit defect)

용착불량은 용접 모재와 용가재를 충분하게 녹이지 못한 상태에서 발생되는 불량이다. 이와 같은 불량이 발생되는 원인으로는 다음과 같은 것들이 있다.

- 용접작업 조건의 적정하지 못할 경우
- 용착금속의 적층방법의 적정하지 못 할 경우
- 각종 이물줄 등에 의한 오염 등으로 인한 경우

3. 균열(crack)

용접균열은 [그림 3.109]와 같이 용접 작업에 의해 발생되는 높은 열을 적절하게 처리하지 못해 발생되는 결함이다. 용접 균열이 발생하는 온도영역에 따라 고온 균열과 저온 균열로 나누어진다.

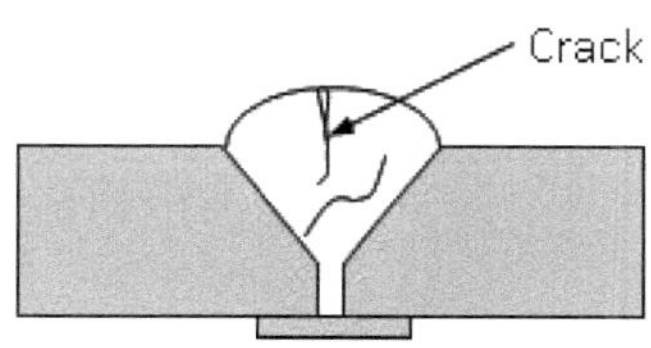

[그림 3.109] 용접 균열

- 고온 균열

강재를 사용하는 용접에서 고온균열은 약 300℃이상의 고온에서 발생하는 균열을 말한다. 용융금속이 응고 되면서 발생되는 응고 균열은 응고온도 가까운 결정입계에서 일어나며 냉각과정에서 생긴다.

- 저온 균열

강재를 사용하는 구조물의 저온균열은 보통 200℃~300℃이하의 온도에서 발생하는 균열을 말한다. 저온균열의 발생 원인은 경화된 조직이나 용접할 때 침입하는 수소 등에 의해 균열이 발생한다. 방지대책으로는 용접금속 중 혼입된 수소제거를 위하여 예열을 해야 한다. 장시간 고온으로 유지하면 수소 방출에 도움을 주고 열영향부의 경도를 떨어뜨리는 효과도 같이 나타난다.

4. 언더 컷(under cut)

[그림 3.110]과 같이 용접 작업 중에 발생되는 언더컷의 발생원인은 여러 가지가 있으나 다음과 같은 요인에 의해 발생되는 경우가 많다.

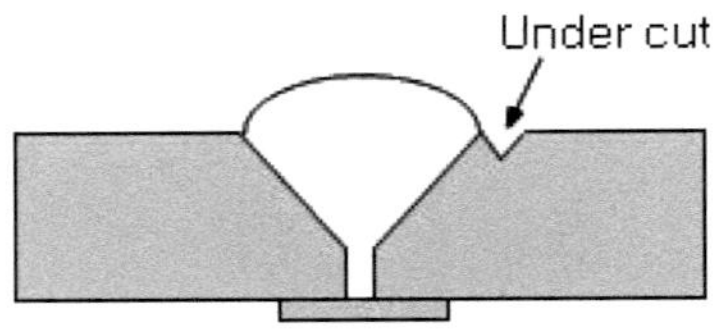

[그림 3.110] 용접 균열

- 용접전류와 전압, 그리고 용접 속도가 부정적당 할 경우
- 용접 토치나 용접봉의 각도가 맞지 않을 경우

일반적으로 높은 전류에서 용착속도 빠르게 되면서 용융금속이 중력에 의해 아래로 처지면서 윗부분에 발생되는 경우가 많다. 비드 근처에서 발생되는 요인으로는 용접봉공급이 불안정하거나 속도가 불규칙하면 발생되고, 용접전류나 전압 등이 적절하지 못해 아크의 불안정이 일어나면서 발생한다.

5. 오버 랩(over lap)

용접에서 발생되는 오버랩의 결함은 [그림 3.111]과 같이 언더컷과 마찬가지로 용접전류나 전압, 그리고 용접 속도가 맞지 않을 때나, 용접봉의 각도와 부적당한 위치선정으로 발생된다. 일반적으로 전류가 약하고 속도가 느린 경우에 많이 발생되며 용접봉만 용융되고 모재가 용융되지 않는 경우가 많다.

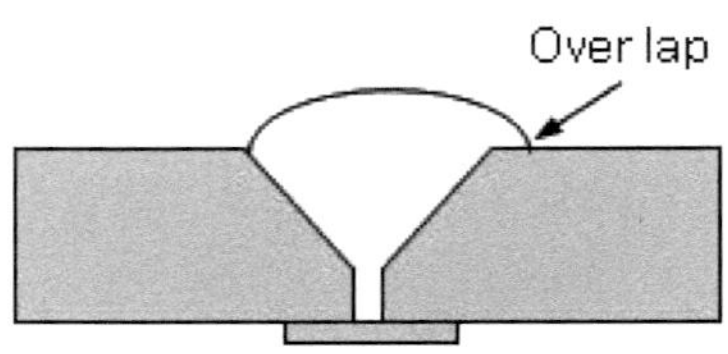

[그림 3.111] 오버랩

6. 용입 부족(poor penetration)

[그림 3.112]에서 보는바와 같이 완전하게 용융된 금속이 충분하게 공급되지 않아 발생되는 용입 불량이 발생하는 요인으로는 모재의 각도 가공이 충분하거나 적절하지 못할 경우에 발생되거나, 용접전류와 같은 용접조건이 맞지 않을 경우에 발생된다.

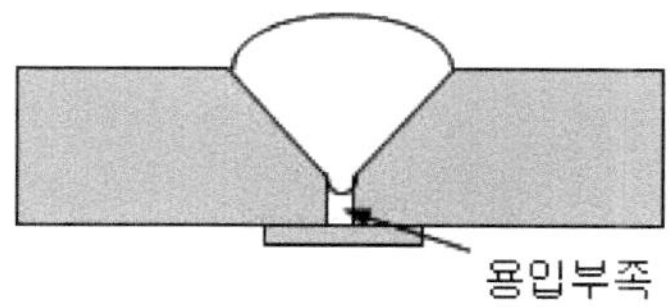

[그림 3.112] 용입 불량

7. 슬래그 혼입 (slag mixing)

[그림 3.113]에서 보는바와 같이 용접부에 용접할 때 발생하는 슬래그나 그와 유사한 이물질이 용접부에 들어가는 이 불량은 모재의 각도를 잘 못 가공하였거나 모재의 살을 채우는 육성 용접부분에서 잘 볼 수 있는 결함이다.

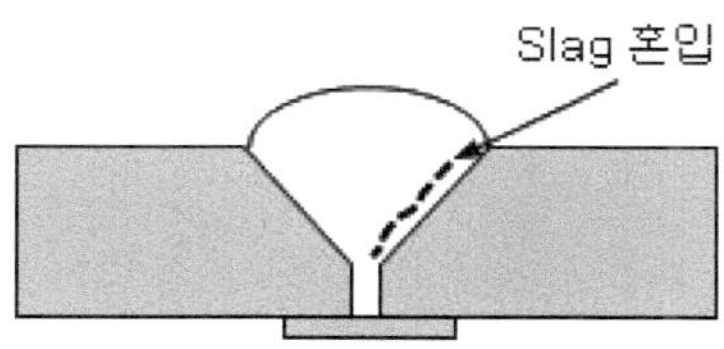

[그림 3.113] 슬래그 혼입

8. 기타

용접 작업 중에 발생되는 일반적인 용접결함은 [그림 3.114]와 같이 상기 결함 외에도 용접결함으로는 다음과 같은 것들이 있다.

ⓐ 비드 굴곡 : 비드 굴곡의 결함이 발생하는 요인으로는 와이어가 구부러지거나 주행용 대차의 미숙한 운행과 용접기능의 미숙 등을 들 수 있다.

ⓑ 볼록 비드 : 이것은 수직용접이나 경사진 용접에서 주로 나타난다. 일반적으로 용접전류가 너무 높거나, 용접속도가 너무 빠르거나, 너무 늦을 경우에 생긴다.

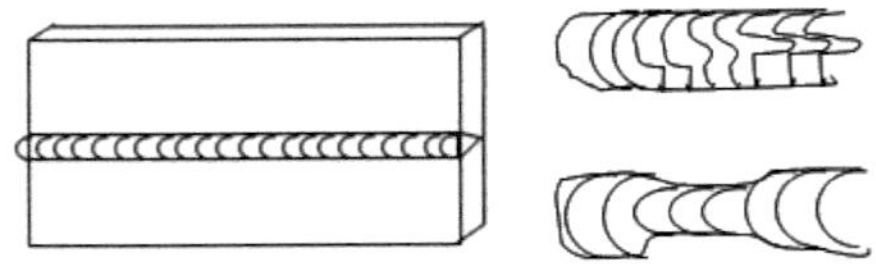

[그림 3.114] 비드 불량

ⓒ 오목 비드 : 이것은 수직용접에서 아래로 내려오는 용접에서 자주 볼 수 있다. 일반적으로 용접전류가 너무 높거나 속도가 빠를 때에 생기기 쉽다.

ⓓ 각장부족 및 치수 불량 : [그림 3.115]와 같이 각장부족 및 치수 불량은 용접조건이 부적당 할 때 생긴다.

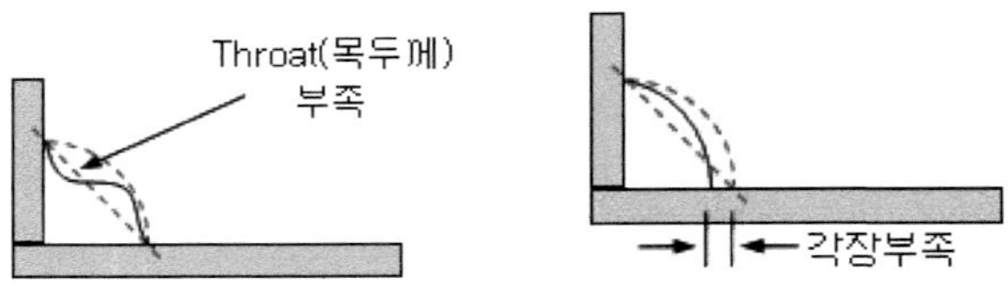

[그림 3.115] 치수 불량

3.10.2 용접부검사와 시험법

1. 용접부의 비파괴검사

1) 비파괴 검사의 개요

비파괴(non-destruction) 검사란 용접제품을 파괴하지 않고 결함을 조사하는 방법으로 장치를 사용하는 경우와 그렇지 않는 경우로 구분된다. 일반적으로 용접에 대한 비파괴검사는 [그림 3.116]에서 보는바와 같이 외관검사와 액체나 기체의 누설검사와 형광물질 등을 사용하는 침투검사가 있고, 초음파검사와 자기검사, 그리고 와류검사와 같은 전기적인 장치를 사용하는 검사와 X선 등을 사용하는 방사선 투과시험 등이 있다.

직접 시편을 절단 또는 여러 가지 형태로 가공하여 실시하는 파괴검사는 문제의 원인을 정확히 알아 낼 수는 있으나 모든 구조물을 다 검사를 할 수 없으므로, 대표적인 시편에 한정될 수밖에 없다. 비파괴 검사에서는 용접 제품을 직접 검사할 수 있는 장점이 있다. 이와 같이 비파괴시험은 시험재료 혹은 최종제품의 재질이나 형상 및 치수에 영향을 주지 않고 그 재료의 안전성을 조사하는 방법이다.

비파괴 시험(NDT)
(non-destructive test)

- 외관 시험(visual test)
- 방사성투과 시험 (radioactive test)
- 초음파 탐상 시험(ultrasonic test)
- 자분탐상 시험(magnetic particle test)
- 침투탐상(형광) 시험(liquid penetration test)
- 와류탐상 시험(eddy current test)
- 누설 시험(leak test)
- 내압 시험(hydraulic test)
- 변형 시험(strain measurement test)
- 음향반사 시험(acoustic emission test)

[그림 3.116] 비파괴 시험 종류

2. 용접 이음부의 시험 및 검사법

가. 굽힘 시험

굽힘 시험은 재료의 굽힘에 대하여 강도를 나타내는 것으로, [그림 3.117]과 같이 일정한 각도로 굽혀 굽혀진 부분의 바깥부분에 균열이 있는지를 검사하는 시험방법이다.

나. 인장 시험

용접시편도 [그림 3.118]과 같이 일반적인 시편과 마찬가지로 시편을 만들어 시험기에서 인장력을 가하면서 여러 가지 기계적 성질을 측정하는 것으로 인장강도 외에도 항복점과 연신율, 그리고 단면 수축율의 측정도 동시에 할 수 있다.

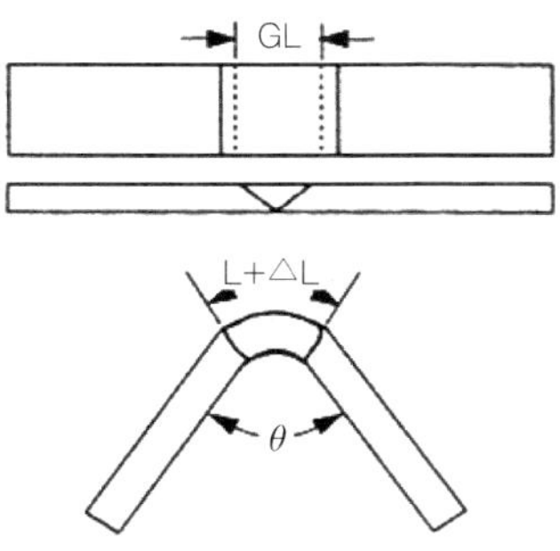

[그림 3.117] 굽힘 시험용 시편

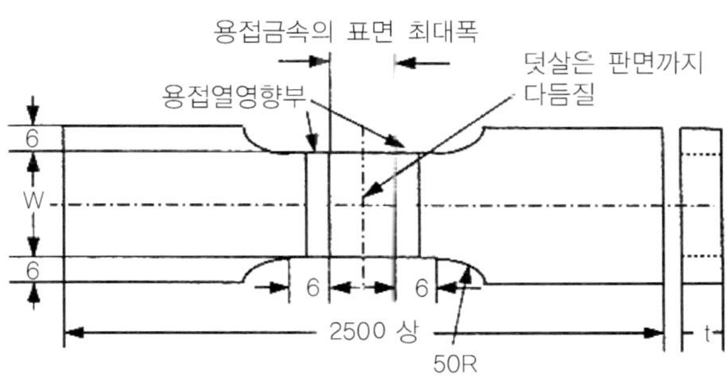

[그림 3.118] 인장 시험용 시편

다. 충격 시험

충격시험은 동적시험이므로 정적하중에 대한 에너지와 차이가 많으며, 상온의 연성파괴 재료라 할지라도 어떤 온도 이하에서는 급격히 여린 성질을 가져 취성파괴를 이루는 일이 있으며, 시편은 [그림 3.119]와 같고 노치효과를 많이 받고 하중속도의 영향이 크다.

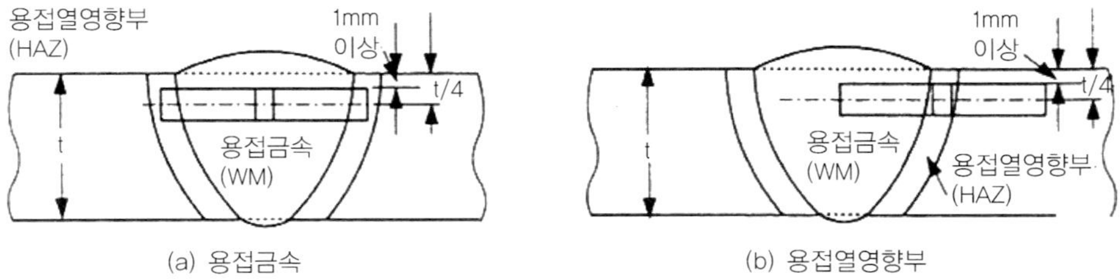

[그림 3.119] 충격 시험용 시편

Chapter 04 열처리

제1절 강의 열처리

4.1.1 개요

강(鋼)의 열처리(heat treatment : 熱處理)는 금속의 가열과 냉각을 통하여 기계적 성질과 물리적 성질은 물론 금속조직적인 특성을 부여하고 개선하는 것이다. 따라서 모든 열처리는 특징이 있으며 목적과 방법이 다르다.

열처리의 목적은 부품이나 공구 또는 금형의 내구성을 향상시키기 위한 것이다. 특히 보통강과 달리 특수 목적에 사용되는 합금강의 경우에는 열처리의 성패가 제품의 신뢰도를 좌우하는 척도가 되므로 수준 높은 열처리 기술이 필요하다.

- 소재의 열처리의 목적은 다음과 같다.

① 경도와 강도 또는 인장력을 증가시킨다.
② 조직을 미세화하여 편석을 제거한다.
③ 조직을 안정화 시킨다.
④ 표면을 경화시킨다.
⑤ 조직을 연한 것으로 변화시켜 기계가공성을 향상 시킨다.
⑥ 자성을 향상 시킨다.

4.1.2 변태

순도가 높은 철을 가열하면 912℃에서 성질이 갑자기 변하면서 그 길이가 현저히 줄어들다가 1392℃에서는 다시 팽창하게 되면서 1538℃에서는 완전히 용융이 되고, 다시 상온까지 서서히 냉각하면서 A_2, A_3, A_4 의 변태(transformation : 變態)가 일어난다. 자기변태가 일어나는 A_2 변태는 768℃에서 일어나며 원자배열은 변하지 않고 고온에서는 상자성체가 된다. A_3 변태는 면심입방격자(FCC)배열이 체심입방격자(BCC)로 변화하는 것으로 $\gamma-\mathrm{Fe}$ 이 $\alpha-\mathrm{Fe}$ 로 되는 변태이며 912℃에서 일어난다. A_4 변태는 체심입방격자(BCC)배열이 면심입방격자(FCC)배열로 변화하여 $\delta-\mathrm{Fe}$ 이 $\gamma-\mathrm{Fe}$ 로 되며 1410℃에서 일어난다.

금속에서는 온도변화에 따라 원자배열이 변한다. 이와 같이 같은 물질이지만 결정격자가 변화하는 물체를 동소체라 하며 1개의 동소체에서 다른 동소체로 변화하는 변태를 동소변태라 한다.

4.1.3 철-탄소 평형상태도

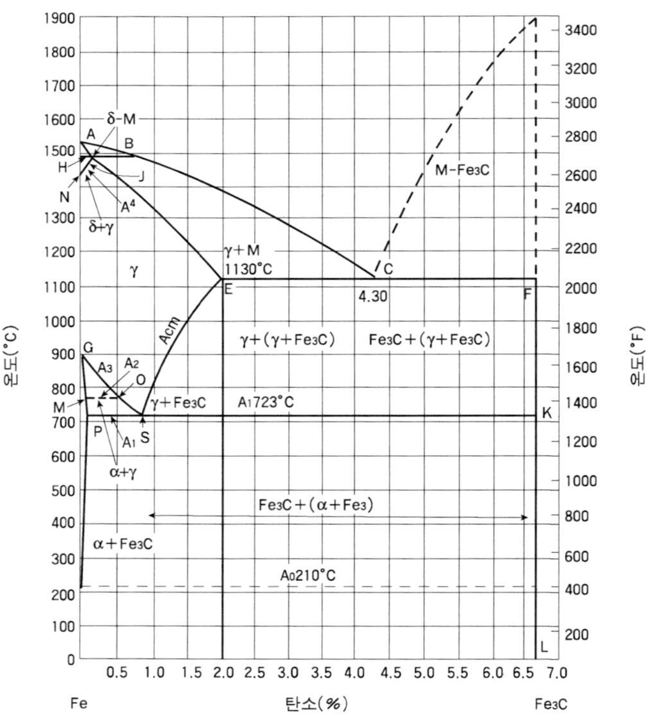

[그림 4.1] 철-탄소 상태도

[그림 4.1]은 철-탄소계 상태도이다. 직선이나 곡선으로 이루어진 각 영역에 존재하는 상(相)은 α, γ, δ의 각 고용체(solid solution : 固溶體)와 Fe_3C계 및 액체의 5가지가 있다. 이 평형상태도는 철에 탄소가 들어가면 어떤 물질이 형성되고 몇 도에서 용해되는지를 도시한 것으로 열처리에 이용될 뿐 아니라, 일부 금속이나 합금에 존재하는 기본적인 차이를 설명해준다.

〈표 4.1〉 변태의 종류 및 내용

변태	온도(℃)	내용
A_0	210	시멘타이트의 자기변태
A_1	723	오스테나이트 ⇄ 펄라이트 공석변태
A_2	768	α-Fe ⇄ β Fe 철의 자기변태
A_3	910	α-Fe ⇄ γ Fe 철의 동소변태
A_4	1401	γ-Fe ⇄ δ Fe 철의 동소변태
Acm	723~1130	과공석강의 시멘타이트의 고용석출
가열의 변태	Ac_1	펄라이트 → 오스테나이트
	Ac_2 768	α Fe ⇄ α Fe
	Ac_3 912	γ Fe ⇄ α Fe 오스테나이트에 페라이트의 고용
	Ac_4 1410	δ Fe ⇄ γ Fe
	Acm	오스테나이트에 시멘타이트의 고용
냉각의 변태	Ar_1	오스테나이트 → 펄라이트
	Ar_2 768	α Fe ⇄ α Fe
	Ar_3 895	오스테나이트 → 펄라이트 γ Fe ⇄ α Fe
	Ar_4 1390	δ Fe ⇄ γ Fe
	Ar'	오스테나이트 → 펄라이트
	Ar''	오스테나이트 → 마르텐사이트
	Ms	오스테나이트 → 마르텐사이트 개시
	Mf	오스테나이트 → 마르텐사이트 종료
항온변태	Ab	오스테나이트 → 베이나이트

$$\gamma \rightleftarrows \alpha\text{고용체} + \text{시멘타이트}(Fe_3C)$$

이 반응에서 α고용체와 시멘타이트(cementite)의 혼합물을 펄라이트(pearlite)라고 하며 탄소량이 적으면 시멘타이트는 전부 펄라이트가 되는데 α고용체의 잔류하므로 α고용체와 펄라이트가 된다.

탄소 함유량이 0.8%인 강을 공석강이라 하고 C 0.8% 이하의 강을 아공석강이라 한다. 또한 S점을 기준으로 가열을 하면 페라이트(ferrite)와 시멘타이트가 반응하여 오스테나이트(austenite)가 되며, 냉각 때는 오스테나이트가 페라이트와 시멘타이트를 동시에 석출하는데, 이를 공석반응이라 한다.

보통 철과 탄소의 합금은 ABCD 액상선 온도 이상에서는 완전히 용해된 액체 상태이고 그 이하의 온도에서는 고체와 용체의 혼합 상태이며, AHJECF 고상선 온도이하에서는 완전한 고체 상태로 된다. 한편 완전히 응고된 합금은 냉각과정에서 탄소량 2.0%인 E점보다 적은 것은 γ고용체 구역을 통과하지만, E점보다 많은 것은 γ고용체 구역을 통과하지 않는다. 이상의 탄소량에 따라 E점(1.7~2.0)보다 적은 함유량의 Fe-C 합금을 강이라 하고 E점보다 많은 Fe-C 합금을 주철로 구별하고 있다.

상태도에서 강의 열처리는 E점에 해당하는 탄소량 이하의 합금을 AHJE 구역의 고상선 온도 이하에서 다루는 처리를 말한다. [그림 4.1]에서 GS는 A3점, SE는 Acm선, S(0.8%C)는 공석점 일명 펄라이트(pearlite)이며, PSK에 해당하는 온도(723℃)는 A1변태점이라고 한다. 이 A1변태점에서 γ고용체가 α고용체로 변태하면 γ고용체에 고용되어 있던 탄소가 석출된다. 이 석출된 탄소는 철과 결합하여 시멘타이트를 만들며 다음과 같은 공석반응을 일으킨다.

상태도에서 C점은 주철의 경우 1130℃ 융액으로부터 오스테나이트와 시멘타이트가 동시에 정출되는 점이며, 이를 공정반응(eutectic reaction : 共晶反應) 공정점이라 하며, 이때의 공정조직을 레데뷰라이트(ledeburite)라 한다.

상태도의 각 구역의 조직과 구조는 〈표 4.2〉와 같다.

〈표 4.2〉 조직과 결정구조

기호	명칭	결정구조
α	α-ferrite	BCC
γ	austenite	FCC
δ	δ-ferrite	BCC
Fe_3C	cementite(탄화철)	금속간 화합물(사방정계)
α+Fe_3C	pearlite	기계적 혼합
γ+Fe_3C	ledeburite	기계적 혼합

4.1.4 강의 현미경 조직

탄소강의 조직을 검사하기 위해 재료의 시편을 잘 연마한 후에 다시 거울과 같이 매끈하게 된 것을 부식제인 초산(HNO_3)이나 피크린산(pikrinsäure, $C_6H_3O_7N_3$) 1~5cc와 알코올 100cc의 용액에서 부식시킨 후 현미경 조직을 검사한다.

1. 서냉 조직

1) 페라이트(ferrite)

α고용체의 탄소의 용해도는 A1변태점(723℃)에서 0.035%, 상온에서는 0.06%이므로 공업적으로 거의 순철(純鐵 ; α-iron)이라고 보아도 좋으며, 이것을 페라이트라 한다. 또한 지철(地鐵)이라고도 하며 현미경 조직은 다각형의 결정립으로 나타나며 백색으로 보인다.

2) 펄라이트(pearlite)

오스테나이트를 아주 천천히 냉각하면 A1변태점 부근에서 완료되며 페라이트와 Fe_3C가 파상으로 존재하는 조직이다. 현미경 조직은 흑, 백으로 된 파상선을 형성한다.

3) 시멘타이트(cementite)

일명 탄화철(炭化鐵 ; Fe_3C)이라고 하며 침상 또는 망상조직이며 마르텐사이트 강을 200~700℃ 사이의 온도 범위에서 강을 뜨임할 때 생기는 탄화물을 시멘타이트(Fe_3C)라 한다. 경도가 크고 취성이 있으며 비중은 7.82이며 HB는 820, 인장강도는 40kg/㎟정도이다.

2. 급랭 조직

1) 오스테나이트(austenite)

변태점 A3, 또는 Acm이상의 온도에서 급랭을 하면 면심입방격자 구조의 γ-철 조직으로 나타나며, 이 γ-철 속에 탄소의 침입형 고용체를 오스테나이트라 한다. 탄소 고용도는 1148℃에서 2.08% 최고이고, 723℃에서는 0.8%로 감소한다. 오스테나이트는 가열하면 분해되어 마르텐사이트로 변화한다.

2) 마르텐사이트(martensite)

γ-철과 탄화철(Fe_3C)이 고용체의 형태를 취하며 탄소강을 수중 냉각시켰을 때 나타나는 침상(針狀)조직이며 경도 및 강도, 그리고 내식성이 크다.

3) 트루스타이트(troostite)

마르텐사이트를 약 400℃로 뜨임 처리하였을 때 생기는 조직으로서 γ-철과 Fe_3C가 미세입자 상태로 혼합된 상태의 조직이다. 경도는 높지만 마르텐사이트 보다는 작고 부식이 쉽게 된다. 탄성한도가 높으며 점성이 있으므로 절삭공구에 이용되고 있다.

4) 소르바이트(sorbite)

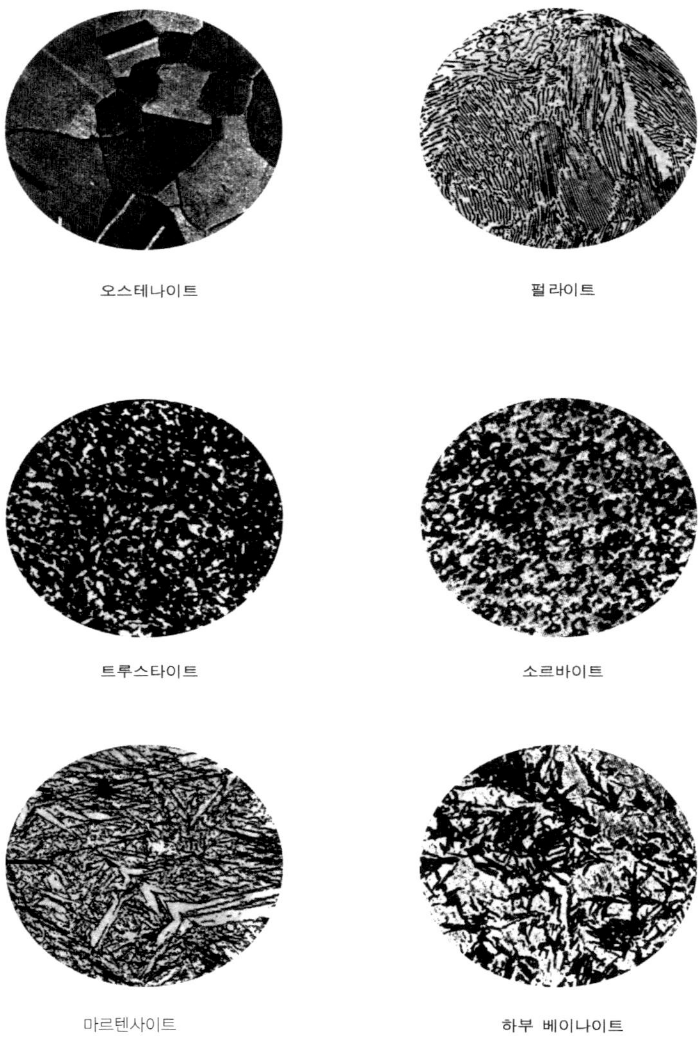

[그림 4.2] 강의 현미경 조직

트루스타이트와 펄라이트의 중간 조직으로서 트루스타이트보다 경도가 작고, 펄라이트보다는 경하다. 마르텐사이트 조직을 500~600℃정도로 뜨임을 할 때 나타나는 조직으로 강도, 인성, 탄성이 크며 조직은 입상(粒狀)이다. 와이어로프 스프링 등에 이 조직이 나타나도록 열처리하여 사용한다. [그림 4.2]는 강의 현미경사진이다.

4.1.5 담금질(quenching)

강의 담금질이라 함은 강을 임계온도 이상의 상태로부터 급랭시켜서 경화시키는 조작을 말하며 이때의 조직은 마르텐사이트 조직이 된다. 이 담금질 조작은 열처리 분야에서 가장 중요한 부분의 하나다. 탄소강의 담금질에서 중요한 것은 가열온도와 시간, 그리고 냉각방법이다.

담금질 온도가 너무 높으면 탈탄과 산화가 일어나며 오스테나이트의 결정립이 성장하여 마르텐사이트 조직은 거칠어지므로 담금질된 제품은 기계적 성질이 떨어지게 된다.

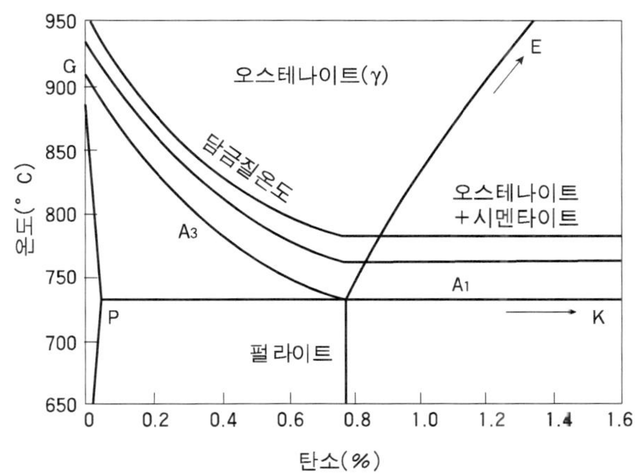

[그림 4.3] 담금질 온도

[그림 4.3]은 담금질 온도 구역을 나타낸 것으로 아공석강은 A3변태선보다 30~50℃이상, 공석강 및 과공석강도 A1 변태선보다 30~50℃ 높은 온도를 가열온도로 하고 있으며, 가열시간은 재료의 중심부가 담금질 온도에 도달할 때까지 충분한 시간을 두고 가열하여야 한다.

4.1.6 뜨임(tempering)

강을 담금질만 하게 되면 대단히 경도가 높고 내부에는 큰 응력이 발생하며 취약한 성질을 갖게 된다. 그러므로 적당한 강인성을 부여하기 위하여 A1변태점 이하까지 가열하는 열처리를 뜨임이라 한다.

뜨임의 목적은 담금질한 경도를 어느 정도 유지하면서 단면수축률과 신율, 그리고 충격치를 개선하는 것으로 담금질 한 재료를 그대로 사용하는 일은 거의 없다. 〈표 4.3〉은 각종 공구의 뜨임 온도를 나타낸 것이다.

〈표 4.3〉 뜨임 온도

공구의 종류	강종	템퍼링 온도(℃)	강도(HRC)
밀링커터, 드릴, 탭 등의 절삭공구	탄소공구강	150～220	60～64
다이, 펀치, 상온 성형 공구	〃	220～260	55～59
얇은 stamp, punch류	〃	250～270	56～60
충격을 받는 공구(정류)	〃	280～300	53～56

뜨임에 의한 결함으로는 뜨임균열이나 취성과 변형을 들 수 있다. 뜨임균열은 급속하게 가열하면 발생되는 것이므로 서서히 가열하여 잔류응력을 제거하거나, 응력이 집중되는 부분은 열처리 위치를 알맞게 하여야 한다.

뜨임변형에는 치수변화와 형상변화가 있다. 금속 결정격자의 생성과 응집과정에서 팽창과 수축이 일어나면서 치수 변화가 생기며, 형상변화는 뜨임처리방법을 어떻게 할 것인가에 따라 형상의 변화가 생긴다. 일반적으로 뜨임온도가 상승하면 경도와 강도는 떨어지지만 연성과 인성은 증가한다. 그러나 200～400℃ 구역에서는 신장과 단면수축이 나타난다. 또한 이온도 구간에서는 탄성한도가 높아지는 특징이 있다.

4.1.7 풀림(Annealing)

풀림의 목적은 강의 성질을 연화시키고 내부응력의 제거와 불순물의 방출 또는 확산을 일으키는 것이다. 가열온도는 아공석강에서는 Ac3점 보다 40～60℃정도 높은 범위까지 가열하여 균일한 오스테나이트가 되게 한다. 즉 풀림이란 일정온도에서 어느 시간 동안 가열한 후 비교적 느린 속도로 냉각시키는 것을 말한다.

풀림의 종류에는 완전풀림, 연화풀림, 구상화풀림, 항온풀림 등이 있으며, 일반적으로 풀림이라 하면 완전풀림을 말한다. 완전풀림의 경우 고온으로 가열되기 때문에 크고 긴 것은 자중에 의한 변형을 주의해야 하며 산화 및 탈탄이 일어나지 않도록 주의해야한다.

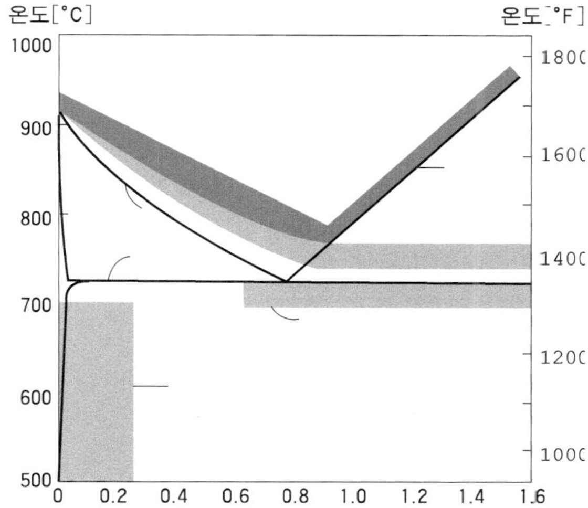

[그림 4.4] 풀림온도 구역

[그림 4.4]는 풀림온도 구역을 나타낸 것이다. 항온풀림은 600~650℃보다 높은 온도에서 항온처리를 하면 비교적 빠르게 연화풀림을 할 수 있다. 항온풀림은 짧은 시간에 작업을 끝낼 수 있는 장점이 있으며 노의 활용도도 높일 수 있다. 공구강 및 자경성이 강한 특수강을 연화풀림하기에 좋은 방법이다.

4.1.8 불림(normalizing)

불림이란 금속의 불균일한 결정립을 미세하게 하는 것으로, 가열은 풀림과 동일한 방법으로 Ac3변태점 또는 Acm변태점보다 40~60℃ 높은 온도까지 가열하여 균일한 오스테나이트가 되면 두께 25㎜당 1~2시간의 비율로 유지한 후 대기 중에서 공랭시킨다. 이 조작으로 결정립의 미세화와 더불어 연신율이 좋은 미세한 층상의 펄라이트 조직을 얻게 된다.

제2절 표면 경화법

4.2.1 개요

기계부품이나 금속제품이 사용목적에 따라 내마모성과 인성이 요구될 때, 이를 만족시키기 위해 표면에만 경도를 부여하고, 내부는 연성과 인성을 지니게 하는 방법의 열처리를 표면경화법(surface hardening method : 表面硬化法)이라 한다.

특히 표면경화용 강재는 대부분 저탄소강이므로 절삭가공을 용이하게 할 수 있어 대량생산에 적합하고, 표면처리 된 부품의 기계적 성질은 합금강에 비해 별 차이가 없으므로 경제적인 열처리라 할 수 있다.

4.2.2 고체 침탄법(pack carburizing)

고체 침탄법은 침탄처리 할 재료와 침탄제와 침탄촉진제 혹은 완화제를 밀폐된 철제용기 속에 넣고 이것을 노 내에서 가열하여 아래 식에서 보는바와 같이 탄소가 재료 표면에 침투하게 하는 방법이다. 철과 탄소는 직접 반응하는 것이 아니고 철과 가스화 된 탄소의 반응이라고 본다. 즉,

$$C + O_2 \rightleftarrows CO_2$$

$$C + CO_2 \rightleftarrows 2CO$$

$$Fe + 2CO \rightleftarrows [Fe\text{-}C] + CO_2$$

반응식에서 보는 바와 같이 일산화탄소와 탄산가스의 작용이 연속적으로 진행되면서 침탄이 진행된다.

침탄작업은 강을 900～950℃ 전후의 온도로 장시간 침탄시키기 때문에 재료의 중심부 조직은 조대화되는 경향이 있으므로 그대로 제품으로 사용하는 일이 없다. 침탄 후에는 다시 담금질을 하여 중심부의 조직을 미세화하고 다시 표면층을 경화하기 위한 담금질을 따로 실시한다. 이러한 열처리를 케이스 하드닝이라 한다. 1차 담금질은 870～920℃까지 가열시켜 기름에 담금질하고, 다시 750～800℃로 재가열하여 물 또는 기름에 2차 담금질을 한다. Ni강이나 Cr강은 1차 담금질을 하지 않고 침탄완화제를 섞어서 2차 담금질로 처리한다. 침탄제로서는 코크스, 목탄 60～70%, 촉진제로서는 $BaCO_3$ 20～30%, Na_2CO_3 10% 이하의 성분인 것을 사용한다. 〈표 4.4〉는 각종 침탄법의 특징을 나타낸 것이다.

〈표 4.4〉 침탄법의 특징

구분	(mm)	장점	단점
고체침탄	0.25~3.0	대형부품의 처리가 가능 소량생산에 적합 설비비가 저렴함	경도가 불균일함 과잉 침탄이 쉽다 작업환경이 나쁨
액체침탄	0.05~1.0	소형부품의 처리에 얇은 유리 경화층 가능 설비비가 저렴함	배수처리설비가 필요 침탄방지가 곤란
가스침탄	0.25~3.0	탄소농도의 조절이 가능 자동화가 용이 대량생산에 적합	설비비가 고가 양산체제가 아니면 처리비가 약간 높아진다.

4.2.3 가스 침탄법(gas carburizing)

가스 침탄법은 주로 프로판가스(C_3H_8)나 부탄가스(C_4H_{10}) 등을 공기와 혼합시켜 1000~1100℃의 Ni촉매를 통과시켜 캐리어가스(carrier gas)로 만든다. 이 가스에 소량의 프로판과 부탄가스를 혼합시켜 침탄능을 가진 침탄가스 분위기로 만들어주고 제품을 장입하여 소정의 온도에서 일정시간 유지시켜 침탄이 되게 한다. 침탄온도는 900~950℃이며 침탄 후에 직접 담금질을 하고 150~200℃에서 뜨임 처리를 한다.

침탄경화에 대상이 되는 침탄강은 0.1~0.18%C가 함유된 저탄소강이 적합하며 침탄층 깊이를 증가시키는 첨가원소는 Cu, Mn, Ni, Cr, Mo 등이며 반대로 감소시키는 원소는 Si, Al, Ti, N 등이다.

침탄의 처리가 불필요한 부분은 구리(동)도금이나 진흙을 바르고 석면포로 덮던지 얇은 철판으로 감는 방법이 있고, 가공여유를 두어 침탄한 후에 절삭을 한다.

4.2.4 진공 침탄법(vacuum carburizing)

진공 침탄법은 침탄이 필요한 재료를 진공 중에서 가열하여 표면을 활성화 시킨 후, 탄화수소가스를 장입하여 대기압 미만의 감압가스 분위기 속에서 침탄을 하고, 다시 진공 중에서 가열하여 재료 표면에 탄소를 확산시키는 방법으로 종래의 가스침탄과는 달리 침탄가스를 절약할 수 있고 고온 침탄이 가능하고 품질과 환경면에서 높은 평가를 받고 있다.

침탄반응은 메탄(CH_4)을 사용하는 경우 다음과 같은 반응이 일어나 침탄작용을 한다.

$$CH_4 + Fe \rightarrow [Fe - C] + 2H_2$$

프로판(C_3H_8)을 사용하는 경우에는 다음과 같은 반응이 일어나 침탄작용을 한다.

$$C_3H_8 + Fe \rightarrow [Fe - C] + C_2H_6 + H_2$$
$$C_2H_6 + Fe \rightarrow [Fe - C] + CH_4 + H_2$$

침탄이 완료되면 바로 로(爐)내의 침탄가스는 빼내고 진공 중에서 재료를 가열한다. 이렇게 하면 강의 표면은 탈탄과 침탄이 일어나지 않으면서, 강 중 탄소는 중심방향으로 내부에서 확산이 되어 적정한 탄소량과 침탄 깊이가 얻어진다.

4.2.5 청화법(cyaniding)

청화법은 강철을 CN화합물을 주성분으로 하는 KCN, NaCN과 융점을 강하시키고 유동성을 좋게 하는 KCl, NaCl, Na_2CO_3, $BaCl_3$ 등을 첨가한 액 중에 침지시키는 방법이다. 청화물(CN)의 반응은 다음과 같다.

$$2NaCN + O_2 \rightarrow 2Na(CN)O$$
$$4Na(CN)O \rightarrow 2NaCN + Na_2CO_3 + CO + 2N\downarrow$$
$$2CO \rightarrow CO_2 + C\downarrow$$

반응식에서의 2N과 C는 철 중에 침투되어 재질을 경화시킨다. 그러나 C 및 N의 용해도는 온도에 따라 다르다. 고온쪽에서는 침탄이 진행되며, 저온쪽에서는 질화가 진행된다. 그러나 적당한 온도로 처리를 하면 침탄과 질화가 동시에 진행되는 장점이 있다.

4.2.6 질화법(nitriding)

질화 경화법은 철보다 질소와 친화력이 강한 Al, Cr, Ti, Mo, V과 같은 2가지 이상의 원소를 함유하고 있는 질화용 강을 질화성의 가스나 염욕 중에서 가열하여 표면에 질소를 확산 침투시키는 방법이다. [그림 4.5]는 각종 합금원소가 질화시의 경화에 기여하는 정도를 비교한 것이다.

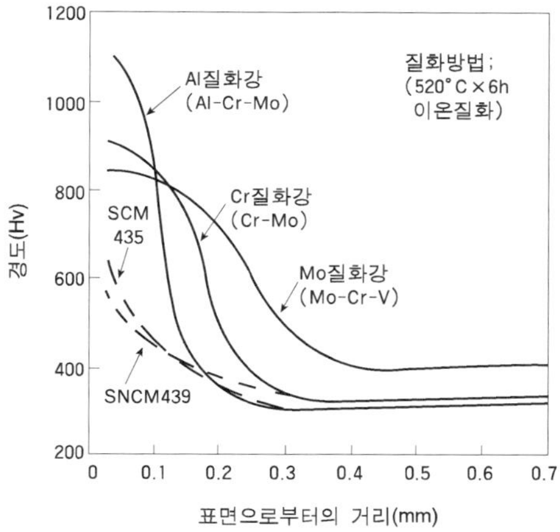

[그림 4.5] 각종 강의 질화성 비교

[그림 4.6] 질화처리 된 표면층

[그림 4.6]은 질화처리 된 강의 표면층을 나타낸다. 질화처리 재료로서는 암모니아 가스를 사용하며 비교적 저온에서 처리 하므로 열변형이 적고, 처리시간이 길며 암모니아 가스의 소비량이 많은 것이 단점이다. 질화처리는 담금질 및 뜨임 처리가 완료된 재료를 질화상자에 넣고 암모니아(NH_3)가스를 통하게 하여 상자내의 공기를 완전히 암모니아가스로 치환을 한 후 500~520℃에서 50~100시간 질화처리를 한다.

질화처리 된 재료의 질화층의 깊이는 보통 0.5mm이하이며 경화층의 경도는 침탄보다 크고 담금질 할 필요가 없으며, 변형, 마모, 부식에 대한 저항이 크다. 인장강도 및 항복점은 높지만 연신율과 내충격성이 낮다.

4.2.7 화염 경화법(flame hardening)

화염 경화법은 물리적인 표면 경화법으로 경화시키고자 하는 재료를 산소-아세틸렌가스 불꽃으로 오스테나이트 조직으로 가열하고 물에 담금질하여 경화시키는 것이다. 화염경화에 적당한 재료는 탄소 함유량이 0.35~0.7% 정도가 좋으며, 그 이상의 고탄소강은 경화능이 크므로 균열을 방지 할 수 있는 기술이 필요하다.

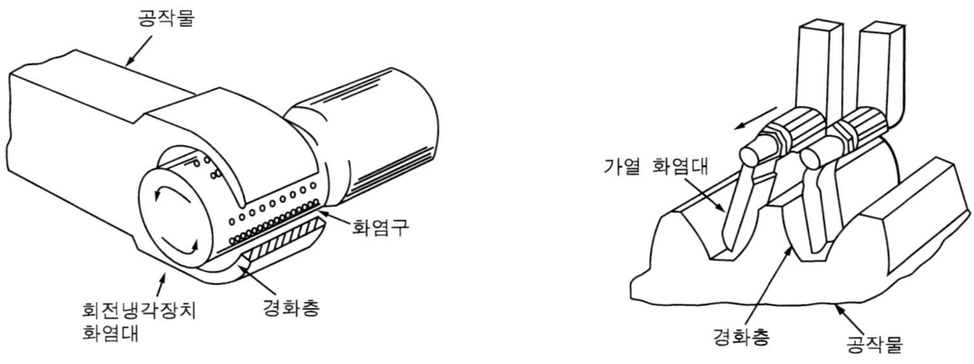

(a)회전법　　(b)전진법

[그림 4.7] 화염경화방법

화염 경화법은 작업이 간단하며 대형구조물의 부분경화에도 적용할 수 있는 장점이 있으나, 경화층의 깊이를 조정하기가 힘들고 제품의 과열을 피하기가 어렵다. [그림 4.7]은 화염경화방법의 회전법과 전진법을 나타낸 것이다.

4.2.8 고주파 경화법(high frequency hardening)

고주파 담금질을 경화시키려는 부분의 표면에 유도자(誘導子)를 가열부분 형상에 접근할 수 있는 구조로 설계를 한 후에 이를 접근시켜 수 KHz에서 수백 KHz의 고주파 전류를 보내면 전자유도 현상에 의해 가열표면층에 유도전류가 발생되면서 수 초 만에 변태점 이상의 온도로 가열시킬 수 있으며, 이 열에 의해 표면층만 경화시키는 것이다. 이 방법은 경화 깊이의 조절과 국부 담금질의 조작이 용이하기 때문에 각종 치차, 핀, 축 등의 표면층에 경도 및 피로한도를 최대로 요구하는 열처리에 이용되고 있으며 설비기구가 고가인 것이 단점이다. [그림 4.8]은 유도자에 따른 유도전류와 자장의 흐름을 나타낸다.

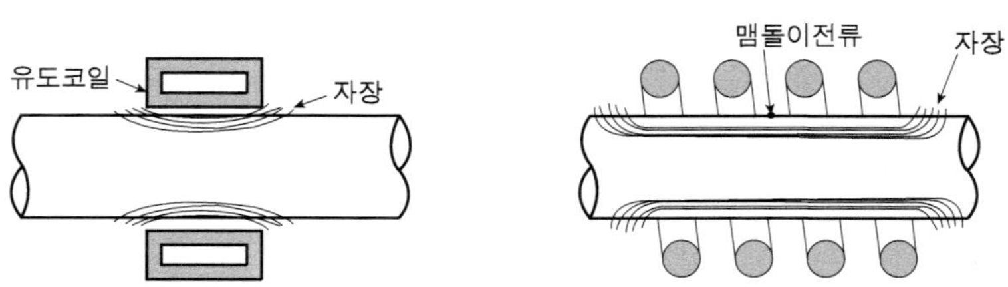

[그림 4.8] 유도코일에 따른 가열 현상

고주파 경화법의 특징으로는 직접가열을 하기 때문에 열효율이 높으며, 국부적인 담금질이 가능하며 처리시간이 짧고 작업능률을 향상시킬 수 있으며, 담금질 재료의 피로강도가 우수하며 작업조건에 따른 열처리보다 양호하다. [그림 4.9]는 유도자의 형상과 공작물을 나타낸 것이다.

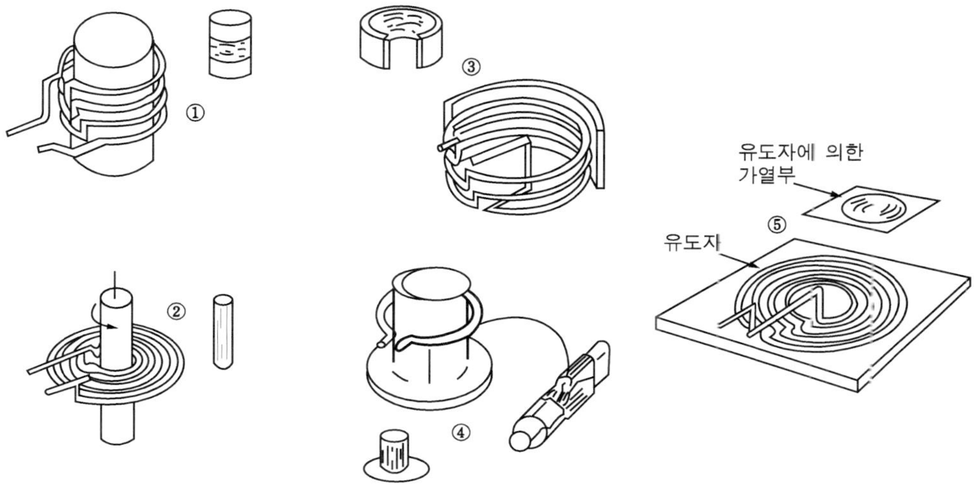

[그림 4.9] 공작물의 형상에 따른 유도자

4.2.9 심냉처리(subzero treatment)

심냉처리는 치수의 안정성이나 내마모성을 향상시키며 기계적 성질을 부여하기 위한 목적으로 0℃이하의 온도에서 드라이아이스를 사용하여 처리하는 기술이다.

주로 공구강과 같은 고탄소강 등에서는 담금질 후에도 잔류 오스테나이트가 남아 있기 쉽다. 즉 잔류 오스테나이트는 연하고 불안정하므로 이것을 마르텐사이트화해서 단단하고 내마모성과 치수의 변화에 안정성을 개선할 수 있는 조직으로 만들어 주는 것이다.

이 처리를 실행하면 공구강의 경도 증가와 성능향상을 부여할 수 있으며, 베어링, 게이지 등의 정밀한 부품의 조직을 안정하게 하여 시효에 의한 형상과 치수변화를 방지할 수가 있다.

심냉처리는 드라이아이스를 이용하는 (-)80℃까지의 처리방법인 보통 심냉처리와 [그림 4.10]과 같이 액체질소를 이용하는 (-)130℃이하의 처리인 초심냉처리가 있다. 액체법과 가스법의 장치를 나타내며 액체법은 열 충격에 다소 문제가 있으나, 가스법에서는 열 충격이 없으므로 실용적으로 이용되고 있다.

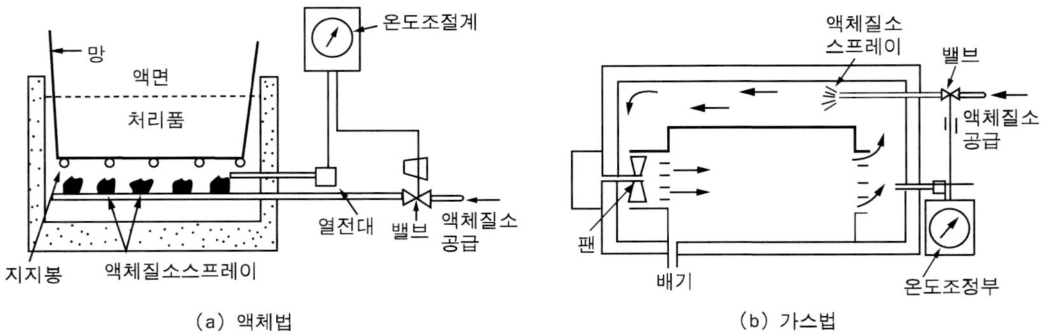

[그림 4.10] 초심냉처리장치

보통 심냉처리의 경우는 잔류오스테나이트의 안정화를 피하기 위하여 담금질을 한 후 약 6분 이내에 실시할 필요가 있으나 초심냉처리의 경우에는 아무리 시간이 경과하여도 무리가 없다. 일반적으로 심냉처리를 실시하면 담금질 부품은 경도가 증가되며, 치수변화가 안정되고, 내마모성이 향상된다. 특히, 초심냉처리를 실시하면 경도는 거의 차이가 없으나 내마모성은 크게 향상이 된다.

그리고 sub-zero 온도에서 실온으로 복귀하기 위해서는 보통 공기 중에 방치해두는 것이 좋으나 수중이나 탕(湯) 중에 투입하는 것이 잔류 응력 해소에 보다 효과적이라 할 수 있으며, 이러한 방법을 up-hill quenching 이라고 하고, 초심냉처리 후에는 반드시 뜨임 처리를 해주어야 한다.

Chapter 05 측정

제1절 개요

기계 공작법에 의해 제작된 여러 가지 기계요소들은 부품의 호환성과 효율성을 위해 비용을 절감 할 수 있는 다양한 측정이 필요하다. 우리가 도면을 볼 때 제일 먼저 생각해야 하는 것은 그 부품이 어디에 쓰이는가, 어떻게 움직이는 것인가를 파악하고 실제 가공을 위해 준비해야 할 공구와 [그림 5.1]과 같은 측정기기를 준비해야 한다.

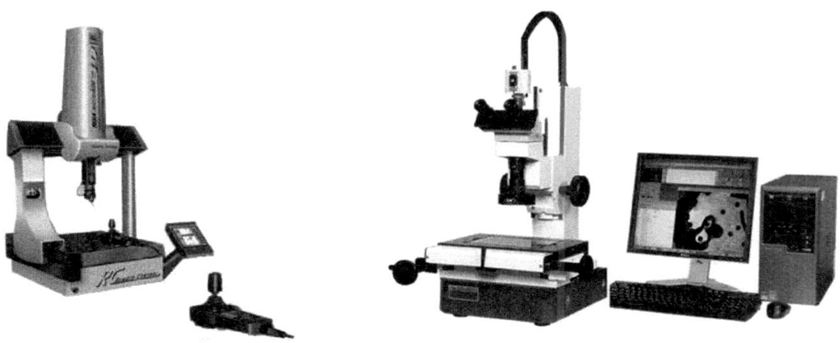

[그림 5.1] 3차원 측정기와 광학현미경

전통적인 측정방법은 일단 제품이 완성된 후에 측정을 하는 것이지만, 대량 생산 및 자동화 추세에서는 제품 가공 중에 측정을 하고 있다. 즉 전통적인 방법인 가공 후 검사로부터 가공 중에 검사하는 온라인 검사로 바뀌고 있다는 것이다.

이러한 검사 과정에서 중요하게 취급하고 있는 것은 치수 공차, 즉 기준 치수에 대한 허용 오차이다. 측정 기술은 기초 이론을 바탕으로 여러 가지 종류의 다양한 개별 기술과 방법을 결합시켜 호환성 있는 부품으로서 제품의 기능을 최대화시키는 정밀 측정이 요구된다.

5.1.1 검사

측정은 도면에서 나타난 측정량을 같은 종류의 다른 것과 비교하는 것이며, 측정 결과는 측정량에 포함되는 단위로 표시되며, 이때 끝맺음 자릿수는 측정 오차의 양에 상당하는 자릿수까지 해야 한다.

제품 검사의 주요 목적은 도면에서 요구하는 조건을 만족시키는가를 판정하는 일이다. 즉 어느 치수가 한계 치수 내에 있으면 합격이고, 한계 치수 범위를 벗어나면 불합격이 되는 것이다. 부품이 모여 완성 제품이 되기까지의 검사 과정은 소재 검사, 부품 검사, 조립 검사 및 성능 검사가 있으나 이러한 검사는 정확하게 정밀 측정이 되어야 한다.

5.1.2 측정 방법

1. 직접 측정

직접 측정은 제품이 요구하는 정밀도에 맞는 자, 버니어 캘리퍼스(vernier calipers), 마이크로미터(micrometer), 측장기 등으로 부품에 직접 접촉시켜 눈금자 및 지시계 눈금으로부터 길이를 직접 읽어내는 방법이다. 이 방법은 측정치의 결정 과정에서 계산을 하지 않아도 되는 장점이 있다.

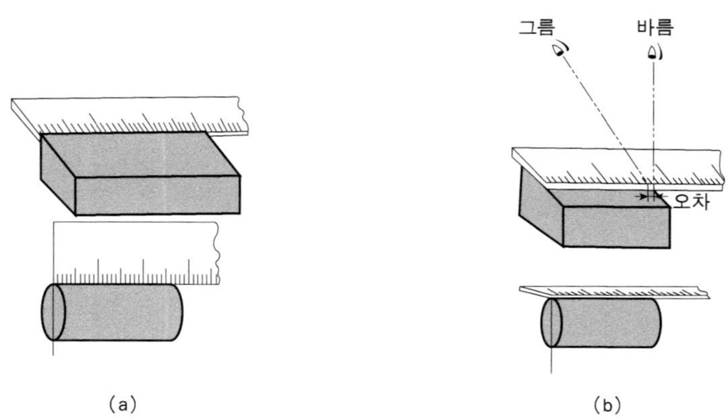

[그림 5.2] 직접측정의 시차

그러나 측정기는 취급자에 따라 눈금을 잘 못 읽을 수가 있으며 시간이 다소 길어질 수 있다는 단점이 있다. [그림 5.2]의 (a)와 같이 측정자를 피측정물 측면에 병행시켜서 눈금을 읽는 경우 오차 발생이 없지만, (b)그림과 같이 피측정물 상단에서 측정할 경우에는 측정자의 두께로 인한 오차를 유발시킬 수도 있다.

2. 비교 측정

비교측정은 이미 알고 있는 정확하게 다듬질된 치수를 기준으로 비교 측정하는 다이얼 게이지와 미니미터, 그리고 전기 마이크로미터, 공기 마이크로미터 등을 이용한다. 비교 측정하여 구한 실제 제품의 치수 차이를 통해 합격과 불합격을 정하는 양적인 측정에 사용된다. 이 비교 측정은 표준 게이지가 필요하며 측정 범위가 좁고 제품의 치수를 직접 읽을 수 없는 것이 단점이다. [그림 5.3]은 가장 대중적으로 사용되고 있는 다이얼 게이지(dial gauge)를 나타낸 것이다.

[그림 5.3] 다이얼 게이지

3. 간접 측정

간접 측정은 측정량과 일정한 관계에 있는 양을 측정하고, 그 값을 환산표에서 산출하거나 계산에 의해서 측정값을 알아내는 측정 방식으로 삼침법에 의한 나사의 유효 지름 측정, 게이지 블록과 두 개의 볼을 이용한 내측 테이퍼 측정, 사인바(sine bar)를 이용한 각도 형상의 각도 측정을 들 수 있다. 그러나 간접 측정에서는 어떤 양 x를 측정하여 구하는데 다음과 같은 함수 관계 $x = f(y_1,\ y_2,\ \ldots,\ y_n)$에서 $y_1,\ y_2,\ \ldots,\ y_n$을 측정하여 x의 값을 구하는 경우, 각각의 측정량 오차가 결과 x에 어떠한 영향을 마치는가를 명백하게 해 두어야 한다. [그림 5.4]는 삼침법에 의한 유효 지름 측정을 나타낸다.

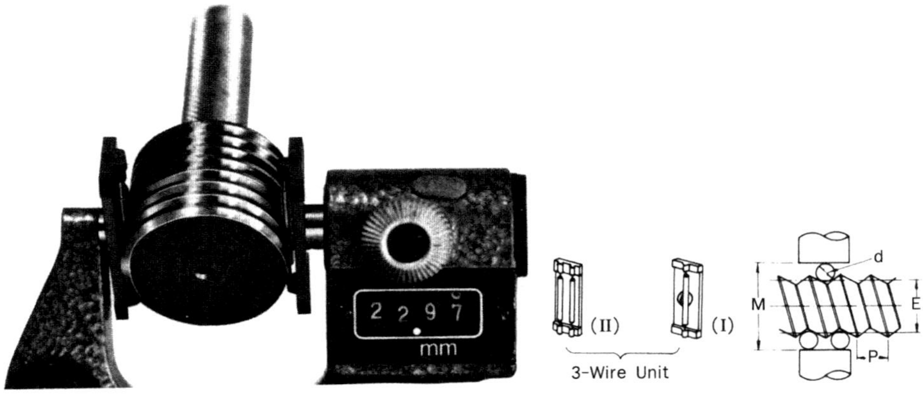

[그림 5.4] 간접 측정(삼침법)

5.1.3 측정 정도

정밀도라 함은 우연 오차를 최소화시키는 것으로, 우연 오차가 존재하는 경우 동일 측정기로 같은 양을 반복 측정하면 측정값은 흐트러지게 된다. 이렇게 측정값의 크기가 흐트러지는 불일치의 정도를 산포 또는 산란이라 하며, 이러한 산포가 적은 정도를 정밀도라 한다.

〈표 5.1〉 정확도와 정밀도

	정확도	정밀도
유발 원인	계통적인 오차	우연 오차
의미	치우침이 작은 경도	흩어짐이 작은 경도
표시법	모평균 - 참값	모표준 편기
평가비	정확률 = 편기 ÷ 참값	정밀률 = 모표준 편차 ÷ 모평균

이와 같이 정밀도와 정확도의 구별은 명확하나 어느 특정한 측정이나 측정값에 대하여 이 두 가지를 구별하여 표현하기는 어렵다는 것이다. 〈표 5.1〉은 정확도와 정밀도를 비교하여 나타낸 것이다.

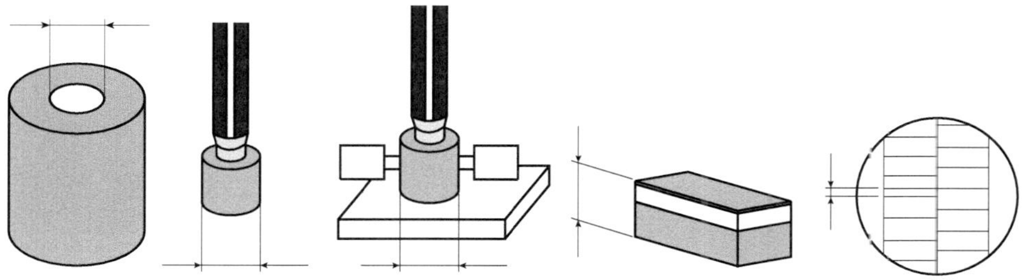

[그림 5.5] 정밀도의 5단계

공작물의 정도는 가공 정밀도에 따라서 공작물의 제작 공차 크기가 결정되므로, 공작물의 가공 정밀도와 측정 정밀도를 치수 측정에 따라 5단계로 나눈다. 예를 들어 IT7급의 직경 40구멍에 대한 5단계를 고려한다면 [그림 5.5]와 같이 나타낼 수 있다.

제2절 길이의 측정

5.2.1 표준 게이지

1. 블록 게이지

내구성이 있는 재료로 만든 블록 게이지(block gauge)의 단면은 직사각형과 정사각형 또는 원형이며 정확한 치수로 랩핑한 두 평행 측정면을 가진 단도기이며, 공구강, 스테인리스강, 크롬 도금강, 탄화크롬, 탄화텅스텐 또는 지르코늄을 기초로 한 세라믹으로 제작한다.

[그림 5.6]에 나타낸 블록 게이지는 현장에서 사용 빈도가 높은 것이며, 비교 측정의 기준이 되고 있으며, 면과 면의 간격으로 길이를 표시하는 단도기(端度器)중에서 가장 정도가 높고 대표적인 것이 블록 게이지이다.

[그림 5.6] 블록 게이지

블록 게이지의 길이 표준을 1983년 제17차 국제도량총회에서 정의한 "미터는 빛이 진공에서 1/299792458초 동안 진행한 경로의 길이"로 정의하고 있다.

(ㄱ) 특징

호칭치수를 나타내는 측정면이 잘 가공되어 몇 개의 게이지 블록을 조합하여 사용하여도 그 길이는 각개의 치수를 합한 것과 같으므로 무시할 정도이다.

(ㄴ) 정밀도

게이지 블록은 정밀도에 따라서 00, 0, 1급 및 2급의 4등급으로 구분하며, 측정면의 표면 거칠기는 00급 및 0급에서는 0.06㎛ Rmax, 1급 및 2급에서는 0.08㎛ Rmax를 초과해서는 안 되며 경도는 Hv 800 이상이어야 한다. 〈표 5.2〉는 정밀도 등급에 따른 용도를 나타낸다.

〈표 5.2〉 정밀도 등급과 용도

등 급	용 도	
00(AA)	초정밀 측정 참조용(reference grade)	0급의 정도 점검 학술 연구, 표준 게이지 블록 검사
0(A)	정밀 측정 표준용(calibration grade)	1, 2급의 정도 점검 측정 기기의 정도 점검
1(B)	일반 공작 측정 검사용(inspection grade)	측정 기기의 영점 조정 게이지 제작 및 정밀도 점검 기계 부품 및 공구 등의 검사
2(C)	공작용(workshop grade)	측정 기기의 정밀도 조정 공구류의 위치 결정

5.2.2 한계 게이지

한계 게이지(limit gauge)는 구멍 또는 축의 최대 허용 치수를 기준으로 한 측정 끝면과 최소 허용 치수를 기준으로 한 측정 끝 면을 갖는 게이지를 말한다.

1. 종류

한계 게이지는 치수 공차 및 끼워 맞춤에 따라서 피측정물의 양부를 결정하는 기준 게이지이며 종류에는 구멍용 한계 게이지와 축용 한계 게이지가 있다. [그림 5.7]은 나사용 한계 게이지를 나타낸 것이다.

구멍용 한계 게이지는 작은 직경은 통과하고 굵은 측은 통과하지 않는 구멍을 만들면 원하는 한계 내의 치수로 구멍이 만들어진 것이다. 축용 게이지는 큰 구멍 쪽은 통과하고 작은 구멍 쪽은 통과하지 않는 축을 만들면 허용된 오차내의 치수로 축으로 만든 것이 된다.

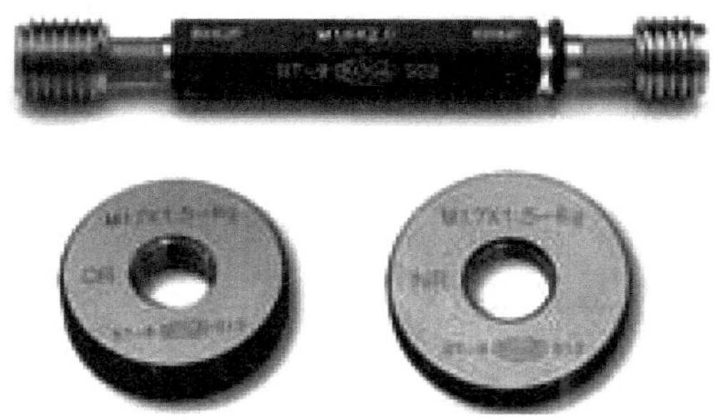

[그림 5.7] 표준형 나사 한계 게이지

그리고 끼워 맞춤을 표시하는 기초 치수로 제작 도면에 기입되는 치수를 호칭 치수라 하고, 이것은 허용 한계 치수의 기준이 되므로 기준치수라고도 한다. [그림 5.8]은 구멍용 한계 게이지를 나타낸 것이다.

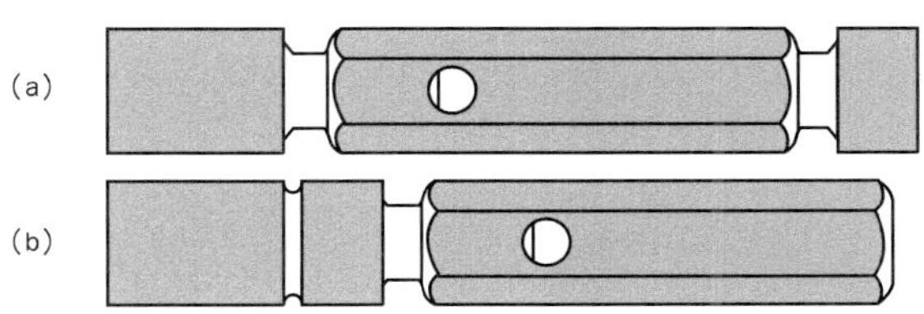

[그림 5.8] 표준형 구멍용 한계 게이지

2. 제작·공차와 마모 한계

[그림 5.9]와 같은 한계 게이지의 제작 공차를 작게 한다는 것은 정밀도가 높은 제품이므로 제작비가 높고, 제품 공차를 크게 한다면 제품의 제작이 쉽다. 반대로 한계 게이지의 제작 공차를 크게 하면 제품의 공차가 작아져서 제품의 제작이 어렵게 된다.

① 한계 게이지를 사용하여 측정한 제품은 제품 공차 내의 치수로 하여야 한다.
② 공작용 게이지로 합격된 제품은 검사용 게이지로 불합격되어서는 안 된다.
③ 게이지의 마모 여유를 적당히 규정하여 그 범위 내에서 마모가 되더라도 측정된 제품은 제품 공차 범위내의 치수로 해야 한다.

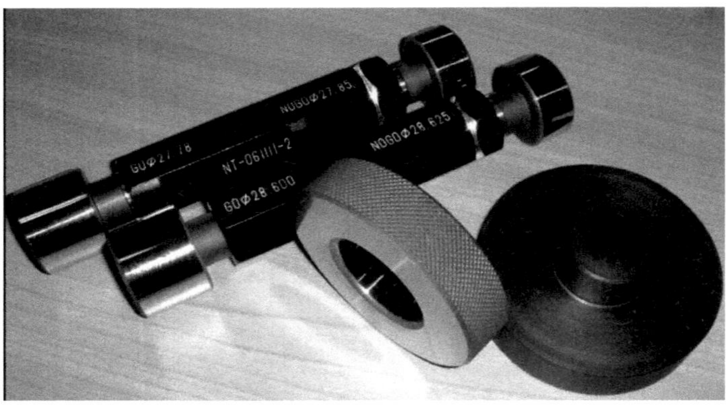

[그림 5.9] 표준형 한계 게이지

〈표 5.3〉은 여러 종류의 한계 게이지의 공차 등급을 나타낸 것이다.

〈표 5.3〉 한계 게이지의 공차 등급

한계 게이지의 종류	게이지 공차의 종류	구멍 · 축의 공차(T)					
		IT5	IT6	IT7	IT8	IT9	IT10
플러그 게이지 및 평형 플러그 게이지	H	IT2	IT2	IT2	IT3	IT3	IT4
봉 게이지	H_s	IT2	IT2	IT2	IT2	IT2	IT3
캘리퍼 게이지 및 링 게이지	H_1	IT2	IT2	IT3	IT3	IT4	

5.2.3 기타 표준 게이지

(a)

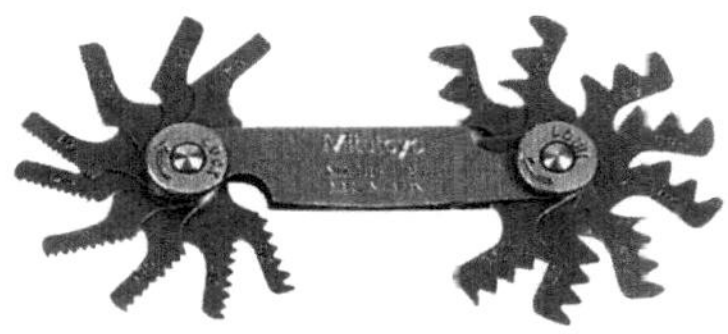

(b)

(c)

(d)

(e)

(f)

■ 플러그 게이지

(g)

- 나사용 한계 게이지는 나사규격과 동일 등급으로 정해져 있고, 나사를 통과측과 정지측 2개의 한계방식에 의해 검사하며,
- 사용방법으로는 나사용 한계게이지의 GO측이 무리없이 통과되며 NO측 게이지가 2회전 이상 돌아가지 않는 경우 그 게이지에 의한 등급조사에 합격이라고 판정한다.
- 한계게이지는 구멍 또는 축의 치수검사에 이용하는 게이지로 일반적으로는 플럭게이지, 링게이지가 많이 이용되고 있다.

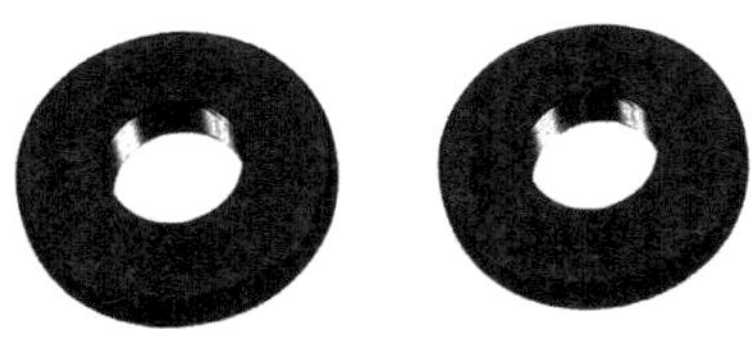

통과측 정지측

■ 링게이지

[그림 5.10] 기타 표준 게이지

[그림 5.10]에 나타낸 (a)는 반지름 게이지이며, (b)는 나사의 피치를 측정하는 피치 게이지를 나타냈고, (c)는 톱니바퀴나 평 기어 등의 바퀴모양을 측정하는 기어 투스 게이지이며, (d)는 주로 선반작업에서 나사 절삭·단인공구의 각도나 센터의 깊이 검사를 위한 센터 게이지이고, (e)는 드릴의 지름이나 판재의 두께를 측정하는 와이어 게이지이며, (f)는 틈새의 간극을 측정하는 간극 게이지를 나타낸 것이며, (g)는 나사용 한계 게이지를 나타낸 것이다.

나사용 한계 게이지는 나사규격과 동일한 등급으로 정해져 있고, 나사를 통과 측과 정지 측으로 구분하여 검사를 하며, 검사방법으로는 나사용 한계게이지의 Go측이 무리 없이 통과되며 No측 게이지가 그 회전이상 돌아가지 않는 경우 그 게이지에 의한 등급조사에 합격이라고 판정한다.

5.2.4 각도 게이지

1. 각도 측정기

각도측정은 길이 측정에 비해 까다로운 작업이며 [그림 5.11]은 분도기와 직각자와 중심내기를 조합시킨 조합직각자를 나타낸 것이다.

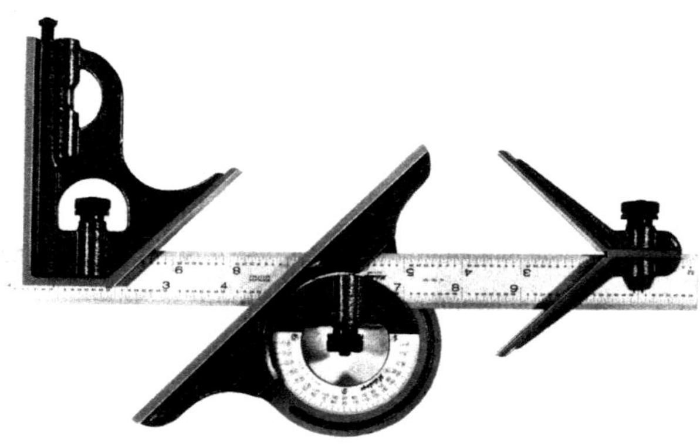

[그림 5.11] 조합 직각자

2. 각도 블록 게이지

길이의 표준 게이지로 블록 게이지를 사용하는 것과 같이 각도의 측정에 있어서도 단면 표준기로 각도 게이지가 사용되며, 그 형상에 따라 N.P.L식과 요한슨 식의 두 종류가 있다. 사인 바는 직각 삼각형의 sine원리를 이용하는 것으로 두 블록 게이지의 높이를 다르게 하여 임의의 각도를 만들어 낼 수 있게 하는 장치이다.

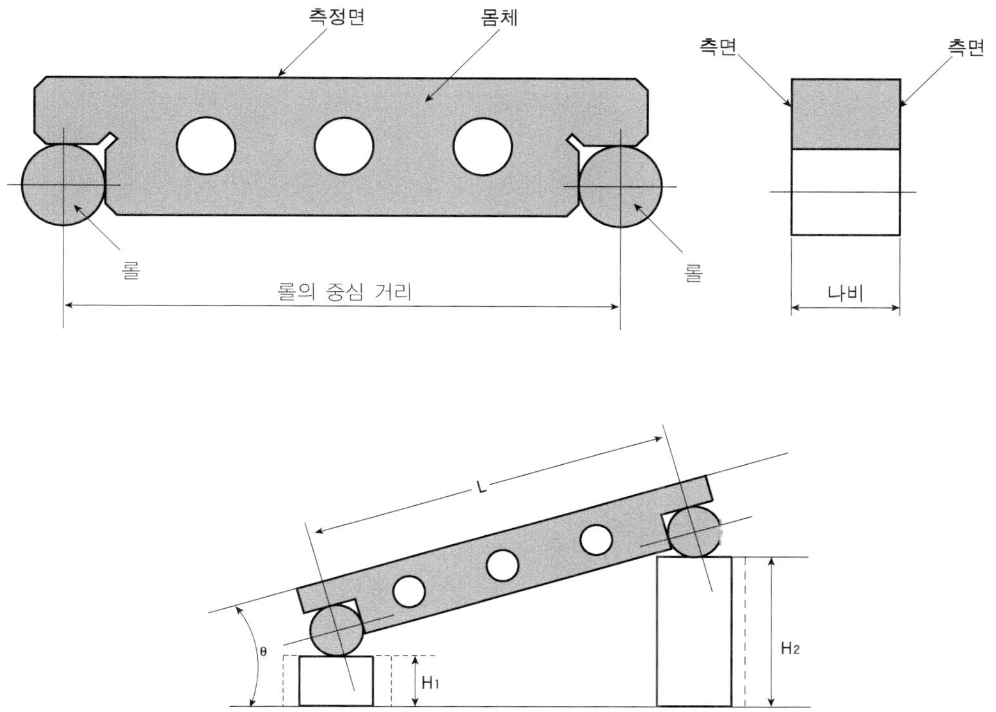

[그림 5.12] 사인 바

[그림 5.12]와 같은 사인 바의 구조에서 롤 사이의 거의 L, 게이지 블록의 높이를 H_1와 H_2라 하면 경사각 θ는 다음 식으로 구할 수 있다.

$$\sin\theta(\text{초}) = \frac{H_2 - H_1}{L} \qquad (5.1)$$

한편, $E = H_2 - H_1$ 및 L의 오차 ΔE와 ΔL에 따른 각도 오차 Δθ는

$$\Delta\theta(\text{초}) = \tan\theta\left(\frac{\Delta E}{E} - \frac{\Delta L}{L}\right) \times 2.06 \times 10^{-5} \qquad (5.2)$$

가 된다.

KS 규정에서 롤 중심 거리 L의 호칭 치수는 100㎜, 200㎜의 두 종류가 있으며 허용치는 1급에서는 각각 ±1.5㎛와 ±3.0㎛가 있다. 종합 정도는 호칭 값 100㎜, 200㎜의 것에서는 각

각 50㎜, 100㎜의 블록 게이지를 한쪽 롤에 [그림 5.12]와 같이 끼워 넣었을 때 30°의 각도에 대해서 1급은 40 μrad(약 8초) 이내가 된다.

5.2.5 버니어 캘리퍼스

1. 측정방법

버니어 캘리퍼스는 측정 정밀도가 비교적 낮은 일반 기계 가공에서 황삭과 중삭의 치수 측정에 널리 사용되고 있다. 버니어 캘리퍼스의 최소 측정 단위는 0.05㎜와 0.02㎜가 있으며 측정값은 1.0㎜ 또는 0.5㎜까지는 본 척에서 먼저 읽고, 그 이하는 부 척(副尺)으로 읽어서 합한다. 버니어 캘리퍼스를 노기스라고도 하는데 이 노기스는 독일어의 변형으로 부척을 의미한다. [그림 5.13]은 표준형 버니어 캘리퍼스의 외형을 나타낸 것이다.

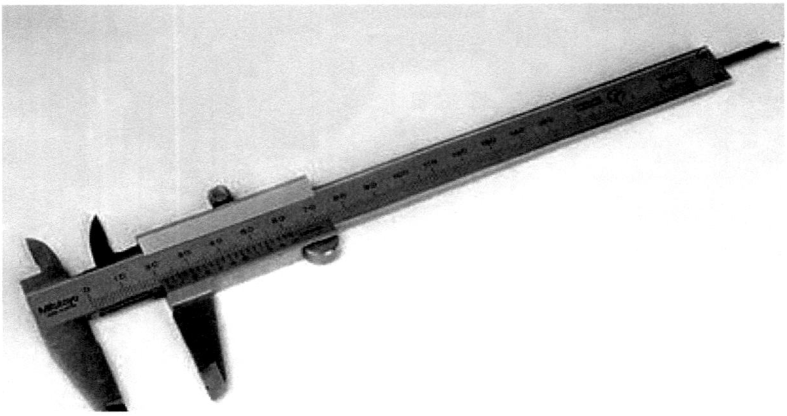

[그림 5.13] 버니어 캘리퍼스의 외형

2. 종류

버니어 캘리퍼스는 캘리퍼와 눈금자를 조합한 것으로 피측정물의 치수를 한 번에 직접 측정할 수 있는 구조의 기능을 갖추고 있다.

3. 눈금 읽는 방법

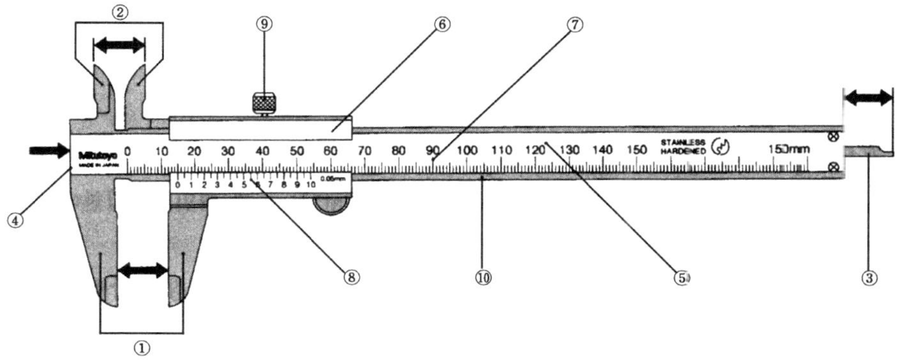

① 외측 조(외경 측정)　　② 내측 조(내경 측정)　　③ 깊이 측정 바
④ 단자 측정면　　⑤ 몸체　　⑥ 슬라이더
⑦ 어미자 눈금　　⑧ 버니어 눈금　　⑨ 조임 나사
⑩ 기준면

(a) 명칭

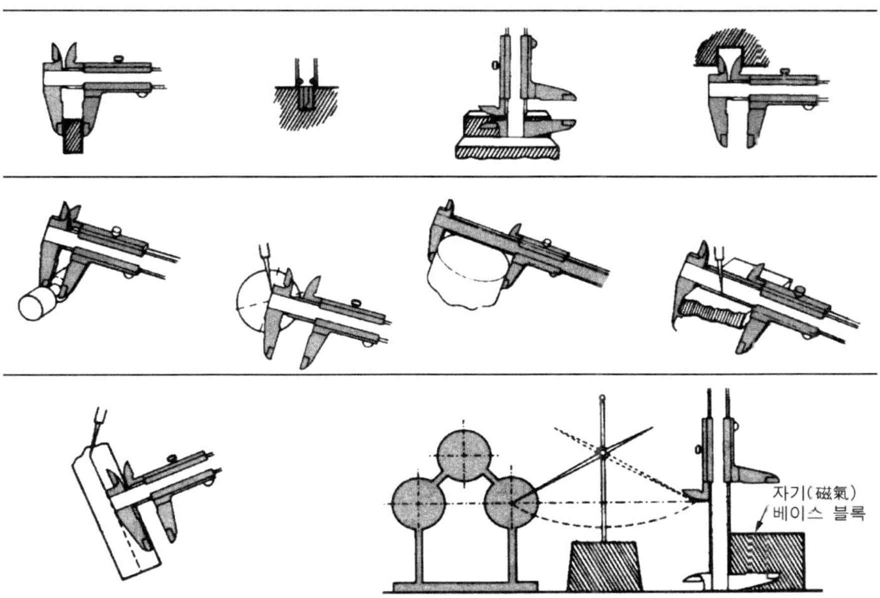

(b) 측정방법

[그림 5.14] 버니어 캘리퍼스의 명칭과 측정방법

버니어의 눈금에는 본 척보다 1눈금 작은 '순 버니어'와 본 척보다 1눈금이 큰 '역 버니어'가 있으며 이 중 '순 버니어'가 보편적으로 사용되고 있다. '순 버니어'의 원리는 한 눈금이 1㎜인 본 척의 19개 눈금을 20등분한 부척의 한 눈금은 19/20 = 0.95㎜가 되므로, 본 척과 부척의 한 눈금의 차이는 1 − 0.95 = 0.05㎜가 된다. '역 버니어'는 한 눈금이 1㎜인 본 척의 21개 눈금을 20등분한 부척의 한 눈금은 21/20 = 1.05㎜가 되므로, 본 척과 부척과의 한 눈금의 차이는 1.05 − 1 = 0.05㎜가 된다. 〈표 5.4〉는 KS B 5203에서 규정하는 버니어 눈금의 종류이다. [그림 5.14]는 표준형 버니어 캘리퍼스의 명칭 및 각종의 측정 방법을 나타낸 것이고 [그림 5.15]는 특수형 버니어 캘리퍼스를 나타낸 것이다.

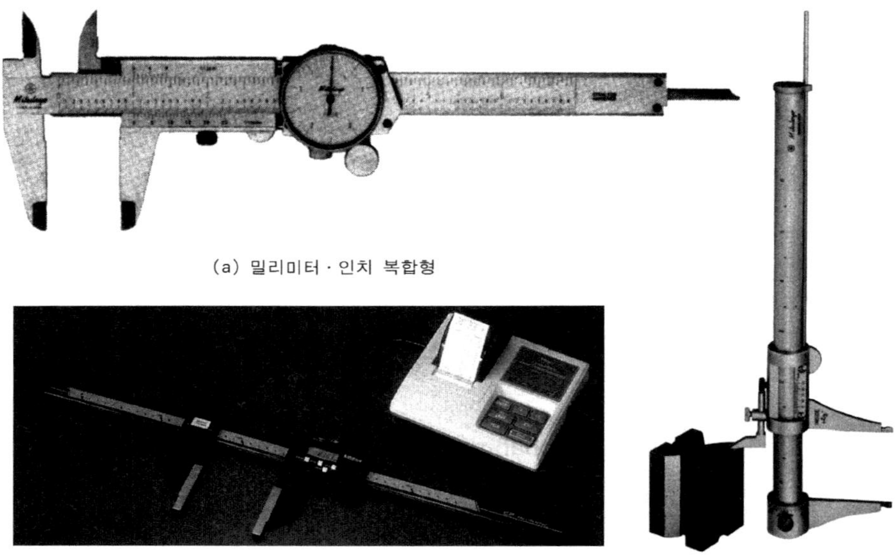

(a) 밀리미터 · 인치 복합형

(b) 만능형

(c) 조 교환형(광폭형)

[그림 5.15] 특수형 버니어 캘리퍼스

〈표 5.4〉 버니어 눈금의 종류

본 척의 최소 눈금(mm)	버니어의 눈금 방법	최소 해독치(mm)
0.5	12mm를 25등분	0.02
	24.5mm를 25등분	
1.0	49mm를 50등분	0.05
	19mm를 20등분	
	39mm를 20등분	

① [그림 5.16] (a)에서 본 척의 최소 눈금이 1㎜단위이고, 부척은 19㎜를 20등분한 눈금을 부척의 1눈금이 0.05㎜로 표시된다. 그러므로 읽을 값은 본 척의 읽기는 15㎜가 되고 부척의 읽기는 0.85가 되므로 읽음 값을 15＋0.85＝15.85㎜가 된다.

② [그림 5.16] (b)에서 본 척의 최소 눈금이 0.5㎜단위, 부척 12㎜를 25등분한 눈금을 부척의 1눈금이 0.02㎜를 표시한다. 그러므로 [그림 5.16] (b)에서의 값은 본 척의 값 30.5㎜와 부척의 읽기는 0.30이 되므로 값은 30.5＋0.30＝30.80㎜가 된다.

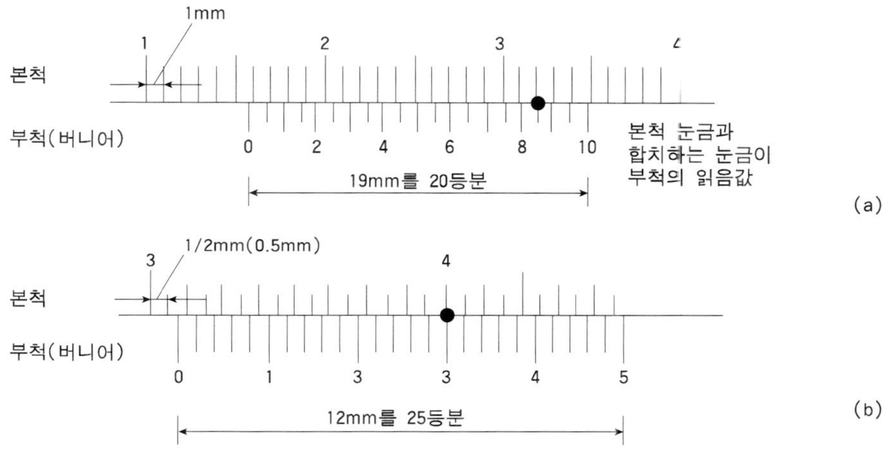

[그림 5.16] 눈금 읽는 법

5.2.6 하이트 게이지

1. 종류

하이트 게이지(height gauge)는 일반적으로 측정값을 읽는 구조에 따라 분류하며 그 종류는 어미자 눈금과 버니어 눈금에 의한 값을 읽는 것의 대표적인 것은 HB형, HM형, HT형이 있으며, 어미자 눈금과 다이얼 눈금 지침에 의한 값 읽기, 계산에 의한 값 읽기, 및 전자 디지털 표시에 의한 값 읽기의 네 종류가 있으며, 이송이 되는 것과 안 되는 것이 있다.

대표적인 하이트 게이지의 최대 측정 길이는 150㎜, 200㎜, 300㎜, 450㎜, 600㎜ 와 1000㎜가 있으며, 그 이상은 특수 목적에 이용되고 있다. 하이트 게이지 주요부의 명칭은 [그림 5.17]에 나타낸바와 같다.

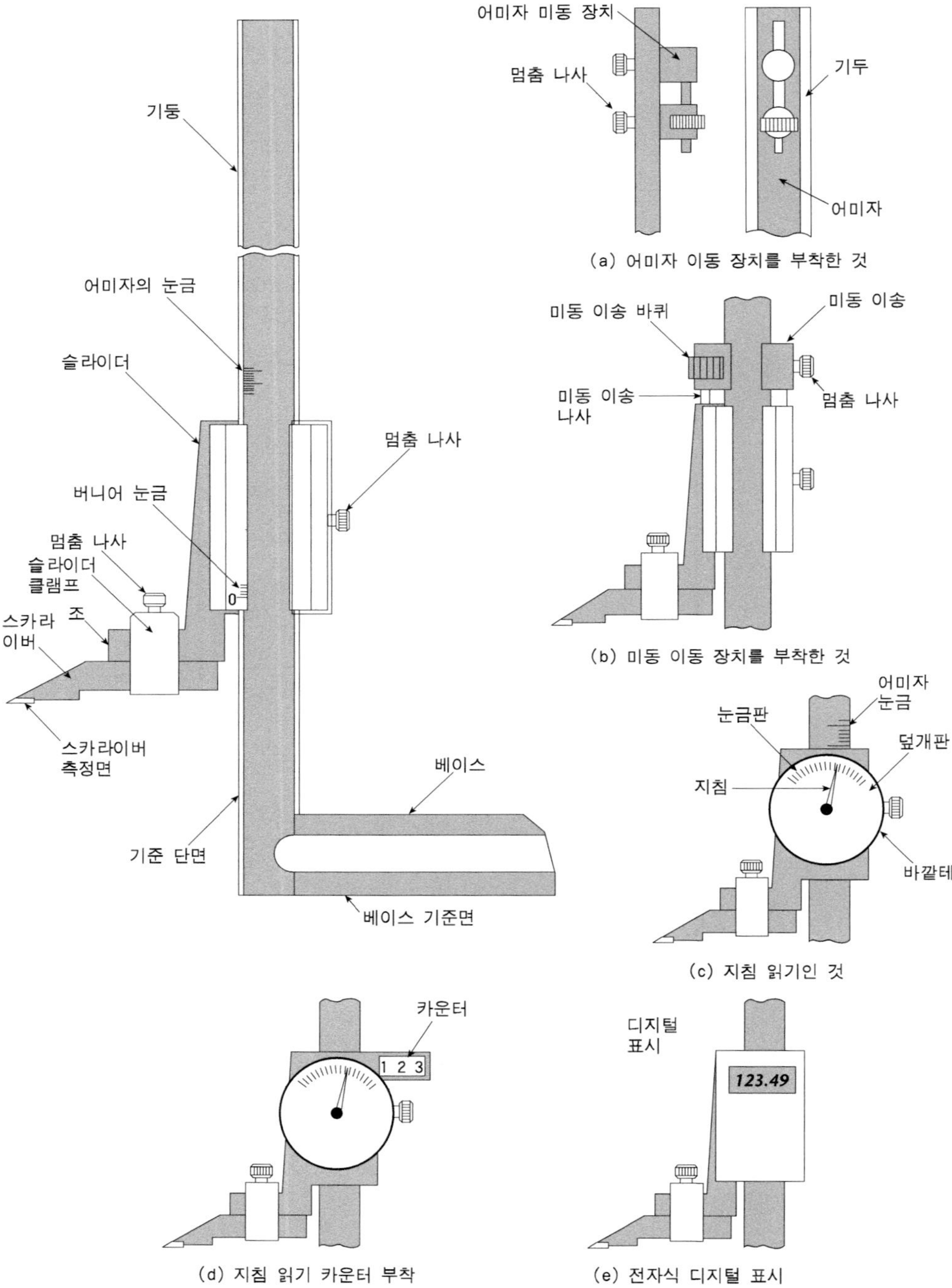

[그림 5.17] 하이트 게이지 주요부의 명칭

5.2.7 마이크로미터

1. 원리 및 구조

(1) 원리

마이크로미터는 [그림 5.18]과 같이 길이의 변화를 나사의 회전각과 직경에 확대하여 나타내고, 그 확대된 길이에 눈금을 새겨서 미소 길이의 변화를 판독할 수 있도록 한 측정기이다.

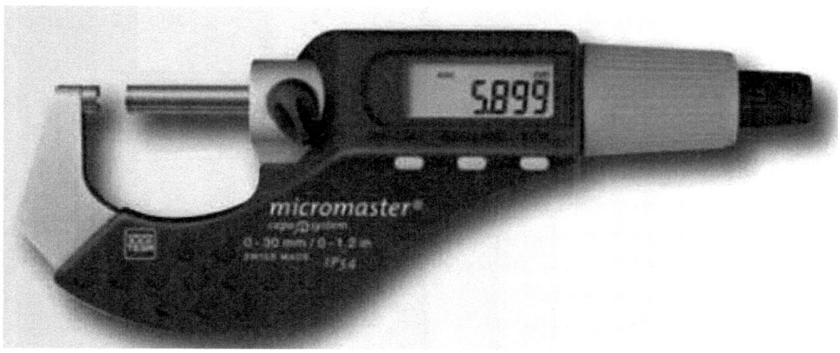

[그림 5.18] 디지털 마이크로미터의 외형

표준 마이크로미터는 나사 피치를 0.5㎜로 하고, 딤블의 원주 눈금을 50등분 하였으므로 1눈금의 스핀들 이동량(M)은

$$M = 0.5 \times \frac{1}{50} = \frac{1}{100}\,(\mathrm{mm})$$

가 되므로 0.01㎜의 최소 눈금으로서 측정할 수 있다. 또한 슬리브 기선 상부에 버니어(부척) 눈금이 있는 경우에는 0.001㎜까지 판독할 수 있다.

(2) 구조

근래 생산되고 있는 마이크로미터는 용도에 따라서 수십 종이 보급되고 있다. [그림 5.19]는 표준형 마이크로미터의 명칭을 나타낸다.

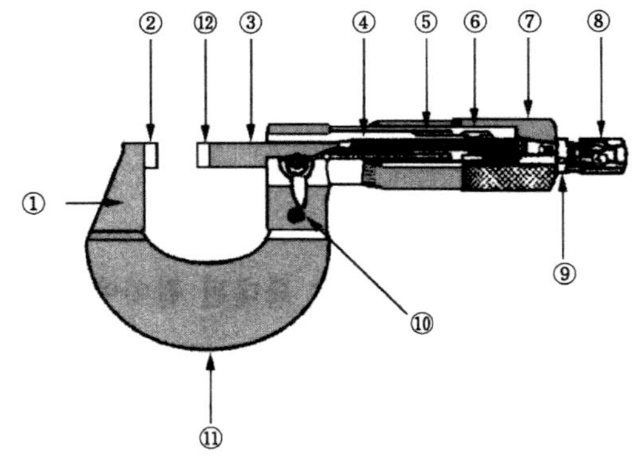

① 본체(frame)
② 앤빌(anvil(carbidle)
③ 스핀들(spindle)
④ 내측 슬리브(inner sleeve)
⑤ 외측 슬리브(outer sleeve)
⑥ 조절 너트(adjustment nut)
⑦ 심블(thimble)
⑧ 래칫 스톱(ratchet stop)
⑨ 나사 래칫(ratchet screw)
⑩ 클램프(clamp)
⑪ 본체 커버(frame cover)
⑫ 카바이드 팁(carbide tip)

[그림 5.19] 표준형 마이크로미터의 명칭

2. 마이크로미터의 눈금 읽기방법

[그림 5.20]에서 마이크로미터의 측정값을 정확하게 판독하기 위해서는 슬리브의 기선 눈금과 딤블의 눈금이 어느 위치에서 합치 되었는가를 확인 한다. 또한 시차의 방향에 따라 정확한 눈금의 판독이 좌우되므로 슬리브의 기선과 딤블의 눈금이 합치되는 수직선상에서 읽어야 한다.

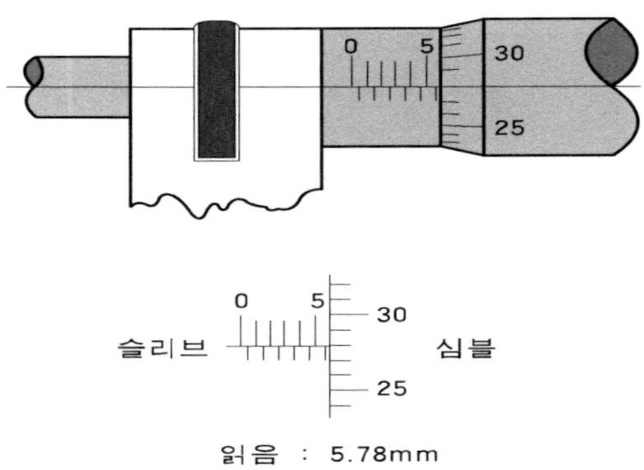

[그림 5.20] 표준형 마이크로미터의 눈금 읽기의 예

3. 마이크로미터의 종류

(1) 버니어 마이크로미터

측정 정밀도를 높이기 위하여 [그림 5.21]에서와 같이 표준형 마이크로미터의 슬리브 기선 위쪽에 딤블의 9눈금을 10등분한 버니어 눈금이 있어 최소 눈금 값을 0.001mm까지 읽을 수 있다.

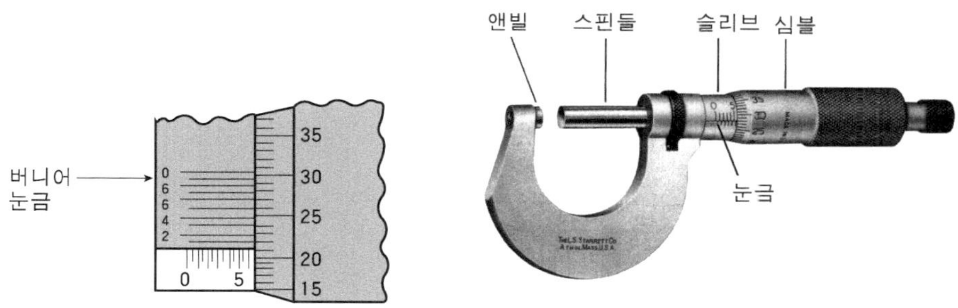

[그림 5.21] 버니어 마이크로미터

(2) 다이얼 게이지 부착

마이크로미터의 앤빌(anvil) 측에 다이얼 게이지를 부착한 것으로 합격 불합격 판정을 신속히 결정할 수 있으므로 대량 생산에서 주로 사용된다. 한편, 다이얼 게이지 자체로는 넓은 폭의 측정이 불가능하므로 마이크로미터 헤드를 이용하여 규정의 치수로 만든 다음 다이얼 게이지의 치수차를 읽게 한다. [그림 5.22]는 다이얼 게이지 부착 마이크로미터이다.

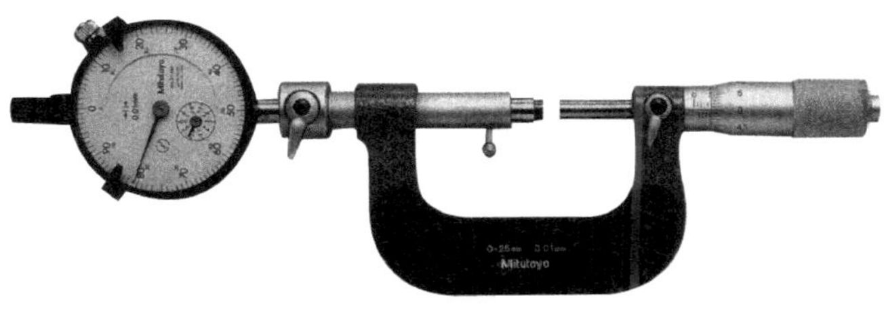

[그림 5.22] 다이얼 게이지 부착 마이크로미터

(3) 앤빌 교체형 마이크로미터

기능은 표준형과 같으며 앤빌을 교체함으로써 하나의 몸체로 측정 범위를 넓게 할 수 있는 것이나 교체 앤빌은 25㎜ 단위로 3~5개이며, 측정력을 일정하게 주기 위한 래칫 스톱이 있으며 "0"점 조정용 표준봉도 있다. [그림 5.23]은 앤빌 교체형 외경 마이크로미터이다.

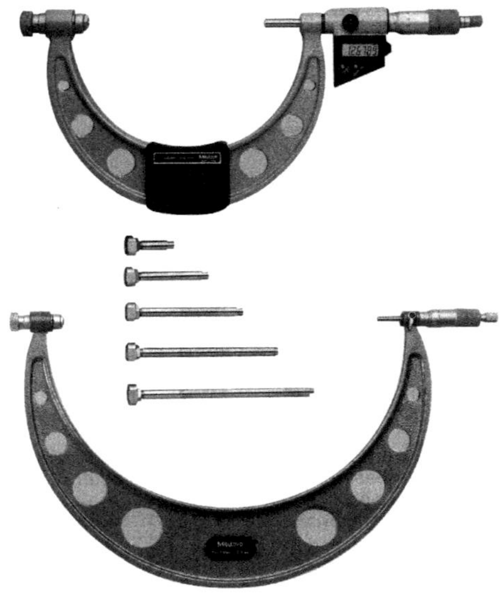

[그림 5.23] 앤빌 교체형 외경마이크로미터

(4) 나사 마이크로미터

60° 또는 55°의 V앤빌과 원뿔형 스핀들을 교체하여 나사를 측정할 수 있으며, 메트릭 또는 유니파이 나사도 측정할 수 있으며, 60°의 V앤빌과 스핀들은 뾰족한 원뿔형이다.

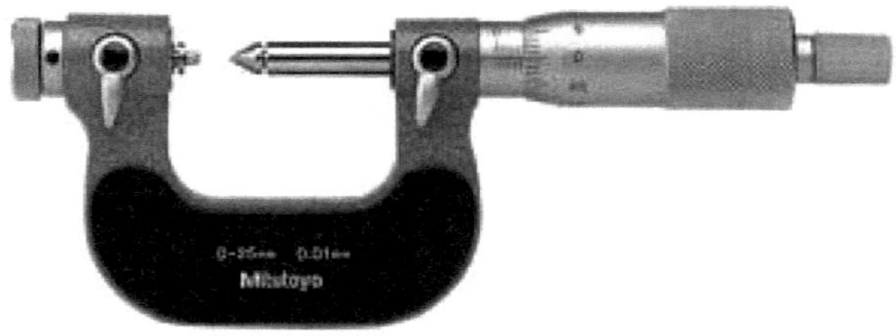

[그림 5.24] 나사 마이크로미터

[그림 5.23]과 같은 나사 마이크로미터의 측정 방법은 나사산을 앤빌의 골에 올려놓고 스핀들로 나사의 골을 측정한다. 즉, 나사의 골에서 나사산의 높이까지의 길이를 측정하는 것인데, 이것은 산의 중심에서 중심까지의 치수이므로 유효 지름이 측정되는 것이다. 따라서 이 측정에는 나사산의 축에 정확하게 직각이 되는 조건에서 측정하여야 한다.

(5) 깊이 마이크로미터

[그림 5.25]와 같은 깊이 마이크로미터는 측정 기준이 되는 평탄한 면을 갖는 베이스와 그 기준면과 직교하는 축선 방향으로 나사의 회전에 의해 이용하는 스핀들 및 스핀들의 움직임을 나타내는 눈금을 갖는 슬리브 및 손잡이 등을 갖추어서, 측정 대상물의 깊이 또는 높이에 대응한 베이스 기준면과 측정면의 거리를 읽을 수 있는 측정기를 말한다.

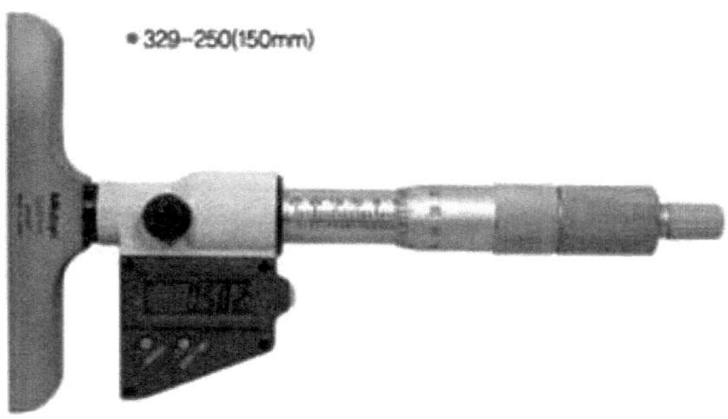

[그림 5.25] 깊이 마이크로미터

5.2.8 다이얼 게이지

[그림 5.26] 다이얼 게이지

[그림 5.26]과 같은 다이얼 게이지는 측정자를 갖는 스핀들이 원형의 눈금판에 평행한 직선 운동을 스핀들의 한쪽 면에 가공된 래크와 피니언의 맞물림에 의해서 회전 운동으로 변환되고, 이 회전 운동은 피니언과 같은 축에 고정된 피니언 치차와 바늘 피니언에 의해 확대되어 바늘 피니언 축에 부착된 장침에 전달되어 이 장침의 움직인 양을 원형의 눈금판에 표시하는 측정기를 말한다.

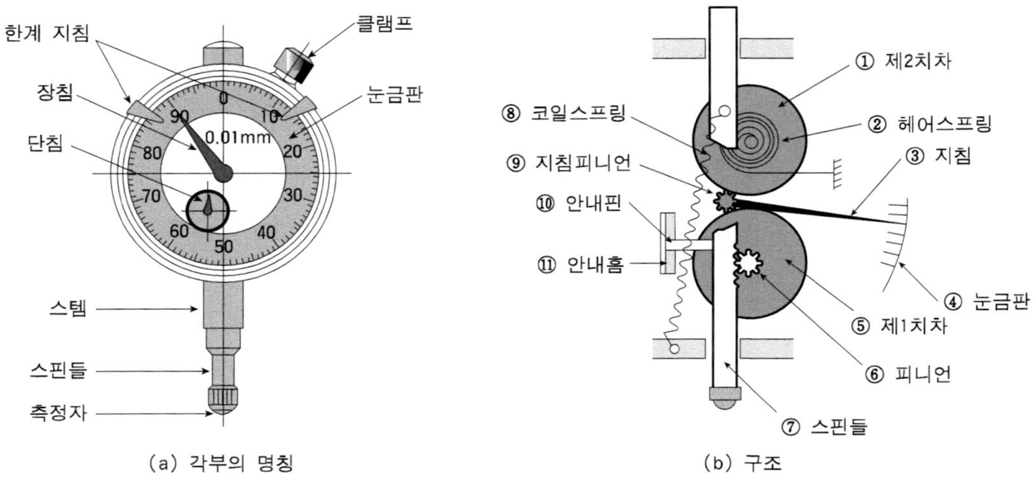

[그림 5.27] 0.01㎜, 다이얼 게이지

[그림 5.27]은 0.01㎜, 다이얼 게이지의 구조와 각부의 명칭이다. [그림 5.27]의 (a)는 다이얼 게이지의 명칭을 나타낸 것이고 (b)는 원리와 구조를 나타낸 것이다. (b)에서 보면 지침 피니언이 맞물려 있는 헤어 코일 스프링은 치차를 항시 동일 치면에 접촉시켜 치차의 백 래시를 제거하게 하여 동일한 측정면에서 스핀들의 상하 움직임의 되돌림 오차를 배제하는 작용을 하며, 코일 안내 핀은 안내 홈을 따라 움직이면서 스핀들의 일부분에 가공된 래크가 회전을 방지하고, 상하 운동을 안내하는 역할을 한다.

Chapter 06 절삭가공

제1절 절삭가공

6.1.1 개요

절삭가공(cutting of metal)은 가공 재료보다 경도가 큰 절삭공구(cutting tool)를 사용하여 도면 치수의 크기와 형상으로 가공하는 것을 절삭가공이라 하며, 이 기계를 공작기계라 한다. 절삭가공은 공구의 종류와 가공방법에 따라 여러 가지로 분류되며, 정밀도와 생산성이 대단히 높다. 그리고 자동화와 수치제어(numerical control)장치를 조합하면 고정밀도의 저렴한 부품생산도 가능하다.

[그림 6.1] 절삭 가공의 예

[그림 6.1]은 기어절삭 가공을 나타낸 것으로 절삭 날의 압축력을 받아 공작물 내부로 전단응력이 전달되어 절삭공구의 경사면을 따라 칩이 발생한다. 이와 같이 공작물이 절삭될 때 발생되는 가공물의 변형과 절삭 칩(chip)의 상태를 알고자 절삭 기구에 대해 공부를 한다.

절삭 기구는 절삭가공의 이론적 기초가 된다. 절삭 날이 공구의 절삭진행방향과 직각이면 2차원 절삭이라 하고, 이것을 기초로 절삭저항이 공구의 진행방향에 경사지게 작용하면 3차원 절삭이라고 한다. 일반적으로 절삭가공에서 공작물의 변형은 3차원 소성변형을 말한다. 그러므로 2차원 절삭 이론을 바탕으로 3차원 절삭 이론을 정립하였다.

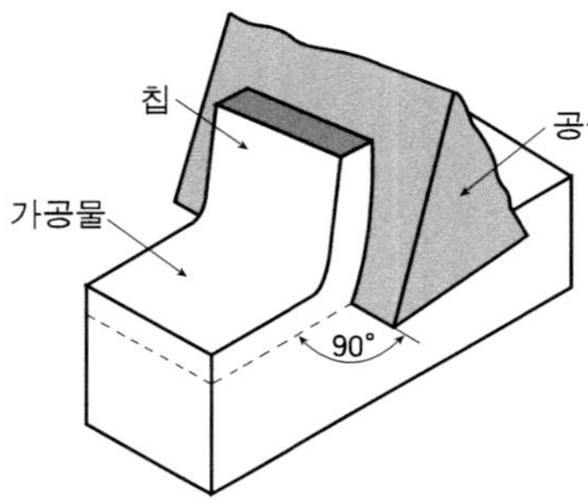

(a) 2차원절삭

[그림 6.2] 2차원 절삭

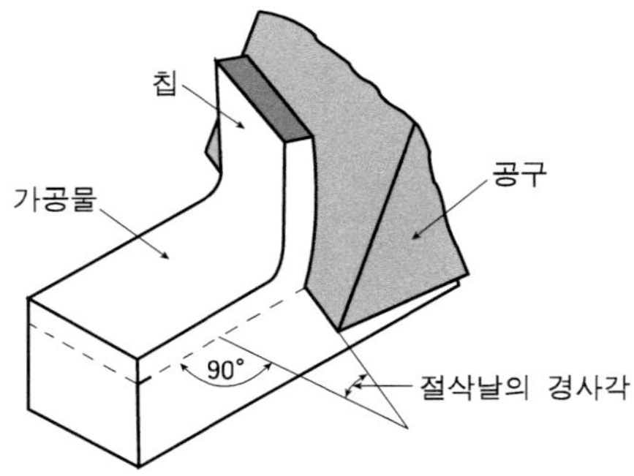

(b) 3차원절삭

[그림 6.3] 3차원 절삭

[그림 6.2]는 단순한 2차원 절삭을 나타낸 것이고, [그림 6.3]은 3차원 절삭을 구체적으로 나타낸 그림이다.

6.1.2 칩의 종류

칩(chip)의 종류는 연구학자에 따라 여러 가지로 분류되고 있으나, 일반적으로 연속형, 불연속형, 구성인선으로 분류하고 칩의 상태에 따라 다음과 같이 4종류로 구별하는 경우가 많다.

1. 유동형 칩(flow type chip)

유동형(流動形) 칩은 주로 연한 가공물을 고속으로 절삭을 할 때 가공물이 공구의 강한 압력으로 전단형상이 [그림 6.4]와 같이 공구 날 끝에서부터 슬립현상의 소성변형이 일어나면서 발생되며, 칩은 공구의 상면을 따라 연속적으로 이동하면서 유동형 칩이 된다. 이 유동형 칩이 발생하는 동안은 저항과 온도가 일정하게 유지되므로 최소한의 진동이 유지되며 가공표면도 깨끗하다. [그림 6.4]에는 연강에서 주로 많이 발생하는 유동형 칩을 나타냈다.

2. 전단형 칩(shear type chip)

전단형(剪斷形) 칩은 경도가 높은 재료나 연성재료를 저속으로 절삭을 할 때 주로 발생하며, 유동형 칩과 다르게 [그림 6.5]과 같이 슬립변형이 공구인선에서 최대가 될 때 칩은 전단면에서 파단 되며, 파단 후에는 다시 전단각이 최대가 되면서 점차 감소하는 현상이 반복된다. 절삭저항의 변동으로 인해 가공작업 중에 불규칙한 진동이 발생되기도 하며, 가공표면이 거칠어지고 요철이 남는 경우도 있다. 어느 정도 취성이 있는 황동이나 화이트 메탈의 절삭에서 잘 발생하지만, 경우에 따라서는 탄소강과 같이 유동형 칩이 잘 생기는 재료에서도 절삭 깊이가 크고 경사각이 작으면 발생할 수 있다. [그림 6.5]는 전간형 칩을 나타낸 것이다.

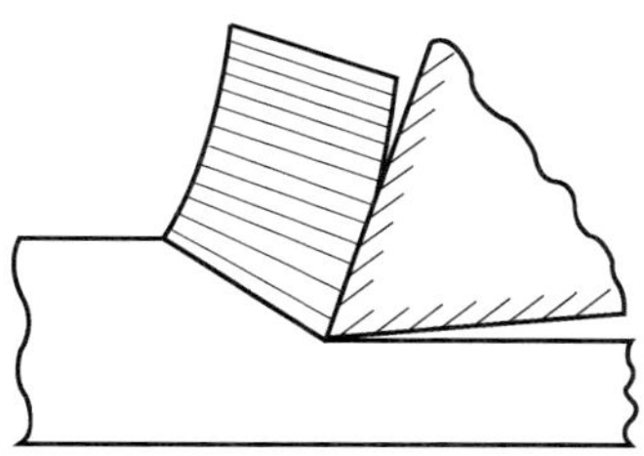

[그림 6.4] 유동형 칩

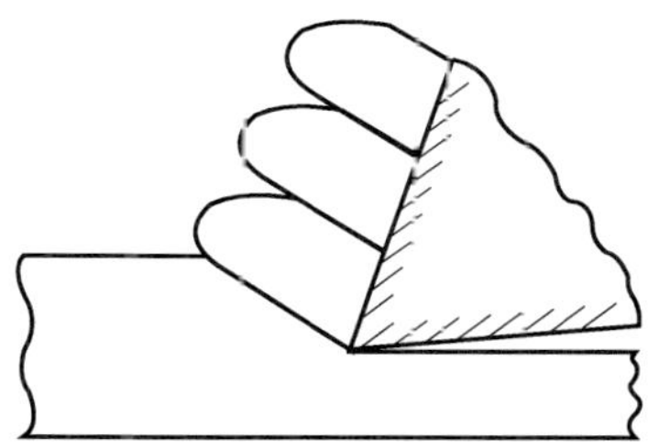

[그림 6.5] 전단형 칩

3. 열단형 칩(tear type chip)

열단형(裂斷形) 칩은 가공소재가 연질에 경우에 주로 나타나며, 소재의 점성이 공구 면에 점착되어 유동할 수 없게 되면 [그림 6.6]과 같이 가공 면의 아랫부분에서 균열이 발생되어 진행 하다가 어느 한계에 도달하면 균열이 정지되고 전단 형상이 일어나면서 열단된 칩을 만들어낸다. 이와 같이 균열과 전단형상이 반복적으로 진행되면서 절삭이 이루어지므로 전단형보다 절삭저항변동이 크게 나타나 진동의 폭이 크고 가공표면이 거칠어진다. 주로 순철이나 알루미늄, 그리고 동과 같이 연성이 큰 재료를 절삭할 때 공구의 경사면과 마찰이 심해 칩이 응착하기 쉬운 조건에서 발생한다. [그림 6.6]은 열단형 칩을 나타낸 것이다.

4. 균열형 칩(crack type chip)

균열형(龜裂形) 칩은 주철이나 플라스틱과 같은 취성재료를 절삭할 때 주로 나타나며 절삭저항의 변동이 매우 크므로 가공표면의 상태가 불량하다. 이 균열형은 열단형과 균열이 발생한다는 조건에서는 거의 비슷하지만, [그림 6.7]과 같이 균열형 칩은 공구선단(工具先端)의 위 방향으로 균열이 일어나면서 칩이 발생하게 된다. 그러나 공구선단 각이 비교적 클 때에는 아래로 발생된다.

[그림 6.6] 열단형 칩

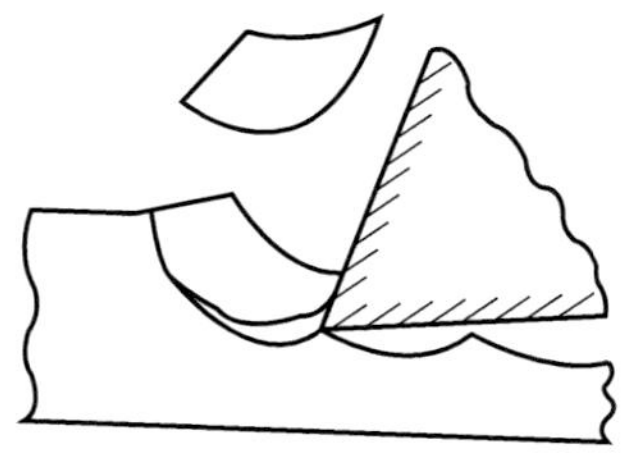

[그림 6.7] 균열형 칩

6.1.3 구성인선(build up edge)

구성인선(構成刃先)은 연성이 비교적 큰 연강이나 알루미늄을 절삭할 때 발생한다. 공구 상면과 가공물 사이에서 높은 압력과 큰 마찰저항으로 절삭 열이 발생되어 절삭 칩의 일부가 가공 경화되어 공구 날 끝에 용착되면서 일부가 절삭 날과 같은 역할을 하게 되는데 이것을 구성인선이라 한다.

그러나 구성인선의 상태는 불안정하므로 절삭저항을 변화시켜 진동발생의 원인이 되고 가공표면을 거칠게 하면서 공구인선이 파손된다. 구성인선이 날 끝에서 보호막이 될 때에는 공구수명이 길어지는 현상도 발생되지만 매우 불안한 상태가 된다.

구성인선의 발생에서부터 성장, 분열, 탈락의 주기는 0.1~0.01초로 대단히 짧은 주기로 발생되었다 탈락된다. 이때 불안정한 절삭현상이 일어나 가공물에 나쁜 영향을 주게 되므로 구성인선의 발생 원인을 제거해야 한다.

♣ 구성인선의 방지책

㉠ 윤활성이 양호한 절삭유를 선택하여 사용한다.

㉡ 구성인선의 용착을 방지하기 위한 가공조건과 공구를 선택한다.
㉢ 가공재료에 따라 절삭속도를 높여준다.
㉣ 공구의 측면과 상면의 경사각을 크게 한다.
㉤ 절삭저항을 감소시켜 칩의 용착을 방지하기 위해 절삭 깊이를 작게 한다.

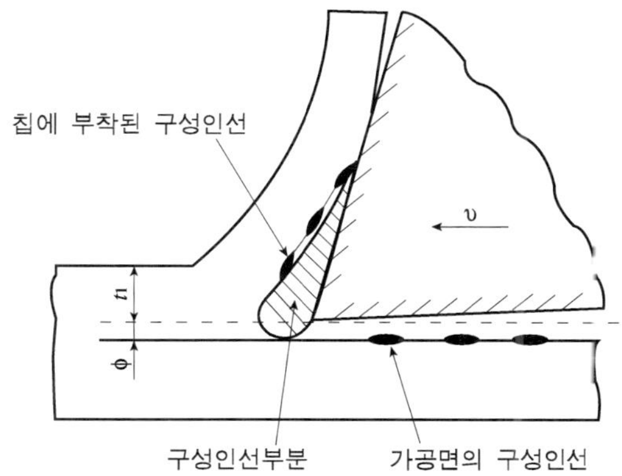

[그림 6.8] 구성인선의 발생

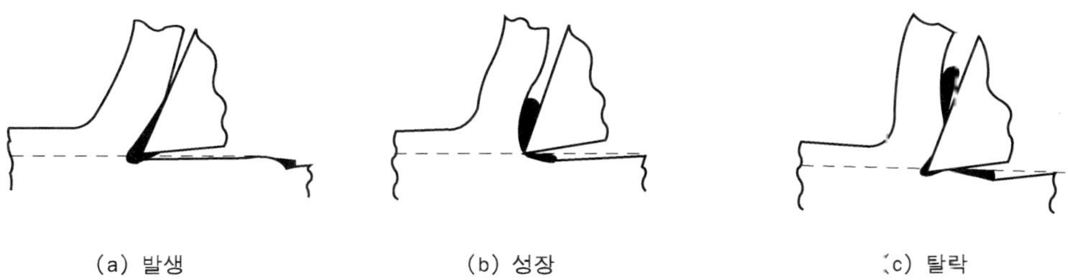

[그림 6.9] 구성인선의 발생과 탈락

[그림 6.8]은 구성인선의 발생 상태를 나타낸 것이며, [그림 6.9]는 구성인선의 발생, 성장, 탈락의 현상을 나타낸 것이다.

6.1.4 절삭저항

절삭저항(cutting resistance)은 절삭현상을 밝히는 중요한 부분이다. 가공물을 절삭공구로 절삭 할 때 가공물이 전단되면서 칩이 발생하는 과정에서 공구는 공작물로부터 큰 저항을 받게 되는데, 이때 저항력을 절삭저항이라 한다. 절삭저항의 작용방향이나 크기는 가공재료나 절삭방법에 따라 다르다.

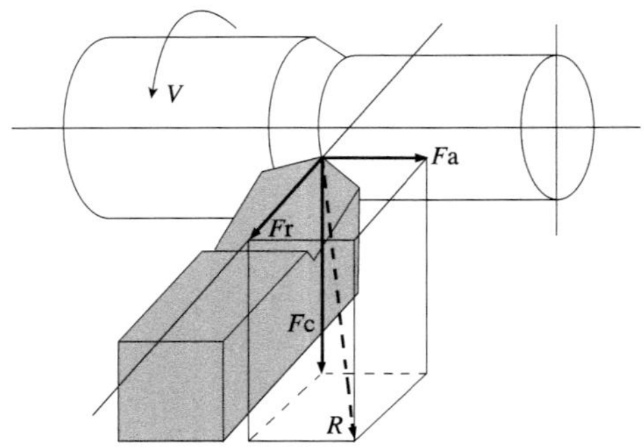

[그림 6.10] 3분력의 비교

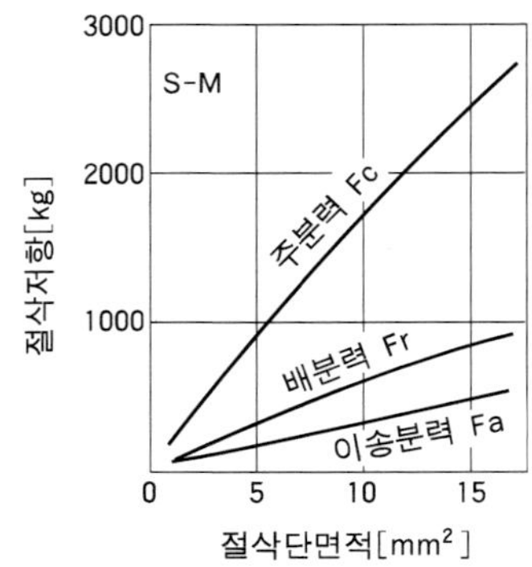

[그림 6.11] 절삭저항의 3분력

[그림 6.10]은 환봉을 선반에서 가공할 때 절삭저항을 나타낸 것으로 3개의 분력으로 생각한다. Fc(principal cutting force)는 주 절삭 저항이 되는 절삭방향의 분력으로 주 분력(主分力)이라 하고, Fa(axial force)는 이송에 대한 저항력으로 회전축과 평행선 방향의 분력으로 횡 분력(橫分力) 또는 이송분력(移送分力)이라 하며, Fr(radial force)는 배분력(配分力)으로서 공구의 축 방향으로의 가공면에 대한 분력으로 절삭 깊이 방향의 분력이 된다.

이때의 절삭저항 R은 전단저항과 마찰저항 등을 합하여 나타내며 일반적으로 다음 식으로 추정한다.

$$R = \sqrt{Fc^2 + Fa^2 + Fr^2} \tag{6.1}$$

절삭저항의 크기는 공구의 기하학적 형상인 가공물의 재질, 그리고 절삭조건 등의 영향을 받으며 절삭에 필요한 동력을 결정하고 가공재료의 가공성을 판정하는 기준이 되고 있다.

[그림 6.11]에 나타낸 각 분력의 크기는 SM45C의 경우이며 일반적으로 다른 재료에도 상대적으로 같은 경향을 나타낸다. 분력의 크기 비는 Fc : Fa : Fr = 10 : (1 ~ 2) : (2 ~ 4)의 비로 나타나며 주 분력이 가장 크게 나타나므로 절삭저항이라 하면 주 분력을 의미하는 경향이 있다.

6.1.5 절삭성 인자

1. 전단각

[그림 6.12]와 같이 전단각(shear angle)은 절삭방향과 전단면이 이루는 각을 말하며, 공작물에 전단강도 이상의 전단응력이 작용하여 전단이 될 때의 면을 전단면이라 한다.

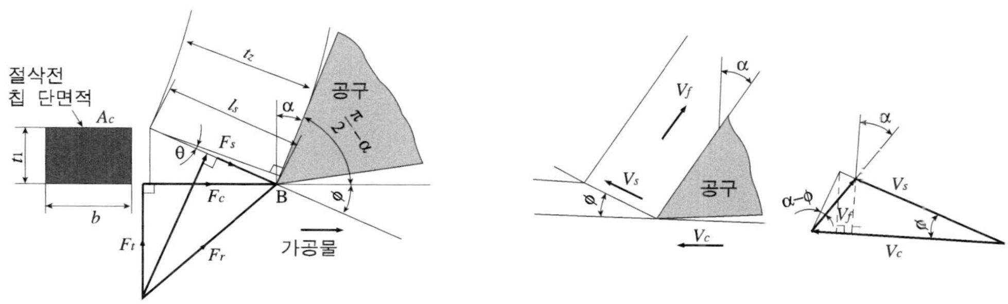

F_r: 절삭저항의 합력 F_t: 추력(수직분력) t_1: 절삭깊이 ϕ: 전단각 V_f: 칩의 유동속도

F_c: 절삭분력(수평분력) ϕ: 전단각 t_2: 칩 두께 ϕ: 유효경사각 V_c: 절삭속도

F_s: 전단면의 전단력 α: 유효경사각 l_s: 전단면의 길이 V_s: 전단면의 전단속도

(a) 전단각 모형 (b) 전단속도모형

[그림 6.12] 유동형 칩의 모형

[그림 6.12] (a)에서 전단면의 길이 l_s는

$$l_s = \frac{t_1}{\sin\phi} \tag{6.2}$$

$\theta + \frac{\pi}{2} = \phi + \left(\frac{\pi}{2} - \alpha\right)$에서 $\theta = \phi - \alpha$이므로

$\frac{t_2}{l_s} = \cos\theta = \cos(\phi - \alpha)$가 되며

$l_s = \frac{t_2}{\cos(\phi - \alpha)}$이므로

즉, 전단면의 길이

$$l_s = \frac{t_1}{\sin\phi} = \frac{t_2}{\cos(\phi - \alpha)} \tag{6.3}$$

가 된다.

한편 절삭비 $\frac{t_1}{t_2} = R_c$라 하면

$$\sin\phi = \frac{t_1}{t_2} \cdot \cos(\phi - \alpha)$$

$$\sin\phi = \frac{t_1}{t_2} \cdot (\cos\phi \cdot \cos\alpha + \sin\phi \cdot \sin\alpha)$$

$$\tan\phi = \frac{t_1}{t_2} \cdot (\cos\alpha + \tan\phi \cdot \sin\alpha)$$

$$\therefore \tan\phi = \left(1 - \frac{t_1}{t_2} \cdot \sin\alpha\right) = \frac{t_1}{t_2} \cdot \cos\alpha$$

가 되며 절삭비 R_c는

$$\tan\phi = \frac{R_c \cdot \cos\alpha}{1 - R_c \cdot \sin\alpha} \text{가 된다.} \tag{6.4}$$

그러므로 전단각 ϕ를 식(6.4)에서 구할 수 있다.

2. 전단속도

절삭가공 중에 발생되는 칩은 절삭 깊이 보다 두껍게 발생되므로 공구면에서 칩의 유동속도는 절삭속도보다 느리게 된다.

[그림 6.12] (b)에서 절삭속도를 V_c라 하고, 칩의 유동속도를 V_f라 하면

$$V_c \cdot \sin\phi = V_f \cdot \cos[-(\phi - \alpha)]$$

$$V_f = \frac{V_c \cdot \sin\phi}{\cos(\phi - \alpha)} \tag{6.5}$$

그러므로 전단속도 V_s는

$$V_s \cdot \sin\phi = V_f \cdot \cos\alpha$$

에서

$$V_s = \frac{\cos\alpha}{\sin\phi} \cdot V_f$$

$$= \frac{\cos\alpha}{\sin\phi} \cdot \frac{V_c \cdot \sin\alpha}{\cos(\phi - \alpha)}$$

$$= \frac{V_c \cdot \cos\alpha}{\cos(\phi - \alpha)} \tag{6.6}$$

가 된다.

3. 전단변형

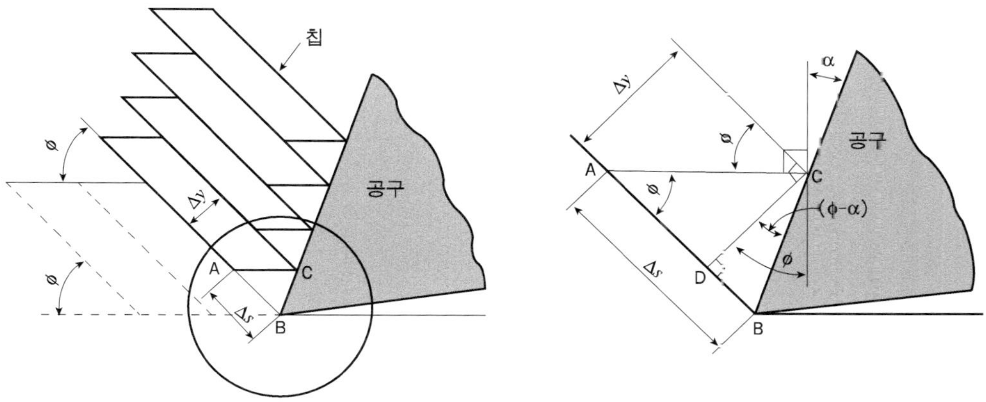

[그림 6.13] 전단 변형

[그림 6.13]에서 전단변형은 절삭공구가 절삭이 진행되는 사이에서의 전단변형 δ는 다음과 같이 된다.

$$\delta = \frac{BA}{CD} = \frac{CD \cdot \cot\phi + CD \cdot \tan(\phi - \alpha)}{CD}$$

$$= \cot\phi + \tan(\phi - \alpha) \qquad (6.7)$$

2 차원 절삭에서는 절삭 폭의 변화가 거의 없는 것으로 가정하므로

l_1 : 절삭 길이, l_2 : 칩의 길이, t_1 : 절삭 깊이, t_2 : 칩의 두께, b : 절삭 폭

이라 하면 절삭비 R_c는 다음과 같다.

$$b \cdot l_1 \cdot t_1 = b \cdot l_2 \cdot t_2$$

에서

$$R_c = \frac{t_1}{t_2} = \frac{l_2}{l_1} \qquad (6.8)$$

4. 전단응력

[그림 6.14]에 나타낸 공구상면의 분력에서 전단면의 전단력을 F_s라 하고, 가공면에 수직인 수직분력(추력)을 F_t, 절삭분력을 F_c, 그리고 전단면적을 A_s라 한다면

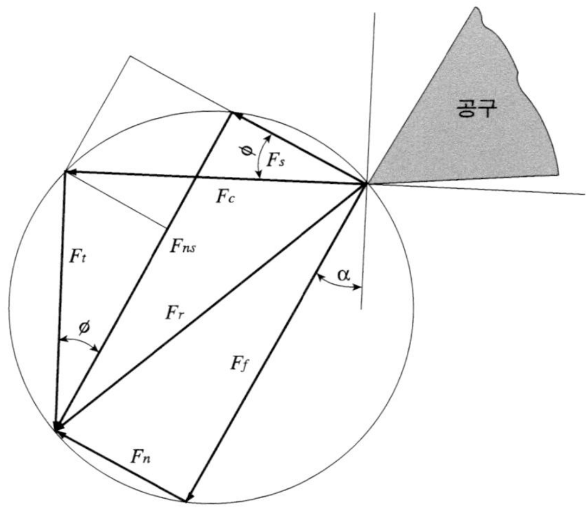

[그림 6.14] 공구 상면의 분력

$$F_s = F_c \cdot \cos\phi - F_t \cdot \sin\phi \tag{6.9}$$

[그림 6.12] (a)에서 절삭전의 칩의 단면적 A_c는 $A_c = t_1 \cdot b$가 되고, $t_1 = \dfrac{A_c}{b}$가 된다.

한편, $A_s = l_s \cdot b$가 돼서 $l_s = \dfrac{As}{b}$가 되므로

$$\sin\phi = \frac{t_1}{l_s} = \frac{A_c/b}{A_s/b} = \frac{A_c}{A_s}$$

가 되고

$$A_s = \frac{A_C}{\sin\phi} \text{가 된다.} \tag{6.10}$$

그러므로 전단면의 전단응력 τ_s는

$$\tau_s = \frac{F_s}{A_s} = \frac{\sin\phi(F_c\cos\phi - F_t\sin\phi)}{A_c} \tag{6.11}$$

수직응력 σ_s는

$$\sigma_s = \frac{\sin\phi(F_c \cdot \sin\phi + F_t\cos\phi)}{A_c} \tag{6.12}$$

가 된다.

5. 절삭 온도

절삭온도(cutting temperature)는 금속재료를 절삭 할 때 공구의 전단면에서 소성변형을 일으키면서 공구경사면과 칩 사이에서 발생되는 마찰열을 말한다. 특히 절삭면은 공구의 마모와 수명에 많은 영향을 준다.

[그림 6.15]는 공구와 가공 칩의 열 분포를 나타낸 것으로 SAE 1095 강을 절삭속도 61m/min, 절삭 길이 0.3mm, 공구경사각 10°의 조건에서 실험한 결과를 나타낸 것이다.

일반적으로 절삭속도가 증가하고 칩의 두께가 두꺼워질 때 절삭온도가 높아지고, 이때 발생된 열은 칩과 대기로 방출되고 일부는 절삭공구와 공작물에 남게 된다.

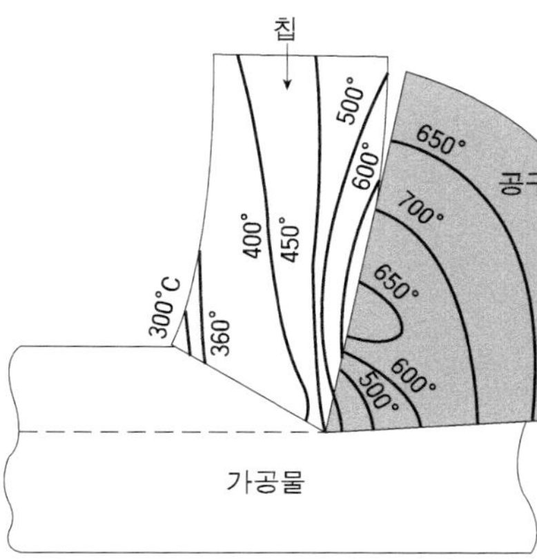

(a) 온도 분포

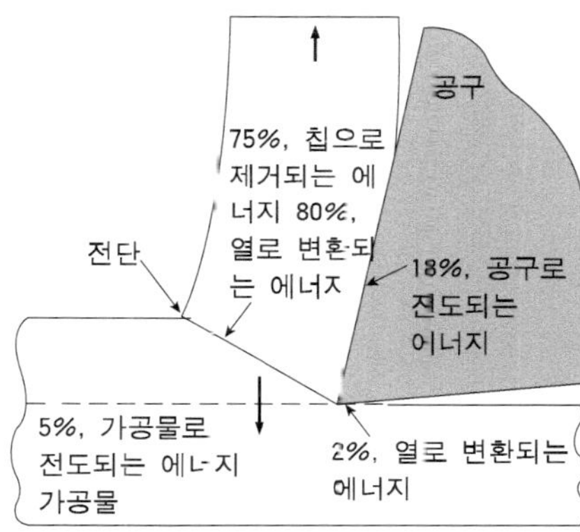

(b) 열 분포

[그림 6.15] 절삭온도와 열의 분포

- 절삭열의 측정방법은 다음과 같은 방법이 이용되고 있다.

① 칩의 색깔에 따른 방법
② 열전대에 의한 방법
③ 칼로리미터에 의한 방법
④ 복사 고온계에 의한 방법

6.1.6 공구수명

공구수명(tool lifetime)은 공작물을 절삭공구로 가공하는 과정에서 공구에 결함이 생기고 마모가 일어나게 된다. 공구의 경사각과 여유각의 둔화로 절삭저항이 증가되어 절삭성능을 저하시키고, 가공면에는 광택무늬가 생기고, 치수의 변화가 생기면서 공구수명이 끝나게 된다. 이러한 현상이 어느 한계치를 넘게 되면 공구를 다시 연삭하여 사용해야 한다. 이와 같이 공구의 절삭날을 다시 연삭하여 성형하고 공구를 교환하는 절삭시간을 공구수명이라 한다.

- 공구수명을 판정하는 기준

① 크레이터 마모(crater wear) 또는 측면 마모((flank wear)량이 어느 값에 도달할 때
② 가공면에 나타나는 반점이나 광택이 나타날 때
③ 가공물의 치수변화가 어느 값을 벗어날 때
④ 절삭저항이 급격히 증가할 때

1. 크레이터 마모

공구마모는 복합적인 여러 가지 원인으로 유발하지만 발생기구에 따라서, 연삭마모, 응착마모, 확산마모로 구분된다.

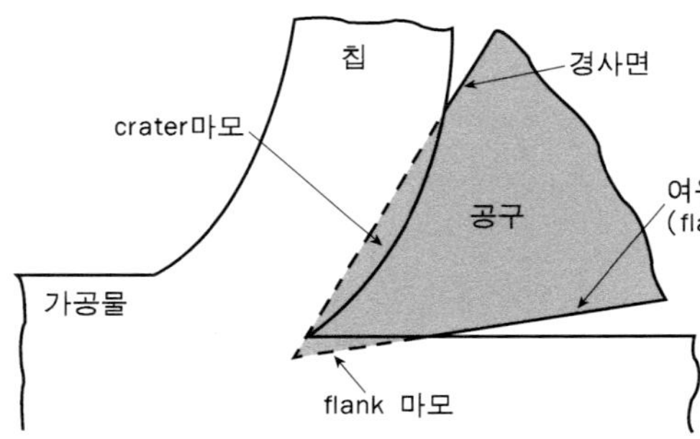

[그림 6.16] 공구의 마모 구역

공구 윗면에 발생하는 크레이터 마모(crater wear)는 주로 응착과 확산마모에 의하여 진행되며 공구 경사면에 칩이 유동함에 따라 경사면에 패인 형태를 말한다. [그림 6.16]은 공구의 마모구역과 단인공구의 윗면과 측면 마모를 나타낸 것이다.

2. 측면 마모

측면 마모는 피삭재의 절삭가공면과 접촉에 의하여 절삭날의 측면이 마모되는 것으로 가공물면에 평행한 방향으로 공구가 마모되는 부분을 플랭크 마모(flank wear)라 하고, 마모량은 플랭크 마모의 폭으로 표시하며 이 마모의 폭이 일정 값에 도달한 때를 공구수명의 판정

기준으로 한다.

3. 공구 수명식

일반적으로 절삭속도를 증가시키면 단위시간당 절삭량이 증가하고 절삭능률이 항상 된다. 그러나 절삭속도를 너무 증가시키면 공구선단에서 발생열의 증가와 함께 마고가 촉진되며 공구상면과 측면의 마모에 의하여 공구수명을 마치게 된다.

- 앞면과 측면의 플랭크 마모에 의한 공구수명을 판정하는 기준

㉠ 절삭시간과 마모 폭의 관계를 고속도강을 기준으로 마모대폭을 0.3㎜인 기점에서 절삭속도 V_1, V_2, V_3, V_4로 변화시키면서 마모대폭과의 관계를 나타내고 공구수명 판정기준의 마모량에 도달하는 시간 T_1, T_2, T_3, T_4를 구한다.

㉡ 이 결과를 절삭속도에 대한 수명시간을 대수좌표에 옮기면 직선으로 나타나고

$$\frac{1}{n}=\frac{\log T_1-\log T_2}{\log V_2-\log V_1}=\frac{\log\dfrac{T_1}{T_2}}{\log\dfrac{V_2}{V_1}}$$

$\left(\dfrac{T_1}{T_2}\right)^n=\dfrac{V_2}{V_1}$가 되며 $V_1\cdot T_1^n=V_2\cdot T_2^n=\cdots=C$가 되므로

$$V\cdot T^n=C \qquad (6.13)$$

이 직선의 기울기 방정식을 Frederic W. Taylor의 공구수명 방정식이라 하고, 상수 n는 수명선도의 기울기가 되므로

$$n=\frac{\log\dfrac{V_2}{V_1}}{\log\dfrac{T_1}{T_2}}$$

가 된다.

여기에서

V = 절삭속도, m/min

T = 공구수명, min

n = 공구 및 공작물의 재질에 따른 정수로 일반적으로 다음 값으로 정한다.

(고속도강; 0.2, 초경합금; 0.12~0.25, 세라믹; 0.4~0.55)

C=공구수명 1 min일 때의 절삭속도이며 절삭조건에 따라 변하는 값이다.

기울기 $\frac{1}{n}$이 작을수록 절삭속도의 증가에 대한 공구수명의 감소가 작기 때문에 n이 클수록 좋으며 절삭상수 C의 값이 클수록 V와 T가 크게 되므로 양호한 조건이라 할 수 있다.

6.1.7 절삭공구 재료

절삭공구의 재료는 공구수명에 영향을 주는 인자중의 하나이며 공구의 기하학적인 형상이나 공작기계의 정밀도, 그리고 제품의 가공조건과 가공 조건 등에 따라 상대적인 선택조건이 달라지므로 공구의 구비조건을 모두 만족시킨다는 것은 어렵다.

① 고온에서 피삭재 보다 경도가 높아야 한다. 즉 가공 중에 공구인선에서 높은 열과 압력을 받게 되므로 고온경도를 유지해야 한다.
② 진동이나 충격에 견딜 수 있는 높은 인성이 필요하다.
③ 내마모성이 커야 한다.
④ 성형가공이 쉬워야 한다.
⑤ 구성인선의 원인이 되는 가공물의 용착이 일어나지 말 것. 즉 친화력이 작아야 한다.
⑥ 경제적인 가격이어야 한다.

(1) 탄소공구강(carbon tool steel)

탄소공구강은 탄소함유량이 0.6~1.5%의 고탄소강을 구상화의 전처리를 거친 후에 800℃에서 담금질 하고 뜨임을 하여 경도와 인성을 크게 만들어 사용한다. 연강 재료의 저속절삭에 자주 이용되며 최근에는 거의 사용하지 않고 있으며 수공구제작이나 목재가공에 주로 사용되고 있다.

(2) 합금공구강(alloy tool steel)

합금공구강은 고탄소강에 W, Cr, Mn, Mo, Ni, V 등의 합금성분을 1종 이상 첨가하여 경화능을 향상시켜서 탄소공구강보다 내마모성은 높으나 내열성은 떨어지므로 저속의 절삭용 공구인 탭, 다이, 톱날 등의 공구에 주로 쓰이고 있다.

(3) 고속도강(high speed steel)

고속도강은 고탄소강에 W, V, Mo, Cr, Co의 합금원소를 20~ 30% 첨가하여 만든 것으로 열처리 조건에 따라서 HRC 62~68정도의 경도를 갖게 되며 합금공구강 보다는 경도가 높아 절삭속도를 2배 이상 높일 수 있는 특성이 있으며 성형가공이 용이하므로 폭 넓은 종류의 절삭공구로 이용되고 있다.

(4) 스텔라이트(stellite)

스텔라이트는 Co 45%, Cr 32%, W 17%, Fe 5%, Si 1.5%를 성분으로 한 주조합금(cast alloy)으로서 탄소량이 2.7%이상 함유된 것으로 고온경도가 높은 특징이 있으며 고유의 경도를 지니고 있어 주로 청동 및 주철의 가공에 이용되고 있다. 이 재료는 미국의 Hayness Stellite 회사로부터 상용화 되었다.

(5) 초경합금(cemented carbide)

초경합금은 WC, TiC, TaC 등의 고융점 경질의 탄화물 분말에 Co를 결합제로 하여 소결시킨 합금으로 강과 주철의 고속절삭과 비철금속이나 비금속의 고능률 절삭에 널리 사용되며 절삭공구로써 넓은 영역을 차지하고 있다. JIS 규격에 의하면 초경합금은 K, P, M 의 3종류로 분류하고 있으며, K종은 WC-Co계이며 주철, 비철금속, 합성수지 및 목재가공에 사용되며, P종은 WC-TiC-Co계이며 K종의 결점을 보완한 것으로 강, 주강, 스테인리스강, 합금강의 절삭에 사용되고, M종은 K종과 P종의 중간 조성을 지니고 있으며 강, 특수주철 등의 절삭에 주로 사용된다.

(6) 세라믹(ceramic)

절삭공구로 사용되는 세라믹은 Al_2O_3, Al_2O_3+TiC, $Al_2O_3+Si_3N_4$를 주성분으로 한 3가지 종류를 들 수 있으며 세라믹은 다른 공구재료에 비하여 연화온도가 약 1500℃로서 현저하게 높으며 내마모성이 우수하므로 열전도율이 낮으므로 고온절삭에 적합하다. 그러나 인성(靭性)이 낮고 취성(脆性)이 크므로 진동이나 충격에 매우 약하므로 비금속(非金屬)이나 플라스틱의 절삭에 유용하며, 강은 아주 작은 량의 절삭 깊이로 가공하는 것이 바람직하다.

(7) 피복 공구(covered tool)

피복 공구는 고속도강이나 WC-Co를 모재로 한 초경합금공구의 표면에 TiC, TiN, Al_2O_3를 분말야금학적인 기법으로 두께 0.25㎜정도로 피복하여 만든 공구로서 내마모성과 내용착성, 그리고 내산화성을 향상시킨 공구이며 장점은 다음과 같다.

① 절삭속도를 증가할 수 있는 고속절삭이 가능하다.
② 가공면의 표면조도를 향상시킨다.
③ 생산성을 향상시킨다.
④ 공구수명을 증가시킨다.
⑤ 강, 주철, 비철금속의 다듬질가공에 적합하다.

(8) 서밋 공구(cermet tool)

서밋은 세라믹과 금속의 합성어로서 TiC, TiC+TiN를 주성분으로 하고 Ni 또는 Mo을 첨가하여 소결한 것으로 열팽창률이 적고 급열 급랭에 안정적이며 초경합금보다 경도, 내열성 및 내용착성이 우수하다. 절삭속도는 WC계 보다 2배(약 100~400 m/min)이상 가능하며 다듬질 면을 깨끗하게 한다.

(9) CBN(cubic boron nitride)

입방정질화붕소(立方晶窒化硼素)는 붕소와 질소의 화합물을 육각형 구조에서 다이아몬드에 근사한 구조로 변형시키고 금속 결합제와 충분히 혼합시켜 초고온 초고압 조건(1500℃, 8GPa)의 장비로 소결하여 필요한 형상의 공구로 만든 것이다. 이 CBN은 다이아몬드 다음으로 경도와 열전도율이 양호하므로 경도가 높은 경화강이나 특수강의 고속절삭에서도 급속한 변화가 적다.

(10) 다이아몬드(diamond)

다이아몬드는 현존하는 물질 중에 가장 높은 경도와 열전도율을 가지고 있으며, 미국의 GE 회사가 인공다이아몬드의 소결에 성공하여 COMPAX 라는 상품명으로 출시했다. 절삭다이아몬드는 탄소의 집합체이므로 취성이 크고, 철의 절삭에서는 반응이 크게 일어나므로 부적합하며 대부분 비금속의 절삭에 널리 이용되고 있다. 한편 단결정의 다이아몬드는 예리한 절삭 날을 얻을 수 있어 경면 연삭이 가능하다.

6.1.8 절삭액

절삭액(cutting fluid)는 절삭조건을 개선하기 위한 것으로 냉각작용과 윤활작용, 그리고 청정작용을 하며 절삭공구와 가공물의 재질에 따라 절삭유의 종류도 달라진다. 절삭가공에서 공구의 절삭 날은 공작물로부터 큰 압력을 받아 접촉면에서 마찰이 발생하게 된다. 이 마찰력은 절삭저항과 절삭열을 발생시키므로 공구수명을 단축시키고 가공면의 표면조도를 거칠게 하는 요인이 된다. 절삭가공에 사용되는 다양한 절삭유는 다음과 같은 절삭환경을 향상시킬 수가 있다.

① 절삭 날의 온도구배를 일정하게 하여 공구수명을 연장시킨다.
② 가공물의 열 변형을 감소시킨다.
③ 가공표면의 정밀도를 높일 수 있다.
④ 칩의 배출을 용이하게 하여 구성인선을 최대한 방지한다.

⑤ 가공면의 산화를 방지한다.

⑥ 소비동력을 감소시킨다.

1. 절삭액의 종류

절삭액은 수용성 절삭유와 불수용성 절삭유로 구분하며 세분화하면 〈표 6.2〉에 나타낸바와 같다.

〈표 6.2〉 절삭액의 구분

구 분	분 류	비 고
수용성(soluble oil)	① 에멀젼 형(emulsion type) ② 솔루블 형(soluble type) ③ 솔루션 형(chemical solution type)	일반적으로 열전도용량이 양호한 편이다.
불수용성(neat oil)	① 광유(mineral oil) ② 동식물류(lard oil, sperm oil, seed oil) ③ 혼합유(mineral+lard+seed+ester) ④ 극압유(oil+S+P+Pb+염소)	저속절삭 및 특수절삭에 이용되는 편이다.

2. 절삭액의 구비조건

① 공구와 칩 사이에 절삭유가 신속하게 침투하여 확산되도록 절삭유의 분자가 아주 작아야 한다.

② 가공물과 반응하여 경계윤활을 이룰 때 전단강도가 작은 물질이 되어야 한다.

③ 마찰계수가 낮아야 한다.

④ 내압이 큰 유막을 형성해야 한다.

⑤ 인화점이 높고 방청성이 양호해야 한다.

⑥ 화학적인 변화에 안정적이어야 한다.

⑦ 유독가스의 배출이 없어야 한다.

⑧ 가격이 저렴해야 한다.

제2절 선반

6.2.1 개요

오늘날 공작기계의 발전은 18세기에 영국인 Henry Maudslay가 고안한 나사절삭선반에서부터 설명할 수가 있다. 범용으로 사용되는 보통선반(Engine Lathe)은 18~19세기에 걸쳐 증기기관에 직접 연결하여 사용하거나, 풀리(pulley)를 통한 벨트구동을 전동모터에 연결하여 사용하면서 부터 유래 되었다고 본다.

(a) 범용 보통 선반

(b) CNC선반

[그림 6.17] 범용 보통 선반의 예

현재 사용되고 있는 범용 선반은 [그림 6.17]의 (a)와 같이 단순하지만, 대량생산과 정밀 가공에 사용되는 CNC선반은 (b)와 같이 밀폐된 상태에서 가공작업이 가능하도록 되어 있다.

선삭가공은 공작물을 주축대의 회전축인 스핀들에 부착된 면판이나 척을 이용하여 고정시키고 회전시키며, 베드를 타고 좌우로 움직일 수 있는 공구대에 여러 형태의 절삭공구를 장착시켜 공작물을 원하는 형태로 가공하는 것이다.

선반의 절삭가공은 주로 외경이나 정면가공 외에도 재료를 절단하거나 구멍작업인 드릴링작업, 구멍을 가공하는 리밍작업, 구멍을 확대하는 보링작업, 경사진 면을 가공하는 테이퍼작업과 나사가공을 비롯한 일정한 윤곽가공 등이 있다. 그밖에도 특수한 장치를 부착하면 밀링작업이나 연삭작업도 가능하다.

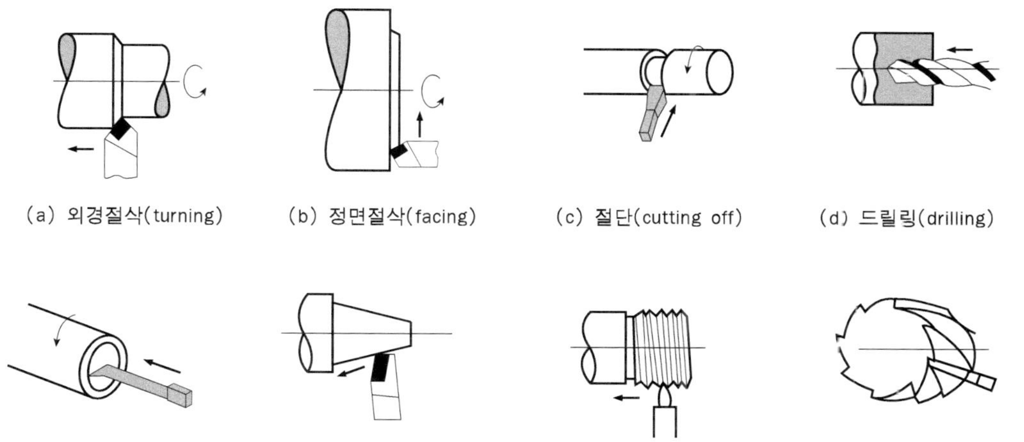

(a) 외경절삭(turning) (b) 정면절삭(facing) (c) 절단(cutting off) (d) 드릴링(drilling)

(e) 내경절삭(boring) (f) 테이퍼절삭(taper turning) (g) 나사절삭(threading) (h) 윤곽절삭(relieving)

[그림 6.18] 선반가공의 종류

[그림 6.18]은 앞에서 설명한 바와 같이 외경절삭에서부터 윤곽가공까지 다양한 선반가공의 종류를 나타낸 것이다.

6.2.2 선반의 구조

선반의 구조는 [그림 6.19]와 같이 기능적으로 구분하면 공작물을 회전시켜주는 주축대와 반대편에서 드릴링작업이나 공작물을 잡아주는 심압대가 있고, 공구대가 있는 왕복대와 베드로 구분되며, 그밖에도 다리부분과 이송기구 등으로 구성되어 있다.

1) 주축대(head stock)

주축대는 전동기의 동력을 전달받아 변속치차 장치를 구동시켜 여러 단계의 속도로 스핀들(spindle)에 장착된 척에 고정된 공작물을 효율적인 절삭속도로 조정할 수 있는 주요부의 하나이다.

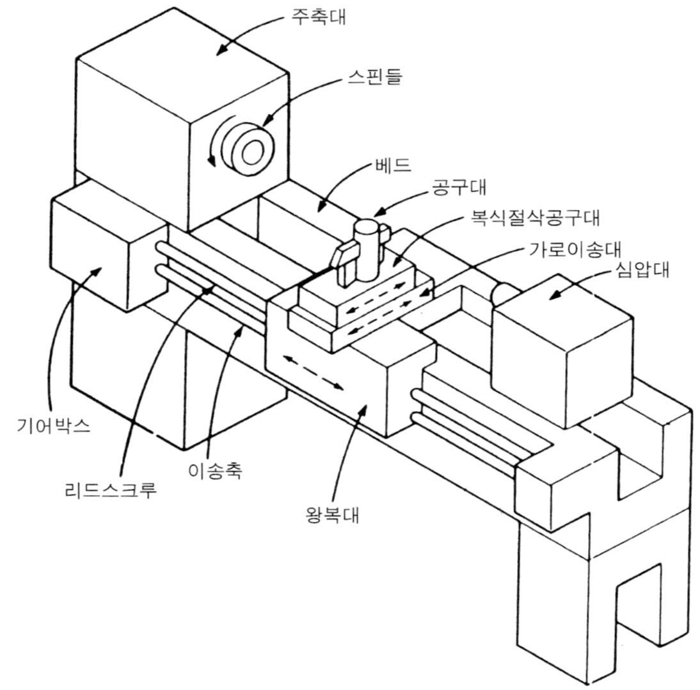

[그림 6.19] 보통선반의 구조

이 주축대는 주축구동에 의한 왕복대의 자동이송장치나 나사절삭 변환치차를 내장하고 있다. [그림 6.20]은 단차 및 백 기어식을 나타낸다.

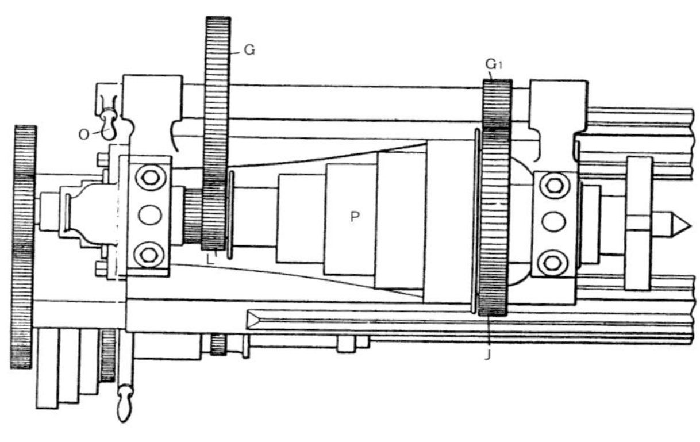

[그림 6.20] 백기어 장치

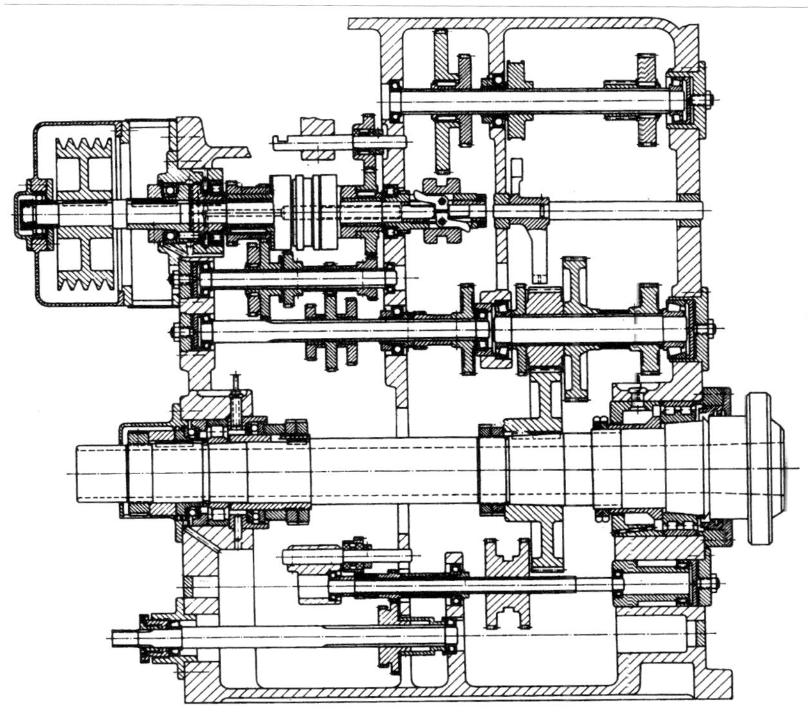

[그림 6.21] 주축 구동변환장치

[그림 6.21]은 주축 구동 변환장치이며 치차선택에 의한 변속으로 대부분 등비급수열적으로 스핀들의 회전수를 변환시킨다.

주축은 속이 비어 있으며 끝 부분은 모오스 테이퍼로 가공되어 있어 센터나 콜릿 척을 끼울 수 있게 되어 있고, 주축 끝부분은 나사 또는 테이퍼로 되어 있어 척이나 면판 등을 장착하여 공작물을 지지할 수 있도록 되어 있다.

2) 심압대(tail stock)

심압대는 주축대와 마주보는 위치에 고정시키고 베드의 안내면을 따라 거리를 조절할 수 있으며, 심압대 주축의 끝 부분은 모오스 테이퍼로 되어 있어 센터나 드릴 척을 끼워 가공조건에 따라 사용할 수 있다. 또한, 심압대는 견고하고 고정이 용이한 구조로 되어 있어야 하고 심압대 주축의 중심선은 선반의 중심축과 평행을 유지해야 한다.

[그림 6.22] 심압대

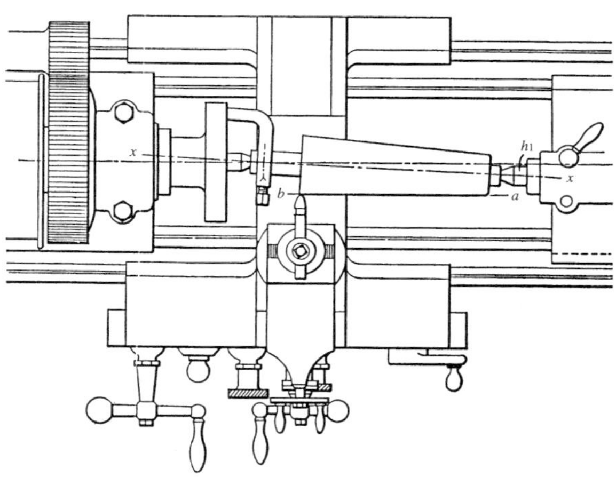

[그림 6.23] 심압대를 편위시킨 테이퍼가공

심압대주축은 고정레버로, 심압대본체는 클램프 볼트 및 너트로 고정하고, 테이퍼가공의 경우에는 심압대주축을 자유롭게 편위 시킬 수 있도록 설계되어야 한다. [그림 6.22]는 심압대를 나타내고 있으며 [그림 6.23]은 심압대를 편위시켜 테이퍼를 가공하는 것이다.

3) 왕복대(carriage)

왕복대는 주축대와 심압대의 중앙에 위치하고 있으며 상부에는 원하는 각도로 회전이 가능한 공구대와 이를 좌우, 전후로 이송시킬 수 있는 이송장치로 구성되어 있다. 안내면을 따라 이동하는 새들 테이블 앞 측면에는 에이프런이 있으며, 이 에이프런 내부에는 이송봉과 리드 스크루가 있어 이송봉에 동력을 전달하면 자동이송이 될 수 있도록 하였다.

[그림 6.24] 왕복대와 에이프런

이 이송 계통은 주축-변속치차군-이송상자-이송축-에이프런을 거쳐 베드상면의 왕복대를 직선운동 하게 한다. 길이방향의 이송은 이송치차 상자에서 다단으로 변속되는 이송축의 회전을 이송축의 키 홈을 따라 에이프런과 동시에 이동하는 스퍼어 기어에 전달되어 베드 안내면의 아래턱에 있는 랙과 에이프런의 피니언이 맞물고 돌아 왕복대를 이동시킨다.

나사절삭을 위한 이송은 회전운동이 리드스크루로 전달 되여 이 리드스크루에 분할너트를 맞물리게 하여 주축에 비례하여 회전하는 리드스크루의 피치에 비례하여 길이방향으로 이송되도록 한다.

4) 베드(bed)

베드는 선반작업에서 가장 중요한 역할을 하는 주축대, 심압대, 왕복대, 이송기구 및 가공 공작물을 지지하고 안내하는 역할을 한다. 그리고 절삭가공 중에 발생되는 저항력과 진동 등에 견딜 수 있는 충분한 강도와 경도를 지니고 안정성을 유지하면서 선반작업의 효용성을 최대한으로 높일 수 있는 견고한 구조로 설계되어야 한다.

[그림 6.25] 보통선반의 베드

일반적으로 [그림 6.25]와 같은 베드의 재질은 고급주철이나 강성주철로서 인장강도 30kg/㎟이상으로 제작하고, 베드의 표면은 화염 경화법이나 고주파 경화법으로 열처리를 하여 표면경도가 마찰저항에 충분히 견딜 수 있어야한다. 또한 최근의 고급선반이나 수치제어형의 공작기계의 경우는 강을 소재로 하여 보강 안내판을 단접하여 사용한다.

- 특히 베드의 취급은 다음과 같은 점에 주의해야 한다.

① 베드위에 공구나 기타 물건을 절대로 놓아두면 안 된다.
② 모루로의 사용하면 면 안 된다.
③ 스핀들로부터 척을 분리하거나 장착 시에는 베드 상면에 떨어트리면 안 된다.
④ 베드위에 칩을 쌓아놓으면 안 된다.
⑤ 줄 작업이나 연마작업을 할 경우에는 덮개를 씌우고 작업이 끝난 후에는 즉시 미세분말을 제거해야 한다.

⑥ 작업이 끝난 후에는 청결히 유지하기 위하여 방청유로 깨끗이 닦고 윤활상태를 점검해야 한다.

[그림 6.26] 산형의 베드

[그림 6.27] 수평형의 베드

베드의 안내면은 2가지 형태가 있으며 [그림 6.26]은 미국식인 산형을 나타낸 것이고 [그림 6.27]은 영국식인 수평형을 나타낸 것이다.

6.2.3 선반의 종류 및 규격

• 선반의 종류는 대부분 작업의 특성에 따라 다음과 같이 분류한다.

(1) 보통선반

일반적으로 가장 많이 이용되고 있으며 다양한 작업이 가능하다.

(2) 탁상선반

탁상형으로 극히 소형의 부품가공에 이용된다.

(3) 공구선반

주로 공구제작용이며 정밀도가 높고 릴리이빙 가공장치를 장착하고 있다.

(4) 정면선반

가공물 직경이 비교적 큰 것을 가공하기 위한 목적의 선반

(5) 터릿선반

[그림 6.28]과 [그림 6.29]에서 보는 바와 같이 공구대에 여러 종류의 공구를 장착하여 가공작업에 일관성을 주고 대량생산에 유용한 선반이다.

(6) 자동선반

공작물의 장착 이탈 및 절삭조건을 자동적으로 하여 대량생산에 적합하며, 최근에는 컴퓨터에 의한 각 공정의 작업을 프로그래밍 하여 지시하고 조정하면서 소정의 형상으로 가공작업을 자동적으로 행하는 NC선반으로 소량 다품종 생산에 유리하다.

(7) 수직선반

낮고 직경이 큰 부품의 외경단면이나 내경을 절삭하는 데 주로 쓰인다.

(8) 차축선반

차축을 전문적으로 가공하는 선반이다.

(9) 크랭크축선반

평형장치가 있으며 자동차 크랭크축을 전문적으로 가공하는 선반이다.

(10) 차륜선반

철도차량의 동륜 및 차륜을 전문적으로 가공하는 선반이다.

(11) 모방선반

모형의 형상을 따라서 절삭공구가 이동되면서 가공품을 가공하는 선반이다.

(12) 릴리빙선반

밀링커터나 호브 등의 절삭공구의 여유각을 주로 가공하는 선반이다.

(13) 나사절삭선반

나사를 전문으로 절삭 가공하는 선반이다.

(14) 롤러 선반

압연기 롤러를 주로 가공하는 선반이다.

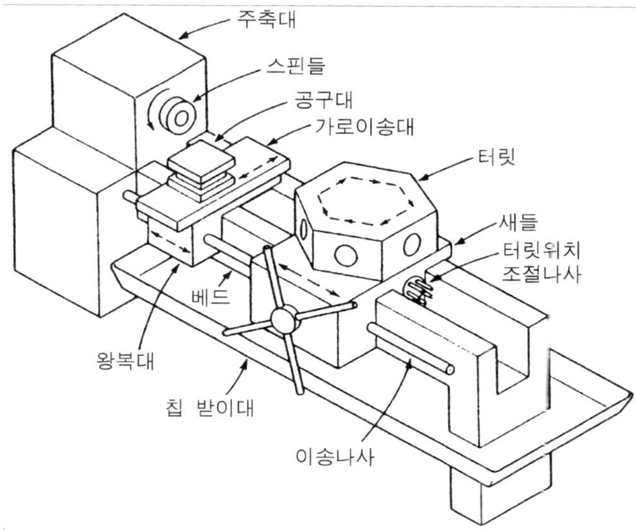

[그림 6.28] 터릿선반의 구조

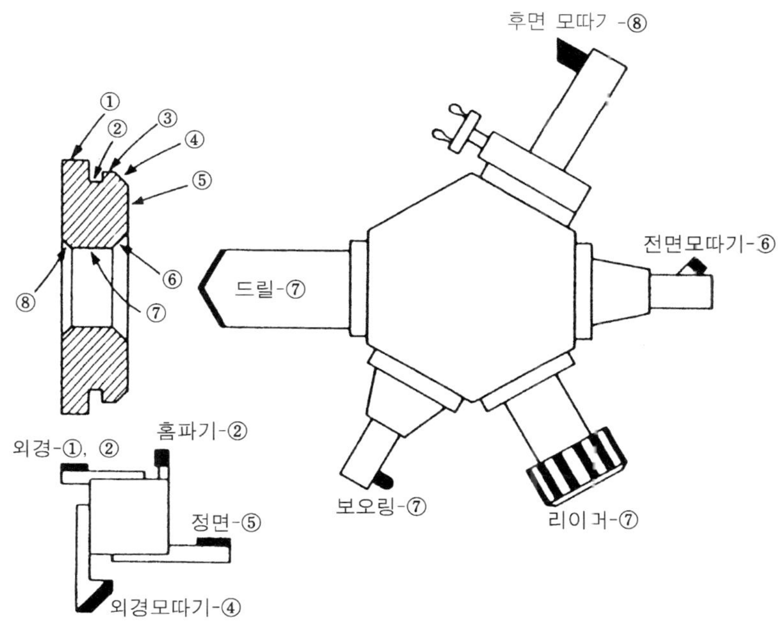

[그림 6.29] 터릿선반의 공구장착

• 선반의 규격표시는 선반의 기종에 따라 약간의 차이는 있으나 일반적으로 다음과 같이 표시한다.

① 공작물의 최대지름이 베드에 접촉되지 않는 범위에서 주축에 장착할 수 있는 베드면 상의 스윙으로 한다.
② 주축대와 심압대 사이의 양 센터에 지지할 수 있는 공작물의 최대 길이로 한다.
③ 공작물의 최대지름이 왕복대에 접촉되지 않은 상태에서의 가공으로 한다.

6.2.4 선반의 부속품

(1) 센터(center)

센터의 재질은 경강, 탄소강, 특수공구강 등으로 하며, 센터의 선단은 원추형이 대부분이며 그 각도는 60°(미국식), 75°(영국식)의 것이 있으며 75°~90°형은 중량이 큰 대형의 가공물에 주로 사용한다. [그림 6.27]는 각종의 센터를 나타낸다.

(2) 돌리개(straight tail dog)

양 센터 사이에 공작물을 끼우고 면판에 돌리개를 걸어서 주축을 회전시켜 공작물을 가공한다. [그림 6.28]은 각종의 돌리개를 나타낸다.

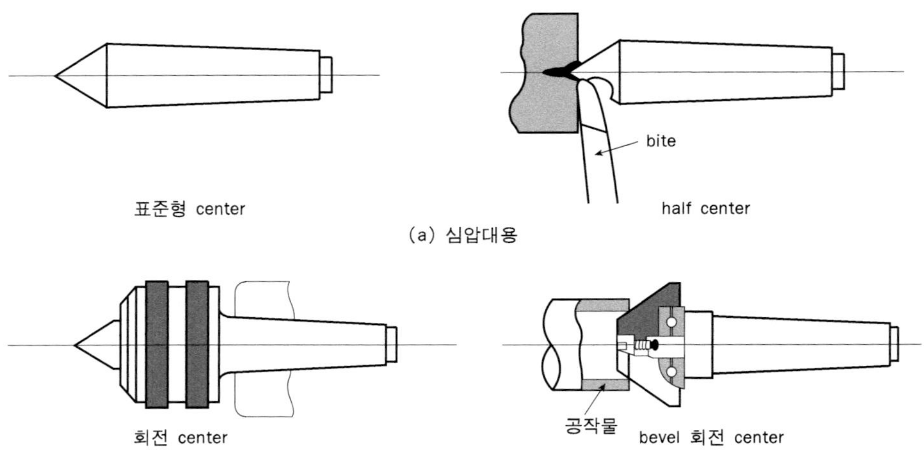

[그림 6.27] 각종의 센터

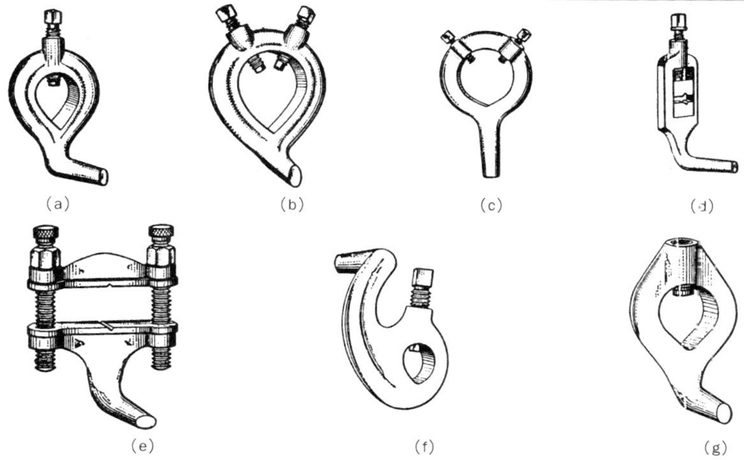

[그림 6.28] 각종 돌리개

(3) 면판(face plate)

불규칙한 형상의 공작물을 주로 가공하는데 사용하며 면판에는 구멍과 더브테일 홈 dovetail groove)이 있어 공작물 부착을 쉽게 할 수 있도록 되어있다. [그림 6.29]는 면판과 작업의 일부를 나타낸다.

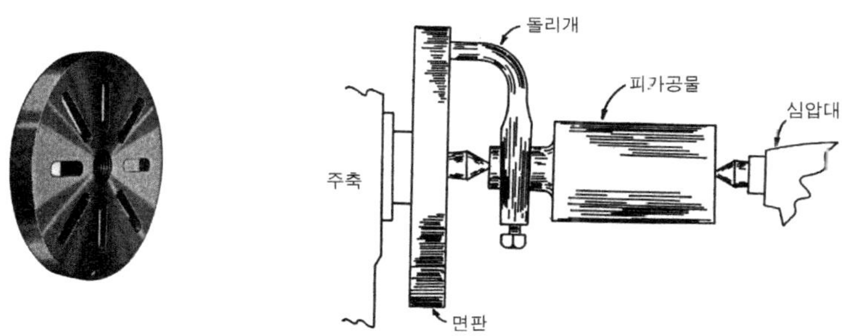

(a) 면판에 의한 작업

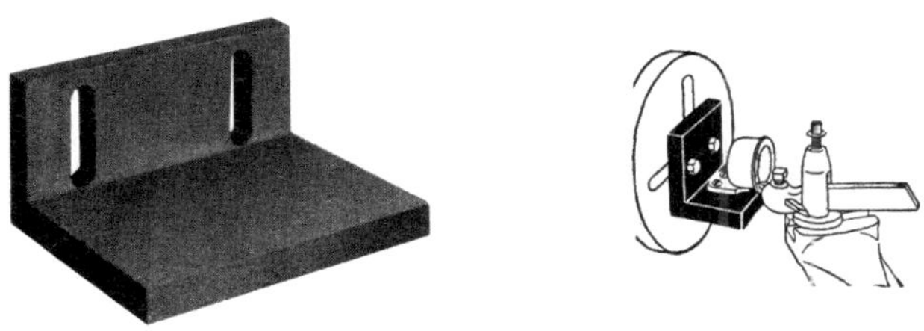

(b) 직각판에 의한 작업

[그림 6.29] 면판의 종류와 작업

(4) 척(chuck)

척은 회전하는 주축의 스핀들에 장착되며 공작물을 고정시키고 절삭작업을 주로 한다. 일종의 회전하는 바이스라 고도 하며, 사용목적에 따라 여러 가지 종류의 것이 있다. [그림 6.30]은 보편적으로 많이 사용되는 척의 종류를 나타낸다.

① 단동척 : 각각의 조가 독립적으로 움직이므로 불규칙한 형상의 가공물 가공에 적합하다.

② 연동척 : 대부분 3개의 조로 구성되어 있으며, 하나의 나사 회전으로 조가 동시에 벌어지고 조여지므로 가공물의 고정이 용이하다.

③ 전자석척 : 비교적 얇은 공작물을 전자석의 힘으로 탈 부착하게 되어 있으며 가공 후에 잔류자기를 제거하는 것이 단점이다.

④ 콜릿척 : 직경이 작은 공작물을 대량생산의 목적으로 주로 쓰이며, 정밀도가 일정하게 유지되며, 각각의 크기에 따라 여러 종류의 척으로 구성되어 있다.

⑤ 유압척 : 유압을 이용하므로 가공물의 크기에 따라 조에 압력을 조절할 수 있으며 주로 자동선반에서 이용되고 있다.

(a) 연동척

(b) 단동척

(c) 공압척

(d) 콜릿 척

[그림 6.30] 척의 종류

(5) 방진구(steady rest)

방진구(防振具)는 비교적 재료의 길이가 길고 직경이 작은 가공물의 경우 절삭력으로 인하여 밀려나는 어긋남과 진동을 막아주는 역할을 하여 작업을 원활하게 하여주는 도구로서 고정식과 이동식이 있다. [그림 6.31]은 방진구를 나타낸다.

(a) 고정식

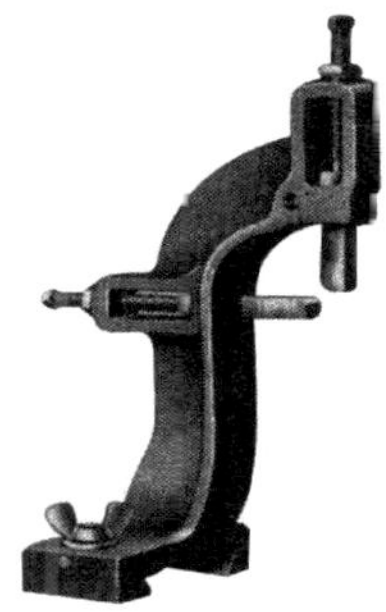

(b) ㅇ동식

[그림 6.31] 방진구의 종류와 작업

(6) 맨드릴(mandrel)

맨드릴(心棒)은 센터의 구멍이 아주 정확하게 가공이 되어 있어 구멍에 직각으로 단면을 가공할 때 쓰이며, 벨트바퀴나 치차의 측면 가공에 주로 쓰인다.

(a) 단체형

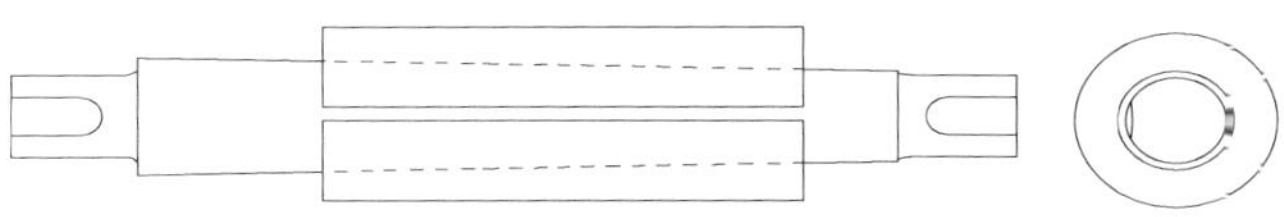

(b) 테이퍼형

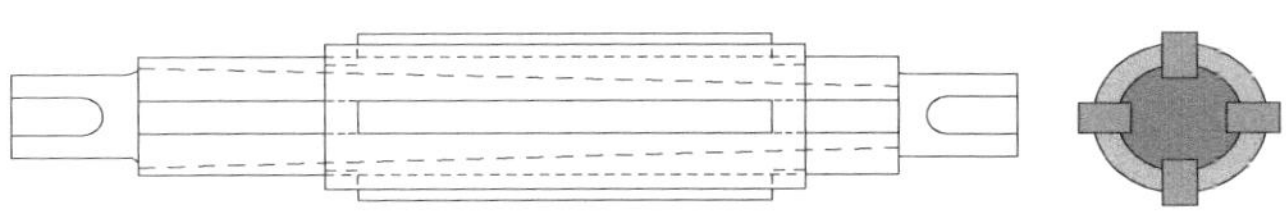

(c) 팽창식

[그림 6.32] 각종의 맨드릴

6.2.5 선삭공구

선삭공구는 공작물과 절삭방법에 따라 여러 형상의 것이 있으며, 실제로 절삭이 이루어지면서 칩이 발생되는 현상은 거의 유사하므로 절삭가공의 기본원리를 주로 단인공구를 중심으로 이론과 실제의 응용에 많이 적용하고 있다.

선반가공에서는 공작물을 선반의 척에 물리고 회전시켜서 공구대에 부착된 단인공구를 이용하여 공작물을 원통형이나 특수한 형상으로 가공을 할 수 있으며, 단인공구의 명칭을 현장에서는 바이트라고 널리 불리고 있다.

1. 단인 공구각

단인공구에서 기본각의 결정은 크기와 방향에 따라서 여러 가지로 변화된다. 그러므로 공구각의 선택기준은 공작물의 재료, 절삭 깊이, 이송속도, 공작기계의 기계적 성질, 공구의 재료 등에 따라서 달라진다.

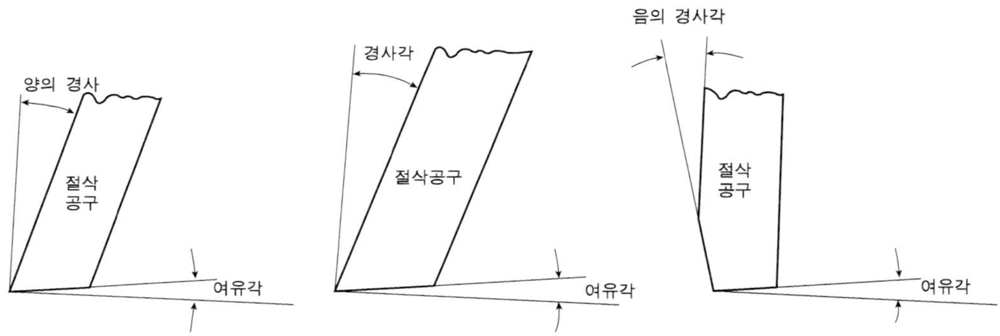

[그림 6.33] 단인공구의 여유각과 경사각

일반적으로 공구각은 여유각과 경사각으로 나타내며, 여유각은 가공물과의 마찰을 감소시키기 위한 것으로 마모량에 영향을 미치며 원만한 절삭을 위해서는 양(陽)의 값을 갖는 것이 좋으며, 경사각의 경우에는 양(陽)과 음(陰)의 경사각이 있으며 경사각이 양(+)인 경우에는 날카로운 칼날의 형상으로 연질의 재료절삭에 효율성이 양호한 편이다. 그러나 각이 너무 큰 경우에는 파손이 될 여지가 많으므로 주의하여야 하며, 반대로, 경사각이 음(–)의 경우에는 절삭날이 날카롭지 못하므로 경도가 높은 합금재료 절삭에 유리한 편이다. [그림

6.33]은 여유각과 경사각을 나타낸다.

- 단인공구의 공구각과 주요부분을 다음과 같이 정의하고, [그림 6.34]는 각 부분의 명칭을 나타낸다.

① 자루 : 공구의 몸체로서 주로 공구대에 부착하여 사용한다.
② 힐 : 공구의 밑면과 여유면이 교차하는 곳을 말한다.
③ 절삭 각 : 절삭력이 나타나는 각으로 주절삭면과 측면사이의 각을 말한다. 절삭에 직접 접촉되는 쐐기각이라 고도 한다.
④ 경사면 : 절삭 칩이 부딪히는 면을 가리킨다.
⑤ 여유면 : 절삭 날에 대한 옆과 아래의 면을 가리킨다.
⑥ 노 즈 : 앞날과 옆 날이 교차되는 곳을 말한다.
⑦ 절삭 날 : 경사면 끝 부분의 옆 날과 노 즈의 앞날을 가리킨다.

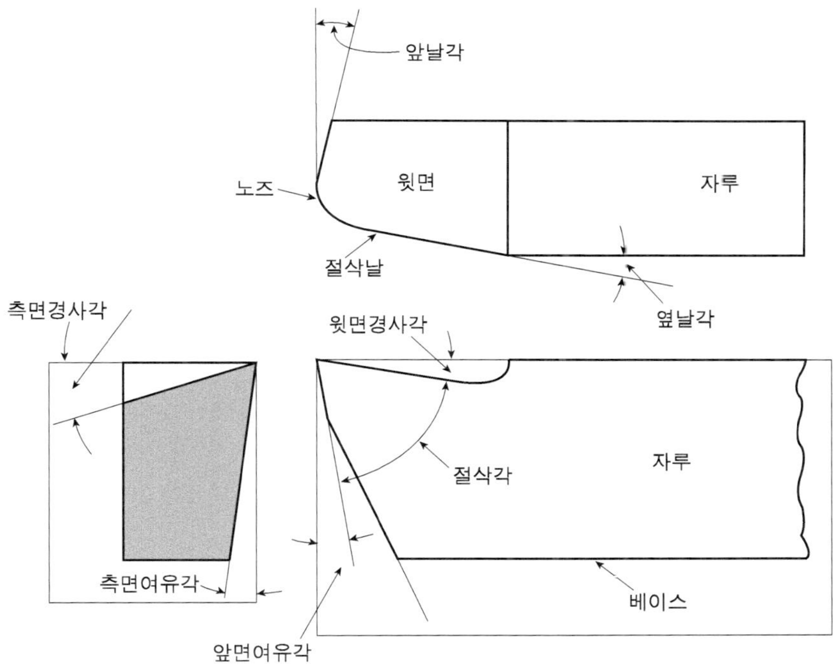

[그림 6.34] 단인공구의 각부명칭

⑧ 앞날 각 : 앞날과 자루에 수직방향의 선(線)과의 각을 가리킨다.

⑨ 옆날 각 : 자루의 면과 옆 날과의 각도를 가리킨다.

⑩ 앞면 여유각 : 앞날 밑의 앞 여유면과 공구 아래 면에 수직인 선과의 각도를 가리킨다.

⑪ 측면 여유각 : 옆날 밑의 옆 여유면과 공구 아래 면에 수직인 선과의 각도를 가리킨다.

⑫ 측면경사각 : 옆 날과 아래 면에 수직인 평면에 경사면과 공구 밑면에 평행한 선과의 각도를 말한다.

⑬ 윗면경사각 : 옆 날을 지나가는 수직평면상에서 경사면과 공구의 아래 면에 평행한 선과의 각도를 가리킨다.

[그림 6.35]는 단인공구의 공구각을 표기하는 방법을 나타낸다.

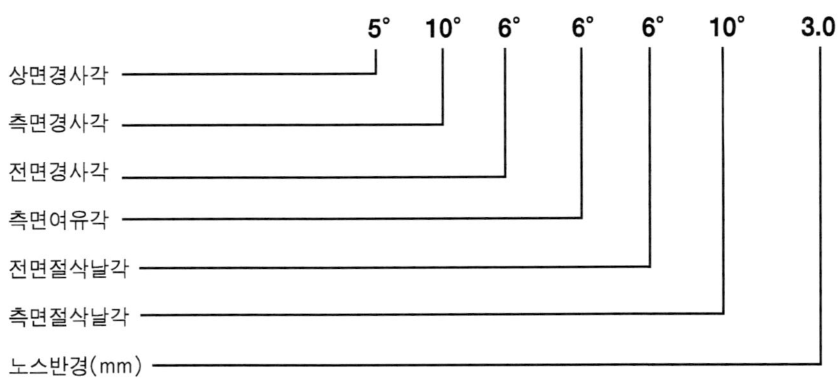

[그림 6.35] 단인공구의 공구각 표기

2. 단인공구의 종류

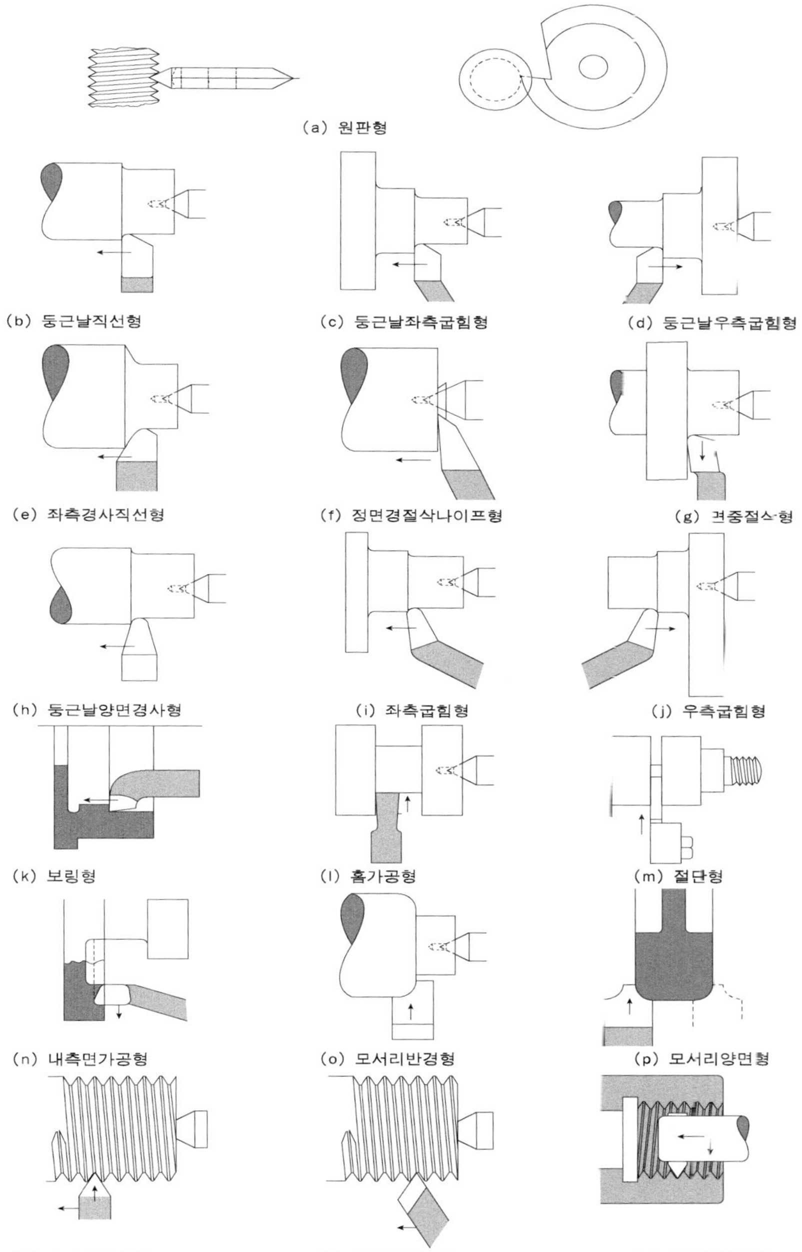

[그림 6.36] 단인공구의 종류

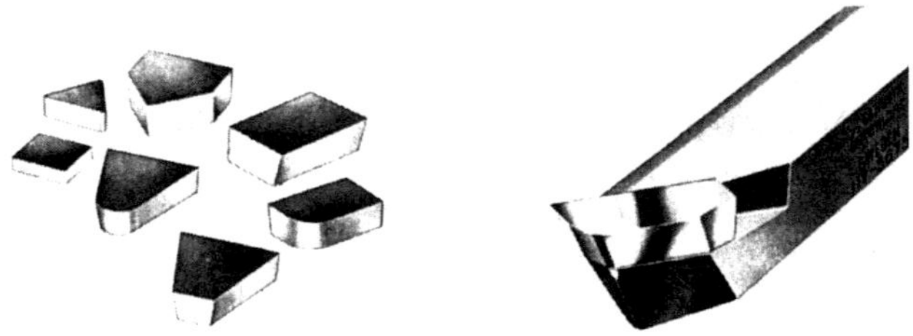

(d) 팁 접착형

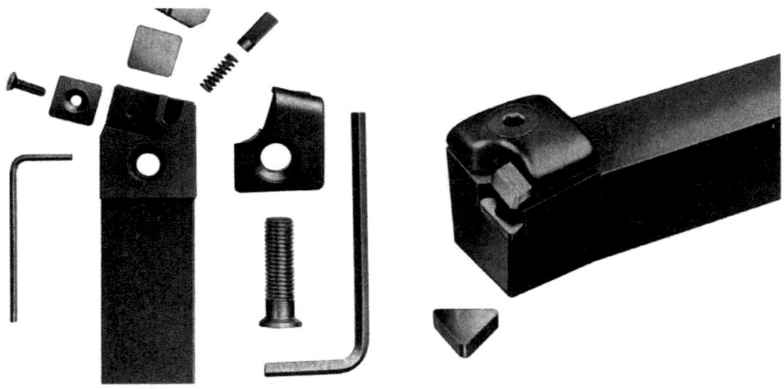

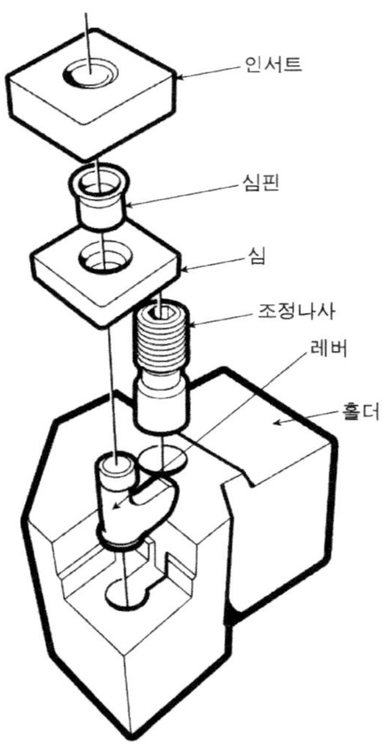

(f) 지래클램프형(lever-clamp type)

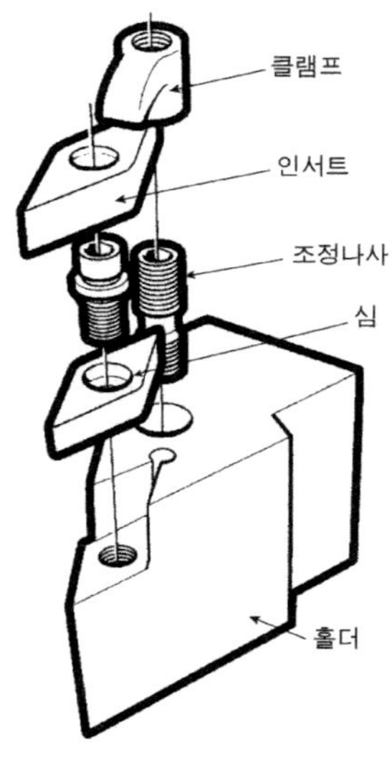

(g) 쐐기클램프형(wedge-clamp type)

[그림 6.37] 바이트의 부착 방법

[그림 6.36]은 일반적으로 사용되고 있는 단인공구의 종류와 각종 가공작업에 대한 것을 나타낸 그림이며, [그림 6.37]은 바이트를 생크에 부착하는 방법을 나타냈다. 초기에는 바이트를 몸체와 일체형으로 사용하거나 팁 형태로 만들어 용접이나 납땜 등과 같은 방법으로 부착하는 경우가 많았으나, 지금은 클램프(clamp)형으로 부착하는 경우가 대부분이다.

3. 칩 브레이커(chip breaker)

선삭과정에서 절삭 칩의 처리문제는 공구뿐만 아니라 가공물의 표면에도 영향을 주는 요인이 된다. 칩이 연속으로 발생하면 공구인선에 마찰열이 전도되어 마모의 진행을 촉진 시키게 된다. 이러한 결함을 방지하기 위하여 칩을 짧게 또는 일정한 길이로 끊어 주거나 방향을 이동시키기 위하여 공구 팁의 상면에 홈을 만들거나 단을 주기도 하고, 클램프형에서는 팁 고정판이 칩 브레이커 역할을 한다. [그림 6.38]은 3단 칩 브레이커를 가진 팁의 형상을 나타내며 단의 위치에 따라 절삭 칩의 형상이 달라진다.

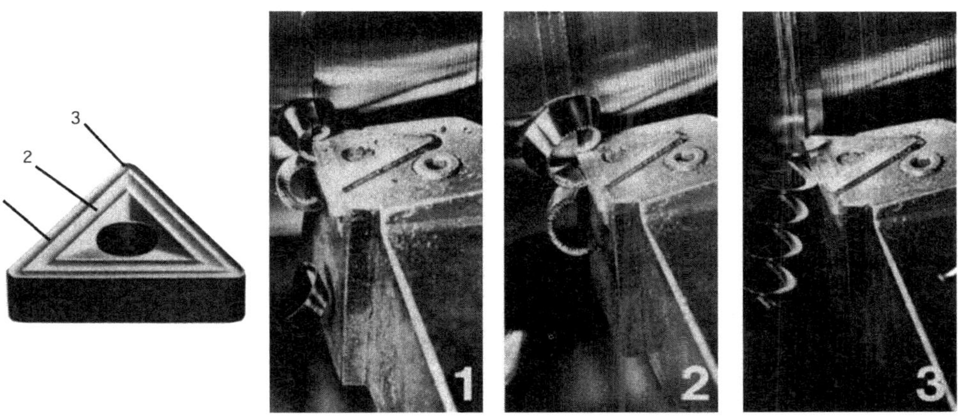

[그림 6.38] 3단 칩 브레이커

6.2.6 선반작업

선반작업이 원활하게 잘 이루어지기 위해서는 척에 가공물을 물리는 방법과 공구의 선택조건을 작업자는 적절하게 결정해야 한다.

■ 준비작업

1) 센터 작업

공작물의 길이가 길고 직경이 작은 것은 [그림 6.39]와 같이 센터작업을 거친 후에 접시모양의 구멍 내기 드릴작업을 하고, 공작물을 회전센터와 정지센터 사이에 지지시키고 돌리개 또는 면판 등의 부속장치를 이용하여 회전시켜 절삭작업을 한다.

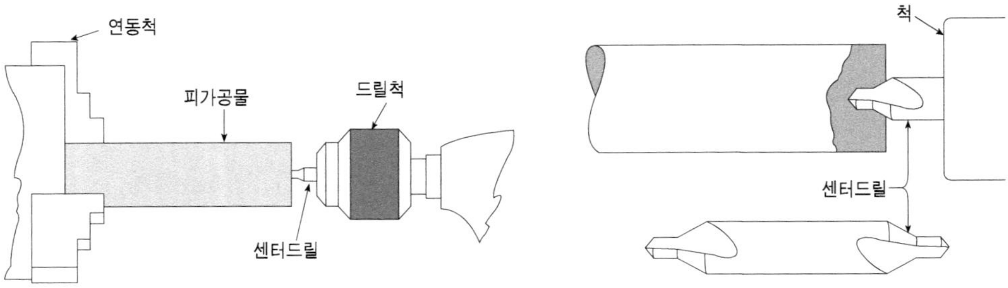

[그림 6.39] 센터작업

2) 단인공구의 고정방법

단인공구의 날 끝은 공작물의 [그림 6.40] (a)와 같이 센터 중심선에 오도록 하는 것이 가장 이상적이지만, (b)와 같이 중심선보다 높게 하는 경우에는 비교적 공작물의 직경이 크고 절삭이 많은 황삭에 유리하다.

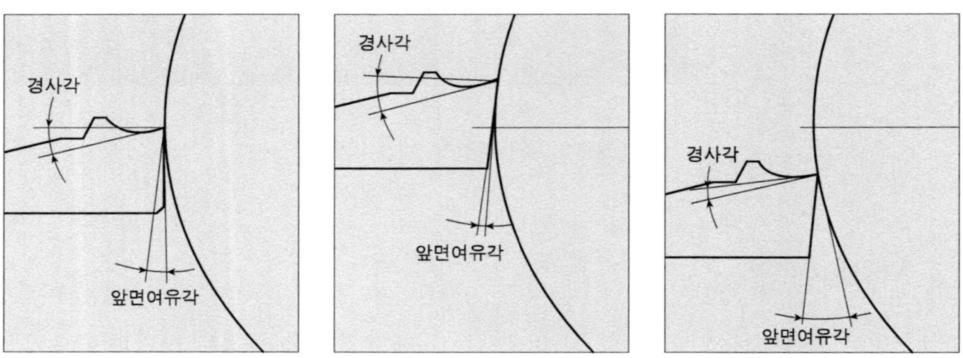

(a) 정상위치 (b) 중심선보다 높은 경우 (c) 중심선보다 얕은 경우

[그림 6.40] 공구의 위치

그러나 중심선보다 너무 높은 경우에는 공구의 앞면 여유각이 작아져 공구의 선단에 마찰열이 크게 발생 할 수 있으며 진동음도 크게 나타난다. 반대로 ©처럼 중심선보다 낮은 경우에는 앞면 여유각이 커져 공구인선의 마멸이 빨리 진행될 수 있으며 가공재료 속으로 파고 들어가 표면 거칠기에 문제가 발생하므로 이를 피해야 한다. 일반적으로 공구인선의 위치는 중심선에서 ±0.1㎜로 하는 것이 가장 최적의 위치가 된다.

3) 척 작업

척의 선택은 작업조건이나 가공물의 크기와 형상에 따라서 연동척, 단동척, 콜릿 척을 사용하며 척에 고정한 공작물의 중심선에 따른 편심검사를 다음과 같이 한다.

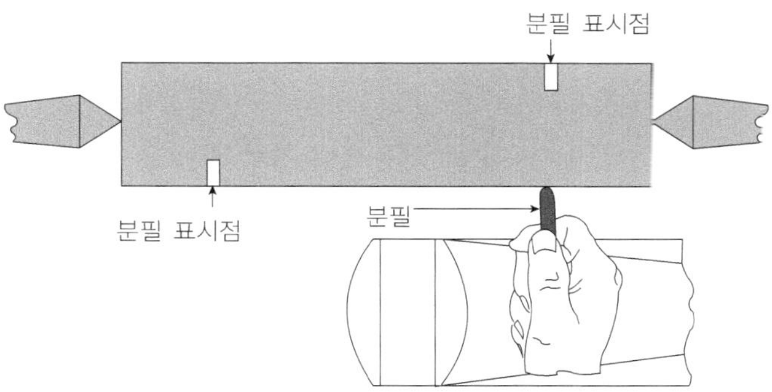

(a) 분필에 의한 검사

(b) 외경검사

(c) 내경검사

[그림 6.41] 편심검사방법

① 분필에 의한 방법: 척에 고정된 공작물을 회전시켜 분필을 일정위치에서 공작물에 접촉시키면 중심선보다 높은 곳에 표적이 나타나게 되면 이곳의 척 조를 조정하여 정확하게 맞추어 준다.

② 서피스게이지에 의한 방법: 서피스게이지를 공작물에 접촉하기 좋은 위치에 두고 공작물을 회전시켜 편심 부분을 확인 후 척의 조를 조정하여 정확하게 중심선 원으로 조정한다.

③ 다이얼게이지에 의한 방법: 공작물에 다이얼게이지의 측정자를 접촉시키고 회전하여서 편심량을 측정하고, 구멍 또는 내면의 센터조정에 용이하게 이용되며 편심량의 1/2로 조정하여 검사한다. [그림 6.41]은 각종의 편심 검사방법을 나타낸 것이다.

■ 가공작업

1) 널링

널링을 필요로 하는 목적은 대부분 손잡이 부분으로서 측정계기, 공구, 조정나사의 손잡이 부분이 미끄러지지 않도록 널링공구를 이용하여 가로 또는 경사로 가공부분을 직선형이나 다이아몬드 모양으로 요철(凹凸)을 새기는 작업을 말하며 가공물의 회전수는 가급적 저속으로 하여 널링 효과를 크게 한다. [그림 6.42]는 공구와 작업의 일예를 나타낸다.

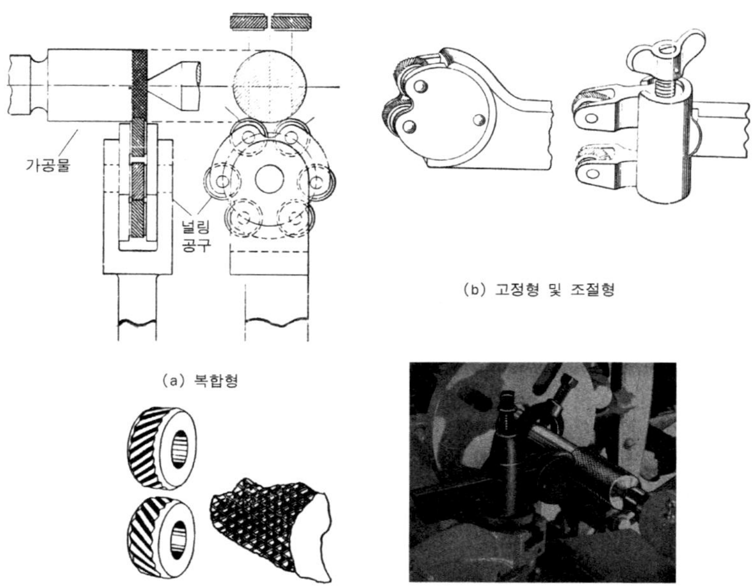

(a) 복합형

(b) 고정형 및 조절형

(c) 널링작업

[그림 6.42] 널링공구와 작업

2) 모방가공

모방가공은 가공물의 형상에 따른 모형 또는 형판을 만들어 단인공구의 절삭운동을 가로방향 이송으로 하여 모형 판의 윤곽과 동일하게 움직이게 하여 원형과 같은 모양으로 자동적으로 가공을 하는 방법을 모방절삭 또는 윤곽 선삭이라 하고 가공방법에는 기계적, 전기적, 유압적인 방법이 있다.

(1) 기계적 방법

기계적 방법은 복식 공구대에 단인공구를 고정시키고 공구대를 축방향으로 자동이송 시킬 때 베드위에 고정시킨 모형판에 따라 축방향과 직각으로 전후방향으로 미끄러지면서 가공하는 것으로 거친 가공에 한 한다. 이 가공이 용이하게 테이퍼절삭장치에 모형을 부착시킨 후 롤러로 접촉하고 이동시키면서 가공한다.

(2) 전기적 방법

공구대의 단인공구를 모형에 접촉시키고 이동을 할 때 전기적인 제어신호를 전기자기장의 출력을 변화시킬 수 있는 전동기를 공구대 이송에 접목시켜 속도를 제어함으로서 모방절삭을 가능하게 한다.

(3) 유압식 방법

유압식방법은 공구대의 단인공구가 스프링이 밀고 있는 제어밸브에 의하여 접촉자가 모형에 접촉하면 유압회로를 닫아서 공구의 위치를 정지시키고, 모형의 형상에 따라서 움직일 때는 실린더 유압의 제어를 하게 하여 거리를 조정하면서 가공한다.

3) 테이퍼가공

- 선반에서의 테이퍼절삭 방법은 복식 공구대를 선회하는 방법, 심압대의 센터를 편위시키는 방법, 테이퍼 안내 장치에 의한 방법을 들 수 있다.

(1) 복식 공구대에 의한 방법

공작물의 테이퍼 각이 비교적 크고 테이퍼의 길이가 짧은 경우에 복식 공구대를 테이퍼 각의 $\frac{1}{2}$ 만큼만 회전하고 고정시킨 후에 공구대의 공구를 평행하게 경사각으로 이동시키면서 가공한다.

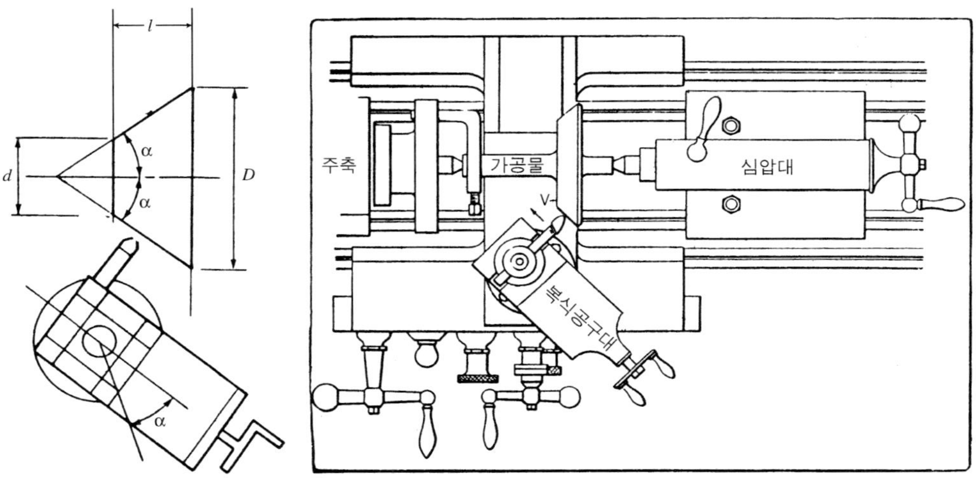

[그림 6.43] 복식 공구대에 의한 가공

[그림 6.43]의 ⓐ그림에서

$$\tan\alpha = \frac{D-d}{2l}$$

이므로 복식공구대의 회전각

$$\alpha = \tan^{-1}\left(\frac{D-d}{2l}\right) \tag{6.14}$$

가 된다.

(2) 심압대에 의한 방법

공작물을 양 센터에 끼우고 편위량을 계산하여 심압대의 위치를 편위량 만큼 조정 후에 가공한다. [그림 6.44]에서 심압대의 편위량 X는

$$X = \frac{\text{가공물의 전체 길이}}{2} \times \text{테이퍼가 되며}$$

$$\text{테이퍼} = \frac{D-d}{l}\ \text{이므로}$$

$$X = \frac{L(D-d)}{2l} \tag{6.15}$$

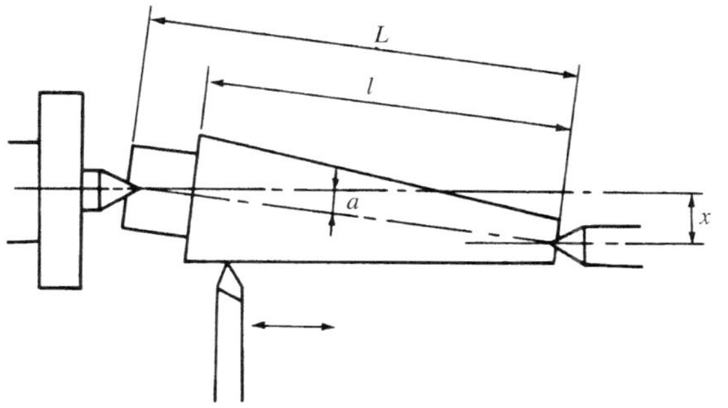

[그림 6.44] 편위량 이해도

(3) 테이퍼 안내장치에 의한 방법

선반의 왕복대 후방에 위치한 테이퍼장치를 왕복대와 연결하여 안내판의 미끄럼판을 테이퍼 각도로 기울이고 고정한 후에 왕복대의 공구를 이동시키면서 가공한다.

4) 나사절삭

(1) 나사절삭기구

선반에서의 나사가공은 주축과 리드스크루를 치차로 연결하고, 에이프런 내부에 있는 분할너트를 리드스크루에 결합시키면 왕복대의 공구대에 부착된 나사바이트가 원하는 피치로 나사절삭이 시작된다.

최근의 선반기계는 변환기어 배열이 나사의 종류에 따라 정해 져 있어 이송레버의 위치를 변경시키면 소정의 나사를 가공할 수 있다.

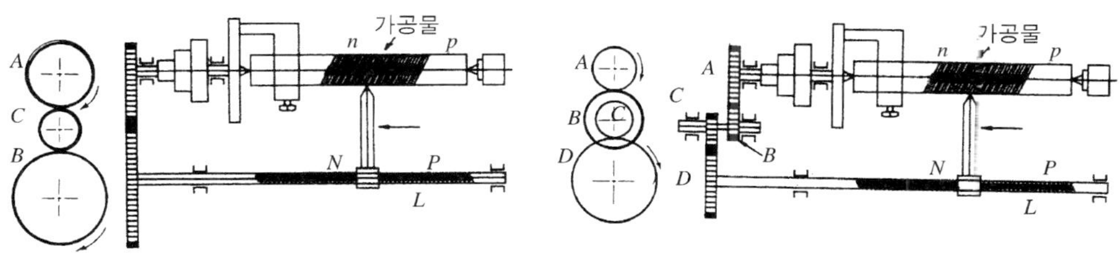

(a) 단식변환치차열　　(b) 복식변환치차열

[그림 6.45] 나사절삭기구

[그림 6.45]의 나사절삭 기구에서 변환치차의 계산은 다음과 같다. 그림에서 회전수에 영향을 주지 않는 이송역전장치는 표시하지 않았다.

n: 가공물 나사의 단위 길이 당 산수
N: 리드 스크루(lead screw)의 단위 길이 당 산수
p: 가공물 나사의 피치(=1/n)
P: 리드 스크루의 피치(=1/N)
A, B, C, D: 각 변환치차열의 명칭 및 치차의 이 수(齒數)

절삭가공이 되는 나사의 길이와 리드스크루 상의 공구대 공구의 이동거리는 같으므로

단식 치차 열에서는 $$\frac{N}{n} = \frac{p}{P} = \frac{A}{B} \tag{6.15}$$

복식 치차 열에서는 $$\frac{N}{n} = \frac{p}{P} = \frac{A}{B} \times \frac{C}{D} \tag{616}$$

예제 1

리드스크루 피치가 6㎜인 선반에서 나사피치가 3㎜인 가공물의 나사를 절삭할 때 변환치차를 구하시오.

풀이

$$\frac{p}{P} = \frac{3}{6} = \frac{3 \times 10}{6 \times 10} = \frac{30}{60}$$

$$\frac{3 \times 12}{6 \times 12} = \frac{36}{72} = \frac{A}{B}$$ ...... 단식기어열

주축측의 치차 치수는 30, 또는 36, 리드스크루의 치차 치수는 60, 또는 72로 결정하고, 중간의 치차는 속도비와 관계가 없으므로 임의의 치차 치수로 한다.

예제 2

리드스크루의 피치가 인치당 2산인 선반에서, 피치 6㎜의 나사를 가공 할 때의 변환치차를 결정 하시오.

풀이 $\frac{p}{P} = \frac{6}{\frac{25.4}{2}} = \frac{12 \times 5}{25.4 \times 5} = \frac{60}{127} = \frac{A}{B}$ ...... 단식기어열

예제 3

리드스크루의 피치가 인치당 4산의 선반에서, 피치 8㎜인 나사를 가공할 때의 변환치차 열을 구하시오.

풀이 $\frac{p}{P} = \frac{8}{\frac{25.4}{4}} = \frac{32}{25.4} = \frac{32 \times 5}{25.4 \times 5} = \frac{160}{127}$

$= \frac{2 \times 80}{1 \times 127}$

$= \frac{2 \times 20}{1 \times 20} \times \frac{80}{127}$

$= \frac{40}{20} \times \frac{80}{127}$

$= \frac{A}{B} \times \frac{C}{D}$

(2) 가공순서

① 나사의 형상에 따른 단인공구를 준비한다.

② 가공하고자 하는 나사가 미터식 인지, 인치식 인지를 확인 한 후 변환 치차열을 계산하고, 가공물의 피치에 따른 각각의 변환치차 이 수를 점검한다.

③ 공구대 위에 장착된 단인공구를 센터게이지로 위치를 정확하게 하고 날 끝은 가공물의 중심선에 오도록 한다.

④ 체이싱 다이얼(chasing dial)의 지침위치를 확인한다.

〈표 6.4〉는 분할너트의 결속 위치를 나타낸다.

〈표 6.4〉 분할너트의 결속방법

나사가공물의 산수 (1 인치당)	분할너트(half nut)의 결속위치	
짝수인 경우	다이얼의 임의의 눈금이 기준선과 일치한 때 1, 15, 2, 2.5, 3, 3.5	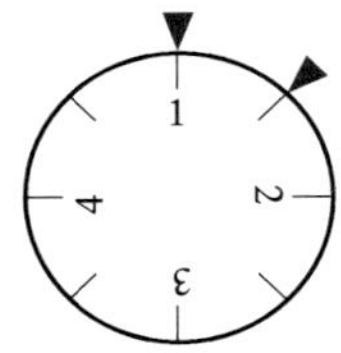
홀수인 경우	다이얼에 표시된 숫자의 눈금이 기준선과 일치한 때 1, 2, 3, 4	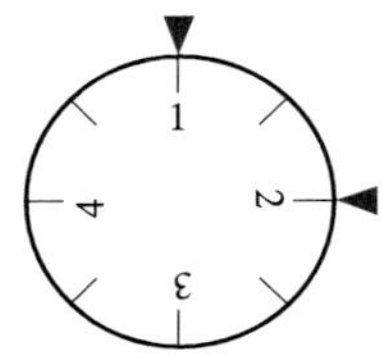
1/2 로 표시되는 분수 (5 1/2, 7 1/2, 11 1/2)	다이얼에 표시된 대각선의 눈금 1-3, 2-4	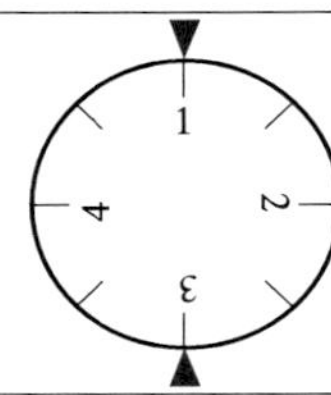
1/2 로 표시되는 것을 제외한 기타의 분수	최초로 절삭한 때의 다이얼 눈금이 기준선과 일치할 때	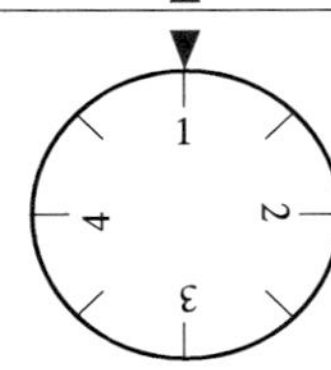

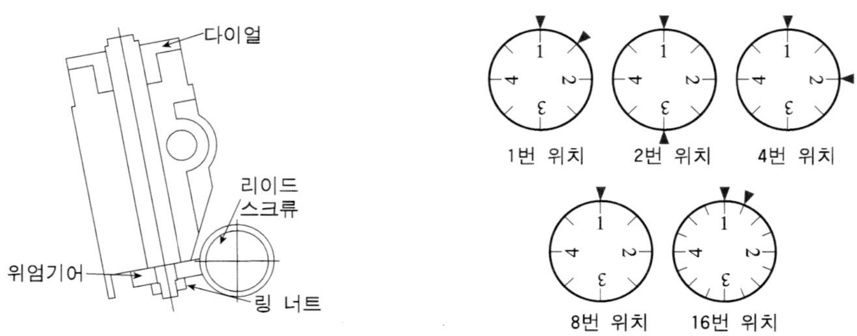

[그림 6.46] 체이싱 다이얼과 위치표

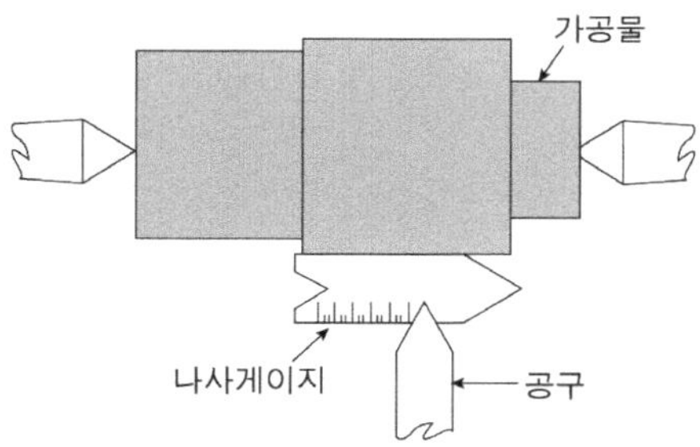

(a) 나사게이지를 이용한 공구 고정

(b) 수나사 가공

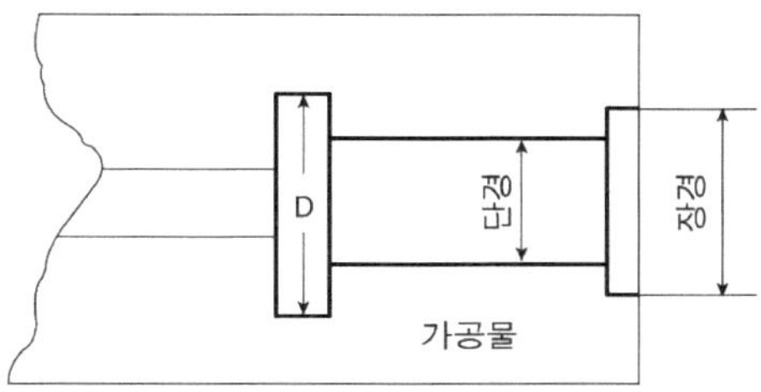

(c) 암나사가공을 위한 내면가공

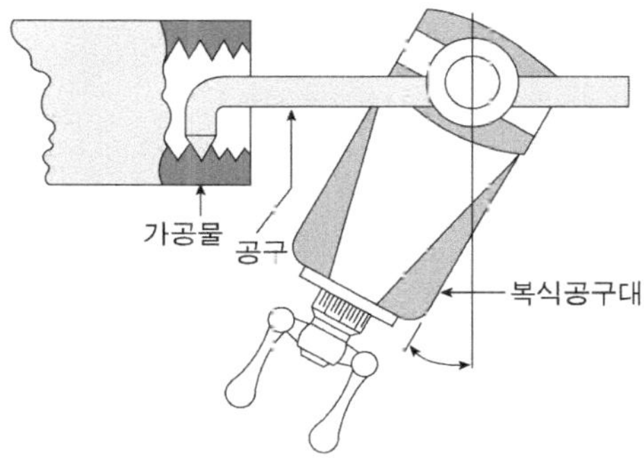

(d) 암나사 가공

[그림 6.47] 나사절삭 가공

[그림 6.46]은 체이싱 다이얼과 위치표를 나타내고, [그림 6.47]은 나사절삭 가공을 보여주고 있다.

5) 절삭 작용

(1) 절삭 속도

절삭속도는 가공물 표면에 공구인선을 지나가는 속도를 가리키며 V라 하고 m/min의 단위를 사용하며 회전수가 N rpm인 선반에서 공작물의 지름이 D mm인 경우의 절삭속도 V는 다음과 같이 나타낸다.

$$V = \frac{\pi DN}{1000} \qquad (6.17)$$

이송은 공작물이 한번 회전하는데 공구가 움직이는 거리를 f라하고 mm/rev 단위를 사용한다. [그림 6.48]은 주 절삭속도 V와 합 절삭속도 Vs의 관계를 보여주고 있으며 α각을 합 절삭속도 각이라 하면

$$V_s = \frac{V}{\cos\alpha} \tag{6.18}$$

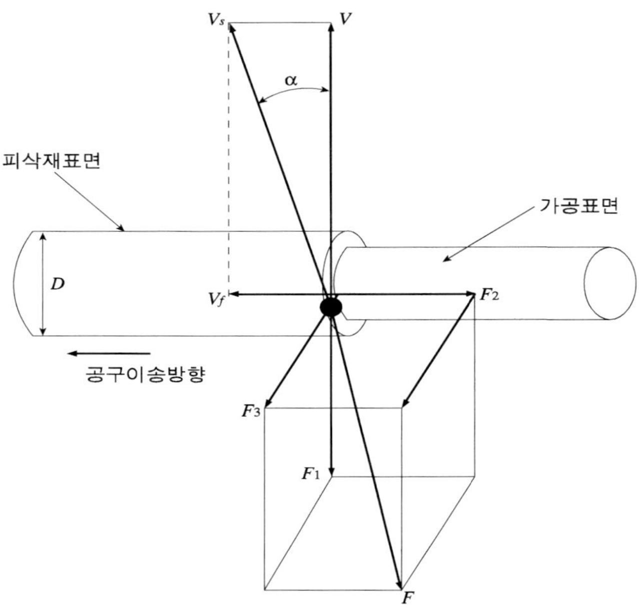

[그림 6.48] 절삭저항과 속도

그러나 실제의 절삭가공에서는 이송속도 V_f가 주절삭 속도 V에 비하여 작은 편이므로 α각을 무시한다. 절삭속도는 공구재료, 피삭재의 기계적 성질, 윤활조건, 가공정밀도, 절삭 깊이, 이송속도, 공구의 형상에 따라 다르게 나타나며 절삭 깊이와 이송이 일정하다면 절삭속도가 클수록 절삭량이 증가하게 된다. 한편 그림에서 단인공구에 작용하는 절삭저항 주분력 F_1, 이송분력 F_2, 배분력 F_3 중 주분력이 가장 크므로 절삭에 필요한 동력은 주로 주분력에 따라 결정하게 한다.

(2) 동력

선반에서 공작물을 가공 할 때 전체 소비동력은 선반을 공회전시키는데 필요한 손실동력, 왕복대 이송에 필요한 이송동력, 순수한 절삭에만 필요한 절삭동력으로 나타내며 손실동력

은 공작기계의 구조, 접촉면의 윤활상태, 절삭속도 및 절삭저항 등의 크기에 따라서 변화되며 그 값은 별 차이가 없다고 본다. [그림 6.48]에서 주분력 F_1, 이송분력 F_2, 배분력 F_3 방향의 상대속도를 V_1, V_2, V_3라 하면

$$H = \frac{(F_1 \cdot V_1) + (F_2 \cdot V_2) + (F_3 \cdot V_3)}{75 \times 60} \tag{6.19}$$

여기에서 절삭 깊이 분력인 F_3의 운동은 반경 방향의 이송이므로 절삭 중에 나타나는 소요동력은 없으며, 이송분력 F_2의 상대속도 V_2는 주분력 F_1의 상대속도 V_1의 절삭속도에 비하여 매우 작기 때문에 무시하고 다음과 같이 동력을 나타낸다.

$$H = \frac{F_1 \cdot \pi \cdot D \cdot N}{75 \times 60 \times 1000} \tag{6.20}$$

(3) 효율

선반작업에서의 효율은 절삭용적 효율, 기계적 효율, 시간효율의 3가지로 구분할 수 있으며 단차식 선반에서는 60～65% 정도이고, 전치차식 선반에서는 70～75% 정도이다.

기계적 효율 η는 실제의 유효절삭동력 Hp와 전체동력 H와의 비(比)로서 구한다.

$$\therefore \eta = \frac{Hp}{H} \tag{6.21}$$

제3절 드릴링

6.3.1 개요

드릴링(drilling) 작업은 선삭 작업을 마친 후 가장 많이 이루어지는 가공작업으로 구멍의 위치와 정밀도에 따라서 드릴의 종류 및 기계의 구조가 달라진다. 드릴링은 구멍을 뚫는 작업을 말하며 드릴이 고정된 회전축을 축 방향으로 밀어내는 추력이송을 받은 드릴의 절삭 날이 공작물의 절삭 칩을 배출시키면서 구멍을 뚫게 된다.

[그림 6.49]는 각종의 일반형드릴을 나타낸다.

- 일반 드릴링의 작업순서

① 센터펀치로 중심위치에 정확하게 중심내기를 한 후 센터드릴로 그멍을 뚫어준다.

② 구멍치수에 근접한 드릴을 이용하여 구멍을 뚫는다.

③ 보링작업으로 구멍을 뚫고, 리밍가공 치수로 가공한다.

④ 리밍가공으로 다듬질하여 완성치수로 가공한다.

(a) 2홈 테이퍼 생크드릴

(b) 3홈 테이퍼 생크드릴

(c) 4홈 테이퍼 생크드릴

(d) 2홈 기름 구멍 붙이 드릴

(e) 2홈 직선 생크드릴

[그림 6.49] 각종 일반형 드릴

6.3.2 작업의 종류

드릴링 작업에서는 위치 결정에 숙련된 작업이 필요하며 작업 목적에 따라 사용드릴의 종류와 가공방법은 달라진다.

• 일반적 작업의 종류

① 드릴링 : 센터작업이 완성된 구멍에 주로 보통드릴을 이용하여 구멍을 가공하는 작업을 말한다.

② 보링 가공: 뚫린 구멍을 보링 단인 공구를 이용하여 구멍의 형상을 바로 잡거나 내경을 크게 가공하는 작업을 말한다.

③ 리밍 가공 : 구멍의 가공이 비교적 잘된 내면을 리머를 사용하여 정확한 치수로 정밀 다듬질을 하는 작업을 말한다.

④ 카운터 보링 : 엔드밀이나 카운터 보링 공구를 이용하여 볼트의 머리나 너트가 묻히게 하기 위하여 구멍의 상부나 하부를 넓히는 작업을 말한다.

⑤ 카운터 싱킹 : 구멍의 입구를 원추형으로 가공하는 작업으로 접시머리나사의 머리 부분을 묻히게 하거나 기타의 구멍입구를 테이퍼 가공하는 작업을 말한다.

⑥ 스폿 페이싱 : 구멍의 축선에 직각으로 만들기 위하여 구멍의 돌출부를 평탄하게 하여 볼트와 너트의 자리를 정확하게 만들어 주는 작업을 말한다.

⑦ 태핑 : 구멍에 암나사를 가공하는 작업으로 태핑의 원활한 가공을 돕기 위하여 스핀들 추력이 위로 작용하면 공구가 역회전할 수 있는 장치가 있어야 한다.

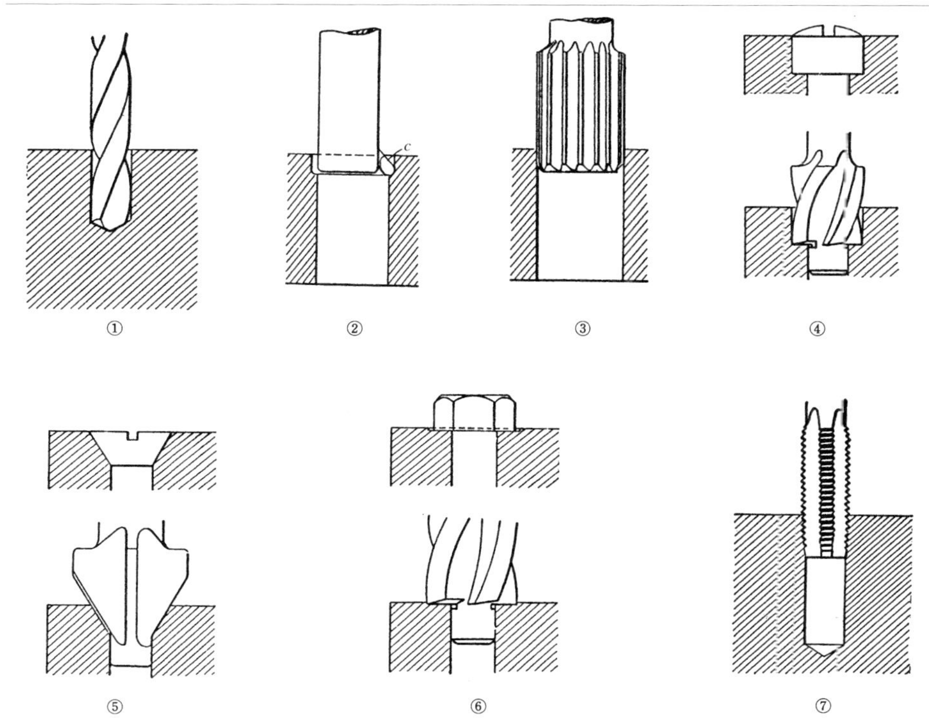

[그림 6.50] 드릴링 작업의 종류

[그림 6.50]은 앞에서 설명한 드릴가공의 종류별 그림을 나타낸 것으로 드릴링에서부터 태핑작업까지를 나타낸 것이다.

6.3.3 드릴링 머신의 종류

- 드릴링 머신은 작업 방법 및 사용목적에 따라 종류가 분류된다.

① 드릴 프레스

기본구조는 직립드릴링머신과 같으며, 소형으로 작업대위에 편리하게 설치할 수 있으며 칼럼에는 래크과 피니언으로 구성되어 있어 작업테이블의 위치를 상하로 조절할 수 있고, 주축의 회전은 600~3000rpm 정도이고, 구멍가공은 1Φ~13Φ의 구간에서 주로 하고 있으며 수동으로 조작이 된다. [그림 6.51]은 드릴 프레스를 나타낸 것이다.

② 직립 드릴링머신

직립드릴링머신은 전치차식이며 고속으로 중절삭도 가능하고 주축의 회전수 및 이송이 각단으로 변환될 수 있고 자동이송이 된다. [그림 6.52]는 칼럼형 직립드릴링 머신을 나타낸다.

[그림 6.51] 드릴 프레스

[그림 6.52] 직립 드릴링 프레스

③ 레이디얼 드릴링머신

주로 대형의 공작물 가공에 편리하며 주축은 견고한 칼럼에 위치하고 있으며 수평 수직으로 드릴헤드를 옮길 수 있어 구멍의 위치에 따라 이동할 수 있으며, 주축을 경사시킬 수 있는 선회대가 갖추어져 있어 경사 진 구멍의 가공이 가능한 만능식 드릴링머신도 있다. [그림 6.53]에 레이디얼 드릴링 머신을 나타낸다.

④ 다축 드릴링머신

드릴헤드에 여러 개의 주축이 설치되어 있어 주축 수에 따른 구멍을 동일 평면상에서 가공할 수 있으며, 드릴헤드는 기어식, 크랭크식, 자재 이음식으로 되어 있으며 각 구조에 따라 주축의 중심선이 달라진다. [그림 6.54]에 자재 이음식 다축 드릴링 머신을 나타낸다.

[그림 6.53] 레이디얼 드릴링머신

[그림 6.54] 다축 드릴링머신

⑤ 다두 드릴링머신

여러 개의 드릴 헤드가 1열로 설치된 구조로 각각의 주축에는 독립적으로 서로 다른 크기의 구멍을 가공할 수 있으며 드릴링, 보링, 리밍, 카운터 싱킹, 태핑 등의 순차적인 작업을 할 수 있다. [그림 6.55]에는 6 스핀들 다두 드릴링 머신을 나타냈다.

⑥ 터릿 드릴링머신

다두드릴링머신에서 나타나는 단점을 보완 한 것으로, 주축에 터릿공구대가 장착되어 있어 작업 순서에 따라 구멍의 크기를 각기 달리하여 가공하거나 순차적인 작업을 신속하고 정밀하게 가공할 수 있다. [그림 6.56]은 터릿 드릴 머신을 나타낸 것이다.

[그림 6.55] 다두 드릴링머신

[그림 6.56] 터릿 드릴링머신

6.3.4 드릴의 형상

가장 널리 쓰이는 드릴은 트위스트 드릴로서 직경이 Φ13㎜까지는 직선형자루이고, 테이퍼 자루형은 Φ2~75㎜ 정도로 비교적 큰 구멍을 가공할 수 있으며, 테이퍼는 모오스 테이퍼로 되어 있다. [그림 6.57]은 드릴의 각부명칭과 형상구조를 나타낸 것이다.

ⓐ 탱 : 테이퍼자루 끝 부분을 납작하게 한 부분으로 드릴에 회전력을 전달하게 하는 역할을 한다. 드릴을 빼낼 때는 이 부분이 손상되지 않도록 하여야 한다.

ⓑ 생크 : 드릴을 고정시키는 부분이며 직선형과 모스 테이퍼형이 있다.

ⓒ 마진 : 드릴의 크기를 이 외경으로 정하고, 드릴의 위치를 잡아주는 역할을 하며, 드릴의 홈을 따라 좁고 높은 부분을 가리킨다.

ⓓ 몸통여유 : 마진 부분보다 지름이 작은 부분으로 구멍 뚫기 작업을 할 때 공작물이 드릴 몸통에 접촉하지 않도록 여유를 둔 부분을 가리킨다.

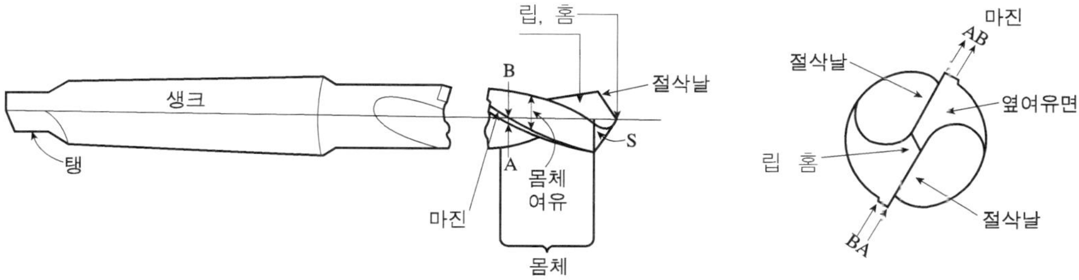

(a) 각부의 명칭

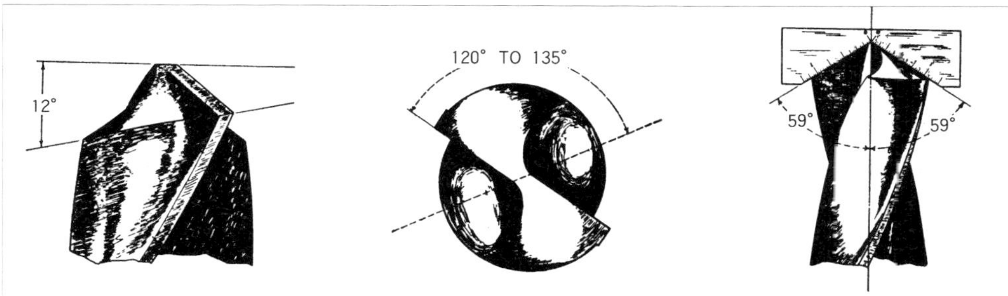

(b) 선단여유각 (c) 치즐에지각 (c) 선단각

[그림 6.57] 드릴의 명칭, 형상

ⓔ 홈 : 드릴의 본체 부분에 나선형으로 파여진 홈이며 칩을 배출시키고 절삭유를 공급받는 통로 역할을 하며, 이 홈은 드릴의 형상에 따라 직선형도 있다.

ⓕ 절삭 날 : 드릴링 작업에서 가공물을 절삭하는 날 부분을 가리킨다.

ⓖ 사심 : 드릴의 끝 부분의 두 절삭 날이 만나는 점을 말한다.

ⓗ 날 여유면 : 절삭 날이 방해를 받지 않고 원활한 드릴링 작업을 위해 10~12°의 여유각을 둔다.

ⓘ 웨브 각 : 웨브는 드릴의 척추가 되는 곳으로 홈 사이의 좁은 단면으로 홈과 홈 사이를 웨브라 하고, 이 웨브 각을 치즐 에지 각이라 고도하며 웨브 각은 절삭 날로부터 치즐 에지가 이루는 각으로 120~135°로 한다.

ⓙ 선단 각 : 드릴 끝에서 두 개의 절삭 날이 이루는 각으로 날끝 각이라 하고 표준형은 118°이며, 선단 각이 너무 크면 이송이 어렵고, 너무 작으면 날 끝의 수명이 짧아지므로 공작물의 재질에 따라 선단 각을 증감해야 한다.

(a) 범용형 (b) 3D이하 구멍용(주철, 알루미늄, 플라스틱)

[그림 6.58] 시닝의 형상

한편 절삭효율을 증대시키기 위하여 사심의 일부를 원호모양으로 갈아주는 시닝은 날 끝의 선단부 중심두께를 부분적으로 좁게 하고 치즐을 짧게 하여 칩의 배출을 잘되게 하여 추력 하중을 감소시키고 구심성을 주어 구멍의 정밀도를 높이고 드릴의 수명을 연장시키는 장점이 있다. [그림 6.58]은 시닝의 일예를 나타낸다.

6.3.5 드릴의 절삭속도, 시간 및 동력

1. 절삭속도

드릴링 작업에서 절삭속도는 드릴의 외주속도를 나타내며, 이송은 드릴의 1회전당 이동거리(㎜ / rev)로 나타내며, 절삭속도는 다음과 같다.

$$V = \frac{\pi d n}{1000} \text{(m/min)} \tag{6.22}$$

V: 절삭속도(m / min)

d: 드릴의 지름(㎜)

n: 드릴의 회전수(r · p · m)

절삭속도는 드릴의 형상, 재질, 가공물의 재료, 절삭유의 종류, 가공구멍의 지름에 따라 다르며 가공 구멍의 깊이가 길면 칩의 배출과 윤활 작용에 문제가 되므로 절삭 깊이가 드릴 지름의 2배 이상이 되는 경우에는 절삭속도와 이송을 줄여 주어야 한다.

2. 절삭시간

절삭시간은 드릴링에 소요되는 시간으로서 드릴의 이송(feed)을 f(㎜ / min)라 하고, 드릴 끝 원추높이를 h(㎜), 구멍의 깊이를 H(㎜)라 하면 가공시간 T(min)는 다음과 같이 나타낸다.

$$T = \frac{H+h}{n \cdot f} \text{이므로}$$

$$T = \frac{\pi \cdot d(H+h)}{1000\,Vf \cdot} \quad (6.23)$$

3. 절삭동력

드릴링 작업에 필요한 힘은 드릴에 회전력을 주는 비틀림 모멘트와 이송에 필요한 추력으로 생각할 수 있으며, 이 모두 드릴의 지름과 이송의 크기에 따라 변화 된다.

M: 드릴링을 위한 주축의 비틀림 모멘트(kg—㎝)

P: 이송을 위한 추력(kg)

n: 주축의 회전수(r·p·m)

f: 이송량(㎜ / rev)

ω: 모멘트의 각속도(2πn / 60)라고 하면

회전모멘트에 대한 동력(Hm)은 다음과 같다.

$$H_m = \frac{M \cdot \omega}{75 \times 100}$$

$$= \frac{M \cdot 2\pi \cdot n}{75 \times 60 \times 100} = \frac{M \cdot n}{71620}(1-p) \quad (6.24)$$

또한, 이송에 필요한 추력이 P(kg)이라 하면 이때 이송에 필요한 마력 H_f는

$$H_f = \frac{P \cdot f \cdot n}{75 \times 60 \times 1000}$$

$$= \frac{P \cdot f \cdot n}{4500000}(Hp) \quad (6.25)$$

따라서 드릴링에 필요한 전체동력은

$$H = H_m + H_f$$

$$= \frac{M \cdot n \cdot 2\pi}{75 \times 60 \times 100} + \frac{P \cdot f \cdot n}{75 \times 60 \times 1000} \quad (6.26)$$

일반적으로 이송에 필요한 동력은 비틀림 모멘트 동력보다 작으므로 무시할 수 있으며 전체 소요동력 H는 구멍 뚫기 작업을 위한 정미 소요동력(正味所要動力)이므로 실제로는 드릴링 머신에 공급하여야 할 소요 동력은 손실 동력을 추가해준 값으로 하여야 한다.

6.3.6 가공물과 드릴의 고정방법

1. 가공물의 고정방법

드릴링(drilling) 가공물의 고정은 가공물의 형상과 구멍의 위치에 따라 바이스를 이용하거나 작업테이블의 T홈을 이용하여 클램프나 단 블록 및 T형 볼트 등을 사용하여 직접 고정하는 방법과 동일제품을 대량생산하거나 정확한 위치의 구멍을 뚫기 위해서는 드릴지그를 이용한다. [그림 6.59]는 상자형 지그를 이용하여 강구의 중심선 대칭 상에 2개의 다른 구멍을 뚫을 수 있는 치구로서 양면에 안내부시를 사용하였다.

- 이와 같은 지그를 사용하면 다음과 같은 장점이 있다.

① 호환성을 주고 정밀도를 향상시킨다.
② 제품의 불량품이 거의 없다.
③ 작업 전에 금 긋기나 센터 내기를 할 필요가 없다.
④ 미숙련자도 원활한 작업을 할 수 있다.

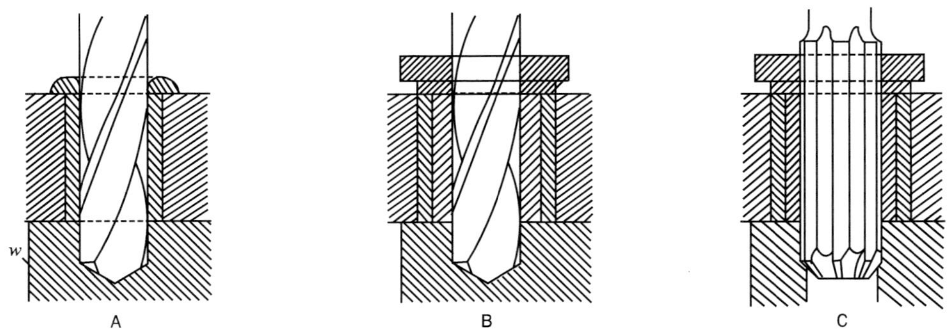

(a) 고정형 (b) 이동형 (c) 슬립형

[그림 6.59] 지그부싱을 이용한 작업

2. 드릴의 고정방법

곧은 자루의 드릴은 드릴 척에 물리고 자루부분의 테이퍼 부분은 드릴머신의 주축에 끼우고 사용한다. 테이퍼자루 드릴은 주축에 직접 끼워서 고정하거나 슬리브나 소켓의 테이퍼 홈에 고정한다. [그림 6.60]은 드릴 척과 슬리브를 나타낸다.

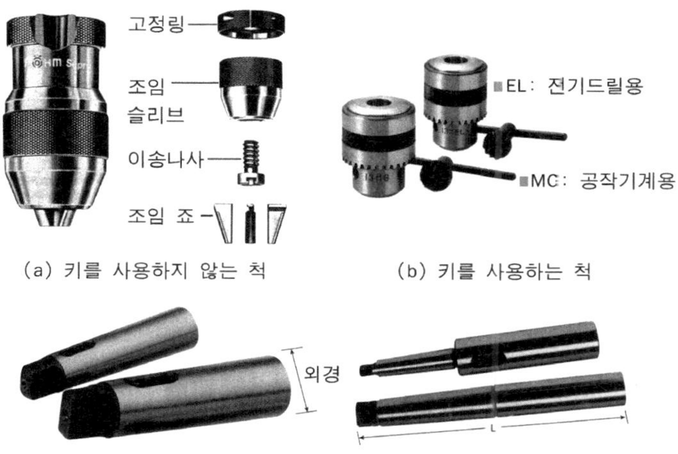

(a) 키를 사용하지 않는 척　　(b) 키를 사용하는 척

(c) 슬리브　　(d) 소켓

[그림 6.60] 드릴 척과 슬리브의 종류

6.3.7 리밍 가공

리밍(reaming)작업은 선삭가공이나 드릴로 뚫어진 구멍의 형상과 치수를 정밀하게 리머를 사용하여 작업하는 것이며, 드릴링 머신에서 리밍을 할 때는 이송을 크게 하고 회전속도는 저속으로 하여야 한다. H.S.S 강 리머는 3~10 m / min, 초경합금 리머는 10~30 m / min으로 한다. 다듬질 거칠기는 버니싱 작용에 의한 영향이 크므로 절삭속도를 느리게 하는 것이 좋으며 기계와 가공물의 진동도 최소한으로 하여야 한다.

손 작업의 리밍은 구멍과 축 중심의 중심이 잡힐 때까지 리머를 시계방향으로 천천히 돌리면서 작업을 하여야 하고, 빼 낼 때에도 리머가 흔들리지 않게 시계방향으로 후진 시켜야 한다. [그림 6.61]은 각종 리머를 나타낸다.

일반적으로 이송속도가 느리면 다듬질 면의 거칠기는 좋아지고, 반대로 이송이 빨라지면 절삭저항이 증가하고 구성인선이 생기고 이송마크가 남게 되어 다듬질 면 거칠기를 불량하게 만든다. 그러나 열전도율이 적고, 비절삭저항이 큰 내열강이나 스테인리스강 에서는 오히려 이송을 작게 하면 가공경화를 일으키고 버니시 효과가 크게 나타나 다듬질 면을 나쁘게 할 수 있다. 그러므로 사용 중에 가공상태를 세밀히 관찰 후에 이송량을 조절하여 주어야 한다.

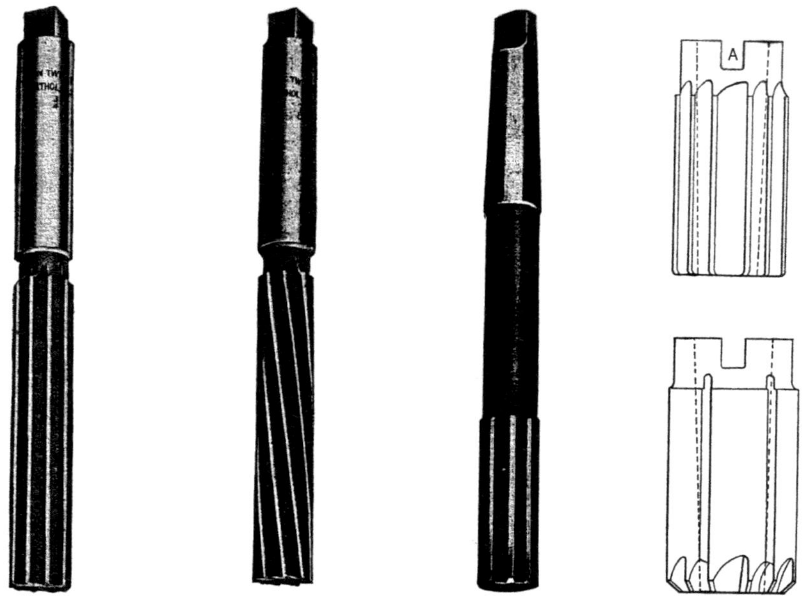

(a) 곧은날 핸드리머　(b) 나선형 핸드리머　(c) 테이퍼생크형 리머　(d) 머신형 셸리머

[그림 6.61] 리머의 종류

제4절 보링

6.4.1 개요

보링(boring)은 주로 주조, 단조, 드릴링 등의 가공에 의해 구멍이 이미 뚫린 공작물의 형상이 특이하거나 무게가 무거운 경우, 가로 세로 방향으로 조정이 가능한 작업테이블에 가공공작물을 고정하고 구멍의 내면을 확대하고 정밀한 치수로 선삭 하는 것으로 가공물은 상대적으로 이송운동을 할 뿐이고 보링공구는 보링 바에 고정되어 회전운동을 하면서 절삭가공을 한다.

보링은 그 작업범위가 넓어서 드릴링, 태핑, 리밍, 단면절삭, 나사절삭, 밀링 등의 가공작업을 수평식 보링, 밀링 머신에서 할 수 있다.

6.4.2 보링머신의 종류

보링머신은 구조상으로 보아 수직식과 수평식이 있으며 작업의 방법에 따라서 그 종류가 다양해진다.

- 일반적으로 크게 분류하면 다음과 같다.

① 수직식 보링머신(vertical boring machine)
② 수평식 보링머신(horizontal boring machine)
③ 지그 보링머신(jig boring machine)
④ 정밀 보링머신(precision boring machine)

1. 수직식 보링머신

공작물은 수평면에서 회전하는 작업테이블에 고정시키고, 공구는 수직으로 위치한 스핀들에 고정하고, 공구의 이동위치는 크로스레일과 크로스레일헤드 상의 공구대에 의하여 조정되고, 공작물을 고정한 테이블이 회전운동을 하면서 보링, 수직선삭 및 수평면 가공을 할 수 있다. [그림 6.62]는 수직보링기계의 주요부를 나타낸다.

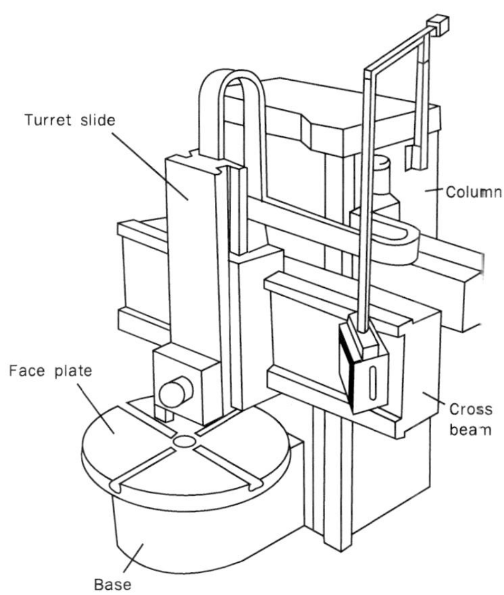

[그림 6.62] 수직 보링머신의 구조

2. 수평식 보링 머신

수평식 보링 머신은 테이블형과 플로어형으로 나누고, 일반적으로 테이블형이 가장 많이 사용되고 있으며 대형의 공작물인 경우에는 주로 플로어형을 사용한다. 수평식은 가공범위가 넓어서 공구의 형식에 따라 밀링 및 드릴링 작업을 할 수 있다.

[그림 6.63]은 수평식 보링 머신의 구조를 나타내며, 작업테이블은 베드 위에 설치되어 새들과 함께 좌우 전후로 이동이 가능하고, 베드의 양단에 있는 하나의 칼럼에는 주축대 스핀들을 지지하고 조정하며, 다른 하나는 축 방향으로 이동이 가능하고 스핀들의 보링 바를 지지할 수 있는 단지지대가 있으며, 주축이 수평으로 설치된 스핀들상의 보링헤드는 칼럼을 따라 상하로 이동이 되면서 공작물을 가공할 수 있다. 최근에는 공작기계의 발달로 컴퓨터 수치제어 보링 및 밀링 머신의 출현으로 정밀가공의 기술을 한 단계 끌어올리고 있으며 [그림 6.64]은 CNC 수평형 보링 및 밀링 머신이다.

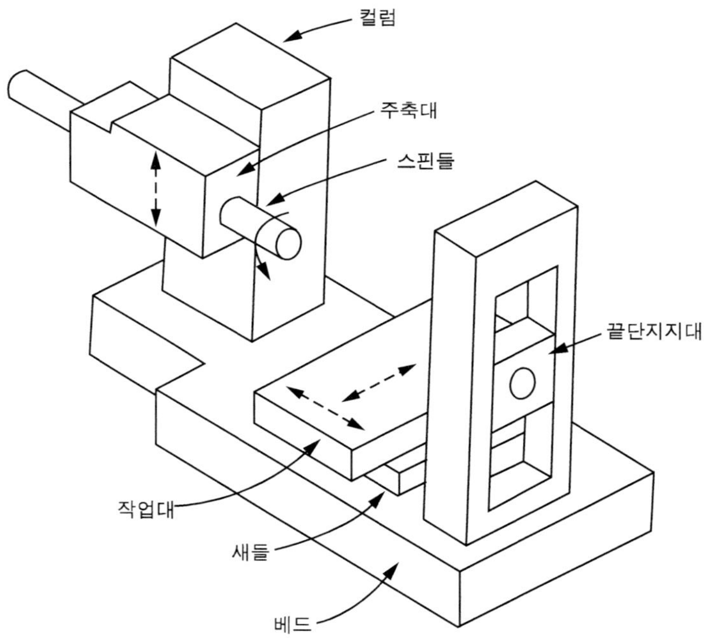

[그림 6.63] 수평형 보링머신의 구조

[그림 6.64] 수평형 CNC 보링 및 밀링

3. 지그 보링머신

정밀도가 아주 높은 기능을 지닌 보링머신으로 금형의 가공이나 치공구 및 게이지의 정확한 위치의 구멍가공을 할 수 있으며, 작업테이블은 직교 좌표식으로 다이얼게이지나 전기 전자적인 측정기를 장착하여 1㎛ 이상의 정확한 위치로 좌표점을 결정할 수 있으며 구멍의 가공을 진직도와 진원도를 정확하게 다듬질을 할 수 있다. [그림 6.65]은 정밀 지그보링 머신을 나타낸다.

[그림 6.65] 지그 보링머신

4. 정밀 보링머신

정밀보링머신은 회전속도의 토크가 크고 주축 이송의 정밀도가 높으므로 정밀도가 높은 베어링의 구멍이나 자동차 실린더 블록의 가공에서 표면정밀도가 높은 다듬질 가공을 할 수 있다. 주축은 수평형과 수직식이 있으며 [그림 6.66]은 수평형으로 자동차 실린더 블록을 가공하는 정밀보링머신을 나타낸다.

[그림 6.66] 정밀 보링머신

6.4.3 보링 공구

보링공구는 작업방법, 가공품의 형상, 가공의 정도 등의 조건에 따라서 여러 가지 형상의 공구를 사용할 수 있다. 공구의 재료는 가공물의 재질종류 에 따라 선택되어야 하며 보링머신용으로 규격화된 것을 주로 사용한다. 보링 공구의 재질은 고속도강, 초경합금, CBN, 다이아몬드 등이 있다.

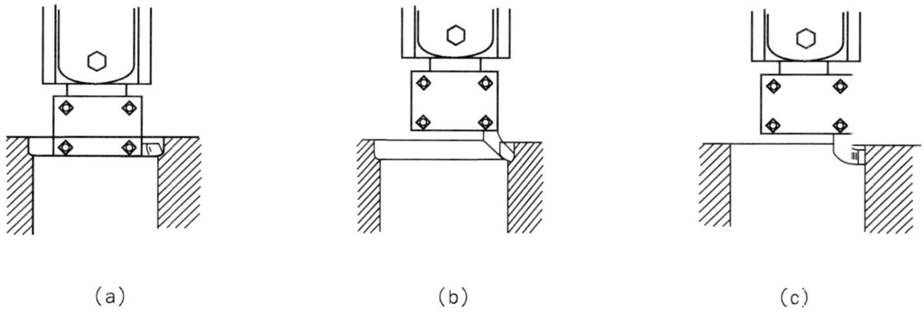

[그림 6.67] 단인 절삭공구

① 단인 절삭공구

[그림 6.67]에 나타낸 ⓐ 황삭용의 직선형, ⓑ 경절삭의 굽힘형, ⓒ 면 다듬질용으로서 공구의 고정은 클램프형으로 하였다.

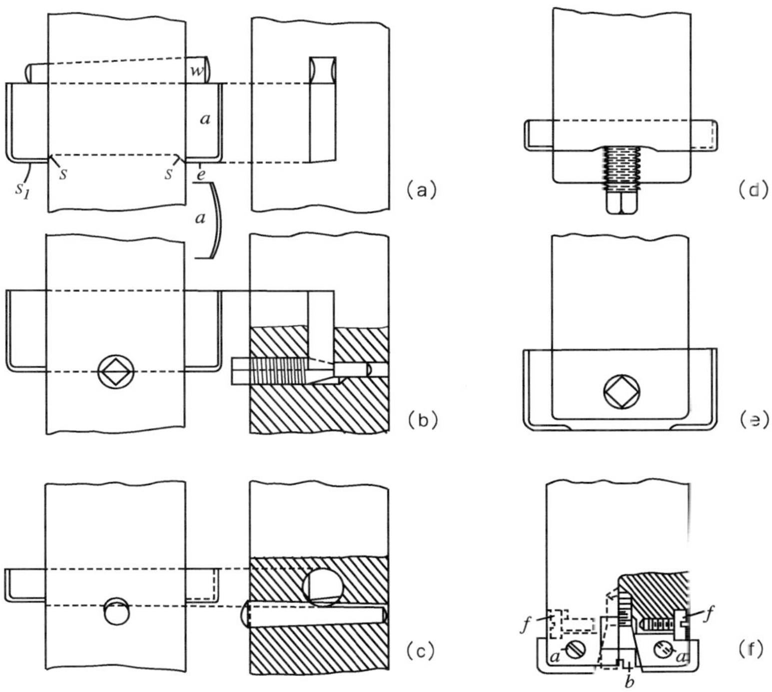

[그림 6.68] 양면날 절삭공구

② 양면날 절삭공구

[그림 6.68]에 나타낸 ⓐ 쐐기형 ⓑ 원뿔형 ⓒ 테이퍼핀형 ⓓ 클램프형 ⓔ 끝단원뿔형 ⓕ 양날 조절형이며 이들 공구에서는 양날의 절삭저항이 균형을 이루어야 한다.

③ 다인 절삭공구

[그림 6.69]는 디스크면상에 4개의 절삭커터를 클램핑 포스트에 고정한 것으로 중절삭용으로 사용되며 가공 직경의 조절, 커터의 교환이 용이하다.

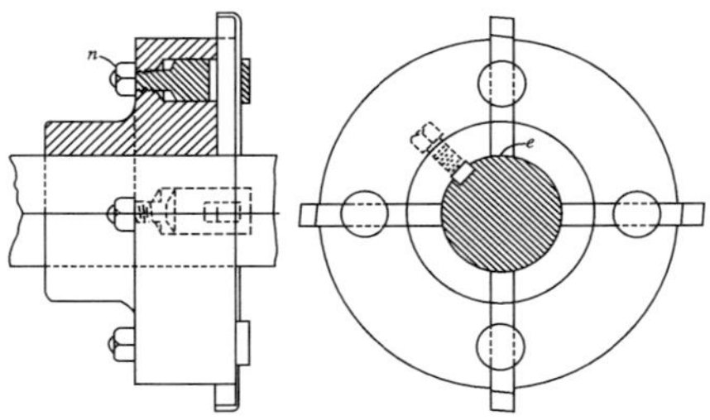

[그림 6.69] 다인 절삭공구

④ 보링헤드

미세한 조정을 할 수 있으며, 조작이 간편하며, 한 개의 헤드에서 황삭가공과 다듬질 가공을 효율성 있게 할 수 있다. [그림 6.70]은 3개의 수직방향 공구와 1개의 수평방향 공구를 장착하여 사용할 수 있다.

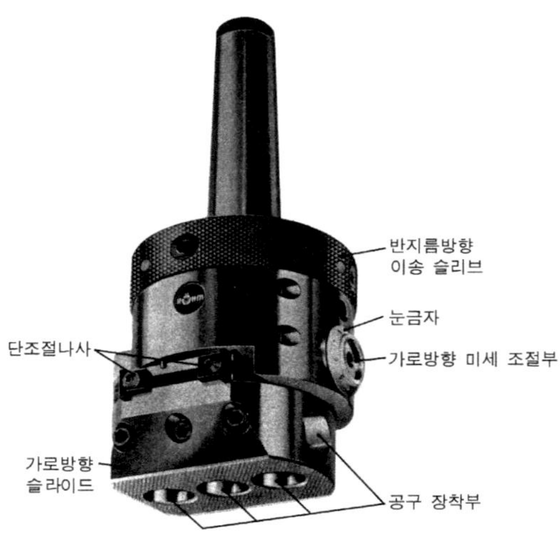

[그림 6.70] 보링 헤드

제5절 밀링

6.5.1 개요

밀링(milling)은 단인공구 또는 다수의 단인공구를 조합시킨 여러 가지 형상의 밀링커터를 일정한 위치에서 회전시켜 작업테이블에 고정시킨 가공물을 가로, 세로, 상, 하 방향으로 이송시키든가, 테이블을 회전시켜 소정의 형상으로 절삭가공을 하는 것을 말하며, 가공작업의 종류는 다양하여 만능 공작기계로서의 역할을 하고 있으며 정밀성과 생산성이 높으므로 기계제작 및 부품제조 분야에서 널리 사용되고 있다.

특히, 근래에는 CNC와 초경합금 공구의 개발로 인하여 고속가공과 초정밀가공은 물론 원하는 모양의 제품을 가공할 수 있다. [그림 6.71]은 다양한 공구에 의한 작업을 나타낸다.

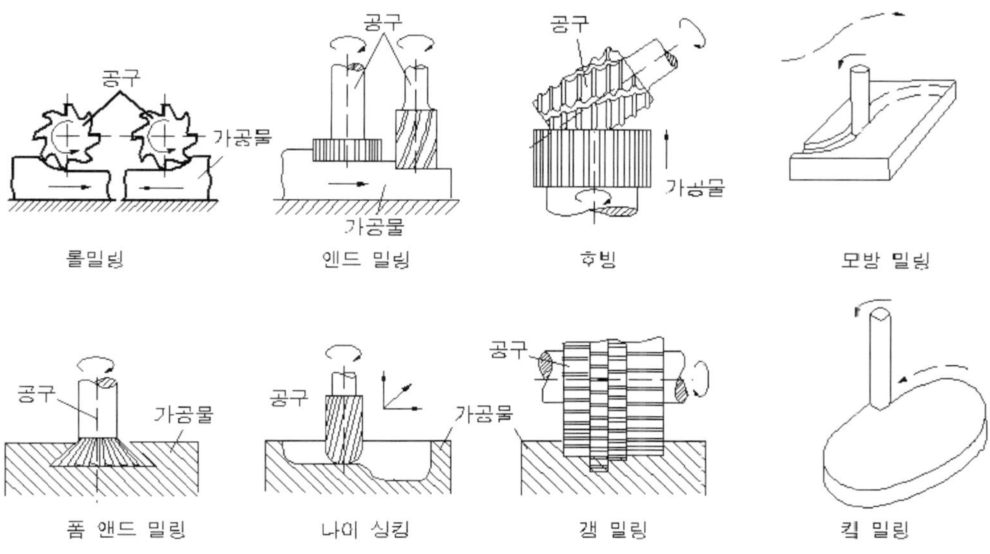

[그림 6.71] 각종의 밀링작업

6.5.2 밀링머신의 구조

밀링머신의 구조는 기계의 특성에 따라 여러 가지 형태로 구분하고 있으나 일반적으로 널리 사용되고 있는 니이 칼럼형인 밀링머신의 구조에서 주요한 부분은 칼럼, 니이, 새들,

테이블, 스핀들, 오버암 등을 들 수 있다. [그림 6.72]에 주요부분을 나타낸다.

1. 칼럼

칼럼(column)은 베이스와 연결되어 밀링머신의 몸체기둥 역할을 하는 부분으로 주축 구동에 필요한 치차변속장치가 설치되어 있으며 칼럼 상부에는 오버암이 장착되어 있다.

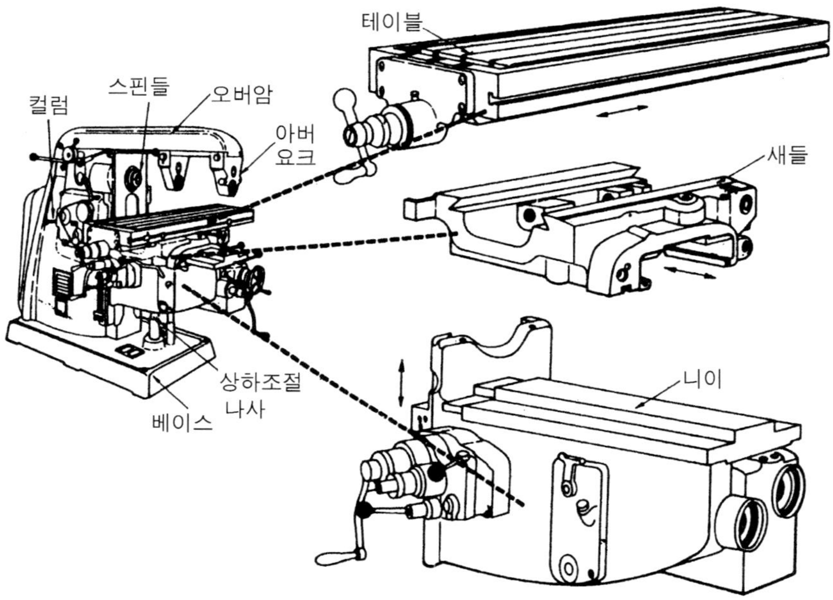

[그림 6.72] 밀링머신의 구조

2. 니이

니이(knee)는 [그림 6.73]과 같이 새들과 테이블을 지지하는 부분으로 칼럼 전면의 안내면을 따라 상하 이송을 하는 부분이다.

[그림 6.73] 수직 수평 밀링머신의 각부 명칭

3. 새들

새들(saddle)은 [그림 6.73]과 같이 니이 상부의 미끄럼 면에 설치되어 전, 후 로 이송할 수 있으며, 이송기구는 니이로 부터 새들을 거쳐서 테이블 하단에 있는 이송로드에 연결되어 있다.

4. 테이블

테이블(table)은 [그림 6.73]과 같이 니이와 함께 장착된 새들 위에 설치되어 있으며 테이블 상면에는 T홈이 있어 부속장치나 공작물 고정에 편리하며 테이블은 전, 후, 좌우 방향으로 새들에 의해 이송이 되며 만능형 밀링에서는 테이블의 각도를 조절할 수 있다.

5. 주축

주축(spindle)은 칼럼의 윗면에 직각방향으로 설치되어 있으며, 고속절삭과 강력절삭 및 진동에 견딜 수 있도록 테이퍼롤러베어링으로 지지하고 있다. 주축의 끝단에는 키가 장치되어 있어 커터의 중심을 조절할 수 있게 되었다.

6. 오버 암

오버 암(over arm)은 칼럼 상부에 설치되어 스핀들과 평행방향으로 임의의 위치로 이동 조절할 수 있으며 부속장치와 아버를 바른 위치로 지지하고 중 절삭의 경우어는 보강 지지를 위해 버팀 쇠를 부착시켜 작업을 한다.

6.5.3 밀링머신의 종류

밀링머신은 사용목적에 따라 여러 가지 형식으로 분류되고 있다. 보편적으로 제조공장에서 널리 사용되고 있는 형은 니이 칼럼 수평밀링머신과 수직밀링머신이다.

1. 니이형 밀링머신

니이형 밀링머신은 주축의 설치 방향에 따라 구분한다.

(1) 수직 밀링머신

주축이 수직인 수직 밀링머신은 정면 밀링커터 또는 앤드 밀 커터를 주축에 장착시켜 키이 홈이나 캠을 가공 하거나, 구멍가공인 드릴링과 보링, 그리고 정면가공을 할 수 있는 가공기계이다. [그림 6.74]는 수직 밀링머신을 나타냈다.

[그림 6.74] 수직 밀링머신

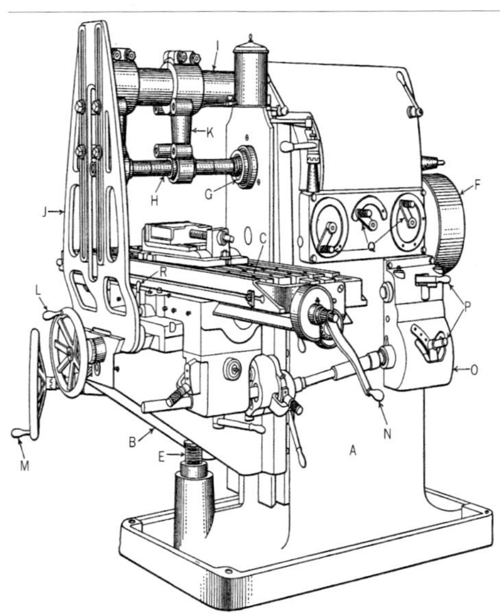

[그림 6.75] 수평 밀링머신

(2) 수평 밀링머신

주축이 수평인 수평 밀링머신은 형상이 다른 여러 개의 밀링커터를 장착하여 총형절삭을 할 수 있고, 대형 절삭가공에 적합하다. [그림 6.75]은 수평 밀링머신을 나타낸 것이다.

(3) 만능 수직 니이 칼럼 밀링머신

만능 수직 니이 칼럼 밀링머신은 수평과 수직으로 주축헤드의 각도 조정이 가능하다. 따라서 원하는 어느 각도에서도 밀링가공이나 드릴링작업이 가능하므로 용도가 다양하다. 그러나 큰 힘이 필요한 중 절삭에서는 적합하지 않고 가벼운 경 절삭용으로 주로 사용된다. [그림 6.76]에 만능 수직 니이 칼럼형 밀링머신을 나타낸 것이다.

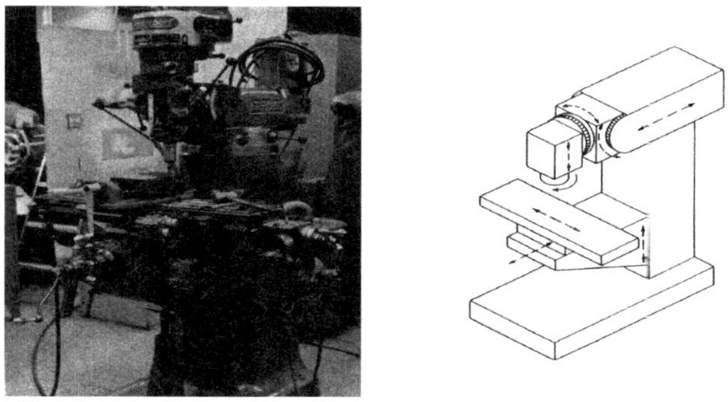

[그림 6.76] 만능 수직 니이 칼럼 밀링머신

2. 생산형 밀링머신

생산형 밀링머신은 스핀들과 테이블이송과 같은 모든 것이 자동화 되어 있어 같은 운동을 반복하는 소품종 대량생산에 많이 사용되고 있다. [그림 6.77]은 생산형 밀링머신을 나타낸 것이다.

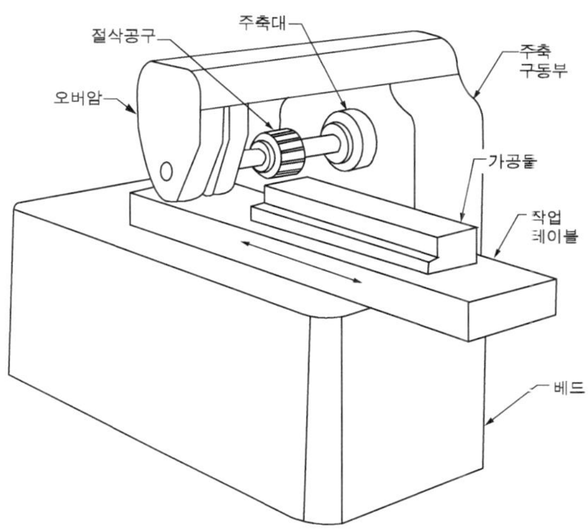

[그림 6.77] 생산형 밀링머신

3. 플레이너 밀링머신

플레이너 밀링머신은 대형의 공작물을 가공하는데 적합하다. [그림 6.78]은 3축형 밀링머신으로 2개의 수평축은 칼럼 위에서 수직운동을 하고, 한 개의 수직축은 크로스 레일에서 수평운동을 한다. 그리고 각각의 주축은 단독으로 회전속도를 변화시킬 수 있어 절삭가공의 능률을 극대화 시킬 수 있다.

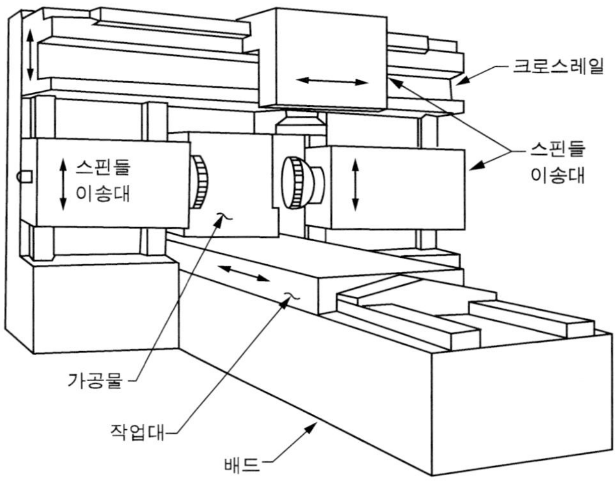

[그림 6.78] 3축 플레이너형 밀링머신

6.5.4 밀링커터

밀링커터는 사용목적에 따라 재질과 형상, 그리고 크기 등이 달라지며 최근에는 초경합금강의 커터가 주로 사용되고 있으며 고속도강과 탄소강 등도 사용된다. 그리고 커터의 고정방법에 따라 생크형과 아버형으로 구분된다. 생크형에는 엔드밀과 더브테일, T홈 등이 있고, 아버형은 평면, 측면, 총형, 그리고 각형 등의 커터가 있다.

1. 플레인 밀링커터

평 밀링커터는 절삭날이 원통 외주에 같은 간격으로 직선이나 나선형으로 되어 있다. [그림 6.79]의 ⓐ, ⓑ, ⓔ(날 삽입형)는 평 밀링커터이며 평면 절삭용으로 사용된다.

2. 측면 밀링커터

[그림 6.79]의 ⓒ는 절삭날이 측면과 원주에 만들어진 커터이며 ⓓ와 ⓕ는 날삽입이 가능한 커터로 주로 홈파기나 정면밀링에 사용된다.

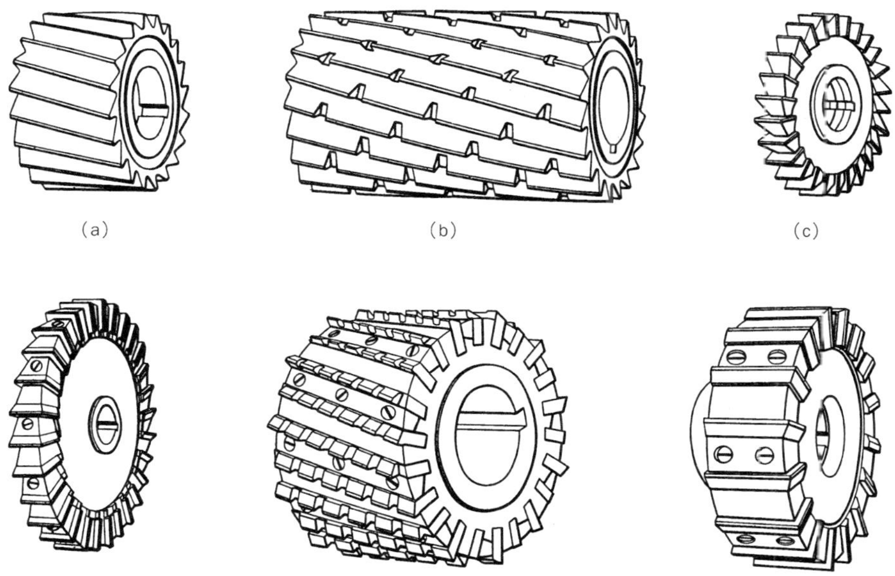

(a) (b) (c) (d) (e) (f)

[그림 6.79] 측면 및 평 밀링커터의 종류

3. 총형 밀링커터

커터의 윤곽선에 따라 공작물의 윤곽형이 결정되는 총형 밀링커터에는 오목형과 볼록형 외에도 여러 형상이 있다. [그림 6.80]에서 ⓐ, ⓑ는 복합형, ⓒ는 볼록형, ⓓ는 오목형이다.

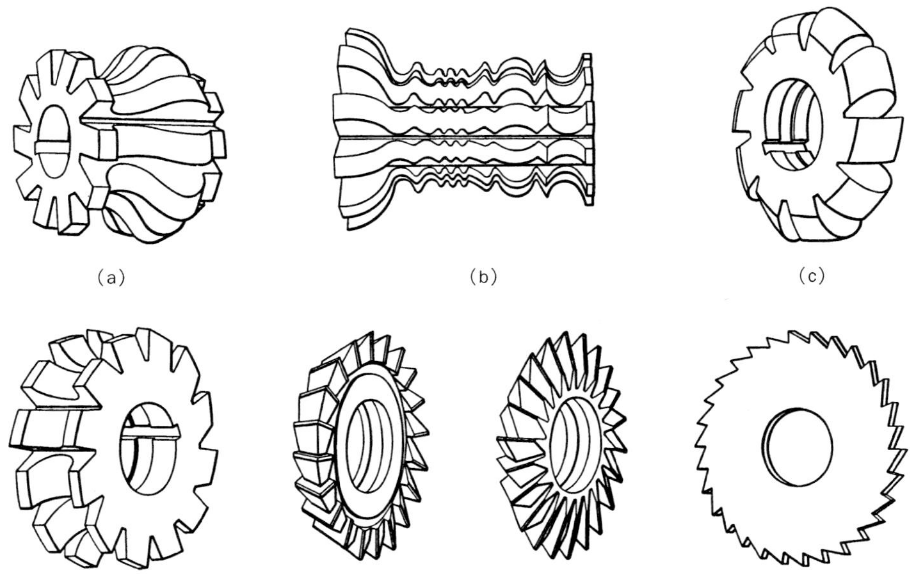

(a) (b) (c)

(d) (e) (f) (g)

[그림 6.80] 총형, 각형, 톱날형 커터

4. 각 밀링커터

절삭날이 커터의 회전축에 대해 등각이나 편각, 그리고 부등각이 있다. 이것은 모따기 가공이나 세레이션 등과 같은 경사진 면을 주로 가공한다. [그림 6.80]의 ⓔ는 편각용이며, ⓕ는 부등각용으로 사용된다.

5. 톱날형 커터

폭이 좁은 플레인 커터로서 좁고 깊은 홈을 가공하거나 가공물을 절단하는데 사용된다. [그림 6.80]의 ⓖ가 톱날형 커터이다.

6. 엔드 밀링커터

엔드밀에는 정밀한 금형가공에 많이 사용되는 [그림 6.81]과 같은 솔리드 엔드밀과 [그림 6.82]과 같은 셀 형태의 셀 엔드밀이 있다.

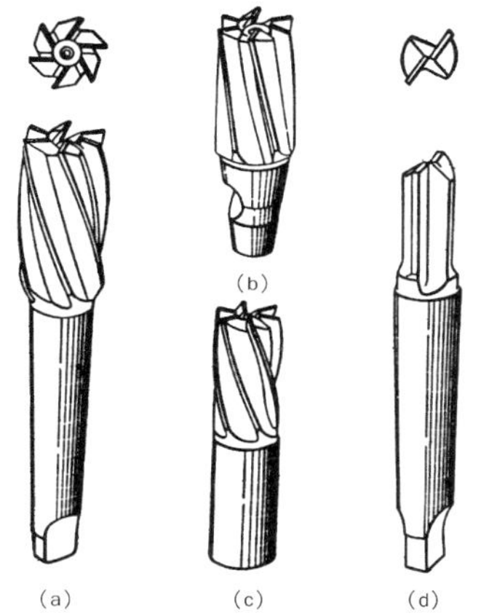

[그림 6.81] 솔리드 엔드밀

[그림 6.82] 셸 엔드밀과 아버

6.5.5 부속장치 및 공구

1. 부속장치

(1) 수직 밀링장치

[그림 6.83]과 같은 수직밀링 장치는 수평밀링의 헤드에 장착시켜 수평식 운동을 수직식 운동으로 바꾸어 수직식 밀링머신에서 할 수 있는 작업을 할 수 있게 한다.

(2) 만능식 밀링장치

수평식 밀링머신의 칼럼에 장착시켜 주축헤드를 임의의 각도르 회전시킬 수 있으므로 특수 형상이나 금형 등의 가공에 많이 사용된다.

(3) 래크 밀링장치

수평식 밀링머신이나 만능 밀링 머신에서 주축의 회전면을 90° 변화시킬 수가 있다. 그리고 [그림 6.84]과 같이 래크 분할장치를 이용하여 테이블에 고정시킨 공작물에 래크를 가공할 수 있게 한 것이다.

[그림 6.83] 수직밀링장치

[그림 6.84] 래크밀링 장치

(4) 슬로팅장치

[그림 6.85]과 같은 슬로팅 장치를 수평식밀링머신의 칼럼에 장착하고, 왕복운동의 행정은 크랭크기구에서 조절하고, 스핀들의 회전운동을 램의 상하 운동으로 변환시켜 스플라인과 키 홈, 그리고 치차가공 등을 할 수 있게 한 장치이다.

[그림 6.85] 슬로팅 장치

(5) 회전 테이블

회전 테이블을 밀링머신의 테이블에 고정하고 가공물을 장착시킨 후 회전이송을 하게 하여 평치차와 원통의 내면과 외면을 가공한다. [그림 6.86]은 회전테이블을 이용한 평치차의 가공을 나타낸 것이다.

[그림 6.86] 회전 테이블

(6) 아버(arbor)

[그림 6.86]에서와 같이 아버(arbor)의 테이퍼 부분은 밀링머신의 주축단 테이퍼 구멍에 고정시키고, 가공형상에 맞는 커터를 끼운 다음 틈새부싱이나 칼라를 이용하여 위치조정을 결정한다. 그리고 키로 고정하고 끝단은 아버 지지대의 베어링 부시로 지지하게 하여 요크센터로 중심을 정확히 잡아주게 한다.

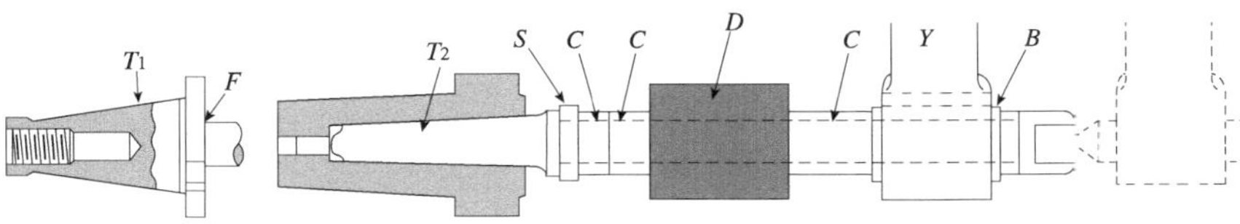

T_1 : 신형테이퍼생크
T_2 : 구형테이퍼생크
F : 필릿부분(안정성을 주기위한 곡면부분)
S : 필릿 보호 칼라
D : 밀링커터
Y : 요크
B : 요크 청동베어링 끼워맞춤 칼라
C : 규정 칼라

[그림 6.87] 아버의 구조

(7) 바이스

밀링 테이블 위에 장착된 [그림 6.88]과 같은 바이스는 가공물을 고정시키고 원하는 각이나 길이방향의 절삭을 안정되게 하는데 필요한 공구이다. 바이스의 종류에는 [그림 6.88]과 같이 평 바이스와 회전형, 만능형 등이 있다.

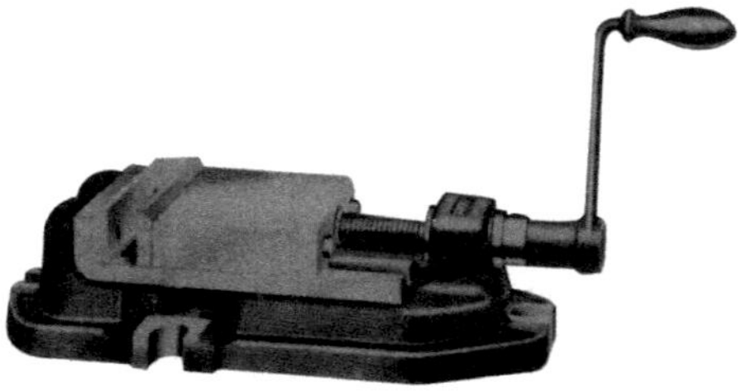

(a) 평바이스

(b) 만능형

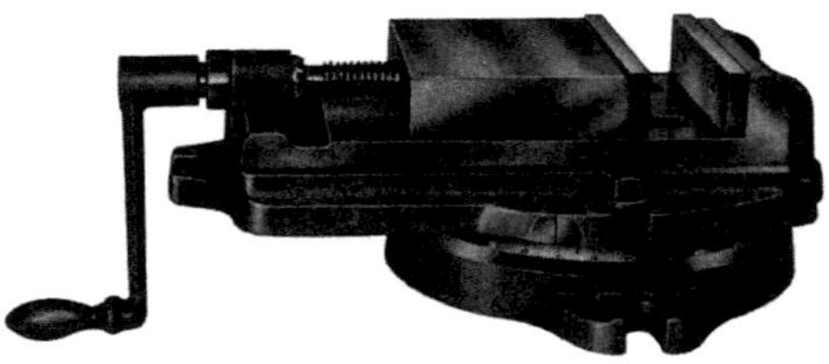

(c) 회전형바이스

(d) 모서리각작업

[그림 6.88] 각종 바이스

2. 어댑터와 콜릿

밀링공구나 엔드밀 생크의 크기와 테이퍼가 주축의 구멍과 다른 경우 그 크기에 맞는 어댑터(adapter)나 콜릿(collet)을 사용하여 주축에 고정시키고 절삭 작업을 해야 한다. [그림 6.89]는 밀링머신용 콜릿이고, [그림 6.90]은 각종의 어댑터를 나타낸 것이다.

style 1

style 2

style 3

style 4

[그림 6.89] 콜릿의 종류

(a) 일반형 테이퍼 생크

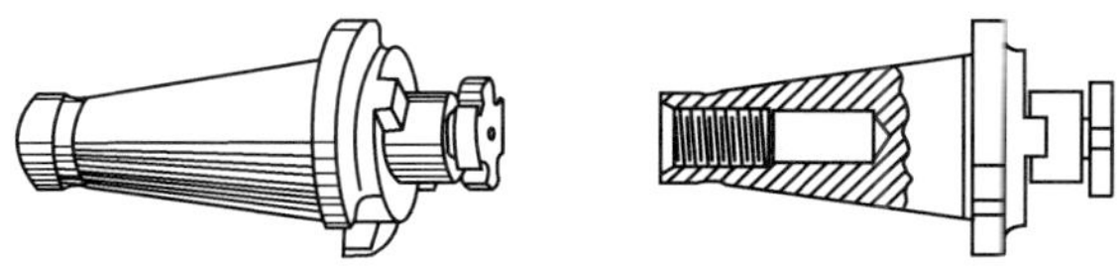

(b) 셀엔드밀용

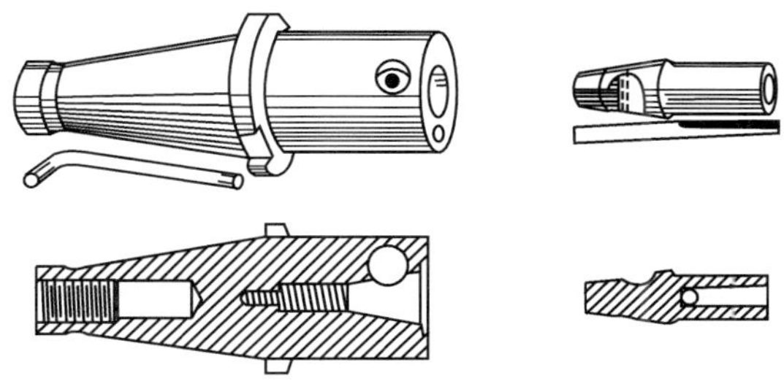

(c) 캠 잠금형 테이퍼생크

[그림 6.90] 어댑터의 종류

6.5.6 밀링작업

1. 밀링커터의 절삭

공작물의 이송방향과 밀링커터의 회전방향에 따라 [그림 6.91]과 같이 상향절삭과 하향절삭으로 구분한다.

상향절삭은 밀링커터의 회전방향이 가공물의 이송방향과 반대방향으로 절삭하는 현상을 말한다. 이때 절삭 초기에는 칩 두께가 얇지만 절삭이 진행되면서 점차 두꺼워져 가공물을 들어 올리려는 힘이 증가하므로 공작물을 정확하게 고정하여야 한다. 이 절삭 방법의 단점은 떨림 현상이 나타날 수 있으며, 공구수명도 하향절삭보다 절삭압력이 크므로 수명이 짧은 편이다.

하향절삭은 가공물의 이송방향과 밀링커터의 회전방향이 동일한 방향의 절삭가공이다. 절삭초기의 칩 두께가 가장 두껍게 나타나므로 상향절삭과 같이 미끄럼 현상이 일어나지 않아 커터 날의 마멸이 적은 편이다. 이송기구에서 뒤틈현상이 생겨 공전이 되면 가공물이 커터 날에 물려 들어가면서 진동의 원인이 되므로 커터 날의 파손이 발생한다.

♣ 하향 절삭의 장점

① 공구의 수명이 긴 편이다.

② 큰 절삭에 적합하다.

③ 이송동력이 적은 편이다.

④ 가공면의 다듬질 면이 양호한 편이다.

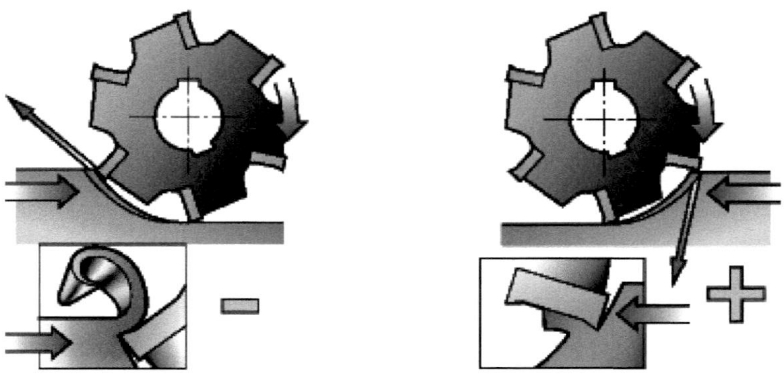

(a) 상향절삭　　　(b) 하향절삭

[그림 6.91] 밀링의 절삭방향

2. 절삭속도

밀링에서 절삭속도는 밀링커터의 날이 가공물을 통과하는 속도이며 밀링커터의 원주속도가 되므로 밀링커터의 지름 D와 매분회전수(rpm)에 따라 정해진다.

$$V = \frac{\pi D n}{1000} \text{(m/min)} \tag{6.26}$$

V : 절삭속도(m/min)

D : 밀링커터의 지름(mm)

n : 커터의 분당 회전수(rpm)

테이블의 이송거리는 밀링머신 주축의 1회전 당 이송거리로 결정하고 1분 동안의 이송거리를 선택하게 한다.

$$f_r = f_z \cdot Z \tag{6.27}$$

$$V_f = f_z \cdot Z \cdot n \tag{6.28}$$

f_r : 커터의 매 회전에 대한 테이블 이송거리(mm/rev)

f_z : 커터 날 1개당 이송거리(mm/tooth)

V_f : 이송 속도(mm/min)

Z : 커터의 날수

n : 커터의 회전수(rpm)

3. 절삭동력

밀링작업에서의 절삭력은 [그림 6.92]와 같이 절삭방향의 주분력 F_1, 축방향의 횡분력 F_2, 축에 직각으로 작용하는 배분력 F_3로 분해할 수 있으며 절삭저항에 영향을 미치는 경사각과 칩의 두께 등은 선반의 경우와 동일하다.

직선 날 밀링커터에서 절삭 폭은 일정하지만 절삭저항과 소요 동력은 비절삭 저항이 칩의 두께에 따라 변하기 때문에 절삭 깊이에는 비례하지 않는다.

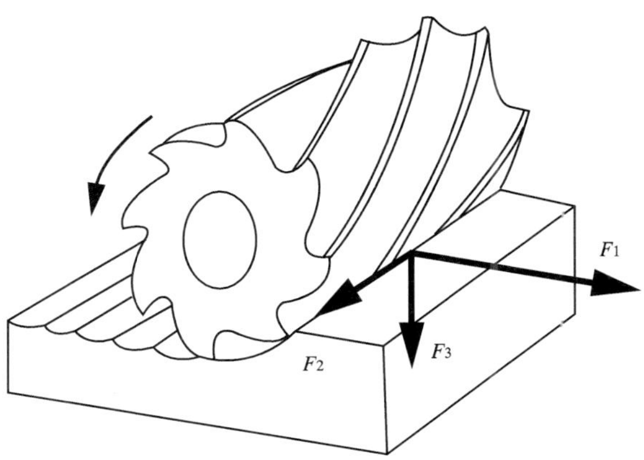

[그림 6.92] 밀링의 절삭분력

소요동력 및 평균절삭 토크는 커터 접촉각의 중간점 부분의 칩 두께로부터 구해지는 비절삭 저항 Km에 의해 결정할 수 있다.

절삭저항의 주분력 F_1(kg)은 커터 날의 물림깊이 Ap(mm)와 절삭 폭(mm), 비절삭저항 Km의 곱으로 정하고, 이송속도 V_f(mm/min), 커터날 수 Z, 커터의 분당회전수n(rpm), 커터의 직경 D(mm)가 주어진다면 주분력의 절삭 저항은

$$F_1 = A_p \cdot b \cdot K_m \tag{6.29}$$

그러므로 유효절삭 동력은 다음과 같이 나타낸다.

$$H_p = \frac{\mathrm{Km}}{75 \times 60 \times 1000} \cdot A_p \cdot b \cdot V_f \tag{6.30}$$

한편, 공구동력계로 측정한 측정값이 주분력 F_1, 이송분력 F_2라하고 가공재료의 절삭속도를 V_c, 이송속도를 V_f라 할 때 절삭동력 H_c와 이송동력 H_f는 다음과 같다.

$$H_c = \frac{F_1 \cdot V_c}{75 \times 60} \tag{6.31}$$

$$H_f = \frac{F_2 \cdot V_f}{75 \times 60 \times 1000} \tag{6.32}$$

4. 분할작업

분할작업은 테이블에 분할대를 고정시키고, 가공물은 분할대 스핀들과 심압대 센터 사이에 지지 시키든가, 분할대 주축의 척을 이용하여 각도분할과 원주분할, 그리고 홈파기 등을 가공한다. 분할대는 브라운 샤프와 신시네티, 밀워키형이 있다.

분할방법으로는 직접 분할법, 단식분할법, 차동분할법이 있다. [그림 6.93]은 분할대와 심압대의 구조와 직접 분할대를 나타낸 것이다.

(1) 직접 분할법

직접 분할법을 면판분할법이라고도 하며, 분할대의 면판에 분할구분 구멍수에 따라 분할이 된다. 분할판 구멍수는 24, 30, 36의 3개조로 구멍이 동심으로 배치되어 있으며 직접 분할대는 [그림 6.93]의 ⓑ와 같다.

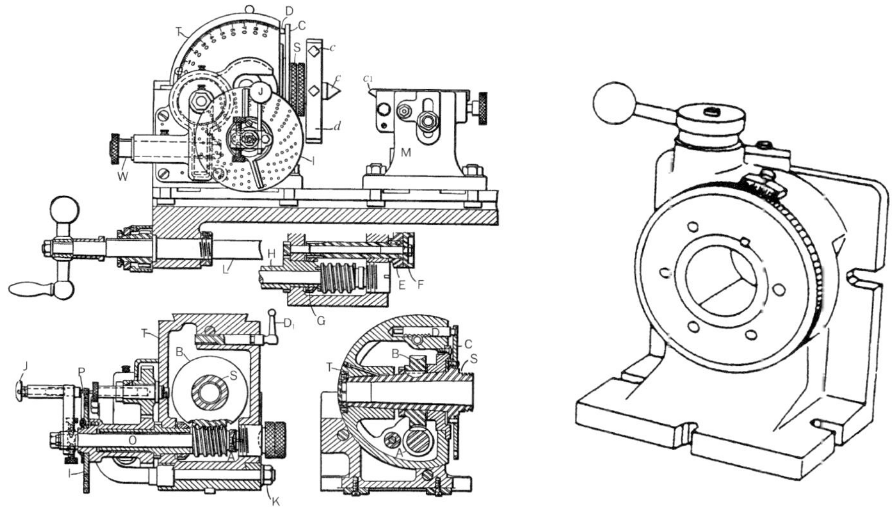

(a) 분할대와 심압대의 구조 (b) 직접분할대

[그림 6.93] 분할대와 심압대

(2) 단식 분할법

단식 분할법은 직접 분할법으로 분할이 되지 않는 수를 분할하는 방법이며 스핀들에 40개의 치차가 달린 웜기어와 웜과의 상대운동으로 분할할 수 있게 되어 있다. 분할크랭크의 1회전은 웜기어를 1/40 회전시키게 된다. 즉, 인덱스(index) 크랭크의 40회전은 인덱스 스핀들을 1회전 시키도록 되어 있다. 그러므로 다음 식을 성립시킬 수 있다. 단식 분할기구를 [그림 6.94]에 나타냈다.

n : 1/N = H : 1의 관계가 되므로

$$n = \frac{H}{N} = \frac{40}{n} \tag{6.33}$$

n : 분할 크랭크핸들의 회전수

N : 분할하려는 수

H : (40)분할스핀들 1회전에 필요한 분할크랭크 핸들의 회전수(웜과 웜기어의 회전비)

분할각은 크랭크 1회전에 주축의 회전각은 360/40=9°가 되므로

$$n' = \frac{\text{분할각}}{9^\circ} \tag{6.34}$$

로 된다.

이 방법을 따르는 분할판은 브라운 샤프와 신시네티가 있으며, 분할크랭크 1회전에 웜기어가 1/5회전하는 밀 워키형이 있다. 밀워키형의 식은 다음과 같이 나타낸다.

n=H/N에서 H는 5가 되므로

$$n'' = \frac{5}{N} \tag{6.35}$$

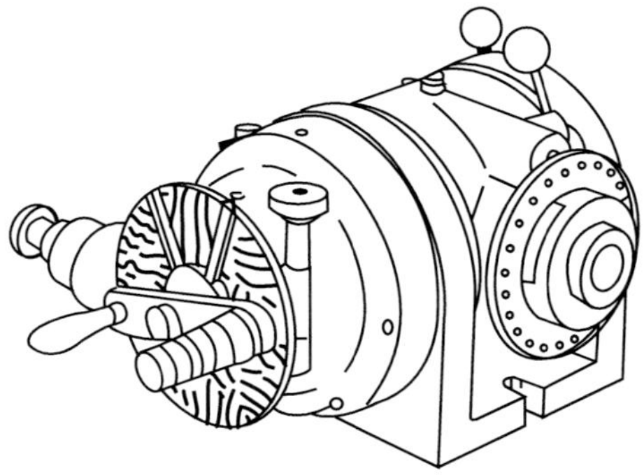

[그림 6.94] 단식분할기구

예제 1

가공물의 원주를 30°씩 분할하여라.

풀이 $\frac{30}{9} = 3\frac{3}{9} = 3\frac{6}{18}$

분할판 구멍수 18을 선택 후 크랭크핸드 3회전과 6구멍씩 회전시킨다.

예제 2

원주를 9등분 하여라.

풀이 $n = \frac{40}{9} = 4\frac{4}{9} = 4\frac{8}{18}$

브라운 샤프형 No.1에서 18구멍을 선택 후 크랭크핸드 4회전과 8구멍씩 회전 시키면 원주를 9등분할 수 있다.

예제 3

원주를 12등분 하여라.

풀이

$$n = \frac{40}{12} = 3\frac{4}{12} = 3\frac{8}{24}$$

신시네티형의 전면 24구멍을 선택 후 크랭크핸들 3회전과 8구멍씩 회전시키면 12등분 할 수 있다.

(3) 차동 분할법

차동 분할법은 분할판의 구멍수만으로는 분할이 되지 않는 복잡한 수의 분할을 할 때 사용되는 방법이다. 차동분할 기구는 인덱스 크랭크의 단식분할 운동과 분할판 자체의 미동 운동을 합성하는 방법으로 분할을 한다. [그림 6.95]는 차동분할기구의 구조를 나타낸 것이다.

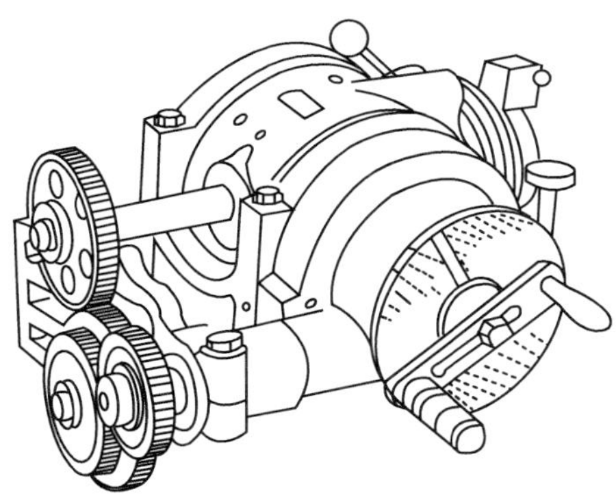

(a) 차동분할기구

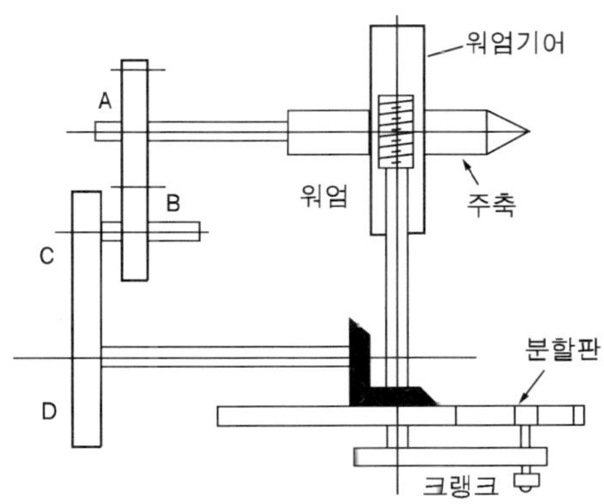

(b) 분할대의 변호-치차

[그림 6.95] 차동분할기구의 구조와 변환치차

D : 단식분할법으로 분할 할 수 없는 수의 소요분할 수

D′ : 단식분할이 가능한 수로서 D에 가까운 수라고 하면

D 의 분할핸들 수 $n = \frac{40}{D}$ 가 되고

D′ 의 분할핸들 수 $n = \frac{40}{D'}$ 가 된다.

그러므로 주축이 1/D ′ 회전할 때 분할판을 n-n ′ 만큼 차동시키면 D를 분할할 수 있으므로 n-n ′ 만큼 회전하도록 변환기어 이 수를 정한다.

$$\frac{n-n'}{\frac{1}{D}}=\frac{Za\cdot Zc}{Zb\cdot Zd}$$ 가 되며,

$$40\cdot D'-\frac{D}{D'}=\frac{Za\cdot Zc}{Zb\cdot Zd} \qquad (6.36)$$

D ′ -D의 값이 "−"이면 서로 반대 방향이고, "+"이면 크랭크와 분할판의 회전방향이 서로 같다. 요약한다면 다음과 같다.

㉮ 분할하려는 수 D에 접근한 수로서 단식분할법에서 분할 가능한 수 D ′ 를 추정한다.
㉯ D ′ 를 분할하는 것으로 하여 분할판 구멍수 및 핸들의 회전수 n을 구한다.
㉰ 변환치차 이 수를 결정하는 식으로부터 변환기어의 이 수를 결정하게 한다.

$$\text{단식치차열}:\ 40\cdot D'-\frac{D}{D}=\frac{Za}{Zd}$$

$$\text{복식치차열}:\ 40\cdot D'-\frac{D}{D}=\frac{Za\cdot Zc}{Zb\cdot Zd}$$

가 되며 분할대의 회전방향은 D ′ -D의 값의 변화에 따라 중간치차를 사용한다.

예제 1

원주를 400등분 하여라.

풀이 ㉮ D = 400 D ′ = 390

㉯ $n=\frac{40}{39}=\frac{4}{39}$(브라운 샤프 No.3 분할판)

㉰ $40\cdot\frac{390-400}{390}=\frac{-40}{39}=\frac{-5\times8}{3\times13}=\frac{-40\times32}{24\times52}$

그러므로 변한치차의 잇수는 a:40, b:24, c:32, d:52가 된다.
한편 D ′ =−D의 값이 "−" 이기 때문에 c와 d사이에 중간치차를 1개 끼운다.
변환기어는 24×2, 28, 32, 40, 44, 48, 53, 64, 72, 85, 100으로서 12개가 있다.

제6절 셰이퍼와 플레이너

6.6.1 셰이퍼의 개요

셰이퍼(shaper)를 형삭기라고도 하며 주로 한 방향으로 긴 평면을 가공하는데 사용된다. 테이블에 고정된 가공물이 이송운동을 하고, 단인공구가 부착된 램의 전진운동으로 절삭가공을 하고 후진시에는 이송을 하는 수평형과 램이 수직으로 작동하는 직립형이 있다.

셰이퍼는 왕복운동으로 진동이 발생하기 쉽고, 램의 구조상 정밀도가 높지 못하고 귀환행정으로 인한 생산효율의 손실이 일어나므로 주로 소형의 가공물 작업에 적합하다고 할 수 있다.

셰이퍼의 크기는 주로 램의 최대 행정으로 표시하며 200(㎜), 250(㎜), 300(㎜), 900(㎜) 등이 있으며 테이블의 크기와 마력으로 표시하는 경우도 있다. [그림 6.96]은 수평식 셰이퍼를 나타낸 것이다.

(a) 크랭크식 수평셰이퍼

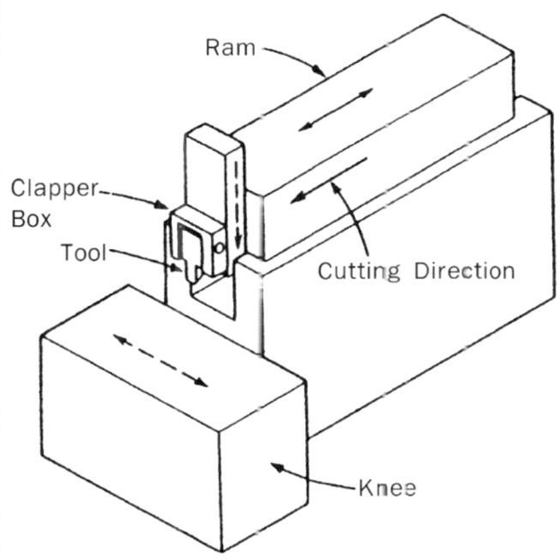

(b) 운동구조

[그림 6.96] 수평식 셰이퍼

6.6.2 셰이퍼 가공

(1) 램의 운동방향에 따라

① 수평형 셰이퍼(horizontal shaper)

② 수직형 셰이퍼(vertical shaper)

(2) 램의 왕복기구에 따라

① 기계식 구동(mechanical drive mechanism shaper)

② 유압식 구동(hydraulic drive mechanism shaper)

(3) 구조에 따라

① 표준형(standard shaper)

② 만능형(universal shaper)

③ 인삭형(draw-cut shaper)

1. 램의 구동기구

(1) 크랭크식

크랭크식 셰이퍼의 왕복기구는 감속구동장치를 거쳐 피니언치차로부터 큰 치차를 회전시키고, 이 대형치차는 크랭크 핀을 회전시켜 슬라이드에 의해 로커 암이 미끄러지면서 피벗을 회전축으로 하여 램을 왕복운동으로 바꾸게 한다.

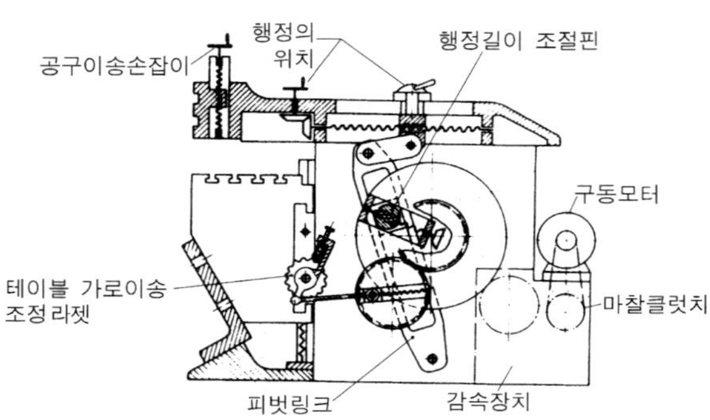

(a) 구동장치

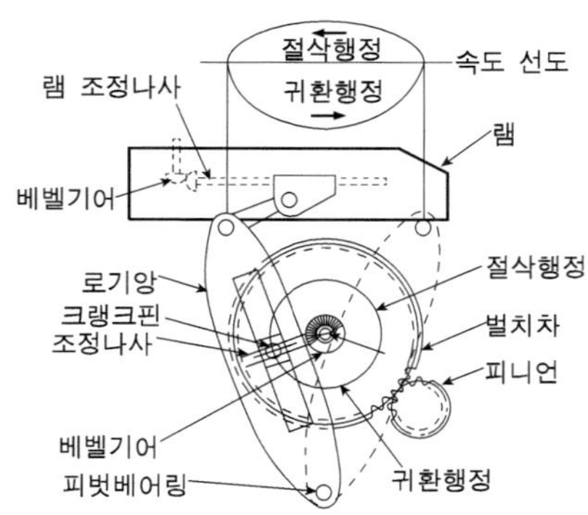

(b) 크랭크구동에 의한 램의 운동

[그림 6.97] 기계식 구동 셰이퍼

램의 행정은 크랭크 핀의 회전반경을 조절하여 조정하고, 공구의 위치는 램 상단에 있는 베벨치차의 축을 조절하여 절삭의 위치를 결정하게 한다. [그림 6.97]은 기계식 구동셰이퍼의 구동장치와 운동을 나타낸 것이다.

(2) 유압식

유압식 셰이퍼는 크랭크식에 비하여 절삭행정의 왕복운동에서 절삭구동에 안정된 속도를 줄 수 있으며 귀환과 절삭의 행정비가 2 : 1 정도로서 귀환행정이 빠르게 귀환할 수 있게 되어 있다.

작동원리는 기어펌프로부터 작동 오일이 소정의 압력을 유지하면서 유동관을 통해 피스턴을 밀어주면 램이 작동하여 공구대의 공구가 가공물을 절삭하게 된다. 절삭행정이 끝나는 부분에서 조정스토퍼가 역전레버를 밀어내면서 역전밸브가 이동하여 유압회로가 변하게 되어 피스턴이 원위치로 복귀되면서 램의 귀환행정이 이루어진다. 셰이퍼의 램 행정은 스토퍼의 조절 위치에 따라 구간의 변화를 줄 수 있다. [그림 6.98]은 유압식 구동장치와 셰이퍼를 나타낸 것이다.

(a) 유압식세이퍼

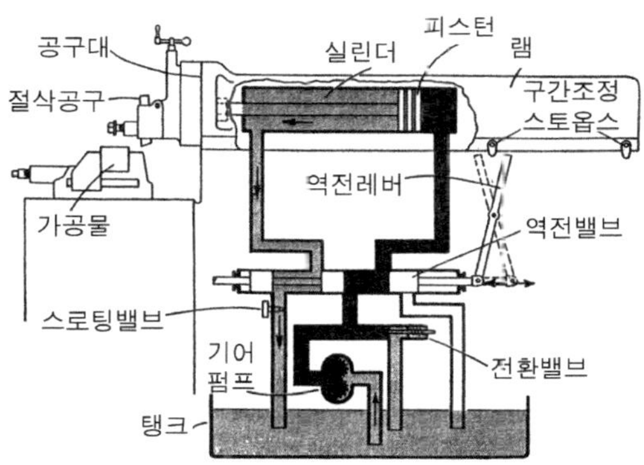

(b) 유압구동회로

[그림 6.98] 유압식 셰이퍼 기계와 구동회로

(3) 공구대

셰이퍼의 공구대는 단인공구를 고정하고 수직과 수평, 그리고 일정 각도의 절삭을 할 수 있으며 공구의 이송은 이송 손잡이를 돌려서 축방향으로 조절하고, 눈금회전판은 임의의 각도로 회전시킬 수 있다.

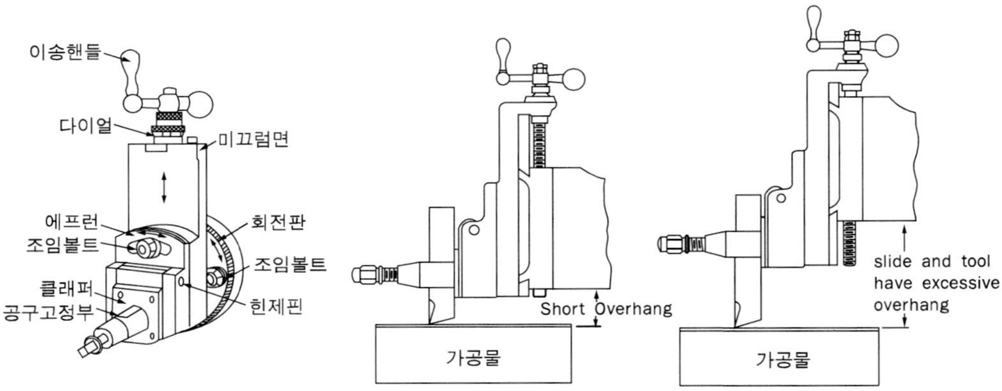

(a) 공구대 (b) 바른위치 (c) 틀린위치

[그림 6.99] 셰이퍼의 공구대

공구의 각도를 조정하고, 귀환행정에서는 클래퍼 블록의 힌지 핀을 중심으로 올리게 되어 있어 공구 날 끝의 여유면이 가공물의 가공면에 접촉되어 흠집이 발생되지 않도록 절삭공구를 외향으로 들어 올려 절삭가공 면에서 띄우도록 되어있다. [그림 6.99]는 공구대를 나타낸 것이다.

2. 셰이퍼 가공

(1) 가공물의 고정

가공물은 작업테이블 면판의 "T" 홈에 사각머리볼트, T형 볼트, 클램프 등을 사용하여 정확하게 고정하여야 한다.

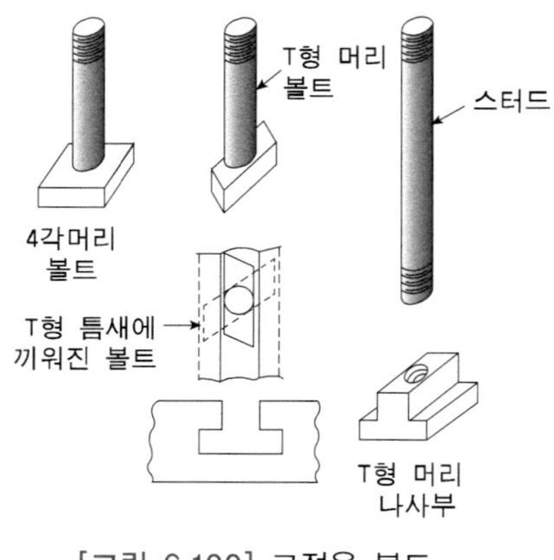

[그림 6.100] 고정용 볼트

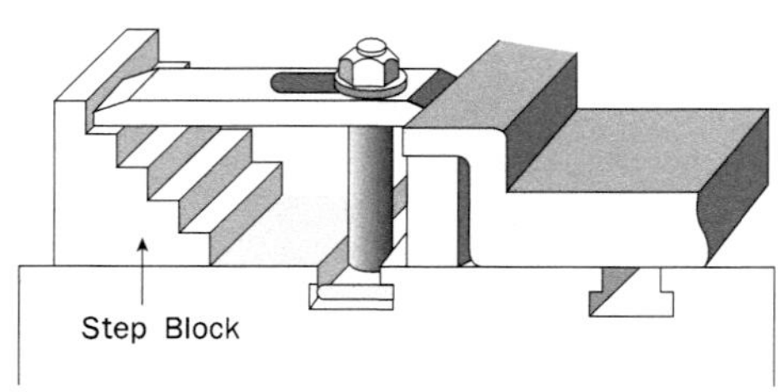

[그림 6.101] 단블럭을 이용한 고정방법

[그림 6.100]는 각종의 고정용 볼트이고, [그림 6.101]은 단 계층 블럭을 이용한 고정방법을 나타낸 것이다. [그림 6.102]는 클램프를 이용한 고정방법이다.

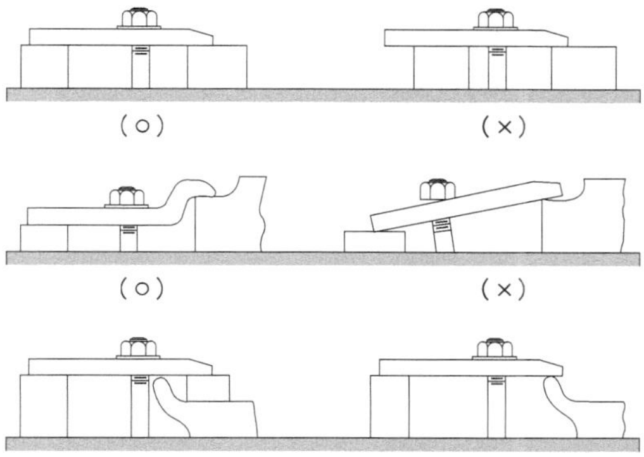

[그림 6.102] 클램프를 이용한 고정방법

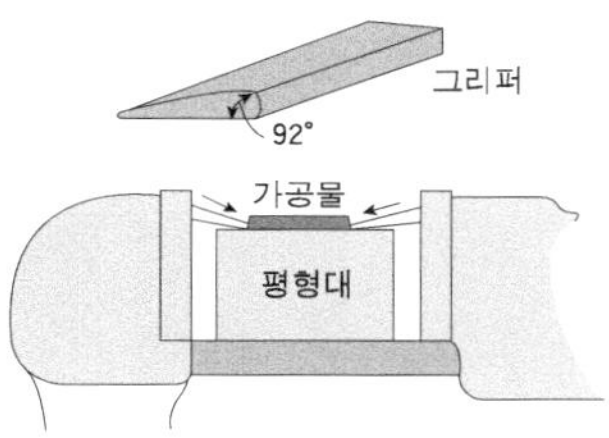

(a) 얇은판의 고정방법

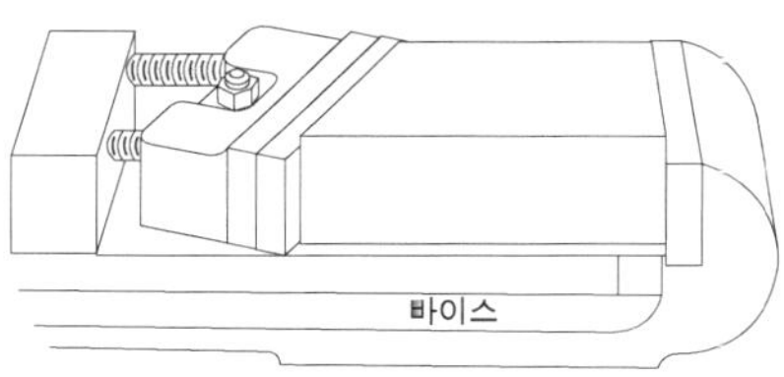

(b) 테이퍼가공물 고정바이스

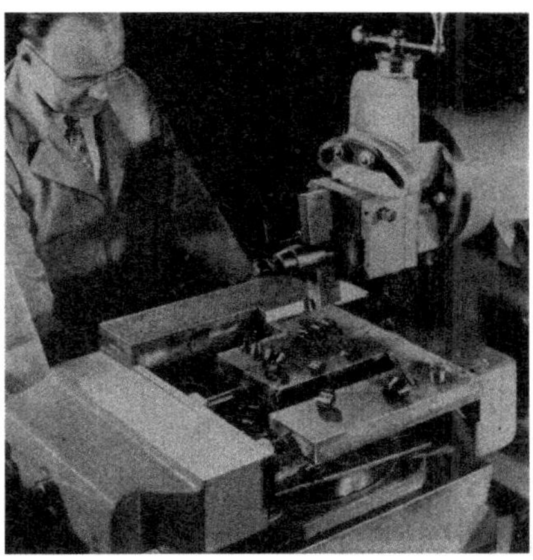

(c) 세이퍼바이스를 이용한 가공

[그림 6.103] 각종 바이스와 작업

한편, 바이스에서 가공물의 고정은 가공물의 형상에 따라 바이스를 선택하고 바이스의 고정은 절삭방향에 맞게 하여 절삭저항에 견딜 수 있도록 정확하게 고정하여야 한다. 특히 얇은 재료의 경우에는 그리퍼를 이용하여 가공재료의 아랫방향으로 장력을 주어 안정된 가공이 되어야 한다. [그림 6.103]은 각종바이스의 작업을 나타낸 것이다.

(2) 절삭공구의 고정

셰이퍼 작업에서 절삭공구는 공구자루가 가공과정에서 절삭저항으로 인한 탄성변형을 일으켜 굽힘 현상이 일어나지 않도록 공구대 밑면으로부터 가장 가까운 거리에 고정시켜야 한다.

특히 수직절삭이나 경사면절삭은 절삭 후 귀환행정에서 단인공구의 인선이 가공면에 파고 들어가는 현상을 방지하기 위해 공구대의 에이프런을 슬라이드 안내면에 경사지게 고정하고 안내면은 가공면의 경사각과 거의 일치시켜 가공표면의 손상을 방지해야 한다. [그림 6.104]는 에이프런의 경사위치를 나타낸 것이다.

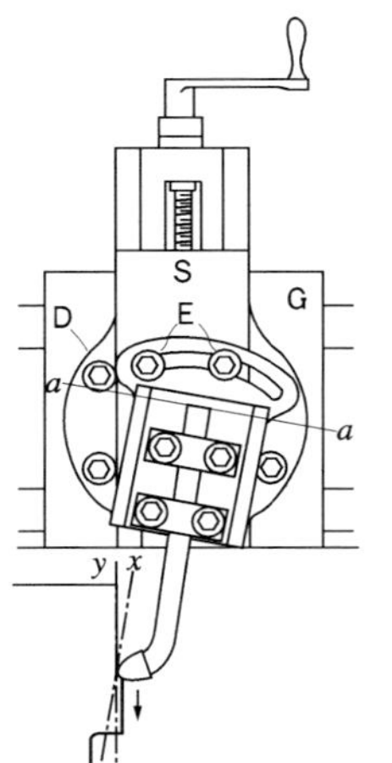

(a) 수직면절삭에서의 에이프런

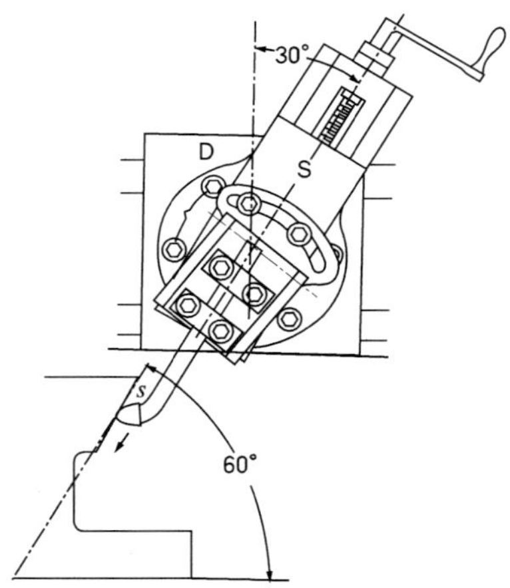

(b) 경사면절삭에서의 에이프런

[그림 6.104] 공구의 고정 방법

(3) 절삭속도

셰이퍼의 절삭속도는 램의 위치에 따라 달라지며 귀환속도 보다는 작다. 이송은 귀환행정에서 이루어지며 절삭단면적에 따라서 이송량을 적절하게 조절해야 한다.

램의 속도는 분당회전수(stroke/min)로 나타내며, 이송은 절삭행정이 끝나는 점에서 수동 또는 자동으로 이루어지며 행정당 이송량(mm/stroke)으로 나타낸다. 범용으로 사용되는 크랭크 구동형에서는 절삭과 귀환의 시간 비를 약 1.5 : 1 정도로 한다. 램의 총 행정시간 중 약 60%가 절삭가공에 소요되며, 행정의 길이는 절삭 시작점과 작업 종료까지의 거리를 가공면의 길이보다 약 25~30mm의 여유를 두어 가공한다. 절삭속도와 행정수의 관계를 다음 식과 같이 나타낸다. 〈표 6.10〉은 공구의 재료에 따른 절삭속도와 이송을 나타낸 것이다.

$$V = \frac{n \cdot L}{1000 \cdot Tr} \tag{6.26}$$

$$n = V \cdot Tr \frac{1000}{L} \tag{6.27}$$

V : 평균절삭속도 (m / min)

n : 분당회전수 (stroke / min)

L : 행정의 길이 (mm)

Tr: 절삭 시간비 (절삭시간 / 총 시간)

Tr = 0.60이므로 n = 600 V/L가 되며

f : 이송량 (mm / stroke)

W : 절삭면의 폭 (mm)

이라 하면

$$\text{절삭시간}\ T = \frac{W}{n \cdot f}(\text{min}) \tag{6.28}$$

로 나타낸다.

예제 2

셰이퍼 작업에서 가공물의 길이가 370mm 이고, 평균절삭속도는 16 m/min 일 때의 분당회전수를 구하여라. (단, 가공여유는 28mm로 한다.)

풀이 $600\frac{V}{L} = 600\frac{16}{398} = 24(\text{stroke/min})$

6.6.3 수직형 셰이퍼

수직형 셰이퍼를 슬로터라고도 하며 램은 수직으로 상하 운동을 하고 테이블은 수평면에서 회전운동을 하는 구조로 되어 있다. 램의 운동기구는 크랭크식, 유압식, 랙 피니언식 등이 있으며 경사진 면을 가공할 때 테이퍼에 맞추도록 경사지게 할 수 있도록 된 것도 있다. 가공물의 작업 범위는 키 홈, 수직면, 경사면, 구멍의 내면, 곡면 등을 가공할 수 있다. [그림 6.105]은 수직형 셰이퍼를 나타내고 있다.

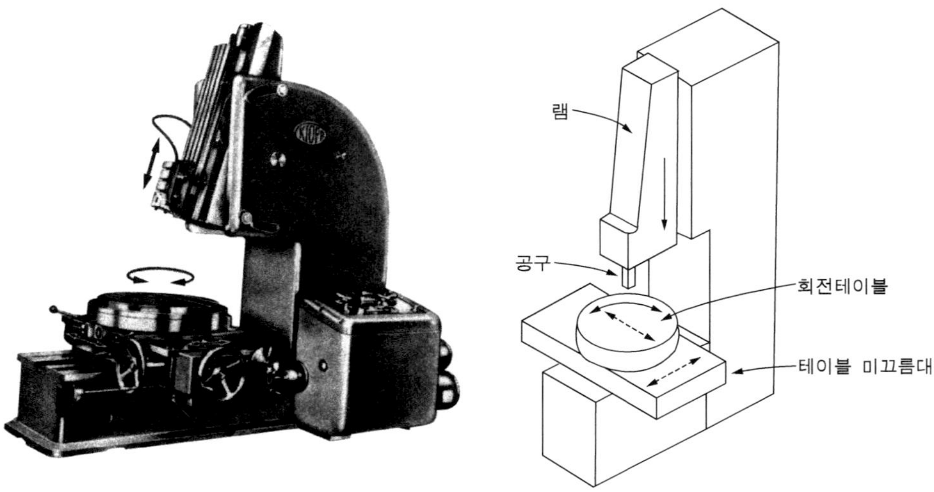

(a) 경사형수직세이퍼 (b) 구조

[그림 6.105] 수직형 셰이퍼

6.6.4 플레이너의 개요

플레이너(planer)는 평삭기라고도 하며 테이블은 왕복운동을 하고 공구는 횡 방향으로 이송운동을 하는 장치이다. 공작기계의 베드와 칼럼 등과 같은 부품의 표면을 정밀도 높게 가공할 수 있으며 수평면과 수직면, 그리고 경사면이나 홈 등의 가공을 한다. 가공물은 주로 대형이므로 가공물의 고정을 잘해야 하며 길이가 길기 때문에 절삭 날의 마모와 칩 브레이커의 역할에 주의를 기울여야 한다.

절삭시간 및 절삭속도는 셰이퍼와 같은 방법으로 구할 수 있으며 평균절삭속도의 귀환속도에 대한 비는 2~5로서 셰이퍼 보다 크다.

6.6.5 플레이너의 종류와 공구대

플레이너의 종류는 기계의 구조와 형상에 따라 다음과 같이 분류한다.

(1) 칼럼에 따라

ⓐ 단주식(open-side planer)

ⓑ 쌍주식(double-housing planer)

(2) 용도에 따라

ⓐ 일반용

ⓑ 특수용

① 피트형(pit planer)

② 에지형(edge planer)

③ 분할 테이블형(divided table planer)

(A) 단주식 플레이너

크로스레일이 1개의 칼럼에 고정되어 있는 형으로서 가공물의 고정 및 해체가 용이하고 가공물의 최대 폭은 공구대의 끝에서 칼럼 측면까지의 거리로 나타낸다. [그림 6.106]는 단주식 플레이너를 나타낸 것이다.

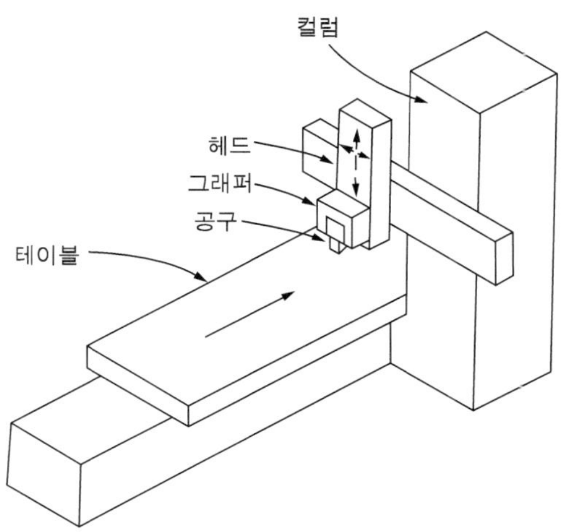

[그림 6.106] 단주식 플레이너 구조

(B) 쌍주식 플레이너

[그림 6.107]은 쌍주식 플레이너는 크로스레일을 지지하는 칼럼 2개가 테이블 양쪽에 있다. 하우징에 장착된 측면 공구대는 가공물의 측면을 가공하고, 크로스레일에 장착된 크로스레일 공구대는 가공물의 상면, 경사면, 곡면, 홈 등을 가공한다.

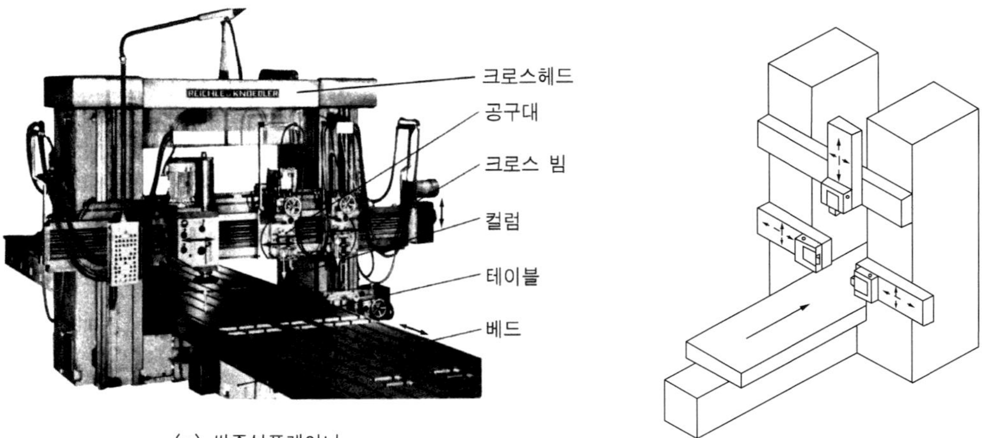

(a) 쌍주식플레이너 (b) 운동구조

[그림 6.107] 쌍주식 플레이너

(C) 피트 플레이너

피트 플레이너는 주로 초대형의 가공물을 테이블에 고정시키고 공구대가 이동하면서 가공을 하는 것으로 크로스레일을 지지하는 하우징이 베드의 안내면을 따라 이동하면서 왕복운동을 한다.

(D) 에지 플레이너

에지 플레이너는 두꺼운 강판의 가장자리 부분을 주로 가공하는 것으로, 공구는 밀링커터를 사용하고 공구대가 설치된 왕복대가 테이블 측면에서 왕복운동을 하면서 가공을 한다.

(E) 분할테이블 플레이너

하나의 테이블은 절삭작업을 하고, 다른 하나의 테이블에는 가공물을 고정 설치하는 작업을 할 수 있는 것으로 2개의 테이블이 설치되어 있어 기계의 작업능률을 높일 수 있는 장점이 있다.

1. 공구대와 바이스

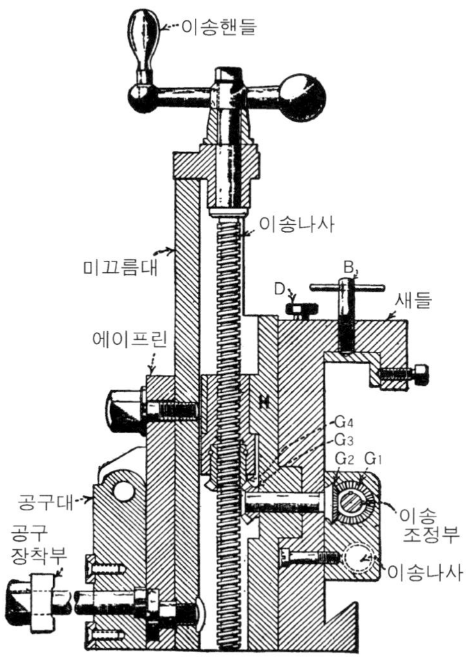

[그림 6.108] 플레이너 공구대

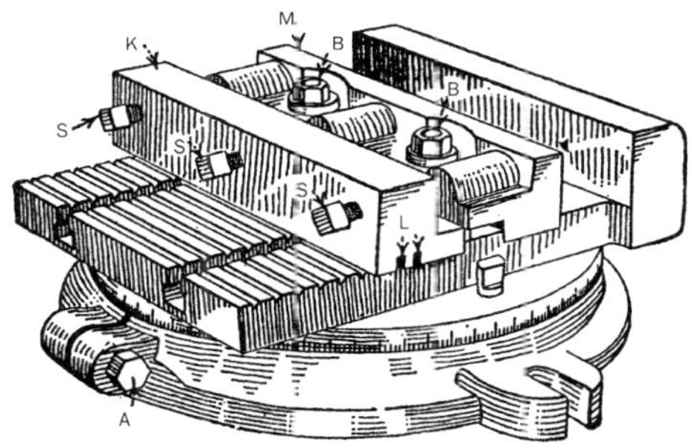

[그림 6.109] 플레이너 바이스

(1) 공구대

공구대는 단인공구를 고정하고 크로스레일에 장착되어 이송을 하면서 절삭을 하고 귀환 행정에서는 공구인선이 가공 면과의 마찰로 인한 파손을 방지하기 위하여 공구대의 힌지 핀을 중심으로 전자석이나 압축공기를 이용하여 들어 올리게 되어 있어 안정된 절삭운동을 할 수 있다. [그림 6.108]은 공구대의 수직단면을 나타내고 있다.

(2) 바이스

[그림 6.109]와 같은 플레이너 바이스를 일명 플레이너 척이라고 하며 평면의 조와 각도 회전을 병행 할 수 있어 형상이 특이 하거나 고정상 문제가 있을 때 사용하며 가공물의 고정작업을 용이하게 할 수 있는 장점이 있다.

(3) 공구

플레이너 공구는 절삭저항력을 비교적 크게 받기 때문에 선삭공구보다 형태가 큰 편이며 공구의 고정은 정확하게 위치시켜야 하며 가공면의 형상에 따라 적절한 공구를 선택하여야 한다. [그림 6.110]은 일반적으로 사용되는 공구를 나타낸다.

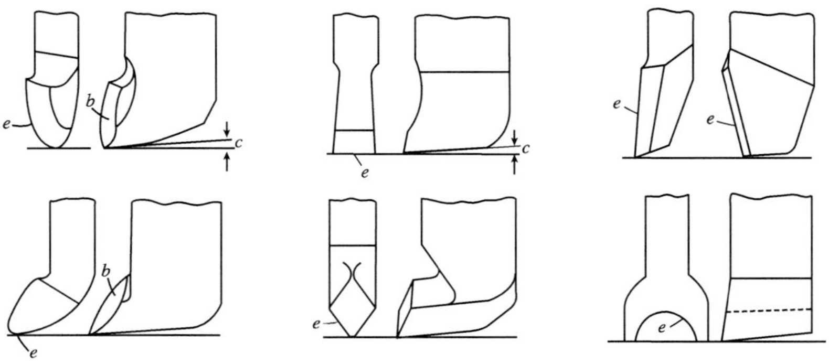

[그림 6.110] 플레이너의 절삭공구

제7절 브로치 가공

6.7.1 개요

브로치(broach) 가공은 [그림 6.111]과 같은 단인공구를 이용하여 가공물의 구멍이나 표면에 눌러대고 압입 하거나 인발을 하여 가공을 1회의 작업으로 끝내는 가공이다. 대량생산을 목적으로 하는데 적절한 가공법이라 할 수 있다. 브로치 절삭 날은 일직선상에 다수의 절삭 날이 연속적으로 배열되어진 공구로서 절삭 날의 치수 정밀도와 형상에 따라 가공면의 형상 정확도와 다듬질면의 치수 정밀도를 좌우한다.

브로치는 제작설계가 까다로운 특수한 공구로서 가격이 고가이므로 선택의 기준과 작업의 효율성을 감안하여 대량생산에 적용하는 것이 바람직하다. [그림 6.111]은 브로치가공의 여러 가지 형태를 나타낸 것이다.

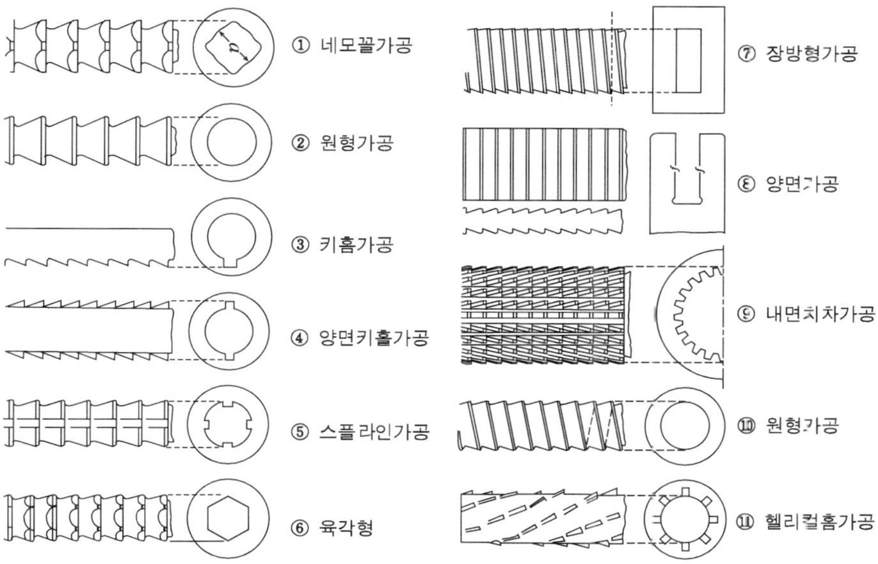

[그림 6.111] 브로치 가공의 종류

6.7.2 브로칭 머신

브로치 기계는 기계의 형식, 가공부분, 구동력, 구동방식 및 베드의 수에 따라 구분하며, 브로치의 절삭방향에 따라 압입식과 인발식이 있으며 운동방향에 따라 수평식과 수직식이 있다.

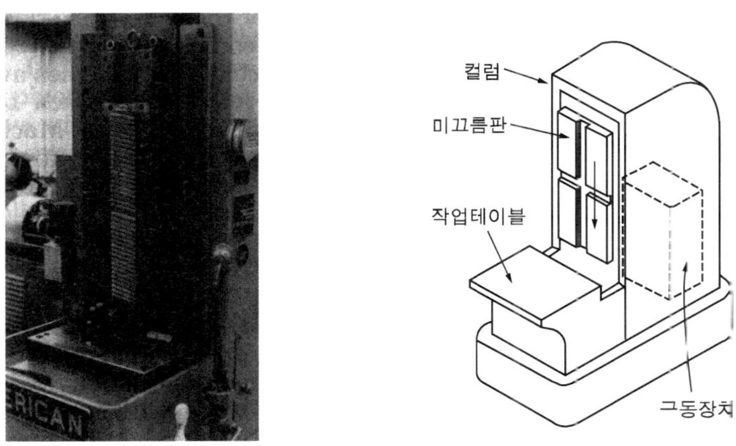

(a) (b)

[그림 6.112] 수직형 브로칭 머신

수평식은 행정길이를 길게 할 수 있어 작업능률을 높일 수 있으나 가공물과 브로치의 중량에 의한 휨 현상이 일어날 수 있으므로 정밀도의 유지에 주의를 하여야 하고, 수직식은 주로 소형 가공물에 적합하며 대량생산과 자동화 가공에 유리하다. [그림 6.112]는 수직형 브로치 기계를 나타낸 것이다.

6.7.3 브로치

브로치는 절삭 깊이를 크게 주는 거친 절삭 날, 거친 절삭 날의 40~50%의 절삭 깊이를 주는 중간 다듬질 날과 절삭 깊이가 거의 없는 최종 다듬질 날을 거쳐 1회의 가공으로 작업을 완성해야 하므로 절삭 날의 설계는 매우 중요하다.

[그림 6.113]은 내면가공 인발형 브로치를 나타내고, [그림 6.114]는 브로치 날의 주요부분을 나타낸다.

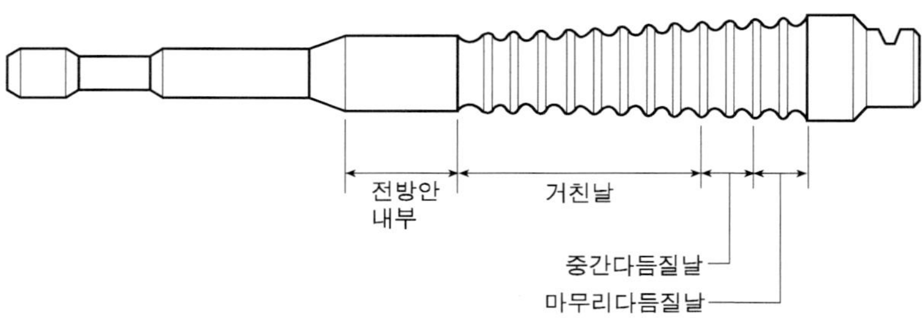

[그림 6.113] 인발형 내면 브로치

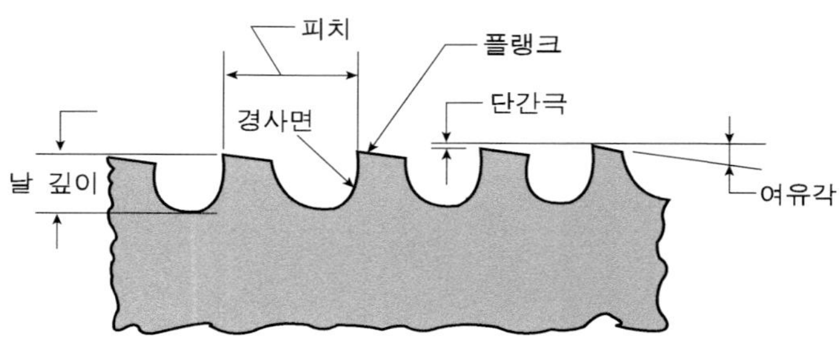

[그림 6.114] 브로치 날의 주요부분

제8절 기어절삭

6.8.1 개요

기어(gear)는 연속적인 이(齒: tooth)의 물림으로 동력을 전달하는 기계요소이며 기계적인 방법으로 평행 또는 교차 운동을 한다. 기어의 전동은 마찰차나 벨트와 같이 마찰전동에 의하여 동력을 전달하는 것보다 효율성이 높으며 기어의 절삭은 기어 이(齒)를 공작기계로 절삭가공을 하는 것으로 다수의 절삭 날을 나사곡선에 따라 배열시킨 총형공구로서 호브를 이용하여 절삭을 한다.

호브(hob)는 절삭하려는 기어 이(齒)의 줄기 방향으로 호브의 절삭 날을 맞추고 회전시켜 이(齒)의 형상을 가공한다.

- 기어가공에서 고려하여야 할 사항

① 기어의 이론적인 윤곽과 실질적인 윤곽이 일치하게 가공을 해야 한다.
② 소음을 최소화시킬 수 있는 정밀가공법의 개발해야 한다.
③ 정하중과 동하중에 견딜 수 있는 기계적 성질이 양호한 소재의 선택해야 한다.
④ 이(齒)형에 따른 열처리 방법의 조건을 부여해야 한다.

6.8.2 기어의 종류

기어의 분류는 축 방향에 따라 축이 서로 나란할 때, 직교할 대, 서로 직교하거나 나란하지도 않을 때로 분류하며 스퍼기어, 헬리컬기어, 웜과 웜기어, 베벨기어, 스파이럴기어 등이 있다. [그림 6.115]는 각종의 기어를 나타낸다.

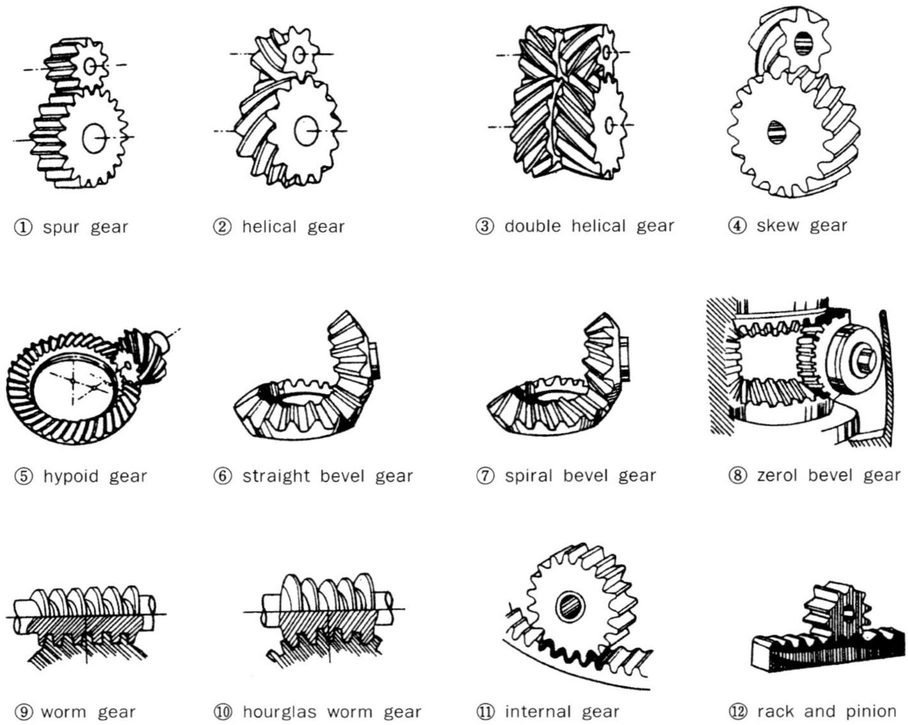

[그림 6.115] 각종의 기어

6.8.3 기어 절삭방법

기어의 대부분은 절삭가공과 냉간압연가공에 의하여 가공이 되며 분말야금과 압출, 그리고 블랭킹 등에 의하여 만들어진다. 특히, 정밀을 요구하는 기어는 이론적인 피치원과 기어의 물림에서의 실질적인 피치원의 윤곽이 일치하여야 하는 물리적인 요구를 만족시켜야 하므로 특정한 절삭공구와 절삭기계가 요구된다.

1. 형판을 이용한 방법

형판에 의한 방법은 셰이퍼의 테이블에 가공소재를 미리 이(齒)의 형태로 거친 절삭을 한 후에 1개씩 분할기로 분할하여 가공하는 것으로 정밀한 기어의 가공은 어렵다. 이 가공은 주로 셰이퍼의 작업테이블에 이(齒)형과 동일한 곡선을 지닌 형판과 추(錘)를 걸고 안내 봉을 형판으로 지지하고 테이블을 우측으로 이송시키면 안내봉과 단인공구가 평행이동을 하면서 가공소재에 이(齒)의 형상으로 가공이 된다. [그림 6.116]은 형판을 이용한 기어가공을 나타낸다.

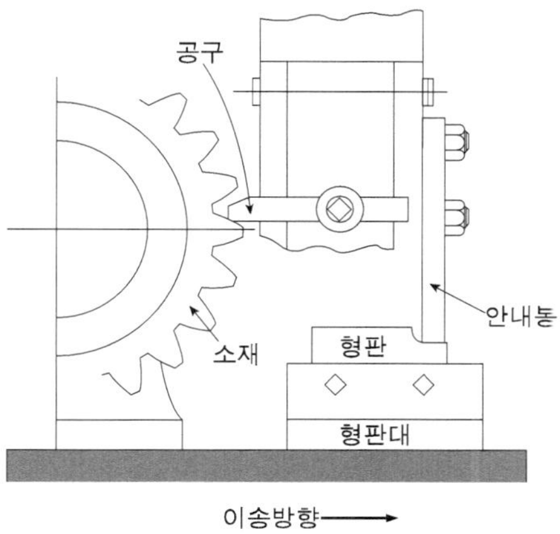

[그림 6.116] 형판에 의한 기어가공

2. 창성법(創成法)

가공소재와 절삭공구가 기어가 서로 물려 돌아가면서 회전운동을 할 때 서로 접촉하는 상대운동으로 절삭하는 방법이며, 인벌류트 치형을 정확하게 가공을 할 수 있다.

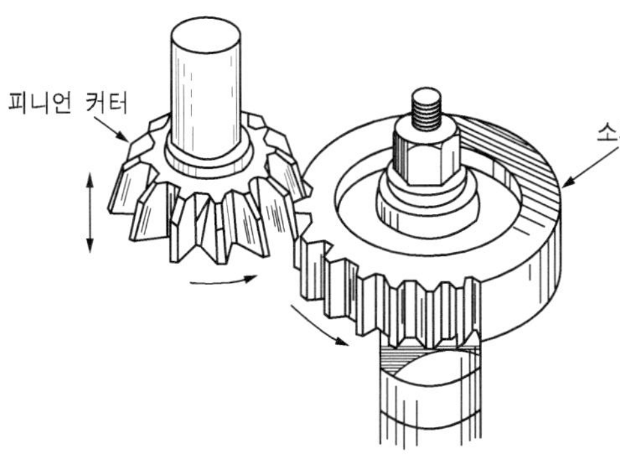

[그림 6.117] 피니언커터에 의한 가공

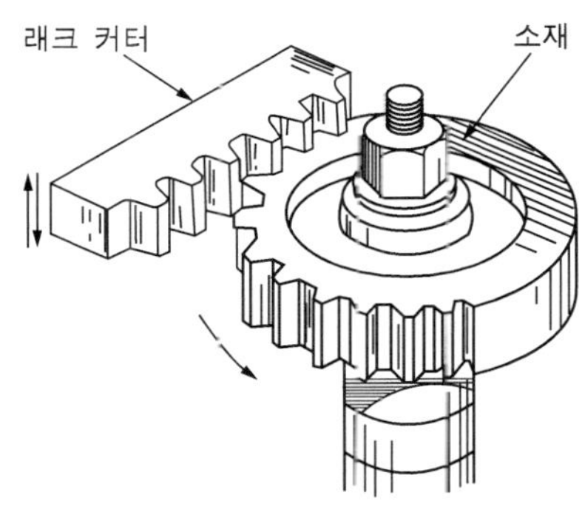

[그림 6.118] 래크커터에 의한 가공

가공방법은 절삭공구를 기어의 형상으로 정확하게 가공하고, 기어의 가공소재와 피치원에서 미끄럼이 없는 구름접촉에 의한 운동을 전달할 때 이론적인 상대운동을 주면서 절삭공구에 축 방향으로 왕복운동을 하면서 기어를 절삭하는 방법이다. 가공은 절삭날이 나사의 축 방향으로 깊게 파여진 호브를 사용하는 기어 호빙과 래크 커터를 이용하는 기어 세이핑이 있다. [그림 6.117]은 피니언커터, [그림 6.118]은 래크카터에 의한 기어 가공을 나타낸다.

3. 총형커터에 의한 방법

기어 이(齒) 홈의 단면 형상을 지닌 총형커터로 가공소재를 1피치씩 분할기구를 이용하여 순차적으로 가공을 한다. 이 방법은 셰이퍼, 플레이너, 밀링머신에서 가공한다. 밀링머신에서는 기어밀링커터를 이용하고, 단인공구는 기어의 모듈과 이 수에 적합한 이(齒)홈에 맞는 단면으로 연삭하여 사용한다. [그림 6.119]은 총형커터에 의한 기어절삭을 나타낸다.

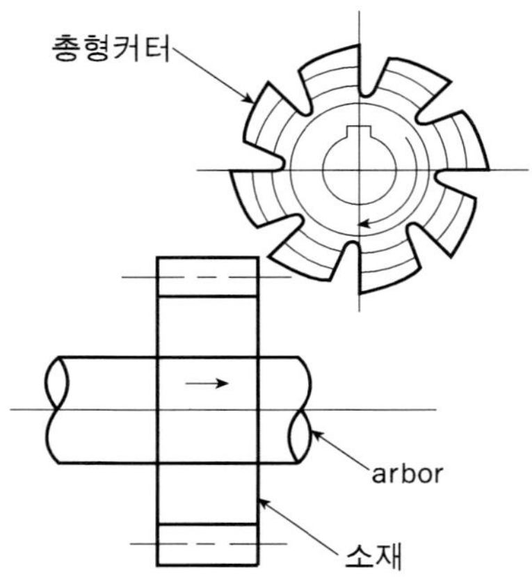

[그림 6.119] 총형커터에 의한 기어가공

6.8.6 기어 절삭기의 종류

1. 원통형 기어절삭기

(1) 호빙머신(hobbing machine)

호브를 사용하는 호빙머신은 스퍼기어, 헬리컬기어, 웜기어 등을 가공한다.

[그림 6.120] 호빙에 의한 헬리컬기어가공

(2) 기어 셰이퍼(gear shaper)

피니언커터(pinion cutter)를 이용하여 스퍼기어, 헬리컬기어, 내접기어, 단이 있는 기어 등을 가공한다. [그림 6.121]은 내접기어의 가공을 나타낸다.

[그림 6.121] 기어셰이퍼에 의한 내접기어가공

(3) 기어플레이너

스퍼기어, 2중 헬리컬기어를 절삭한다.

2. 베벨기어 절삭기

(1) 직선 베벨기어 절삭기

커터의 인선을 1개 사용한 독일의 라이네겔식과, 2개의 커터인선을 사용하는 글리이슨 방식이 있다.

(2) 스파이럴 베벨기어 절삭기

직선베벨기어를 제외한 각종의 베벨기어를 총괄하여 스파이럴기어로 취급하고 있으며, 원추형 공구를 사용하는 클링겔른 베르크식의 창성운동기구를 이용하는 것이 널리 사용되고 있다. 치형의 각도가 제로인 제롤기어는 라이네케르식 기어절삭기로 가공한다.

3. 기타의 기계

(1) 기어 세빙머신(gear shaving machine)

(2) 기어 연삭기(gear grinding machine)

(3) 치형 래핑머신(gear tooth lapping machine)

(4) 치형 단면 절삭기(gear tooth chamfering machine)

Chapter 07 연삭가공

제1절 연삭

7.1.1 개요

연삭가공(grinding)은 여러 가지 형상을 지닌 연삭숫돌(grinding wheel)을 고속으로 회전시키면서 공작물을 미세하게 절삭 가공하는 방법이다. [그림 7.1]과 같이 연삭숫돌을 가공물에 상대운동을 시켜 공작물을 정밀하게 연삭하는 장치를 연삭기라고 한다.

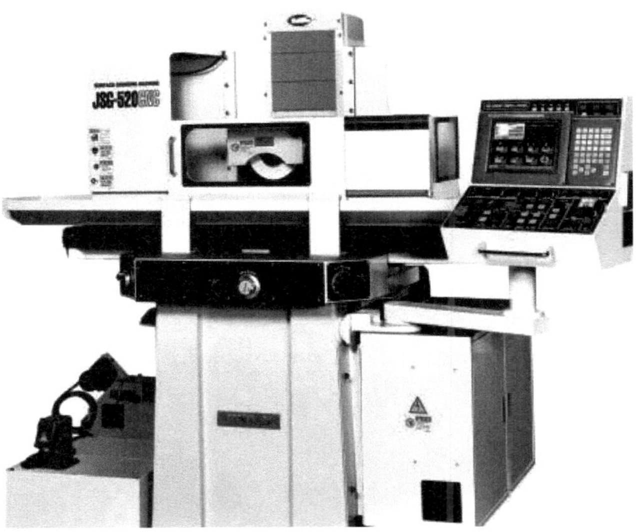

[그림 7.1] CNC 성형 연삭기

[그림 7.2]와 같은 연삭가공에 사용되는 연삭숫돌은 입자를 결합제로 결합시킨 것으로 수많은 기공이 있다. 절삭력이 결합제의 접합강도 보다 크게 되면 입자는 탈락하고, 새로운 입자가 생성되는 작용을 반복한다. 각각의 숫돌입자들은 작은 절삭인선과 같은 작용을 하므로 작은 칩이 발생하면서 절삭작용을 하게 된다. 연삭입자는 경도가 매우 크므로 일반 공작기계에서 가공이 어려운 경질의 소재를 가공할 수 있으며, 정밀도가 높은 표면가공도 가능하다.

[그림 7.2] 연삭가공의 예

• 연삭가공의 특징

① 표준 절삭속도가 단인공구나 밀링커터의 절삭속도보다 10~15배 정도인 2000 m/min으로 가공효율이 매우 높다.

② 연삭숫돌의 입자는 절삭 날의 기능을 가지고 있고, 칩의 크기가 매우 작아 가공표면의 평면조도를 좋게 할 수 있다.

③ 초경합금과 같은 높은 경도의 재료 가공은 물론 고무 등의 부드러운 재료도 가공할 수 있다.

④ 연삭숫돌을 자동적으로 드레싱 할 수 있어 단인공구의 인선이나 밀링커터와 같이 별도 가공을 할 필요가 없으므로 효용성이 크다.

7.1.2 연삭기의 종류

• 연삭기는 작업 특성에 따라 다음과 같이 분류한다.

(1) 평면 연삭기

① 수평축 ② 수직축

(2) 외경 연삭기

(3) 내면 연삭기

(4) 센터리스 연삭기

① 원통가공 ② 내면가공

(5) 만능 연삭기

(6) 만능공구 연삭기

(7) 특수 연삭기

① 나사 ② 치차 ③ 캠 ④ 크랭크축 ⑤ 롤 등이 있다.

1. 평면 연삭기

평면 연삭기는 작업테이블 위에 장착된 전자석 척이나 바이스에 가공물을 고정시킨 후, 연삭숫돌의 원주면을 사용하는 수평가공과 측면을 사용하는 수직가공을 한다. [그림 7.3]은 다양한 연삭방법을 나타낸 것이다.

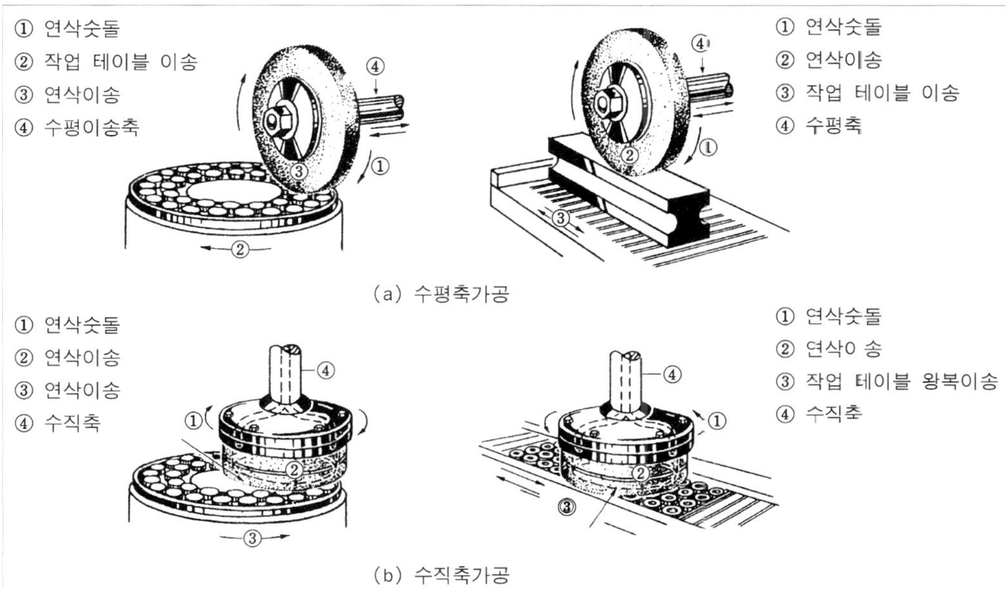

(a) 수평축가공

(b) 수직축가공

[그림 7.3] 평면연삭 가공방법

[그림 7.3]은 평면 연삭으로 가공 할 수 있는 작업의 종류를 나타낸 것이다. 평면 연삭기의 주축방향은 수직식과 수평식이 있으며, 작업테이블의 운동은 왕복운동과 회전운동을 하는 것이 있다. [그림 7.4]는 자동평면 연삭기를 나타낸 것이다.

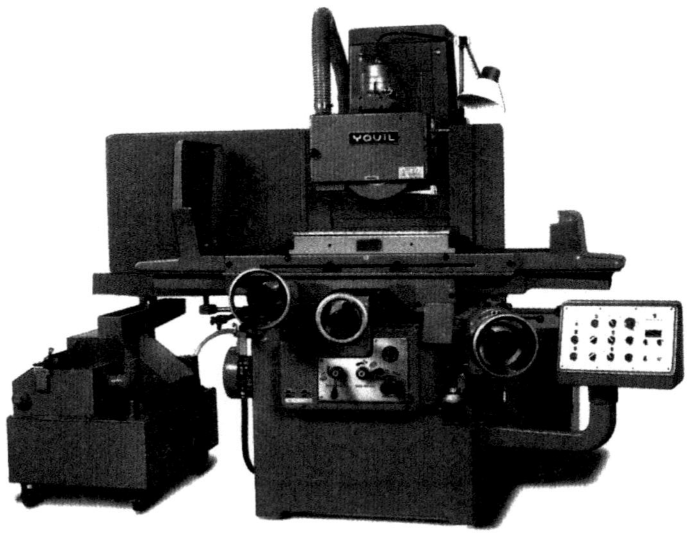

[그림 7.4] 자동평면 연삭기

2. 외경 연삭기

외경 연삭기는 [그림 7.5]와 같이 원통의 외경을 주로 가공하는 것이다. 가공방식으로는 연삭숫돌을 회전 이송시키는 방식과 공작물에 회전이송을 주는 방식이 있으며, 연삭숫돌로 깊이만 주는 플랜지 가공도 있다.

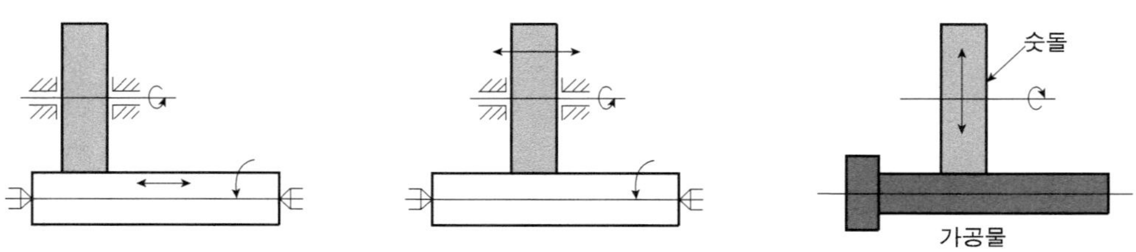

(a) 테이블왕복식 (b) 연삭숫돌왕복식 (c) 플런지컷 연삭

[그림 7.5] 외경 연삭방식

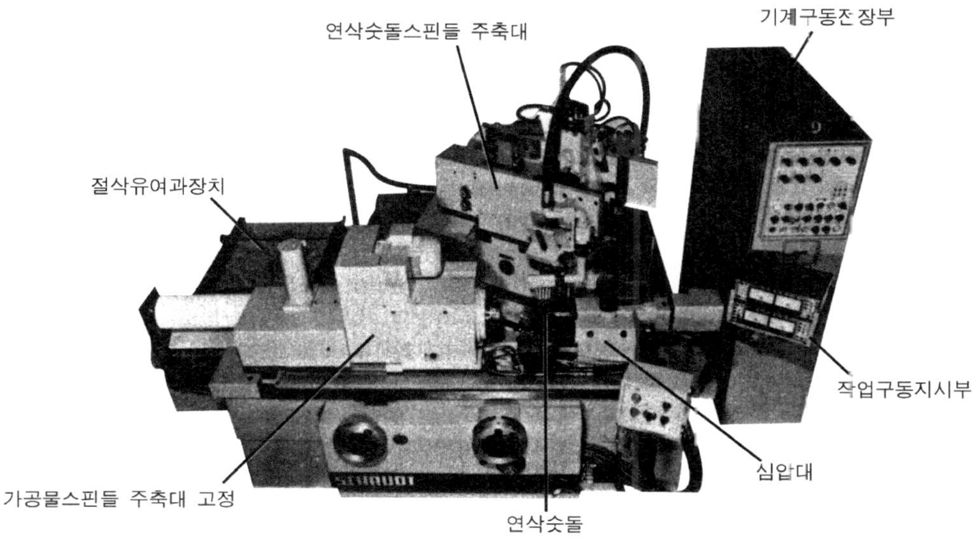

[그림 7.6] 만능 외경 연삭기

[그림 7.6]은 다양한 외경 연삭 가공이 가능한 만능 외경 연삭기의 외형을 나타낸 것으로 다품종 소량 생산에 적합하다.

3. 내면 연삭기

내면 연삭기는 [그림 7.7]과 같이 구멍부의 내부를 정밀하게 연삭하기 위한 연삭기이다. 연삭숫돌의 축은 자전운동만 하고 공작물을 회전시키는 방식과 공작물을 고정시키고 연삭숫돌 축은 유성운동을 시키는 방법이 있다.

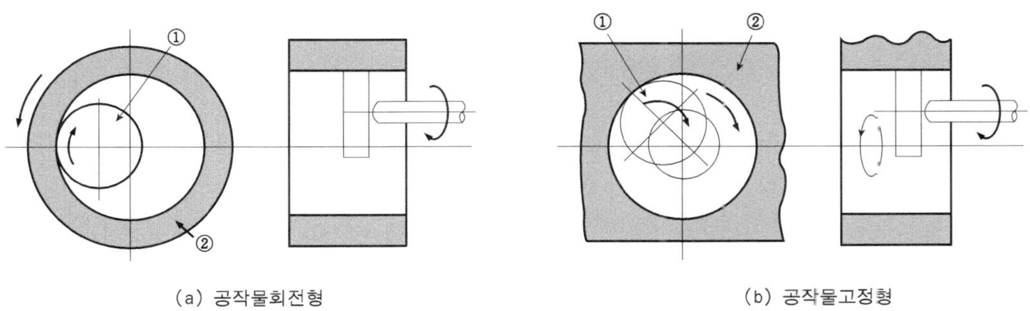

[그림 7.7] 내면 연삭방식

[그림 7.8] 내면 연삭숫돌 위치

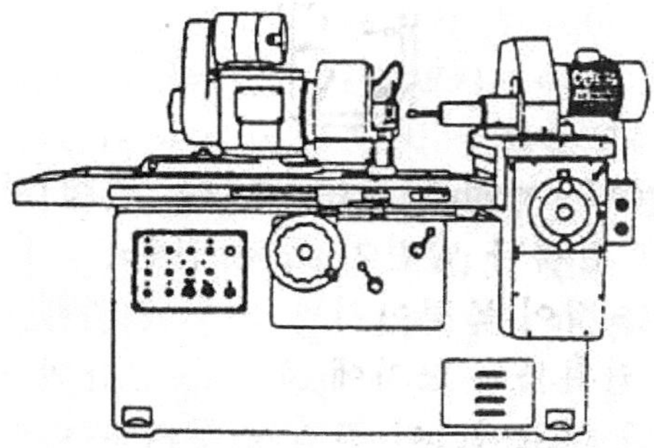

[그림 7.9] 내면 연삭기

[그림 7.8]은 내면연삭기의 숫돌 장착부분을 나타낸 것이고, [그림 7.9]에는 내면 연삭기의 외형을 나타냈다.

4. 센터리스 연삭기

센터리스 연삭은 [그림 7.10] (a)와 같이 센터의 지지 없이 가공물을 연삭숫돌과 조절숫돌 사이의 지지판에 정치시켜 연삭하는 방법이다. 여기에는 원통 센터리스 방식과 내면 센터리스 방식이 있다. 가공물은 고무결합제인 조정숫돌의 마찰력으로 회전시키고 회전속도는 가공물의 압력 조절로 조정한다.

• 센터리스연삭의 장점

① 연속작업이 가능하며 대량생산에 효과적이다.

② 가공물의 지지대가 있어 안정되고 큰 절삭이 가능하다

③ 가공물의 축 방향으로 추력이 없으므로 지름이 작은 가공물의 연삭에 적합하다.

④ 가공물에 센터작업을 할 필요가 없다.

⑤ 연삭숫돌의 폭이 넓어 숫돌의 마멸이 적고 공작물의 치수변화가 작다.

⑥ 연삭조건의 변화가 없으므로 미숙련자도 쉽게 작업을 할 수 있다.

• 단점

① 전후 이송법에서 가공물의 길이가 연삭숫돌의 폭보다 작아야 한다.

② 원통 연삭기에 비해 큰 직경의 가공물은 연삭이 어렵다.

③ 가공물의 길이가 너무 길거나 키 홈이 있는 것은 연삭이 어렵다.

④ 조절숫돌 받침대의 조정시간이 길다.

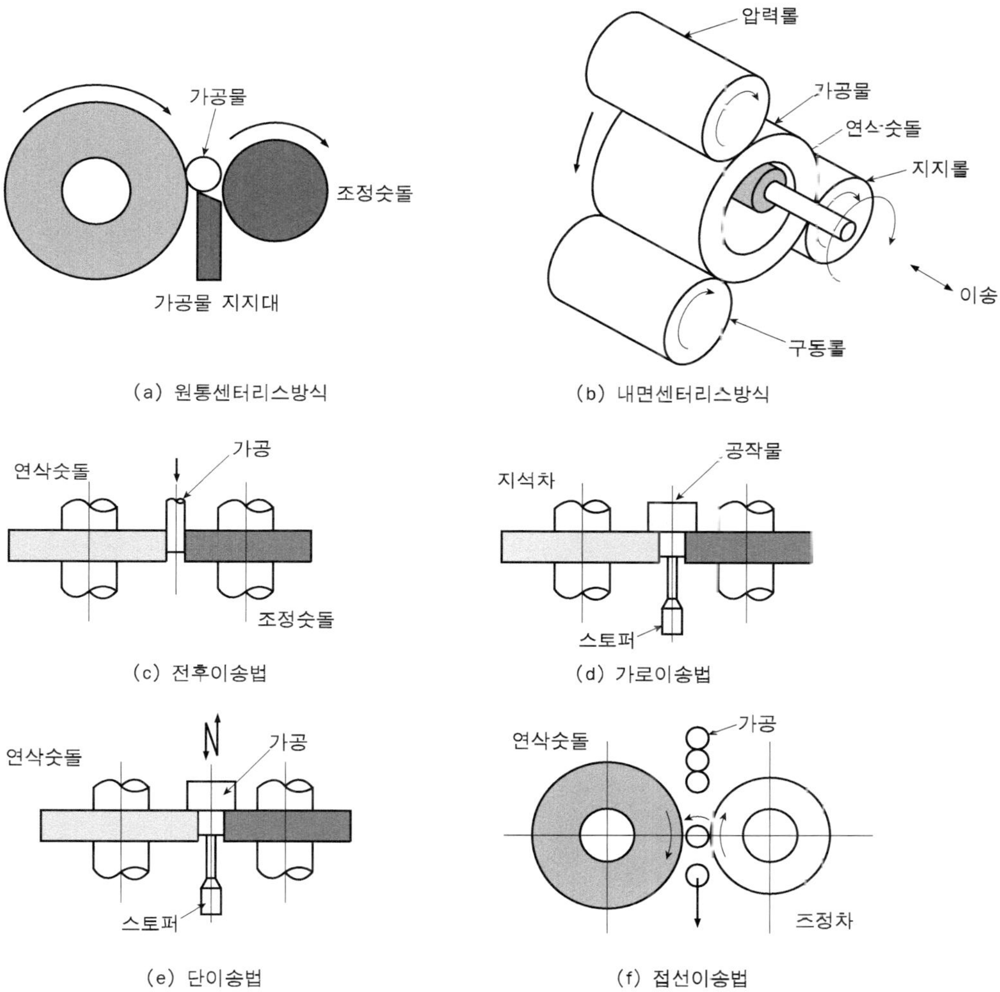

(a) 원통센터리스방식 (b) 내면센터리스방식

(c) 전후이송법 (d) 가로이송법

(e) 단이송법 (f) 접선이송법

[그림 7.10] 센터리스연삭의 종류

제2절 연삭숫돌

7.2.1 연삭숫돌의 구성

연삭숫돌의 구성요소는 연삭입자(Abrasive), 기공(pore), 결합제(bond)로 연삭숫돌의 3가지 구성요소라 한다. 연삭 성능에 영향을 주는 요인으로는 입자, 입도, 결합도, 조직, 결합제 등을 들 수 있다.

(a) 연삭용 숫돌

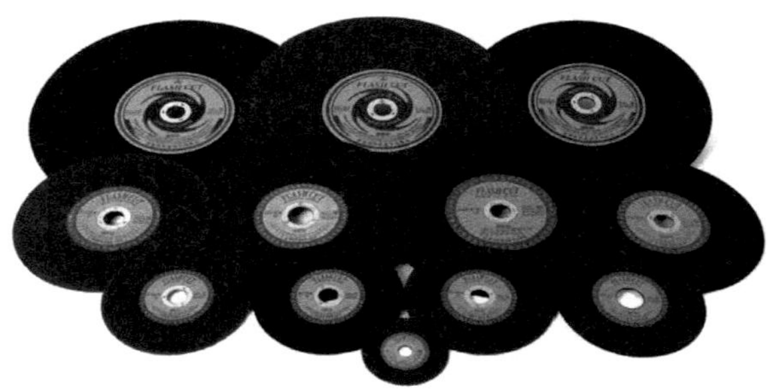

(b) 절단용 숫돌

[그림 7.11] 연삭숫돌의 종류

[그림 7.11]은 연삭숫돌의 종류를 나타낸 것으로 일반적으로 공작물을 연마하는데 사용되는 숫돌과 절단하는데 사용되는 숫돌을 나타낸 것이다. 그리고 [그림 7.12]에는 연삭가공에서 발생되는 연삭작용과 숫돌의 구성요소를 나타냈다.

요소	특 징
숫돌입자 (Abrasive)	절삭 "날"로써 공작물을 깎는 중요한 역할을 한다.
결합제 (Bond)	입자를 결합하고 보호 유지하는 역할을 한다.
기공 (Pore)	입자와 결합제 사이에 있으며, 절삭가루를 도피시키는 역할을 한다.

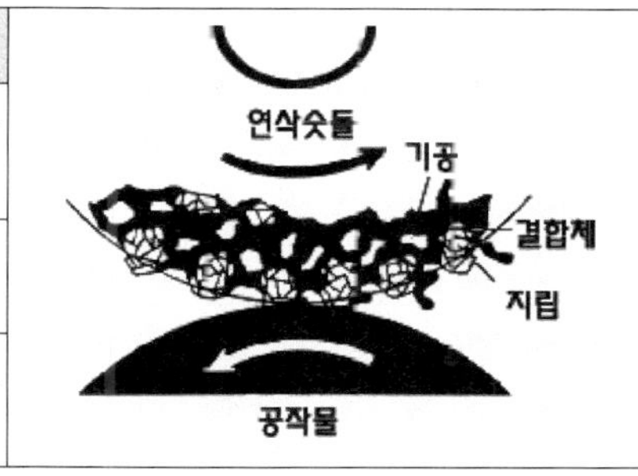

[그림 7.12] 연삭숫돌의 구성요소

1. 입자((Abrasive)

[그림 7.13]과 같은 연삭입자는 연삭과정에서 공구인선의 날과 같은 역할을 하면서 가공물을 절삭한다. 연삭입자의 천연재료는 사암, 에머리(50~60% 결정체 Al_2O_3+산화철), 커런덤(80~90% 결정체 Al_2O_3+산화철), 다이아몬드 등이 있으며, 인조재료는 탄화규소(SiC), 산화알루미늄(Al_2O_3), 탄화붕소(B_4C), 지르코늄(ZrO_2) 등이 있다.

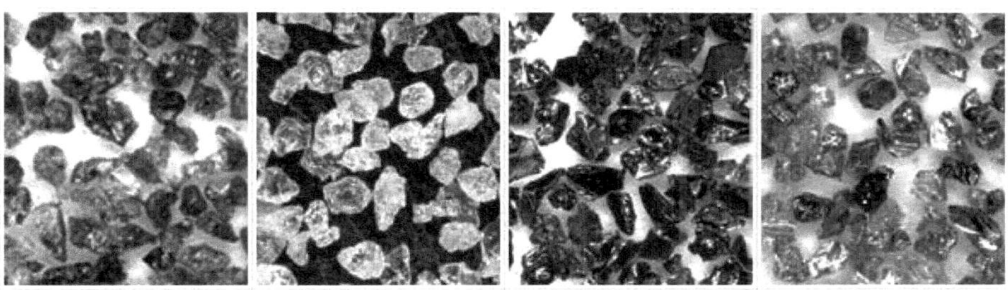

A=갈색 용융 알루미나질　WA=백색 알루미나질　C=흑색 탄화규소질　GC=녹색 탄화규소질

[그림 7.13] 연삭숫돌 입자의 종류

2. 입도(grain size)

연삭입자의 크기를 입도라 하고, 이 입도의 크기에 따라 가공 표면의 거칠기가 결정되기도 한다. 〈표 7.1〉에는 연삭숫돌의 입도 분류를 나타냈다.

〈표 7.1〉 연삭숫돌의 입도 분류

호칭	조립	중립	세립	극세립
입도(粒度) 번(no.)	10, 12, 14, 16, 20, 24,	30, 36, 46, 54, 60,	70, 80, 90, 100, 120, 150, 180, 220,	240, 280, 320, 400, 500, 600, 700, 800,
선 택 요 건	거친 연삭이나 가공 접촉 면적이 클 때와 연성과 점성이 있는 가공물에 적합하다.		다듬질 연삭과 경질의 연삭, 가공 접촉 면적이 적을 때 사용함.	래핑작업이나 초정밀 가공에 적합함.

입자의 크기는 메시(mesh)로 표시하고 입도의 선택은 가공물의 재질에 따라 결정 된다. 경도가 큰 재료에는 세립(細粒), 연성재료에는 조립(組立)을 사용하고 정밀도가 높은 다듬질 연삭에는 세립(細粒), 거친 가공에는 조립(組立)을 사용한다.

3. 결합도(grade)

결합도란 연삭숫돌의 연삭입자를 결합시키는 결합제의 결합강도를 의미한다. 연삭숫돌이 단단하고 무른 정도를 나타내며 결합제의 재질과는 관계가 없다. 결합도의 정도를 나타낼 때는 "높다 낮다" 또는 "굳다 무르다"로 나타내거나, "강하다 약하다"라고도 나타낸다. 결합도는 〈표 7.2〉와 같이 알파벳순으로 나타낸다.

〈표 7.2〉 결합도의 호칭과 기호

호칭	결합도의 기호
극히 무르다	A B C D E F G
무르다	H I J K
중간	L M N O
굳다	P Q R S
극히 굳다	T U V W X Y Z

4. 조직(structure)

연삭숫돌의 조직은 기공의 크기에 따라 조직이 달라지며, 숫돌의 단위체적당 입자의 수 즉, 입자의 밀도를 나타낸다. 밀도가 큰 것은 조직이 치밀하고, 밀도가 작은 것은 조직이 조대하게 나타난다. 조직이 거친 것은 거친 연삭, 접촉면이 큰 작업, 연하고 점성이 있는 재료에 사용하고, 조직이 치밀한 것은 다듬질연삭, 접촉면이 작은 작업, 경하고 취성이 있는 재료에 사용한다. 〈표 7.3〉에는 입자의 밀도에 따른 입자 충진 정도를 나타냈다.

〈표 7.3〉 조직의 분류

입자의밀도	조직기호		입자률 (%)
	KS	Norton	
조(組)	W	12, 11, 10, 9, 8, 7	42～미만
중(中)	M	6, 5, 4	42～50
밀(密)	C	3, 2, 1, 0	50～이상

5. 결합제(bond)

〈표 7.4〉는 일반적으로 사용되고 있는 연삭숫돌용 결합제의 종류별 특성을 나타낸 것이다.

〈표 7.4〉 결합제의 종류에 따른 용도

종류	재질	기호	제조방법	용도
비트리파이드	점토 장석	V	자기(磁器)제작방법과 같으며 1500℃에서 고온소성(4～5일)	연삭숫돌의 80～90%를 차지하고 있으며, 거친 연삭 정밀연삭 모두에 사용. 강도가 충분치 않아 깨지기 쉽다.
실리케이트	물유리	S	연삭입자와 규산소다를 혼합하여 프레스 성형한다.	연삭 열을 요구하지 않는 연삭에 적합하다. 연삭균열이 생기기 쉬운 재료에 적합. 경절삭에 유리
셀 락	천연셀락	E	가열 압착 150℃에서 수시간 가열.	강도와 탄성이 크므로 얇은 형상의 가공에 적합. 절단용이나 경면연삭에 적합.
레지노이드	열경화성 합성수지	B	열경화성 페놀수지 (bakelite)로 낮은 온도에서 결합.	강성이 크고 탄성이 있으므로 건식 절단용으로 적합. 초벌 중연삭, 주철의 라이저와 빌릿의 절단.
러 버	인조고무 생고무	R	고무제조 방법과 동일.	센터리스연삭기의 조정숫돌, 경면다듬질용, 얇은 절단용으로 적합.
메 탈	철, 구리, 주석, 은	M	분말 야금법을 이용	다이아몬드 숫돌, 보라존(BN)숫돌, 입자는 숫돌본체에 전착도금하거나 금속막을 씌워서 사용.

- 결합제는 연삭숫돌의 입자를 결합시켜 숫돌의 형상을 형성하는 것으로 다음조건을 만족하여야 한다.

① 균일조직으로 형성되어야 한다.

② 임의의 형상으로 형성할 수 있어야한다.

③ 결합능력을 폭넓게 조정할 수 있어야한다.

④ 기공의 형성이 적절하게 갖추어야 한다.

⑤ 한정성 있는 강도를 갖추어야 한다.

7.2.2 연삭숫돌 표시법

한국산업규격(KS)에서 연삭숫돌의 표시방법과 국내제조회사들의 검사표에 따르면 다음과 같은 순서로 나타내고 있다.

입자의 종류 (지립의 재질)	입도	결합도(경도)	조직	결합체
↓	↓	↓	↓	↓
GC	70	H	M	V

① 모양, ②모서리모양, ③ 치수, ④ 숫돌입자의 재질, ⑤ 입도, ⑥ 결합도, ⑦ 조직, ⑧ 결합제, ⑨ 최고사용 주속도, ⑩ 제조일자

제3절 연삭작업

연삭작업에서는 가공물의 재질과 가공정밀도의 기준에 따라 연삭숫돌의 선택표준을 정하고 연삭기의 상태를 결정하여야 한다.

7.3.1 연삭숫돌의 선택

1. 연삭조건의 변화

① 연삭속도가 높을 경우에는 결합도가 낮은 숫돌을 사용하고, 연삭속도에 대하여 상용연

삭속도 이하일 경우에는 결합도가 높은 숫돌을 사용한다.

② 피연삭제 속도가 빠른 경우에는 결합도가 높은 숫돌을 사용하고, 속도가 느린 경우에는 결합도가 낮은 숫돌을 사용한다.

③ 연삭숫돌 바깥지름이 큰 경우나, 연삭 깊이가 작은 경우에는 결합도가 낮은 숫돌이나 입도가 거친 숫돌을 선택하고, 숫돌 외경이 작은 경우나 연삭 깊이가 큰 경우에는 결합도가 높은 숫돌이나 입도가 고운 숫돌을 사용한다.

④ 피연삭제의 외경이 작을 경우에는 결합도가 높은 숫돌을 사용하고, 외경이 클 경우에는 결합도가 낮은 숫돌을 사용한다.

2. 피연삭제의 상태

① 피연삭제의 동일 품종의 부류에서 경도가 비교적 굳은 경우에는 결합도가 낮은 숫돌을 사용하고, 경도가 연한 경우에는 결합도가 높은 숫돌을 사용한다.

② 다듬질 목표가 다듬질정도 이상의 적용범위로 할 경우에는 가는 입도의 숫돌을 선택하고, 거친 다듬질인 경우에는 굵은 입도의 숫돌을 사용한다.

3. 기계의 상태

① 진동이 적고 강성이 높은 연삭기에서는 결합도가 낮은 숫돌을 사용하고, 반대로, 강성이 낮고 진동이 큰 경우에는 굵은 입도의 숫돌을 사용한다.

② 건식연삭인 경우에는 입도가 거칠고 결합도가 낮은 숫돌을 선택하여 사용한다. 습식인 경우에는 입도가 가늘고 결합도가 높은 숫돌을 사용한다.

7.3.2 연삭속도

1. 상용 연삭속도

연삭속도는 공작물의 재료와 작업의 종류, 그리고 연삭숫돌의 결합도 등에 따라 속도를 결정하여야 한다. 상용 연삭조건은 숫돌의 외경 및 그 원주 속도, 가공물의 외경 및 그 둘레속도, 연삭 깊이. 이송 등의 상호관계에 따라 정해진다. 〈표 7.5〉는 연삭작업의 종류에 따른 연삭속도를 나타내고 있다.

〈표 7.5〉 연삭속도와 작업의 종류

작업의 종류	연삭속도(m/min)
원통연삭	1700~2000
평면연삭	1200~1800
내면연삭	600~1800
공구연삭	1400~1800
초경합금연삭	900~1400

2. 연삭숫돌의 최고 사용 주속도

한국산업규격인 KS에서 연삭숫돌의 최고 사용 주속도의 결정방법은 연삭숫돌의 안전도 [KS L 6503(연삭숫돌의 시험방법)]을 기초로 한다. 연삭작업의 조건을 고려하여 연삭작업상 허용할 수 있는 주속도의 한계를 말하며, 다음 식에 준하여 결정하는 것이 바람직하다.

$$\mathrm{Vmax} \leq \frac{V_b}{f} \tag{7-1}$$

Vmax : 최고사용속도 (m/min)

V_b : 파괴 회전 주속도 (m/min)

f : 안전계수 (1.8~2.0) 기계연삭 및 기계절단에서는 1.8 기타는 2.0

3. 가공물의 원주 속도

가공물의 원주 속도는 공작물의 재질, 작업의 종류, 연삭숫돌의 종류 등에 따라 다르며 연삭가공 중에 가공물의 표면에 버닝이나 균열현상이 일어나지 않도록 하는 것이 중요하다. 가공물에 떨림현상이 일어날 때에는 원주 속도를 줄여주고, 숫돌의 마모가 빨리 진행될 때에는 가공물의 원주 속도를 줄여 주어야 한다.

4. 연삭 깊이

연삭 깊이는 연삭숫돌의 종류, 가공물의 재질과 형상, 가공정밀도 등에 따라 다르게 연삭 깊이를 주어야 하며, 1회의 절입량으로 연삭 깊이를 주는 것이 바람직하다. 〈표 7.6〉은 강의 재료를 연삭할 때 연삭 깊이를 나타낸다.

〈표 7.6〉 연삭 깊이

(mm)

종 류 / 연삭방법	평면연삭	원통연삭	내면연삭	공구연삭
거친 연삭	0.01~0.07	0.01~0.04	0.02~0.04	0.07
다듬질 연삭	0.0025~0.005			0.02

5. 이 송

원통연삭에서의 이송은 가공물의 원주속도와 관계가 있으며, 원주속도가 증가하면 이송을 적게 하여 연삭숫돌과 연삭기에 무리가 없도록 하여야 하고, 원주속도가 감소할 때에는 이송을 줄여 주어야 한다. 이송은 연삭숫돌의 폭 이하로 하여야 한다.

이송속도 Vf(m/min)는 다음과 같이 정한다.

$$Vf=\frac{f\cdot n}{1000} \qquad (7.2)$$

f : 이송 (mm/rev)

n : 가공물의 회전수 (rpm)

내면연삭이나 환봉의 연삭에서의 이송 위치는 연삭숫돌이 가공물을 지나칠 때까지 이송하지 말고 숫돌 폭의 1/3 정도가 가공물 밖으로 나왔을 때에 이송을 중지하는 것이 바람직하다. 만약 연삭숫돌이 계속 지나치는 작업을 하는 경우에는 가공물에 압력을 증가시키게 되므로 연삭 깊이가 증가되어 내면의 구멍이 커지거나 원통의 외경이 작아지는 현상이 일어난다.

7.3.3 연삭숫돌의 특성

절삭가공을 하는 숫돌의 특성을 살펴보면 숫돌입자의 결합도나 결합제 등에 따라 [그림 7.14]와 같은 현상이 발생된다.

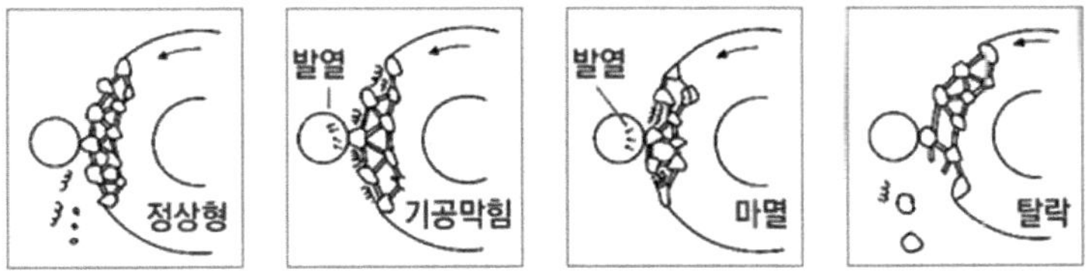

(a) 자생작용 (b) 눈 메움현상 (c)눈 무딤현상 (d) 눈 부스러짐현상

[그림 7.14] 숫돌입자의 특성

1. 숫돌입자의 자생현상(self sharpening)

절삭가공을 하는 숫돌입자의 자생에 영향을 미치는 인자는 숫돌입자의 성질과 유동성의 크기와 방향, 그리고 결합도와 가공물의 재질 등을 들 수 있다. [그림 7.15]는 가공 중에 숫돌입자가 파쇄 또는 탈락되면서 새로운 절삭 날이 발생되는 현상을 나타낸 것이다. 이러한 발생을 절인의 자생작용(自生作用: self sharpening)이라 하고, 연속적인 자생으로 숫돌의 절삭성을 양호한 상태로 유지시킨다.

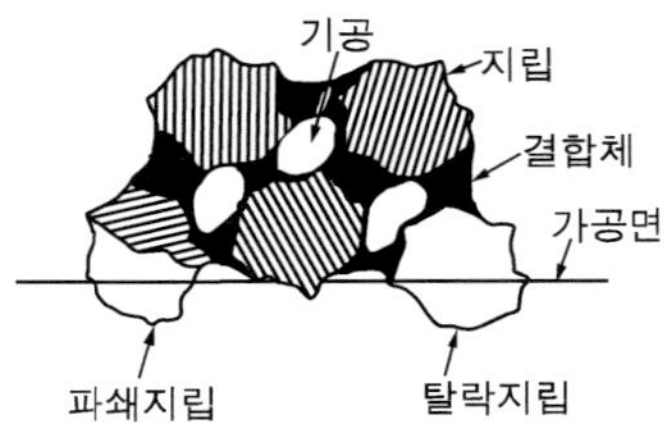

[그림 7.15] 숫돌입자의 자생현상

2. 눈 메움(loading)

가공 중에 숫돌의 기공 속에 절삭 칩이 메워지거나, 절인부분이 부착되는 것을 눈 메움 또는 막힘이라 한다. 눈 메움 현상에는 강한 눈 메움, 가벼운 눈 메움, 연삭을 방해하는 눈 메움이 있으며, 눈 메움이 심하면 연삭작용을 크게 저해시키므로 숫돌의 마모를 촉진시키는 가공조건으로 바꾸어야 한다. [그림 7.16]에는 각종의 눈 막힘 상태의 현상을 나타냈다.

(a) 가벼운 눈막힘 (b) 강한 눈막힘 (c) 절인에 부착되는 눈막힘

[그림 7.16] 눈 메움 상태

3. 눈 무딤(glazing)

숫돌입자인 절인이 마멸되어 평탄하게 된 것을 눈 무딤 또는 문드러짐이라 한다. 방지책

으로는 파쇄성이 큰 숫돌입자를 선택하거나 연삭가공 조건을 숫돌의 자생이 쉽게 되는 방법으로 바꾼다. 그렇지 않으면 마멸 잘 되지 않는 다이아몬드 숫돌입자이나 CBN 숫돌입자로 바꾸어 주는 것도 하나의 대책이 된다. [그림 7.17]은 선단이 문드러진 숫돌입자의 절인 모형도이다.

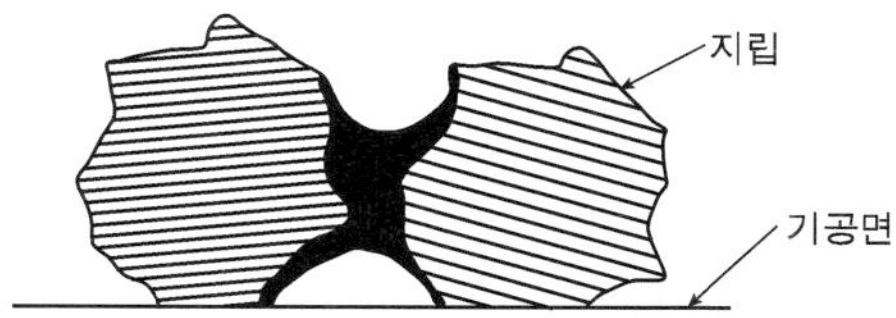

[그림 7.17] 문드러진 숫돌입자의 절인상태

4. 눈 부스러짐(shedding)

호닝가공 중에 숫돌입자가 원형 그대로 결합제로부터 떨어져 나가거나, 균열이 발생 되면서 탈락하여 가공물을 효율적으로 가공할 수 없는 상태를 눈 부스럼이라 한다. 이 같은 현상의 방지책으로는 숫돌입자의 지지력이 강한 결합제의 숫돌을 선택하거나 인성강도가 큰 숫돌입자를 사용한다. [그림 7.18]은 눈 부스러짐 상태의 모형이다.

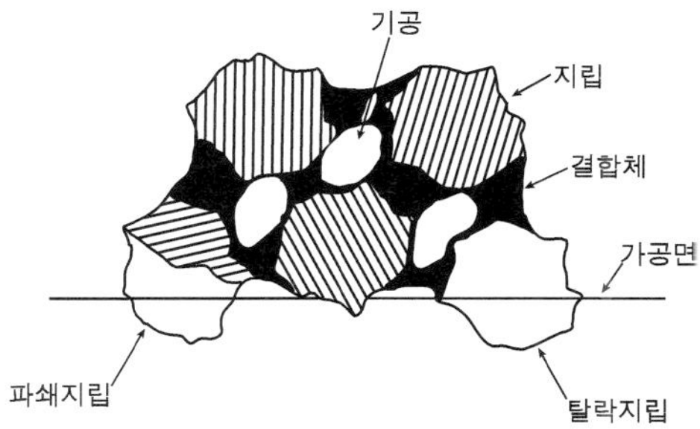

[그림 7.18] 눈 부스러짐 상태

7.3.4 연삭숫돌의 드레싱과 트루잉

1. 드레싱(dressing)

연삭가공 중에 연삭숫돌의 입자가 무디어 지거나 눈 메움 현상이 발생하면 절삭성이 떨어져 연삭능력이 저하되므로 [그림7.19]와 같이 연삭숫돌의 면에 새로운 날 끝이 나타나도록 하는 [그림7.20]과 같은 도구를 사용하는 작업을 드레싱이라 한다. 드레싱은 연삭조건과 일치시켜야 하며 조건에 따라 건식드레싱과 습식드레싱이 있다. 드레싱의 목적은 새로운 절삭날을 재현시키고, 기공에 찬 칩을 제거하고, 새로운 칩을 배제하는 공간을 형성시키는 것이다.

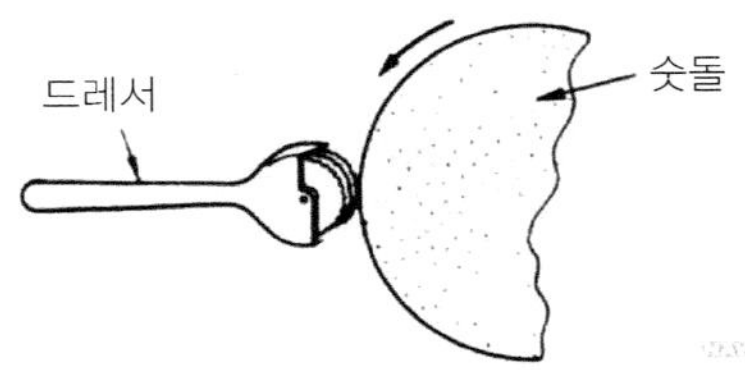

[그림 7.19] 연삭숫돌의 드레싱작업

2. 트루잉(truing)

연사숫돌 입자가 연삭가공 중에 떨어져 나가거나, 최초의 연삭단면 형상과 다르게 변하는 경우에는 원래의 형상으로 성형시켜 주는 것을 트루잉이라 한다. 트루잉 작업도 [그림7.20]과 같은 다이아몬드 드레서, 프레스 롤러, 크러시 롤 등을 사용하며, 트루잉 작업과 드레싱 작업은 동시에 이루어진다. 트루잉의 목적은 숫돌작업면의 형상을 소정의 형상으로 성형하고, 숫돌 축에 직각의 작업 면에 존재하는 숫돌입자인 절삭 날의 높이 분포를 수정하고, 진동의 원인을 제거하는데 있다.

(a) 모방연삭면 드레싱공구

(b) 평면연삭면 드레싱공구

[그림 7.20] 각종 드레싱 공구

3. 전해 드레싱

최근의 정보통신기기 및 O/A 에 사용되는 부품은 높은 정밀도와 고품질의 저렴한 가격을 요구하고 있다. 이러한 요구를 만족하기 위하여 [그림 7.21]과 같이 미세립의 숫돌을 사용하여 드레싱을 하면서 연삭하는 방법을 적용하고 있다. 숫돌의 로딩을 방지하고 고능률로 가공할 수 있는 센터리스연삭기에 채용한 결과 좋은 결과를 얻었다.

전해드레싱의 원리는 전기분해로 메탈 접착제를 녹여서 제거하면 숫돌입자가 돌출되는 동시에 산화피막이 만들어지고 이 산화된 막이 숫돌입자를 탄력적으로 유지하기 때문에 고품질의 연삭이 가능하다는 것이다.

- 이 가공의 특징은 다음과 같다.

① 지석의 절삭성이 양호하여 한 공정으로 가공할 수 있다.
② 트루잉과 드레싱을 자동화 할 수 있다.
③ 경면가공을 할 수 있다.
④ 연속적인 라인생산을 할 수 있어 생산능력을 높일 수 있다.

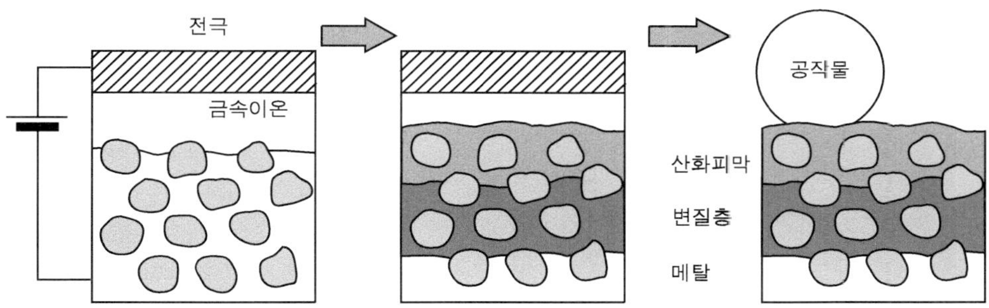

[그림 7.21] 전해 드레싱의 원리

7.3.4 연삭유

연삭작업에서는 가공에너지가 크기 때문에 숫돌입자에는 대단히 높은 온도가 발생하지만, 금속에 비해 열 전도성이 낮으므로 발생되는 연삭열의 대부분이 가공물에 전도된다. 이로 인해 연삭균열과 연삭연소가 발생되면서 가공물을 변질시키므로 가공부품은 피로강도와 내마모성을 저하시키고 열팽창으로 인한 가공치수의 변형을 초래하게 된다. 그러므로 연삭유는 윤활성, 냉각성, 침투성을 고루 갖춘 것을 사용해야 한다. 숫돌과 공구의 마모 감소 또는 마무리 정밀도를 높이는데 유효한 성능을 발휘할 수 있어야 하며, 저장 중에 악취나 변질이 되지 않고, 인체에 나쁜 영향을 미치는 성분이 없어야 한다.

• 연삭유의 요구조건

① 칩 생성을 원활하게 하여 절삭성을 높일 수 있을 것.
② 다듬질면의 정밀도를 보다 향상 시킬 수 있을 것.
③ 공구수명을 보다 길게 연장할 수 있는 성질을 가질 것.
④ 가공물과 공작기계를 녹슬지 않게 방식과 방청성을 가질 것.
⑤ 물성이나 제반성질이 쉽게 변질이 되지 않는 안정성을 가질 것.
⑥ 도료를 침해하지 않는 성질을 가질 것.
⑦ 악취 등 인체에 해를 주는 요인이 없을 것.

7.3.5 연삭숫돌의 취급

1. 장착 할 때 주의사항

① 숫돌의 표면상태를 육안으로 살핀 후 결함을 확인하고 표면에 굴곡이 있거나 흠이 있으면 불량 한 것으로 선택하지 말아야 한다.
② 음향검사를 나무망치로 가볍게 두들겨 맑은 금속음이 나는 것을 선택한다.
③ 플랜지의 외경은 숫돌외경의 1/3 이상인 것을 선택한다.
④ 열팽창으로 인한 수축을 고려하여 숫돌구멍과 축과의 틈새는 0.1～0.15㎜ 정도를 선택한다.
⑤ 숫돌과 플랜지 사이에는 반드시 패킹을 끼워 조립하여야 한다.
⑥ 숫돌 자체의 레이블(label)이 훼손 되었을 때에는 두께 0.4～0.5㎜의 흡습지를 이용하여 새로운 패킹을 만들어 사용한다.
⑦ 연삭숫돌의 고정너트는 토크렌치를 이용하여 정확한 조임을 하고, 과도한 조임으로 파손되는 일이 없어야 한다.
⑧ 플랜지를 고정할 때에는 균형을 유지하게 하여 진동의 원인을 없앤다.
⑨ 연삭기에 연삭숫돌을 안전하게 장착한 후에는 잠시 공회전을 하면서 이상 유무를 확인하고 [그림 7.22]와 같은 안전 카버의 기능을 다시 점검한다.

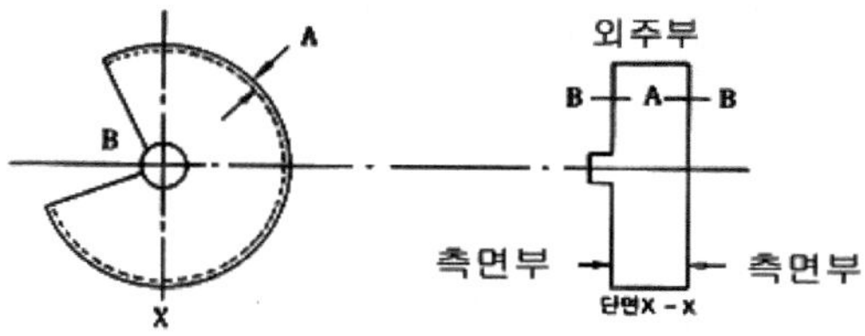

[그림 7.22] 안전 카버의 외형

2. 안전한 사용법

① 자그마한 균열이 있어도 절대 사용을 금한다.

② 과도한 고속회전은 피한다.

③ 장착 과정에서 균열이 일어날 수 있으므로 사용 중에도 간혹 육안검사를 철저히 한다.

④ 무거운 물체와 충돌이 있을 경우에는 기계를 세우고 안전점검을 다시 확인한다.

⑤ 숫돌의 측면은 가급적 심한 압력을 주지 말 것.

⑥ 연마기 테이블 위에는 불필요한 공구나 재료를 놓지 말 것.

⑦ 과도한 압력과 열이 발생하여 가공물 표면에 이상이 있을 찾아 수정 보완 하게 한다.

⑧ 안전안경을 항시 착용한 후 작업을 시작하게 한다.

Chapter 08 정밀입자가공

정밀입자 가공은 미세한 숫돌입자 또는 분말상태의 주철이나 구리 등의 연한금속의 랩 분말을 사용하여 가공물의 표면을 정밀도가 높게 가공하는 것을 말한다. 그 종류에는 래핑(lapping), 호닝(honing), 슈퍼 피니싱(super finishing), 폴리싱(polishing), 버핑(buffing) 등이 있다.

제1절 래핑

8.1.1 개요

래핑(lapping)은 랩제를 사용하여 가공물의 표면이나 원통 면을 마모가공으로 정밀도가 높은 마무리 가공을 하는 것이다. 연삭입자를 기름 등과 혼합한 랩제를 가공물과 회전 연마반인 랩 공구사이에 넣고 압력을 가하면서 상대운동을 시켜 가공물의 표면에 초미세 칩을 만들어 가공하는 작업을 래핑이라고 한다. 이 작업에서 미세한 입자를 이용하면 표면정도를 0.025～0.1㎜, 공차는 ±0.4㎛까지 얻을 수 있다. 래핑압력은 공작물의 경도에 따라 다르며 일반적으로 7～140kPa로 한다. 래핑은 가공 중에 발열이 적으므로 가공 변질이 거의 없고, 절삭량이 극히 적으므로 앞 가공에서 형상치수를 정확하게 가공해야 래핑에서 한 단계 끌어 올릴 수 있는 가공이 된다. 래핑방식은 거친 다듬질을 위한 습식래핑과 정밀다듬질의 건식래핑이 있다. 수직래핑으로는 작은 구멍, 스프라인구멍, 초경질합금, 보석이나 유리등의 가공에 널리 이용되고 있다.

[그림 8.1]은 양면래핑머신으로 세라믹, 초경합금, 소결금속, 주철, 페라이트압전소자, 반도체 웨이퍼 등의 양면 래핑을 하는 기계장치이다.

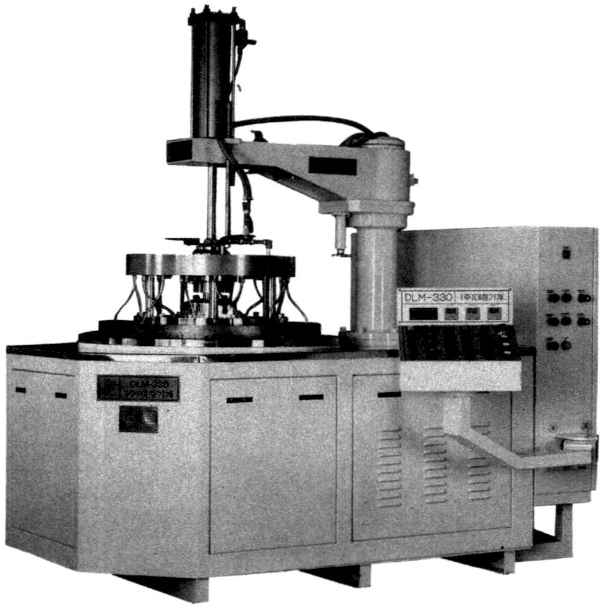

[그림 8.1] 양면 래핑머신

8.1.2 습식래핑

습식래핑은 고속도에서 고압력을 사용하여 주로 거친 다듬질 가공에 이용되고 있으며 랩제와 기름을 혼합하여 가공물에 주입하면서 래핑작업을 하는 방법이다.

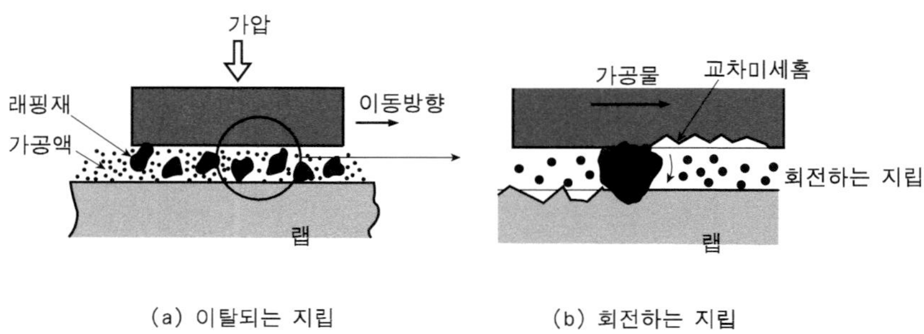

[그림 8.2] 습식래핑

랩제는 가공물이 강(鋼)인 경우에는 산화 알루미늄계 숫돌입자와 탄화규소 숫돌입자를 사용하고, 입도는 #240~#500 정도의 것을 기계유에 섞어서 사용한다. [그림 8.2]는 습식래핑에서 랩제의 운동을 나타낸 것이다.

8.1.3 건식래핑

건식래핑은 습식래핑 작업 후에 좀 더 매끈한 표면의 경면(鏡面)가공을 위한 것으로, 랩을 랩제 속에 묻혀 두었다가 꺼내어 건조한 상태에서 래핑작업을 하는 가공 방식이다. 블록게이지와 한계 게이지 등의 가공에 이 방식이 이용되고 있다. [그림 8.3]은 건식래핑을 나타낸 것이다.

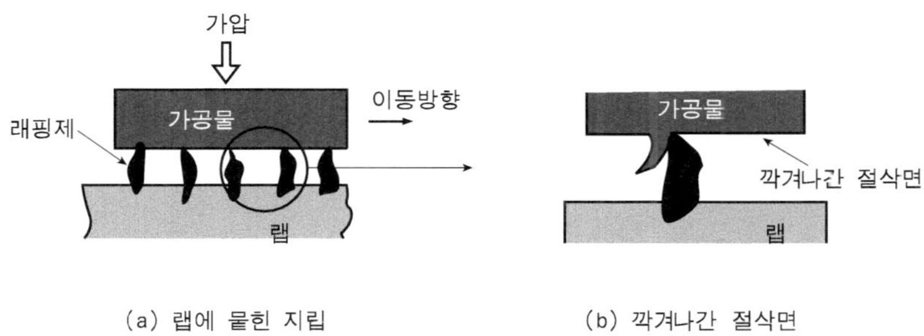

[그림 8.3] 건식래핑

8.1.4 래핑의 특성

① 평면도, 직선도, 진원도 등의 기하학적 형상을 이상적으로 얻을 수 있다.
② 다듬질 면을 거울 면과 같이 얻을 수 있다.
③ 내마모성과 내식성(耐蝕性)이 증대된다.
④ 윤활성이 양호하다.
⑤ 작업방법이 간편하고 다량생산에 적합하다.

8.1.5 랩 재료

랩의 재료는 가공물의 경도보다 낮은 연질의 것을 선택하고, 가공물의 재질과 형상에 적합한 것을 사용하여야 한다. 일반적으로 주철, 동, 황동, 연(鉛), 알루미늄, 주석, 배빗 등을 사용하며, 비금속 재료인 목재, 가죽, 섬유 등을 사용하기도 한다.

8.1.6 랩제

랩제는 가공물의 재질이나 다듬질의 정도에 따라 입자의 경도, 예리함, 인성 등의 특성을 고려하여 선택해야 한다. 연삭입자에는 다이아몬드, Cr_2O_3, Fe_2O_3, 등이 있으며, 거친 래핑에는 탄화규소(SiC)가 주로 사용되며, 다듬질 래핑에는 산화알루미늄(Al_2O_3)계 가 사용된다. 입도는 초벌다듬질에서는 #200～#400의 것이 사용되며, 정밀다듬질에서는 #1000 이상의 것이 사용된다. 〈표 8.1〉에는 가공재료에 따른 랩제와 래핑유를 나타냈다.

〈표 8.1〉 랩제와 래핑유

<table>
<tr><th rowspan="2">가공재료</th><th colspan="2">랩 제</th><th rowspan="2" colspan="2">래 핑 유</th></tr>
<tr><th>거친 가공</th><th>다듬질 가공</th></tr>
<tr><td>연질금속</td><td>WA 분말</td><td>산화크롬</td><td>파라핀유</td><td rowspan="2">올리브유, 종유,
소량의 스피들유를
혼용 사용.</td></tr>
<tr><td>경질합금
담금질강</td><td>GC 분말</td><td>다이아몬드분말, GC</td><td>등유, 석유</td></tr>
<tr><td>비금속</td><td>WA 분말</td><td>산화철,
산화크롬</td><td colspan="2">알카리액 또는 물</td></tr>
</table>

8.1.7 래핑유

래핑유는 습식래핑의 경우 랩제를 적당히 혼합하여 사용하는 것으로, 초벌다듬질에는 낮은 점도의 혼성유(경유에 광・식물성 기름을 적당히 혼합한 것)를 사용하고, 정밀다듬질용 래핑에는 점도가 높은 기계유와 식물성 기름을 혼합하여 사용한다.

8.1.8 래핑방법

1. 손 래핑

아래 [그림 8.4]그림에서 보는바와 같이 래핑을 손으로 하는 작업으로 평면래핑의 경우 랩의 상면에 랩제를 바르고 가공물을 올려놓고 손가락으로 약간의 압력을 주면서 랩의 회전력에 맞추어 문질러 준다.

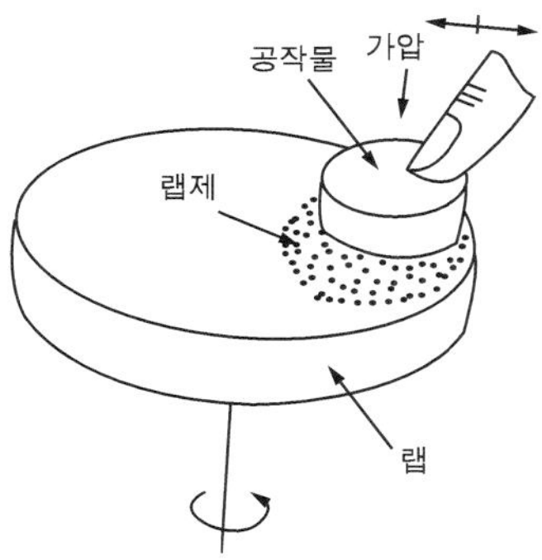

(a) 평면 손래핑

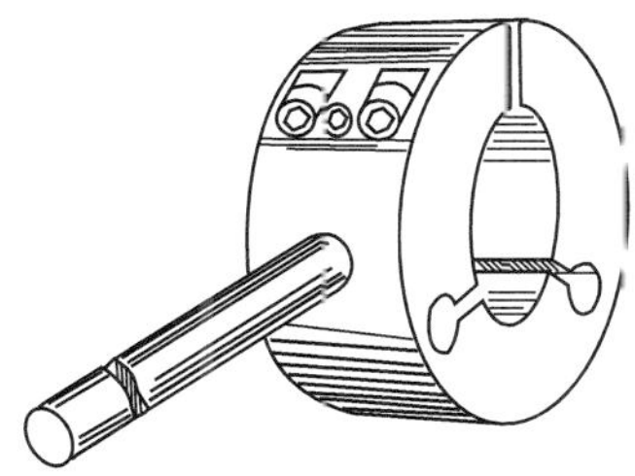

(b) 링 조절식

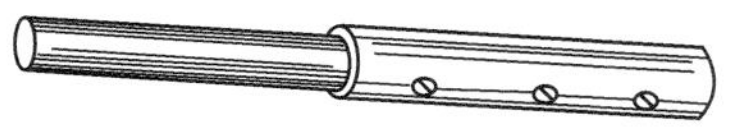

(c) 나사팽창식

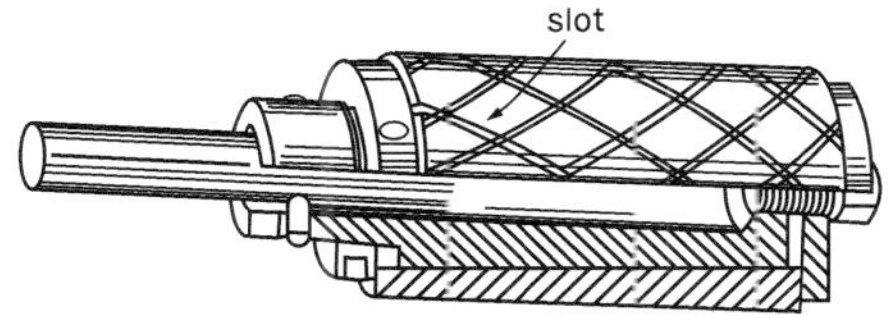

(d) 분할슬리브식

[그림 8.4] 래핑방법과 각종의 래핑공구

2. 기계래핑

(1) 평면래핑

평면래핑은 가공물을 얇은 강판의 홈에 끼우고, 랩 정반위에서 랩제와 함께 회전운동과 선회운동을 하면서 소정의 다듬질 정도로 가공한다. 일반적으로 래핑여유는 5~8μm 정도로 한다. [그림 8.5]는 평면래핑과 제품을 나타낸 것이다.

(a) 래핑가공

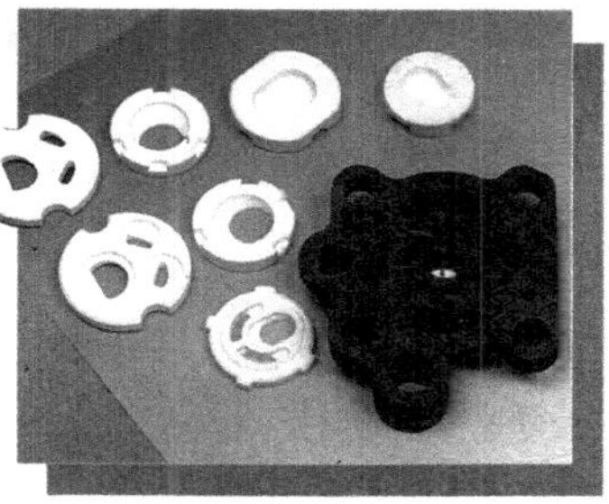

(b) 래핑제품

[그림 8.5] 평면래핑

(2) 원통래핑

원통래핑에서는 반지름의 위치가 달라지면 랩의 속도가 달라지므로 모든 위치에서 래핑이 균등하게 되기 위해 접촉되는 원주 속도가 모든 점에서 균일하게 분포되어야 한다. 외경 래핑에서는 스핀들이나 피스톤 핀, 그리고 플런저와 플러그 게이지 등이 가공되며, 내경의 경우에는 스플릿 홈을 가진 원통에 테이퍼 봉을 넣어서 팽창시키면서 가공한다. [그림 8.6]은 원통 래핑용 고정구이다.

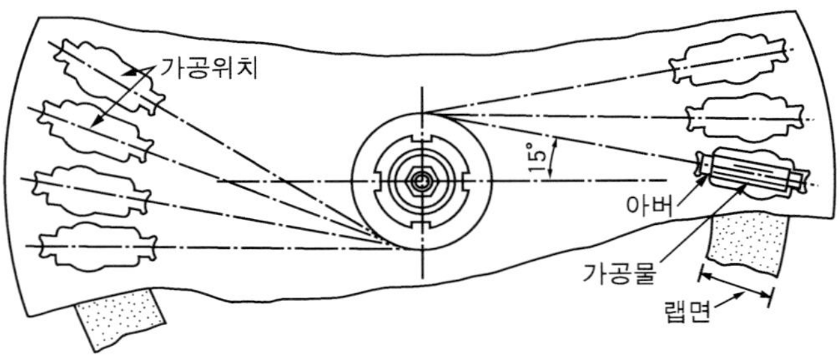

[그림 8.6] 원통 래핑용 고정구

(3) 기타 래핑

정밀도가 높은 마이크로미터의 스핀들나사와 나사 게이지와 같은 것은 나사산부터 골, 그리고 경사면의 순서로 래핑다듬질을 하여 정확도를 높여준다. [그림 8.7]은 센터리스와 구면 래핑기구를 나타낸 것이다.

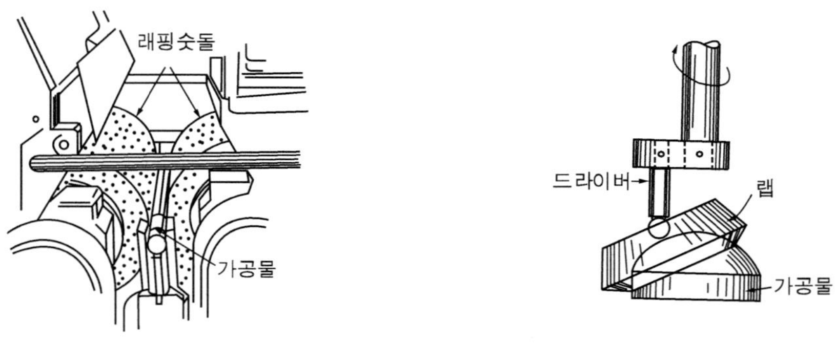

(a) 센터리스래핑　　(b) 구면래핑

[그림 8.7] 센터리스와 구면래핑 장치

제2절 호닝

8.2.1 개요

호닝(honing)은 원통의 외경이나 내면 다듬질이 가능하지만 주로 내면을 가공하며, 전 가공에서 나타낸 형상의 진원도와 진직도, 그리고 테이퍼 등을 바로 잡을 수 있다. 호닝숫돌을 가공물에 밀어 붙이면서 회전과 왕복운동을 반복하면서 표면을 매끈하고 평활하게 하여 정확한 치수 가공과 표면 정밀도를 높일 수 있다. 호닝에 이용되는 가공재료는 주철, 초경합금, 황동, 청동, 알루미늄, 크롬, 은 등의 금속과 유리, 세라믹, 플라스틱 등의 비금속이 있으며 속도에는 차이가 있으나 경도에는 제한이 없다. 호닝의 조건으로는 가공물의 재질 및 형상, 앞 공정의 치수정도, 호닝속도, 교차각, 숫돌의 제원, 숫돌의 확장 방식과 확장압력, 절삭유 등을 들 수 있다. [그림 8.8]은 호닝머신의 주요부를 나타내고 있다.

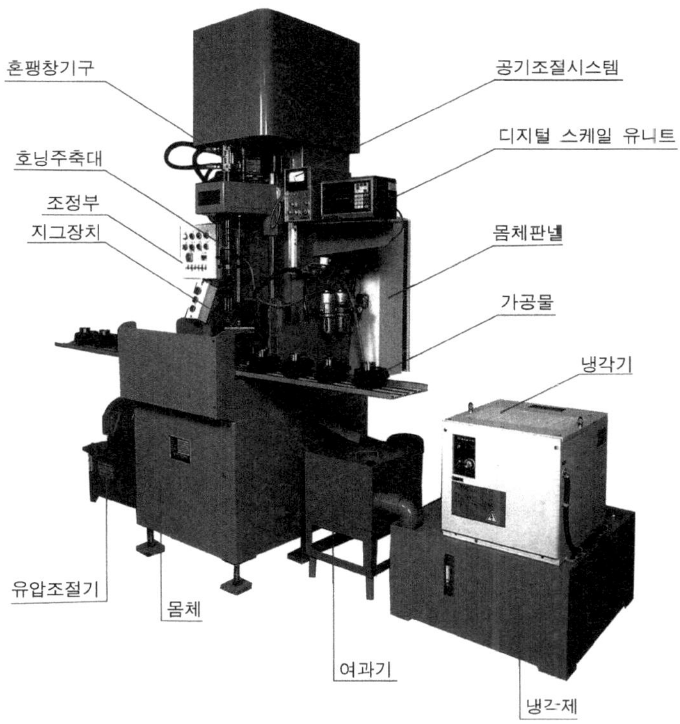

[그림 8.8] 호닝머신

8.2.2 호닝 가공

호닝가공은 공작물의 형상치수 및 정도를 개선하고 다듬질면의 정밀도를 향상시키기 위한 가공기술이다. 앞 공정의 가공에서 정확하게 형상가공을 하고, 다듬질면의 정도향상을 목적으로 하는 경우에는 통상 5~20㎛의 가공여유를 두고, 호닝에 의해 형상정도를 교정하고 다듬질정도를 향상하기 위한 경우에는 가공여유를 5~100㎛ 정도로 하는 것이 보통이다. 가공여유를 필요 이상으로 주게 되면 가공시간에 직접 영향을 주게 되므로 숫돌의 마모가 빠르고 가공비용이 증가한다. 반대로 가공여유가 너무 작으면 전 가공의 이상 현상을 충분히 제거할 수 없어 정밀도가 떨어진다.

8.2.3 호닝 절삭유

호닝가공에서 다듬질 면을 높은 정밀도로 얻기 위해서는 호닝 절삭유의 선택을 신중하게 하여야 한다. 절삭유는 식물성 유화유 또는 광물성 기름과 석유의 혼합액을 광범위 하게 사용하고 있으며, 점도가 너무 높은 기름을 사용하면 숫돌의 절삭성이 떨어져 가공을 매끄럽게 하는 동시에 숫돌에 눈 막힘을 일으키므로 다듬질은 좋아지지만 능률은 저하된다. 반대로, 점도가 낮으면 작업능률은 높아지지만 다듬질이 좋지 않게 된다. 절삭유의 주입양은 숫돌의 눈 막힘을 방지하고 열의 발생을 억제하고 냉각효과를 유지할 수 있을 정도로 충분하게 공급 하여야 한다. 또한, 절삭유에 혼입되어 들어오는 칩과 숫돌입자의 조각을 제거하기 위한 장치도 갖추어야 한다.

- 절삭유의 선택 목적

① 가공 중에 발생하는 열의 발산을 억제한다.
② 가공 중에 발생되는 칩을 흘려보내어 숫돌의 눈 막힘을 방지한다.
③ 유막의 작용으로 숫돌의 숫돌입자 절삭 날이 예리하게 가공물에 작용을 하여 다듬질면의 정도를 나쁘게 하는 것을 억제한다.

제3절 슈퍼 피니싱

8.3.1 개요

이 가공은 가공물의 표면에 미세한 입자의 연한 숫돌을 작은 압력으로 가공물에 가압하면서 이송과 진동을 주는 방법으로 고정밀도의 표면을 얻는 것이 주목적이다.

[그림 8.9] 원통외면 슈퍼 피니싱 작업

[그림 8.9]와 같이 슈퍼 피니싱 가공된 표면은 방향성이 없으며 매끈하고 표면의 변질부가 거의 없다. 기본적인 작업은 원통의 외면과 내면, 그리고 평면 등의 가공과 각종의 게이지와 베어링 접촉부분 등의 초정밀 가공에 실용화 되고 있다.

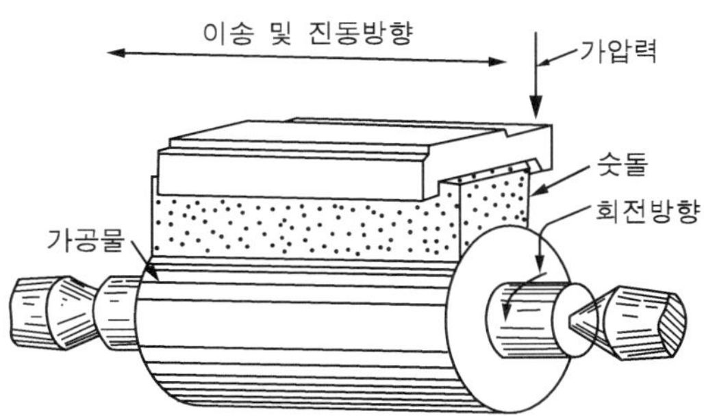

[그림 8.10] 원통외면 슈퍼 피니싱

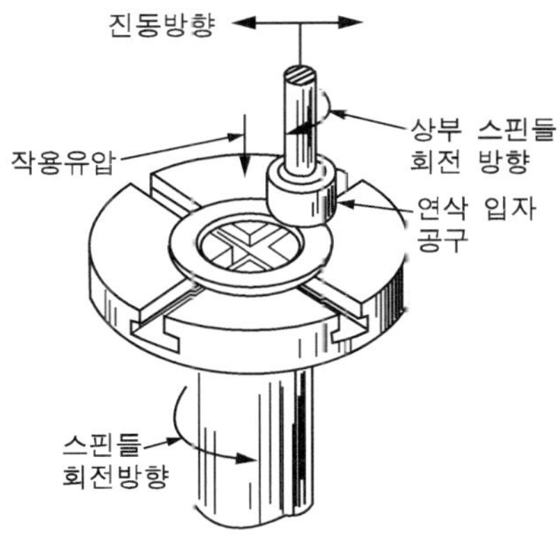

[그림 8.11] 평면 슈퍼 피니싱

[그림 8.10]은 원통의 외면가공을 나타낸 것이고, [그림 8.11]은 평면의 가공을 나타낸 것이다. 원통의 외면 가공에서는 숫돌 길이를 가공물과 같게 하고, 폭은 가공물 지름의 60~70%가 적당하다. 〈표 8.2〉는 슈퍼 피니싱과 호닝의 특성을 나타낸 것이다.

〈표 8.2〉 슈퍼 피니싱과 호닝의 특성

가공 조건	슈퍼 피니싱	호 닝
숫돌의입도	#180~#1000	거친 가공 #120~#180 다듬질 가공#220~#500
숫돌의 재료	SiC계: 인장강도가 작은 경우 산화 알루미늄계: 경도가 큰 재료	A·WA계: 강재 GC, C계: 주철 및 비철금속
원주속도 m/min	10~40	10~80
진동수 cycle/min	1000~2500	50~200
진폭(mm)	1~4	5~300
절삭유	기계유1 + 석유3	황화유, lard유와 석유의 혼합액

제4절 폴리싱과 버핑

8.4.1 개요

폴리싱(polishing)은 버핑(buffing)작업 전에 하는 작업으로 직물이나 피혁, 그리고 펠트 등과 같은 탄성이 있는 연한 재료로 구성된 회전바퀴에 미세한 연삭입자를 부착시켜 이를 회전시켜 가공물을 연삭하는 작업이다. 이것은 버핑 전에 다듬질하는 가공이다.

버핑은 앞에서 말한 재료에 접착제인 아교를 발라서 원형바퀴나 봉 형태로 만들고 여기에 윤활제를 섞은 미세한 연삭입자를 공급하여 연삭가공을 한다. 이 가공으로 가공물의 표면을 매끈하게 광택이 나게 다듬질하는 것이다.

8.4.2 폴리싱

폴리싱(polishing)은 버핑가공 보다 먼저 하는 작업으로 폴리싱 회전원반 바퀴에 큰 입자의 숫돌입자에서부터 작은 입자로 순차적으로 바꾸어 가면서 가공물 표면을 연마하는 작업이다. 입자의 종류는 강(鋼)이나 황동의 가공에는 WA계와 주철가공에는 GC계가 있으며, 에머리는 알루미늄, 두랄루민, 마그네슘, 구리 등에 사용된다. 윤활유로서는 석유, 기계유, 그리스 등을 사용하며 연삭입자와 혼합하여 사용한다.

일반적으로 기계부품은 회전원반에 의해 폴리싱을 하지만, 자동차의 도장표면과 같은 예민한 표면은 [그림 8.12]와 같이 광택기에 의한 표면 폴리싱 작업을 한다.

[그림 8.12] 광택기에 의한 폴리싱

8.4.3 버핑

버핑(buffing)은 면, 직물, 피혁, 코르크, 펠트 등 연한재료를 여러 겹으로 겹쳐서 회전원반으로 만들고 아교로 숫돌입자를 고착시킨 버핑 바퀴를 전동축에 고정시킨다. 연삭입자와 산화철, 그리고 산화알루미늄 등의 분말을 유지(油脂)화 하여 왁스나 그리스 등을 혼합시킨 연마제를 바른 후 회전시켜 가공물에 광택을 내는 가공이다. 이와 같이 버핑의 구성요소는 유지와 연삭입자, 그 지지물인 직물을 들 수 있으며, 버핑은 일종의 유연한 연삭가공으로 이미 앞 가공에서 가공된 표면형상을 좀 더 광택이 나도록 하는 작업이다. [그림 8.13]은 버핑머신을 나타낸다.

버핑 연마에서 발생하는 열에너지는 유지를 연화시키고, 연삭입자는 연삭을 하면서 시간이 경과함에 따라 입자가 떨어져 나오고 가공효율도 떨어진다. 이때 컴파운드를 발라주면 다시 청정 윤활작용을 하게 되면서 가공표면의 조도를 향상시킬 수 있으므로 컴파운드의 선택에 따라 광택의 기준과 표면조도가 달라진다. 버프에 대한 압력은 가공물의 재질, 다듬질 정도, 버프의 종류 등에 따라 다르다. 버프의 강성이 클 때에는 압력을 작게 주고 버프가 연성일 때에는 작게 압력을 주면서 작업을 해야 한다.

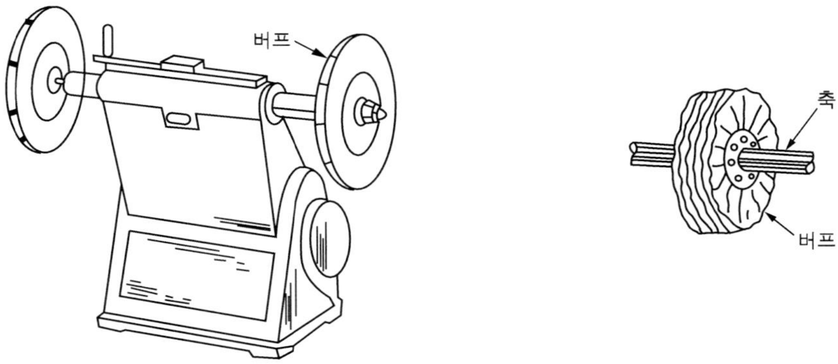

[그림 8.13] 버핑머신과 버프

Chapter 09 특수가공

특수가공은 절삭이나 연삭과 같은 종래의 가공법으로는 가공이 곤란한 특수재료와 내열경질의 신소재 등의 경우에 기계적, 전기적, 그리고 화학적 특수가공법을 이용하여 정밀도와 능률을 높이는 가공이다. 따라서 새로운 기술이 개발되면서 항공 우주산업은 물론 반도체산업에도 적용되고 있다.

제1절 기계적 특수가공

기계적 특수가공의 공통점은 공작물의 표면에 가공경화를 주어 피로강도를 증가 시키고 가공 면을 매끈하게 다듬질하게 하는 것으로, 배럴가공(barrel finishing), 숏 피닝(shot peening), 액체호닝(liquid honing), 버니싱(burnishing) 등이 있다.

9.1.1 분사가공

분사가공법에는 샌드 블라스팅(sand blasting), 숏 피닝(shot peening), 그릿 블라스팅(grit blasting) 등이 있으며, 샌드 블라스트와 그릿 블라스팅은 주조 및 소성가공에서 이용되고 있으며, 분사가공은 압축공기를 이용하여 연마재의 입자를 초고속으로 가공물 표면에 분사시켜 세정 연삭효과와 피닝효과를 얻을 수 있다.

1. 피닝효과

피닝(peening)효과는 가공표면에 금속으로 만든 숏을 고속도로 투사시켜서 피로강도를 증대시키기 위한 일종의 냉간가공으로, 여기에서 나타나는 효과를 피닝효과라 한다. 이 피닝 효과는 연마제의 크기, 비중, 분사압력과 투사각도, 투사속도와 거리 및 분사에너지에 따라 다르게 나타난다.

2. 세정효과

가공표면에 숏을 고속으로 투사시키기 때문에 표면에 잔류된 스케일(scale)이나, 녹(rust), 화학적으로 처리가 곤란한 도막부분도 완전히 제거하는 동시에 청정작용도 한다.

3. 건식 블라스트

건식 블라스트는 압축공기와 연마재의 2상의 구성체를 공작물에 고속분사노즐로 분사하거나, 원심력에 의한 날개(impeller)로 투사시켜서 공작물에 충격을 주는 일종의 냉간가공이며, 분무체를 조성하는 에너지원은 연마재를 노즐에 수송하는 에너지, 가속을 시키는 에너지, 가속체를 분사시키는 에너지로 이들의 3 요소를 가공방법과 가공특성에 따라 조절해야 한다.

4. 습식 블라스트

습식 블라스트는 연마재, 공기, 물의 3가지 요소의 구성체로서, 이들을 분무체로 만들어 고속분사노즐을 통하여 공작물의 표면에 충돌시키는 냉간가공이다. 이 가공은 초미세입자(#3000)를 사용하여 가공표면을 초미세가공으로 할 수 있다.

5. 블라스트 연마재

블라스트에 이용되는 연마재는 천연연마재와 인조연마재가 있으며 그 입자는 구상(球狀) 또는 예리한 모서리가 있는 연마재로 만들어진다.

9.1.2 숏 피닝

숏 피닝은 경화된 작은 철구(steel ball)를 공작물에 고압으로 분사하여 표면의 경도를 증가시켜 기계적 성질을 향상시키는 가공법이다.

1. 숏 피닝 가공

숏 피닝 가공의 분사기는 공기식과 압축식이 있다. 공기식은 분사동력원을 압축공기를 이용한 것으로 노즐에 숫돌입자이나 그릿을 분사시켜 가공하는 기계이며, 원심식분사가공기는 [그림 9.1]과 같이 분사동력원에 회전원판과 날개를 사용하여 원심력 작용에 의한 그릿이나 숫돌입자를 가속시켜 분사하는 가공기이다.

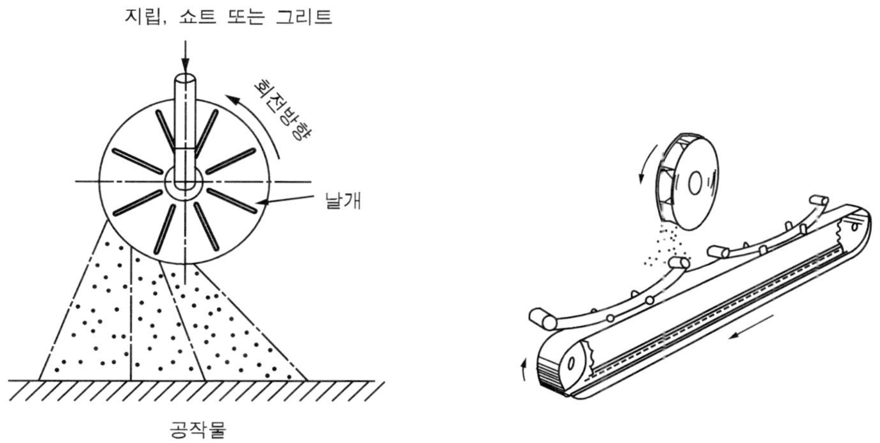

(a) 가공기 (b) 가공물 이송장치

[그림 9.1] 원심력식 분사 가공기

2. 숏

숏(shot)에는 칠드주철, 가단주철, 주강 및 커트와이어 숏이 주로 사용되고 있으며, 특수한 경우 유리와 구리재료의 숏이 사용되고 있다.

① 칠드주철 숏은 용융상태의 주철을 수중에서 산포시켜 급랭하여 경화시킨 것으로 C : 3 %, Si : 1.4 %, Mn : 0.3 % 의 것이 사용되고, 경도는 비교적 커서 열처리를 하여 사용한다.

② 커트와이어 숏은 경강선을 절단하여 만든 것으로 0.5～1.0 ㎜의 것이 사용되고, 주철 숏에 비하여 인성이 크므로 장시간 사용할 수 있다.

3. 가공조건

숏 피닝에서의 가공조건은 분사속도, 분사각도, 분사면적을 들 수 있다. 분사속도가 크면 피닝효과가 크게 향상되지만 속도에 제한이 있으며, 공기분사식에서 공기압력이 4 kg / ㎠ 이상이 되면 공작물의 표면조직을 파괴시킬 수 있으므로 주의해야 한다. 가공 층의 두께에 가장 크게 주는 각도는 90°로 하는 것이 좋으며, 분사각이 너무 크면 피닝효과가 떨어진다. 분사면적은 분사각이 서로 다른 위치에서 서로 달라지기 때문에 피닝효과도 의치에 따라 달라지며 가공속도에 영향을 미치게 된다.

9.1.3 그릿 블라스팅

1. 개요

샌드 블라스팅으로 주물의 표면을 청정시키면 모래입자가 파손되어 입자의 크기가 변하므로 작업상태가 달라지고 분진이 일어나 작업환경이 나빠지므로 문제가 되고 있다. 그러므로 최근에는 작은 강구나 예리한각을 지닌 주철이나 주강의 입자인 그릿을 사용하여 공작물 표면을 다듬질하는 것을 그릿 블라스팅이라 한다.

2. 그릿의 크기

그릿(grit)의 입도가 크면 가공 면은 거칠어지고 다듬질 량은 증가하지만, 입도가 작으면 다듬질 량은 감소하는 반면 가공 면은 매끄러워진다. 그러므로 가공물의 재질과 요구하는 가공면의 정밀도에 따라서 입도를 선정해 주어야 한다. 공기압력은 가공물의 경도가 작을 때에는 낮게 하고, 경도가 클 때에는 크게 한다. 분사거리와 각도는 단단한 가공물에서는 분사거리를 짧게 하고, 연한 가공물에서는 거리를 두어서 가공면적을 넓게 하는 것이 바람직하다.

9.1.4 배럴 다듬질

1. 개요

배럴(barrel) 가공은 회전하는 상자 속에 숫돌입자와 가공유, 그리고 컴파운드를 가공물을 넣고 회전시켜 서로 충돌하면서 공작물의 표면을 매끈한 면으로 가공하는 것을 배럴 다듬질이라 한다. 이때의 회전 통을 배럴이라 한다. [그림 9.2]는 배럴의 종류를 나타낸 것이다.

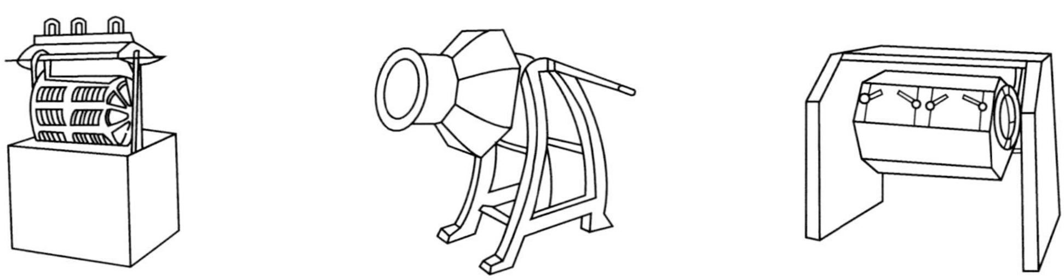

[그림 9.2] 각종 배럴의 형태

2. 다듬질 방법

배럴 속에 가공물과 미디어를 내용적의 1/2 정도 넣은 후 가공액체를 첨가하여 저속회전을 시키면서 가공을 한다. 배럴다듬질이 가능한 재료는 철강과 비철금속뿐만 아니라 목재나 수지류 등이 있다. 거친 다듬질용 미디어는 석영, 돌가루, 모래, 숫돌입자 등을 사용하고, 광택내기에는 나무, 가죽, 톱밥 등을 사용한다.

3. 다듬질의 조건

(1) 가공물과 미디어의 혼합비

일반적으로 가공물에 대한 미디어의 용적혼합 비율은 (1 : 6)~(1 : 2)로 한다. 다듬질 양은 증대시키고 가공물사이의 충돌을 방지하기 위하여 미디어의 양을 많이 주는 경우가 있으나, 1 : 1 이상에서는 오히려 다듬질 량이 감소하게 된다.

(2) 가공액체의 량

배럴 속에서 가공액체는 가공물과 미디어의 완충작용을 하므로 가공액체를 적게 하면 다듬질 양이 많아진다. 따라서 광택이 주목적일 경우에는 가공액체를 많게 한다. 그러므로 처음에는 가공액체를 가공물과 미디어의 혼합물 높이까지 채우고 시작하고 가공정도를 보면서 서서히 첨가량을 증가시킨다.

(3) 물의 경도

가공물에 핀 홀 모양의 부식현상이 생긴다면 물의 경도가 크다는 것이므로, 경도가 작은 연수를 사용하게 한다.

(4) 회전속도

배럴의 회전속도는 가공물에 따라 달라지며 보통 6~30 rpm으르 하고, 가공물이 작을 때에는 회전속도를 좀 더 증가시킨다. 배럴의 속도가 크면 다듬질 량이 커지지만 어느 이상이 되면 오히려 감소한다.

9.1.5 버니싱과 롤 다듬질

1. 버니싱

버니싱(burnishing)은 1차 가공 된 원통내면을 안지름보다 약간 큰 강구를 압입시켜서 1차 가공에서 생긴 거친 면을 매끈하게 경면과 같이 정밀도를 높이는 가공이다. 이러한 가공방법을 버니싱, 또는 볼 다듬질이라 한다. 이 가공의 장점은 가공시간이 적게 걸린다는 것이며, 가공물이 강재인 경우에는 강구(steel ball)의 마모가 빨리 진행이 되므로 경도가 낮은 비철금속인 동이나 알루미늄 금속에 이용되고 있다. 가공물의 두께가 얇으면 변형이 거의 탄성적으로 이루어지므로 버니싱효과는 거의 없다. [그림 9.3]은 강구에 의한 버니싱가공을 나타낸 것이다.

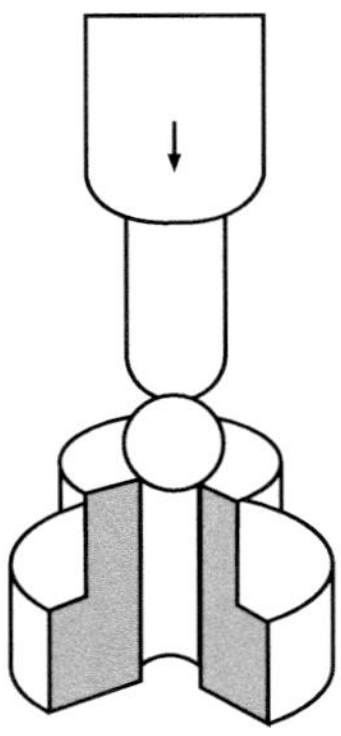
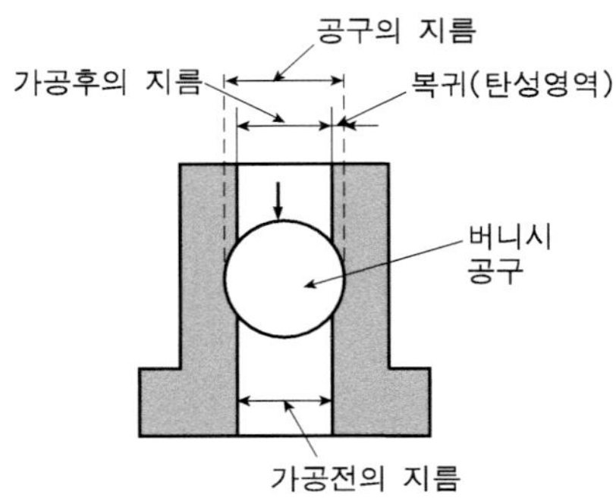

[그림 9.3] 버니싱 가공의 원리

2. 롤러 다듬질

롤러(roller) 다듬질은 원통의 외경을 다듬질하는 것으로, 롤 공구를 이용하여 가공물에 압착력을 주면서 회전시켜 표면의 요철(凹凸)을 매끈하게 다듬질 하는 것을 롤 다듬질이라 한다. 이 가공은 주로 선반에서 이용되고 있으며, 가공물이 가늘어 굽힘현상이 일어날 소지가 있을 경우에는 2~3 개의 지지 롤을 사용하여 가공한다. 가공표면은 큰 압력을 받아 가공경화되면서 피로강도가 커지는 현상이 생긴다.

제2절 전기적 특수가공

9.2.1 개요

전기가공은 전기에너지를 이용하여 고경도의 재료와 난삭재 등을 일반가공이나 정밀가공을 하는데 이용되고 있다. 전기적 가공은 에너지원에 따라 기계적, 화학적, 광학적, 열적으로 분류할 수 있으며 이에 관련된 가공법은 새로운 기술의 발전에 크게 도움을 주고 있다.

9.2.2 방전가공

1. 개요

방전가공(EDM: electro-discharge machine)은 [그림 9.4]와 같은 방전가공의 원리에 의해 초당 200~500,000회의 불꽃방전에 의해 금속이 침식되면서 가공되는 방법이다.

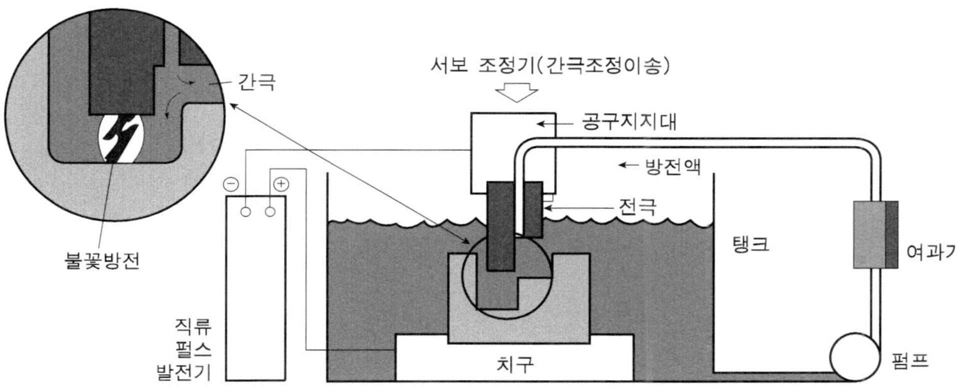

[그림 9.4] 방전가공의 계통도

가공하고자 하는 형상의 전극공구를 만들어 가공물과 함께 방전가공유(절연액)에 담그고, 직류전원을 연결 후 가공물에 전자 또는 이온을 충돌시키면 여기에서 발생되는 에너지가 가공 면을 소정의 형상으로 성형시키게 된다. 공구와 가공물은 전해액 속에서 서보 조정 장치를 통하여 접촉함이 없이 일정한 간극(0.02~0.5㎜)을 유지하고, 그 간극 사이로 직류펄스 발전기(DC)를 통하여 물리적인 에너지를 가하여 가공하는 것으로 기계적인 힘이 없으므로 공작물의 재질이 전도체면 가공이 가능하다.

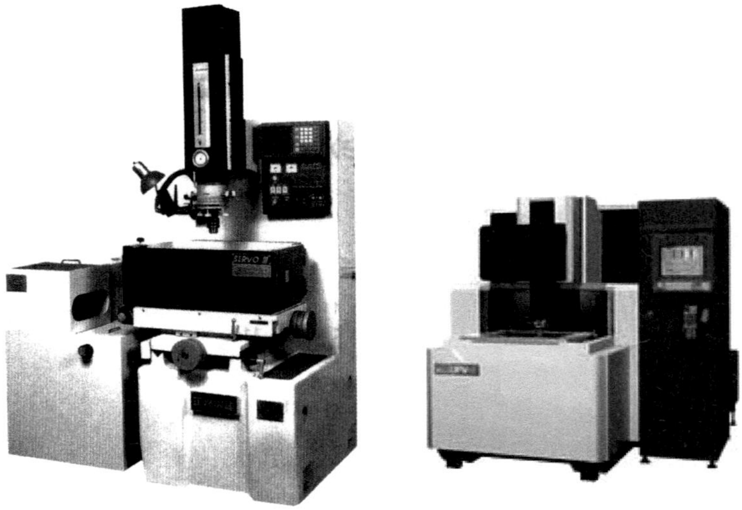

[그림 9.5] 방전 가공기

[그림 9.5]는 금형가공이나 기계부품을 가공하는 경우에 많이 사용되는 범용 방전가공기를 나타낸 것이다.

- 방전가공의 장점

① 전극의 형상에 따라 복잡한 모양의 가공을 할 수 있다.
② 통전성을 지닌 금속은 모두 가공을 용이하게 할 수 있다.
③ 얇은 재료의 경우에는 변형이 없이 가공할 수 있다.
④ 열적인 영향을 받지 않으므로 정밀도가 높다.
⑤ 전극재료의 가공이 용이하다.

- 단점으로는

① 가공속도가 매우 느리다.
② 전극의 소모로 장시간 사용에는 문제가 있다.

2. 전극 재료

방전가공에 사용되는 전극재료로는 흑연이나 동과 같은 여러 가지 재료가 있고, 제작하는 방법은 주조나 성형, 그리고 분말가공이나 기계가공 등으로 한다. 전극의 마멸은 치수의 정확도와 형상의 변화에 영향을 주는 매우 중요한 인자가 된다. 따라서 전극의 용융 온도가 낮으면 마멸이 잘되므로 극성을 바꾸거나 구리전극을 사용하여 최소화시킨다.

전극재료를 선택할 때에는 여러 가지 조건에 따라 적당한 것을 선택한다. 방전가공의 특성에는 전극의 소모성이나 가공물과 전극사이의 간극, 소재의 크기와 표면의 조도, 그리고 가공속도 등이 있다.

1) 흑연(graphite)

흑연은 가장 많이 사용되는 전극으로서 피삭성이 뛰어나므로 방전가공 특성이 우수하다. 공구의 마멸은 가공되는 치수 정확도와 형상이 중요한 인자가 되며, 공구재료의 용융온도가 낮으면 마멸이 크다. 흑연 전극의 마모저항이 가장 높다.

2) 동(Cu)

강의 가공에 가장 많이 사용되고 있으며, 전극 소모비 1% 이하의 방전가공이 가능하므로 밑바닥 형상 가공에 적합하다. 동은 강에 비하여 열팽창계수가 크므로 큰 전극으로 구멍을 가공할 때는 온도의 상승으로 인해 틈새가 크게 되므로 주의해야 한다. 가공물이 초경합금인 경우에는 30~60%의 전극소모가 일어난다.

3) 동-텅스텐(Cu-W)

구리보다 연삭성이 뛰어나고 방전가공 특성이 우수하다. 그러나 가격이 비싸므로 사용이 쉽지 않지만, 초경합금인 경우에 가장 많이 사용되고 있다.

4) 황동(brass)

방전가공에서 안정된 가공작업을 주는 장점이 있으나, 가공속도가 느리고 전극소모도 빨리 진행되므로 사용 폭이 좁아지고 있으며 주로 와이어 방전가공에 사용되고 있다.

5) 은-텅스텐(Ag-W)

피삭성이 동-텅스텐과 거의 같아 초경합금 가공에 가끔 쓰이고 있으나 가격이 비싼 것이 단점이다.

6) 강(steel)

펀치로 다이를 직접 가공할 경우에 사용하며, 전극 소모비가 15~20% 이고, 가공속도는 구리의 1/2~1/3 정도이다.

3. 방전 가공유

방전 가공유는 방전 가공시에 불꽃방전에 의한 금속의 침식을 원활하게 하고, 비산된 가공 칩을 밖으로 내 보내는 역할과 극간의 절연을 회복시키고 냉각작용을 한다. 가공유는 주로 파라핀계 탄화수소를 주성분으로 한 광물유가 쓰이고 있다.

- 방전 가공유의 구비조건

① 방전효율이 높아야 한다.
② 높은 인화점을 지녀야 한다.
③ 적절한 점도를 가져야 한다.
④ 방청성을 지녀야 한다.
⑤ 악취가 없고, 환경오염을 해치지 말아야 한다.
⑥ 가공유를 재생하여 사용할 수 있어야 한다.
⑦ 가격이 저렴하여야 한다.

9.2.3 방전 와이어커팅

1. 개요

방전 와이어 커팅(wire cutting)을 와이어 이송 방전가공(EDM) 이라고도 하며 와이어가 금속을 절단하는 경로는 컴퓨터 제어로 조절한다. 와이어 재질은 구리와 황동, 그리고 텅스텐 등이며, 지름은 0.05～0.30㎜의 전극으로 한다. 와이어에 장력을 준 상태에서 이동속도는 2.5～150㎜/sec의 범위에서 이송한다. 와이어와 공작물 사이에서 발생하는 방전현상에서 나타나는 저 에너지 방출에 의하여 가공물을 가공한다.

방전 와이어 커팅은 기계가공이지만, 전극 와이어의 소모를 완전히 보정한 가공법이므로 10～100 시간동안 전자동으로 가공이 된다. 따라서 어떤 가공재료에 대해서도 고정밀도의 고속 가공이 가능하다.

[그림 9.6]은 방전 와이어 커팅의 원리를 개략적으로 나타낸 것이고, [그림 9.7]은 침전식 와이어 컷 방전가공장치와 가공된 공작물을 나타낸 것이다.

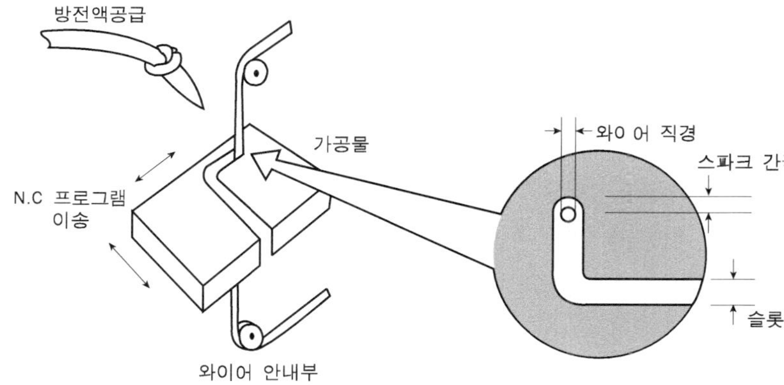

[그림 9.6] 방전 와이어 커팅의 원리

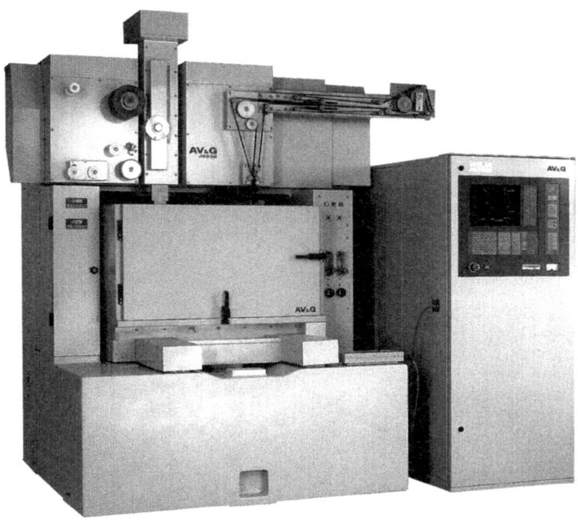

(a) 기계의 외형

(b) 와이어전극불꽃

(c) 가공물

[그림 9.7] 방전 와이어 커팅장치와 가공물

2. 방전 와이어 커팅의 특성

① 전극대신에 동이나 황동, 그리고 텅스텐 등으로 만들어진 와이어를 사용하므로 전극제작의 번거로움이 없다.

② CNC장치로 제어를 하므로 복잡한 형상이나 미세한 고정밀도의 가공이 가능하다.
③ 정확한 위치의 결정으로 순차이송, 펀치와 다이의 상대위치의 정확한 가공위치로 가공할 수 있다.
④ 가공여유가 작아 재료의 손실이 극미하다.
⑤ 방전 가공유를 사용하여 냉각작용을 하므로 열처리 변형이 거의 없다.
⑥ 오프셋(off-set) 기능이 있어 축소 확대 가공이 용이하다.
⑦ 장시간 무인 운전이 가능하다.

9.2.4 전해연마

1. 개요

전해연마(electrolytic polishing)는 전기도금과는 반대로 가공물은 양극(+), 전극봉은 음극(−)으로 하여 전해액 속에 침전시키고, 전류를 통하면 가공물의 표면 요철(凹凸)이 서서히 평평하게 되어 광택이 나는 표면을 얻게 된다.

전해연마에는 소형의 철강제품이나 구리와 구리합금, 그리고 알루미늄과 스테인리스 등에 많이 이용되고 있다. 전류는 직류를 주로 사용 하지만 교류와 직류를 동시에 흘리는 경우도 있다. [그림 9.8]은 전해연마의 원리를 나타낸 것이다.

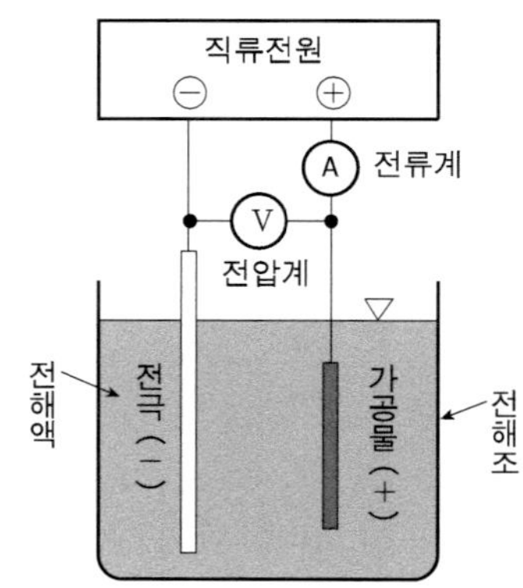

[그림 9.8] 전해연마의 원리

2. 전해연마의 특성

① 철과 강은 불활성 탄소 때문에 전해연마가 어려운 편이고, 주철은 유리탄소의 함유로

전해연마가 불가능하다.

② 동 및 동합금의 경우는 비교적 쉽게 전해연마가 된다.

③ 알루미늄과 그 합금의 경우, 연한금속이므로 전해연마를 이용하면 미끄러운 면을 얻을 수 있다. 일반적으로 전해액은 황산, 질산, 과염소산, 크롬산, 인산 등을 사용한다.

9.2.5 전해가공

1. 개요

전해가공(electrochemical machining)은 전해연마의 전기화학적인 반응을 강하게 하고, 기계적 작용을 병행시켜 기계가공으로 어려운 고장력강, 초경합금, 내열강, 고강도 재료에 복잡한 공동부를 만들고자 할 때 사용된다. 터빈날개, 노즐, 제트엔진 등을 대량으로 가공하는 데 이용되고 있으며, 아주 작은 구멍이나 단조금형의 공동부 가공에도 이용되고 있다.

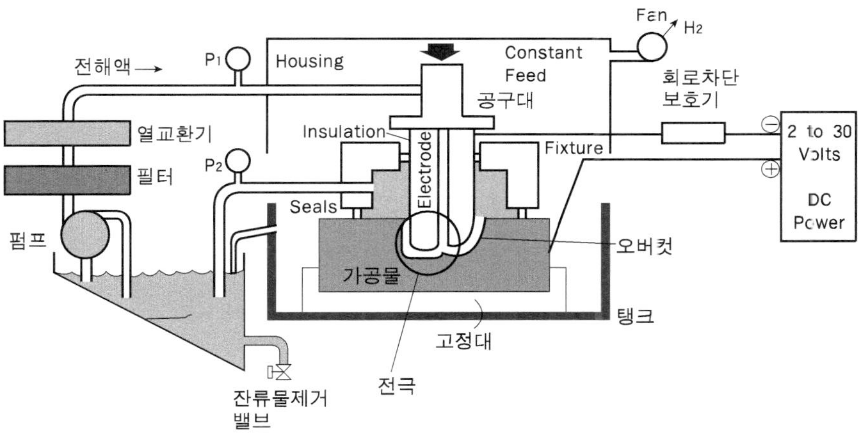

[그림 9.9] 전해가공 공정 장치

그리고 이 공정을 응용하여 선삭과 절단이나 슬로팅과 곡면절삭 등을 가공 할 수 있다.

공구의 가공속도는 전류의 밀도에 따라 달라지며 작업의 틈새는 0.1～0.7㎜로 유지하여 작업조건에 따라 제어하면서 가공한다. [그림 9.9]는 전해가공의 장치를 나타낸 것이고, [그림 9.10]은 전해가공의 원리를 나타낸 것이다.

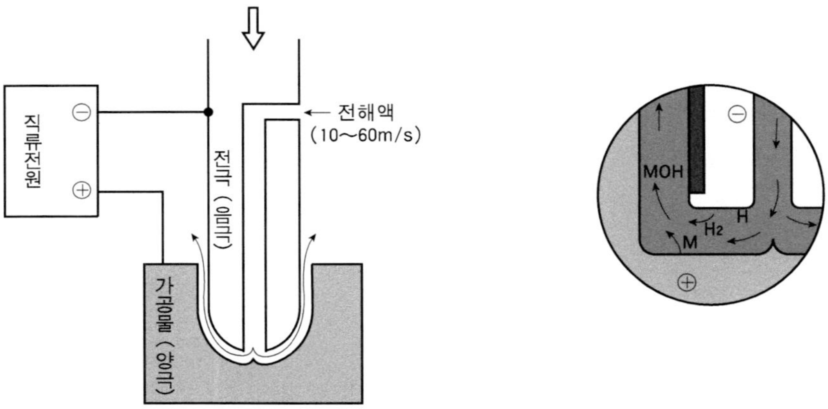

[그림 9.10] 전해가공의 원리

2. 전해가공의 특성

① 방전가공에 비하여 가공속도가 빠르다.
② 재료의 경도와 인성에 관계없이 모든 금속을 가공할 수 있다.
③ 공구의 소모가 거의 없으며, 가공 변질층이 거의 남지 않는다.
④ 방전가공에 비하여 가공정도가 떨어진다.

9.2.6 전해연삭

1. 개요

전해연삭(electrolytic grinding)은 연삭가공과 전해가공을 조합시킨 가공법이다. 연삭숫돌의 재료는 메탈 접착제로 다이아몬드나 산화알루미늄 입자를 결합시킨 것이며, 연삭숫돌을 음극으로 하고 표면속도는 20~35 m/sec 정도로 회전시켜 공작물을 가공한다.

연삭입자는 가공물과 연삭숫돌 사이에서 절연제 역할을 하고, 작업부위에서 전해되어 부스러진 숫돌은 기계적으로 제거한다. 전해 연삭에서 숫돌의 마모는 아주 적고 사용 전류밀도는 0.8~3A/㎟ 정도이다. 마무리작업은 치수 정확도와 표면 정밀도를 높이기 위하여 연삭작업을 한다. 전해액은 초경합금인 경우 초산나트륨 용액을 사용하고, 철강제품인 경우에는 염화칼륨(KCl) 또는 식염(NaCl) 10~5 % 용액을 분사시켜서 연삭 칩을 흘려보낸다. 그러나 식염수는 가공물이나 기계를 부식시키는 원인이 되므로 피해야 한다. [그림 9.11]에는 전해연삭 공정의 개략도를 나타냈다.

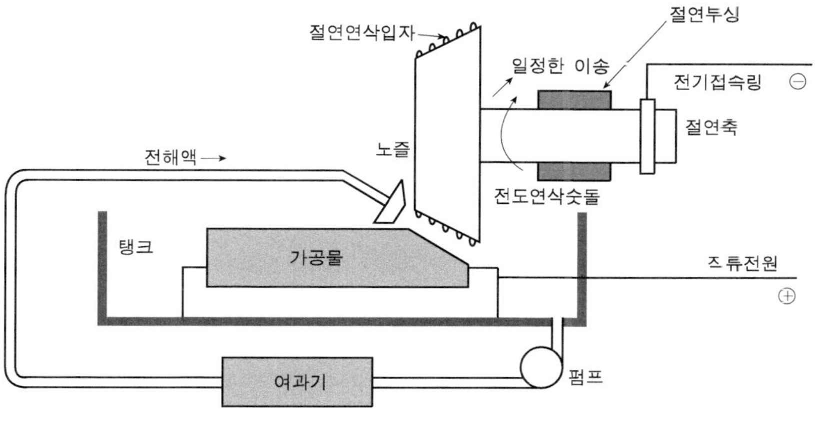

[그림 9.11] 전해연삭의 공정 개략도

9.2.7 초음파가공

1. 개요

초음파가공(ultrasonic machining)은 전기적 에너지를 기계적 에너지로 변환시켜서 금속이나 비금속 등의 재료에 광범위하게 사용하고 있다. 이 가공은 연삭입자로 가공물의 표면에 침식을 주거나 미소한 치핑을 일으켜서 소재의 면을 가공하는 것이다. 공구에 0.01∼0.1㎜의 저 진폭과 함께 20∼40 KHz의 고주파로 진동 시켜서 공구와 가공물 사이에서 미세한 연삭입자를 고속으로 운동시켜서 가공을 한다. 공구는 황동, 텅스텐카바이드, 연강 또는 공구강으로 만들고, 연삭제로는 경질합금이나 보석에는 보론 카바이드를 사용하고, 유리나 강철에는 알루미늄 산화물, 다이아몬드나 다이스 구멍 가공에는 실리콘카바이드를 사용한다. 입도는 #100에서 #800의 범주에 있는 것을 사용하고 혼합액은 절삭 간극 0.03∼0.13㎜사이에서 항시 유동되어야 하고, 가공물과 공구사이의 압력은 200∼300 g /㎟을 유지하여야 한다. [그림 9.12]는 초음파가공의 원리를 나타낸 것이다.

- 초음파 가공의 특성

① 복잡한 형상의 구멍이나 면의 가공을 공구가 초음파 진동을 전달하는 곳이라면 어느 부분도 가능하다.

② 전기적으로 부도체인 재료도 금속과 동일하게 가공할 수 있다.

③ 가공면의 변질이나 변형이 거의 일어나지 않으며, 미세한 랩제를 사용하면 가공면을 매끄럽게 만들 수 있다.

④ 가공이 곤란한 텅스텐, 게르마늄, 유리, 다이아몬드, 수정 등의 가공이 용이하다.

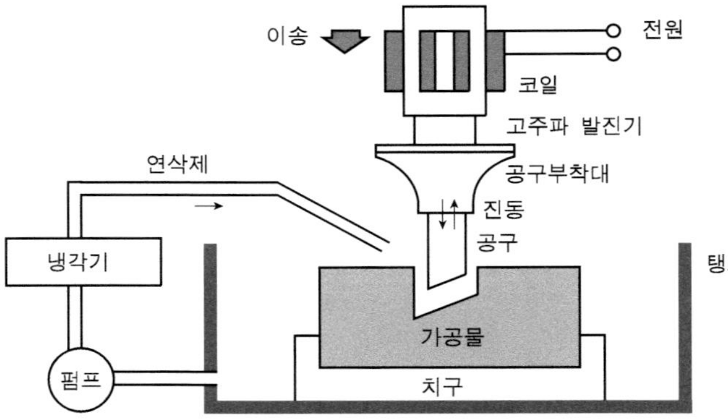

[그림 9.12] 초음파가공의 원리

9.2.8 전자빔 가공

1. 개요

전자빔 가공(electron beam machining)은 진공 속에서 가공물을 작업 테이블에 놓고 고속의 전자를 가공물 표면에 충돌시키는 방법으로 가공하는 것이다. 소재의 제거율은 방전가공이나 레이저빔 가공보다 높다.

이 작업은 고압의 진공(10^{-5}~10^{-6}㎜)에서 작업이 이루어지며 50~150 Kv의 가속전압을 양극에 가속시키고, 펄스 조건은 0.1~100 mA, 펄스폭은 10μs~100 ms에서 전자렌즈의 전자빔 초점은 0.025㎜ 직경으로 가공물위에 Φ0.025㎜로 집속 조사 시키면 주파수 0.1~10 KHz의 에너지밀도를 얻게 된다. 여기에서 발생되는 고열을 이용하여 피 가공물에 증발현상과 용해분출을 유발시켜 가공을 하게 된다. [그림 9.13]은 전자빔 가공기의 구성을 나타낸 것이다.

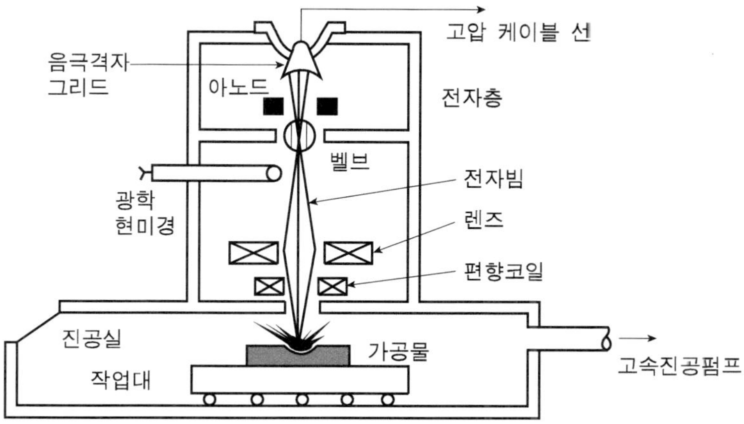

[그림 9.13] 전자빔 가공기의 구성

2. 전자빔 가공의 특성

① 열적인 가공이므로 고경도의 다이아몬드 등의 재료 가공이 가능하다.
② 에너지를 모을 수 있어 미세가공이 가능하다.
③ 열 영향을 적게 받을 수 있는 가공이 가능하다.
④ 금속, 유리, 세라믹, 플라스틱 등의 모든 재료의 가공이 가능하다.
⑤ 고진공, 고온, 제어성이 우수하여 고 순도 금속의 가공처리가 가능하다.
⑥ 빔의 지름이 작으므로 정밀도가 ± 1~ 5 ㎛의 범위에 있고, 가공시간은 0.1~수초에 지나지 않는다.
⑦ 홈파기 속도는 두께 1㎜의 강판인 경우 5~15 ㎜/sec, 박판인 경우는 300㎜/sec 정도이다.

9.2.9 레이저빔 가공

1. 개요

레이저빔 가공(laser beam machining)은 광학에너지를 공작물 표면에 집중시키는 레이저를 이용하여 고도로 집속(集束)된 고밀도 에너지를 조절하여 피 가공물의 일부를 여러 가지 형태로 가공한다. 이가공의 원리는 1917년 아인슈타인의 이론을 바탕으로, 1960년 테오돌마이만이 휴즈 연구소에서 루비레이저의 실험적인 성공의 결과 이후로 지금까지 많은 종류의 레이저 시스템이 개발되었다.

레이저 가공을 위하여 자주 사용되는 레이저의 종류는 고체레이저, 기체레이저, 전기적으로 여자 된 상태에서만 존재하는 레이저가 있다. 기체 레이저 중 여러 분야에서 사용되고 있는 이산화탄소 레이저는 가장 높은 효율을 낼 수 있으므로 사용분야가 많으나, 파장의 흡수가 많이 일어나므로 기구파손이 일어나고 광섬유를 사용할 수 없는 것이 단점이다.

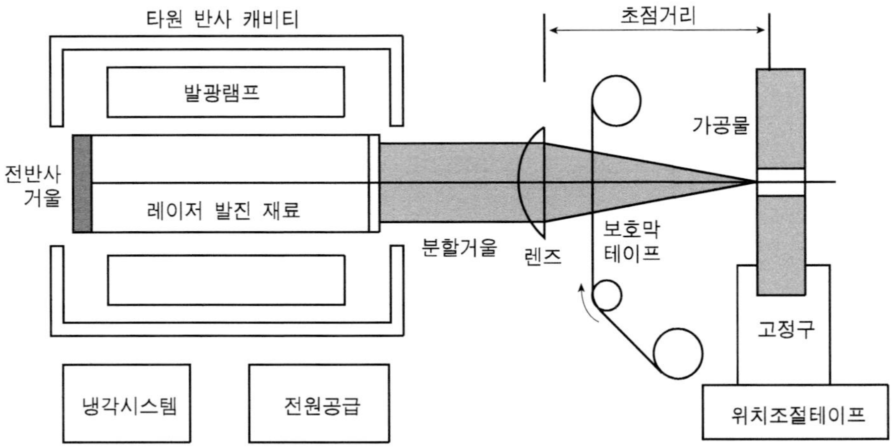

[그림 9.13] 레이저 가공기의 구성

[그림 9.13]은 레이저 가공기의 구성을 나타낸 것으로 오늘날 산업에서 레이저 가공기술의 발달은 레이저빔 발생장치 기술과 빔의 전송 기술이 발전함에 따라 가속화 되고 있다.

• 레이저산업이 급격히 진전하는 이유

① 가공공정을 자동화, 프로그램화 하여 경제성을 높일 수 있다.
② 정교한 가공이 가능하다.
③ 복제성과 재생성이 크므로 치수 정밀도의 편차를 극소화 할 수 있다.
④ 높은 생산성으로 이익증대를 줄 수 있다.
⑤ 다양한 소재의 가공이 가능하다.

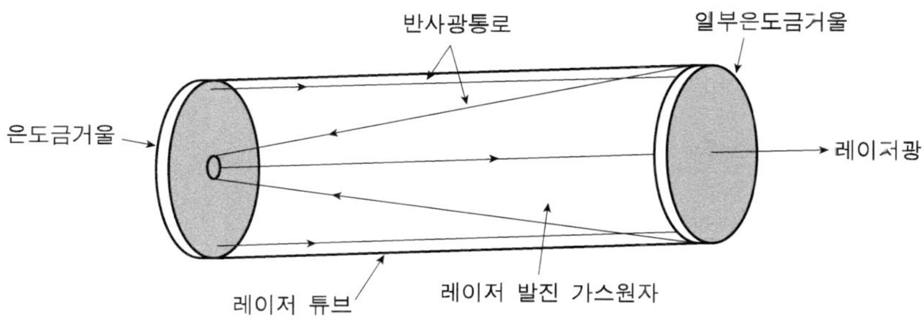

[그림 9.14] 광자방출과 레이저발진

[그림 9.14]는 레이저 튜브에서 광자 방출과 레이저발진 상태를 나타낸다. 그림에서 레이저 빔이 방출되는 쪽의 거울은 용도에 따라서 반사율이 달라지고, 일부분은 레이저 빔으로 방출되지만, 일부는 다시 반사되어 증폭은 계속 이루어지게 된다. 레이저의 주파수는 두 거울에 의해 이루어지는 공명기에 의해 정해진다. 이산화탄소(CO_2) 레이저를 이용한 용접이나 절단에서 파장은 10.6㎛이고 출력은 50Kw정도다.

9.2.10 플라스마 가공

1. 개요

플라스마(plasma)는 고온의 가스분자가 전자를 방출하게 되면 이온화된 가스체를 만들게 되는데, 이때 전자와 이온이 같은 밀도로 혼합되어 도전성을 갖게 된다. 이러한 상태를 플라스마라 한다. 전극사이에서는 음극의 텅스텐 전극에서 방출된 전자는 아르곤가스 분자와 충돌하여 전자와 이온이 발생하고, 전자의 운동에서는 충돌에 의한 열에너지로 변하여 고온이 발생된다. 이 고온이 플라스마 아크 또는 플라스마 제트를 통과시켜 수 만도의 고온으로 구멍 뚫기, 절단, 선삭, 용접 등의 가공에 이용되고 있다.

플라스마 아크는 토치에 음극(−), 가공물에 양극(+)으로 하여 이들 사이에서 아크를 발생시켜 가공하고, 가공물은 도전성이 있어야 한다.

플라스마 제트는 음극과 양극을 노즐에 두고 아크를 발생시켜 가공을 하며, 비철금속, 내화물, 도자기, 콘크리트, 스테인리스, 강 등의 절단이 가능하다. 플라스마 작동 가스는 주로 아르곤을 쓰고 있으나 질소, 수소혼합가스, 공기, 산소 등의 산화성가스도 사용한다. [그림 9.15]는 플라스마 아크와 플라스마 제트를 나타낸 것이다.

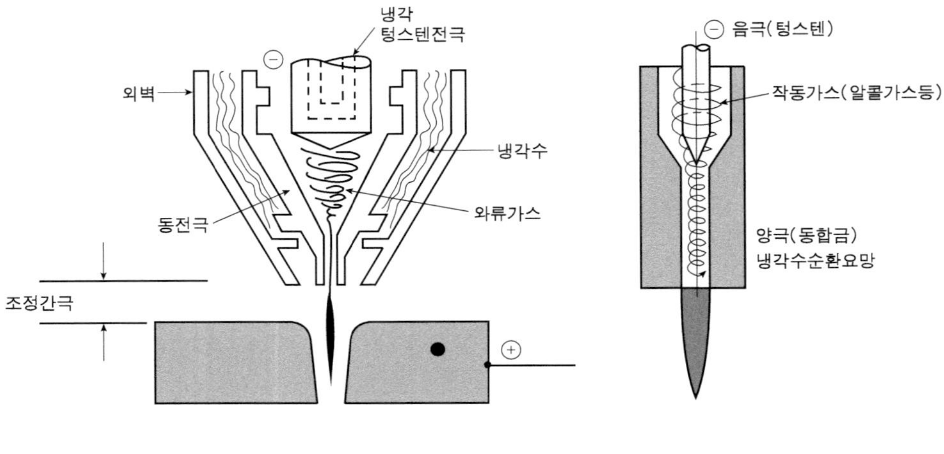

(a) 플라스마아크　　(b) 플라스마제트

[그림 9.15] 플라스마 아크와 제트

제3절 화학적 가공

9.3.1 개요

화학적 가공법(chemical machining)은 기계적 또는 전기적 가공법으로 가공하기 곤란한 표면이나 형상에 산(酸)이나 알칼리 용액 같은 부식액이나 용해액을 사용하여 화학적인 용해를 유발시켜서 소재를 제거하는 방법이다.

1. 가공 공정

① 가공소재와 표면을 청정 처리를 한다.
② 가공을 하지 않는 부분은 왁스나 네오프렌으로 감싸거나 도금한다.
③ 피막에 내약품성(耐藥品性)을 입힌다.
④ 약품에 의한 용해를 한다.
⑤ 피막을 제거하고 물로 깨끗이 세척한다.

2. 피막의 피복방법

① 가공품 전체를 피복하고 가공부분에만 칼이나 형틀로 피막을 제거한다.
② 부분적 피복은 적당한 스크린을 통하여 가공부분 이외의 브분을 왁스 또는 합성수지로 피복한다.
③ 광학적 피복은 가공품의 전체 면을 감광성 수지로 도장하고 불필요한 부분은 사진으로 감광시킨 후 현상액 처리를 하게 한다. 이 방법을 사진부식이라고 한다.

3. 가공방법의 종류

① 화학적 밀링(chemical milling)
② 화학적 블랭킹(chemical blanking)
③ 화학적 연마(chemical polishing)
④ 화학적 각인(chemical etching)
⑤ 광화학적 블랭킹(photo chemical blanking)

4. 가공 재료와 가공용액

〈표 9.1〉은 가공재료에 따른 가공용 부식액체를 나타낸 것이다.

〈표 9.1〉 재질에 따른 연마액

공작물 재질	가공 부식액
철 강	10～15% H_2SO_4+ 10～20% HNO_3, HNO_3 15～30%
텅스텐	20cc HNO_3+ 30cc HF50% + 50cc H_3PO_4
스테인리스강	5～10% HNO_3 + 5～10% HF
동 및 동합금	10～15% H_2SO_4, 5～10% HNO_3
알루미늄	5～20% HCl, 5～25% NaOH

9.3.2 화학적 밀링

화학적 밀링은 일명 부식가공 이라고도 하며, 압출제품, 단조품, 박판, 후판 등에 얕은 공동부를 만들어 전체적으로 무게를 감소시키는 것이다. 다양한 금속을 가공할 수 있으며, 대형의 외피패널 또는 프레임으로 이용되는 압출재료의 일부분을 얇은 층으로 제거하는데 이용되고 있다. [그림 9.16]은 화학밀링의 가공원리를 나타내고 있다.

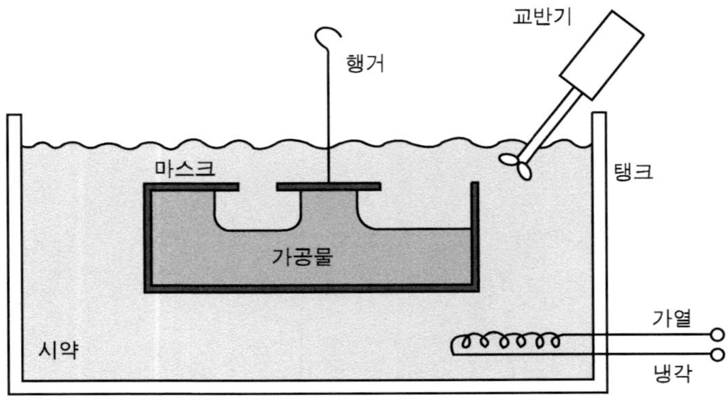

[그림 9.16] 화학밀링의 원리

9.3.3 화학적 블랭킹

화학적 블랭킹은 금속의 판재 블랭킹과 같은 공정으로, 소재가 전단되는 것이 아니라 화학적인 용해작용에 의하여 제거되는 것이다. 화학 블랭킹은 버(burr)를 허용하지 않는 얇은 금속 판재의 스탬핑, 프린트회로기판, 패널 등에 이용되고 있다.

9.3.4 화학적 연마

화학연마는 전해작용을 이용하지 않고 가공물을 화학액 중에 담구고 표면의 돌출부를 선택적으로 용해하여 매끈하게 가공하는 것으로, 이 방법을 가장 많이 이용하는 금속은 구리합금, 알루미늄합금, 아연 등이 있다. 〈표 9.2〉는 가공재료에 따른 화학 연마액을 나타낸다.

화학연마의 단점은 복합재료에는 액이 일정하므로 부적절하고, 액의 변질이 급속하게 오는 것이 문제이다.

〈표 9.2〉 재질에 따른 연마액

가공물 재료	화학 연마액
탄소강	인산, 질산, 질산칼리, 질산나트륨, 황산
동 과 동합금	황산, 농질산, 초산, 농인산,
아연	크롬산, 황산, 질산
알루미늄	인산, 황산, 가성소다, 가성칼리

9.3.5 광화학적 블랭킹

광화학적 블랭킹은 사진기술과 화학적 밀링을 이용한 것으로 광부식이라고도 한다. 이 방법은 거스름을 형성하지 않는 2.5㎛의 극히 얇은 박판의 경우에도 기계적 변형이 없고, 취성의 재료에도 가공이 가능하고, 공구의 제작이 쉬우며, 설계의 변경도 용이하고, 공정의 자동화로 복잡한 형상의 가공을 할 수 있다. [그림 9.17]은 광화학적 가공의 공정을 나타낸다.

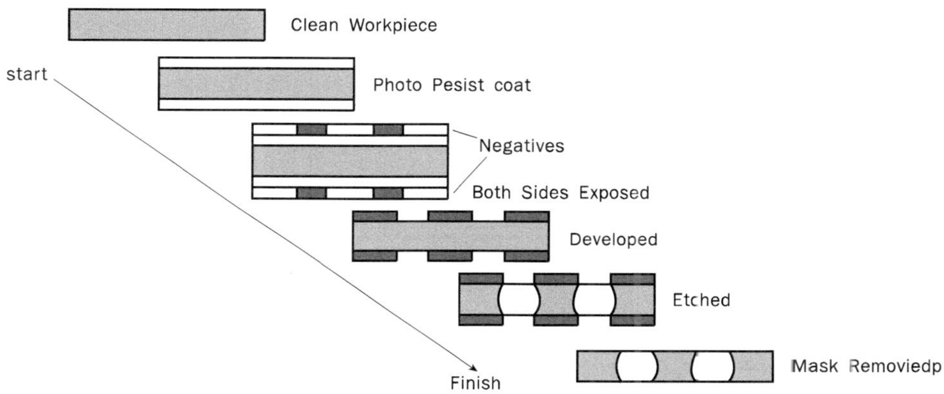

[그림 9.17] 광화학적 가공의 공정

9.3.6 열화학적 가공

열화학적 가공은 가공소재가 거칠고 돌출된 부분이 손이 닿을 수 없는 위치에 있을 때 가공물을 챔버 속에 넣은 후 폭발 점화제로 수소나 천연가스 또는 산소를 폭랄 혼합물로 만들어 점화시키면 수천분의 1초에 마하 8의 온도파장으로 가공물 표면의 버 또는 산화물을 순식간에 제거한다. 가공 후 달라붙은 증기혼합물과 잔여 물질은 일반적인 용재로 쉽게 씻어낼 수 있다. 이 가공을 일명 열 에너지법 가공이라 고도 한다.

특히, 이 가공기계는 열적파동에 의한 폭발과정으로 인해 안전한 작업이 요구되므로 장비의 취급에 세심한 주의가 필요하다. [그림 9.18]은 열화학적 가공을 나타낸 것이다.

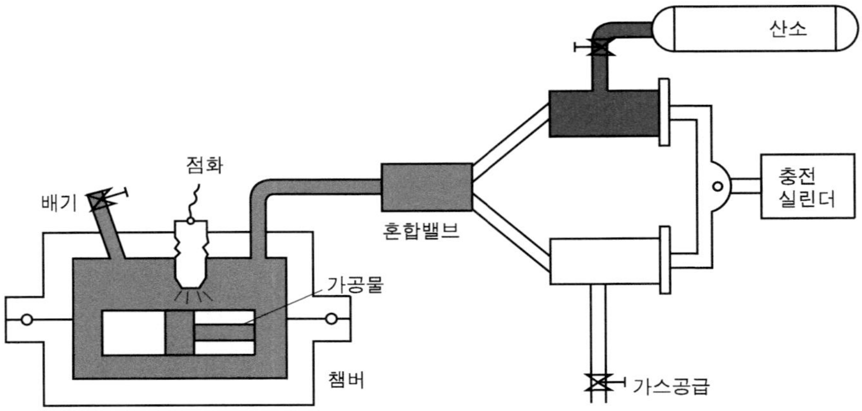

[그림 9.18] 열화학적 가공의 공정

- 주의하여야 할 사항

① 점화제 가스의 혼합비를 면밀히 검토한다.
② 가스의 폭발성을 검토하여 가공물의 소재를 선택한다.
③ 챔버의 설계가 폭발압력에 충분히 견딜 수 있는 안전도를 검사한다.
④ 취급자 이외에는 기계의 운전을 금한다.
⑤ 안전수칙을 철저하게 지킨다.

Chapter 10 NC가공

절삭 공구의 위치를 좌표수치로 지령하는 것을 수치제어(NC: numerical control)라 하고 이 같은 가공을 수치제어가공이라고 한다. 이러한 수치 지령에 의해 동작을 제어하는 공작기계는 전자계산기를 내장하고 있어 CNC(computerized numerical control)공작기계라 한다.

[그림 10.1] NC 선반

[그림 10.1]은 NC선반을 나타낸 것으로 수치제어를 위한 패널이 오른쪽 상부에 있다. 가공에 필요한 공구의 좌표를 입력하는 이 부분은 일정한 각도로 움직일 수 있도록 되어 있는 경우가 많다.

NC선반의 작업 과정은 가공도면에 의거 가공에 필요한 절삭순서와 절삭조건, 그리고 공구경로 등을 수치제어 프로그램(NC program)으로 작성하여 공작물을 가공한다.

제1절 수치공작 기계의 구조

NC선반에는 주축 중심선과 심압대 중심선을 연결하는 축을 Z축이라하고, 전후방향을 X축으로 하여 양축의 교차점을 프로그램의 원점으로 하여 공구위치를 X, Z의 좌표 값으로 나타내는 2축제어가 사용되고 있다.

[그림 10.2] 머시닝 센터

NC밀링과 [그림 10.2]와 같은 머시닝센터는 공작물상의 어느 점을 프로그램원점으로 설정하여 테이블 길이 방향을 X축, 전후방향을 Y축, 공구의 상하 방향을 Z축으로 하여 공구인선의 좌표를 이루는 3축제어가 사용되고 있다. 또 테이블위에 회전테이블을 고정하고 여기에 공작물을 고정하고 분할 작업을 하면 4축 5축으로 증가하고 주축에 각도변화를 주면 한 축이 증가하게 된다.

10.1.1 이송기구

전기신호 지령펄스를 이송기구에 입력하면 이송나사를 구동 서보 모터(servo-motor)가 지령에 해당하는 만큼 회전하고 지령한 위치까지 테이블이 이동한 것을 검출하여 지령 값과 비교하여 오차만큼 보정하여 이송을 제어하고 있다.

[그림 10.3]과 같이 물체의 위치 방향을 제어량으로 하고 목표 값의 변화에 추종하도록 구성된 제어계를 서보기구라 한다. 이송기구는 그림(a)와 같이 테이블에 검출기로 리니어 엔코더(linear encoder)를 직접 설치하여 피드 백 할 수 있는 형식을 밀폐형이라 한다. 리니어 엔코더는 광전식과 자기식의 2가지가 있으며 최소 측정 눈금은 0.01~0.001mm이고 위치결

정 오차가 있는 경우에는 보정하는 능력이 있기 때문에 정도와 신뢰도성이 우수하다. 그러나 검출기의 구조가 복잡하고 고가이며 서보계를 안정시키기 어려우므로, 특별히 고정도의 위치결정을 필요로 하는 지그보링 머신 등의 NC화에 사용되고 있다.

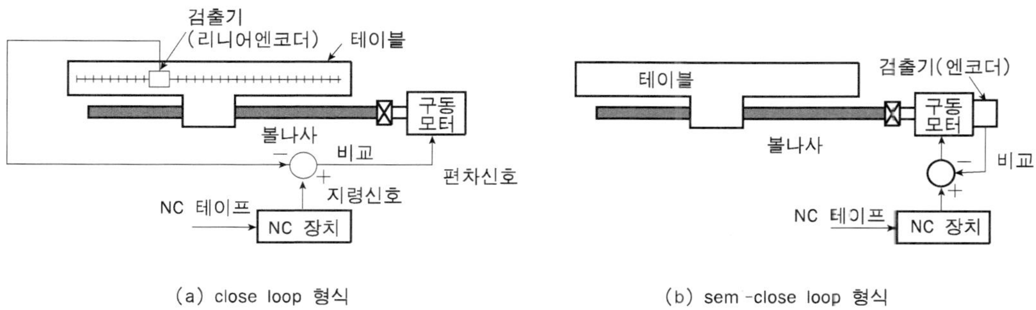

[그림 10.3] 밀폐형 서보기구

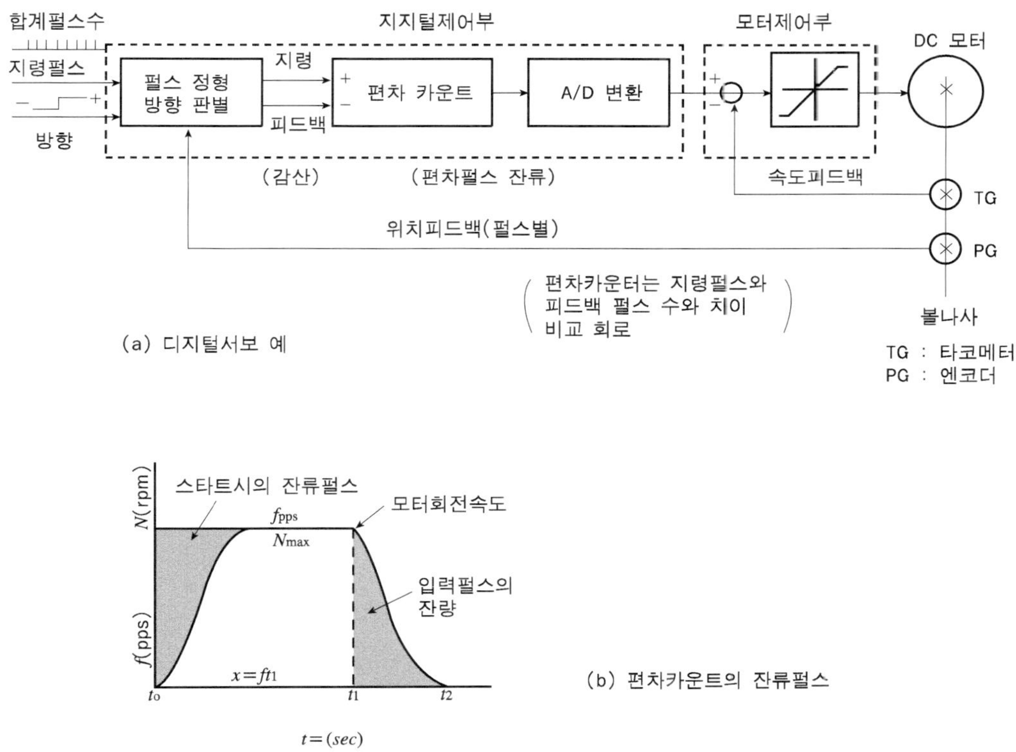

[그림 10.4] 디지털 서보 예

일반적으로 그림(b)와 같이 테이블의 위치결정을 이송나사의 회전각도 변위로 검출하여 피드 백 시키는 세미 밀폐형이 사용되고 있다. 이때 검출은 모터 축 또는 이송나사에 직결된 엔코더에서 발생하는 펄스로 검출하고 있다. [그림 10.4]는 디지털서보의 한 예로 편차카운터 방식을 나타낸 것이다. 엔코더의 펄스와 타코 제네레이터(taco generator)의 전압을 피드 백 시켜 회전속도와 위치결정을 제어한다.

10.1.2 서보 모터

주축의 공구를 회전시키는 서보 모터는 유도전동기형의 IM형 AC 서보 모터가 사용되고 검출기로는 엔코더 또는 리졸버(resolver)를 사용하여 회전수를 80～4000rpm으로 제어하고 있다.

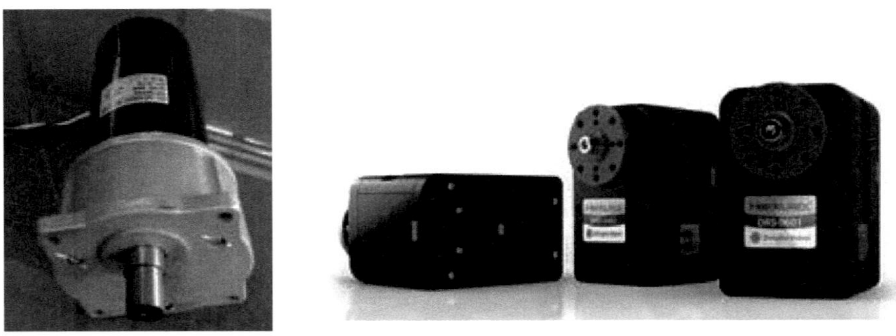

[그림 10.5] DC 서보 모터

이송용 서보 모터로는 [그림 10.5]과 같이 특성이 우수하여 제어가 간단한 DC 서보 모터가 사용되며 브러시와 정류자가 있어 정류자의 보수가 필요하다. 이에 반해 AC 서보 모터는 보수 측면에서는 우수하나 컨트롤은 DC 서보 모터에 비해 다소 복잡하다. 최근에는 가격이 거의 같아 SM형 AC 서보 모터가 사용되고 있다.

10.1.3 엔코더

엔코더(encoder)는 서보 모터의 볼나사에 사용하는 디지털식 회전변위 검출기로 최근 많이 사용되고 있다. 이것의 종류는 [그림 10.6]과 같은 증분식 엔코더와 절대방식 엔코더가 있다. 이것은 슬릿원판을 포토 인터럽터(photo interrupter)로 차단 빛의 ON/OFF신호를 모터의 회전수로 변환하여 펄스 A, B, Z트랙으로 출력하고, A, B의 위상차로 회전방향과 회전각을 검출한다. Z트랙은 1회전에 1펄스의 신호가 나오지만 회전량을 알 수 있는 것은 펄스수를 계산하여 누적 계산한다. 그러므로 위치결정에 사용하는 경우에는 NC에 전원을 넣을 때 반드시 기계의 원점까지 되돌리는 조작 즉 원점 복귀를 할 필요가 있다. 이러한 형태의 NC 공작기계가 많다. 그러나 절대방식은 회전각도에 상당하는 절대위치가 코드로 출력되므로 기계제작시 결정되어 있어 원점복귀를 할 필요가 없다.

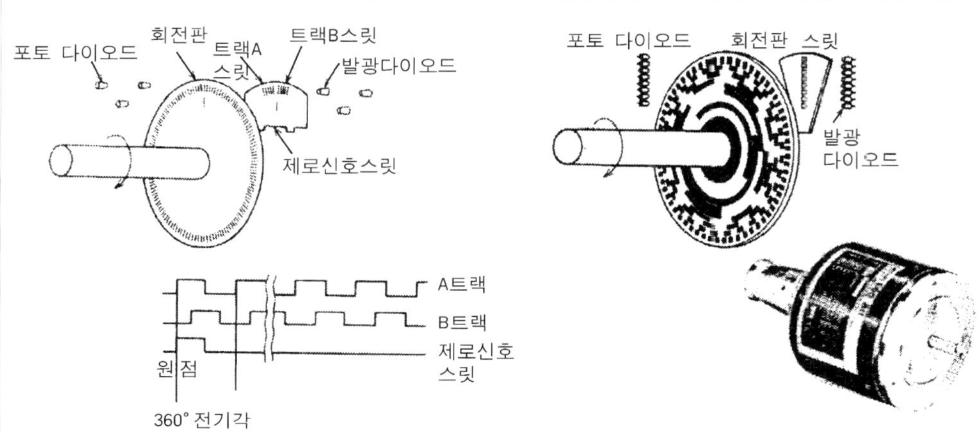

(a) 증분식엔코더 (b) 절대방식엔코더

[그림 10.6] 엔코더의 종류

10.1.4 NC선반의 구조

[그림 10.7]은 NC선반의 구조도를 나타낸 것으로 주축 중심선을 Z축으로 하고 Z축상의 임의의 점을 Z=0으로 하여 프로그램의 원점으로 삼는다. 수평면상에 Z=0로 놓고 Z와 직교하는 X축을 잡는다. 이 그림에서는 공작물 단면의 가공 면을 Z=0으로 하고 있어 절삭할 때의 Z축 좌표는 항상 마이너스(−)이므로 프로그램을 점검하기가 쉽다. 한편 NC선반은 전원을 켠 후 바로 공구대를 리미트 스위치에 멈출 때까지 주축대에서 X축 방향으로 멀리한 다음, Z방향으로 원점 복귀 조작을 한다. 이때 화면(CRT)에 나타난 X, Z의 절대좌표는 이 공구 선단의 위치를 나타내는 기계원점을 나타낸다.

NC선반의 좌표 최소단위는 예전에는 0.01mm 이었는데 지금은 0.001mm로 하고 있다. 수동 프로그램 화면의 표시는 mm단위이며 소수점으로 나타낸다. 또한 NC선반의 X좌표는 직경을 표시하는 것이 특징이다.

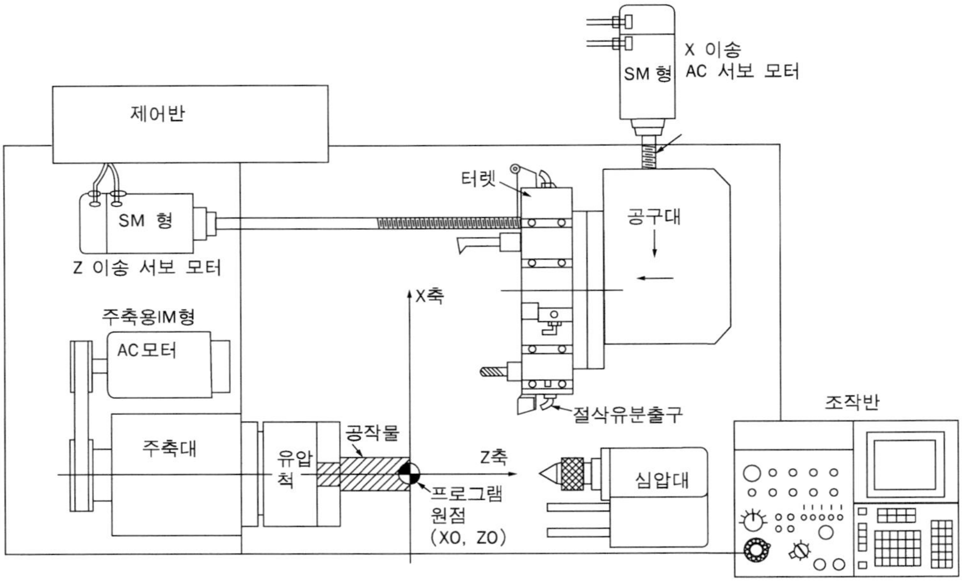

[그림 10.7] NC선반 구조도

[그림 10.7]과 같이 주축은 IM형(유도형) AC 서보 모터로 구동되고, 이송용의 서보 모터는 SM형의 영구자석을 계자에 사용한 AC 서보 모터지만 엔코더로 회전 속도를 검출하여 제어하고 있다.

[그림 10.8] NC선반 조작반

또한 이송나사는 백 래시와 피치오차, 그리고 마찰이 적은 볼나사를 사용한다. 주축의 척은 유압으로 개폐하는 자동 척이며. 공구대는 보통 선반과 달리 주축에 마주보고 있다. 10각형 인덱스형 터릿헤드로 10개의 공구를 설치하여 T코드로 공구를 선택할 수 있다.

[그림 10.8]과 같이 NC선반의 조작반(control panel)에는 각종의 스위치나 다이얼, 그리고 CRT와 키보드가 있다.

10.1.5 소형 머시닝센터의 구조

NC밀링은 3축 제어에 동시 2축제어의 형태가 많으며 이러한 NC밀링에 자동공구 교환 기능(ATC: automatic tool changer) 및 분할 테이블을 테이블에 설치하여 분할기능을 갖추기도 한다. 다양한 작업을 연속적으로 할 수 있는 기능을 갖춘 NC기계를 머시닝센터라 하고, 약칭으로 MC(Machining Center) 또는 MCT(Machining Center Tooling System)로 표시한다.

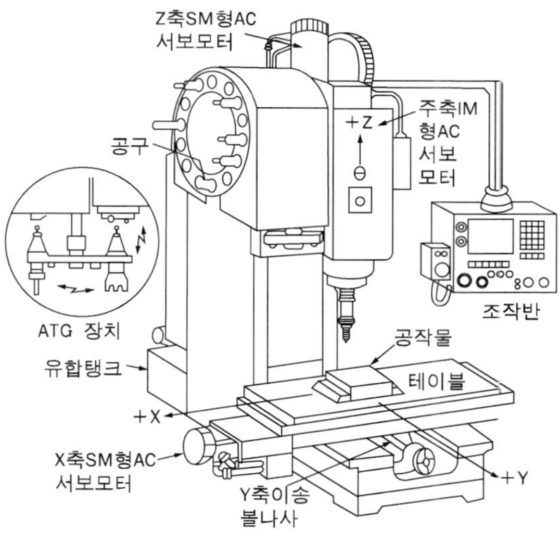

[그림 10.9] 소형 머시닝센터 구조

[그림 10.9]는 소형 MCT의 각부를 나타낸 것으로 주축은 수직선상에서 상하로 이송운동을 하고 Z축이 된다. 상향 이송은 (+)이고 하향 이송은(−)가 된다. 테이블은 좌우 방향을 X축, 전후방향을 Y축으로 하는 X-Y테이블이다. 테이블 상에 5~6개의 공작물 좌표계를 MCT에 등록시켜 공작물 오프셋으로 기계원점부터 좌표 값을 입력하면 프로그램상의 G54~G59로 프로그램 원점으로 할 수 있다.

[그림 10.10] 자동공구 교환장치 및 공구

[그림 10.10]과 같은 공구 교환 장치는 교환 공구를 수납하는 툴 매거진 포트와 공구교환장치로 되어 있고 교환 공구와 수납포트의 번호를 기억하는 파라미터 기능이 있다. M06이라는 지령으로 교환 위치에 있는 공구와 주축에 설치되어 있는 공구를 교환한다. 공구 길이가 각각 다르므로 공구길이를 공구 오프셋 기능에 입력시켜 차감으로 항시 공작물 면을 Z=0로 하는 기능이 있다. 공구 교환을 위해 압축공기와 유압장치가 필요하다.

제2절 NC 선반 프로그램

10.2.1 NC 언어

도면에서 가공에 필요한 여러 가지의 정보를 작성하는 것을 프로그램이라 한다. 정보작성은 NC 언어로 작성하는데 NC 언어는 영문 알파벳, 숫자, 소수점과 부호를 사용한다.

공구선단의 좌표는 NC선반에서는 X Z로 나타내는 절대지령이 많으나, U W로 표시하는 증분 지령으로 하는 것도 있다.

1. 절대 지령

공구 인선의 이동 위치를 모두 프로그램 원점으로부터의 좌표 값으로 지령하는 것으로

X, Z좌표로 지령한다.

2. 증분 지령

공구 인선의 이동 위치를 전 프로그램의 종점의 증분 값으로 좌표 값을 지령하는 것으로 X축 증분량을 U, Y축 증분량을 W로 나타낸다. 즉 증분 지령에서는 전 프로그램의 종점 위치가 다음 프로그램의 시작점이 된다.

공구인선의 이동에는 급속이동과 직선을 따라 절삭하는 직선절삭 이송, 그리고 원호에 따라 절삭하는 원호 절삭 이송이나 나사절삭 등이 있다.

3. 급속 이송

이것은 G00 X Z CR로 지령한다. 급속 이송은 인선을 공작물에 3~5mm 근처로 접근 하거나 절삭 종료 후 공구를 후퇴할 때 사용한다. 그러나 현재위치로부터 지령위치까지 직선으로 움직이지 않는다. X좌표는 지름을 나타내는 점과 X, Y과도 0.01mm나, 0.001mm단위이므로 mm에 소수점을 잊지 않도록 주의해야 한다. 또한 급속 이송은 위치결정이라고도 한다. CR은 캐리지 리턴으로 한 부록의 종료를 나타내고, 입력 할 때는 엔터키를 누른다.

4. 직선 절삭

이것은 G01 X (U)Z (W)F CR로 지령한다. 모따기와 테이퍼절삭도 직선 절삭이고 최초 이송에는 이송코드 F를 필히 지령한다. F의 단위는 mm/rev로 주축 1회전당 이송량이다. X(U) Z(W)는 공구인선의 이동 위치(종점)의 좌표이다. [그림 10.11]은 중간점 X200.0, Z180.0에 있는 바이트 인선을 A점까지 급속이송하고 A에서 B까지는 1mm/rev로 이송하고 BCD는 0.1mm/rev로 절삭하며, D로부터 중간점까지는 급속 이송하는 다듬질 절삭을 나타낸 예이다.

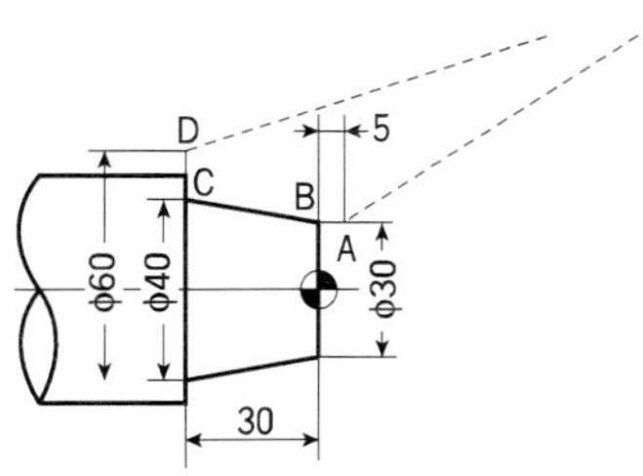

절대 지령	증분 지령
G 00 X 30.0 Z 5.0 CR	G 00 X 30.0 Z 5.0 CR
G 01 Z 0 F 1.0 CR	G 01 W-5.0 F 1.0 CR
X 40.0 Z-30.0 F 0.1 CR	W-30.0 U 10.0 F 0.1 CR
X 60.0 CR	X 20.0 CR
G 00 X 200.0 Z 180.0 CR	G 00 U 140.0 W 210.0 CR

[그림 10.11] 위치결정과 직선절삭 프로그램

5. 원호 절삭

시계방향은 G02 X Z CR로 지령하고 반시계 방향은 G03 X Z CR로 지령한다. [그림 10.12] (a)는 원호 종점의 좌표 값 X, Z. 원호 R을 나타낸 예이다.

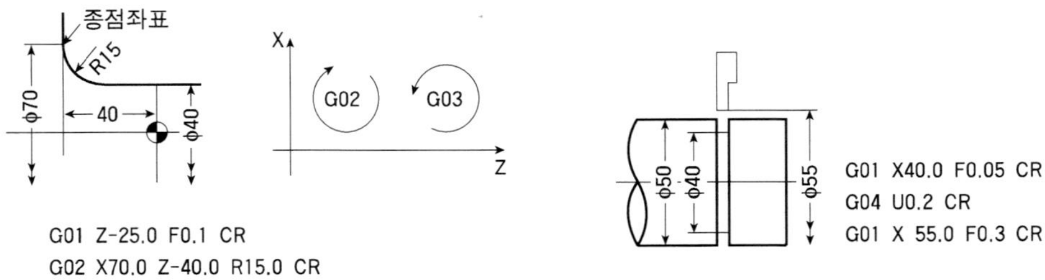

(a) 원호절삭 (b) 드웰

[그림 10.12] 원호절삭과 드웰의 예

6. 드웰(dwell)

이것은 G04U_초 단위로 정지한다. 홈 절삭 할 때 홈 끝에서 최저 1회전 이상 바이트를 정지시키는 지령이다. [그림 10.12] (b)는 홈 절삭의 예이다.

7. G 기능(준비기능)

위에서 설명한 G00, G01, G02, G03, G04는 대표적인 G기능(준비기능)을 설명한 것이다. G기능은 부록의 제어기능을 발휘하기 위한 동작의 준비를 하는 기능으로 G다음에 2자리 수자로 표시한다. NC선반에서는 〈표 10.1〉과 같은 기능이 사용되고 있다.

〈표 10.1〉 준비기능 일람

G코드	기능	탭지령 및 설명
G50	좌표계 설정	G50X____ Z____CR 현재 공구선단이 위치하고 있는 점을(X, Z)로 하는 좌표계가 설정되어 프로그램 원점을 정한다.
	주축최고회전수설정	G50(4자리수자) 주축의 상한 값을 rpm으로 지정
G00	위치결정(급속이송)	G00X(U)____ Z(W)____CR (X, Z)점 또는 현재 점에서 (U,W)만큼 떨어진 만큼 까지 공구를 급속 이송한다.

G코드	기능	탭 및 설명
G01	직선절삭(직선보간)	G01X(U)____ Z(W)____F____CR (X,Z)점 까지 또는 (U,W)만큼 떨어진 점까지 고구가 직선으로 움직인다.
G02	원호절삭(원호보간) (시계방향)	G02X____Z____R____F____CR G03X____ Z____R____F____CR 현재 점부터 (X, Z)점까지 반지름R인 원 호을 절삭한다.
G03	원호절삭(반시계방향)	
G04	드웰(동작일시정지)	G04U ___CR U시간(초) 동작의 정지 ; 0.01초 단위 또는 소수점 초
G28	자동원점복귀	G28X(U)____ Z(W)____CR X(U), Z(W)로 지령된 위치(중간점)까지 공구를 이동시킨 후 기계원점으로 자동복귀 G28 U0 W0 CR은 이동량이 0으로 중간점으로 공구이동 없이 현 위치에서 원점복귀
G32	나사절삭	G32X(U)____ Z(W)____F____CR (X, Z)점까지 나사절삭을 하면서 공구이동
G92	스트레이트 나사절삭 사이클	G92X(U)____ Z(W)____F____CR 나사절삭 시작점부터 「절삭 깊이→나사절삭→흐퇴→시작점으로 복귀」의 4동작을 1사이클로 하여 하나의 지령으로 한다.
G90	스트레이트 절삭 사이클	G90X(U)____ Z(W)____F____CR G90X(U)____ Z(W)____I____F____CR 시작점부터 지정된 점을 지나 절삭을 하고 다시 시작점으로 복귀한다.
G96	주속 일정 제어	G96S ___CR 절삭속도 V(m/min)를 S　로 지령
G97	주속 일정 취소	G97 S ___CR 주축회전수(rpm)로 지령 전원 ON에서는 G97모드
G98	매 분당 이송	G98F____CR(mm/min)
G99	매 회전 이송	G99F____CR(mm/rev) 전원ON에서 G99모드로 되어 있으므로 G98을 사용하지 않는 한 지령할 필요는 없다.

8. S 기능(주축기능)

이것은 주축회전수, 또는 절삭속도를 S다음에 4자리 숫자로 지령하는 기능이다. G50S은 주축 최고회전수의 제한으로 G50S1500은 주축의 최고회전을 1500rpm으로 제어하는 명령이다.

G97S는 주속일정 취소 기능으로 회전수(rpm)로 지령한다.

G96S는 주속일정제어로 절삭속도(m/min)로 지령한다.

9. M 기능(보조기능)

이것은 서보모터 이외 모터 등의 ON-OFF, 프로그램의 호출 종료 등과 같이 실제로 몇 개의 동작을 하는 지령으로 한 블록에 하나밖에 지령할 수 없다. 〈표 10.2〉는 M기능의 일람표이다.

10. T 기능(공구기능)

이 기능은 공구를 지정하는 기능으로서 T다음에 4자리 숫자 즉 T□□△△로 표시한다.

11. F 기능(이송기능)

이 기능은 이송속도로 주축 1회전당의 이송 량을 F로 지령한다. 나사의 경우는 리드(피치)로 지령한다. NC선반에서는 G99모드로서 주축 1회전 당 이송모드로 되어 있다. G98F로 하면 1분간의 이송량(mm/min)이 된다.

〈표 10.2〉 M기능(보조기능) 일람

G코드	기능	탭 및 설명
M00	프로그램 정지	운전 정지(주축, 냉각수 정지) 재 기동은 작동키나 이후 프로그램에M03,M08로 지령한다.
M01	옵션 정지	기능은 M00과 동일하다. 프로그램상의 M01지령을 조작반의 도그스위치로 실행의 무시의 선택이 가능
M02	프로그램 종료	탭운전으로 가공완료 후 탭의 읽어드림, 주축 및 회전 냉각수 정지 NC장치에 리셋 시킨다.
M03	주축 정 회전	주축을 반시계 방향으로 회전
M04	주축역회전	
M05	주축정지	주축의 회전정지. 정 회전으로 부터 역회전을 지령하는 경우는 일단 M05로 정지시킨 다음 M04(M03)을 지령
M08	냉각수가동	절삭유 분출
M09	냉각수정지	절삭유 분출 정지시킨다.
M30	프로그램종료 (메모리운전)	메모리운전에서 M02대신 사용한다. 기능은 M02와 같다. 따라서 메모리 선두에 복귀하는 기능이 있다.
M40	주축저속 범위	1000rpm이하 출력일정 영역
M41	주축고속 범위	1000rpm이상 출력일정 영역
M98	서브프로그램호출	메인프로그램에서 서브프로그램으로 이행
M99	메인프로그램 복귀	서브프로그램에서 메인프로그램으로 복귀 또는 메인프로그램 중간에서 지령하면 선두에 복귀

10.2.2 프로그램 원점, 기계원 점 및 중간점

NC선반에서는 Z축(X=0)을 주축 중심선상으로 하고, X축(Z=0)은 임의로 해도 좋으나 일반적으로 공작물을 척에 장착하였을 때 공작물의 우측 단면(또는 좌측 단면), 척 면 등을 Z=0으로 하는 프로그램 원점을 잡는다. [그림 10.13]은 프로그램 원점과 좌표 값을 표시한 것이다. 그림에서 공작물 우측 단의 다듬질 면을 Z=0으로 잡고 절삭날 선단의 좌표를 ◔점(X0,Z0)을 원점으로 하면 A점은 X220.0, Z180.0이고 A점에 절삭날이 있는 경우에

G50 X220.0 Z180.0 CR

로 지령하면 프로그램 원점이 그림과 같이 공작물 단면에 설정된다. 또한 척 단면 C점을 프로그램 원점으로 하는 경우는 다음과 같이 지령하는 것이 좋다.

G50 X220.0 Z300.0CR

기계에 따라서는 G50을 사용하지 않고 우 단면을 약간 절삭하고 오프셋으로 공작물 시프트에 P_0 로 취한 값을 입력에 의해 프로그램 원점의 Z=0을 설정할 수 있는 공작물 좌표계 시프트를 사용하는 경우이다.

원점 복귀 G28 X(U). Z(W). CR로 하면 X(U)Z(W)의 중간점까지 이동하는 중 기계원점에 자동 복귀한다. [그림 10.13]에서 A점은 공구대 터릿이 회전하여 공구선택을 해도 안전한 위치에 있으므로 이 중간점에서 공구를 교환한다.

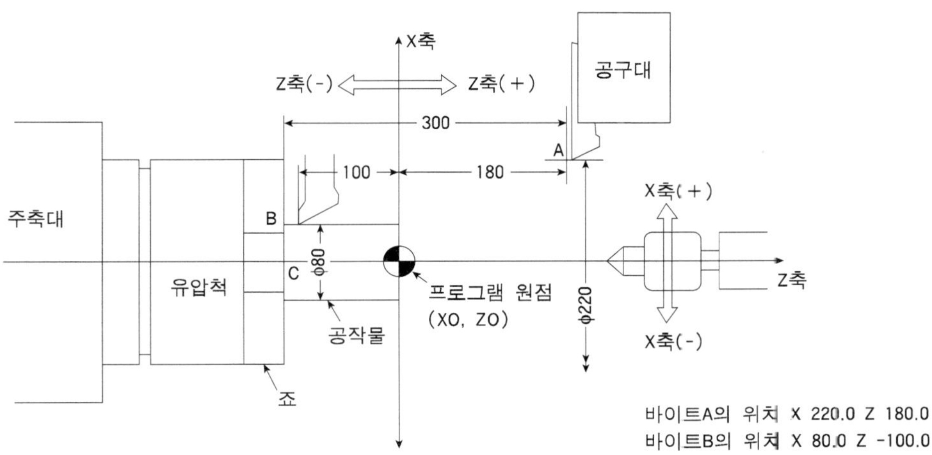

[그림 10.13] 프로그램 원점과 좌표 값

10.2.3 나사절삭

NC선반에서 G32, G92기능을 사용하여 나사를 절삭한다. 나사절삭은 절입을 여러 번으로 나누어 다음과 같이 프로그램 한다.

G32X Z F(피치)CR … F는 이송(피치 또는 리드)로 나사절삭을 한다. 절입, 도피, 복귀는 G00, 또는 G01로 프로그램 한다.

G92X Z F CR … 나사절삭 시작점부터 「절입→나사절삭→도피→시작점 복귀」의 4동작을 1사이클로 하여 하나의 프로그램으로 지령할 수 있다. 그러므로 G32 보다 짧게 끝난다. 이송나사 는 회전을 시작 할 때와 정지하는 시점에서 회전이 지연된다. 절삭시작점에서는 가속을 위하여 δ_1, 절삭 종료 점에서는 감속하기 위하여 δ_2의 불안전 나사부가 생겨서 유효 나사 길이 l가 되려면 $(l+\delta_1+\delta_2)$가 필요하고 주축 회전수도 제한을 받는다.

주축회전수 N(rpm)의 제한 $N \leqq (5000/P)$ P : 피치 또는 리드(mm)

$$\delta_1 = 0.002 \times N \times P(\text{mm}), \qquad \delta_2 = 0.0006 \times N \times P(\text{mm})$$

나사절삭은 나사면에 따라 절삭하는 것이 바이트의 손상이 적고, 절삭면의 정도가 높다. [그림10.14]에 지름 20mm의 나사절삭 예를 나타낸 것이다.

〈표 10.3〉 나사계산 예(지름20. 길이20, 피치2.5)

회수	절입량 t(n)
1	0.35
2	0.35
3	0.20
4	0.15
5	0.15
6	0.10
7	0.10
8	0.10
9	0.05
10	0.02
11	0.02
1.59	

절입량 누계	절입량 2배	누계의 X(n)	K값 누계 0.57	X값 D−X(n)
0.35	0.70		−0.20	19.95 −0.70=19.25
0.70	1.40	0.20	−0.40	〃 −1.40=18.55
0.90	1.80	0.12	−0.51	〃 −1.80=18.15
1.05	2.10	0.09	−0.60	〃 −2.10=17.85
1.20	2.40	0.09	−0.69	〃 −2.40=17.55
1.30	2.60	0.06	−0.75	〃 −2.60=17.35
1.40	2.80	0.05	−0.80	〃 −2.80=17.15
1.50	3.00	0.05	−0.86	〃 −3.00=16.95
1.55	3.10	0.02	−0.89	〃 −3.10=16.85
1.57	3.14		−0.90	〃 −3.14=16.81
1.59	3.18		−0.91	〃 −3.18=16.77

N=800rpm
δ1=0.002×N×p=0.002×800×2.5=4mm
δ2=0.0006×N×p=0.0006×800×2.5=1.2mm
그러므로 δ1은 5mm, δ2는 1.5mm로 한다.

〈표 10.3〉은 절입부터 날 끝의 위치를 나타낸 것이다. 또한 프로그램 예는 〈표 10.4〉에 표시한 프로그램 예(1)~(3) 어느 것이든 사용해도 된다. G32를 사용하면 길이가 길므로 (2) 또는 (3)을 사용한다.

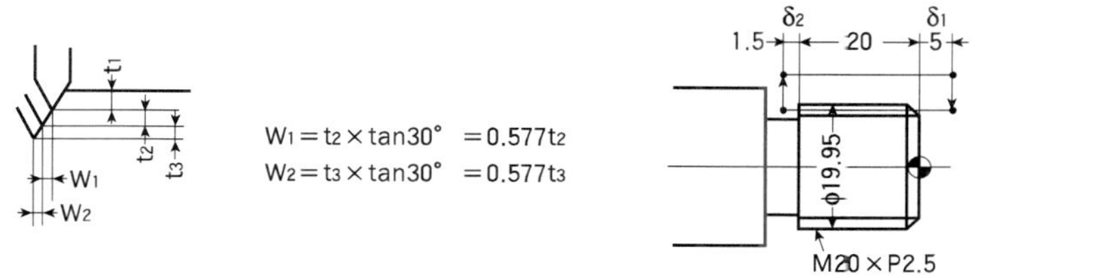

(a) 나사면에 따라 절입하는 경우 (b) φ20(P2.5) ㄴ-사절삭 예

[그림 10.14] 나사절삭 예

〈표 10.4〉 나사절삭의 프로그램

프로그램 예 (1)	프로그램 예 (2)	프로그램 예 (3)
T0900 M40 CR	T0900 M40 CR	T0900 M40 CR
G97 S800 M08 CR	G97 S800 M08 CR	G97 S800 M08 CR
G00 X30.0 Z5.0 M03CR	G00 X30.0 Z5.0 M03 CR	G00 X30.0 Z5.0 M03 CR
X19.25CR	G92 X19.25 Z-21.5 F2.5CR	G92 X19.25 Z-21.5 K-0.20F2.5CR
G32 Z-21.5 F2.5 CR	G01 W-0.20 CR	X18.55 K-0.40 CR
G00 X30.0 CR	G92 X18.55 Z-21.5 CR	X18.15 K-0.51 CR
Z5.0 CR	G01 W-0.12 CR	X17.85 K-0.60 CR
G01 W-0.20 CR	G92 X18.15 Z-21.5 CR	X17.55 K-0.69 CR
X18.55 CR	G01 W-0.09 CR	X17.35 K-0.75 CR
G32 Z-21.5 CR	G92 X17.85 Z-21.5 CR	X17.15 K-0.80 CR
G00 X30.0 CR	G01 W-0.09 CR	X16.95 K-0.86 CR
Z5.0 CR	G92 X17.55 Z-21.5 CR	X16.85 K-0.89 CR
G01 W-0.12 CR	G01 W-0.06 CR	X16.81 K-0.90 CR
X18.15 CR	G92 X17.35 Z-21.5 CR	X16.77 K-0.91 CR
G32 Z-21.5 CR	G01 W-0.05 CR	G00 X200.0 Z200.0 CR
G00 X30.0 CR	G92 X17.15 Z-21.5 CR	M01 CR
Z5.0 CR	G01 W-0.05 CR	
G01 W-0.09 CR	G92 X16.95 Z-21.5 CR	(가장 짧은 프로그램)
X17.85 CR	G01 W-0.02 CR	
G32 Z-21.5 CR	G92 X16.85 Z-21.5 CR	
: (省略)	X16.81 CR	
:	X16.77 CR	
G00 X200.0 Z200.0 CR	G00 X200.0 Z200.0 CR	
M01 CR	M01 CR	

10.2.4 바이트 노스반경이 공작물 치수에 미치는 영향과 공구반경 R보정 자동계산기능

[그림 10.15] (a)는 바이트의 노스부를 나타낸 것으로 r이 노스 반경이다. 노스 반경은 일반적으로 0.8~0.5mm정도이다. A점은 날 끝점으로 탭 지령의 프로그램에 따라 움직이는 점

으로 프로그램점이라 한다. 그러나 실제 절삭을 하는 것은 노스반경 r의 접점이므로 테이퍼 절삭, 원호절삭일 때에는 그림(b)와 같이 절삭되지 않는 부분이 있어 도면대로의 형상이 되지 않는다. 이것을 수정하기 위하여 그림(c)와 같이 노스반경을 고려한 프로그램으로 수정하는 것이 필요하여 그림과 같이 계산하고, 날 끝의 시작과 끝점의 좌표값을 고려하여야한다. 최근의 NC 선반에서는 노선반경 R보정 자동계산 기능이 있어 공구 오프셋을 그림(d)와 같이 날 끝점을 수자로 정하여 날 끝점과 노스반경을 공구별로 입력하여 날 끝 R보정을 자동으로 하고 있다.

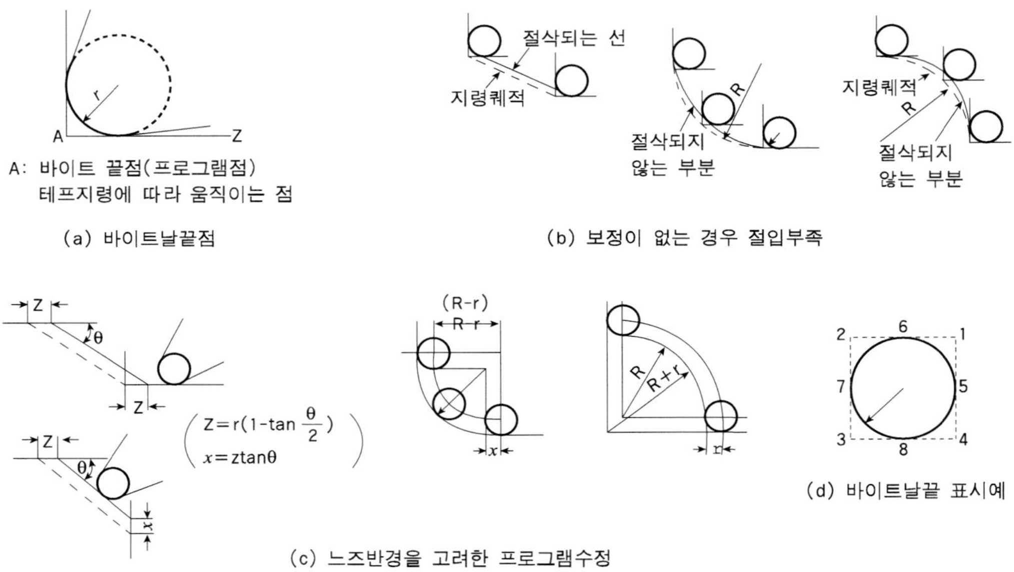

[그림 10.15] 바이트 노즈 반경의 영향

예제 10-1

[그림 10.16] (a)부품을 NC선반에서 절삭하기 위한 프로그램을 작성하라.
공구 경로(cutter pass)는 [그림 10.16] (b)와 같이하고 다음페이지 참고순서로 프로그램을 작성한다.

참고 순서

프로그램No 0025

	황삭		
1	X축 원점복귀	26	Z-50.0까지 직선절삭
2	Y축 원점복귀 황삭 바이트 선택	27	X50.0으로 후퇴
3	최고회전수 한도 1200rpm	28	Z3.0까지 급속 이송
4	중간점으로 급속이송	29	X28.0까지 급속 이송
5	옵션 스톱	30	Z-35.0까지 직선절삭
6	황삭 바이트 선택 고속 범위	31	X30.0 Z-45.0까지 직선절삭
7	정속 취소 회전수635rpm	32	X50.0으로 후퇴
8	Z10.0으로 급속이송 주축회전	33	Z3.0까지 급속 이송
9	X60.0으로 급속이송 절삭속도 80m/min	34	X24.0까지 급속 이송
10	이송1.0mm/rev로 Z2.0에 절삭이송	35	Z-24.0까지 직선절삭
11	X0까지0.2mm/rev로 단면절삭	36	X50.0에 직선절삭?
12	Z3.0으로 날끝 도피	37	Z3.0까지 급속 이송
13	X44.0까지 급속이송	38	X10.4까지 급속 이송
14	Z-60.5까지 급속이송 0.3mm/rev로 직선절삭	39	X20.4 Z-1.8끼지 직선 절삭
15	X50.0까지 날끝 후퇴	40	Z-24.8까지 직선절삭
16	Z3.0까지 급속 이송	41	X25.4 끼지 직선 절삭
17	X40.0까지 급속 이송	42	X30.4 Z-44.0까지 직선절삭
18	Z-60.0까지 직선절삭	43	Z-50.0까지 직선절삭
19	x50.0까지 직선절삭	44	X36.0 Z-60.8끼지 반경2.8로 원호 절삭
20	Z3.0까지 급속 이송	45	X40.0까지 직선절삭
21	X50.0까지 급속 이송	46	X46.4 Z-64.0끼지 반경3.2로 원호 절삭
22	X-60.0까지 직선 절삭	47	Z-69.8까지 직선절삭
23	X50.0으로 후퇴	48	X50.0으로 흐퇴
24	Z3.0까지 급속 이송	49	Z10.0까지 급속 이송
25	X32.0까지 급속 이송	50	중간점으로 급속 이송 정속 캔셀 600rpm
		51	옵션 스톱

다듬절삭			
101	다듬바이트 선택 고속 범위	119	Z10.0까지 급속 이송
102	정속캔슬, 650rpm, 절삭제ON	120	정속캔슬, 600rpm, 중간점으로
103	Z10.0까지 급속 이송, 주축회전	121	옵션 정지(홈?)
104	X50.0에 정속절삭, 120m/min	122	홈절삭 바이트 선택 저속 범위
105	X30.0에 1.0mm/rev로 이송	123	정속캔슬, 600rpm, 절삭제ON
106	X0까지 단면절삭. 이송1mm/rev	124	X50.0 Z10.0에 급속이송, 주축회전
107	3mm날끝 후퇴	125	Z-25.0 이송 1.0mm/rev로 절삭이송
108	X10.0으로 절삭 이송	126	X30.0, 주축800rpm으로
109	X19.95 Z-2.0으로 이송0.1mm/rev로 절삭	127	X25.0 이송 0.1mm/rev로 절삭이송
110	Z-25.0까지 직선 절삭	128	X15.0까지 홈절삭 0.05mm/rev
111	Z25.0까지 직선 절삭	129	0.1초 드웰
112	X30.0 Z-55.0까지 직선 절삭	130	X25.0까지 직선 절삭, 이송0.1mm/rev
113	Z-58.0까지 직선 절삭	131	X50.0까지 1.0mm/rev로 절삭이송
114	X36.0 Z-61.0까지 R3mm로 원호절삭	132	Z10.0까지 급속 이송
115	X40.0까지 직선 절삭	133	중간점으로 급속 이송
116	X46.0 Z-64.0까지 R3mm로 원호절삭	134	옵션 정지
117	Z-70.0까지 직선 절삭		
118	X50.0까지 후퇴		

나사절삭			
135	나사절삭 바이트 선택, 저속 범위	149	나사절삭 6회째
136	정속취소, 800rpm, 절삭제 ON	150	바이트
137	X50.0 Z10.0에 급속이송, 주축회전	151	나사절삭 7회째
138	X30.0 Z5.0에 급속이송	152	바이트
139	나사절삭 1회째(Z-21.5)	153	나사절삭 8회째
140	바이트	154	바이트
141	나사절삭 2회째	155	나사절삭 9회째
142	바이트	156	나사절삭 10회째
143	나사절삭 3회째	157	나사절삭 11회째
144	바이트	158	X50.0으로 절삭이송
145	나사절삭4회째	159	중간점으로 급속이송
146	바이트	160	옵션정지
147	나사절삭 5회째	161	원점복귀, 황삭 바이트 선택
148	바이트	162	프로그램 종료

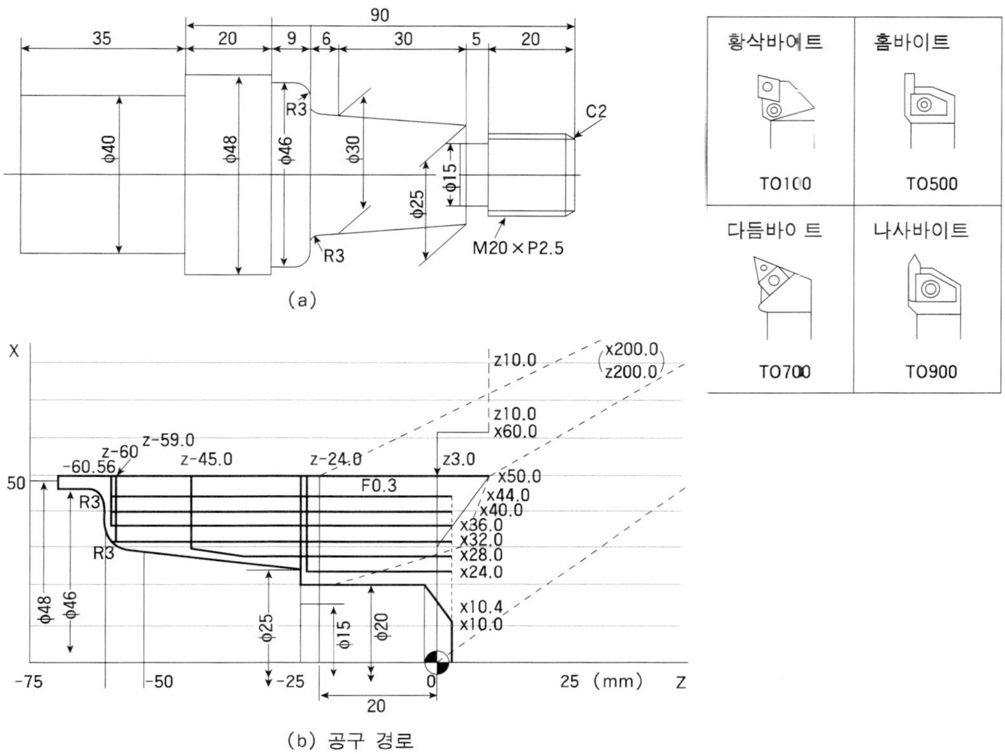

[그림 10.16] 예제 도면

해답

O0025

```
N
1    G28 U0*
2    W0 10100*
3    G50 S1200*
4    G00 X200.0 Z200.0*
5    M01*
6    T0100 M41*
7    G97 S635*
8    G00 Z10.0 M03
9    G96 X60.0 S80*
10   G01 Z0.2 F1.0*
11   X0 F0.2*
12   Z3.0*
13   G00 X44.0*
14   G01 Z-60.5 F0.3*
15   X5.0*
16   G00 Z3.0*
17   X40.0*
18   G01 Z-60.0*
19   X5.0*
20   G00 Z3.0*
```

```
21    X36.0*
22    G01 Z-60.0*
23    X50.0*
24    G00 Z3.0*
25    X32.0*
26    G01 Z-59.0*
27    X50.0*
28    G00 Z3.0*
29    X28.0*
30    G01 Z-35.0*
31    X30.0 Z-45.0*
32    X50.0*
33    G00 Z3.0*
34    X24.0*
35    G01 Z-24.0*
36    X50.0*
37    G00 Z3.0*
38    X10.4*
39    G01 X20.4 Z-1.8*
40    Z-24.8*
41    X25.4*
42    X30.4 Z-55.0*
43    Z-58.0*
44    G02 X36.0 Z-60.8 R2.8*
45    G01 X40.0*
46    G03 X46.4 Z-64.0 R3.2*
47    G01 Z-69.8*
48    X50.0*
49    G00 Z10.0*
50    G97 X200.0 Z200.0 S600*
51    M01*
```

```
N
101   T0700 M41*
102   G97 S650 M08*
103   G00 Z10.0M03*
104   G96 X50.0 S120*
105   G01 X30.0 Z0.1 F1.0*
106   X0 F0.1*
107   Z3.0*
108   X10.0*
109   X19.95 Z-2.0 F0.1*
110   Z-25.0*
111   X25.0*
112   X30.0 Z-55.0*
113   Z-58.0*
114   G02 X36.0 Z-61.0 R3.0*
115   G01 X40.0*
116   G03 X46.0 Z-64.0 R3.0*
117   G01 Z-70.0*
118   X50.0*
119   G00 Z10.0*
120   G97 X200.0 Z200.0 S600*
121   M01*
122   T0500 M40*
123   G97 S600 M08*
124   G00 X50.0 Z10.0 M03*
125   G01 Z-25.0 F1.0*
126   G97 X30.0 S800*
127   X25.0 F0.1*
128   X15.0 F0.05*
```

```
G04 U0.1*
G01 X25.0 F0.1*
X50.0 F1.0*
G00 Z10.0*
X200.0 Z200.0*
M01*
T0900 M40*
G97 S800 M08*
G00 X50.0 Z10.0 M03*
X30.0 Z5.0*
G92 X19.25 Z-21.5 F2.5*
G01 W-0.20*
G92 X18.55 Z-21.5*
G01 W-0.12*
G92 X18.15 Z-21.5*
G01 W-0.09*
G92 X17.85 Z-21.5*
G01 W-0.09*
G92 X17.55 Z-21.5*
G01 W-0.06*
G92 X17.35 Z-21.5*
G01 W-0.05*
G92 X17.15 Z-21.5*
G01 W-0.05*
G92 X16.95 Z-21.5*
G01 W-0.02*
G92 X16.85 Z-21.5*
X16.81*
X16.77*
G01 X50.0*
G00 X200.0 Z200.0*
M01*
G28 U0 W0 T0100*
M30*
```

제3절 NC밀링과 머시닝 센터의 프로그램

NC밀링 및 머시닝 센터에는 다듬질 도형을 프로그램하고 나중에 공구반경을 NC에 기억시켜 자동으로 반경만큼 외측(또는 내측)으로 옮겨 가공할 수 있는 공구보정 기능을 가지고 있다. 또 MC는 공구교환 기능(ATC)을 갖추고 있어 공구길이 차이를 머시닝센터에 등록하고 또 몇 번의 툴 매거진 포트에 몇 번의 공구를 넣을 것인가를 등록할 필요가 있다. 프로그램 원점 NC선반과 같이 G50을 사용하지 않고 G92를 사용하는 등 다소 다른 점이 있다. 〈표 10.5〉는 NC밀링, 머시닝센터의 주요한 준비기능을 나타낸 것이다. G00, G01, G02, G03 등은 NC선반과 같다.

머시닝센터에 의한 가공은 본래 테이블의 움직임으로 이루어지고 있지만 프로그램에서는 기계가 움직인다고 생각하면 혼동하기 쉬우므로 프로그램에서 생각할 때에는 주축 즉 공구가 움직이는 것으로 생각하여 프로그램을 한다.

〈표 10.5〉 준비기능 일람표(NC밀링, 머시닝센터 용)

G코드	기능	탭지령 및 설명
G92	좌표계 설정	G92X____Y____Z_____ 이 지령으로 절대좌표 원점을 설정하는 공구가 있는 위치를 NC에 알려줘 공구 좌표 값의 원점을 프로그램원점으로 설정한다. 축의 이동은 없다.
G90	절대지령	설정원점을 기준으로 좌표. 절대좌표 방식 G91을 지령할 때까지 이 상태유지
G91	증분지령	현재 공구가 있는 위치를 0으로 생각한다. 증분방식으로 G90을 지령할 때까지 이 상태유지
G41 G42 G40	공구지름 보정 좌측 공구지름 보정 우측 공구지름 보정 취소	G00(G01, G41, G42) X____Y____D보정번호 완성도면을 그대로 프로그램하고 후에 공구반경을 NC에 입력함으로서 자동으로 반경 만큼 외측(또는 내측)으로 편위되어 가공할 수 있다. 공구경 보정량은 프로그램상에서는 D26~D32 번호로 등록하여 놓고, 오프셋NO26~32 다음에 공구반경을 설정한다.(입력한다.)
G45 G46	오프셋메모리에 설정한 보정량을 신장, 축소	G45 G91 G00 Z50 D보정번호 G46 공구위치 오프셋 공구선단을 가공면위 50mm 까지 내린다. D는 공구 보정량의 프로그램상의 등록번호서로 보통은 공구번호와 같다.
G04	드웰	G04X____초 단위 G04P____1/1000초 단위
G17 G18 G19	XY평면지정 ZX평면지정 YZ평면지정	전원 투입시에는 자동적으로 G17이 선택된다.
G22	자동 참조점 복귀	G91 G28 X0 Y0 Z0 참조점으로 급속 복귀. 복귀완료 램프가 점등한다.
G54 G59	공작물 좌표 1 공작물 좌표 6	G90 G54 G00X____Y____(Z____) G59 머시닝센터에서는 테이블위에 6개의 공작뭉 좌표원점을 잡을수 있다. 단지 G59는 공구교환 할 때 테이블위치 이다

G코드	기능	탭지령 및 설명
G81	구멍 뚫기 사이클	G81X___Y___Z___깊이 R 급속 이송점 F이송량 X, Y : 구멍가공 위치, Z : 최종깊이(통상 마이너스) R : 급속 이송으로 공작물 윗면과 일정거리유지
G73	고속 깊은 구멍 뚫기	G73X___Y___Z___R___Q패량 F___ Q : 팩량 1회절입량, 절삭 깊이와 약간의 후퇴량, 또는 절입 깊이, 절삭 칩을 절단하여 말림을 방지한다.
G82	구멍가공, 구멍 끝에서 정지	G82X___Y___Z___R___P드웰 F___ P : 1/1000초 단위, 정지시간
G84	탭 작업	G82X___Y___Z___R___F___ 구멍 끝에서 주축은 역회전하고, R점에서 다시 정회전 한다. 단 F=(0.9~0.95)×S×P P : 피치 S : 회전수
G85 G86	보링용	생략 다른 구멍 끝에 정지의 G98, 정길보링의 G76이다

10.3.1 절대좌표와 증분 좌표

NC선반에서는 증분은 U W 로 나타내지만 밀링에서는 절대값 지령은 G90 증분값 지령은 G91로 구분한다. 절대지령은 프로그램원점을 기준으로 지령하고, 증분지령은 공구가 현재 위치하고 있는 장소를 0으로 간주하여 지령한다. G90, G91은 모델코드로 한번 바뀌면 다른 지령이 없는 한 그대로 상태를 유지한다.

10.3.2 좌표계설정

G92X Y Z CR 이 지령으로 절대좌표의 프로그램 원점을 설정한다. 공그위치를 NC에 알려주는 것만으로 축은 이동하지 않지만 [그림 10.17]과 같이 공구 좌표값의 원점이 프로그램 원점에 설정된다. MC에는 공작물 오프셋에 기계 좌표값 (X, Y)를 입력하고, Z는 공구길이를 오프셋에 등록하면 3행의 프로그램으로 실행된다.

G90 G00 G54 X0 Y0 T02 S1000 M03 ; 주축이 회전하고, 프로그램 원점에 공구가 온다.

G91 G45 Z50. D01 ; 공구를 하강시키고, 선단이 가공면 보다 50mm 위에 멈춘다.

G92 Z50 ; 위치를 Z=50mm 잡는다.(가공면을 Z=0으로 한다.)

[(X0Y0)의 위치는 공작물 좌표계 1의 공작물 오프셋에 프로그램원점의 기계좌표를 입력한다.]

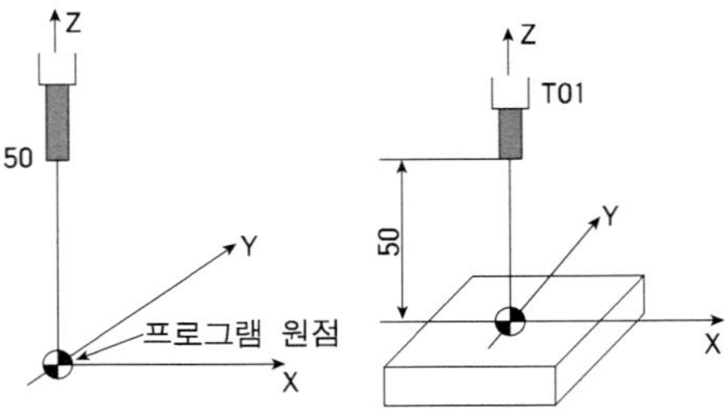

G92 X0 Y0 Z50.

(a) 좌표계의 설정

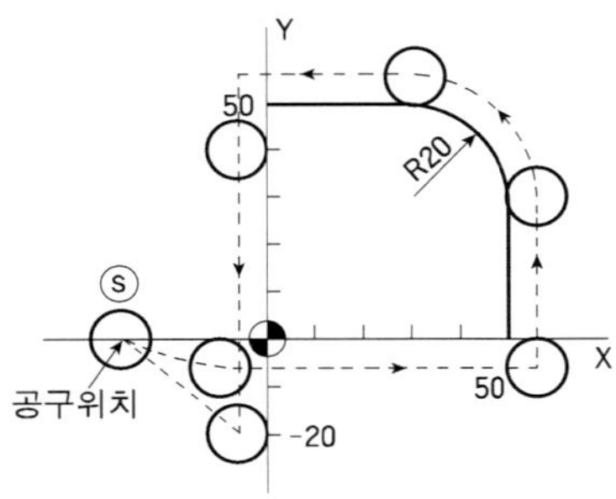


```
G92 X-30. Y0CR
G90 G00 G42 X-10. D26 CR
G01 X50. F100 CR
Y30.CR
G03 X30 Y50. R20. CR
G01 X0 CR
Y-20 CR
G00 G40 X-30. Y0 CR
```

(b) 공구 지름 보정

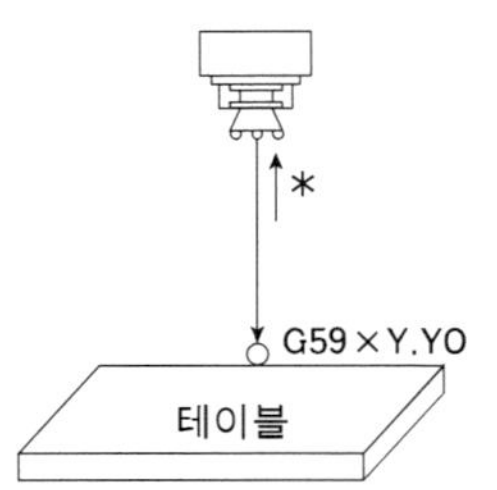

G91 G28 Z0 ; 참조점으로 복귀↑

G90 G00 G59 X0 Y0 ; 공구 교환 위치로

M06 ; 공구교환

(c) 공구 교환

[그림 10.17] 머시닝센터 프로그램

10.3.3 공구 보정

공구보정은 자동으로 공구반경만큼 외측(내측)으로 이동하여 윤곽을 가공하는 기능이다. [그림 10.17] (b)와 같이

G00 G41

X Y D보정번호(F속도)CR

G01 G42

로 지령하는데 D의 보정번호는 보통 ATC의 공구 수납번호보다 값은 번호를 사용한다. 공구번호가 T01~T25까지 있으면, D01~D25는 공구길이를 등록하는데 사용하므로 D26~D32의 번호를 등록하고 머시닝센터의 공구 오프셋 번호 No.26 ~ No.32 다음에 반경값을 설정한다. 진행방향의 좌측으로 편위는 G41, 우측으로 편위는 G42로하고, G41, G42를 지령한 다음 마지막에 G40으로 보정을 해제한다.

10.3.4 공구위치 오프셋

G45 G91 G00 Z(50.0) D보정번호

주축에 공구를 설치하여 주축을 최상단(Z기계원점)까지 올려 이점을 Z=0으로 한다. 그리고 공구의 선단을 공작물 윗면까지 내려서 공작물과 접하는 Z의 좌표 값을 D의 보정번호의 수치로 입력하면 추축이 내려와 공구선단이 공작물 위 50.0mm의 점에 멈춘다. 그리고 G92 Z50.0 CR 로 하면 공작물의 윗면이 Z=0로 된다. 머시닝센터에서 공구길이를 오프셋에 공구번호와 함께 등록해 놓으면 공구보정이 된다. 즉 공구 기준길이와의 차를 오프 셋 값으로 등록하여 (H) 공구위치 오프 셋 시키고 G91 G00 G43 Z…H…를 사용하는 경우도 있다. (G43 공구길이 보정 (+)를 사용한다.).

10.3.5 공구 교환

공구 교환은 M06에 의해 실행된다. ([그림 10.17] (c)를 참조)

F코드 이송은 mm/min. T코드는 십 단위가 좋다.

예제 2

[그림 10.18] (a)와 같은 부품을 가공하기 위한 프로그램을 작성하라.

단, 재료는 64×104×10의 강판이다.

절삭조건							
공구	공구 No	공구길이	Z 절삭깊이	F	회전수 S	R	후퇴량 Q
센터드릴	T08	D08	5mm	30	600	5	2
∮8.6드릴	T09	D09	15mm	60	600	5	
모따기공구	T05	D05	5.5mm	30	600	5	
태핑공구	T14	D14	15mm	285	200	5	

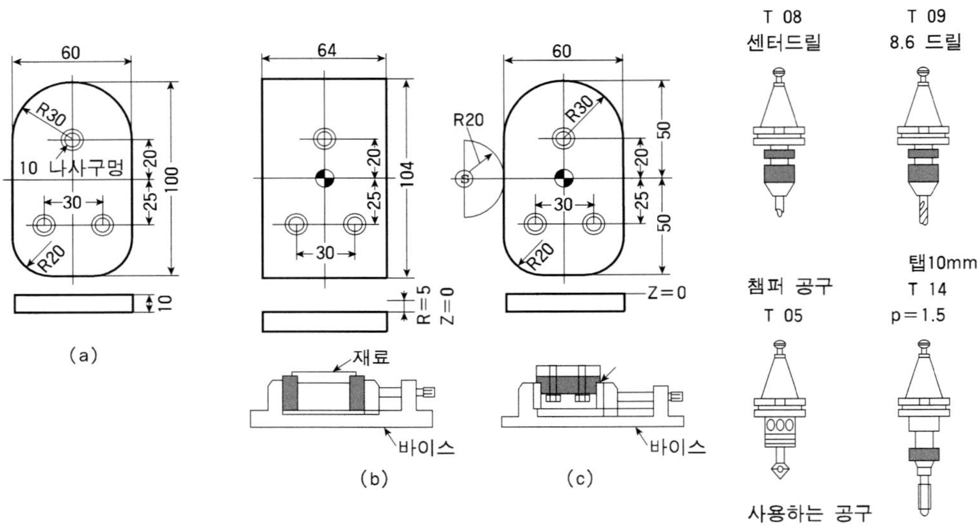

[그림 10.18] 예제 도면

풀이 윤곽을 절삭할 때에 공작물물을 바이스로 물릴 수 없으므로 먼저 10mm의 나사 구멍 3개를 다음 순서로 가공한다.

① [그림 10.18] (b)와 같이 프로그램 원점을 잡고 센터드릴로 자리를 잡고 나사기초 구멍 드릴(8.6mm)로 구멍을 뚫고 모따기, 태핑 순서로 가공한다.

② 가공조건을 표와 같이 잡아 프로그램 ①~④까지 가공한다.

③ [그림 10.18] (c)와 같이 치공구 밑에 10mm 볼트 3개로 재료를 고정하고 치공구를 바이스에 물려 윤곽을 가공한다.

④ 공구는 ∮20의 두 날 초경 엔드밀을 사용, 공구번호 T03, 공구길이보정 D03, 황삭은 공작물 두께가 10mm이로 절삭 깊이5mm로 2회로 윤곽을 절삭한다. (Z=-5 및 Z=-10), 공구회전수 1000rpm, 이송 30mm/min, 공구보정 D26(10.2)로 한다.

⑤ 정삭에서는 공구를 바꾸지 않는다. 회전수를 1200rpm로 하고, 절삭 깊이는 10mm, 이송은 변하지 않고 윤곽절삭하고, 공구보정 D27(10.)으로 한다.

⑥ 윤곽은 엔드밀로 3회 절삭하며, 공구경로 프로그램은 서브 프로그램으르 한다. 공구 선택, 회전, 상하, 공구 보정 등은 메인 프로그램으로 한다. 일반적으로 메인 프로그램 번호는 O 다음 4자리 숫자로 하고 상위 3자리는 중복되지 않으면 임의로 해도 좋지만, 아래 1자리 숫자는 0으로 한다. 서브 프로그램 번호는 아래 1자리를 1~9로 한다. 나머지 3자리는 메인 프로그램과 같이하는 것이 보통이다.

NC탭을 작성 할 때에는 CR을 입력한 다음에 메인 프로그램 번호 O5000CRG90…M30CR%(약간의 스페이스를 두고), CRO5001CRG90G01…로 서브프로그램을 입력하는 것이 좋다.

- 고정용 나사구멍 가공 프로그램

NO. O4000

① 센터드릴

```
G90G00G54X0Y0T09S600M03CR
G91G45Z100. D08CR
G92Z100CR
G90G81X0Y20.Z-5. F30M08CR
X-15. Y-25. CR
X15. CR
M09CR
G91G28Z0CR
G90G00G59X0Y0CR
M06CR
```

② 구멍가공

```
G90G00G54X0Y0T05S600M03CR
G91G45Z100.D09CR
G92Z100.CR
```

G90G73X0Y20.Z-15.R5.Q2.F60H08CR

X-15. Y-25. CR

X15. CR

M09CR

G91G28Z0CR

G90G00G59X0Y0CR

M06CR

③ 모따기

G90G00G54X0Y0T14S600M03CR

G91G45Z100.D05CR

G92Z100CR

G90G81X0Y20.Z5.5R5.F30M08CR

X-15. Y-25. CR

X15. CR

M09CR

G91G28Z0CR

G90G00G59X0Y0CR

M06CR

④ 탭작업

G90G00G54X0Y0T03S200M03CR

G91G45Z100.D14CR

G92Z100CR

G90G84X0Y20.Z-15.R5.F285M08CR

X-15. Y-25. CR

X15. CR

M09CR

G91G28Z0CR

G90G59X0Y0CR

M06CR

M30CR

* 탭의 이송량 F=P×N×0.95 =1.5×200×0.95=285

⑤ 엔드밀로 윤곽을 절삭하는 프로그램

G90G00G54X0Y0S1000M03CR ; ◔의 위치 중심에 주축이 온다.

G91G45Z100.D03CR ; 공작물위 100mm 까지 내린다.

G92Z100CR ; 나사절삭 시작점을 Z100으로 한다.

G90G00X-50.CR ; ⓢ점에 급속 이송

Z5. CR ; 공구를 가공면 위 5mm에

G01Z-5.F30CR ; 5mm절삭 깊이를 준다.

D26M98P5001CR ; 서브 프로그램 호출

G90G01Z-10CR ; 절삭 깊이를 10mm로

D26M98P5001CR ; 서브프로그램 호출

S1200CR ; 회전수를 1200rpm으로

D27M98P5001CR ; 다듬질 가공 서브 프로그램 호출

G91G28Z0CR ; Z방향 참조점으로

G90G00G59X0Y0CR ; 공구교환 위치

M30CR ; 프로그램 종료

% ; (탭 이송 일시 정지)

⑥ 서브프로그램

O5001 ; 서브 프로그램 No

G90G01G42X-50.Y20F30M08CR

G02X-30.Y0R20.CR

G01Y-30CR

G03X-10.Y-50.R20.CR

G01X10.CR

G03X30.Y-30.CR

G01Y0CR

G02X-50.Y-20R20.M09CR

G01G40Y0CR ; 공구보정 취소

M99CR ; 메인 프로그램 복귀%

찾아 보기

▌사▐

▌아▐

| 하 |

| 기타 |

기계공작법

2021년 3월 5일 발행

저 자 / 김순경. 정시영
발행자 / 김 천 수
발행처 / **大 英 社**

주 소 / 서울특별시 강동구 천호대로 1193
등 록 / 제9-204호
전 화 / 02-393-0417~8
F A X / 02-313-0104
E-mail / dypub@naver.com

정가 24,000 원

ISBN 978-89-7163-349-6 93560
